VMware vSphere 徹底入門

ヴイエムウェア株式会社
Broadcom ／著

SHOEISHA

本書内容に関するお問い合わせについて

このたびは翔泳社の書籍をお買い上げいただき、誠にありがとうございます。弊社では、読者の皆様からのお問い合わせに適切に対応させていただくため、以下のガイドラインへのご協力をお願いしております。下記項目をお読みいただき、手順に従ってお問い合わせください。

●お問い合わせされる前に

弊社Webサイトの「正誤表」をご参照ください。これまでに判明した正誤や追加情報を掲載しています。

正誤表　　　　http://www.shoeisha.co.jp/book/errata/

●お問い合わせ方法

弊社Webサイトの「書籍に関するお問い合わせ」をご利用ください。

書籍に関するお問い合わせ　　https://www.shoeisha.co.jp/book/qa/

インターネットをご利用でない場合は、FAXまたは郵便にて、下記"(株)翔泳社 愛読者サービスセンター"までお問い合わせください。
電話でのお問い合わせは、お受けしておりません。

●回答について

回答は、お問い合わせいただいた手段によってご返事申し上げます。お問い合わせの内容によっては、回答に数日ないしはそれ以上の期間を要する場合があります。

●お問い合わせに際してのご注意

本書の対象を超えるもの、記述個所を特定されないもの、また読者固有の環境に起因するお問い合わせ等にはお答えできませんので、予めご了承ください。

●郵便物送付先およびFAX番号

送付先住所　　〒160-0006　東京都新宿区舟町5
FAX番号　　　03-5362-3818
宛先　　　　　(株)翔泳社 愛読者サービスセンター

※本書に記載されたURL等は予告なく変更される場合があります。
※本書の対象に関する詳細はviiiページをご参照ください。
※本書の出版にあたっては正確な記述につとめていますが、著者および株式会社翔泳社のいずれも、本書の内容に対してなんらかの保証をするものではなく、内容やサンプルに基づくいかなる運用結果に関してもいっさいの責任を負いません。
※本書に掲載されているサンプルプログラムやスクリプト、および実行結果を記した画面イメージなどは、特定の設定に基づいた環境にて再現される一例です。
※本書に記載されている会社名、製品名はそれぞれ各社の商標および登録商標です。
※VMware製品に関しては、以下のサイトからお問い合わせいただけます。
https://support.broadcom.com/web/ecx/software-contact-support

はじめに

2001 年に VMware がハイパーバイザー（サーバー仮想化基盤ソフトウェア）をリリースして以来、VMware のハイパーバイザー（VMware vSphere、以下単に「vSphere」と呼びます）は非常に多くのお客様でご利用いただくこととなり、おかげさまでハイパーバイザーとしてはデファクトスタンダード的な存在となりました。そして、そのソフトウェアのアーキテクチャや利用方法などを網羅的に解説した書籍『VMware 徹底入門』が翔泳社より刊行され、VMware のソフトウェアを使うエンジニアの皆様にとってバイブル的な役割を果たしてきました。『VMware 徹底入門』は、VMware のソフトウェアの進化とともに版を重ねて、vSphere 6.0 という製品をベースに書いた『VMware 徹底入門 第 4 版』が 2015 年に刊行されました。その後、vSphere は 6.5、6.7、7.0、8.0 とバージョンが上がっていきましたが、残念ながら製品の進化に書籍のアップデートが追いつかない状態が続いていました。

そこで、最新の vSphere 8.0 に対応をした書籍を皆様にお届けしよう、と社内のボランティアメンバーが立ち上がり、執筆プロジェクトが動き出しました。その最中、2023 年 11 月に VMware は Broadcom に買収され、VMware は Broadcom のソフトウェア部門の一部となり、製品の方向性やライセンス体系なども大きく変化しました。具体的にはプライベートクラウドを構築するための基盤ソフトウェアとして VMware Cloud Foundation（VCF）を製品の中核に据えることとなり、多数あったソフトウェアの種類（SKU）も大幅に簡略化されました。VCF にはいくつかのソフトウェア構成要素が含まれており、機能も多岐にわたっています。VCF について網羅的に解説をすると 1 冊の書籍では収まりきらないため、本書籍では、VCF の構成要素の中で最も根本的な部分である vSphere を中心に解説をすることとし、必要に応じて VCF やその他の追加機能（アドオン）についても言及することにしました。

このような背景から、書籍名も『VMware 徹底入門』から『VMware vSphere 徹底入門』に変更し、内容についても『VMware 徹底入門 第 4 版』から全面的に刷新を行った vSphere に関する最新情報を書籍として皆様にお届けできるようになったことを大変嬉しく思います。

書籍名に引き続き「徹底入門」を冠しているのは、徹底入門シリーズの哲学「技術的にかなりディープなところにまで踏み込みつつも、初めて触る方でもしっかりと理解していただけるような本である」という点を本書でも引き継いでいるからです。本書が vSphere を学び、日々の業務で活用する皆様の一助になれば幸いです。

ヴイエムウェア株式会社 | Broadcom　執筆陣一同

謝辞

本書を執筆するにあたり、多大なるご支援を賜りました翔泳社の皆様に、心より感謝申し上げます。

特に、翔泳社の小田倉様には、2023年11月のBroadcomによるVMwareの買収の後、両社を取り巻く状況が大きく変化する中、Broadcom体制で再始動した執筆プロジェクトに根気強くお付き合いいただき、きめ細やかなサポートをいただきました。

右も左もわからない状況の中、小田倉様をはじめとする翔泳社の皆様のご支援なしに、本書を完成させることはできませんでした。

また、プロジェクトの途中で残念ながら退職された元同僚・執筆メンバーの方々にも、無事に出版に至ることができたことを感謝とともにご報告申し上げます。

改めて、執筆に関わられた全ての方々に感謝を申し上げますとともに、執筆チーム一同、本書がVMware vSphereを利用するユーザーの皆様にとって有益な情報となることを願っております。

製品・機能の正式名称と略称一覧

本書で解説する主な製品・機能の正式名称、略称、および旧称を一覧にまとめます。

表0.1 製品名の正式名称と通称、略称

正式名称	略称	旧称・旧略称
VMware vSphere®	vSphere	
VMware vCenter®	vCenter	
VMware ESXi	ESXi	
VMware vSphere® Foundation	VVF、vSphere Foundation	
VMware Cloud Foundation®、VMware Cloud Foundation™	VCF、Cloud Foundation	
VMware vSphere® Enterprise Plus	vSphere Enterprise Plus	
VMware vSphere® Standard	vSphere Standard	
VMware vSAN™	vSAN	
VMware® vSAN Max™	vSAN Max	
VMware HCX®	VMware HCX	
VMware NSX®	NSX	
VMware® Avi™ Load Balancer	Avi Load Balancer	VMware NSX® Advanced Load Balancer™
VMware® vDefend™ Firewall	vDefend Firewall	
VMware® vDefend™ Gateway Firewall	vDefend Gateway Firewall	VMware NSX® Gateway Firewall™
VMware® vDefend™ Distributed Firewall	vDefend Distributed Firewall	VMware NSX® Distributed Firewall™
VMware® vDefend™ Firewall with Advanced Threat Prevention	vDefend Firewall with Advanced Threat Prevention	VMware NSX® Advanced Threat Prevention™
VMware® vDefend™ Distributed IDS/IPS	vDefend Distributed IDS/IPS	VMware NSX® Distributed IDS/IPS™
VMware Skyline™	VMware Skyline	
VMware Tanzu®	VMware Tanzu	
VMware Tanzu® Kubernetes Grid™	Tanzu Kubernetes Grid、TKG	
VMware vSphere IaaS control plane	vSphere IaaS control plane	VMware vSphere® with Tanzu、VMware vSphere® with Kubernetes
VMware vSphere Kubernetes Service	vSphere Kubernetes Service、VKS	Tanzu Kubernetes Grid Service、TKGS
VMware Aria™	VMware Aria	VMware vRealize
VMware Aria Suite™	VMware Aria Suite	VMware vRealize Suite
VMware Aria Automation™	VMware Aria Automation	VMware vRealize Automation、vRA
VMware Aria Automation Orchestrator™	VMware Aria Automation Orchestrator	VMware vRealize Automation Orchestrator、vRO
VMware Aria Operations™	VMware Aria Operations	VMware vRealize Operations、vROps
VMware Aria Operations™ for Logs	VMware Aria Operations for Logs	VMware vRealize Log Insight、vRLI
VMware Aria Operations™ for Networks	VMware Aria Operations for Networks	VMware vRealize Network Insight、vRNI

正式名称	略称	旧称・旧略称
VMware® Live Recovery	Live Recovery	VMware® Cloud Disaster Recovery、VMware Site Recovery Manager
VMware® Live Cyber Recovery	Live Cyber Recovery	VMware® Cloud Disaster Recovery
VMware® Live Site Recovery	Live Site Recovery	VMware® Site Recovery Manager
VMware Cloud™ on AWS	VMware Cloud on AWS	
Azure VMware® Solution	Azure VMware Solution	
Google Cloud VMware® Engine	Google Cloud VMware Engine	
Oracle Cloud VMware® Solution	Oracle Cloud VMware Solution	
VMware® Private AI	VMware Private AI	
VMware® Private AI Foundation with NVIDIA	Private AI Foundation with NVIDIA	
VMware Workstation Pro	Workstation Pro	
VMware Fusion Pro	Fusion Pro	

表 0.2　機能名称に関する正式名称と略称

正式名称	略称	日本語名称
VMware vSphere® Distributed Resource Scheduler™	vSphere DRS、DRS	
VMware vSphere® Distributed Switch™	vSphere Distributed Switch、VDS	分散スイッチ、分散仮想スイッチ
VMware vSphere Standard Switch	vSphere Standard Switch、VSS	標準スイッチ、標準仮想スイッチ
VMware vSphere® Fault Tolerance	vSphere Fault Tolerance・vSphere FT	vSphere フォルトトレランス
VMware vSphere® High Availability	vSphere HA	vSphere 高可用性
VMware vSphere® vMotion®	vSphere vMotion	
Enhanced vMotion Compatibility	EVC	拡張 vMotion 互換性
vCenter Server Appliance	VCSA	vCenter Server アプライアンス
Virtual Appliance Management Interface	VAMI	仮想アプライアンス管理インターフェイス
VMware Certificate Authority	VMCA	VMware 認証局
vCenter Single Sign-On	vCenter SSO	vCenter シングルサインオン
VMware vSphere Kubernetes Service	VKS	
vSphere Lifecycle Manager	vLCM	vSphere ライフサイクルマネージャー
vSphere Update Manager	vUM	vSphere アップデートマネージャー
vSphere Data Processing Unit	DPU	
vSAN Express Storage Architecture	vSAN ESA	
vSAN Original Storage Architecture	vSAN OSA	
Direct Console User Interface	DCUI	ダイレクトコンソールユーザーインターフェイス
VMware Remote Console	VMRC	リモートコンソール

2025年にVMware Cloud Foundation 9のリリースが予定されますが、2024年8月にVMware Explore 2024において各機能名称の変更が発表されています。

vSphere Kubernetes Serviceなど、一部名称はすでに利用されていますが、今後のバージョンを利用する際に本書内での名称と異なる場合があるためご注意ください。

表0.3　2025年以降のVMware Cloud Foundation 関連コンポーネントの名称

名称	略称	旧名称
VMware Cloud Foundation® Automation	VCF Automation	VMware Aria Automation、VMware vRealize Automation
VMware Cloud Foundation® Operations	VCF Operations	VMware Aria Operations、VMware vRealize Operations、
VMware Cloud Foundation® Operations for logs	VCF Operations for logs	VMware Aria Operations for Logs、VMware vRealize Log Insight
VMware Cloud Foundation® Operations for networks	VCF Operations for networks	VMware Aria Operations for Networks、VMware vRealize Network Insight
VMware Cloud Foundation Operations diagnostics	VCF Operations diagnostics	VMware Skyline
VMware Cloud Foundation Operations fleet management	VCF Operations fleet management	VMware SDDC Manager
VMware Cloud Foundation Operations HCX	VCF Operations HCX	VMware HCX Enterprise
VMware Cloud Foundation Identity Broker	VCF Identity Broker	VMware Workspace One Access
VMware ESX	ESX	VMware ESXi、ESXi
VMware® vSAN™ storage clusters	vSAN Storage cluster	vSAN Max
vSphere Supervisor		vSphere Iaas control plane、vSphere with Tanzu
vSphere Kubernetes Service	VKS	Tanzu Kubernetes Grid Service、TKGS

また、本書内で説明に使用されるVMwareソフトウェアにおいて頻繁に利用される代表的な略称について以下にまとめます。

表0.4　その他の一般的な略称

名称	略称	日本語名称・説明
Bring Your Own Subscription	BYOS	サブスクリプションライセンスの持ち込み
Bring Your Own License	BYOL	ライセンスの持ち込み
General Availability	GA	IA（初期リリース）のフィードバックで問題がない場合は、数週間後にGA（一般リリース）に切り替わる
Initial Availability	IA	メジャーバージョンなど大きな変更が行われたリリースでは、初期リリースとして先行評価用として提供される
End of General Support	EOGS	対象のソフトウェアリリースに対する製品のソフトウェア・アップデートの提供と、Broadcomサポートの提供が終了すること

名称	略称	日本語名称・説明
End of Life	EOL	ソフトウェア・アップデートの開発、サポートの提供が終了した製品バージョン
Knowledge Base	KB	様々なサポート情報を公開する仕組み、ナレッジベースまたはそのウェブサイト
Support Request , Service Request	SR	従来、VMware ではサポートに問い合わせを行うことを指し、「SR を上げる」などの流れで利用されていた。Broadcom では SR ではなく Case と言い、「Case を作成する」という言い回しに変わってきている
Hardware Compatibility List	HCL	ソフトウェアバージョンに対して互換性・サポート認定されたハードウェアの情報、またはそれらを検索するためのツール
Broadcom Compatibility Guide (VMware Compatibility Guide)	BCG (VCG)	同上
Customer Experience Improvement Program	CEIP	カスタマーエクスペリエンス向上プログラム。CEIP に参加すると、匿名のフィードバックや情報を Broadcom に提供して VMware の製品およびサービスの品質、信頼性、機能の向上に寄与できる
Purple Screen of Diagnostics	PSOD	ハードウェアまたはカーネルの障害が原因で発生する ESXi がクラッシュした際に表示される紫色のコンソール画面。"D" は Death ではなく Diagnostics の頭文字

動作確認環境

本書内の記述および画像は、次の環境で操作確認、取得しています。

- VMware vSphere 8.0 Update 3
  - VMware ESXi 8.0 Update 3
  - VMware vCenter Server 8.0 Update 3
  - VMware vSAN 8.0 Update 3
- VMware Cloud Foundation 5.2.1
- VMware HCX 4.11
- VMware PowerCLI 13.3
- Tanzu CLI 1.1

なお、vSphere 8.0 Update 3以前に実装された機能、及び廃止された機能についての解説では、各項において前提のバージョンを示しています。

目次

はじめに iii
謝辞 iv
製品・機能の正式名称と略称一覧 v
動作確認環境 viii

第1章 サーバー仮想化技術の概要　　　　1

1.1 仮想化とは 2
1.1.1 サーバー仮想化とは 2
1.1.2 VMware の提供する仮想化技術 4

1.2 VMware vSphere の概要 5
1.2.1 VMware vSphere を利用した仮想化環境 6
1.2.2 VMware ESXi 7
1.2.3 VMware vCenter 8
1.2.4 エンタープライズクラウドを支える vSphere の機能 9

第2章 vSphere クラスタの導入準備　　　　13

2.1 公式サイト 14

2.2 vSphere ライセンスモデル 16

2.3 VMware ソフトウェアのサポートライフサイクルとバージョンナンバリング 22
2.3.1 VMware ソフトウェアのサポートライフサイクル 22
2.3.2 製品バージョンの読み方 25

2.4 インストールの準備 27
2.4.1 ハードウェアの準備 28
2.4.2 外部サーバーの準備 31

2.5 ソフトウェアの入手方法 31

第3章 vSphere クラスタの導入　　　　35

3.1 本章における構成と導入の流れ 36
3.1.1 本章における構成 36
3.1.2 導入の流れ 37

3.2 ESXi のインストールと初期設定 37
3.2.1 VMware ESXi のインストール手順 37
3.2.2 DCUI を利用した ESXi の初期設定 39
3.2.3 VMware Host Client による ESXi の操作 42

3.3 vCenter Server のインストールと初期設定 45
3.3.1 vCenter Server のインストール 46
3.3.2 仮想アプライアンス管理インターフェイスによる vCenter Server の管理 51
3.3.3 vSphere Client による vCenter Server の操作 53

ix

3.4	vSphere クラスタの基本セットアップ	54
	3.4.1 クイックスタートによるクラスタセットアップ	54
3.5	vSphere Client を利用した基本動作	61
	3.5.1 vSphere Client の基本的な画面構成	61
	3.5.2 vSphere Client インベントリ画面	63

第 4 章　仮想マシン　　71

4.1	仮想マシンとゲスト OS	72
	4.1.1 仮想ハードウェア	72
	4.1.2 ゲスト OS の選択	73
	4.1.3 ゲスト OS のサポートステータス	73
	4.1.4 仮想マシンの構成ファイル	74
	4.1.5 仮想ハードウェア（ストレージ）	75
	4.1.6 仮想ハードウェア（ネットワーク）	77
4.2	仮想マシンの作成と管理	78
	4.2.1 仮想マシンコンソール	78
	4.2.2 仮想マシンの作成とゲスト OS のインストール	79
	4.2.3 仮想マシンのクローン（作成済みの仮想マシンの複製）	84
	4.2.4 仮想マシンテンプレートの展開（仮想マシンテンプレート／ OVF ／ OVA ファイルの展開）	86
	4.2.5 仮想マシンの起動と停止	89
	4.2.6 VMware Tools と Open VM Tools	91
	4.2.7 仮想マシンのカスタマイズ仕様	93
	4.2.8 スナップショット	95
4.3	vSphere 環境への仮想マシンの取り込み	101

第 5 章　CPU とメモリの仮想化　　103

5.1	vSphere における CPU の仮想化	104
	5.1.1 CPU スケジューリング	105
	5.1.2 CPU アフィニティ	109
	5.1.3 仮想マシン遅延感度設定	110
	5.1.4 CPU のハードウェア仮想化支援機能	112
	5.1.5 その他の CPU 仮想化機能	116
	5.1.6 vNUMA（Virtual NUMA）	118
	5.1.7 電源ポリシーと CPU	120
	5.1.8 パフォーマンス分析のための主要なメトリック（CPU）	122
5.2	メモリの仮想化	128
	5.2.1 vSphere におけるメモリの仮想化	128
	5.2.2 Active（有効）と Consumed（消費）	128
	5.2.3 メモリのオーバーコミット	131
	5.2.4 メモリの回収メカニズム	131
	5.2.5 パフォーマンス分析のための主要なメトリック（メモリ）	134
5.3	リソースのシェア／予約／制限	138

第6章　ストレージの仮想化　147

6.1　vSphere におけるストレージ 148
　6.1.1　vSphere データストアが提供する価値 149
　6.1.2　vSphere がサポートする様々なストレージアーキテクチャ 150

6.2　vSphere のストレージ従来型アーキテクチャ 152
　6.2.1　共有ストレージの概要 152
　6.2.2　VMFS 154
　6.2.3　RDM（Raw Device Mapping) 156
　6.2.4　NFS 157

6.3　Software-Defined Storage 160
　6.3.1　ストレージポリシーベースの管理 160
　6.3.2　デフォルトストレージポリシー 160
　6.3.3　仮想マシンストレージポリシー 161
　6.3.4　仮想マシンストレージポリシーの管理 162

6.4　vSphere Virtual Volumes（VVOL) 166
　6.4.1　VVOL の特長 166

6.5　ストレージマルチパス 168
　6.5.1　パスのフェイルオーバー 168
　6.5.2　プラグ可能ストレージアーキテクチャ（PSA) 169
　6.5.3　パス管理ポリシー 171

6.6　ファイバチャネル（FC）ストレージとの接続 173
　6.6.1　FC-SAN ゾーニング 173
　6.6.2　LUN マスキング 175

6.7　iSCSI ストレージとの接続 175
　6.7.1　iSCSI ポートバインディング 176

6.8　VAAI（vStorage APIs for Array Integration) 179

6.9　NVMe プロトコルによるストレージ接続 180

6.10　vSphere ストレージ設計のベストプラクティス 184
　6.10.1　外部ストレージでの推奨設計 185

第7章　vSAN　189

7.1　vSAN のアーキテクチャ 190

7.2　vSAN が提供するメリット 192

7.3　vSAN ハードウェア 193
　7.3.1　vSAN ReadyNode 193
　7.3.2　vSAN ドライブとストレージ I/O コントローラ 194

7.4　vSAN ネットワーク 196
　7.4.1　vSAN ネットワークの推奨構成 197
　7.4.2　高度なネットワーク設定の利用と vSAN ネットワークの広帯域化 200
　7.4.3　RDMA を利用した高速・低遅延な vSAN ネットワーク 201

7.5　vSAN を構成するソフトウェアアーキテクチャ 201

	7.5.1	vSAN データストア上のオブジェクトとコンポーネント	201
	7.5.2	vSAN を構成するプロセスと役割	203

7.6　vSAN ストレージポリシーとデータ配置 208
　　7.6.1　フォルトドメイン 210
　　7.6.2　vSAN OSA のデータ可用性 211
　　7.6.3　vSAN ESA のデータ可用性 212

7.7　vSAN のストレージ I/O アーキテクチャ 214
　　7.7.1　vSAN の I/O フロー 214
　　7.7.2　vSAN データストアの重複排除、圧縮 220
　　7.7.3　vSAN データストアの暗号化 222

7.8　vSAN の運用と管理 222
　　7.8.1　vSAN サービスの有効化 222
　　7.8.2　vSAN サービス設定と健全性ステータスの確認 223
　　7.8.3　vSAN データストアの容量管理 225
　　7.8.4　vSAN バージョンとディスクフォーマット 229
　　7.8.5　リモート vSAN データストア 231
　　7.8.6　vSAN データストアの障害と復旧 233
　　7.8.7　vSAN クラスタのシャットダウンと起動 235

7.9　vSAN の推奨構成 241
　　7.9.1　vSAN クラスタ構成の推奨 241
　　7.9.2　vSAN ドライブ構成の推奨 242

7.10　その他の vSAN 機能 245

第 8 章　ネットワークの仮想化　　249

8.1　ネットワーク仮想化の基本 250
　　8.1.1　vSphere における仮想ネットワークの全体像 250
　　8.1.2　仮想 NIC 251
　　8.1.3　仮想スイッチ 252

8.2　可用性・パフォーマンス向上とトラフィックの制御 259
　　8.2.1　冗長化と負荷分散 259
　　8.2.2　トラフィックの制御とセキュリティ 269

8.3　仮想ネットワーク環境の運用とトラブルシューティング 281
　　8.3.1　データの保護と復元 281
　　8.3.2　トラフィックの監視と分析 284
　　8.3.3　パフォーマンス監視とトラブルシューティング 286

第 9 章　vSphere クラスタの機能と管理　　293

9.1　vSphere クラスタ 294
　　9.1.1　vSphere クラスタとは 294
　　9.1.2　vSphere クラスタサービス（vSphere Cluster Services：vCLS） 295

9.2　高可用性（High Availability） 298
　　9.2.1　vSphere HA のアーキテクチャ 298

	9.2.2	障害検知の仕組み	303
	9.2.3	アドミッションコントロール	314
	9.2.4	vCenter High Availability	319
9.3	vSphere vMotion		320
	9.3.1	vMotion のアーキテクチャ	321
	9.3.2	Enhanced vMotion Compatibility：EVC	325
	9.3.3	Storage vMotion	329
	9.3.4	Cross vCenter vMotion	331
	9.3.5	vMotion Notification	334
9.4	vSphere クラスタのリソース管理と動的配置による最適化		336
	9.4.1	リソースプールによるリソースの階層化と予約・制限・共有	337
	9.4.2	vSphere DRS（Distributed Resource Scheduler）	340
	9.4.3	アフィニティルールと DRS グループ	346
	9.4.4	DRS クラスタ内での異なる性能のサーバー混在時の考慮	349
	9.4.5	DRS の無効化	350
9.5	vSphere Fault Tolerance (FT)		351
	9.5.1	vSphere FT とは	351
	9.5.2	vSphere FT の構成	353
	9.5.3	vSphere FT の動作	356

第 10 章　vSphere のライフサイクルとコンテンツ管理　　359

10.1	vSphere のライフサイクル管理とバージョンアップ		360
	10.1.1	バージョンアップ計画・事前確認	360
	10.1.2	vCenter のバージョンアップ	364
	10.1.3	vSphere Lifecycle Manager	369
	10.1.4	ESXi のバージョンアップ	371
	10.1.5	仮想マシンハードウェアバージョンと VMware Tools のバージョンアップ	378
10.2	Host Profiles と Configuration Profiles		379
	10.2.1	Host Profiles（ホストプロファイル）	379
	10.2.2	vSphere Configuration Profiles（コンフィギュレーションプロファイル）	381
10.3	コンテンツライブラリ		388
	10.3.1	コンテンツライブラリの作成と種類	390

第 11 章　vSphere クラスタの運用と監視　　405

11.1	健全性監視		406
	11.1.1	Skyline Health	406
	11.1.2	アラームの管理	408
11.2	ログ管理・運用		410
	11.2.1	タスクとイベント	411
	11.2.2	ログ管理	411
	11.2.3	サポートバンドル取得・確認	416

xiii

11.3	vSphere 環境のバックアップ・リストア運用	419
	11.3.1 vSphere 環境の保護対象と様々な保護の手法	419
	11.3.2 仮想マシンのバックアップとリストア	422
	11.3.3 vCenter Server のバックアップとリストア	427
	11.3.4 ESXi ホスト構成情報のバックアップとリストア	436
	11.3.5 vSphere クラスタ構成のバックアップとリストア	437
11.4	パフォーマンスモニタリング	441
	11.4.1 パフォーマンスモニタリングのためのツール	441
11.5	vSphere を操作する CLI・API ツール	444
	11.5.1 vSphere を操作する CLI・API・SDK の全体紹介	444
	11.5.2 vSphere API	445
	11.5.3 PowerCLI	448
	11.5.4 デベロッパーセンター	451
11.6	vSphere トラブルシューティング	454
	11.6.1 事象の切り分け	454
	11.6.2 切り分け後の対応	455
	11.6.3 原因調査へのアプローチ	456

第 12 章 　 vSphere IaaS control plane の導入 　 461

12.1	コンテナとは	462
12.2	Kubernetes とは	463
12.3	vSphere IaaS control plane について	465
	12.3.1 vSphere IaaS control plane の概要	465
	12.3.2 vSphere IaaS control plane の特徴	467
	12.3.3 vSphere IaaS control plane の要件	468
12.4	vSphere IaaS control plane のアーキテクチャ	469
	12.4.1 スーパーバイザーのアーキテクチャ	470
	12.4.2 スーパーバイザーのネットワーク	471
	12.4.3 スーパーバイザーのストレージ	473
12.5	スーパーバイザーの有効化	475
	12.5.1 スーパーバイザーの有効化のワークフロー	476
	12.5.2 コンピューティングの構成	476
	12.5.3 ストレージの構成	477
	12.5.4 分散スイッチの構成	481
	12.5.5 Avi Load Balancer の構成	481
	12.5.6 スーパーバイザーの有効化	481
12.6	スーパーバイザーの利用	488
	12.6.1 名前空間の作成	488
	12.6.2 名前空間の構成	490
	12.6.3 名前空間へのアクセス	493
12.7	TKG クラスタの管理	496
	12.7.1 ClusterClass と Tanzu Kubernetes Cluster	496
	12.7.2 Tanzu Kubernetes リリース	497

12.7.3	TKG クラスタのデプロイの準備	498
12.7.4	TKG クラスタの定義ファイルの作成	502
12.7.5	TKG クラスタのデプロイ	504
12.7.6	TKG クラスタへのアクセス	505
12.7.7	TKG クラスタのアップデート	506

第 13 章　vSphere IaaS control plane の活用　509

13.1　VMware Tanzu CLI 510
13.1.1	Tanzu CLI の基本的な使い方	510
13.1.2	VMware Tanzu Package	512
13.1.3	Tanzu Standard Package Repository	513
13.1.4	リポジトリの登録	514
13.1.5	cert-manager	515
13.1.6	Contour	518
13.1.7	Harbor	521

13.2　vSphere ならではの Kubernetes 拡張機能 526
13.2.1	vSphere Pod サービス	526
13.2.2	仮想マシンサービス	527

13.3　vSphere IaaS control plane の運用 529
13.3.1	vSphere IaaS control plane のライフサイクル管理	529
13.3.2	vSphere IaaS control plane のバックアップとリストア	531
13.3.3	vSphere IaaS control plane のトラブルシューティング	535

第 14 章　vSphere のセキュリティ　541

14.1　セキュリティの強化概要 542
14.1.1	vSphere セキュリティの昨今	542
14.1.2	セキュリティ強化におけるいくつかのトレンド	543

14.2　vSphere 環境のセキュリティ強化 544

14.3　ユーザー管理とアクセス制御 546
14.3.1	vCenter SSO とユーザーと ID ソース	547
14.3.2	vCenter Server の権限とロール	550
14.3.3	vSphere の権限の設定と動作	552

14.4　ESXi の保護 554
14.4.1	セキュアブート	554
14.4.2	ESXi の構成の暗号化 (ESXi Configuration Encryption)	556
14.4.3	ロックダウンモード	557
14.4.4	ESXi ファイアウォール	559

14.5　vCenter Server の保護 559
14.5.1	vCenter Server アクセスコントロール	560
14.5.2	vCenter Server 証明書	561

14.6　vSphere Native Key Provider 575
14.6.1	vSphere Native Key Provider の有効化	575

xv

14.7	仮想マシンの保護	577
	14.7.1 仮想マシンの UEFI セキュアブート	577
	14.7.2 暗号化機能の利用	578
	14.7.3 vMotion トラフィックの暗号化	582
14.8	ストレージの保護	584
	14.8.1 vSAN データストアの暗号化	584
	14.8.2 NFS v4.1 を利用したデータストアのセキュリティ	589

第 15 章　VMware Cloud　593

15.1	vSphere を利用したデータセンターのデザイン	594
	15.1.1 オンプレミスデータセンターにおける vSphere のデザイン	595
	15.1.2 vCenter Server の展開デザイン	598
	15.1.3 VMware Cloud Foundation の展開デザイン	599
15.2	VMware Cloud の概要	601
	15.2.1 VMware Cloud の基本構成	602
	15.2.2 VMware Cloud の特長	603
	15.2.3 VMware Cloud のユースケース	605
15.3	代表的な VMware Cloud のサービス	606
	15.3.1 VMware Cloud on AWS	606
	15.3.2 Amazon Elastic VMware Service (EVS)	607
	15.3.3 Azure VMware Solution (AVS)	608
	15.3.4 Google Cloud VMware Engine (GCVE)	609
	15.3.5 Oracle Cloud VMware Solution (OCVS)	610
15.4	VMware HCX	612
	15.4.1 VMware HCX の概要	613
	15.4.2 VMware HCX の特長	614
	15.4.3 VMware HCX の構成	614
	15.4.4 VMware HCX の主な機能	617
	15.4.5 VMware HCX 構成までの流れ	620
	15.4.6 VMware HCX のサポート	625
	15.4.7 VMware HCX のアップグレード	625

索引	628
執筆者プロフィール	637

Chapter 1

サーバー仮想化技術の概要

CHAPTER 1　サーバー仮想化技術の概要

　本章では、サーバー仮想化技術の全体像を解説するとともに、本技術領域において、VMware のユニークなビジョンや、これまで培ってきた技術の特徴について紹介します。また、本書を通じて紹介される VMware vSphere の全体像や、基本的な構成要素についても紹介します。

1.1　仮想化とは

　一般に、「仮想化」とは物理的なハードウェア（物理ハードウェア）を抽象化し、ソフトウェアによって論理的なリソースとして扱う技術です。これにより、リソース効率の最適化や、調達にかかる時間の短縮など、物理的な世界だけでは達成できなかった柔軟性とスピードを提供します。

　抽象化された物理的なハードウェアは仮想ハードウェアとして扱われ、CPU やメモリといった基本的なリソースだけでなく、ストレージやネットワークなど、様々なリソースを含めて、柔軟に利用できます。

　本節では、このうち最も基本的なサーバー仮想化の技術について説明した後、他のリソースの仮想化を含めた VMware の仮想化技術について紹介します。

1.1.1　サーバー仮想化とは

　サーバーとは、サービスを提供するためのアプリケーションを実行する土台です。物理サーバーには CPU やメモリ、ストレージ、ネットワークインターフェイスカード（NIC）をはじめ、様々なデバイスが搭載されています。物理環境においては、物理サーバーと1対1の関係で、オペレーティングシステム（OS）をインストールし、アプリケーションを実行します（図1.1）。

　サーバー仮想化という技術が登場した背景には、物理サーバーの性能が飛躍的に向上したことが挙げられます。性能が向上したことで、1つの OS と、その上で実行できるアプリケーションだけでは、物理サーバーの持つリソースを使い切れず、貴重なリソースの無駄が発生していました。また、調達の面でも、ビジネスの変化が激しくなり、サービス提供までのスピードが求められる中、物理サーバーの調達だけで数週間や数ヶ月かかってしまっていては、ビジネスの変化に追いつけないという問題もありました。

　サーバー仮想化では、物理サーバーに搭載されている物理ハードウェアを抽象化し、OS やその上で実行されるアプリケーションに対して、最適にリソースを配分することで、これらの問題を解決します。

　仮想化環境においては、まず、ハイパーバイザーと呼ばれる専用のソフトウェア（ホスト OS とも呼ばれます）が、物理ハードウェアを管理します。その上で、ハイパーバイザーは、仮想マシンと呼ばれる仮想ハードウェアで構成された空間を作成します。この仮想マシンごとに OS（ゲスト OS）をインストールすることで、各 OS から見ると自身がサーバーを占有しているように見せつつも、1つの物理サーバー上に複数の OS が稼働できます。

　そのため、サーバー仮想化は、リソース効率の最適化や、調達スピードの向上を含む様々なメリットを提供します。

1.1 仮想化とは

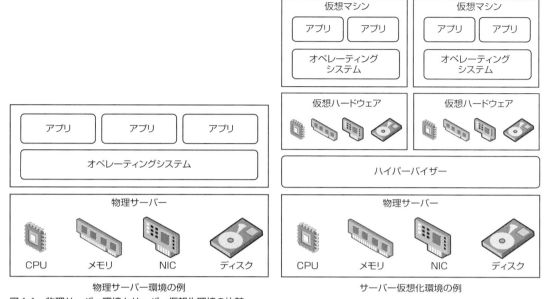

図 1.1 物理サーバー環境とサーバー仮想化環境の比較

- **リソース利用効率の最適化**

  必要な分のリソースだけを仮想マシンに割り当て、かつ複数台の仮想マシンを、同一の物理サーバー上で実行できます。また、複数台の物理サーバーでクラスタを構成し、仮想マシンを分散して配置することもできます。負荷に応じて均等に物理リソースを利用し、リソース利用効率を最適化します。

- **調達スピードの向上**

  仮想マシンは、必要なタイミングで作成できるため、サーバー調達にかかる時間を大幅に短縮できます。

- **隔離**

  同一の物理サーバー上で動作している仮想マシン同士であっても、それぞれのリソースが隔離されているため、相互への影響を最小化します。

- **カプセル化**

  仮想マシンは、起動ディスクや設定情報等、全てをファイルとして保存します。そのため、必要なファイルをコピーすることで、別の環境に仮想マシンのコピーを作成できます。

CHAPTER 1　サーバー仮想化技術の概要

- ハードウェア非依存
  ハイパーバイザーが物理ハードウェアを抽象化するため、仮想マシンを、別の物理サーバー上に移動させても、ハイパーバイザーが提供する互換性の範囲内で、そのまま動作可能です。

また、これらの特性を活かすことで、物理環境ではできなかったような運用作業が可能となり、基盤の運用を大幅に変革します。下記にいくつかの例を記載します。

- 迅速なプロビジョニング
  仮想マシンは、ファイルのコピーにより仮想マシンそのものを複製できます。そのため、最初に構築した1台の仮想マシンをコピーすることで、大規模な環境も迅速に構築できます。また、コピーによる作業であるため、手順を簡略化し、作業ミスを減らすだけでなく、社内規定の徹底といったガバナンスのためにも活用できます。

- シンプルなバックアップ・リストア
  ある時点で仮想マシンのコピーを保存しバックアップしておくことで、有事の際には、バックアップした仮想マシンのファイルから再度起動するだけで、簡単にリストアできます。実際には、バックアップ対象の規模が大きくなると、VMware 製品と連携したバックアップ製品が必要となるため、ミッションクリティカルな基盤を構築する際には、バックアップ製品の導入も重要な検討項目になります。

- 柔軟なハードウェア更改
  仮想マシンは、別の物理サーバーへ移動できるため、稼働していたハードウェアの更改のタイミングで、仮想マシンを退避できます。特に vSphere においては、仮想マシンを稼働させたまま、別の物理サーバーへ移動させる vSphere vMotion という機能があるため、ハードウェア更改にかかるダウンタイムを大幅に削減できます。

- 効率的な災害対策
  大規模な災害への対策として、仮想マシンのファイルのコピーを継続的に別の拠点へ転送し、バックアップできます。これにより、複雑な仕組みが求められる災害対策を、簡素化できます。

1.1.2　VMware の提供する仮想化技術

　VMware では、ここまで説明してきたサーバー仮想化だけでなく、ストレージの仮想化（Software-Defined Storage）や、ネットワークの仮想化（Software-Defined Networking）といったデータセンターを構成する様々なリソースに対して、仮想化技術を提供しています（図 1.2）。

　ストレージ仮想化においては、VMware vSAN というソリューションを提供しており、汎用的なサーバーを束ねることで、高性能・高信頼な仮想ストレージを実現します。従来の専用ストレージを利用するアーキテク

チャでは、ストレージ専用のネットワークを構成し、それを維持するための運用負荷が、追加でかかっていました。しかし、vSAN では、それらの複雑性を解消し、サーバー管理の延長で、高品質なストレージを利用できます。

また、ネットワーク仮想化においては、VMware NSX というソリューションを提供しています。これは物理ネットワークの上に、ソフトウェアで定義された仮想のネットワークを構築することで、ソフトウェアの世界で、ネットワーク機能や、セキュリティ機能を提供します。ソフトウェアとして機能を提供するため、サーバー仮想化と同様に、必要なタイミングで迅速に、必要な機能を提供します。また、API を利用することで、機能の展開を自動化し、運用効率を大幅に向上させます。

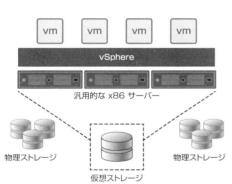 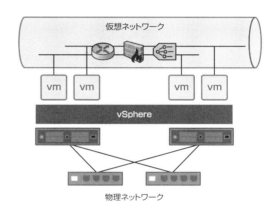

図 1.2　ストレージ仮想化とネットワーク仮想化

ここまで紹介したサーバー仮想化、ストレージ仮想化、そしてネットワーク仮想化により、データセンターを構成するあらゆる要素を、丸ごと仮想化できます。VMware では、このデータセンター全体を仮想化するビジョンを Software-Defined Data Center（SDDC）と呼んでいます。この SDDC のビジョンを実現するための VMware フルスタックのソリューションが、VMware Cloud Foundation（以降、VCF）です。VCF については、コラム「VMware Cloud Foundation とは」に解説がありますので、そちらを参照してください。

また、VCF を含む vSphere 基盤では、Kubernetes をベースとしたコンテナ基盤を実現することもできます。コンテナ技術の概要、およびコンテナ基盤を実現するための機能については、第 12 章および第 13 章で解説します。

1.2　VMware vSphere の概要

VMware vSphere（以降、vSphere）は、ハイパーバイザーである VMware ESXi（以降、ESXi）と、ESXi で仮想化された環境を管理する VMware vCenter（以降、vCenter）から構成される仮想化ソフトウェアスイートです。vCenter は、ESXi で仮想化したサーバー群やその上で動作する仮想マシンに対し、運用／管理の自動化・一元化、リソースの最適化、高可用性の実現などの機能を提供します。

1.2.1 VMware vSphere を利用した仮想化環境

vSphere を利用してどのように仮想化環境を実現するかについて説明します。まず、1.1 節で説明したハイパーバイザーにあたるコンポーネントが ESXi になります。物理サーバーに ESXi をインストールすると、その物理サーバーのリソースが仮想化され、仮想マシンを作成、実行する環境が整います。

さらに、複数の物理サーバーを束ねてクラスタを構築するためには、ESXi に加えて、vCenter と呼ばれる管理コンポーネントを導入します。vCenter では、複数の ESXi を一元的に管理するための高度な UI を提供しており、仮想化環境をより柔軟に運用できます（図 1.3）。

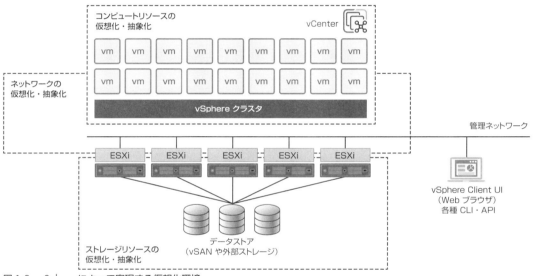

図 1.3　vSphere によって実現する仮想化環境

vSphere 基盤で動作する仮想マシンには、以下の特徴があります。

- 仮想マシンは、ゲスト OS からは物理サーバーと同等のものとして認識される（ゲスト OS は仮想マシンを意識する必要がない）
- 一般的な OS、アプリケーションは、修正することなく実行可能
- 個々の仮想マシンは隔離されており、他の仮想マシンを認識することはない
- 仮想 CPU、仮想メモリ、仮想デバイスなどをパワーオンの状態のまま追加可能（ホットアドに対応したゲスト OS かつ VMware Tools のインストールが必要）

上記の特徴から分かる通り、vSphere の仮想マシンは物理サーバーと同等の独立性を維持しつつ、動的なリソースの追加など物理サーバーよりも柔軟性の高い環境を提供します。これらの利点から、多くの OS やアプリ

ケーションは vSphere 上での動作をサポートしており、物理サーバー上で動作させるのと同等、もしくはより高度に運用できます。

ESXi の上で動作する仮想マシン（Virtual Machine：VM）群は、vCenter により一元管理されます。各 VM の仮想ディスク領域は VMDK（Virtual Machine Disk）というファイルにカプセル化されて運用されます。この VMDK は、データストアと呼ばれる仮想化されたストレージ領域に格納されます。データストアは各物理サーバーに装着されている SSD、HDD などの内蔵ストレージや、iSCSI、NFS、Fibre Channel などで接続された共有ストレージアレイ、NVMe over Fabric ストレージを用いて構成します。内蔵ストレージ群を束ねて 1 つのデータストアとしての運用を可能にする vSAN や、共有ストレージアレイ上に構成したデータストアは、複数の ESXi から読み書き可能で、

- 耐障害性：物理サーバー故障時に、他の物理サーバーで作業を引き継ぐ
- 負荷分散：CPU 負荷、メモリ負荷の集中している物理サーバー上の仮想マシンを他の物理サーバーに移動する

など、1 台の物理サーバーでは実現が難しい処理を行えるようになります。

1.2.2 VMware ESXi

ESXi は、物理サーバーにハイパーバイザーとして導入され、その物理サーバー上に複数の仮想マシンを構築、管理する機能を実現します。ESXi の構成は以下の通りです（図 1.4）。

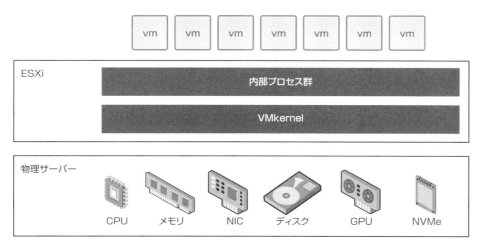

図 1.4　VMware ESXi の構成

CHAPTER 1　サーバー仮想化技術の概要

　ESXiの核となるのがVMkernelです。VMkernelは、物理サーバーに搭載されるデバイスを、直接制御し、管理します。各デバイスの制御には、ダイレクトドライバ型を採用しており、VMkernelが直接I/O処理を行うため、高いパフォーマンス、拡張性、信頼性を兼ね備えています。一方で、そういった長所と引き換えに、デバイスごとにハイパーバイザー専用のドライバを用意する必要がありますが、vSphereでは幅広いデバイスをサポートしており、これを補っています。

　また、ESXiはハイパーバイザー機能の実現に特化した専用のソフトウェアであり、必要な機能のみを実装することで、セキュリティの堅牢性や、メンテナンス性を高めている点も大きな特徴です。

1.2.3　VMware vCenter

　vCenterはESXiで仮想化された何十、何百という物理サーバーをクラスタという単位でまとめ、大きなリソースのまとまりとして運用することを可能にします。これによりハードウェアをより効率的に使用できます。

　その他にも複数のサーバーをまとめることには多くの利点があります。vCenterで提供される主な機能は以下の通りです（表1.1）。

表1.1　vCenter導入により実現できる機能

分類	機能
仮想マシンの効率的な制御	クローン、vApp、テンプレート
仮想基盤全体のリソース最適化、可用性の向上	クラスタ、タスクスケジュール、アラーム、ログ抽出機能 vMotion、Storage vMotion、DRS、Storage DRS、HA、FT、VDS
仮想化基盤全体の高度な管理	プロファイル管理、Auto Deploy、ライフサイクル管理
コンテナサポート	Kubernetesワークロードのデプロイ

　vSphere 8.0のvCenterは、vCenter Server Appliance（以降、VCSA）という構成済みの仮想アプライアンスとして提供されます。そのゲストOSには、Broadcomが開発し、公開しているPhoton OSと呼ばれるLinuxディストリビューションを利用しています。以前のバージョンではWindows OS上のアプリケーションとして動作するWindows版vCenterも提供していましたが、vSphere 7.0よりVCSAのみとなりました。

　VCSAはvSphere基盤を設定、管理、運用する上で必要な基本的な機能がインストールされた状態で提供されるため、vCenter自体の導入、バージョンアップ運用などの管理コストを低減します（図1.5）。

1.2 VMware vSphere の概要

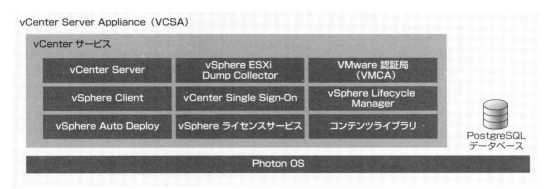

図1.5 vCenter Server Appliance に含まれる主なサービス・機能

vCenter に含まれるサービス・機能の役割は、次に紹介する vSphere の各種機能とあわせて本書の各章で詳細を解説します。

1.2.4 エンタープライズクラウドを支える vSphere の機能

vSphere は複数の物理サーバーを仮想化して一元管理し、大規模なシステムが必要とするリソースを効率よく安全に運用できることを説明しました。しかし、vSphere は基本的な仮想化を実現するだけではありません。企業向けの高品質・高信頼のクラウド環境を実現するために必要な数多くの機能を備えています。表1.2にその一例を示します。本書では各章でこれらの機能の詳細を解説します。

表1.2 vSphere が提供する機能

機能	関係する章	概要
豊富なユーザーインターフェイス	3章、11章	GUI での直感的な操作を可能にする vSphere Client、VMware Host Client や、PowerCLI、ESXCLI などコマンドラインで操作するインターフェイスを提供します
仮想マシンの管理の利便性向上	4章	VMware Tools、仮想マシンテンプレートにより、仮想マシンのデプロイやメンテナンスの効率を向上します
リソース割り当ての最適化	5章、9章	仮想マシンに対して物理 CPU、メモリなどのハードウェアリソース割り当ての最適化を行います。vSphere DRS による仮想マシンの負荷分散機能の提供など、仮想マシンの安定した運用を実現します
ストレージの仮想化	6章、7章	仮想マシンを格納するストレージも仮想化環境に最適化されて提供します。様々な外部ストレージ、および vSAN をサポートします
ネットワークの仮想化	8章	物理ネットワークから独立した仮想ネットワークを提供します。ネットワークの柔軟性、効率性、およびセキュリティを向上します
高い可用性と運用性	9章	vMotion、vSphere High Availability (HA)、vSphere Fault Tolerance (FT) など、システムの可用性と運用性を高める各種機能を提供します
ライフサイクル管理	10章	仮想化基盤のバージョンアップ運用などライフサイクル管理を支援する vSphere Lifecycle Manager (vLCM) 機能を提供します
コンテナワークロード	12章、13章	Kubernetes の統合により、コンテナ基盤を容易に展開、管理します

9

CHAPTER 1　サーバー仮想化技術の概要

機能	関係する章	概要
セキュリティ強化	14 章	仮想化基盤、仮想マシンを保護するセキュリティ機能を提供します
ハイブリッドクラウド連携	15 章	オンプレミスと同様の基盤を ハイパースケーラー各社のクラウド上に実現。オンプレミス環境との連携によって、より柔軟な仮想化環境を構築可能です

VMware Cloud Foundation とは

　VMware は 2012 年から従来のコンピュートの仮想化に加え、ネットワークやストレージの仮想化を取り入れることでデータセンターを構成する全てのリソースを抽象化し、それらをソフトウェアで集中管理する Software-Defined Data Center（SDDC）構想を推し進めてきました。

　SDDC 化により従来の物理機器に依存したインフラ基盤は標準化、共通化され、管理性や拡張性の向上に加え、ソフトウェア化による自動化の促進など、効率的な仮想化基盤の運用を実現しています（**図 1.6**）。

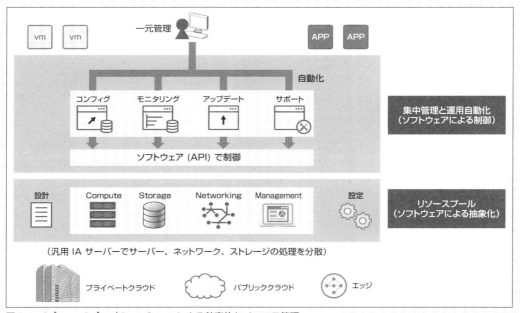

図 1.6　Software-Defined Data Center による効率的なインフラ管理

　しかし、SDDC 基盤においても、複数のソフトウェアを組み合わせる性質上、どうしても導入や運用手順が複雑になりがちであり、導入するには一定レベルの以上の知見が必要という新たな課題が生じました。

　そのような課題に対する解決策として、2016 年に VMware が発表したのが、VMware Cloud Foundation です。VMware Cloud Foundation では、コンピュート仮想化の vSphere、ネットワーク仮想化の NSX、ストレージ仮想化

のvSAN、クラウド管理のAria（旧vRealize）など、SDDCを構成するソフトウェア機能が全て含まれており、さらにそれらで構成されたSDDC基盤を管理するための統合管理ツールとしてSDDC Managerが利用可能です（図1.7）。

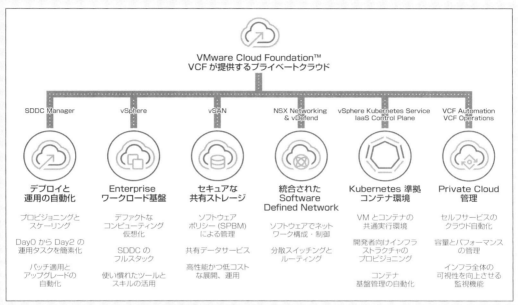

図1.7　VMware Cloud Foundationが提供する主なコンポーネント

SDDC Managerを利用することで、SDDC基盤に対して次の項目を実現できます。

- SDDC基盤の自動インストール
- ライフサイクル管理の自動化
- 拡張・増設の自動化
- 統合的なパスワード・証明書のローテーション

特に、SDDC基盤のインストールでは、Cloud Builderと呼ばれる仮想アプライアンスを利用することで大幅な工数削減が可能です。Cloud Builderを利用するには、事前準備としてvSphere基盤を構成するESXiホストを準備します。そして、デプロイメントパラメータと呼ばれるxlsx形式のファイルに、IPアドレスやホスト名等の展開情報を入力し、Cloud Builderに読み込ませることで、vCenterやvSAN、NSXを自動的に導入できます。このように、手動でそれらの製品を導入する場合と比較して、大幅に工数を削減することができます。

さらにVMware Cloud Foundationでは、汎用的な仮想化環境を効率的に運用するのに最適な設計思想（Validated Design）をベースに展開されるため、複雑な個々のソフトウェア機能の設計をも省略することもできます（図1.8）。

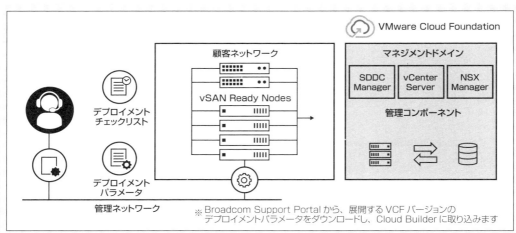

図1.8 VMware Cloud Foundation 初期展開フロー

　導入と同時にSDDC Managerが展開され、SDDC Managerを管理の起点としてワークロードドメイン[1]と呼ばれる目的に応じた複数の仮想化基盤を展開し、既存のワークロードドメインに物理サーバーを増設・縮小できます。
　また、ソフトウェアライフサイクル管理では、従来のSDDC基盤では複雑であった、製品間のバージョンの互換性やアップデート手順の確認などは全てSDDC Managerが制御をするため、基本的に不要になります。ユーザーはSDDC Managerで表示されたアップデートをクリックして、ワークロードドメインやクラスタごとに適用することで、手順の不備なく安全にSDDCを構成するソフトウェア群のアップデートを実行できます。さらに、従来では製品ごとに管理ツールが異なるため、パスワードや証明書の更新もそれぞれの管理ツールで個別に行っていましたが、SDDC Managerから一元的に更新が可能となるため、運用効率の向上が可能です（図1.9）。

図1.9 VCF導入により効率化されるソフトウェア作業所用時間

【1】　ワークロードドメインはその名の通り、利用するワークロードに応じて展開する単位を示し、ワークロードドメインごとに独立したvCenter Serverを導入して利用者の管理を明確に分けることも可能です。

Chapter **2**

vSphere クラスタの導入準備

CHAPTER 2 vSphere クラスタの導入準備

本章では vSphere クラスタを導入するための準備として、多数ある公式サイトやサポート情報の紹介、ライセンスやバージョンの概要などの前提情報の紹介、そして実際に vSphere クラスタを構築するために必要な VMware ESXi のハードウェア要件、インストール準備について解説します。

2.1 公式サイト

本章以降では、様々な VMware 製品に関連する情報を得るために、公式サイトやツールが各所で紹介されています。本節では代表的な公式サイト、ツールの名称と URL を記載します（掲載されている公式サイト、URL は 2024 年 12 月時点のものです）。

- **Broadcom Support Portal（サポートポータル）**
  製品のダウンロードやライセンス管理・公開情報（KB）の検索やサポートへの問い合わせを行えるポータルサイトです。
  Broadcom Support
  　https://support.broadcom.com/
  Software Download
  　https://support.broadcom.com/group/ecx/downloads/

- **Broadcom Technical Document（公式ドキュメント）**
  VMware 各製品のドキュメントを公開しているサイトです。2024 年 12 月時点で、旧 VMware 公式ドキュメントサイトから Broadcom ドキュメントサイトへの移行が行われている途中であり、本書内で参照先として紹介するドキュメントの URL は、確認が取れた英語版の URL を記載しています。
  日本語表記への切り替え、およびバージョンの切り替えは、各ドキュメントページのタイトル帯に「バージョン」「表示言語」メニューが配置されています。必要に応じて変更してください。
  VMware Cloud Infrastructure Software
  　https://techdocs.broadcom.com/us/en/vmware-cis.html

- **Broadcom 公式ライセンス規約**
  Broadcom 社製品のエンドユーザー契約、製品利用規約など法的情報が集約されたサイトです。
  License and Service Terms & Repository
  　https://jp.broadcom.com/company/legal/licensing/
  製品ごとの利用規約は Specific Program Documentation で提供されます。
  Specific Program Documentation：SPD
  　https://support.broadcom.com/web/ecx/legal-notices-external/

14

2.1 公式サイト

- **Security Advisories（セキュリティ・アドバイザリー）**

  確認された製品の脆弱性およびその対策について掲載しているサイトです。

  vSphere 関連のセキュリティ・アドバイザリーを参照する際は、サイト内の「Product Area」で「VMware Cloud Foundation」を選択します。

  https://www.broadcom.com/support/vmware-security-advisories/

- **Broadcom Product Lifecycle（サポート・ライフサイクル・マトリクス）**

  VMware 製品のサポート終了日を検索・確認できるツールです。製品 Division 欄で「VMware Cloud Foundation」を選択後、個別の製品を検索・選択することで表示されます。

  https://support.broadcom.com/group/ecx/productlifecycle/

- **Broadcom（VMware）Compatibility Guide（互換性ガイド）**

  VMware 製品について、様々なハードウェアやゲスト OS との互換性を検索・確認できるツールです。旧 VMware サイトの名称である VMware Compatibility Guide の略称として「VCG」、または Hardware Compatibility List の略称として「HCL」と呼ばれることがありました。

  https://compatibilityguide.broadcom.com/

- **Product Interoperability Matrix（製品間互換性ガイド）**

  VMware 製品間の互換性やアップグレードパスについて検索・確認できるツールです。

  https://interopmatrix.broadcom.com/Interoperability/

- **VMware Configuration Maximums（構成上限ガイド）**

  vCenter Server ごとのホスト数等、VMware 製品の構成の上限関連の情報を検索・確認できるツールです。

  https://configmax.broadcom.com/

- **VMware Ports and Protocols（ポート & プロトコルガイド）**

  VMware 各製品で利用しているネットワークポートおよびプロトコルについて検索・確認できるツールです。

  https://ports.broadcom.com/

- **vSAN ReadyNode Sizer**

  vSAN クラスタのサイジングやハードウェア構成作成を行うツールです。

  https://vcf.broadcom.com/tools/vsansizer/

- **Broadcom Community**

  VMware ソフトウェアを含む様々な Broadcom 製品の技術情報がやり取りされるオープンコミュニティサイトです。

  https://community.broadcom.com/

CHAPTER 2　vSphere クラスタの導入準備

2.2　vSphere ライセンスモデル

Broadcom による買収完了後、VMware は Broadcom のブランドの一つとなり、VMware 製品のライセンスモデルについて再編が行われました。

従来は製品ごとに細かくライセンス種別とライセンス提供型番（Stock Keeping Unit：SKU）が分かれていました。そのため、複数の製品、ライセンスを組み合わせて構成するデータセンターの仮想化基盤では複雑なライセンス管理が求められました。

また、従来は製品の永続ライセンス（Perpetual License）方式が多く利用されており、ライセンスとサポート・サブスクリプション（Support and Subscription：SnS）をそれぞれ購入することで製品サポートを受けられました。新しいライセンスモデルではサブスクリプション・ライセンスモデルに統一され、製品ライセンスとサポートをセットで提供する方式となりました。数多く存在したライセンスを集約、シンプルに再編し、ライセンスとサポートをまとめたサブスクリプション・ライセンスとして提供することで、仮想化基盤の規模、用途に応じた管理がしやすくなりました。これらの変化について本節で解説します。

永続ライセンスでは CPU 単位のライセンス数を計算しましたが、サブスクリプション・ライセンスでは CPU コア単位で計算します。vSphere ライセンスは、仮想化環境の規模に応じた基本のライセンスと、用途に応じた各種アドオンが用意されます。アドオンが追加可能なサブスクリプションは VCF と VVF となります。

2024 年 12 月時点で提供される基本のサブスクリプション・ライセンスは以下の 4 種類です[1]。

- VMware Cloud Foundation（VCF）
- VMware vSphere Foundation（VVF）
- VMware vSphere Enterprise Plus
- VMware vSphere Standard

VCF は大規模および中規模顧客向けエンタープライズクラスのハイブリッドクラウドソリューションです。従来の永続ライセンスにおける VCF、または旧サブスクリプションである VCF-S、VCF+ に存在したエディションは Enterprise 相当に 1 本化され、本サブスクリプションに集約されました。さらに非接続サブスクリプション（ライセンスキーを利用し、インターネット接続を必要としない形態）を採用しており、CPU あたり最小 16 コアのコア単位のカウント（VCF Edge ライセンスの場合は CPU あたり最小 8 コア）となります。高度なネットワーク仮想化を実現する NSX、仮想化環境の可視化、自動化のための VCF Operations（旧称 Aria Operations）、VCF Automation（旧称 Aria Automation）などの機能が利用可能で、プライベードクラウド基盤全体のライフサイクルを含めた最適化を実現するためのソリューションです。また、コアあたり 1 TiB の vSAN 容量ライセンスが含まれます。

VVF は、VCF と同じくプライベートクラウドを実現するための核となる vSphere と、仮想化基盤の運用の可視化を支援する VCF Operations が利用可能なソリューションです。VCF と同じく非接続サブスクリプショ

【1】　本書では主に VMware vSphere Enterprise Plus の機能について解説しますが、vSAN や vSphere Kubernetes Service（IaaS Control Plane）は VCF および VVF でのみ利用可能であることに注意してください。

ンとなり、CPUあたり最小16コアのコア単位のカウントとなります。また、vSAN容量ライセンスがコアあたり0.25 TiBが含まれます。

サブスクリプションごとの製品・サービスの概要は以下の通りです（図 2.1）。

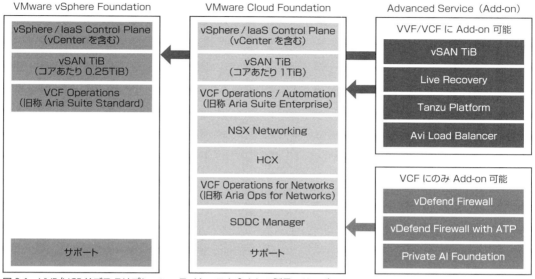

図 2.1 VVF/VCF サブスクリプション・ライセンスと含まれる製品・サービス

VVF/VCF以外の製品・サービスを利用する場合は、追加で以下のようなアドオンライセンスを購入する必要があります。

- **vSAN TiB 容量ライセンス**
  1TiB単位のvSANデータストア用ライセンス（VCF/VVFに標準で含まれる容量が足りない場合に利用）

- **VMware Live Recovery**
  データ保護と災害対策サイト間保護の機能のライセンス

- **Tanzu Platform**
  開発者用ツールとクラウドネイティブアプリケーション向けアドオン

- **VMware Avi Load Balancer**
  仮想ロードバランサのアドオン

- vDefend Firewall および vDefend Firewall with Advanced Threat Prevention（ATP）

  NSX の機能を拡大する vDefend Firewall ／ Firewall with ATP アドオン

- VMware Private AI Foundation with NVIDIA

  プライベートクラウドでの AI 利活用向けライセンス

　各製品のライセンスの仕様・要件は、Broadcom Support Portal で公開されている Specific Program Documentation（SPD。旧称 Products Guide）に記載されています。

■ ライセンスのカウント単位

　新しいサブスクリプション・ライセンスでは ESXi ホストが搭載する物理 CPU のコア単位でライセンス数をカウントします。最新の vSphere 8.0 に対応したライセンスキーから以前のバージョン用のライセンスキーへのダウングレードが有効であることや、インターネット接続要件が不要である点については、旧永続ライセンスおよび旧非接続型サブスクリプションと同様です（**表 2.1**）。

表 2.1　新旧ライセンス比較

	新 サブスクリプション	旧 永続ライセンス	旧 接続型 サブスクリプション	旧 非接続型 サブスクリプション
ライセンス単位	CPU コア単位 ※ 1CPU あたり最小 16 コア必要 ※ vSAN は TiB 単位	CPU ソケット単位 ※ 1CPU あたり 32 コアを超えるごとに追加 CPU ライセンス必要	CPU コア単位 ※ 1CPU あたり最小 16 コア必要	CPU コア単位 ※ 1CPU あたり最小 16 コア必要
サポート・アップグレード権	含まれる	別途購入	含まれる	含まれる
下位バージョンへのダウングレード権	有り	有り	有り	有り
ライセンスキーの利用	有り	有り	なし	有り
インターネット接続要件	不要	不要	必須	不要
製品名称例	VMware Cloud Foundation（VCF）vSphere Foundation（VVF）	VMware Cloud Foundation（VCF）vSphere Enterprise Plus	VMware Cloud Foundation+（VCF+）vSphere+	VMware Cloud Foundation（VCF-S）vSphere Enterprise Plus（vSphere-S）

■ コアライセンスが対象とする CPU コア数

　新しいサブスクリプション・ライセンスは「物理 CPU ごとのコア数」に対してライセンス数がカウントされます。CPU あたり最小 16 コアが適用され、例えば、12 コアを搭載した CPU を利用する場合は 16 コアライセンスが必要となります。16 コア以上の CPU では搭載されたコア数分のライセンスが適用されます。

2.2　vSphere ライセンスモデル

CPU 上のコアを BIOS/UEFI で一部を無効化したり、インテル SST-PP[2]などのように CPU のプロファイルごとに有効なコア数と動作周波数の組み合わせを設定できる機能を利用する場合においても、対象物理 CPU が保有する全コア数がライセンスのカウント対象となります。vSphere ライセンスは無効化したコアを含めた「物理コア数」に適用されることが Specific Program Documentation（SPD）に記載されています。

■ vSAN 容量ライセンス

従来の vSAN ライセンスは vSAN クラスタ内の ESXi ホストに搭載される CPU 数、またはコア数に応じて適用しましたが、新しいサブスクリプション・ライセンスは「vSAN データストア容量」に対して適用します[3]。

- VCF：コアあたり 1TiB の vSAN ライセンス
- VVF：コアあたり 0.25TiB の vSAN ライセンス

ライセンスの単位は TiB で、1024 倍ごとに単位（2 進接頭辞）が繰り上がるコンピュータの内部で認識される 2 進数の単位です。一般的な HDD、SSD で容量として表記される TB、GB は 1000 倍ごとに単位（SI 接頭辞）が変わるため、コンピュータが認識する実際の数値との間に差異があります。例えば、製品として 3.84TB の容量を持つ SSD に必要な vSAN TiB ライセンス容量は 3.84TB = 3.492TiB となり 9% ほど少ない容量となります（TB に対し 0.909 を掛けて算出します）。XB と XiB 間で変換する時の指標は以下の通りです（**図 2.2**）。

XB（SI 接頭辞）から XiB（2 進接頭辞）	
1.0	TB
0.001	PiB
0.909	TiB
931.323	GiB
953,674.316	MiB
976,562,500.000	KiB
1,000,000,000,000,000	B

XiB（2 進接頭辞）から XB（SI 接頭辞）	
1.0	TiB
0.001	PB
1.100	TB
1,099.512	GB
1,099,511.628	MB
1,099,511,627.776	KB
1,099,511,627,776.000	B

図 2.2　XB（SI 接頭辞）と XiB（2 進接頭辞）の対比

vSphere Client や API で確認できる「vSphere が認識している容量」は、TB、GB が単位として表示されていますが、内部的には TiB、GiB など 2 進接頭辞で計算された値が表示されています。vSphere Client の容量表示を例にすると、**図 2.3** は「TB」で表示されていますが、実際は、3.84TB の SSD の容量を TiB 換算して（× 0.909）、3.49TB（TiB）として表示されています。既存環境の vSAN で利用される HDD、SSD を確認してサイジングする際は、表示される値に、さらに 0.909 を掛けないように注意してください。

【2】 インテル SST-PP（Speed Select Technology パフォーマンス・プロファイル）：インテル Xeon スケーラブル・プロセッサに搭載されたテクノロジーで、プロセッサの動作モードを柔軟に設定し、特定のワークロードに対して最適なパフォーマンスを有効なコア数、動作周波数の制御で提供する技術です。

【3】 vSAN OSA（Original Storage Architecture）の場合はクラスタ内のキャパシティ層ドライブ容量の合計値、vSAN ESA（Express Storage Architecture）の場合はクラスタ内で利用される vSAN ESA ディスクプールのドライブ容量の合計値がライセンスの対象となります。vSAN データストアの容量とサイジングの詳細は第 7 章で解説します。

19

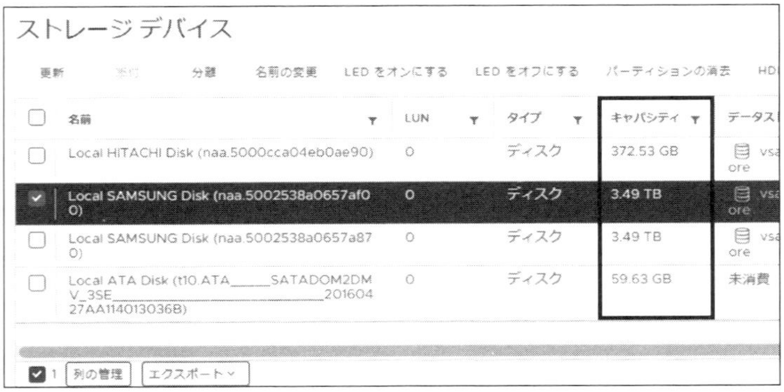

CHAPTER 2 vSphere クラスタの導入準備

図 2.3　vSphere Client におけるストレージデバイスの容量表示の例

　VVF/VCF の新しいサブスクリプション・ライセンス（コアライセンス）は「vSphere 8.0u2b（vCenter 8.0u2b）以降」で正式にサポートされるライセンスです。vSphere 8.0u2b 未満の環境にライセンスを適用する場合はライセンスキーを事前に Broadcom Support Portal で旧バージョンにダウングレードします。

　既存環境に新ライセンスを適用するにあたり、あらかじめ必要なライセンス数を以下の KB などを確認の上、算出してください。

- KB：License Calculator for VMware Cloud Foundation, VMware vSphere Foundation and VMware vSAN.（312202）

  https://knowledge.broadcom.com/external/article/312202/

- KB：Counting Cores for VMware Cloud Foundation and vSphere Foundation and TiBs for vSAN（313548）

  https://knowledge.broadcom.com/external/article/313548/

■ 新旧ライセンスの同一環境混在について

　新しいライセンスが導入されたことに伴い、既存クラスタの拡張時やライセンス更新時の新旧ライセンスの混在環境について、いくつかのルールがあります。新しい vSphere サブスクリプション・ライセンスに対し、新旧の混在におけるルールについて解説します（図 2.4）。

- 旧ライセンスの vCenter Server で新旧ライセンスが混在する ESXi ホストを管理

  新しいサブスクリプションのライセンスキーは、Broadcom Support Portal で旧バージョン（8.0 / 7.0）にダウングレード可能であり、新しいサブスクリプションからダウングレードしたライセンスキーの ESXi は旧ライセンスの vCenter Server で管理できます。

20

2.2 vSphere ライセンスモデル

- **新ライセンスの vCenter Server で新旧ライセンスが混在する ESXi ホスト群を管理**
  新しいサブスクリプションに付属する vCenter Server でも旧永続ライセンスの ESXi を変わらず管理可能です（既存 vCenter Server のライセンスキー付け替えで対応可能です）。

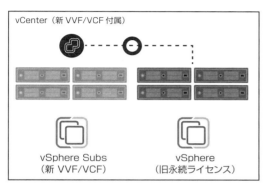 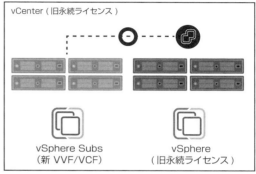

図 2.4 　新旧のライセンスを使用した vCenter Server と vSphere の管理

ライセンス混在の一般的な注意事項を例示します。

- **VVF/VCF に含まれる個々のコンポーネントの分割利用は不可**
  ライセンスに含まれるコンポーネントは必ず同一インスタンス内[4]で利用してください[5]。個別コンポーネントのライセンスキーを別ライセンス基盤へ流用することはサポートされません（例：サブスクリプションに含まれる NSX、Aria のライセンスキーを別のライセンスで管理される vSphere 基盤で使用する、vSAN 容量ライセンスの一部を切り分けて別のライセンスで管理される vSphere 基盤で使用する、など）。

その他、各製品のライセンスにおけるルールについては適宜 Broadcom Support Portal、Specific Program Documentation（SPD）を確認してください。

---

[4] ここでの「インスタンス」とは、vCenter や VCF SDDC Manager などライセンス管理コンポーネントが同一の管理対象範囲を意味します。
[5] ただし、vSAN 容量ライセンスはリモート vSAN データストア構成や、vSAN Max 構成のように、vCenter Server インスタンス間で vSAN 容量ライセンスを集約してストレージ専用クラスタを構成する場合など、同一管理環境下のライセンスの集約となるためサポートされます。

CHAPTER 2　vSphere クラスタの導入準備

■ 最新パフォーマンス・ハイブリッド・アーキテクチャ CPU への対応について

　近年の Intel 社のコンシューマー向け CPU には P-Core（Performance Core）と E-Core（Efficient Core）の 2 つの異なるタイプのコアを 1 つの CPU 内に搭載したパフォーマンス・ハイブリッド・アーキテクチャ CPU が存在します。一方、エンタープライズ向けの Xeon プロセッサは用途に応じて、1 つの CPU 内のコアが P-Core または E-Core のどちらかで統一されています。

　vSphere 8.0 Update 3 時点の ESXi（Hypervisor 型・ベアメタル型仮想化）、または VMware Workstation Pro（ホスト型仮想化）バージョン 17.6 の時点ではパフォーマンス・ハイブリッド・アーキテクチャ CPU はサポートされていないので注意してください。ESXi は起動の初期段階で Uniformity チェックと呼ばれる処理を実行し、搭載されている全ての CPU コアが完全に同一スペックであるかを CPUID/MSR のレベルで確認します。同一ではない仕様のコアが検出された場合は起動を中止し、診断用メッセージを画面に出力して停止します（PSOD：パープルスクリーンによる停止）。

　検証や Home Lab 用途などでパフォーマンス・ハイブリッド・アーキテクチャ CPU を搭載したハードウェアを利用する場合、E-Core を無効化してインストールする方法などがコミュニティや有志によって報告されていますが、これらの方法は公式にサポートされているものではなく、自己責任での利用が前提となります。そのため、安定性や互換性に問題が発生する可能性があるため注意が必要です。利用に際しては Broadcom コミュニティなどを活用して技術情報を入手・共有することをおすすめします。

2.3　VMware ソフトウェアのサポートライフサイクルとバージョンナンバリング

　VMware のソフトウェアは製品によって異なるバージョン表記が混在しており、ソフトウェアのダウンロード、アップデートを適用する時の上下関係が分かりにくい場合があります。本節では代表的な vSphere ESXi、vCenter Server、そして VMware Cloud Foundation のバージョンナンバリングを例に解説します。

2.3.1　VMware ソフトウェアのサポートライフサイクル

　VMware ソフトウェア製品はサポートライフサイクルが製品ごとに異なります。vSphere に関しては、vSphere 8.0 Update 3 では 2 年から 3 年間隔で、大規模な機能アップデートを含むメジャーバージョンがリリースされ、それぞれのメジャーバージョンに対して約半年から 1 年ごとに機能追加を含むアップデートが順次リリースされています。

　また、各製品リリースは明らかになったセキュリティ脆弱性や不具合に対する修正パッチを都度リリースしており、それらはメンテナンスリリースやパッチリリースとして提供されています（**表 2.2**）。

2.3　VMware ソフトウェアのサポートライフサイクルとバージョンナンバリング

表 2.2　VMware ソフトウェア製品のバージョンリリース

リリース名	説明
メジャーリリース	2 ～ 3 年に一度リリースされる製品の大規模なアップデートです。新機能の追加、アーキテクチャの変更などが含まれます。サポートライフサイクルは通常メジャーバージョンを基準に設定され、メジャーバージョンリリース後、ジェネラルサポート期間（一般サポート提供期間）として、製品アップデート・パッチ提供を含めたサポート期間が数年間設定されます
アップデートリリース（マイナーリリース）	メジャーリリース後、半年～ 1 年ごとにリリースされるメジャーリリース内でのバージョンアップです。新機能の追加や既存機能の強化、バグ修正などが含まれます。これまでの vSphere では Update 3 のリリース後、半年～ 1 年後に次のメジャーバージョンがリリースされ、Update 3 以降はパッチリリースのみの提供となります
メンテナンスリリース	アップデートリリース内でのさらに小規模なバージョンアップです。主にセキュリティ問題の修正や安定性の向上が目的となります
パッチリリース	特定の問題を修正するための緊急性の高いリリースです。セキュリティ脆弱性の修正や重大なバグの修正などが含まれます。製品によってはメンテンスリリースとパッチリリースは同一で扱われるものもあります
ホットフィックス	通常のパッチリリースとは別に緊急性の高い不具合、脆弱性に対して提供される対象を絞ったパッチです
ビルド番号（Build Number）	VMware の全てのソフトウェア製品を通してソフトウェアのリリースごとに付与されるユニークな番号です。ビルド番号が大きいバージョンほど新しく（後に）リリースされたソフトウェアバージョンです

　本書内では様々な vSphere の機能を解説しており、機能が実装されたバージョンと、それ以前のバージョンの表現として「vSphere 7.0 Update 2 で実装された機能」などと記載しています。「vSphere 7.0 Update 2 で実装された機能」と説明された場合は「vSphere 7.0 Update 1 以前」では利用できない機能であり、特に断りがない限り次のメジャーリリースである「vSphere 8.0 以降」では利用可能な機能です。最新のメジャーリリースで実装された機能は、以前のメジャーリリースでは利用できない機能がほとんどです。

　ただし、機能によっては、最新のメジャーバージョンで実装されたものが以前のメジャーバージョンにも取り込まれる（バックポートされる）ことがあります。詳細については各バージョンのリリースノートをご確認ください。

■ 製品提供開始日（General Availability：GA）と一般サポート終了日（End of General Support）

　通常、VMware ソフトウェア製品はメジャーリリース、またはマイナーリリースの提供開始日から数年間のサポートを提供します。製品提供開始日は General Availability の頭文字をとって GA、GA 日などと表記される場合があります。

　製品のバージョンごとのサポート期間は Broadcom Support Portal 内の「Broadcom Product Lifecycle」で確認できます。

- Broadcom Product Lifecycle
  https://support.broadcom.com/group/ecx/productlifecycle/

　製品情報の絞り込みは製品開発グループ「Select Division」の項目を使用します。vSphere などコアプラットフォーム製品の場合は「VMware Cloud Foundation」Division を選択し、「Select Product Name」に確認する

23

製品名を入力、「Show Results」ボタンを選択することでリストに検索結果が表示されます（図2.5）。

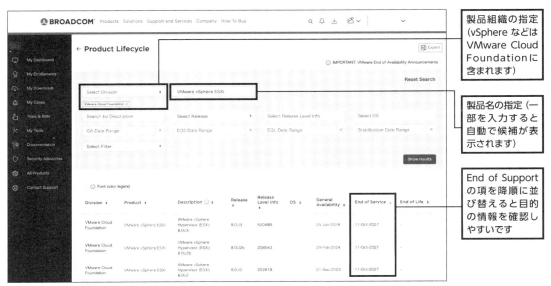

図2.5　VMwareソフトウェア製品のライフサイクル

2024年12月時点のvSphereのライフサイクルは次の通りです（表2.3）。

表2.3　vSphereの提供開始日と一般サポート終了日

バージョン	提供開始日 (General Availability)	一般サポート終了日 (End of General Support)
VMware ESXi 7.0	2020/4/2	2025/10/2
VMware ESXi 8.0	2022/10/11	2027/10/11
VMware vCenter Server 7.0	2020/4/2	2025/10/2
VMware vCenter Server 8.0	2022/10/11	2027/10/11

■ 一般サポート期間（General Support Term）

　一般サポート期間は製品の提供開始日から始まり、「Broadcom Product Lifecycle」に記載されている一般サポート終了日までサポートが提供されます。この一般サポートの期間中は、製品のアップデートが開発、提供されます。有効な製品サブスクリプション（サポート）を保有しているユーザーは、メンテナンスアップデートとバージョンアップグレードとダウングレード、不具合とセキュリティの修正、および技術的なサポートを利用できます。一般サポート終了日は End of General Support の頭文字をとって EOGS とも表記されます。

　これまでの vSphere では製品のリリースから5年間が一般サポート期間として設定されていますが、社会情勢や開発状況によって延長される場合もあります。実際に vSphere 7.0 は2025年4月2日が一般サポート終了日として設定されていましたが、新ライセンスモデルへの切り替えにあたり半年間延長されました。同様に過

去には COVID-19 の状況下では vSphere 6.5、6.7 の一般サポート期間が 1 年延期されました。

また、本来製品のパッチリリースなどは、一般サポート期間にのみ提供されるという前提がありますが、緊急性が高く重大なリスクのある脆弱性に対するものは、一般サポート期間終了後にも提供される場合があります。一般サポート期間が終了したソフトウェアを利用している場合においても、Security Advisories を確認の上、パッチリリースを入手、適用してください。

2.3.2 製品バージョンの読み方

VMware ソフトウェアの製品間、または製品内でどのリリースが最新のものかを判断するためには製品バージョンとあわせてビルド番号を比較する必要があります。ビルド番号は全ての製品で一意の数字が製品リリース時に付与されます。製品リリース時期の前後、バージョン内の新旧を把握するために必要な情報であり、製品サポートへ問い合わせの際は、製品バージョン名の情報とあわせてビルド番号も伝えることが推奨されます。

一例として、「ESXi 8.0 Update 2b」と「ESXi 7.0 Update 3q」のどちらが後にリリースされたかを判断する場合を考えます。メジャーバージョンを眺めると「ESXi 8.0 Update 2b」が後にリリースされたと思われがちですが、「ESXi 8.0 Update 2b（Build 23305546）」と「ESXi 7.0 Update 3q（Build 23794027）」のようにビルド番号を併記すると「ESXi 7.0 Update 3q（Build 23794027）」の方が新しくリリースされたバージョンだと判別できます。

このように異なるメジャーバージョン間でもサポート期間内では最新パッチが適宜提供されビルド番号が更新されるため、特にバージョンアップする際のターゲットバージョンの選定や、複数製品を組み合わせた際のサポート互換性の確認ではビルド番号含めて確認することが重要です。

■ ESXi のバージョンナンバリングの例

ESXi はメジャーリリース、アップデートリリースと 2 通りで表記されるパッチリリースがあります。それぞれリリース名、バージョン名と表現されることが多いですが、どちらも同一のリリースを示しています（図 2.6）。

図 2.6　ESXi のバージョンナンバリング

製品のダウンロードやバージョンアップ時の新旧を正確に把握するためにはビルド番号も含めて確認します。ESXi の修正パッチは「累積パッチ」で提供され、上記例の「ESXi 8.0 U2 P03 Build 23305546」の修正パッチは ESXi 8.0 がリリースされてからの全てのアップデート・パッチリリースの更新が含まれているため、修正パッチの 1 回の適用で「ESXi 8.0 U2 P03 Build 23305546」までの修正・更新内容を適用できます。

ESXi のこれまでのリリースバージョンとビルド番号のマトリクスは次の KB で公開されています。

- KB：Build numbers and versions of ESXi/ESX（316595）
  https://knowledge.broadcom.com/external/article/316595/

■ vCenter Server のバージョンナンバリングの例

vCenter Server も ESXi と同様のバージョンナンバリングですが、以下の例のように数字を小数点で区切って表現される場合があります。

例では vCenter Server「8.0」アップデート「.2」パッチ「.00200」と表記され、パッチリリースごとにアルファベットが「a」「b」「c」… と増加すると「.00100」「.00200」「.00300」と数値も増加します。ESXi の「P03」や「EP7」などの表記と異なるので注意が必要です（**図 2.7**）。

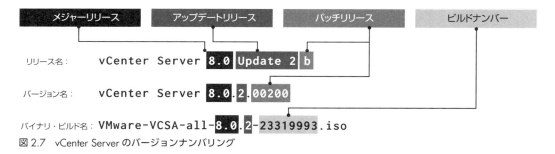

図 2.7　vCenter Server のバージョンナンバリング

vCenter Server と ESXi のリリースはメジャーリリースやアップデートリリースの際は ESXi と同時にバージョンを刻むことがほとんどですが、その後はそれぞれの不具合や脆弱性の修正のタイミングで個別にリリースされバージョンナンバリングが増加します。

vCenter Server のこれまでのリリースバージョンとビルド番号のマトリクスは次の KB で公開されています。

- KB：Build numbers and versions of VMware vCenter Server（326316）
  https://knowledge.broadcom.com/external/article/326316/

■ VMware Cloud Foundation のバージョンナンバリングの例

VCF や NSX のように小数点区切りのバージョンナンバリングとビルド番号でバージョンを示すシンプルな製品もあります（図 2.8）。

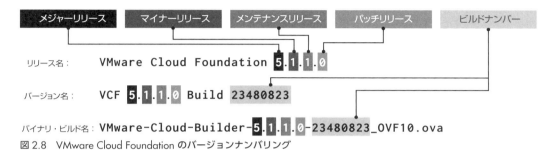

図 2.8 VMware Cloud Foundation のバージョンナンバリング

VCF の場合は vSphere、vSAN、NSX など多数のコンポーネントが含まれます。それぞれの VCF バージョンが含む個々のソフトウェアのバージョンはリリースノートや、以下の KB で確認できます。VCF ではこれらサポートされるソフトウェアバージョンの組み合わせを Bill of Materials（BOM）と呼びます。

- KB：Correlating VMware Cloud Foundation version with the versions of its constituent products（314608）
  https://knowledge.broadcom.com/external/article/314608/

vSAN や NSX などその他の製品も KB サイトで「Build numbers and versions of VMware」で検索することで関連するソフトウェアのバージョンナンバリングが確認できますのでご利用ください。

2.4 インストールの準備

vSphere はハイパーバイザーである ESXi と、仮想化環境を管理する vCenter Server で構成されます。本節では、vSphere の導入にあたり基礎となる ESXi をインストールするハードウェア構成とその要件について解説します。

第 3 章で導入する ESXi ホストと vCenter Server、および vSAN クラスタの構成図は次の通りです（図 2.9）。

CHAPTER 2 vSphere クラスタの導入準備

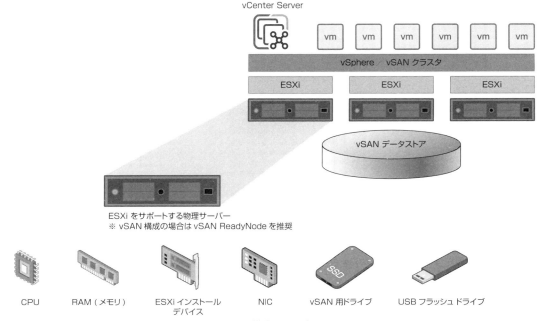

図 2.9　vCenter Server での管理する vSAN クラスタの構成イメージ

　第 3 章では同一構成の 3 台の vSAN をサポートする物理サーバー（vSAN ReadyNode）を用意して、ESXi のインストール、および vCenter Server Appliance の展開、そして vSphere クラスタの初期セットアップを行います。ESXi のインストールに必要なハードウェア要件、ソフトウェア要件については各項で解説します。

2.4.1　ハードウェアの準備

　ESXi を利用するにあたり、インストール先となるサーバーハードウェアを用意する必要があります。仮想マシンを動作させるための CPU やメモリなどのリソース要件だけでなく、ESXi 自身が動作するために必要な要件もあります。ESXi の動作が認定されたハードウェアは 互換性ガイド：Broadcom Compatibility Guide で公開されており、導入の際に確認します。

■ 物理サーバー

　様々なサーバーベンダーが提供する物理サーバーに対し ESXi をインストールできます。ハードウェア互換性が保証されたサーバーが互換性ガイドに記載されており、これらは ESXi の動作確認済みかつ正式にサポートされます。ガイドに掲載される情報は VMware 製品の各バージョンに対してハードウェアの世代、構成、ファームウェア、ドライバなど様々な観点でサポートされる互換性が記されており、製品サポートを受けるためには必ず条件に一致する構成で利用する必要があります。

vSAN を利用してハイパーコンバージド構成（HCI）で vSphere を利用する場合、vSAN ReadyNode と呼ばれるサーバー筐体・ストレージコントローラ・ストレージドライブなど一式で vSAN の互換性を取得しているベースモデルが用意されています。

互換性ガイドから「vSAN」を選択することで vSphere 8.0 時点では従来型の「vSAN OSA」と vSAN 8.0 からサポートされるオール NVMe ドライブで構成される「vSAN ESA」のベースモデルを確認できます。vSAN に関する詳細は第 7 章で解説します。

■ CPU

ESXi がサポートする CPU は主に Intel、AMD の 2 メーカーがサポートされます。CPU については互換性ガイドに記載のシリーズを選択します。vSphere 8.0 からは Haswell 世代以前の CPU は互換性がなくなり、Broadwell 世代、および、Xeon Scalable Processor 第一世代の Skylake 世代も非推奨となりました。それ以前の CPU モデルを利用している vSphere 環境を vSphere 8.0 にバージョンアップする際には注意が必要です。また、AMD 製 CPU に関しては、EPYC シリーズ以降が ESXi 8.0 で利用できます。

今後の ESXi メジャーバージョン以降で非サポート・非推奨となる CPU 世代については以下の KB でアナウンスされていますので、あわせて参照してください。

- KB：CPU Support Deprecation and Discontinuation In vSphere Releases（318697）
  https://knowledge.broadcom.com/external/article/318697/

■ RAM（メモリ）

ESXi の実行には少なくとも 8GB の物理 RAM（メモリ）が必要ですが、現在多くのサーバーでは 96GB 以上のメモリを搭載することが一般的です。実際に仮想マシンを動作させるためのメモリ分に加え、vSphere で利用する vSAN や NSX などの各種機能に応じて追加のメモリ（カーネル消費分のメモリオーバーヘッド）が必要となるため、環境の規模に応じて RAM を用意、増設してください。

■ ネットワークカード（NIC）

ESXi の管理は基本的にネットワーク越しに実施します。その際には利用している操作端末から ESXi ホストへ NIC を経由して通信を行います。物理サーバーは ESXi のインストール時にあらかじめ互換性のある NIC が取り付けられている必要があります。ESXi では 1Gbps 以上の帯域を持つ NIC がサポートされます。現在は 10Gbps 以上の帯域を持つ NIC を用いて複数の論理ネットワークを集約する構成が主流です。

■ CD/DVD ドライブまたは USB フラッシュドライブ（任意）

ESXi インストーラは Broadcom Support Portal で ISO イメージ（光ディスク用アーカイブファイル）として配布されており、インストールメディアとして CD/DVD、USB フラッシュドライブ（USB メモリ）、物理サーバーの BMC（Baseboard Management Controller）を利用したインストールが利用されています。CD/DVD を選択

した場合には物理サーバーにCD/DVDドライブが必要で、事前にインストーラISOイメージをCD-R、DVD-Rなどに展開する必要があります。

■ インストールデバイス

ESXiのインストール先となるディスクデバイスについて、vSphere 8.0時点でサポートされるデバイスの種類は、物理サーバー搭載の最小32GB以上、推奨128GB以上の内蔵HDD、SSD、NVMeデバイスです。vSphere 6.x以前でサポートされていたUSBフラッシュドライブ、SDカードなどへのインストールはvSphere 7以降では非推奨となります。

- KB：SD card/USB boot device revised guidance（317631）

  https://knowledge.broadcom.com/external/article/317631/

インストールデバイスの使用領域（パーティショニング）の構成は、以下の公式ドキュメントで解説される設定となります。32GB以下のディスクを利用することも可能ですが、ESXiのパフォーマンスを最適化するためには32GB以上、可能であれば128GB以上のデバイスの利用が推奨されます。

- 公式Docs：ESXi Requirements

  https://techdocs.broadcom.com/us/en/vmware-cis/vsphere/vsphere/8-0/esxi-installation-and-setup-8-0/installing-and-setting-up-esxi-install/esxi-requirements-install.html

近年は各サーバーメーカーよりm.2フォームファクタのSSDを利用したOSインストール専用デバイスが提供されています。複数のm.2 SSDをRAID1でミラーリングしてインストールデバイスの冗長化をサポートした製品もあり、多くの環境で利用されています。ESXiもこれらm.2 SSDを利用したOSインストール専用デバイスをサポートしており、特にvSAN HCIを利用する場合では2.5/3.5インチドライブベイを消費しないPCIeスロット装着型のm.2インストール専用デバイスが多く採用されています。

■ TPM2.0（任意）

TPM 2.0（Trusted Platform Module 2.0）は、コンピュータのシステムボードに搭載されるセキュリティチップであり、ハードウェアレベルでのセキュリティ機能を提供します。ESXiは起動時にシステムの改ざんを検知し不正なソフトウェアの起動を防ぐセキュアブートをサポートしており、セキュアブートの利用にはTPM 2.0モジュールが必要です。

また、vSphere 7.0 Update 2以降ではESXiの構成ファイルを暗号化して保存するConfiguration Encryption（構成ファイルの暗号化）、暗号化に利用する鍵管理サーバーが一時的にオフラインまたは使用不可になった場合においてもキーをTPMに保存して利用可能にするESXi Key Persistence（キー永続性）がサポートされています。セキュアなvSphere基盤を安定して利用するためにはTPM 2.0の利用が推奨されます。詳細は第14章で解説します。

■ vSAN 用ドライブ（任意）

　導入する vSphere クラスタで vSAN を利用する場合は、互換性ガイドの vSAN でサポートされるデバイスに掲載のある HDD、SSD、NVMe ドライブを用意します。詳細は第 7 章で解説します。

2.4.2　外部サーバーの準備

　ESXi をインストールする物理サーバーの要件について解説しましたが、「1.2.1　VMware vSphere を利用した仮想化環境」で述べたような仮想化環境を実現するにはいくつかの事前準備および注意しておくべき事項があります。

■ 名前解決（DNS サーバー）

　ESXi ホストや vCenter Server がそれぞれでネットワーク通信を行うにあたり、FQDN（Fully Qualified Domain Name）から宛先を判断します。多数の ESXi ホストを管理する上で、各 ESXi の VMkernel ポートや vCenter Server の管理 IP アドレスに応じた名前解決を行えるよう DNS（Domain Name System）サーバーを事前に構築するようにしてください。名前解決は正引・逆引とも設定が必要です。

■ 時刻同期（NTP サーバー）

　ネットワーク通信で情報の整合性を判断するものとしてログの時刻情報が基準の一つとなります。様々なサービスの時刻同期を行う上で NTP（Network Time Protocol）サービスを用いることが一般的とされます。vCenter Server、ESXi ホスト、および関連する管理システムは全て同一の信頼できる NTP サービスを利用して時刻同期を行うことが強く推奨されます。それぞれのサービスが認識する時刻情報を一致させるように準備してください[6]。

2.5　ソフトウェアの入手方法

　2024 年 5 月より、ソフトウェアは Broadcom Support Portal からダウンロードする手順に変更となりました。Broadcom Support Portal の利用には、ログインアカウントの作成が別途必要です[7][8]。

- Broadcom Support Portal：Software Download
  https://support.broadcom.com/group/ecx/downloads/

【6】　インターネットで公開されているパブリックな NTP サーバーを利用する場合は、パブリック NTP サーバーの負荷を低減するため、ローカル環境に NTP サーバーを用意し、ローカル NTP サーバーとパブリック NTP サーバーで時刻を同期します。vCenter Server や ESXi ホストなど各サーバーは、ローカル NTP サーバーを時刻同期の参照先として設定します。

【7】　vSphere などで有償ソフトウェアのダウンロードには有効なライセンス・サブスクリプションが紐付くアカウントであることが必要です。

【8】　ソフトウェア購入前の評価検証でダウンロードする場合は後述のコラム「VMware 製品の評価ライセンスの入手方法」をあわせて参照してください。

VMware 製品のダウンロードを含めた Broadcom Support Portal の利用方法は下記 VMware Japan ブログで紹介しています。操作の参考としてください。

- **VMware Japan Blog：Broadcom サポートサイト利用ガイド**

  https://blogs.vmware.com/vmware-japan/2025/01/broadcom-support-site-user-guide.html

VMware 製品の評価ライセンスの入手方法

VMware 製品の評価ライセンスの入手方法についていくつかご紹介します。

製品組み込みの評価モード期間

ESXi や vCenter Server をはじめとした多くの VMware 製品はインストール後から「60 日」間は全ての機能が使える評価モードとして動作します。60 日以内で完了する検証であれば、物理環境にインストールした場合も、仮想化基板上にさらに ESXi を仮想マシンとして展開する Nested 環境の場合も評価モードは活用できます。

vSphere クラスタをメジャーバージョンアップした際にも、vCenter Server や ESXi ホストなどが新しいメジャーバージョンの評価モードとして動作します。メジャーバージョンへのアップデート後は Broadcom Support Portal から新しいバージョンのライセンスキーを発行して適用してください。

ESXi の評価期間は「電源がオン」の状態でカウントされますが、vCenter Server など仮想アプライアンスに割り当てる評価期間はインストールした直後から起動状態に関わらずカウントされます。これにより、インストール済みの機器を停止し、しばらく日数が経過した後に起動した場合、vCenter Server と ESXi で評価期間の残日数が異なる場合があるため注意してください。

Broadcom Support Portal から申請する 90 日の評価ライセンス

Broadcom Support Portal の「Trials & Beta」のメニューからは各製品で 90 日間利用可能な評価ライセンスキーを申請できます。90 日間の評価ライセンスキーは最新バージョンの VMware Cloud Foundation、vSphere Foundation など各種ライセンスで申請可能で、申請後数日で利用可能になりソフトウェアのダウンロードも可能となります（図 2.10）。

評価ライセンスキーの申請にはアカウントに「Site ID」が設定されている必要があります。
「Site ID」をアカウントに紐付ける方法については以下の KB を参照願います。

- **KB：サイト ID を追加してアカウントをアップグレードする (224972)**

  https://knowledge.broadcom.com/external/article/224972/

2.5 ソフトウェアの入手方法

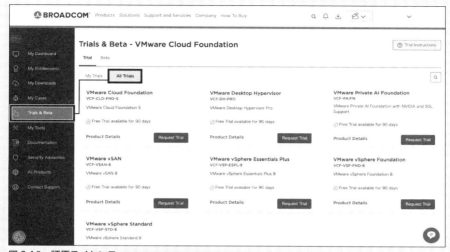

図 2.10　評価ライセンス

VMUG Advantage 評価ライセンス

VMware User Group、通称 VMUG は VMware を利用するユーザーコミュニティですが、有償の VMUG Advantage メンバーは、VMware 認定資格 (VMware Certified Professional : VCP) を取得すると vSphere Standard、または VCF の 1 年間評価 (NFR) ライセンス[9]が提供されます。

- VMUG Advantage メンバーシップ
  https://www.vmug.com/membership/vmug-advantage-membership/

VMware vExpert NFR ライセンス

VMware vExpert は、VMware コミュニティに貢献した個人を表彰するグローバルプログラムです。VMware 製品やテクノロジーに関する知識や経験を共有し、コミュニティの発展に貢献した人が選出され、vExpert アワードを受賞すると vExpert ロゴの使用が可能になる他、vExpert 2025 からは VMUG Advantage の権利が 1 年間付与され、VCP を取得することで評価ライセンスが利用可能です。

vExpert になるには VMware コミュニティへの貢献、ブログ執筆、技術記事の公開、イベントでの講演、SNS での情報発信などが評価対象となります。毎年行われる申請期間中 (通常冬と夏の年 2 回) に、自身の年間の活動内容をまとめ、vExpert ポータルサイトから申請する必要があり、活動が優れたものと評価されるとその年の vExpert として認定されます[10]。

- VMware vExpert プログラム公式サイト
  https://vexpert.vmware.com

【9】 NFR ライセンスはホームラボなどの評価用途のライセンスで商用・業務利用では使用できません。
【10】 vExpert 2025 の認定者数は全世界で 1,239 名、日本国内でも 52 名が認定されコミュニティ活動で技術情報の発信を行っています (vExpert 2025 認定者数は 2025 年 3 月時点)。

ラボツール「VMware Flings」の紹介

　VMware Flings とは、Broadcom のエンジニアが開発した実験的なソフトウェアやツールをユーザーが無料で利用できるプログラムです。Broadcom の公式製品ではありませんが、VMware 環境を拡張したり、特定の課題を解決したりするための便利なツールが多数提供されています。

Flings の特徴
- 無償のツール：Flings は規約に同意いただくことにより無償で利用できます
- ラボ・検証向けツール：Flings は実験的なソフトウェアであるため、公式サポートはありません
- コミュニティベース：ユーザーコミュニティでの情報交換やフィードバックが可能です

現在 Broadcom Community 内に VMware Flings のページが用意され、様々なツールが入手可能です。

- Broadcom Community：VMware Flings
  https://community.broadcom.com/flings/

　VMware Flings はコミュニティツールとして公開されており Broadcom 公式のサポートは提供されませんが、利用者がコミュニティでフィードバックを行い、状況共有することで、より良い製品開発につなげられます。
　VMware Flings 上で「PRODUCTIZED」とマークされたツールは、コミュニティでの評価を経て実製品の機能として取り込まれたものです。利用者皆様のフィードバックがより良い製品開発へとつながります。

代表的な VMware Flings のツール
- HCIBench：vSAN を始めとした vSphere 上のデータストアに対して IO パフォーマンステストとレポート作成を自動化するベンチマークツール
- vSphere Diagnostic Tool：ESXi ホスト上で実行可能な Python で組まれた診断ツール
- vSphere GPU Monitoring：基本的な GPU メトリック (コンピューティング、メモリ、温度、共有) をクラスタレベルで表示して GPU の管理と監視を容易にする
- ESXi Arm Edition：ラズベリーパイなど ARM ベースのプロセッサを搭載したホストで実行可能な ARM 版 ESXi
- Nested ESXi Virtual Appliance：検証環境に Nested ESXi を展開する時に利用可能な各バージョンの ESXi VM のテンプレートが用意されている
- USB Network Native Driver for ESXi：Home Lab などで USB NIC を ESXi ホストに認識させるためのドライバ

Chapter 3

vSphere クラスタの導入

CHAPTER 3　vSphere クラスタの導入

本章では VMware ESXi と vCenter Server のインストールや設定の方法、vSphere Client の基本操作について解説します。

3.1 本章における構成と導入の流れ

3.1.1 本章における構成

本章では、vSphere の基本的な機能を網羅できるよう、執筆時点で最新の vSphere 8.0 Update 3 を利用し、図 3.1 の構成で vSphere 環境をセットアップします。

3 台の物理サーバーを用意し、OS インストール用のローカルドライブに ESXi をインストールします。物理サーバーには vSAN キャッシュ層ドライブ 1 本、vSAN キャパシティ層ドライブ 2 本を搭載しており、vSAN の基本要件を満たす構成です。本章の構成ではセットアップする vSphere クラスタ（vSAN クラスタ）に vCenter Server および仮想マシンを配置します。

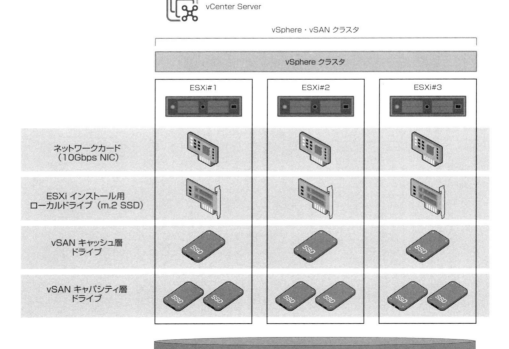

図 3.1　本章における vSphere・vSAN 環境

3.1.2 導入の流れ

本章における環境構築の流れは次の通りです。

1. ESXi のインストールと初期設定
2. vCenter Server のインストールウィザードを利用したシングルノード vSAN の作成と vCenter Server Appliance（VCSA）の展開
3. クイックスタートを利用した vSphere・vSAN クラスタの基本設定

3.2 ESXi のインストールと初期設定

ここでは、VMware ESXi のインストール方法について説明します（図 3.2）。ESXi をインストールするための要件については第 2 章を参照してください。

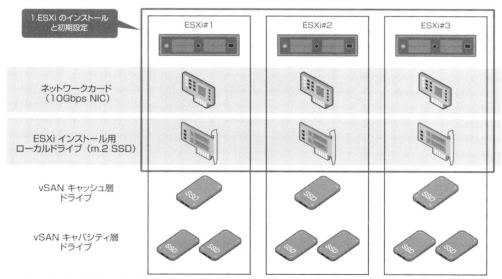

図 3.2　ESXi のインストールと初期設定

3.2.1 VMware ESXi のインストール手順

事前に Broadcom Support Portal より、VMware ESXi の ISO イメージファイル（VMware-VMvisor-Installer-xxxx.x86_64.iso）をダウンロードし、インストールメディアを作成します。

CHAPTER 3　vSphere クラスタの導入

　以降の手順では ESXi 8.0 Update 3、および vCenter Server 8.0 Update 3 のインストール、セットアップする手順を例に解説します。

■ VMware ESXi のインストール

1. インストールメディアから起動できるように物理ホストを設定後、作成したインストールメディアを挿入し、ホストを起動
2. [Welcome to the VMware ESXi 8.0.3 Installation] 画面が表示されたら、Enter キーを押す
3. 使用許諾契約（End User License Agreement）が表示される。上下矢印キーで画面をスクロールして内容を確認し、同意できる場合は F11 キーを押す
4. VMware ESXi のインストール先ディスクを選択する（図 3.3）。ここで誤って vSAN 用のデバイスにインストールしないよう注意する（デバイスの名称や容量で判断する）

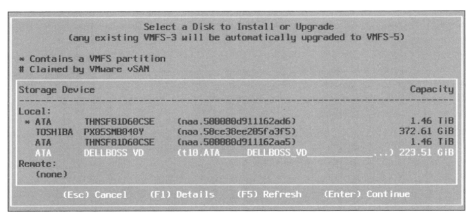

図 3.3　インストール先ディスクの選択

5. 使用するキーボードのレイアウトを選択する
6. ESXi のシステム管理者（root）のパスワードを入力する[1]。なお、システム管理者のパスワードはインストール処理の終了後に、後述する DCUI（ダイレクト・コンソール・ユーザー・インターフェイス）経由で変更可能
7. インストール処理を開始するかを確認する画面が表示される。F11 キーを押すと、インストール処理が始まる。正常にインストールが完了すると完了画面が表示される
8. インストール完了後、インストールメディアを取り出し、Enter キーを押してシステムを再起動する

---

[1] パスワードの既定の要件は、7 文字以上 40 文字未満のパスワード長で小文字、大文字、数字、および特殊文字（アンダースコアやダッシュなど）の 4 種類の文字のうち 3 つ以上を組み合わせる必要があります。

システムの再起動が完了し、次のようなコンソール画面が表示されれば、VMware ESXi のインストールは完了です（図 3.4）。このグレーと黄色のコンソール画面がダイレクト・コンソール・ユーザー・インターフェイス（Direct Console User Interface：DCUI）です。本書では DCUI と略称を使用します。

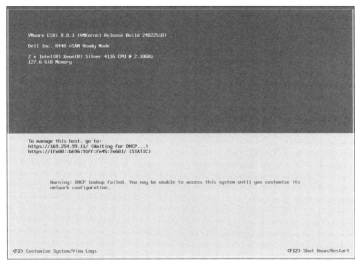

図 3.4　再起動完了後の画面

3.2.2　DCUI を利用した ESXi の初期設定

■ ESXi DCUI へのログイン

VMware ESXi のインストール完了後、管理ネットワークなどの基本設定は DCUI から行います。

1. F2 キーを押し、ログイン画面を開く。root ユーザーとインストール時に指定したパスワードを入力し、Enter キーを押す
2. システム設定のメイン画面が表示される（図 3.5）

CHAPTER 3　vSphere クラスタの導入

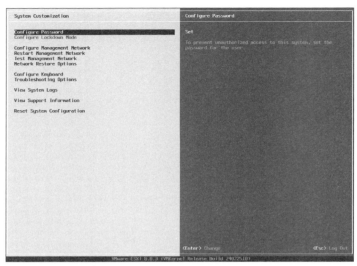

図 3.5　システム設定メイン画面

■ 管理ネットワークの設定

管理ネットワークとは、vCenter Server など外部のシステムから ESXi ホストを管理するために使用されるネットワークで、必須の設定項目です。管理ネットワークを設定する手順は次の通りです。

1. システム設定メイン画面で [Configure Management Network] を選択し、Enter キーを押す
2. 管理ネットワークの設定画面で [Network Adapters] を選択し、Enter キーを押す[2]
3. ESXi ホストに搭載されているネットワークアダプタ (NIC) が表示されるので、管理ネットワークとして使用するものに矢印キーでカーソルを合わせ、スペースキーで選択する。選択された NIC には「*」マークが付く

■ VLAN ID の設定

管理ネットワークに VLAN が指定されている場合は VLAN ID を指定します。

1. システム設定メイン画面で [Configure Management Network] を選択し、Enter キーを押す
2. 管理ネットワークの設定画面で [VLAN (optional)] を選択し、Enter キーを押す
3. 管理ネットワークで利用する VLAN ID を指定する (既定値は「0」で、VLAN タグが利用されないことを示す)

---

[2] 複数の NIC が搭載されている場合、オンボード NIC、PCIe スロットに搭載された NIC に対して、それぞれシステムボードが認識する若い番号のものから、vmnic0、vmnic1、vmnic2、vmnic3、と ESXi 上の番号が振られます。初めて操作する物理サーバーの場合、まずは管理ネットワークに利用する NIC にのみケーブルを挿し、明示的にリンクアップさせておくことで、どの NIC を選択するべきか確実に判別できます。

3.2 ESXi のインストールと初期設定

■ 固定 IP アドレスの設定

管理ネットワークの IP アドレスは、DHCP または固定 IP アドレスのいずれかの方法で割り当てます。管理ネットワークに固定 IP アドレスを設定する手順は次の通りです。

1. システム設定メイン画面で [Configure Management Network] を選択し、Enter キーを押す
2. 管理ネットワークの設定画面で [IPv4 Configuration] を選択し、Enter キーを押す
3. IP アドレス構成の設定画面で [Set static IPv4 address and network configuration :] を選択し、[IPv4 Address]・[Subnet Mask]・[Default Gateway] をそれぞれ設定して、Enter キーを押す (図 3.6)

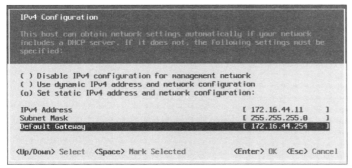

図 3.6　固定 IPv4 アドレスの設定

4. 必要に応じて IPv6 アドレスを設定する。その場合も IPv4 アドレスの設定と同様、管理ネットワークの設定画面で [IPv6 Configuration] > [Set static IP address and network configuration :] を選択し、[Static address]・[Default Gateway] をそれぞれ設定して、Enter キーを押す

■ DNS の設定

管理ネットワーク上で、ESXi が参照する DNS サーバーを設定します。

1. システム設定メイン画面で [Configure Management Network] を選択し、Enter キーを押す
2. [DNS Configuration] を選択し、Enter キーを押す
3. DNS 構成の設定画面で [Use the following DNS server address and hostname :] を選択し、[Primary DNS Server]・[Alternate DNS Server]（任意）・[Hostname] を設定して、Enter キーを押す (図 3.7)

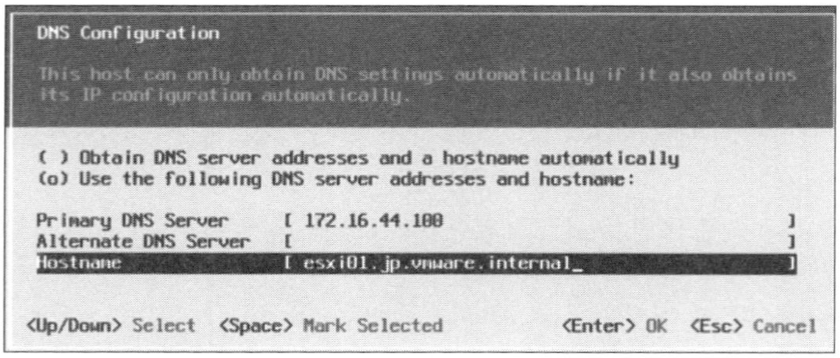

CHAPTER 3 vSphere クラスタの導入

```
DNS Configuration
This host can only obtain DNS settings automatically if it also obtains
its IP configuration automatically.


( ) Obtain DNS server addresses and a hostname automatically
(o) Use the following DNS server addresses and hostname:

Primary DNS Server    [ 172.16.44.100                                    ]
Alternate DNS Server  [                                                  ]
Hostname              [ esxi01.jp.vmware.internal_                       ]


<Up/Down> Select  <Space> Mark Selected         <Enter> OK  <Esc> Cancel
```

図 3.7　DNS の設定

4. ここで設定する「Hostname」は、ESXi ホストそれぞれに割り当てるホスト名にドメインネームも含めた「FQDN」を指定する

5. 一連のネットワーク設定が完了したら [Configure Management Network] 画面を ESC キーで終了し、ネットワークを有効化させるため管理ネットワークの再起動を実施する。UI 上で指示されるので Enter キーを押して反映させる。また、任意のタイミングでシステム設定メイン画面で [Restart Management Network] を選び、管理ネットワークの再起動を行うことも可能

3.2.3　VMware Host Client による ESXi の操作

ESXi のインストール完了後、VMware Host Client（以降、Host Client）と呼ばれる HTML5 ベースの Web インターフェイスを利用して ESXi ホストを操作できます。

後述する vSphere Client は vCenter Server に接続された複数の ESXi ホスト、およびそれらを集約した仮想データセンター、vSphere クラスタなどを管理しますが、Host Client は単一の ESXi ホストを管理するためのツールです。初期導入時の設定の他、vCenter Server が利用できない場合のトラブルシューティングなど、緊急的な利用が可能です。詳細は下記ドキュメントを参照してください。

- 公式 Docs：vSphere Single Host Management - VMware Host Client

  https://techdocs.broadcom.com/us/en/vmware-cis/vsphere/vsphere/8-0/vsphere-single-host-management-vmware-host-client-8-0.html

■ Host Client へのログイン

Host Client へのログイン画面は ESXi ホストに設定した IP アドレス、または FQDN を Web ブラウザに入力してアクセスします（**図 3.8**）。

- https://<ESXi の IP アドレス or FQDN>/ui

3.2 ESXi のインストールと初期設定

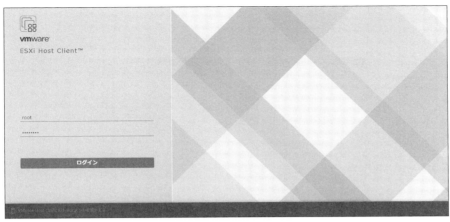

図 3.8　Host Client ログイン画面

　初期状態ではインストール時に設定した root ユーザーおよびパスワードでログインを行います。ログイン後、Host Client のホーム画面が表示されます（図 3.9）。

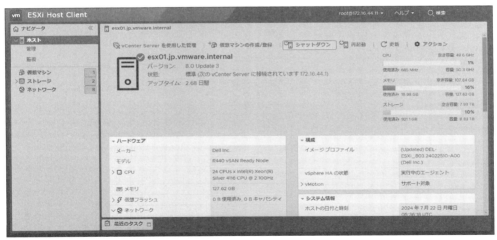

図 3.9　Host Client ホーム画面

　左側のナビゲータペインから、各操作画面に遷移できます。

■ 時刻同期（NTP）の設定と確認

　vCenter Server 管理下のすべての ESXi ホストは同じ NTP サーバー、または PTP サーバーを指定して時刻を揃えることが強く推奨されます。ここでは各 ESXi ホストの時刻同期設定を行い、全ての ESXi ホストが同じ NTP サーバーを時刻ソースとして設定します。

[管理]メニューを選択し、画面右ペインより、[日付と時刻]を選択します。NTP設定の編集を行い、NTPサービスのステータスやNTPサーバーのIPアドレスなど設定値を確認します（図3.10）。

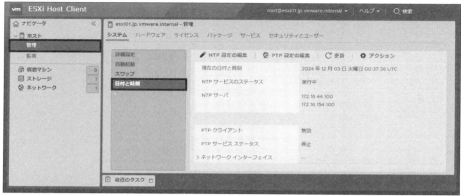

図3.10　ESXiホストの時刻設定

■ 仮想マシンの操作

vCenter Serverが停止している場合など、vSphere Clientが利用不可の場合でも、仮想マシンの停止や起動、スナップショットの取得などをHost Clientから実施できます。左側のナビゲータペインから、仮想マシンを選択することで、ESXi上の仮想マシンを操作できます（図3.11）。

図3.11　Host Clientから仮想マシンの操作

3.3 vCenter Server のインストールと初期設定

　vCenter Server は仮想アプライアンスとして、Photon OS と呼ばれる Broadcom が開発、公開している Linux ディストリビューションに、一連の管理ソフトウェアがインストールされた仮想マシンテンプレート形式[3]で提供されています。本書では、vCenter Server が持つ機能に関しての説明では「vCenter Server」、仮想アプライアンスとしての vCenter Server Appliance そのものを説明する際は略称「VCSA」を使用します。

　VCSA のインストールは、いくつかのパラメータを指定しながら ESXi ホスト上にデプロイします（図 3.12）。インストールには、専用 GUI インストーラを用いた対話式のインストールと、事前に設定を記述した JSON 形式のパラメータファイルを用いた CLI 上でのコマンド実行によるインストールがあります。本節では一般的なケースで利用されている GUI インストーラを用いた手順について解説します。

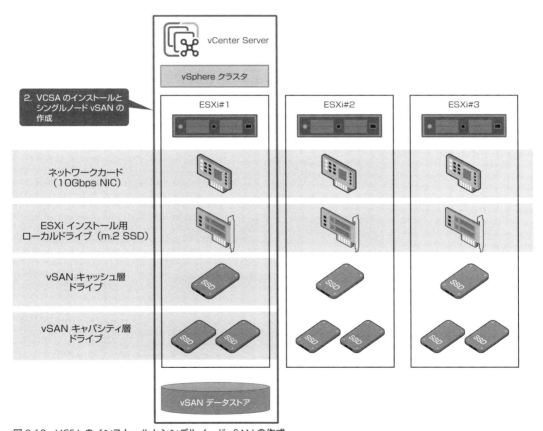

図 3.12　VCSA のインストールとシングルノード vSAN の作成

---

[3]　vCenter Server 6.x 以前は Windows Server 版の vCenter Server が提供されていましたが、vCenter Server 7.0 以降は VCSA での提供のみです。

CHAPTER 3 　vSphere クラスタの導入

3.3.1 vCenter Server のインストール

■ vCenter Server Appliance の要件確認

　VCSA は新規インストールする際、VCSA に割り当てる CPU やメモリ、ディスクサイズを指定する必要があります。VCSA の展開サイズは、その vCenter Server で管理を行う vSphere 環境の規模に応じて決定します。

　通常の用途であればデフォルトのディスクサイズで問題ありませんが、かなりの高頻度で仮想マシン作成や削除などが発生しイベントデータが大量に発生する、長期間のパフォーマンス情報保持を行うといった環境では、あらかじめ大きなディスクサイズを選択することも検討しておく必要があります。

　構成する vSphere 環境の規模に対応する、インストーラで設定可能な CPU 数、メモリ容量、ディスクサイズは以下の通りです[4]（**表 3.1**）。

表 3.1　vCenter Server Appliance 展開サイズ一覧

vSphere 環境のサイズ	リソース指定		ディスクサイズ		
	vCPU	メモリ	デフォルト	大規模	超大規模
極小（最大 10 ホストまたは 100VM）	2	14 GB	579 GB	2019 GB	4279 GB
小　（最大 100 ホストまたは 1,000VM）	4	21 GB	694 GB	2044 GB	4304 GB
中　（最大 400 ホストまたは 4,000VM）	8	30 GB	908 GB	2208 GB	4468 GB
大　（最大 1,000 ホストまたは 10,000VM）	16	39 GB	1358 GB	2258 GB	4518 GB
超大（最大 2,000 ホストまたは 35,000VM）	24	58 GB	2283 GB	2383 GB	4643 GB

　また、1 台の vCenter Server で管理できる ESXi ホストや仮想マシンの数には上限があります。大規模な仮想化環境を運用する場合には、複数の vCenter Server を導入し、vCenter Server 同士を連携させる場合もあります。複数の vCenter Server を連携・拡張する方法は vCenter Server 拡張リンクモード（Enhanced Linked Mode：ELM）と呼ばれます。ELM 構成時は、vCenter Server 環境のユーザーとアクセス制御を管理する vCenter シングルサインオン（Single Sign-On：SSO）ドメインを vCenter Server 間で同一の構成にします。vCenter SSO ドメインについては第 14 章、および第 15 章で解説します。

■ vCenter Server のインストール事前準備

　vCenter Server のインストールを実施する前に、以下の準備を行います。

- vCenter Server インストール ISO ファイルをダウンロードした作業用端末
- vCenter Server Appliance に設定する IP アドレスと FQDN を DNS サーバーに登録

【4】　vCPU、およびメモリサイズは展開後に Host Client などで変更可能です。また、ディスクサイズについても変更可能ですが、Linux OS 上のパーティションサイズの変更が必要なため、詳細は次の KB を参照して設定する必要があります。
　　　KB：Increasing the disk space for the vCenter Server Appliance in vSphere 6.5, 6.7, 7.0 and 8.0 (316602)
　　　https://knowledge.broadcom.com/external/article/316602/

- ESXiホストとvCenter Serverのネットワークセグメントが異なる場合、ESXiホストと同じNTPサーバー、または同一時刻を提供可能なNTPサーバーへのネットワーク疎通の確認
- VCSAの管理ユーザー（root）のパスワード、vCenter SSOのドメイン名（既定値：vsphere.local）、vCenter SSO管理者ユーザー（既定値：administrator@vsphere.local）のパスワードの確認

作業用端末からはデプロイを行うESXiホストおよびvCenter Serverに対して特定ポートでの通信が必要なため、間にファイアウォールが存在する構成では適切にポート開放を行う必要があります。開放が必要なポートについては、VMware Ports and Protocolsサイトで公開されています。

■ vCenter Server インストール ステージ1の実施

本項ではWindows OSがインストールされた作業用端末を利用する前提に解説します。macOS、Linux OSの作業端末を利用する場合はフォルダ名などをそれぞれ読み替えて操作してください。

1. 作業用端末でvCenter ServerインストールISOファイルをマウントし、【CD ドライブルート】\vcsa-ui-installer\win32 とフォルダを辿り、installer.exe を実行する
2. インストーラが起動すると、インストールを行うかアップグレードを行うかといった、実行内容を選択する画面が表示されるので「インストール」をクリックする（図3.13）

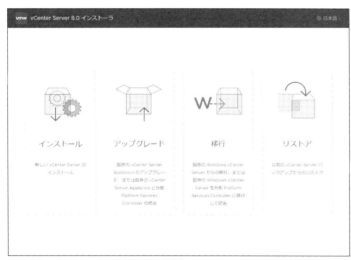

図3.13　インストーラ実行内容選択画面

3. [概要]と[エンドユーザー使用許諾契約書]：インストールステップの概要、EULAが表示されるので、内容を確認して同意し次に進む

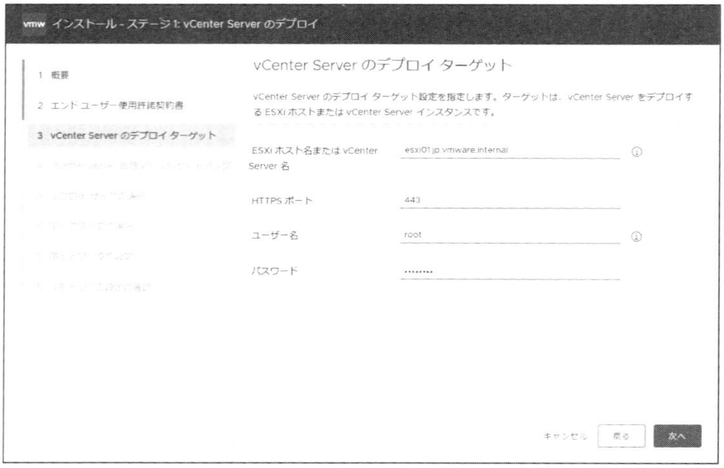

CHAPTER 3 vSphere クラスタの導入

図 3.14 vCenter のデプロイターゲットの指定

4. [vCenter Server のデプロイターゲット]：今回は新規インストールした ESXi ホストにデプロイを行うため、対象の ESXi ホストの FQDN（または IP アドレス）、HTTPS ポート番号（デフォルトは 443）、ユーザー名（root）、パスワードを入力する。ターゲットの初回接続時は SHA1 サムプリントが表示されるので、特に問題がなければ「はい」をクリックし、受け入れを行う（**図 3.14**）。
   本構成ではインストールする vCenter Server 自身が管理する ESXi ホストに VCSA をデプロイする。この構成を自己管理型 vCenter とも呼ぶ。VCSA のデプロイの際、デプロイターゲットの ESXi ホストの指定で、「FQDN」でホスト名を指定すると、後述する vSphere Client で確認可能な ESXi ホストのインベントリ名も FQDN で登録される。「IP アドレス」で指定すると vSphere Client での ESXi ホストのインベントリ名は IP アドレスで登録される。どちらで登録するかは、統一性があることが好ましいため、事前にクラスタの設計として検討することを推奨

5. [vCenter Server 仮想マシンのセットアップ]：vCenter のインベントリに登録する vCenter Server 仮想マシン名、アプライアンス OS の root パスワードを指定する。ここで設定する仮想マシン名は DNS に登録された FQDN とは異なり、vSphere Client や Host Client 上で表示される VCSA としての仮想マシン名である

6. [デプロイサイズの選択]：vSphere 環境の規模に合わせて決定したデプロイサイズ、ストレージサイズを指定する

7. [データストアの選択]：外部ストレージを利用する場合は ESXi ホストがマウントしているデータストアを指定し、データストア上に VCSA をデプロイする。本章の vSphere 環境においては vSAN データストア上に VCSA を展開するが、vCenter Server 自体の導入前なので現時点では vSAN データストアが作成前である。このような場合、インストールの途中で、デプロイ先の ESXi ホスト 1 台にシングルノード構成 の vSAN データストアを作成する。作成した vSAN データストア上に VCSA をデプロイすることがサポートされており、VCSA のインストールウィザードの中で指定できる

48

3.3 vCenter Server のインストールと初期設定

8. データストアの選択メニューにて、[vSAN クラスタにインストール] を選択し、新規に作成されるデータセンター名、およびクラスタ名を指定する（**図 3.15**）

図 3.15 データストアの選択と vSAN ディスクの要求

9. [vSAN 用ディスクの要求]：vSAN キャッシュ層ドライブ、キャパシティ層ドライブは、通常はキャパシティ層ドライブの方が大容量となるため自動で識別される。しかし、同一容量のディスクを使用する場合や、複数種類の容量が混在し自動認識が正しくない場合は、手動でキャッシュ層かキャパシティ層かを指定する。「シンディスクモードの有効化」にチェックを入れることで VCSA がシンディスクでデプロイされ、ストレージ容量の削減が可能である。vSAN データストアは基本的にシンディスクで仮想マシンをデプロイすることが推奨される。また、オールフラッシュ vSAN では「重複排除・圧縮の有効化」をセットアップ時に選択可能。セットアップ後に有効化することも可能なので、必要に応じてチェックを入れる
10. [ネットワークの設定]：VCSA が接続するネットワークの選択、VCSA の FQDN、割り当てる IP アドレスなどのネットワーク設定を指定する
11. [ステージ 1 の設定の確認]：最後に確認画面が表示され、指定したパラメータの一覧が表示される。内容に問題なければ「次へ」をクリックすることで、VCSA のデプロイが開始される
12. VCSA のデプロイが完了し、ターゲットとして指定した ESXi ホスト上に vCenter Server が仮想マシンとしてデプロイされ起動した状態となる

ここまではデプロイのステージ 1 と呼ばれる VCSA が起動するまでのフェーズでした。この後、ステージ 2 と呼ばれる vCenter Server のシングルサインオン（SSO）設定やサービス設定を行うフェーズとなります。

■ vCenter Server インストール ステージ 2 の実施

ステージ 1 の完了画面後、ステージ 2 の概要に進みます（図 3.16）。

図 3.16　ステージ 2 の開始

1. [vCenter Sever の構成]：時刻同期モードの選択、NTP サーバーの指定、SSH アクセスの有効化の選択を行う。NTP サーバーの指定は vCenter Server で管理する全ての ESXi ホスト、その他の管理コンポーネントも同一の時刻ソースを取得することが推奨される。特に vSAN を有効化する場合は、vCenter Server と全ての ESXi ホストが同一時刻であることが必要となる
2. [SSO の構成]：ユーザーが vCenter Server を利用する際に vCenter Server は SSO で認証を行う。そのため、ステージ 2 では、vCenter SSO で利用するドメインの新規作成、もしくは、既存ドメインへの参加を行う。今回の手順においては、新規ドメインとしてデフォルト名称の vsphere.local という名前のドメイン[5]を作成し、デフォルトの管理者ユーザーである administrator のパスワードの指定を行う（図 3.17）
3. [CEIP の設定]：vCenter Server において CEIP へ参加するかどうかを選択する。CEIP へ参加するためには vCenter Server からインターネットへの接続が必要になるが、オンラインで vSphere や vSAN の健全性チェックやハードウェア互換性情報の最新化が行われるようになり、vSphere 環境の安定性向上に寄与する内容となっているため、有効化することを推奨する。CEIP の有効化はセットアップ後も可能である
4. [設定の確認]：最後にステージ 2 の設定内容を確認し、インストールを開始する

【5】「vsphere.local」ドメインは vCenter SSO の既定のドメイン名であり、vCenter Server や ESXi ホストへのネットワーク接続に利用する DNS ドメインではありません。

3.3 vCenter Server のインストールと初期設定

図 3.17　vCenter SSO の構成

　ステージ 2 のインストールが進み、完了することで全ての vCenter Server インストールプロセスは終了となります。この後は、Web ブラウザを利用した管理コンソールを用いて vCenter Server を操作します。

3.3.2　仮想アプライアンス管理インターフェイスによる vCenter Server の管理

　vCenter Server を操作する管理インターフェイスとして、Virtual Appliance Management Interface (VAMI)について説明します。VAMI は ESXi ホストや仮想マシンといったインベントリの管理を対象にしたものではなく、vCenter Server 自体の設定や監視、バックアップを管理するための Web UI です。

■ VAMI へのログイン

　VAMI へのログインは vCenter Server の IP アドレス、または FQDN にコロン「:」で区切りポート番号「5480」を指定した URL となっており、アクセスすることでログイン画面が表示されます。

- https://< vCenter Server の IP アドレス or FQDN >:5480

　後述する vSphere Client のログイン画面とほぼ同じ UI が表示されます。VAMI へのログインはアプライアンスの root ユーザー、もしくは、vCenter SSO の管理者ユーザーを用います。

51

CHAPTER 3 vSphere クラスタの導入

■ VAMI での管理項目

VAMIへログインするとサマリページが表示されます（図3.18）。

図 3.18　VAMI サマリページ

VAMI で管理可能な VCSA の各種設定は以下の通りです（表 3.2）。

表 3.2　VCSA 管理メニュー

メニュー	内容
サマリ	vCenter Server の健全性ステータスや vCenter SSO の稼働ステータスの管理
監視	vCenter Server でのリソース利用推移やディスク使用率、ネットワークやデータベースの状況、各サービスのログファイルの確認
アクセス	vCenter Server のコンソールや SSH のアクセスについての有効化 / 無効化を操作
ネットワーク	vCenter Server のネットワーク設定やプロキシ設定の確認、変更
ファイアウォール	アプライアンス OS のファイアウォール機能による vCenter Server へのアクセス制御
時刻	vCenter Server のタイムゾーンや時刻同期モード、NTP サーバーの設定
サービス	vCenter Server の OS 上で動作しているサービスのステータス確認や起動設定
アップデート	vCenter Server のアップデートの確認、アップデートの適用（詳細は第 10 章で解説）
管理	vCenter Server の OS ユーザーのパスワード要件やパスワード有効期限を設定 ※ root ユーザーでログインした場合のみ表示
syslog	vCenter Server のログを syslog サーバーへの転送設定（詳細は第 11 章で解説）
バックアップ	vCener Server 構成のファイルバックアップの取得やスケジュールを設定（詳細は第 11 章で解説）

また、VAMIの画面右上の[アクション]メニューからはvCenter Serverの再起動やシャットダウン、サポートバンドルの作成・取得が可能です。

■ VCSA デプロイ後の推奨設定項目

vCenter Server のインストール完了後はまず VAMI にログインし、タイムゾーンとパスワード有効期限を、企業のセキュリティポリシーに適合する適切な値に設定することを推奨します。

vCenter Server のデフォルト設定のタイムゾーンは UTC です。ログの管理上は問題ありませんが、運用方針に合わせて日本時間（JST）に変更可能です。

また、初期値ではパスワード有効期限が 90 日で設定されています。気づかずに有効期限を過ぎてしまい、root アカウントがロックされてしまうという事象が起こりやすいので注意してください。

vCenter Server の適切なバックアップ設定やログ転送設定もシステムの安定稼働のためには重要な設定項目です。vCenter Server のログ設定、バックアップ運用についてはの詳細は第 11 章で解説します。

3.3.3　vSphere Client による vCenter Server の操作

ESXi ホストや仮想マシンといった vCenter Server 管理下のインベントリを対象とした操作は、vSphere Client と呼ばれる Web インターフェイスを利用して行います。vSphere 6.7 より以前は Adobe Flash ベースの vSphere Web Client と呼ばれていましたが、vSphere 6.7 Update 3 以降は HTML5 にて再実装され、vSphere 7 から現在の名称となりました。

ただし、vSphere 5.x などさらに古いバージョンでは、Windows OS にインストールするタイプのクライアントソフトウェアのことを vSphere Client と呼んでいました。旧バージョンのサポート終了に伴い vSphere Client という名称が再利用されたため、過去のドキュメントなどに記載された名称と混同しないように注意してください。以前の Windows OS 版の vSphere Client は、C# でコードが書かれていたことから C# Client と呼ばれることもあります。

■ vSphere Client へのログイン

vSphere Client の利用はブラウザで vCenter Server の FQDN の URL へ HTTPS でアクセスし、「VSPHERE CLIENT の起動」ボタンをクリックすることでログイン画面が表示されます。

- https://< vCenter Server の IP アドレス or FQDN >

vSphere Client へは vCenter SSO を利用してログインします。初期では vCenter Server インストール時に作成した SSO ドメインの administrator ユーザー / パスワードでログインを行います。

デフォルトの「vsphere.local」で SSO ドメインを設定した場合の管理者ユーザー名は「administrator@vsphere.local」が使用されます（**図 3.19**）。

vSphere クラスタの導入

図 3.19　vSphere Client ログイン画面

3.4　vSphere クラスタの基本セットアップ

　複数台の ESXi ホストを vCenter Server に登録し、vSphere クラスタを作成することで、DRS ／ vSphere HA ／ vSAN ／ vSphere Lifecycle Management（vLCM）といった、仮想マシンの可用性や運用性を向上する クラスタ機能を使用できます。

3.4.1　クイックスタートによるクラスタセットアップ

　vSphere 6.7 より以前の vSphere では、クラスタの作成や ESXi ホストの追加などの作業は個別に操作・設定 する必要がありました。現在は vSphere クラスタのクイックスタート機能を使用することで、簡単にベストプ ラクティスに沿った設定でクラスタをセットアップできます（図 3.20）。

3.4 vSphere クラスタの基本セットアップ

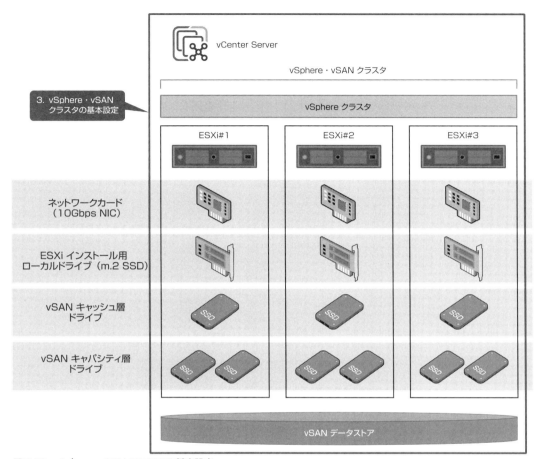

図 3.20　vSphere・vSAN クラスタの基本設定

　本章では、ここまでのセットアップ操作で、すでにシングルノード vSAN クラスタ上に VCSA をインストールし、仮想データセンターおよび vSphere クラスタは作成済みの状態となっています。本項ではクイックスタート機能を使用して、残りの ESXi ホストの追加と DRS／vSphere HA／vSAN といった各クラスタレベルの機能を有効化します。

1. インベントリから対象のクラスタを選択し、[構成] > [設定] > [クイックスタート] を選択する。クラスタのクイックスタート画面を開くと、すでに vSAN が有効化されていることが分かる

2. [1. クラスタの基本] > [編集] を選択し、vSphere DRS、vSphere HA など残りのサービスを有効化する（図 3.21）

図 3.21　クラスタクイックスタート

3. vSphere DRS と vSphere HA を有効化後、[2. ホストの追加] で「追加」をクリックする（図 3.22）

図 3.22　クラスタクイックスタート：サービス有効化

4. クラスタに追加する ESXi ホストのホスト名を入力して完了する。多数の ESXi ホストを同時に追加する際、同じ認証情報（root ユーザー・パスワード）を利用する場合にはチェックを入れることで操作を簡略化できる（図 3.23）

3.4 vSphere クラスタの基本セットアップ

図 3.23　追加の ESXi ホスト入力画面

5. 画面では ESXi ホストを FQDN で指定しているが、ここで入力した情報が vSphere Client のインベントリ情報に反映される。IP アドレスで指定すると vSphere Client 上では IP アドレスでインベントリに登録される。一般的には管理性の観点から FQDN で指定することが推奨される
6. ホストの追加が完了後、[3. クラスタの構成] で [構成] を選択する（図 3.24）

図 3.24　クラスタの構成画面

7. [Distributed Switch]：今回は分散スイッチ（VDS）を使用するので、構成する物理アダプタ等の情報を入力する。VDS を利用することで論理的な仮想スイッチを各 ESXi ホストにまたがって構成し、仮想ネットワークの管理を効率的に行える。また、VDS を有効化することでネットワーク I/O コントロール（NIOC）などの高度な帯域制御の機能が有効化される。標準スイッチ(VSS)を使用する場合は後でネットワークを設定にチェックを入れる（図 3.25）

57

図 3.25　分散スイッチの設定画面

8. [vMotion トラフィック]：vMotion 用トラフィックを設定する。必要に応じてネットワーク機器側で設定されたVLAN ID を指定する。vMotion 用のネットワークには各 ESXi ホストに専用の IP アドレスを付与するが、設定する ESXi ホストの台数が多い場合、最初の ESXi ホストの IP アドレスを入力後、[自動入力]をクリックすることで IP アドレスが連番で設定される（図 3.26）。

図 3.26　vMotion 用トラフィック設定画面

3.4　vSphere クラスタの基本セットアップ

9. [ストレージトラフィック]：vSAN 用トラフィックを設定する。必要に応じてネットワーク機器側で設定された VLAN ID を指定する。vMotion ネットワークと同様に、vSAN 用のネットワークには各 ESXi ホストに専用の IP アドレスを付与する（**図 3.27**）

図 3.27　vSAN 用トラフィック設定画面

10. [詳細オプション]：必要に応じて各詳細オプションを設定する。本手順では特に設定変更は行わないが、クラスタセットアップ完了後に変更可能。本書後半で各 vSphere 機能を解説しているので適宜参照

11. [ディスクの要求]：vSAN のキャッシュ層・キャパシティ層に使用するディスクをホストごとに選択する。VCSA の初期デプロイ時と同様に、vSAN キャッシュ層ドライブ、キャパシティ層ドライブは、通常はキャパシティ層ドライブの方が大容量となるため自動で識別される。ただし、同一容量のディスクを使用する場合や、複数種類の容量が混在し自動認識が正しくない場合は、手動でキャッシュ層かキャパシティ層かを指定する。搭載される各 vSAN ドライブが同一のものが画面上ではグループ化され、それぞれ一括でキャッシュ層かキャパシティ層か指定できる（**図 3.28**）

59

CHAPTER 3　vSphere クラスタの導入

図 3.28　vSAN の使用ディスク選択画面

12. [確認]：最後に確認画面に入力した項目が表示される。設定値に問題がなければ「完了」をクリックする

vSphere クラスタ、vSAN のセットアップが完了し [ホストの設定] が完了状態となります（図 3.29）。

図 3.29　クラスタクイックスタート完了画面

■ クイックスタートを使用しないでクラスタを構成する場合

　クイックスタート機能を利用せず、それぞれの機能を個別に有効化することも可能です。vSAN の設定については第 7 章、分散スイッチについては第 8 章、DRS および HA などのクラスタ機能については第 9 章を参照し、それぞれ設定を行ってください。

3.5 vSphere Client を利用した基本動作

本節では vSphere Client について解説します。vSphere Client は vSphere の各オブジェクトを一元的に管理し、システム全体の健全性状態を随時確認できるように様々な機能と画面で構成されています。各種設定でインタラクティブな操作メニューを提供する他、パフォーマンスモニタやアラート管理など、グラフィカルに分かりやすく情報を俯瞰することで vCenter Server 管理下のシステムの状態を容易に把握できます。

3.5.1 vSphere Client の基本的な画面構成

vSphere Client 左上のハンバーガーメニュー（≡）より、vSphere Client の操作メニューが表示され、各操作画面へ移動できます。また、右上の現在ログインしているユーザー名をクリックすると、ユーザーのパスワード設定、環境設定（時刻形式・表示言語など）、UI のカラーテーマの切り替え（ライトテーマ・ダークテーマ）が行えます（図 3.30）。

図 3.30　vSphere Client の操作メニュー

特に「表示言語」の切り替えは、トラブルシューティング時に「英語」表示に切り替えて英語でのメッセージを確認することで問題の調査に有益なことが多くあるので、必要に応じて利用してください。

本書ではvSphere Clientの各種操作で「インベントリ」、「管理」、「ポリシーおよびプロファイル」などの各種画面を利用した説明が頻出します。主要な画面の切り替えは、画面左上のメニュー（≡）アイコンから行うことを基本とし、都度の手順説明からは省略して解説します。

■ ホーム画面

ホーム画面では利用環境における使用中のリソースの概要を把握できるダッシュボードで構成されています（図3.31）。

vCenter Serverが管理するすべてのCPU・メモリ・ストレージの状況が確認可能で、仮想マシン台数（起動中、停止中、サスペンド）状態、およびホスト台数（接続中、切断中、メンテナンスモード実行中）など、仮想化環境全体の状況を把握できます。個別のオブジェクトの詳細を管理、操作する場合は「インベントリ」画面を利用します。

図3.31 vSphere Client ホーム画面

■ ショートカット画面

ショートカット画面は、vSphere Clientの各種メニューへのショートカットが、カテゴリ別にアイコンとともに並んだ画面です（図3.32）。画面左上のメニュー（≡）アイコンに含まれない機能へのショートカットも含まれるため、利用目的に合わせて活用します。

3.5 vSphere Client を利用した基本動作

図 3.32　ショートカット画面

■ 管理画面

アクセスコントロール、ユーザー・グループの管理、ライセンス管理など、vCenter Server の各種設定の管理メニューが集約された画面です（**図 3.33**）。

図 3.33　管理画面

3.5.2　vSphere Client インベントリ画面

インベントリ画面は vSphere Client を操作する上で一番利用する頻度の高い画面です。

vSphere 環境におけるデータセンター、クラスタ、ESXi ホスト、リソースプール、仮想マシン、テンプレー

トなど、仮想マシン管理に必要な情報やクラスタの設定、ストレージ、ネットワークなどの構成情報を管理します（**図 3.34**）。

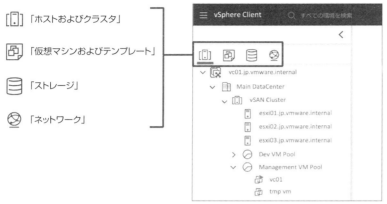

図 3.34　インベントリ画面

「ホストおよびクラスタ」「仮想マシンおよびテンプレート」「ストレージ」「ネットワーク」アイコンをクリックすると、それぞれに該当したインベントリを表示します。

■「ホストおよびクラスタ」インベントリ

vCenter Server の管理するデータセンター、クラスタ、ESXi ホスト、リソースプール、仮想マシンなどのオブジェクトを一覧として表示します（**図 3.35**）。

図 3.35　「ホストおよびクラスタ」のインベントリ

3.5 vSphere Client を利用した基本動作

① 画面左：ESXi ホストや仮想マシンなどのオブジェクトの一覧

各オブジェクトのアイコンから、それぞれのステータスを確認できます。

- ESXi ホストは稼働中かどうか、メンテナンスモード中かどうかを判断可能
- 仮想マシンがパワーオン、パワーオフ、サスペンドなどのステータスを判断可能
- 各オブジェクトに対するアラート・警告がある場合、オブジェクトのアイコンにマークが表示される

対象のESXiホストや仮想マシンオブジェクトを選択し、②の詳細画面から様々な操作が可能です。また、オブジェクトを右クリックすることで、対象オブジェクトで可能な操作メニューが表示、実行できます。

② 画面右：各オブジェクトの詳細

「アクション」をクリックすると該当オブジェクトの操作メニューが表示され、実行できます。例えば、仮想マシンならシャットダウン／パワーオン、スナップショットなどの各種操作や設定変更を行います。「アクション」の代わりに、①のインベントリ・オブジェクトの一覧から操作対象のオブジェクトを右クリックすることで同様の操作メニューが表示されます[6]。

③ 画面下：「最近のタスク」や「アラーム」の表示

「最近のタスク」では、現在動作中のタスクや最近完了したタスクの一覧が表示されます。見逃した場合は各オブジェクトを選択し「監視」＞「タスク」を選択することで同じ内容を確認できます。

④ 画面左上：検索ウィンドウ

テキストを入力することで、vCenter Server で管理する様々な情報を検索します。検索対象としては、クラスタ、仮想マシン、ホスト、データストア、ネットワーク、タグ、カスタム属性などがあります。数千を超える仮想マシンから目的の1台を絞り込むなど、大規模環境にて必要なオブジェクトを探すにあたり、操作を効率化できます。検索時は一部を入力するとそれらが含まれるオブジェクトが自動で絞り込まれ、リストされます（図 3.36）。

【6】 本書の操作説明時の「設定」に関するメニューは各オブジェクトの「アクション」メニュー、または「右クリック」メニューから操作を開始する前提で解説しています。

図3.36 検索ウィンドウ

①のオブジェクトツリーはvSphereを構成する要素、階層として、vSphere Client上で表示されます。vCenter Server、データセンター（仮想データセンター）、ESXiホスト、リソースプール、クラスタなど多数のコンポーネントで構成されます（**図3.37**）。

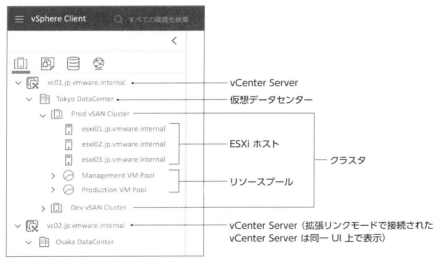

図3.37 vSphere Client UI上でのコンポーネント配置

■「仮想マシンおよびテンプレート」インベントリ

フォルダを使用して複数の仮想マシンおよびテンプレートオブジェクトをグループ化し、管理を容易にできます。さらにフォルダへ権限を適用することでアクセス管理を包括的に適用できます。権限とアクセス管理の詳細は第14章で解説します。

3.5 vSphere Client を利用した基本動作

■「ストレージ」インベントリ

vCenter Server 内の各 ESXi ホストがマウントするデータストアの一覧を表示します。この中には ESXi ホストのローカルデータストア、複数の ESXi ホストでアクセスする共有データストア（VMFS、NFS、vSAN、VVOL）が含まれます。ストレージの詳細は第 6 章、第 7 章で解説します。

■「ネットワーク」インベントリ

vCenter Server 内の各 ESXi ホストに設定された仮想スイッチの一覧を表示します。標準スイッチ、分散スイッチが含まれます。ネットワークの詳細は第 8 章で解説します。その他、vSphere Client には様々な機能を様々な画面で操作しますが、詳細は本書の各機能の解説で紹介します。

COLUMN

ハンズオンラボのご紹介

VMware ハンズオンラボ (HOL) は、VMware 製品やソリューションを実際に体験できるオンラインの無償ラボプラットフォームです。利用者は事前に検証環境の準備をする必要なく、Web ブラウザを利用したリモートアクセスでラボプラットフォーム上に展開された実際の製品操作や機能を試せます。

- VMware Hands-on Labs
  https://labs.hol.vmware.com/

VMware HOL には複数のタイプのラボシナリオが製品別、所要時間や難易度別に用意されており、利用者のニーズに合わせて検証、学習を進められます。

- **インタラクティブシミュレーションラボ (Interactive Simulation Lab)**
  あらかじめ収録された画像や動画をガイドに沿って操作体験が可能なラボ
- **ライトニングラボ (Lightning Lab)**
  短時間で VMware 製品の主要な特徴や機能を学ぶタイプのラボ
- **ハンズオンラボ (Hands-On Lab)**
  特定の製品に特化してより深く掘り下げる形式の複数セッションを含む製品検証にも活用できるラボ
- **オデッセイラボ (Odyssey Lab)**
  トラブルシューティングの時間とスコアを競うチャレンジラボ

VMware 上位認定資格 (VCAP) などのラボ科目では HOL に近い環境でテストが行われるため、事前に HOL で学習することで試験に向けた準備にも有効活用できます。

VMwareHOL の開始

ラボコースは目的の製品名称や対応している言語、ラボのタイプから絞り込めます。

目的のラボを見つけたら「登録 (Enroll)」ボタンをクリックし、[登録情報 (My Enrollment)] タブに登録された一覧から目的のラボを [このラボを開始 (Start This Lab)] をクリックして開始します。

ラボを開始するとバックグラウンドのラボプラットフォーム上にラボが展開され、アクセス可能になると Web ブラウザ上で作業用の Windows PC 画面に接続され、実際の環境と同様に操作できます (**図 3.38**)。

図 3.38　HOL- ラボの開始

上記ラボ画面は英語マニュアルを利用したラボを Web ブラウザの翻訳機能を利用して日本語化しています。また、ラボのデスクトップ内のブラウザの言語や、vSphere Client 画面も日本語表示に切り替えて操作可能です。

ラボの継続時間は開始から 30 分～ 2 時間とラボの難易度により幅がありますが、残り時間を示す「Remaining：HH:MM:SS」ボタンをクリックして時間延長も可能です。

Broadcom コミュニティのご紹介

従来「VMware Technology Network（VMTN）」として多くの VMware 利用者に参加していただいていたコミュニティは 2024 年 5 月以降、Broadcom コミュニティに統合されました。

Broadcom コミュニティは、Broadcom 製品のユーザー、開発者、パートナーが集まるオンラインコミュニティです。製品に関する情報交換、技術的な質問への回答、問題解決のサポートなど、様々な活動が行われていますので、ぜひ皆様も活用してください (**図 3.39**)。

3.5　vSphere Client を利用した基本動作

- Broadcom Community
  https://community.broadcom.com/

図 3.39　Broadcom コミュニティ

　製品カテゴリごとに階層化されており、VMware 関連製品は「VMware Cloud Foundation」、「Tanzu」、「Application Networking and Security」、「Software Defined Edge」の 4 つの製品軸と、開発関連のコミュニティ「VMware {code}」にそれぞれまとまっています。
　注意点として、これらコミュニティはグローバルコミュニティのため英語で質問、ディスカッションする必要があります。

Broadcom「日本語」コミュニティ

　Broadcom コミュニティにおいて日本語で質問、ディスカッションする場合は個別のローカル言語のコミュニティが用意されています。コミュニティトップページから [Group] > [VMware] を選択してください (図 3.40)。

図 3.40　Broadcom「日本語」コミュニティ (1)

CHAPTER 3　vSphere クラスタの導入

続いて、VMware Group 画面で [VMware International Groups] から [Japanese] をクリックします。日本語コミュニティではどなたでも日本語で質問、ディスカッションを投稿可能です。皆様の技術ナレッジを共有しあいながら日本の VMware コミュニティを活性化していただけますと幸いです (図 3.41)。

図 3.41　Broadcom「日本語」コミュニティ（2）

- **Broadcom Community：Japanese Group 直リンク URL**

    https://community.broadcom.com/groups/communities/communityhomeblogs?CommunityKey=65f9f530-9675-4b0a-b5d5-77e5ab560688

Chapter 4

仮想マシン

CHAPTER 4　仮想マシン

本章では仮想マシンにおける仮想ハードウェアの構成、仮想マシン作成の流れや仮想マシン管理に関連する様々な機能について解説します。

4.1　仮想マシンとゲストOS

　仮想マシンとは、vSphereの仮想化技術により生成されるx86アーキテクチャのオペレーティングシステムおよびアプリケーションの実行環境です。ESXiホストから提供されるCPUやメモリ、ディスク、NIC等の仮想デバイスは仮想マシン上にインストールされたオペレーティングシステム（ゲストOS）から物理デバイスと同様に利用されます。ゲストOSはこれらの仮想デバイスを介してESXiホストの物理デバイスにアクセスします。

　仮想マシンがESXiホストのリソースを利用するには、ゲストOS側に仮想デバイスのドライバが必要です。仮想デバイスは抽象化されているため、ドライバをインストールすることで、仮想マシンはESXiホストのハードウェア構成に依存しない形で管理でき、異なるハードウェア構成のESXiホストへの移動が可能となります。

　例外として、仮想マシンのCPUリソースは起動したESXiホストのものが提供されるため、異なるCPUアーキテクチャ（IntelとAMD）間でのvMotion（ホットマイグレーション）は行えません。さらに、CPUベンダーが同一であっても、異なる世代のCPU間で稼働中の仮想マシンをvMotionする場合は一定の制限が生じます。

　vSphereでは、EVC（Enhanced vMotion Compatibility）機能により、仮想マシンに提供するCPU機能セットを制限することで、世代の異なるCPU間でのvMotionを可能にします。vMotionおよびEVCに関する詳細については第9章で解説します。

　また、GPU等の一部のデバイスは、ESXi側で対応するハードウェアが搭載されていることが前提となります。GPU等のデバイスについても、一定の制限はあるものの、同一のハードウェアが搭載されたESXiホスト間ではパワーオンの状態で仮想マシンをvMotionできます。

4.1.1　仮想ハードウェア

　仮想マシンの仮想ハードウェアは、選択する仮想ハードウェアバージョンに応じて提供される機能、構成の上限、対応しているゲストOSやサポートされるvSphereバージョンなどが異なります。物理ハードウェアとvSphereのパフォーマンスを最大限に活かすためには、最新の仮想ハードウェアバージョンを選択することを推奨します。

　ただし、ESXiは自身が対応しているものより上位の（新しい）仮想ハードウェアバージョンの仮想マシンを動作させることはできません。そのため、複数バージョンのESXiホストが混在する環境においては、最も古いESXiがサポートする仮想ハードウェアバージョンに合わせる必要があります。ESXiと仮想ハードウェアバージョンの対応は以下の通りです（**表4.1**）。

4.1 仮想マシンとゲスト OS

表 4.1 ESXi と仮想ハードウェアバージョンの対応

ESXi / HW	21	20	19	18	17
8.0 U2 & U3	○	○	○	○	○
8.0 GA & U1	×	○	○	○	○
7.0 U2 & U3	×	×	○	○	○
7.0 U1	×	×	×	○	○
7.0 GA	×	×	×	×	○

その他のバージョンにおける詳細については以下の KB を参照してください。

- KB：Virtual machine hardware versions（315655）
  https://knowledge.broadcom.com/external/article/315655/

4.1.2 ゲスト OS の選択

仮想マシン作成時には、ゲスト OS（OS ファミリやバージョン）の指定を行います。指定されたゲスト OS に応じてデフォルトの仮想デバイス構成が選択されるため、インストールする予定の OS と合致するものを選択することが重要です。ゲスト OS が対応している ESXi のバージョンは以下の互換性ガイドより確認可能です。

- 互換性ガイド：Broadcom Compatibility Guide
  https://compatibilityguide.broadcom.com/search?program=software

仮想ハードウェアバージョンにより選択可能なゲスト OS が異なるため、設定したいゲスト OS が選択できない場合は ESXi・仮想ハードウェアバージョンの組み合わせを確認してください。

4.1.3 ゲスト OS のサポートステータス

互換性ガイドでは、ESXi のバージョンごとに詳細なサポートステータスを確認することができ、それぞれ以下のような状態を示しています（**表 4.2**）。

 仮想マシン

表 4.2 サポートステータスの詳細

サポートステータス	説明
Tech Preview	● ゲスト OS として使用するために認定された対象の OS ではなく、完全なサポートが提供されない状態
Supported	● 対象 ESXi ホストとゲスト OS の組み合わせでの動作が保証されており、問題が生じた際にはサポートでの調査および状況に応じ修正が提供される
Terminated	● ゲスト OS に対するサポートが終了している状態 ● 互換性ガイドの記載からも削除され、新しいゲスト OS への移行が推奨される
Deprecated	● Terminated を目前に控えた状態 ● 将来のリリースでサポートの終了がアナウンスされているもので、新しいゲスト OS への移行が推奨される ● その他の観点では Legacy と同様
Legacy	● Supported と Depricated の間の状態 ● ゲスト OS の提供ベンダーによるサポート期間が終了したゲスト OS が該当 ● OS に依存しない基本的な動作（起動停止や vMotion など）については引き続き動作保証が提供されるが、問題が生じた際にゲスト OS 観点での調査が行えないためサポートでの対応は限定的 ● vSphere における新規機能への対応も行われず、対応する VMware Tools やゲストカスタマイゼーションについても更新が行われないなど制限がある
Unsupported	● 対象のゲスト OS については動作保証されておらず、問題が発生した場合でもサポートでの調査や修正の提供が行われない

- KB：Understanding guest operating system support levels
  https://knowledge.broadcom.com/external/article/344481/

 **仮想マシンの構成ファイル**

仮想マシンは、データストア上に格納された複数のファイルから構成されます。表 4.3 では仮想マシンを構成する主要なファイルについて紹介しています。

表 4.3 仮想マシンを構成する主要なファイル

ファイル種別（拡張子）	説明
VMX (.vmx)	● 仮想マシンにおける仮想ハードウェアなどの構成について記述されたファイル
VSWP (.vswp)	● メモリがオーバーコミットされた環境において、ESXi ホストの物理メモリの空き容量枯渇時に、空きを確保するため仮想マシンのメモリ領域を退避（スワップアウト）させるためのファイル
VMDK (.vmdk) -flat.VMDK (-flat.vmdk)	● 仮想ディスクのデータを格納するためのファイル ● .vmdk ファイルはディスク構成のメタデータを含み、仮想ディスク内の実データは -flat.vmdk ファイルに保存される
VMDK 差分 (-delta.vmdk) (-sesparse.vmdk)	● スナップショットが作成された時点からの仮想マシンディスクの差分内容を格納するためのファイル
VMSD (.vmsd)	● 仮想マシンのスナップショットに関する情報を格納するためのファイル
VMSN (.vmsn)	● スナップショットが作成された時点の仮想マシンのメモリ状態を格納するためのファイル
VMSS (.vmss)	● 仮想マシンをサスペンドした際のメモリ状態を格納するためのファイル
NVRAM (.nvram)	● 仮想マシンの BIOS や EFI の設定を格納するためのファイル
ログ (.log)	● 仮想マシンプロセスのアクティビティに関するログ

4.1　仮想マシンとゲストOS

これらの構成ファイルは、データストアの仮想マシンフォルダ（/vmfs/volumes/<データストア名>/<仮想マシン名>）に配置されており、vSphere Client のデータストアブラウザからも確認することができます。

4.1.5 仮想ハードウェア（ストレージ）

本項ではストレージに関連する仮想ハードウェアとして、仮想ディスクと仮想ストレージコントローラについて、それぞれの種類と特徴を解説します。

■ 仮想ディスクのファイル形式と特徴

仮想マシンデータの実体が格納される仮想ディスクはVMDKファイル形式とRDM形式の大きく2種類に分類されます。

まず、VMDKファイル形式の仮想ディスクは、定義ファイル（*.vmdk）とエクステントファイル（*-flat.vmdk）によって構成されます。また、後述するスナップショットなどが作成された場合は、さらに差分ファイル（ファイル名末尾が -delta.vmdk もしくは -sesparse.vmdk）が作成されます。

エクステントファイル（フラットファイル）の形式はシックプロビジョニングとシンプロビジョニングの2種類があり、それぞれの特徴は以下になります（**表 4.4**）。

表 4.4　各プロビジョニング形式の特徴

プロビジョニング形式	説明
シックプロビジョニング	仮想ディスク作成時に全ディスク領域を割り当てる形式であり、以下の2種類があります ● Eager Zeroed 　● 仮想ディスク作成時に VMDK ファイルの全領域へのゼロ初期化を行う方式 　● VMDK ファイル作成に時間を要するが、初期書き込み時にゼロ初期化が不要となるため、ストレージ性能を最大限に得たい場合はこの方式が適切 ● Lazy Zeroed 　● 仮想ディスク作成時にゼロ初期化を行わず、最初に書き込みを行う際にゼロ初期化を実行する方式 　● 短時間で VMDK を作成できるという特徴がある
シンプロビジョニング	● 仮想ディスク作成時にはファイルシステム領域を割り当てず、仮想マシンからの書き込み要求に応じて動的にファイルシステム領域を割り当てる形式 ● NFS データストアや vSAN データストアに作成した VMDK は、シンプロビジョニング形式がデフォルト

デフォルトの設定から変更を行い、VMFSデータストアでシンプロビジョニングを利用、NFSデータストアやvSANデータストアでシックプロビジョニングを利用するといった選択も可能です。ただし、NFSデータストアでシックプロビジョニングを利用する場合はNASストレージベンダー固有のプラグインが必要となるため、ストレージベンダーにプラグインの有無を確認してください。

現在では、シックプロビジョニングとシンプロビジョニング形式で、ほとんど性能差がなくなっています。ストレージ領域のオーバーコミットを許容するか否か、IO遅延にセンシティブなソフトウェアの有無などの要素を考慮し、シックプロビジョニングとシンプロビジョニングは使い分けられています。

なお、ストレージアレイ側で LUN をシンプロビジョニングで作成した場合や重複排除機能が有効な場合は、仮想ディスクもシンプロビジョニングで作成することが推奨されます。このようなデータストア上に仮想ディスクをシックプロビジョニングで作成した場合、ストレージアレイ上から管理するデータ利用量と、vSphere 側から管理される仮想マシンのデータ利用量の見た目の差が大きくなり、管理に不便が生じる可能性があります。

もう一つの仮想ディスク形式として RDM（Raw Device Mapping）形式があります。RDM 形式の仮想ディスクでは、仮想マシンはストレージアレイ上の LUN に直接アクセスして使用することが可能です。RDM 形式の仮想ディスクでは定義ファイル（*.vmdk）とマッピングファイルがデータストア上に配置され、データそのものは直接ストレージデバイスとやり取りを行います。RDM についての詳細は第 6 章で解説します。

■ 仮想ストレージコントローラの種類と特徴

仮想ディスクの接続には、ストレージコントローラを使用します。仮想マシンのシステムボードには IDE コントローラしかないため、SCSI ディスクを接続するには SCSI コントローラが必要となります。vSphere はサーバー OS での利用を想定しているため、仮想マシンを作成すると、通常 1 つの SCSI 仮想ディスクと、そのディスクに接続するための SCSI コントローラが自動で追加されます。SCSI コントローラは仮想マシンごとに最大 4 つまで作成が可能であり、次の種類が用意されています（**表 4.5**）。

表 4.5　SCSI コントローラの種類

SCSI コントローラ	説明
BusLogic パラレル	● BusLogic Parallel SCSI アダプタをエミュレートしたもの ● 古いバージョンのゲスト OS でも幅広くサポートされる ● 2TB を超えるディスクを持つ仮想マシンではサポートされない
LSI Logic パラレル	● LSI Logic Prallel SCSI アダプタをエミュレートしたもの ● Windows Server 2003 などレガシーなゲスト OS におけるデフォルトのタイプ
LSI Logic SAS	● LSI Logic Serial Attached SCSI（SAS）アダプタをエミュレートしたもの ● Windows Server 2008 / 2008 R2 以降をゲスト OS として指定した場合のデフォルトのタイプ
VMware 準仮想化 (Paravirtual SCSI)	● VMware が独自に開発した準仮想化アダプタ（略称：PVSCSI） ● CPU の効率的利用、オーバーヘッドの軽減などが図られており、BusLogic や LSI Logic と比較して高いパフォーマンスを発揮 ● Windows Server 2022 以降をゲスト OS として指定した場合のデフォルトのタイプ

PVSCSI ドライバは VMware Tools をインストールすると利用できます。一部の Linux ディストリビューションや Windows Server 2022、Windows 11 バージョン 2022 H2 以降の最新の Windows のインストールメディアには PVSCSI ドライバが含まれ、OS の新規インストール時にも PVSCSI のコントローラを認識します。PVSCSI ドライバが含まれない以前の OS のインストールメディアを利用する場合は、VMware Tools インストールファイル含まれる PVSCSI ドライバを事前に読み込ませる必要があります。手順については以下の KB を参照してください。

- KB：Configuring disks to use VMware Paravirtual SCSI（PVSCSI）controllers（313507）
  https://knowledge.broadcom.com/external/article/313507/

4.1　仮想マシンとゲスト OS

なお、ここでは SCSI コントローラのみを取り上げて紹介しましたが、その他 SATA コントローラや NVMe コントローラ等も同様に追加作成が可能です。

4.1.6　仮想ハードウェア（ネットワーク）

仮想 NIC とは、物理的には存在しない、ソフトウェアによる仮想的な NIC です。仮想マシンごとに個別に仮想 NIC を 1 つまたは複数個割り当て、ゲスト OS はこれを通信の際に利用します。仮想マシンごとに最大 10 個まで設定可能です。

仮想マシンで使われる主な仮想 NIC タイプには次のものがあり、仮想マシンを作成、または仮想 NIC を追加する際に選択できます（**表 4.6**）。

表 4.6　仮想 NIC の種類

仮想NICタイプ	説明
E1000E	● Intel 82574 ギガビットイーサネット NIC をエミュレートした仮想 NIC ● Windows 8 および Windows Server 2012 以降のデフォルトアダプタ
E1000	● Intel 82545EM ギガビットイーサネット NIC をエミュレートした仮想 NIC ● Windows XP 以降および Linux バージョン 2.4.19 以降を含むほとんどのゲスト OS で利用可能
Flexible	● 仮想マシンの起動時には Vlance アダプタ、その後のドライバにより Vlance アダプタまたは VMXNET アダプタとして機能
Vlance	● AMD 79C970 PCnet32 LANCE NIC をエミュレートした仮想 NIC ● 32 ビットレガシーゲスト OS で利用可能なドライバを備えた旧型の 10 Mbps NIC
VMXNET	● 仮想マシンのパフォーマンス向けに最適化された準仮想化 NIC
VMXNET3	● 仮想マシンのパフォーマンス向けに最適化された準仮想化 NIC ● ジャンボフレームやハードウェアオフロード機能、マルチキューサポートおよび MSI / MSI-X 割り込み配信などの多くの機能を提供し、高い性能を実現
PVRDMA	● OFED Verbs API を介して仮想マシン間のリモートダイレクトメモリアクセス（RDMA）をサポートする準仮想化 NIC ● PVRDMA デバイスと分散スイッチが必須
SR-IOV パススルー	● SR-IOV をサポートする物理 NIC を物理デバイスとして仮想マシンに提供するパススルーされた PCI デバイス ● 仮想マシンと物理アダプタは VMkernel を中継せずにデータを交換

VMXNET3 は ESXi 独自の準仮想化 NIC であり、利用するためには専用のドライバが必要となります。PVSCSI ドライバと同様に VMware Tools をインストールすることで VMXNET3 のドライバもインストールされます。多くの OS インストールメディアには VMXNET3 ドライバは同梱されていないため、ゲスト OS のインストール後に VMXNET3 デバイスを認識させるために、VMware Tools をインストールする必要があります。

一部の Linux ディストリビューション、および、Windows Server 2022、Windows 11 バージョン 2022H2 以降の Windows には VMXNET3 のドライバが同梱されており、ゲスト OS の新規インストール時点で VMXNET3 デバイスを認識します。

77

VMXNET3では各種オフロード[1]などの付加的な機能が利用でき、準仮想化機能により通常は最も高いパフォーマンスを発揮するため、VMware ToolsをインストールしVMXNET3を利用することが推奨されます。

4.2 仮想マシンの作成と管理

vSphere環境で利用する仮想マシンは、様々な方法で作成することができます。

- 仮想マシンの新規作成
- 仮想マシンのクローン（作成済みの仮想マシンの複製）
- 仮想マシンテンプレートの展開（仮想マシンテンプレート／ OVF・OVAファイルの展開）

本節の前半では、仮想マシンコンソールの利用方法と上述したvSphere環境における仮想マシン作成の一連の流れを説明します。後半では、仮想マシンの作成や管理に関連する各種機能の解説を行います。

4.2.1 仮想マシンコンソール

仮想マシンを利用する際は、仮想NICに割り当てたIPアドレスを指定して直接ゲストOSに接続し、操作することが一般的です。一方でOSのインストール直後や、なんらかのトラブルが発生したことで先述した方法で接続ができない場合もあります。

現在、vSphere ClientのUIはHTML5ベースの仮想マシンコンソールである「Webコンソール」が標準で利用できます。また、アプリケーションの追加インストールが必要ですが、VMware Remote Console（VMRC）と呼ばれる専用のリモートコンソールも利用できます。リモートコンソール、またはWebコンソールの利用はvSphere Clientの各仮想マシンの画面から選択可能です（図4.1）。

図4.1　仮想マシンコンソールの起動

【1】 オフロード機能とは、ネットワーク通信の際にOS上で行っていた処理を物理NIC側に処理させる（オフロードする）機能です。オフロード機能を利用することにより、ゲストOSに割り当てるCPUリソースを削減でき、ESXiホストの負荷を低減することが可能になります。VMXNET3がオフロードできるネットワーク処理は、チェックサム計算、TCPセグメンテーション処理、VLANタギング処理など多岐にわたります。

VMRCはモニタの解像度に合わせてゲストOS側解像度の調整、特殊なキーマッピングの設定の他、操作端末上にあるISOイメージファイルを仮想マシンにマウントすることができ、Webコンソールより高度な機能を利用できます。そのためvSphere Clientを利用する作業端末にはVMRCをインストールしておくことを推奨します。

VMRCはBroadcom Support PortalのvSphereのダウンロードページから「Drivers & Tools」タブを選択すると一覧に表示されます。見つけにくい場合は「Remote Console」などキーワードで絞り込みます（図 4.2）。

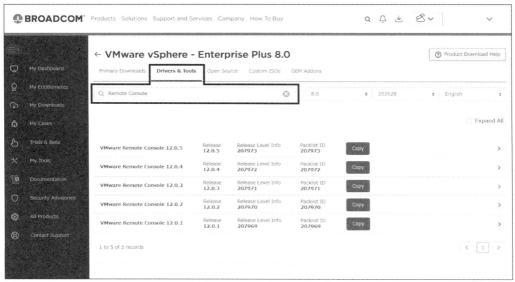

図 4.2　VMRC のダウンロード画面

4.2.2　仮想マシンの作成とゲスト OS のインストール

本項では仮想マシンの新規作成ケースを取り上げ、作成した仮想マシンにゲストOSやドライバを導入し、利用ができるまでの以下の流れを説明します。

1. 仮想マシンの作成（仮想マシン名の指定・CPUやメモリリソースの指定など）
2. 仮想マシンへのゲストOSのインストール
3. ゲストOSへのVMware Toolsのインストール

■ 仮想マシンの作成

vSphere Clientにログインし、新規仮想マシンの作成を行います（図 4.3）。

CHAPTER 4　仮想マシン

図 4.3　vSphere Client インベントリ画面

仮想マシン作成ウィザードに従い、以下のような流れで仮想マシンの作成を進めます（**表 4.7**）。

表 4.7　新規仮想マシンの作成手順

手順	概要	説明
1	作成タイプの選択	仮想マシンの作成方法を指定します。新規作成の他、テンプレートを利用したデプロイやクローンなども可能です
2	名前とフォルダの選択	作成する仮想マシンの名前を設定し、配置先となる仮想マシンフォルダを選択します
3	コンピューティングリソースの選択	仮想マシンを展開するクラスタ、あるいはホストやリソースプールを選択します
4	ストレージの選択	仮想マシンを構成する各種ファイルを格納する先のデータストアを選択します
5	互換性の選択	仮想マシンと互換性のある ESXi ホストのバージョンを選択します。この設定により、仮想マシンのハードウェアバージョンが決定されます
6	ゲスト OS の選択	仮想マシンにインストールするゲスト OS ファミリ、ゲスト OS バージョンを選択します
7	ハードウェアのカスタマイズ	CPU、メモリ、ディスクをはじめとした仮想ハードウェアの構成を行います
8	設定の確認	これまで設定した内容を最終確認します

新規作成が完了した仮想マシンはパワーオフの状態です。続いて仮想マシン上にゲスト OS のインストールを行います（**図 4.4**）。

図 4.4　vSphere Client インベントリ画面（仮想マシン作成後）

4.2 仮想マシンの作成と管理

■ ISO イメージファイルのマウントとゲスト OS のインストール

ゲスト OS のインストールに先立ち、インストールメディアを仮想マシンにマウントする必要があります。ここでは VMRC を利用して操作端末上にある ISO イメージファイルをマウントする方法を紹介します[2]。

まず、対象の仮想マシンを選択し、REMOTE CONSOLE を起動します（図 4.5）。

図 4.5　VMRC の起動

ISO イメージファイルを仮想マシンにマウントするためには仮想マシンが起動している必要があるため、vSphere Client、または VMRC の画面から仮想マシンを起動します。

その後、メニューから [Removable Devices] > [CD/DVD ドライブ] > [Connect to Disk Image FIle（iso）...] を選択します。ISO イメージファイルを指定するウィンドウが開くので、操作端末でアクセス可能なインストールメディアを指定します（図 4.6）。

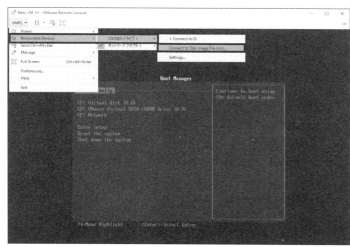

図 4.6　ISO イメージファイルのマウント

【2】 ISO イメージは、事前に ESXi ホストにマウントされたデータストアへアップロードしておく方法や、第 10 章で解説するコンテンツライブラリに登録したものを使用することも可能です。

81

イメージファイルのマウント後、VMRCのメニューから「Send Ctrl+Alt+Del」を実行するか、「Ctrl+Alt+Insert」キーを同時に押し、仮想マシンを再起動します。イメージファイルのマウントは以上で完了します。以降の手順はWindows OSを例に説明します。

インストールメディアが認識されるとOSインストーラが起動するため、その後は通常のOSインストールと同様の手順で設定を進めます（図4.7）。

図4.7 Windows OSにおけるOSのインストール例

ストレージコントローラとしてVMware 準仮想化（PVSCSI）アダプタを選択した場合などに、インストール先のドライブが表示されないことがあります。これは、インストールメディアに専用のドライバが含まれておらず、仮想ディスクを認識できていないことが原因です。解消するためには、仮想マシンの設定からストレージコントローラの種別を確認し、対応するドライバを追加する必要があります。

ゲストOSのインストールが完了すると、デスクトップ画面が表示されるようになります。続けてVMware Toolsのインストールに進みます。

■ VMware Tools のインストール

ゲストOSにVMware Toolsがインストールされていない状態では、仮想マシンのサマリ画面に警告が表示されます。本項ではWindows OSへのVMware Toolsのインストールを例に解説します。多くのLinux ディストリビューションではOpen VM Toolsが標準で利用可能なため、各ディストリビューションの推奨に従ってOpen VM Toolsを利用します。Open VM Toolsについては後述の「4.2.6　VMware Tools と Open VM Tools」を参照してください。

VMware Toolsのインストールは、警告メッセージのアクションから実行する他、仮想マシンのアクション

4.2 仮想マシンの作成と管理

メニューから [ゲスト OS] > [VMware Tools のインストール ...] を選択する、または VMRC のコンソールメニューから [Manage] > [Install VMware Tools...] を選択します (**図 4.8**)。

図 4.8　VMware Tools のインストール

ゲスト OS にログイン後、VMware Tools のインストールメディアはゲスト OS 内にマウントされていることが確認できます (**図 4.9**)。

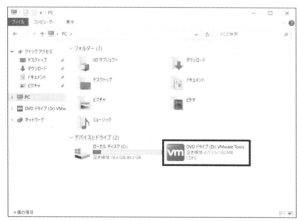

図 4.9　マウントされた VMware Tools インストールメディア

インストーラを起動し VMware Tools のインストールを進めます。クリックしてもインストーラが起動しない場合は、インストールメディアフォルダの中の「setup.exe」、または「setup64.exe」を実行します。なお、セットアップの種類は通常は「標準」を選択すれば問題ありません (**図 4.10**)。

83

図 4.10　VMware Tools セットアップ選択画面

　VMware Tools のインストール完了後はゲスト OS の再起動が求められるので、画面の指示に従い再起動します。ゲスト OS の再起動が完了すると、VMware Tools の動作が検知され vSphere Client 上のサマリ画面では警告が消えます。また VMware Tools 経由で取得したゲスト OS の情報（DNS 名や IP アドレス）が表示されるようになります（図 4.11）。

図 4.11　VMware Tools インストール完了後の vSphere Client サマリ画面

 **4.2.3　仮想マシンのクローン（作成済みの仮想マシンの複製）**

　本項では、クローンによる仮想マシンの作成について説明します。仮想マシンのクローンを実施した場合は、ゲスト OS の持つシステム情報や IP アドレスはクローン前と完全に一致した状態で作成されます。この時、

MACアドレスは更新され、スナップショットの世代情報は引き継がれません。現在の状態のディスクがクローンされます。

IPアドレスの重複などを防ぐために、「4.2.7 仮想マシンのカスタマイズ仕様」で解説する機能を利用して、クローンされた仮想マシンが起動する前に自動で内部の設定を変更することも可能です。

■ クローンの実施手順

対象の仮想マシンを右クリック、またはアクションメニューを開き、[クローン作成] > [仮想マシンにクローン作成] をクリックします（図 4.12）。

図4.12 仮想マシンのクローン作成メニュー

その後は、仮想マシンの新規作成時と同様にウィザードに従って作成を進めます（表 4.8）。

表 4.8 クローンの作成手順

手順	概要	説明
1	名前とフォルダの選択	作成する仮想マシンの名前を設定し、配置先となる仮想マシンフォルダを選択します
2	コンピューティングリソースの選択	仮想マシンを展開するクラスタ、あるいはホストやリソースプールを選択します
3	ストレージの選択	仮想マシンを構成する各種ファイルを格納する先のデータストアを選択します
4	クローンオプションの選択	以下のオプションを選択可能です ● オペレーティングシステムのカスタマイズ： 　ゲストOSの保持するシステム名やIPアドレスをカスタマイズする ● 仮想マシンのハードウェアのカスタマイズ： 　クローン元となった仮想マシンのハードウェア構成を変更する ● 作成後に仮想マシンをパワーオン
5	ゲストOSのカスタマイズ	手順4で「オペレーティングシステムのカスタマイズ」を選択した場合は、事前に作成したカスタマイズ仕様を指定します（カスタマイズ仕様の詳細については後述します）
6	ハードウェアのカスタマイズ	手順4で「仮想マシンのハードウェアのカスタマイズ」を選択した場合に、CPU、メモリ、ディスクをはじめとした仮想ハードウェアの構成を行います
7	設定の確認	これまで設定した内容の最終確認を行います

クローンのタスクが完了すると、元の仮想マシンと同じもの、またはカスタマイズを適用したものが利用可能になります。

4.2.4 仮想マシンテンプレートの展開（仮想マシンテンプレート／OVF/OVAファイルの展開）

本項では仮想マシンテンプレートを利用した仮想マシンの作成について解説します。

仮想マシンのクローンは、複製元が起動可能な仮想マシンであるため、意図せず起動・改変されてしまうリスクが存在します。また、クローンは元の仮想マシンにアクセスできる同一 vCenter Server 配下のクラスタで利用されるのが通常で、異なる vCenter Server 環境[3]やネットワーク接続のない環境への展開では利用できません。

vSphere ではそのような課題を排し、同一仮想マシンの展開を容易にする以下の方法を提供しています。

- 仮想マシンテンプレート形式（ゴールデンイメージ）
- OVF/OVA ファイル形式（仮想マシン・仮想アプライアンスの配布用パッケージ）

仮想マシンテンプレート利用の際は、仮想マシンを「テンプレートに変換」するか、仮想マシンをクローンする際に「テンプレートにクローン作成」を実行します。変換後のテンプレートはデータストア上に保持されますが起動はできないため、変換時の構成が変更されることはありません。利用者は作成されたテンプレートを選択し、そのテンプレートを基に仮想マシンを展開することで、用意されたゲスト OS 環境を利用できます。

OVF（Open Virtualization Format）は DMTF（Distributed Management Task Force）で規格化された仮想化環境共通の仮想マシンテンプレートのパッケージングと配布のためのオープンスタンダードフォーマットです。仮想マシンは OVF/OVA 形式でエクスポートすることで、異なる環境への展開を目的としたパッケージファイルとして扱うことができます。

OVF 形式でエクスポートした場合、仮想マシンは各種構成ファイルおよび仮想ディスク単位でファイルに変換されエクスポートされます。それらエクスポートした OVF 形式のファイル一式は、vSphere Client などを利用してインポートすることで、新たな仮想マシンとして利用可能になります。

OVA（Open Virtual Appliance または Open Virtualization Format Archive）は、OVF 形式でエクスポートされた各種ファイル一式を tar で固めて 1 つのファイルとして扱えるようにしたアーカイブファイルです。単一ファイルであるという点以外は OVF 形式と同様に扱えます。

■ OVF/OVA テンプレートの展開（インポート）

OVF/OVA 形式のファイルについてはデータストア上に配置されている仮想マシンテンプレートとは異なり、

【3】 vSphere 7.0 Update 3 で機能実装された Advanced Cross vCenter vMotion 機能の Clone を利用することで、vCenter Server が異なる別のクラスタ間でもネットワーク疎通がある前提でクローンがサポートされます。

任意の場所で保持されるため、ファイルを配置している場所にアクセスできるvSphere環境であれば同一の仮想マシンを展開できます。

例えば、以下のようにhttpでアクセス可能なリポジトリのURLを指定して、Webサイト上から直接OVFテンプレートを取り込むことも可能です（**図4.13**）。

図4.13　OVFテンプレートからのデプロイ

■ OVF/OVAテンプレートの作成（エクスポート）

vSphere環境で仮想マシンをOVF/OVAテンプレートにエクスポートする代表的な方法は以下の4つがあります。その他にもサードパーティのツールを利用してバックアップしたイメージファイルからテンプレートに変換する方法なども提供されています。

- vSphere Client（またはHost Client）：OVF形式へのエクスポートのみ対応
- OVFTool：OVF/OVA形式に対応
- PowerCLI：OVF/OVA形式に対応
- vCenter Converter Standalone：VMware Workstation Pro用のテンプレートに変換

ここではvSphere Clientを利用して仮想マシンをOVF形式にエクスポートする手順を紹介します。OVA形式でのエクスポートが必要な場合は、OVFTool、またはPowerCLIなどを利用してエクスポートできます。なお、OVFToolのダウンロード、ユーザーガイドはBroadcom Developer Portalにて提供しています。

- Broadcom Developer Portal：Open Virtualization Format (OVF) Tool
  https://developer.broadcom.com/tools/open-virtualization-format-ovf-tool/latest

vSphere Clientでエクスポート対象の仮想マシンを右クリック、またはアクションメニューを開き、[テンプレート] > [OVFテンプレートのエクスポート]をクリックします。この時、仮想マシンは事前にシャットダウンされている必要があります（**図4.14**）。

CHAPTER 4　仮想マシン

図4.14　OVFテンプレートのエクスポート①

　テンプレートの名前、注釈を入力し、必要に応じて詳細オプションにチェックを入れ、「OK」をクリックすると操作端末のローカルフォルダにOVFテンプレートファイル一式がダウンロードされます（図4.15）。

図4.15　OVFテンプレートのエクスポート②

　エクスポートされたOVFテンプレートは以下の複数ファイルから構成されます（表4.9）。

表4.9　OVFテンプレートを構成するファイル

ファイル種別（拡張子）	説明
OVFファイル（.ovf）	● 仮想マシンの構成情報、仮想ハードウェア情報などがXML形式で記載されたファイル
マニフェストファイル（.mf）	● 各ファイルのSHAダイジェスト値が記載されたファイル
VMDKファイル（.vmdk）	● 仮想ディスクのデータを格納するためのファイル ※他のハイパーバイザー環境で作成したテンプレートは別形式の場合もあり
NVRAM（.nvram）	● 仮想マシンのBIOSやEFIの設定を格納するためのファイル ● ESXi環境ではvSphere 6.7以降に含まれるファイル

4.2 仮想マシンの作成と管理

■ テンプレートの使い分け

データストアに配置される仮想マシンテンプレートの場合、OVF/OVA 形式のファイルと比較するとポータビリティには欠けるものの、展開に際してのデータ転送はサーバー／ストレージ間のネットワークが使用されるため、OVF/OVA ファイルのデプロイと比較して短い時間での展開が期待できます。

また、テンプレートに修正が必要となった場合は、一度仮想マシンに変換し、設定変更やアップデートファイルを適用した後に再度テンプレート化することで、テンプレート自体のバージョンメンテナンスが行えます。

OVF/OVA 形式のテンプレートは、仮想マシンをエクスポート、インポートいずれの操作もクライアント端末と ESXi ホスト間でデータ転送が発生するため、仮想マシンテンプレートからの展開と比べ必要となる時間は長くなりがちです。しかし、ファイル化されるため、Web を経由した配布など広く仮想マシン・仮想アプライアンスを展開する場合に適した方式です。

VMware の各種仮想アプライアンス製品も多くは OVF/OVA 形式のテンプレートで配布されています。

仮想マシンのクローン、テンプレート化、および OVF/OVA ファイルでのエクスポート／インポートについては、いずれも同一構成の仮想マシンを複数展開できるので、それぞれの特徴を理解した上で目的に合致した方法の利用を検討します。

■ テンプレート配布における注意点

単一の複製元の仮想マシンからテンプレートを作成、展開する場合、ゲスト OS 上で何も考慮せずに配布すると、ゲスト OS のホスト名や設定された IP アドレス、内部の固有 ID など、固有のシステム情報が複製元と同一のまま配布されます。利用形態にもよりますが、配布する意図のない設定情報が展開されてしまうセキュリティリスクや、展開された仮想マシンを同一ネットワークに接続し利用する場合、ネットワークアドレスの重複など、複製元の動作に影響を及ぼすリスクが生じます。

そのような問題に対処する方法として、テンプレート化する前の複製元仮想マシンにおいて、ゲスト OS 内で Sysprep ツールなどを利用して「一般化（generalization）」することが推奨されます。

4.2.5 仮想マシンの起動と停止

本項では仮想マシンの電源メニューに表示される電源操作について説明します。

電源操作では、その時点で選択できない操作はグレーアウトされており、選べないようになっています。以下の画面の例では仮想マシンは停止状態にあるため、パワーオフ操作がグレーアウトしています（図 4.16）。

CHAPTER 4 　仮想マシン

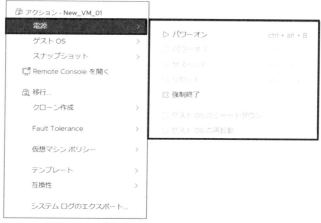

図4.16　仮想マシンの電源メニュー画面

各電源操作の概要は以下の通りです（**表 4.10**）。

表 4.10　仮想マシンの電源操作

操作	説明
パワーオン	● 対象の仮想マシンを起動する操作
パワーオフ	● 対象の仮想マシンを停止する操作 ● ゲストOSのシャットダウンは行わず、物理サーバーでの強制電源停止相当の操作
サスペンド	● 対象の仮想マシンをサスペンド状態にする操作 ● サスペンドを実行するとメモリ上のデータが仮想ディスクに退避され、サスペンドを解除すると元の起動状態に復元
リセット	● 対象の仮想マシンにリセットコマンドを発行する操作 ● ソフトリセットであり、仮想マシンは BIOS/UEFI から再起動される
強制終了	● 対象の仮想マシンのプロセスを強制終了する操作
ゲストOSのシャットダウン	● VMware Tools 経由でゲストOSにシャットダウンコマンドを発行する操作 ※ゲストOS側にVMware Toolsがインストールされている必要あり
ゲストOSの再起動	● VMware Tools 経由でゲストOSに再起動コマンドを発行する操作 ※ゲストOS側にVMware Toolsがインストールされている必要あり

なお、仮想マシンを停止した場合、起動操作はvSphere Client、またはHost ClientなどのvSphere管理UI上から実行する必要があるため、仮想マシン利用者がvSphere管理UIにアクセスできない環境の場合、停止操作の実施には注意が必要です。

4.2.6 VMware Tools と Open VM Tools

VMware Tools は、仮想マシンの中で稼働するゲスト OS のパフォーマンスを最適化させ、仮想マシンの管理性を向上させるためのツール群です。VMware Tools をインストールすることで、より多くの vSphere の機能を利用できるようになります。

VMware Tools の主な機能は、以下の通りです。

■ パフォーマンスの最適化

- グラフィックの高速化および解像度の向上（SVGA ドライバ）
- ネットワーク性能の向上（VMXNET3 ドライバ）
- ストレージ性能の向上（準仮想 SCSI ドライバ）

■ 運用性の向上

- リモートコンソールでのマウス操作の向上
- コピー＆ペースト機能の有効化
- ゲスト OS に関する情報の収集（OS 種別、IP アドレスなど）
- メモリのバルーニング機能の有効化
- ゲスト OS のカスタマイズ機能およびスクリプト実行機能の有効化

■ 信頼性の向上

- ホスト OS（ESXi）とゲスト OS 間の時刻同期
- ゲストファイルシステムを静止した状態でのスナップショット取得

■ セキュリティ向上

- VMware 製品が提供するゲストイントロスペクション機能の有効化

また、多くの Linux ディストリビューションでは、VMware Tools のオープンソース（OSS）版として、Open VM Tools が提供されています。

Open VM Tools は、Linux ディストリビューションの開発者や仮想アプライアンスベンダー向けに、オープンソースで開発されている VMware Tools の互換製品です。ゲスト OS の種別に応じて、インストーラやパッケージが提供されているため、特別な理由がない限りは、各ディストリビューションにおける導入手順に従ってインストールします。なお、Open VM Tools のサポートは提供元の Linux ディストリビューションによって行われます。

VMware Tools、Open VM Tools の提供形態は以下の通りです（**表 4.11**）。

CHAPTER 4　仮想マシン

表 4.11　VMware Tools および Open VM Tools の提供形態

提供形態	概要	補足
ISO イメージ	・ISO イメージファイルで提供される形態 ・ゲスト OS の CD-ROM ドライブに ISO ファイルを検出させることで利用可能	・VMware Tools の ISO イメージは ESXi に各バージョンに対応したものが組み込まれている他、Broadcom Support Portal から各 vSphere バージョンごとのダウンロードページにて提供される
組み込みパッケージ	・Linux ディストリビューションのパッケージ管理システムを通じて提供される Open VM Tools の形態	・各 Linux ディストリビューションが利用するパッケージ管理システムを通じて Open VM Tools がインストールされる
Operating System Specific Package (OSP)	・Open VM Tools が対応していないレガシー Linux OS 向けに、VMware Tools OSP として、rpm や deb などの Linux ネイティブパッケージフォーマット形式の VMware Tools を提供	・VMware Tools OSP リポジトリではレガシー Linux OS 向け以外にも最新の Windows、Linux に対応した各バージョンの VMware Tools を公開 VMware Tools Operating System Specific Package (OSP) リポジトリ https://packages.vmware.com/tools/releases/

　過去にリリースされた ESXi バージョンとそれに含まれる VMware Tools のバージョン情報は VMware Tools OSP リポジトリの「versions」から確認が可能です。

- **VMware Tools OSP バージョン情報**

    https://packages.vmware.com/tools/versions

■ Windows への VMware Tools のインストール

　ゲスト OS として Windows のインストールが完了した後、VMware Tools をインストールします。VMware Tools がインストールされていない場合には、vSphere Client の仮想マシンのサマリ画面に、その旨が表示されます（図 4.17）。

図 4.17　VMware Tools 未インストールに関するアラーム

　実際のインストール手順については、「4.2.2　仮想マシンの作成とゲスト OS のインストール：VMware Tools のインストール」を参照してください。

■ Linux への Open VM Tools のインストール

多くの Linux ディストリビューションでは、Open VM Tools がパッケージ管理システムを通じて提供されています。また、OS のインストーラ実行の中で、自動で Open VM Tools がインストールされる場合もあります。ここでは、Ubuntu、Debian、および関連 OS を例に、Open VM Tools のインストール方法を解説します。

パッケージ情報の更新を行います（インターネットに接続した状態でパッケージ管理リポジトリにアクセスできる前提になります）。

```
sudo apt-get update
```

GUI が有効な場合には、open-vm-tools-desktop をインストールします。

```
sudo apt-get install open-vm-tools-desktop
```

CLI のみの場合には、open-vm-tools をインストールします。

```
sudo apt-get install open-vm-tools
```

■ 動作確認（Windows、Linux 共通）

正しく VMware Tools がインストールされている場合、仮想マシンのサマリ画面または監視画面から、アラームが消えていることが確認できます。VMware Tools のインストール後はアラームが消え、正常であることを確認します。

4.2.7 仮想マシンのカスタマイズ仕様

仮想マシンのカスタマイズ仕様は、仮想マシンをクローンする際やテンプレートからデプロイする際に、ゲスト OS の設定を自動的に変更するための仕組みです（**図 4.18**）。

仮想マシンを展開するたびにゲスト OS にログインして手動でホスト名、IP アドレスなどの設定を行う代わりに、本機能を活用してこれらの設定を自動化し、効率的に仮想マシンをデプロイできます。大量の仮想デスクトップの展開を行う VDI 基盤などでは必須機能の一つです。

仮想マシンのカスタマイズ仕様を適用することで、仮想マシン固有の ID を変更しコンピュータ名の重複が防止され、同一の設定を持つ仮想マシンが展開されることに起因して発生する競合を防止できるという利点もあります。

CHAPTER 4 仮想マシン

図 4.18 仮想マシンのカスタマイズ仕様

カスタマイズ仕様で設定できる項目は Windows と Linux でいくつかの違いがありますが、次のような項目が設定可能です。

カスタマイズ仕様で設定できる項目
- コンピュータ名：仮想マシンのホスト名を指定
- ネットワーク設定：IP アドレス、サブネットマスク、ゲートウェイ、DNS サーバーなどを設定
- ドメイン参加：Active Directory ドメインへの参加を設定
- ワークグループ設定：ワークグループへの参加を設定
- 管理者パスワード：管理者アカウントのパスワードを設定
- タイムゾーン：タイムゾーンを設定
- ライセンスキー：オペレーティングシステムのライセンスキーを設定
- 実行するコマンド：仮想マシン起動時に実行するコマンドを指定
- ユーザーアカウント：新しいユーザーアカウントを作成

仮想マシンのカスタマイズ仕様は、デプロイ作業を効率化し、設定ミスを削減するための便利な機能です。仮想マシンを頻繁に作成する場合は、カスタマイズ仕様の利用を検討することを推奨します。

4.2.8 スナップショット

仮想マシンのスナップショットは、特定のタイミングにおける仮想マシンの状態やデータを保存する機能です。

電源状態（パワーオン／パワーオフ／サスペンド）や起動中のメモリの状態をオンラインで保存し、いつでもその時点の状態に戻すことが可能です。また、スナップショットは複数保存できるので、必要に応じてそれぞれのタイミングの状態にリストアできます。

ゲストOSのアップデートや新しいプログラムをインストールする際に、未知の不具合がないかテストする目的などで一時的なバックアップとして利用される他、サードパーティベンダーのバックアップソフトウェアと連携し仮想マシンの情報を保存する際にもスナップショットが使用されることがあります。

スナップショットの仮想マシンファイルはツリー構造になっており、それぞれのファイル間で親子関係が定義されています（ディスク同士の紐付けをスナップショットのチェーンと呼びます）。この親子関係を基に、ベースとなる仮想ディスク（親）と、それに対する差分ディスク（子）をスナップショットごとに保持するためデータに一貫性を持って保持できます。また、一つのツリーの枝に複数のスナップショットが存在している場合、親子関係の定義が連なりチェーンが構成されます。ツリーを構成する仮想ディスクのうち、最も親となるディスクをベースディスクと呼びます。

スナップショットのチェーンが構成されている環境において、なんらかの理由でチェーンの途中のファイルが破損した場合、対象ファイル以降のチェーンも論理整合性が取れなくなり無効となります。

同様に、チェーン途中のファイルが更新された場合、そのファイル以降の差分ファイルとの整合性が失われるように見えますが、ESXiはチェーンの整合性を担保するようスナップショットファイルを管理しているため、GUIからの操作によりチェーン途中の差分ディスクが直接マウントされることはありません。

ただし、なんらかの理由でスナップショットが存在している仮想マシンにおいてvmdkのマウント作業を行う必要が生じた場合、前述のデータロストが生じるリスクを理解した上で実施するか、もしくはサポートの指示の下、実施することをおすすめします。

スナップショットには仮想マシンの設定、電源状態、仮想ディスク、メモリの情報が含まれ、以下のファイルが管理されます。

- VMEM：仮想マシンのメモリ状態の保存ファイル
- VMSDファイル：仮想マシンのスナップショットに関する情報
- 差分VMDKファイル：
    - 手動で差分VMDKファイルのチェーンを変更するとデータが破損するので注意
    - 最大でベースディスクと同じサイズにまで大きくなる

■ スナップショットの仕組み

スナップショットにおけるチェーンは以下のようになります（**図4.19**）。

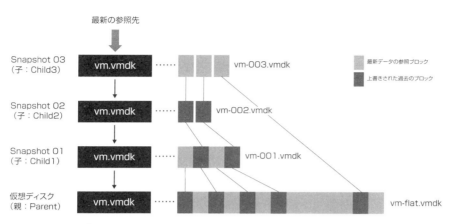

図4.19 スナップショットチェーンの構成例

　仮想マシンに対しスナップショットの作成を行うと、元の仮想ディスクを親としたディスク（vm-001.vmdk）が作成されます。スナップショットを作成するたびに差分ディスクが作成され、それぞれが各親スナップショットとのチェーンを保持しデータの整合性を管理します。
　ゲストOSの読み書き処理と差分ディスクの関係は以下の通りです。

- **ゲストOS上で書き込み処理が行われた場合**
　子となるスナップショットのディスクのうち最新のものに対して書き込みが行われます。
　子となるディスクは書き込みより生じた差分データのみが保持され、親のディスクに対しては書き込みによる更新は発生しません。

- **ゲストOS上で読み込み処理が行われた場合**
　まずは最新となる子のディスクに対して読み込み対象領域が存在しているかを確認し、そのディスクにあれば読み込み処理を、ない場合は対象ディスクの上の階層のスナップショット差分データを読み込みます。そうして対象領域が見つかるまで順次（ベースディスクまで）親のディスクへ確認を行います。

　スナップショットの作成や削除を行った場合のスナップショットディスクの動きについては以下となります。

- **新しいスナップショットを作成した場合**
　新しい差分ディスク（vm-003.vmdk）が作成され、それまで参照していたスナップショットディスク（vm-002.vmdk）を親とした形でチェーンが生成されます。

- **スナップショットをリストアした場合**
　取得してあるスナップショットの状態へ仮想マシンを戻す処理です。

vm-003.vmdk が参照されている状態で vmk-001.vmdk へのリストアを実行すると、仮想マシンは vm-002.vmdk のツリーを保持したまま、vm-001.vmdk を起点とした差分を新たに保持するため vm-001.vmdk を親とするチェーン（vm-004.vmdk）を作成します。

- **スナップショットを削除した場合**
  削除するスナップショットが一番新しい子（Snapshot03）の場合は、仮想マシンの参照先が一つの親のディスク（vm-002.vmdk）となります。
  削除するスナップショットがベースディスクと他の子のディスクの間のチェーンに該当する（Snapshot02）場合、vm-002.vmdk の差分情報が実際には別の子ディスクに統合されます。これにより、スナップショットチェーン同士の整合性を保ったままツリー構造からスナップショットを破棄できます。

なお、第 7 章で紹介する vSAN ESA スナップショットは、本項で紹介したスナップショットとは異なるアーキテクチャで実装されており、大幅な機能と性能改善が行われています。

■ スナップショットを利用する上での注意事項

- **スナップショットとパフォーマンス**
  vSphere の運用ベストプラクティスとして、スナップショットは必要最小限の利用に留めることを推奨しています。そのため、仮想マシンのパフォーマンスが出ない、ストレージの空き容量が想定以上に減少している場合は、スナップショットの有無を確認の上、不要なスナップショットを削除することを検討してください。
  仮想マシンに 2 TB を超える大きさの仮想ハードディスクがある場合、スナップショットの操作（作成・削除）は完了までの時間が大幅に長くなります。これは差分データが多いことにより統合処理に時間を必要とする以外に、次に解説する Stun の動作にも起因します。

- **スナップショットと Stun**
  稼働中の仮想マシンのスナップショットを取得する、またはスナップショットを削除（統合）する場合、仮想マシンデータの静止点（整合性）を担保するために仮想マシン I/O を一瞬停止する「Stun」の動作が行われます。
  Stun は仮想マシンデータの整合性を保つために必要な仕組みですが、Stun が行われる瞬間に多くの I/O が発行されていると、整合性を保つためのデータ停止とデータの統合に時間を多く要し Stun 時間が長くなるリスクがあります。そのためスナップショットを取得する際は仮想マシンの負荷の低いタイミングに行うことが推奨されます。
  Stun の仕組みは、VADP を利用するバックアップソフトウェアと連動して取得するスナップショットも同様です。VADP に関しては第 11 章で詳細を解説します。
  スナップショット作成時の Stun は仮想マシンに対して 1 回行われます。複数の仮想ディスクを持つ仮想マシンの場合も全仮想ディスクに対して 1 度の Stun で静止点を取得し、データの整合性を確保します。

CHAPTER 4　仮想マシン

スナップショット削除（統合）時の Stun は、まず仮想マシン対して 1 回 Stun が行われ、スナップショットを削除するための準備（ミラードライバの設定）が行われます。その後、仮想マシンがマウントする仮想ディスクを順番にそれぞれ親の仮想ディスク対してスナップショットを統合し、統合を完了する瞬間に Stun が発生します。仮想ディスクの統合に伴う Stun は仮想ディスクの数の分だけ行われます。仮想ディスク数が多い仮想マシンはその分 Stun の回数が増加するので注意が必要です。

- **スナップショットがサポートされない vSphere 機能**
Raw ディスク、RDM 物理モードディスク、またはゲスト OS 内で iSCSI イニシエータを使用するゲスト OS のスナップショットはサポートしていません。また、VMDK 形式の仮想ディスクを利用している場合においても以下のようなケースではスナップショットの取得は行えません。
  - vSphere FT（Fault Tolerance）が有効な仮想マシン
  - マルチライターモードや共有 VMDK（クラスタ VMDK）にて複数の仮想マシンから同一の VMDK をマウントして、フェイルオーバークラスタを構成した仮想マシン

- **バックアップとしてのスナップショット運用**
スナップショットは長期的なバックアップとしては適切ではありません。長期間にわたって保持すると、スナップショットファイルのサイズは継続的に大きくなります。これにより、スナップショットの保存場所が空き容量不足となり、システムのパフォーマンスに影響する可能性があります。
パフォーマンスへの影響具合については、スナップショットの保存期間や変更サイズ、スナップショット数によって異なります。さらに、仮想マシンがパワーオン状態になるまでにかかる時間が長くなる場合もあるため、本番環境の仮想マシンにてスナップショットを残し続ける運用は避けてください。
なお、従来のスナップショット機能と比べ大幅にパフォーマンスが向上し、バックアップ運用にも適した vSAN ESA スナップショットが vSAN 8 で実装されました。vSAN ESA スナップショットについては第 7 章で解説します。また、vSphere 環境のバックアップ・リストア運用に関しては第 11 章で詳細を解説します。スナップショットに関する詳細の情報については以下 KB も参照してください。

- KB：Overview of virtual machine snapshots in vSphere（342618）
https://knowledge.broadcom.com/external/article/342618/

- KB：Snapshot removal stops a virtual machine for long time（323397）
https://knowledge.broadcom.com/external/article/323397/

■ スナップショットの新規作成手順

スナップショットを新規作成するには対象の仮想マシン選択し、右クリック、またはアクションメニューから、[スナップショット] > [スナップショットの作成] をクリックします（図 4.20）。

4.2 仮想マシンの作成と管理

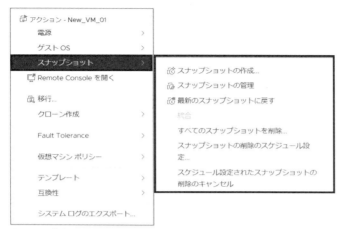

図 4.20 仮想マシンを選択したスナップショット操作

　その後、スナップショット名およびオプションを設定し [作成] をクリックします。デフォルトでは「仮想マシンスナップショット YYYY/MM/DD hh:mm:ss」という取得日時のスナップショット名が設定されていますが、必要に応じて取得目的が分かりやすい名称を設定します。
　起動中の仮想マシンを対象としてスナップショットを作成する場合、その時点でのメモリ情報を保存するか、ゲストファイルシステムの静止を行うかのオプションを選択可能です。

- オプション：メモリ状態の保存
  メモリ情報を保存する場合はメモリ内のデータが仮想ディスクに書き出されるため、仮想マシンのメモリサイズに依存してスナップショットの作成に時間を要します。

- オプション：ゲストファイルシステムの停止
  スナップショット作成時のゲスト OS のファイルシステムの内容が整合性のある状態になるように、ゲスト OS で実行中のプロセスを一時停止するには、[ゲストファイルシステムを静止する] を選択します。
  この機能は、ゲスト OS に VMware Tools がインストールされていること、および Windows VSS（Volume Shadow Copy）など VMware Tools と連動して、ゲスト OS 内で静止点を取得連携するツールが利用できる環境であることが条件となります。作成されたスナップショットの一覧は以下の [スナップショット] タブから確認できます（図 4.21）。

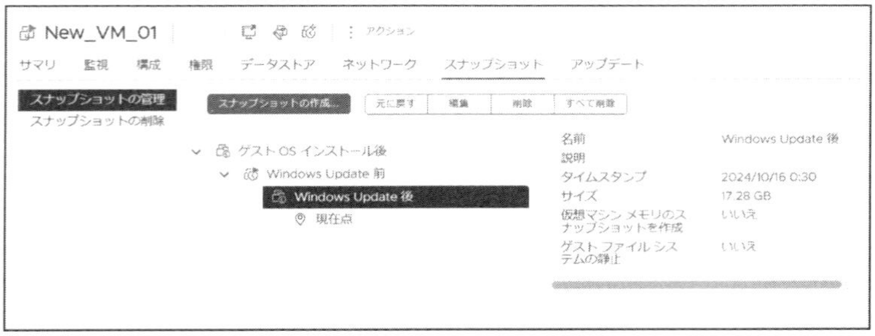

CHAPTER 4 仮想マシン

図 4.21　スナップショットの一覧

■ スナップショットの削除および統合手順

仮想マシンの [スナップショット] タブで開いたスナップショット管理画面(図 4.21)で、該当スナップショットを選択し [削除] もしくは [すべて削除] をクリックします。

削除の確認画面が表示されますので、「削除」をクリックします(図 4.22)。

図 4.22　スナップショット削除画面

統合中でも仮想マシンを動作させることができます。ただしデータストアに対する I/O が増えている状態となるため、利用環境の負荷状況を考慮してパワーオン中に実施するか、パワーオフして実施するかを検討してください。

なお、[すべて削除] を選択した場合、すべてのスナップショットを削除するオプションか、指定の日数を過ぎたスナップショット群を削除するオプションを選択できます(図 4.23)。

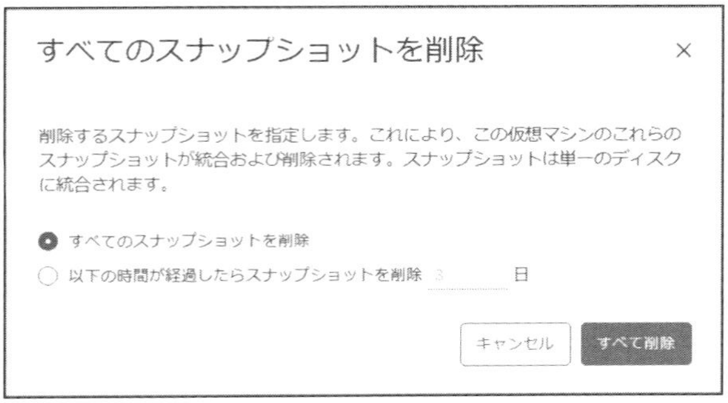

図 4.23　すべてのスナップショット削除画面

4.3 vSphere 環境への仮想マシンの取り込み

これまでに紹介した新規の仮想マシンを作成しゲストOSをインストールする方法以外にも、以下のような方法で仮想マシンを作成できます。

- P2V（Physical to Virtual）：物理マシンを vSphere 環境へ仮想マシンとして取り込む
- V2V（Virtual to Virtual）：他の仮想化環境から vSphere 環境へ仮想マシンを取り込む
- I2V（Image to Virtual）：バックアップソフトなどの他社製品で作成された仮想マシンイメージから vSphere 環境へ仮想マシンを取り込む

P2V および V2V では物理サーバー上もしくは他の仮想化環境で動作している環境を、コラム「vCenter Converter Standalone」で触れられている vCenter Converter Standalone ツールを利用し、vSphere 環境へ仮想マシンとして取り込むことができます。

この手法では現在利用中の環境のコピーを仮想マシンとして vSphere 環境に取り込むことが可能です。ただし、スクラッチで作成された仮想マシンと異なり、元の環境で利用していたドライバなどを含めて vSphere 環境へコピーされるため、vSphere 環境に最適化されていない可能性がある点に留意が必要です。

また、Windows ／ Linux ／ macOS 上で仮想マシンを作成、稼働させることができる VMware Workstation Pro、VMware Fusion Pro から仮想マシンをエクスポートすることでも V2V は可能です。

I2V については vSphere 側では専用のツールは提供されていませんが、イメージ作成元のソフト側で OVF/OVA 形式での出力等、vSphere 環境へ取り込み可能なフォーマットに変換することで実現しています。なお、データの変換やイメージの出力方法などについては、作成元のツール側での確認が必要となります。

COLUMN
vCenter Converter Standalone

様々なプラットフォーム間をまたいで単一の OS 環境を移動させたいといった需要は常にあります。例えば、古いハードウェア上で動作する仮想マシンを新しいハードウェアへ移したいといった場合、vSphere 環境では vMotion、Cross vCenter Server vMotion、HCX、OVF Tool といった移行手段を提供しています。

本コラムでは少し変わった移行手段について紹介します。

「物理環境で動作する OS をそのまま仮想化環境で動作できるようにしたい」といった要望に対し、物理サーバーで動作する OS をイメージとして吸い上げることが可能な「vCenter Converter Standalone」というツールを提供しています。

これは物理サーバーだけでなく、別のハイパーバイザーベンダーが提供する仮想マシンからもイメージを吸い上げることができ、仮想マシンを vSphere に集約させたい場合の活用の他、vSphere 以外のプロダクト (VMware Workstation Pro、VMware Fusion Pro) で仮想マシンとして展開させることも可能です。

本ツールは一度開発が終了し、2019 年に公開終了となりましたが、2022 年に開発が再開され VMware vCenter

Converter Standalone 6.3 が公開されました。再公開以降、バージョン 6.4 では Amazon EC2 として動作する Windows ／ Linux マシンを変換元に選択できるようになるなど、随時機能の拡張を取り入れています。2024 年 12 月現在はバージョン 6.6 が公開されています。

vCenter Converter Standalone はイメージを吸い上げるための様々な方法を用意しています。例えば、物理サーバーの OS 上にインストールした Converter Agent が、vCenter Converter Standalone Server と連携して OS データ (イメージデータ) を抽出し、仮想マシンに変換する (P2V) 方法や、VMware 以外の仮想マシンを vSphere 環境の仮想マシンとしてクローンする形で移行させる (V2V) 方法があります。

ゲスト OS の中から Agent 経由でデータを吸い上げる場合、対象 OS が起動していること、およびゲスト OS が接続するネットワークの帯域が必要ですが、V2V を実行する場合は転送元がハイパーバイザーなど対象 OS 外の通信経路になるため、移行元および移行先の仮想マシンネットワークに影響を与えないように実行できます。

vCenter Converter Standaloneは、Converter Standalone Server、Converter Standalone Client、Converter Standalone Agent から構成されています。

- Converter Standalone Server：仮想マシンのインポートとエクスポートを有効にして実行する
- Converter Standalone Agent：Windows ソースマシンにエージェントをインストールして、仮想マシンとしてインポートする
- Converter Standalone Client：ユーザーインターフェイスを提供し、Converter Standalone Client は Converter Standalone サーバーと連携して動作する

vCenter Converter Standalone が移行をサポートする OS は製品バージョンごとに新しい対象が追加されており、その情報はリリースノートにて公開されています。

仮想化環境への取り込み操作は UEFI Secure Boot 、Virtualization-based Security が有効化した OS を対象にしても実施できます。利用に際してはいくつか制限事項も存在するため、詳細については以下ドキュメントを参照してください。

- 公式 Docs：VMware vCenter Converter Standalone Documentation
  https://techdocs.broadcom.com/us/en/vmware-cis/vsphere/vcenter-converter/6-6.html

Chapter

5

CPU とメモリの仮想化

CHAPTER 5 CPU とメモリの仮想化

CPU とメモリの仮想化は、vSphere 環境においてハードウェアリソースの効率的な利用、スケーラビリティと柔軟性の向上、およびコスト削減を実現する上で非常に重要な役割を果たす中核の技術です。

本章では、ESXi がどのように CPU とメモリを仮想化し、仮想マシンにリソースを提供するのか、さらに、ゲスト OS が仮想化された CPU とメモリをどのように認識し、活用するのか解説します。

5.1 vSphere における CPU の仮想化

ESXi ホストの CPU リソースは、搭載されている物理 CPU のコア数（ハイパースレッディングが有効な場合はスレッド数）の合計が「論理 CPU 数」としてカウントされます。ESXi のカーネルである VMkernel は、この論理 CPU を事前に設定された条件に応じて仮想マシンに割り当てます。仮想マシンに構成された論理 CPU を仮想 CPU（vCPU）と呼びます。

仮想マシンに対して仮想 CPU を構成する際は、ESXi ホストが持つ論理 CPU 数を上限とした数を設定できます（vSphere 8.0 Update 3 では、ESXi は 1 台の仮想マシンにつき最大 768 の仮想 CPU をサポートします）。ゲスト OS、並びにその上位のアプリケーションが利用する CPU 命令の大半は、ソフトウェアによるエミュレーションではなく、そのまま物理 CPU に渡され実行されるため、物理マシン上で実行した時と同等のパフォーマンスが期待できます。

■ 物理 CPU のマルチコア化

CPU コアとは、物理 CPU パッケージに内蔵されている個々のプロセッサ部分のことを指します。2000 年代以降、1 つの物理 CPU に複数のコアが搭載されたマルチコア CPU が主流となり、ESXi もマルチコア CPU に最適化されたアーキテクチャを実装しています。このようなマルチコアの物理 CPU を用いることにより、複数の命令を同時に実行する処理の並列性が増えました。

一方で、CPU のマルチコア化が進み高性能化するにつれ、1 台の物理サーバーで実行される OS とアプリケーションでは CPU のリソースを使い切ることが困難になり、効率よく CPU を活用する仕組みが検討されました。その一つがサーバー仮想化の技術です。1 つの物理サーバー上で複数のゲスト OS が稼働する仮想化基盤では、並行して命令処理を行うコア数が多いほど、より多くの仮想マシンを集約でき、効率的に CPU リソースを使用できます。

■ マルチスレッディングと仮想 CPU

実際には単一の物理 CPU コアを、あたかも複数個あるかのように見せるハードウェア技術概念が 2000 年代の初め頃に発表され、CPU ベンダーで実装され始めました。Simultaneous Multi-Threading（SMT）とも呼ばれています。

これは、各 CPU スレッドが同一の CPU コアをその後段で共有していても、アーキテクチャ・ステートと呼ばれる CPU 内部の制御ハードウェアを CPU スレッド単位で搭載することにより、あたかも複数個の CPU があるかのように見せかけることを可能にしています。これにより、限られた演算資源の利用密度を高めることが

期待できます（図 5.1）。

代表的なものとして、Intel 社からは、Intel® Hyper-Threading Technology（Intel® HT Technology）、AMD 社からは、AMD® Simultaneous Multithreading というテクノロジーが提供されています。

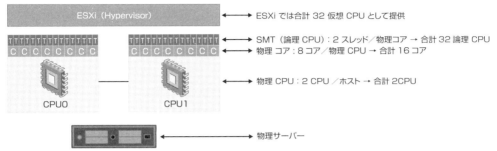

図 5.1　物理 CPU・物理コア・SMT と仮想 CPU

vSphere の CPU スケジューリングは、SMT を考慮して最適化されており、仮想マシンのパフォーマンスが最大化されるように設計されています。仮想 CPU は、デフォルトでは SMT を構成しないため、ゲスト OS や、ゲスト OS 上で動作するアプリケーションは、認識した仮想 CPU を単なる CPU と見なして利用します。ただし、近年はアプリケーションレベルでハイパースレッディングに最適化されたものがあります。

そのような場面に対応するため、vSphere 8.0 以降では、物理 CPU 側が提供するハイパースレッディングを、ゲスト OS から仮想 CPU ではなくハイパースレッディングそのものとして認識させる「仮想ハイパースレッディング」機能も提供されています。仮想ハイパースレッディングについては後述します。

5.1.1　CPU スケジューリング

ESXi は、ESXi ホスト上で動作する複数の仮想マシンに対して、時分割で物理 CPU リソース（コアやスレッド）をそれぞれの vCPU に動的に割り当てます。これを CPU スケジューリングと呼びます。ESXi が仮想マシンの CPU 要求を管理し、物理 CPU へのアクセスを調整することで、多くの仮想マシンが集約された環境においてもパフォーマンスとリソース使用率の最適化が可能となっています。

■ CPU スケジューリングの概要

仮想 CPU（vCPU）をスケジュールする際、VMkernel は vCPU を利用可能な物理 CPU リソース（ハイパースレッディング有効時は論理 CPU）にマッピングします。通常、仮想マシンの vCPU はハイパースレッディングで論理的に分割されたコアが 1 つの vCPU として割り当てられます（図 5.2）。

CPU とメモリの仮想化

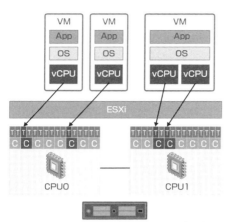

図 5.2　仮想 CPU への物理 CPU のマッピング

1 つの仮想マシンに複数の vCPU を割り当て、あたかも 1 つの物理的な SMP（Symmetric Multiprocessing）システムのように動作させる技術を vSMP（virtual Symmetric Multiprocessing）と呼びます。

ESXi の CPU スケジューラは、vSMP 構成の仮想マシンのパフォーマンスを最大化するために、vCPU を可能な限り異なる物理コアに分散して割り当てようとします。ESXi では、ハイパースレッディングで分割された 2 つの論理 CPU は、それぞれ独立したリソースとして扱われ、異なる仮想マシンの vCPU に割り当てられる場合があります[1]。オーバーコミットされたリソースの状況によっては、同じ物理コアの論理 CPU に複数の vCPU が割り当てられる場合もあります（図 5.3）。

■ 2 vCPU を持つ仮想マシンを HT 有効な 2 コアで動作させた場合（オーバーコミットなし）

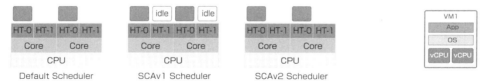

■ 2 vCPU を持つ仮想マシンを 2 台、HT 有効な 2 コアで動作させた場合（オーバーコミットあり）

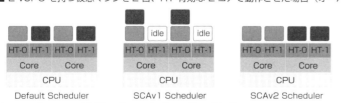

図 5.3　ESXi 6.7 U2 以降の CPU スケジューリングオプション

---

[1] CPU ハイパースレッディングの脆弱性を狙ったサイドチャネル攻撃「L1 Terminal Fault - VMM」（L1TF - VMM）投機的実行に対する対策で、同一コア上のハイパースレッディングから払い出される論理 CPU は必ず同一仮想マシンに割り当てる設定（SCAv2 Scheduler）に vSphere 6.7 Update 2 以降で対応しています。

CPU スケジューリングオプションの変更は、各 ESXi ホストの詳細設定で以下のパラメータを設定します。

- VMkernel.Boot.hyperthreadingMitigation：デフォルト値 false
- VMkernel.Boot.hyperthreadingMitigationIntraVM：デフォルト値 true

表 5.1　ESXi 6.7U2 以降の CPU スケジューラ構成

hyperthreadingMitigation	hyperthreadingMitigationIntraVM	CPU スケジューラの状態
false	true または false	デフォルト
true	true	SCAv1
true	false	SCAv2

SCAv2 Scheduler の詳細は以下の KB を参照してください。

- KB：VMware response to 'L1 Terminal Fault - VMM' (L1TF – VMM) Speculative-Execution vulnerability in Intel processors for vSphere: CVE-2018-3646（317621）
  https://knowledge.broadcom.com/external/article/317621/

ゲスト OS から CPU 命令が発行されると、仮想マシンは CPU 割り当ての「Ready Queue」(待ち行列)に登録されます。ESXi の CPU スケジューラは、Ready Queue に登録されている vCPU の中から、次に物理 CPU に割り当てる vCPU を選択します。CPU リソースが割り当てられるとゲスト OS とアプリケーションは処理を実行できます。

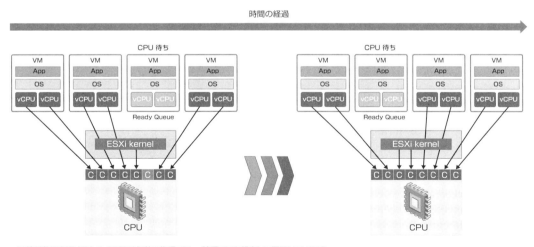

※ 簡易的に表現するため SMT は無効で物理コア ＝ 論理コアを想定して図示しています
図 5.4　仮想マシンによる CPU の利用

図 5.4 は、計 8 個の vCPU と ESXi 自身のシステムプロセスが物理 CPU コアを同時に要求した場合のイメージです。この場合、要求されるリソース量は物理コアの数を超えているため、物理 CPU の利用率は 100% となり、一部の vCPU は Ready Queue で待機することになります。Ready Queue で待機した命令には順々に割り当ての順番が巡ってきます。仮想マシン、システムプロセスにどの論理 CPU が割り当てられるかは通常はランダムです。

また、仮想マシンは常に CPU リソースを必要としているわけではありません。例えば、ユーザーからの入力待ちや I/O 処理待ちなどで、CPU を必要としない状態になることがあります。このような場合、仮想マシンの vCPU は Ready Queue から外されます。

vCPU への物理 CPU の割り当ては、仮想マシンに設定した優先順位（シェア）に基づいて行われます。これらについての詳細は「5.3　リソースの共有／予約／制限」で解説します。

極端な例ではありますが、CPU リソース利用率の高い仮想マシンが多く集約された場合、CPU の割り当て待ちによる性能低下が起こる可能性があります。このようなリスクを避けるため、仮想マシンのリソース利用率を加味したサイジングや仮想マシンごとの vCPU の割り当て、負荷状況に応じた監視や負荷分散、事前のアセスメントが重要です。本章の「5.1.8　パフォーマンス分析のための主要なメトリック（CPU）」やコラム「サイジングの勘所」でも詳細を解説します。

■ マルチ CPU 構成時の効率的なスケジューリング（Relaxed Co-Scheduling）

20 年近く前の初期の ESX (2.x) では Strict Co-Scheduling と呼ばれる、仮想マシンに割り当てた複数の vCPU 間の CPU 割り当てが全て同時に行われる仕組みでした。**図 5.4** のイメージ図が Strict Co-Scheduling に近い状況となります。

一方、CPU の進化に伴う物理 CPU コア数の増加とともに、仮想マシンに割り当てる vCPU 数も増加しました。Strict Co-Scheduling では仮想マシンに割り当てたすべての vCPU 分のリソース（物理 CPU）が確保できるまで Ready Queue で待機する必要があり、効率的ではありません。

ESX3.x 以降では、より効率よく仮想マシンが CPU リソースを利用できるように「Relaxed Co-Scheduling（RCS）」と呼ばれる仕組みが採用されています。物理 CPU リソースに空きがある場合は仮想マシン上の各 vCPU に対してリソースの割り当てが順次行われるため、全ての vCPU に割り当てが行われるまで待機をする必要がなくなります。

また、RCS では、仮想マシンに割り当てた vCPU のうち CPU 処理が必要とされるもののみにリソースを割り当てる仕組みとなっており、アイドル状態の vCPU にはリソースが割り当てられません。

このスケジューリングを実現するために ESXi では「スキュー」と呼ばれる、マルチ CPU 構成の仮想マシンにおける各 vCPU の処理進捗度の差を表す値を監視しています。スキューが大きくなると、RCS は vSMP のスケジューリングを調整し、スキューを解消しようとします。具体的には、処理が遅れている vCPU を優先的に物理 CPU に割り当てたり、処理が速い vCPU の実行を一時停止したりすることで調整を行います。

ただし、これは複数の vCPU を割り当てた仮想マシンがそれほど CPU を利用していない時の処理であって、対象の VM の CPU 利用率が高く vCPU 間の同期処理が必要な場合には仮想マシンに割り当てた全ての vCPU に CPU が割り当てられるタイミングまで CPU 待ち状態（Ready Queue）となります。

5.1.2 CPU アフィニティ

CPU アフィニティは、特定の vCPU を特定の物理 CPU コア、もしくはハイパースレッディングテクノロジーにより提供される論理 CPU（SMT）に割り当てる技術です。これにより、CPU アフィニティの設定を行った vCPU は常に同じ物理 CPU コア、または論理 CPU で実行できます。

vCPU を常に同じ物理 CPU コアで実行すると、キャッシュメモリで保持するデータの再利用がしやすく、キャッシュミスの減少や、メモリアクセスの速度向上が期待されます。また、プロセスやスレッドが異なるコア間を移動することなく実行されるため、コンテキストスイッチ（CPU のタスク切り替え）にかかるオーバーヘッドが減少します。

● CPU アフィニティの設定方法

CPU アフィニティは対象の仮想マシンの編集から設定します。仮想ハードウェア設定の [CPU] ＞ [スケジュール設定のアフィニティ] 項目に、ESXi ホストが認識する論理 CPU をカンマ区切りの数字、またはハイフンで数字の範囲を指定します（図 5.5）。

図 5.5 CPU アフィニティの設定方法

CPU アフィニティは特定の仮想マシンの性能を改善するメリットがありますが、設計が複雑化し、クラスタ全体のリソースを効率よく利用するための vSphere の各種機能との相反、設定を誤ると逆に性能が低下するリスクがあります。利用の際には十分に設計を検討してください。

- CPU アフィニティと DRS の併用

 第 9 章で解説する vSphere DRS を「完全自動化」で利用する場合、CPU アフィニティの設定は考慮されないため注意が必要です。DRS 環境で仮想マシンの CPU アフィニティを使用する場合は、完全自動化以外で利用するか、該当の仮想マシンを「仮想マシンのオーバーライド」設定にて、DRS 設定を「完全自動化」以外にオーバーライドする必要があります。

5.1.3　仮想マシン遅延感度設定

　仮想マシンのパフォーマンスを検討する上で、スループットと遅延感度の 2 つの観点があります。スループットは、一定時間内に処理できるデータ量を表す指標です。例えば、データベースサーバーや Web サーバーなどでは、高いスループットが求められます。vSphere の各種設定の既定値は仮想マシンのスループットの向上に有効な設定となっています。

　一方、遅延感度は、処理の遅延に対する許容度を表す指標です。VoIP やメディアプレーヤーなどのリアルタイム性（低遅延性）が要求され、レイテンシに敏感なアプリケーションは高い遅延感度が求められます。仮想マシンの遅延感度設定は、仮想マシンの CPU スケジュール遅延を最適化し、物理 CPU コア（または物理 CPU コア上のスレッド）に対して排他的なアフィニティが行われます。

　遅延感度を「高」に設定すると、仮想マシンのスケジューリングは他の仮想マシンに対して優先され、可能な限り物理リソースの占有が保証されます。

図 5.6　仮想マシンの遅延感度

なお、遅延感度を「高」に設定するためには仮想マシンの CPU とメモリを 100% 予約する設定が必要です。このことから、ESXi ホスト上に遅延感度が高く設定された仮想マシンがある場合、他の仮想マシンに対する影響が大きくなるため、リソースの使用状況を慎重に監視する必要があります。

■ 仮想ハイパースレッディング（Virtual Hyperthreading：vHT）

仮想ハイパースレッディング（vHT）は、vSphere 8.0 の仮想マシンハードウェアバージョン 20 以降で利用可能な機能です。遅延感度設定と同じく、スループットよりも低遅延性を求めるアプリケーションを最適化する機能であり、CPU・メモリの予約含め、他の仮想マシンに対して排他的にリソースが使用されます。

このため、利用する際は全体への影響を考慮する必要があります。vHT はデフォルトで無効となっており、図 5.6 の遅延感度設定から「高（ハイパースレッディングを利用）」を指定することで有効化できます。

vHT が有効化された仮想マシンは、物理 CPU のハイパースレッディングトポロジをゲスト OS に提示します。これにより、物理ハイパースレッディング技術を活用するアプリケーションのパフォーマンスを向上させることができます。

vHT が無効の場合、各 vCPU はゲスト OS で使用できる論理 CPU コアに直接割り当てられます。vHT が有効な場合、各 vCPU は仮想コア（vCore）の仮想ハイパースレッドとして扱われ、同じ vCore 内の仮想ハイパースレッドは、同じ物理 CPU コアを占有します。

その結果、vHT を有効にした場合、仮想マシンの vCPU は同じ物理 CPU コアを共有することになり、物理 CPU リソースの効率的な使用が可能になります（図 5.7）。

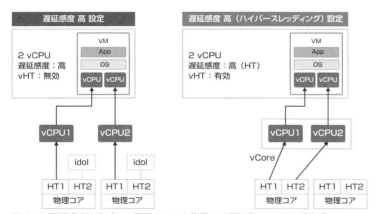

図 5.7　遅延感度設定ごとの仮想マシンの物理コア割り当てと CPU 予約量

CHAPTER 5 CPU とメモリの仮想化

■ 遅延感度設定と CPU・メモリの予約

遅延感度を「高」または「高（ハイパースレッディングを利用）」に設定する場合は、仮想マシンに割り当てる vCPU およびメモリの予約を 100% に設定する必要があります。CPU 予約の数値は、遅延感度を「高」に設定した場合は、vCPU 数 × 物理 CPU コア周波数を予約します。

vHT を有効にした「高（ハイパースレッディングを利用）」を利用する場合、物理 CPU コアが vHT で共有されるため、必要な CPU 予約は vCPU 数の半分で求めることが可能です。遅延感度の設定ごとの CPU ／メモリの予約値は**表 5.2** の計算式で求めます。

表 5.2　遅延感度設定と CPU 予約値

遅延感度	高	高 (ハイパースレッディングを使用)
メモリ予約	100%	100%
必要な最小 CPU 予約	vCPU × 物理 CPU コア周波数	(vCPU / 2) × 物理 CPU コア周波数

ただし、vHT を有効にした際の CPU 予約値が半分で済むとはいえ、ハイパースレッディング自体が物理コアの性能を 2 倍にする技術ではないことに注意が必要です。従来、遅延感度「高」で予約していた 100% の CPU 性能を、遅延感度「高（ハイパースレッディングを利用）」で設定した半分の CPU 性能で発揮できるものではありません。遅延感度を設定することで、本来のスループットを最適化していた設定値とトレードオフになる場合があることにも注意が必要です。

5.1.4　CPU のハードウェア仮想化支援機能

仮想化の需要が増すにつれ、仮想マシンの実行をより高速に効率よく行うための仕組みがハードウェア自身にも組み込まれるようになりました。Intel Virtualization Technology（VT-x、VT-d など）や AMD Virtualization（AMD-V、AMD-Vi など）と呼ばれる機能が該当し、現在主流の CPU ではなんらかの仮想化支援機能を有しています。仮想化はより身近なものとなり、ハードウェアによる仮想化支援機能も日々進化しています。

本項では仮想化を行う上で基本となるハードウェアの制御手法、および主要なハードウェア仮想化支援機能に関して解説します。

■ x86、x86-64 におけるハイパーバイザーの実装

ほとんどのアプリケーションは OS 上で動作し、OS がハードウェアを制御します。ハイパーバイザーによって仮想化された環境では、この OS によるハードウェア制御に変更を加える必要があります。

x86 系 CPU では、リングプロテクションという仕組みでハードウェアアクセスを保護しています。リング 0（最高特権）で OS カーネル、リング 3 でアプリケーションが動作し、アプリケーションは OS を介してのみハードウェアにアクセスできます。リングプロテクションは OS がハードウェアを一元管理し、複数のアプリケーションが安全にハードウェアを共有して利用することを実現するための重要な概念です。

複数のゲスト OS がハードウェアに直接アクセスすると競合が発生するため、仮想化環境では仮想マシンモニタ (VMM) を介してアクセスが行われるよう制御します。ハードウェア仮想化支援機能がない環境では、ESXi は VMM をリング 0、ゲスト OS をリング 1 で動作させることで、ゲスト OS の直接的なハードウェアアクセスを制限します。VMM はゲスト OS を監視し、各 OS が割り当てられたリソース内で動作するよう制御します。ゲスト OS が特権命令を実行しようとすると、リングプロテクションにより VMM に処理が移り、VMM が代わりにハードウェアアクセスを行います。

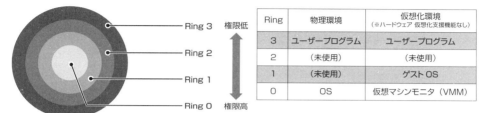

図 5.8　仮想マシンモニタ導入時のリング（ハードウェア仮想化支援なし）

■ バイナリトランスレーション

x86 系 CPU には、非特権命令でもハードウェアに影響を与えるセンシティブ命令が存在します。これはリングプロテクションではトラップできないため、VMM の監視外で問題を起こす可能性があります。ESXi はこの問題に対し、バイナリトランスレーションという技術を用いてセンシティブ命令を動的かつ透過的に変換することで、ゲスト OS の修正なしで仮想化を実現しています。このように OS に手を加えることなく仮想化を実現する方式を完全仮想化 (Full Virtualization) と呼びます。一方、OS を修正して仮想化に対応させる方式は準仮想化 (Para Virtualization) と呼ばれます。VMM では上述の通り完全仮想化を採用しているため、OS の修正なしに仮想マシンを実行できる環境を提供しています。

■ Intel VT-x、AMD-V（第 1 世代ハードウェア仮想化支援機能）

x86 系 CPU の仮想化では、リングプロテクションでトラップできないセンシティブ命令への対処がオーバーヘッドを増加させる要因でした。これを解決するため、Intel VT-x という CPU の仮想化支援機能が登場しました。Intel VT-x は、リング 0 〜 3 に加え、VMX Root モード (VMM 用) と VMX Non-root モード (ゲスト OS 用) を追加します。ゲスト OS は VMX Non-root モードのリング 0 で動作し、センシティブ命令実行時などは VMX Root モードに遷移して VMM が処理を行います（**図 5.9**）。これにより、従来のバイナリトランスレーションのようなソフトウェア処理が不要となり、仮想化のオーバーヘッドを大幅に削減できます。

CHAPTER 5　CPUとメモリの仮想化

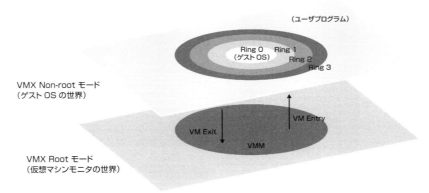

図 5.9　VT-x による仮想化支援

　上記の仕組みによりセンシティブ命令はすべてトラップ可能となり、バイナリトランスレーションによるオーバーヘッド削減と、リング 0 でゲスト OS を動作させることが可能になりました。VMX Non-root モードと VMX Root モード間の遷移は VM Exit/Entry と呼ばれ、CPU 状態の保存／復元は VMCS というハードウェア機構により高速に行われます。初期は VM Exit/Entry のコストも大きかったのですが、CPU の進化により改善され、VM Exit 頻度を減らす拡張も追加されました。なお、AMD CPU でも Intel VT-x に相当する技術である AMD-V が利用できます。

■ Second Level Address Translation（第 2 世代ハードウェア仮想化支援機能）

　第 2 世代のハードウェア仮想化支援機能では、メモリアクセス処理をハードウェアにオフロードすることでさらなるオーバーヘッド削減を実現します。

　x86 系 CPU の主要 OS は、MMU と TLB といったメモリ制御機構を利用してアプリケーションに仮想メモリ空間を提供しています。

- MMU（Memory Management Unit）：
  仮想アドレスと物理アドレスの変換など、メモリの管理を実施
- TLB（Translation Lookaside Buffer）：
  仮想アドレスから物理アドレスへのマッピング情報をキャッシュし、変換を高速化

　さらに ESXi などのハイパーバイザーは、複数のゲスト OS を動作させるため、OS が扱う物理メモリ空間を仮想化します。本書では以降、メモリの種類を区別するために以下の用語を用います。

- マシンメモリ（ホスト物理メモリ）：物理マシン上に装着されている物理メモリ
- ゲスト物理メモリ：ゲスト OS のカーネルが物理メモリと信じてアクセスする仮想マシン上の仮想化された

物理メモリ
- ゲスト仮想メモリ：ゲストOS上の各ユーザープロセスが認識する仮想メモリ

OSを仮想化する際のメモリ空間の変換イメージは以下の通りです（**図5.10**）。

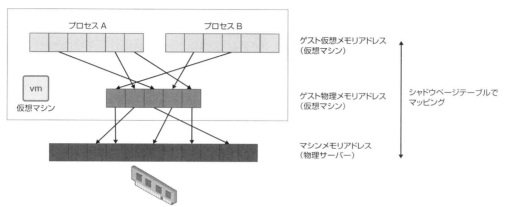

図5.10 ハイパーバイザー導入時のメモリ空間の変換

　ハイパーバイザーがマシンメモリを仮想化し、その上でゲストOSが動作します。さらに、ゲストOSが仮想アドレス空間の割り当てを行い、ユーザープログラムを動作させます。この二重の仮想化により、ユーザープログラムのメモリアドレス変換は2回行われることになり、性能低下の要因となります。

　ESXiのVMMは、この問題を軽減するため、ゲスト仮想メモリ空間をマシンメモリ空間にマッピングする「シャドウページテーブル」を利用することでアドレス変換に伴うオーバーヘッドの削減を可能としています。一方で、シャドウページテーブルの整合性維持にはVMMによるオーバーヘッドが発生します。

　そこで登場したのがSLAT（Second Level Address Translation）と呼ばれるハードウェア仮想化支援機能です。Intel EPTやAMD RVIとして実装されるSLATは、ゲスト仮想メモリから物理アドレスへの直接変換をハードウェアレベルにて実施することを可能にし、VMMのオーバーヘッドを解消します。

■ IOMMU（Intel VT-d、AMD-Vi）

　Intel VT-xとIntel EPTにより、仮想マシンから特定のI/Oデバイスのメモリ空間に直接アクセスできる「デバイスパススルー」が可能になります。しかし、仮想マシンからの直接アクセスには、DMA（Direct Memory Access）転送における課題があります。

　DMA転送は、CPUを介さずにメモリとI/Oデバイス間でデータをやり取りする仕組みですが、DMAコントローラにはマシンメモリアドレスを指定する必要があります。ゲストOSは仮想化環境を認識していないため、ゲスト物理メモリ空間のアドレスをDMAコントローラに指定してしまい、想定外のメモリアクセスが発生する可能性があります。

　この問題を解決するのが、Intel VT-dやAMD-ViといったIOMMU（I/Oメモリ管理ユニット）です。IOMMU

CHAPTER 5 CPUとメモリの仮想化

は、VMMにI/Oアクセス用のメモリマッピングテーブルを提供し、DMA転送時に正しい物理アドレスを指定することで、仮想マシンとI/Oデバイスのパススルー接続を可能にします。IOMMUは、I/O性能や遅延時間の最小化が重要な場合に有効な機能です。

■ SR-IOV（Single Root IO Virtualization）

IOMMUにより仮想マシンとI/Oデバイスのパススルー接続が可能になり、I/Oデバイスの仮想化によるオーバーヘッドを回避できます。しかし、I/Oデバイスをパススルー接続で使用する仮想マシンが多数ある場合は、単一のI/Oデバイスを複数の仮想マシンが共有しながらパススルー接続する機構が求められます。

この課題の解決策として、I/Oデバイス側に仮想化機能を実装したものが登場しています。SR-IOVと呼ばれるI/Oデバイスの仮想化機能は、1つのPCI物理ファンクションをハイパーバイザーやゲストOSに対して仮想的に複数のPCIファンクションとして提供することを可能にします。この機能により、複数の仮想マシンが限られた数の物理I/Oデバイスを共有する場合においてもパススルー接続を構成できます。ソフトウェアによる仮想デバイス・エミュレーションを介さないことにより、CPU消費量の削減、I/O性能の向上、I/O遅延時間の短縮などに寄与します。一部のネットワークカードやGPUはこの機能を実装しており、I/Oハードウェアリソースの利用率向上と性能の両立が可能です。

5.1.5 その他の CPU 仮想化機能

■ 仮想 CPU ソケット

現在の物理CPUは、1つのCPUソケット内に複数のコアが搭載されているものが一般的となっています。そしてOSやアプリケーションの中には、プラットフォームが保有するソケット数やコア数を基準としてライセンシング基準を定めているものがあります。

ESXiではそれぞれの基準に合わせてソケットあたりのコア数を調整することが可能です。ゲストOSが認識するCPUソケット数によってアプリケーションがカウントするライセンス数が決定される場合、ソケットあたりのコア数を増やすことでカウントされるライセンス数を調整できます。

ESXiではOSやアプリケーションがソケットとコアとの違いを認識できるよう、仮想CPUソケットと呼ばれる機能が提供されています。

vSphere 7.0 Update 3 以前（仮想ハードウェアバージョン19以前）では、複数個の仮想CPUを構成した場合、ソケットあたりのコア数を任意の数で指定することで、仮想マシンが持つ仮想CPUソケット数が決定されました。vSphere 8.0 以降（仮想ハードウェアバージョン20以降）の仮想マシンでは、仮想マシンのパワーオンを行う際に、物理ハードウェア構成に最適化されたトポロジーで仮想CPUソケットが自動的に構成されます（図5.11）。

5.1　vSphere における CPU の仮想化

図 5.11　仮想 CPU ソケットの設定画面

　パワーオン時の自動調整メカニズムは、後述する仮想 NUMA 機能と密接に関係しています。多くの環境で、パワーオン時に仮想 CPU ソケットのトポロジーが定まるという方式は良好に動作しますが、利用している OS やアプリケーションによっては管理者が明示的に仮想ハードウェアの仕様を定義したい場合があります。
　このような問題に対応するため、仮想ハードウェアバージョン 20 以上の仮想マシンも仮想 CPU（ソケット）あたりのコア数を「CPU トポロジ」設定で明示的に指定できるようになっています（**図 5.12**）。

図 5.12　CPU トポロジの設定

117

例えば、ある仮想マシンを仮想CPU64個で構成する場合、「8コアの仮想CPU × 8ソケット」でも「16コアの仮想CPU × 4ソケット」でも構成可能です。ただし、ESXiホストが保有する物理コア数（ハイパースレッディング有効時はスレッド数）を超える仮想CPU数を設定することはできません。

5.1.6　vNUMA（Virtual NUMA）

NUMA（Non-Uniform Memory Access）とは、複数の物理CPU間で共有する物理メモリに対し、メモリの物理的な場所によってアクセス速度が異なるコンピュータアーキテクチャのことです。

NUMAは、CPUとメモリを対としたNUMAノードと呼ばれる単位で構成されている環境が典型的です。あるCPUがノード外のメモリ（リモートメモリ）にアクセスする場合、ノード内のメモリ（ローカルメモリ）へのアクセスよりも低速な接続（通常、インターコネクトと呼びます）になります。つまり、メモリがノードの外にあるか中にあるかによって、アクセス速度に違いが生じます。

多くのOSはNUMAを認識し、アクセス先がリモートメモリかローカルメモリかを識別することで、それに応じた処理を行い、メモリの場所によるパフォーマンスの影響を回避しています。

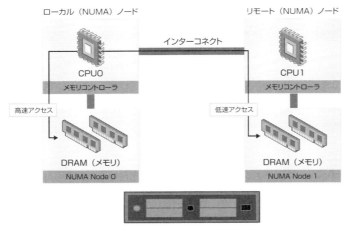

図5.13　NUMAアーキテクチャの概要

■ ESXiホスト上のNUMAアーキテクチャ

NUMAアーキテクチャの物理プラットフォーム上でESXiホストを稼働させた場合は、次の仕組みにより仮想マシンおよび割り当てるメモリの配置を調整し、仮想マシンのメモリアクセスを最適化しています。

- 仮想マシンのパワーオン時にESXiが特定のNUMAノードの割り当てを行います（このノードをホームノードと呼びます）

5.1 vSphere における CPU の仮想化

- 仮想マシンがメモリを要求した際、ESXi はホームノードに直結したローカルメモリを優先的に割り当てます。これにより、リモートメモリへのアクセスによるパフォーマンスの影響が回避されます
- NUMA スケジューラは、システム負荷の変化に対応するために仮想マシンのホームノードを動的に変更できます。例えば、プロセッサ負荷の不均衡を減らすために、仮想マシンを新しいホームノードに移行することがあります

　これらの ESXi における NUMA のスケジュール設定とメモリ配置のポリシーは、自動で管理されるため管理者が明示的に設定する必要はありません。

　ESXi の NUMA スケジューラはゲスト OS に依存せずに機能し、NUMA アーキテクチャをサポートしていないゲスト OS(Windows NT 4.0 など)の仮想マシンにも、NUMA への最適化を提供できます。そのため、古い OS であっても NUMA 環境上で良好なパフォーマンスを期待できます。

■ vNUMA

　vSphere は、仮想ハードウェアとして NUMA アーキテクチャを構成し、それをゲスト OS に認識させる、仮想 NUMA（vNUMA）機能を提供しています。仮想マシンが多数の仮想 CPU を持つ場合、ゲスト OS に NUMA 構成(vNUMA のトポロジ)を認識させることで、ゲスト OS 側においてもメモリの局所性を考慮できるため、パフォーマンスの向上が期待できます。

　vNUMA は、仮想ハードウェアバージョン 8 以降の仮想マシンでサポートされており、仮想 CPU 数が 8 個を超えた場合に有効化されます。「仮想 CPU ソケット」で解説したように、vSphere 8.0 以降(仮想ハードウェアバージョン 20 以降)の仮想マシンは、仮想マシンのパワーオン時に物理側の NUMA トポロジーを参照し、性能を最適化した仮想 NUMA トポロジーが自動的に構成されます。より最適化された仮想マシンのパフォーマンスのために、最新の仮想ハードウェアバージョンを利用し、CPU トポロジを自動割り当てとする設定が推奨されます。

　なお、ほとんどのゲスト OS やアプリケーションは、自動的に構成される仮想 NUMA トポロジーで良好なパフォーマンスを得られますが、仮想マシンのパワーオンが行われるまで「仮想ハードウェアのトポロジーが定まらない」という仕様が望ましくないという場合もあると思います。そのような状況に対応するため、管理者側で明示的に仮想 NUMA トポロジーを定義することも可能となっています(**図 5.14**)。

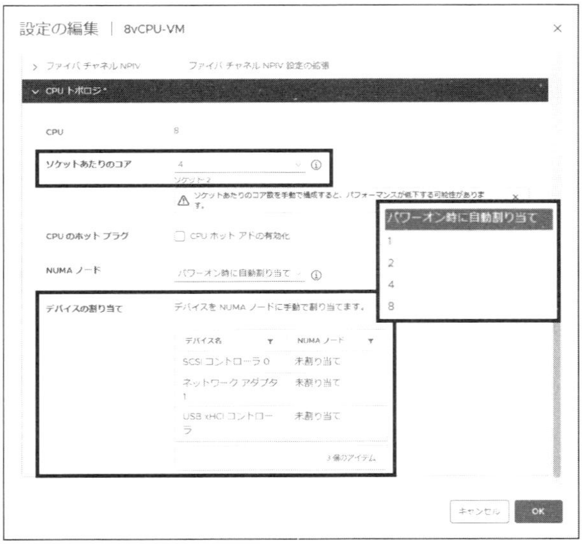

図 5.14　vNUMA トポロジーの設定

　CPU トポロジの手動設定はパフォーマンスの低下につながる場合があります。物理サーバーの CPU、メモリの構成を理解した上で行う必要があるため、設定は十分に検討する必要があります。

5.1.7　電源ポリシーと CPU

　近年データセンターで使用されている CPU は、性能と省電力を両立させるための様々な機構を保有しています。リソースの負荷状況に応じて物理コアごとの動作周波数を変え、使用しない物理コアへの電源供給を停止するなどして、負荷に応じて電力消費量を最適化する機能が提供されています。

　ESXi の電源ポリシーを検討するにあたり、その環境上で実行するワークロードの用途や特性を把握しておくことが重要です。具体的には、スループットを重視するのか、応答性能を重視するのかという観点で検討します。一般的なエンタープライズ系の用途では前者となることが多く、ESXi のデフォルトの電源管理ポリシーもこちらに最適化されたものが選択されています。

　一方で、応答時間に一貫性が求められるアプリケーションを動作させる場合は、電源管理ポリシーもそれらに最適化されたものを選択することになります。また、用途によっては性能を犠牲にしてでも消費電力を最小化したい場合があります。そのような状況で利用する電源管理ポリシーも準備されています。

　ESXi の電源管理機構を適切に機能させるには物理サーバー側の BIOS/UEFI にて CPU の電力制御機能・性能制御機能を適切に設定しておく必要があります。ESXi の電源ポリシーの確認と編集は、vSphere Client の各 ESXi ホストの [構成] メニューから、[ハードウェア] > [概要] と下にスクロールして表示される [電源管理] から「電源ポリシーの編集」を選択します（**図 5.15**）。

5.1　vSphere における CPU の仮想化

図 5.15　ESXi の電源管理設定

ESXi の既定値は「バランシング済み」となっています。実行するワークロードの用途や目的に合わせて、各 ESXi ホストの電源ポリシーを選択します（**表 5.3**）。

表 5.3　ESXi の電源ポリシーと BIOS/UEFI 設定

ポリシー	概要	CPU 機能の利用	BIOS/UEFI 側設定
高パフォーマンス	電源管理機能を使用しない	常に P0-State を保ち、C-State は上位 2 つ（アクティブ時の C0、アイドル時の C1）のみを使用	Performance、High Performance 設定を使用（C1E、C-State は無効化）
バランシング済み	パフォーマンスへの影響を最小限に抑え消費電力を削減する	性能に影響をほぼ与えずに CPU 省電力機能を使用	OS Control 設定等を使用
省電力	消費電力を削減するが、パフォーマンス低下のおそれがある	P-State と C-State の選択アルゴリズムでより積極的に省電力機能を使用	OS Control 設定等を使用
カスタム	ユーザー定義の電源管理ポリシー		Custom 設定等を使用

「バランシング済み」や「省電力」ポリシーを選択した場合、CPU コアがアイドル状態の場合は C-State を高い値に移行することによって消費電力を節約します。C2、C3 と C-State が深くなるほど消費電力は少なくなりますが、CPU が再び動作を開始するまでの時間も長くなります。また、C0（アクティブ状態）においても、P-State と呼ばれる状態が定義されており、CPU 使用率を継続的に監視し、Dynamic Voltage and Frequency Scaling（DVFS）と呼ばれるアルゴリズムにより CPU をより低い周波数で実行して消費電力を抑えます。いずれの場合も、この制御をオペレーティングシステムが行うよう物理サーバーの BIOS/UEFI 側で設定します。

CHAPTER 5　CPUとメモリの仮想化

「高パフォーマンス」ポリシーを利用すると電源管理機能、DVFSを使用せず、常にC0（アクティブ状態：P0-State）、またはC1（アイドル状態）の浅いC-Stateが利用されます。このためCPUコアの動作モードの変更に伴う遅延が最小化します。遅延に敏感なアプリケーションを利用する場合は「高パフォーマンス」ポリシーの使用を検討します。

なお、Turbo Boostと呼ばれるCPU機能の効果が発揮されるのはESXi側の電源ポリシーで「バランシング済み」を選択した場合となります。Turbo Boost機能はC-State制御と密接に関係しているためです。これは典型的なエンタープライズ環境において良好に機能することが知られています。一方で、「高パフォーマンス」ポリシーは、Turbo Boostによる一時的な性能ブーストよりも、アプリケーションの応答性能の一貫性を優先したい場合に選択するモードとも言えます。

「省電力」ポリシーを選択すると、ESXiは消費電力の削減を優先してP-State制御、C-State制御を行います。CPU資源の利用率が低く、かつアプリケーション性能よりも消費電力の削減を優先したい場合はこちらを選択します。

「カスタム」は電力制御に関する詳細パラメータをユーザー側で設定可能にするポリシーです。それぞれのESXiで詳細設定から設定する必要があり、個々の詳細パラメータの既定値は「バランシング済み」ポリシーを選択した場合と一致しています。電力制御に関する詳細パラメータの調整には専門的な知識が必要で、設定内容によっては物理サーバーのBIOS/UEFI側の設定変更も必要となります。

一般的には物理サーバー側のP-State、C-State、Turbo Boost機能を有効化し、それらの制御を「OS Control」に設定し、ESXi側はデフォルトの「バランシング済み」ポリシーを用いることで良好な結果を得られます。より詳細なESXiの電源ポリシーの設定は、次のガイドを参照してください。

- Host Power Management in VMware vSphere 7.0
  https://www.vmware.com/docs/hpm-vsphere7-perf

5.1.8　パフォーマンス分析のための主要なメトリック（CPU）

本項ではCPUの使用率以外に、パフォーマンスの分析に必要となる主要なメトリックについてパフォーマンス劣化をもたらす原因やその問題の解決方法にも触れながら解説していきます。便宜上、以降の文中では各メトリックやカウンタを表す用語は「」を付けて記述します。

仮想マシン上の各仮想CPU（vCPU）はそれぞれESXiによって4つの基本状態（RUN、READY、COSTOP、WAIT）に関連付けられ、図5.16に示す流れで状態が遷移します。これらの状態は互いに排他的であり、各vCPUは同時に2つの状態に関連付けられることはなく、それぞれの状態を計測した値を合算すると、任意のタイミングにおいて以下が成り立ちます。

```
RUN + READY + COSTOP + WAIT = 100%
```

これは収集された CPU のパフォーマンスデータを基に分析を行う上で理解しておくべき基本の考え方となります。RUN とは vCPU にて命令が実行されている状態であり、WAIT は IO 待機やアイドル状態のため命令が実行されていない状態を表します。以降ではその他の状態である READY と COSTOP に関連するメトリックに焦点を当てて解説します。

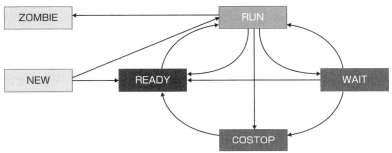

図 5.16　vCPU の状態遷移

■ CPU Ready

vCPU 側はゲスト OS から要求された CPU 命令を実行可能な状態であるにも関わらず、物理的な CPU のリソースが割り当てられていないため待機している状態を「CPU Ready」と呼びます。CPU がオーバーコミットされた仮想化環境では、vSphere の CPU スケジューリング機能によって、物理的な CPU リソースを複数の仮想マシンで利用できるように制御を行います。

CPU はオーバーコミットを前提にサイジングが行われるケースが多いため、「CPU Ready」は一般的によく見られる現象である一方、仮想マシンのパフォーマンスに問題を及ぼす可能性がある状態でもあるため、分析の際は注意深くこのメトリックを観察する必要があります（図 5.17）。

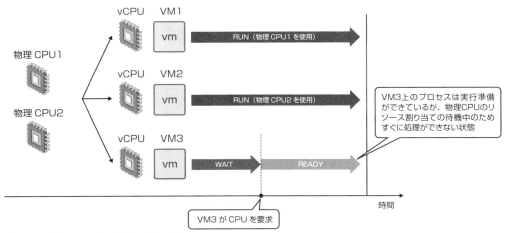

図 5.17　「CPU Ready」状態のイメージ

「CPU Ready」の状況はvSphere Clientのパフォーマンスチャートやesxtopから監視することが可能です。次のグラフはパフォーマンスチャートにて「CPU Ready」の状態を確認した際のイメージです（図5.18）。

「動作可能（ready）」は測定間隔の間で「CPU Ready」状態のために、命令の実行待ちであった時間としてミリ秒（ms）単位で計測され、各vCPUの合計値となります。具体的な経過時間ではなく、計測間隔中の「CPU Ready」の全体に占める割合を確認したい場合については「準備（readiness）」の値を参照するのが便利です。

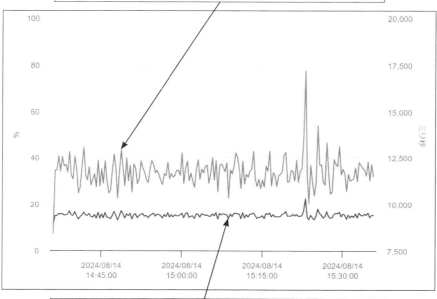

図5.18　パフォーマンスチャートにおける「動作可能（ready）」「準備（readiness）」の値の確認

「CPU Ready」の一時的なスパイクはリソースが十分に活用されており、問題がないと見なせますが、一般的にその割合が10%を超える状態が一定期間継続している場合は、仮想マシンのパフォーマンスに影響を与えている可能性があり注視が必要です。性能的に健全な状況では「CPU Ready」は5%未満に留まると考えられます。

仮想マシンのパフォーマンスに問題が生じている場合は、まずはこの値を確認いただくことをおすすめします。「最大限度（maxlimited）」のカウンタからも本事象の有無を確認することが可能です。

「CPU Ready」によるパフォーマンスの問題を解決するためには、CPUリソースの競合をできるだけ避けることが重要です。これには、物理的なCPUリソースを増やすことや、リソースに余裕のあるESXiホストが存在する（クラスタ内でESXiホスト間の負荷に偏りがある）場合には、DRS等の機能を利用して既存環境のリソースを最大限活用するなどのアクションが該当します。

あるいは問題が生じている対象のシステム（仮想マシン）の業務優先度が高い場合は、予約やシェア値を「高」に設定することでリソース競合が発生した場合でも、優先的にリソースが利用できるように制御可能です。そのため、結果として該当する vCPU の「CPU Ready」の割合を下げ、パフォーマンスを向上させることが見込めます。

■ 相互停止（Co-Stop）

仮想マシン上でマルチ CPU を構成している場合に、vCPU 間の処理の進行度の差分を小さくする目的で一方の vCPU を停止する仕組みがあります。この機能による vCPU の停止状態を「相互停止」（Co-Stop）と呼びます（図 5.19）。

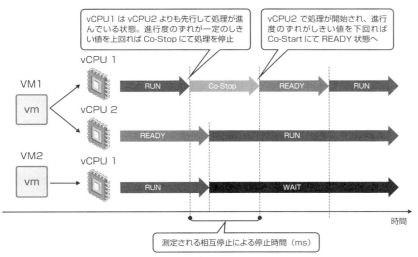

図 5.19　相互停止（Co-Stop）状態のイメージ

「相互停止」についても「CPU Ready」と同様に vSphere Client のパフォーマンスチャートや esxtop から監視することが可能です。

一般的に「相互停止」の割合が 3% を超えている場合、仮想マシンのパフォーマンスに悪影響を及ぼしている可能性があり、注意が必要です。パフォーマンスチャートや esxtop では、更新間隔のうち vCPU が「相互停止」のために、命令の実行待ちであった時間として vCPU ごとにミリ秒（ms）単位で計測されます。そのため、割合を確認する場合は以下の計算式に当てはめて確認を行います。

▶ 計算式

```
相互停止（％）＝｛相互停止（ms）／（1000×更新間隔（秒）｝× vCPU（コア）数 × 100
```

更新間隔については、例えば、パフォーマンスチャートのリアルタイム統計の場合は20秒となっているため、1vCPU 構成の仮想マシンの場合は「相互停止」が600ms 以上の場合は3% を超えていることになります。

「相互停止」によるパフォーマンス問題もリソース競合によって発生しうる事象であるため、「CPU Ready」に対するアプローチと同様の対策が有効と考えられます。特に、「相互停止」はマルチCPUのスケジューリングに起因する事象であるため、必要分以上に仮想マシンに対して vCPU を割り当てないことも重要となります。

また、ハードウェア装置側でハイパースレッディングテクノロジーを有効化することによって「相互停止」を回避できる場面が増えることが期待できます。ハイパースレッディングテクノロジーが有効化された環境では、物理 CPU の各コアが複数のアーキテクチャ・ステートを保有し、論理プロセッサ（＝スレッド）という形態で計算資源をオペレーティングシステムに提供します。

VMkernel はこの論理プロセッサに対して vCPU のスケジューリングが可能となり、「相互停止」で割り当て待ちとなる状況が減少することが期待できます。結果として限りある演算資源の計算密度を高めることにもつながるため、一般的に vSphere 環境ではハイパースレッディングを有効化することが推奨されています。

vSphere と GPU の仮想化

近年の AI、機械学習、ディープラーニング技術の急速な発展に伴い、膨大なデータを高速に処理できる Graphics Processing Unit（GPU）の需要が急増しています。GPU はもはやグラフィック処理だけのデバイスではなく、ハイパフォーマンスコンピューティング（HPC）やデータ分析など、幅広い分野で必要不可欠な存在となっています。

VMware vSphere での GPU のサポートは、仮想デスクトップ（VDI）での活用から始まり、近年では仮想化環境上で AI、ML、HPC などのワークロードを実行するための様々な技術を提供しています。特に、近年の AI 技術の急速な発展に伴うプライベートクラウド上での AI アプリケーション需要も高まり、VMware Private AI Foundation を Cloud Foundation の拡張機能で提供するなど注目の分野でもあります。

本コラムでは、vSphere で GPU を活用する方法、そしてそのメリットについて詳しく解説していきます。

GPU の主な特長は以下の通りです。

- 並列処理：GPU はタスクを効率的に処理するために連携して動作する何千もの小型コアを持つ。CPU のコア数と比べて極めて多いため、優れた並列処理性能を持つ
- 高性能な画像処理：グラフィック処理能力に優れている
- 高い汎用性：GPU は、機械学習、科学計算、暗号通貨マイニングなど、グラフィックス以外の幅広いタスクにも使用されている
- コスト効率：特定のワークロードではハイエンド CPU より GPU の方がコストパフォーマンスに優れる場合がある

GPU には、専用 GPU と CPU やマザーボードに組み込まれた統合 GPU などいくつかの実装形態があります。

- 専用 GPU：コンピュータに追加拡張される独立したカードであり、高いパフォーマンスを提供する。vSphere では主に独立した PCIe カード型の専用 GPU が利用される
- 統合 GPU：CPU やマザーボードに組み込まれており、システムのメインメモリを共有する。より手頃な価格だが、パフォーマンスは低くなる

DirectPath I/O と仮想 GPU

GPU を vSphere 環境で利用する方法は大きく分けて 2 種類あります。「DirectPath I/O」とも呼ばれるパススルーモードと、仮想 GPU と呼ばれるモードの 2 つです。

DirectPath I/O（パススルー）は、物理 GPU を仮想マシンに直接割り当てる技術です。仮想マシンは、ハイパーバイザーを最小限の介入でパススルーし、GPU に直接アクセスできるため、オーバーヘッドが少なく、高いパフォーマンスを得られます。

基本的に、1 つの GPU は 1 つの仮想マシンに専用で割り当てられ、ゲスト OS に GPU のドライバをインストールする必要があります。パススルーモードには DirectPath I/O と Shared Pass-Through Graphics の 2 つの方式があります。

- DirectPath I/O：1 つの物理 GPU を 1 つの仮想マシンに dedicated に割り当てるモード
- Shared Pass-Through Graphics：GPU アダプタのハードウェア機能を利用し、1 つの GPU を複数の仮想マシンで共有するモード。ハードウェアの制限があり、すべての GPU で利用できるわけではない

もう 1 つのモードである仮想 GPU は、ESXi に導入されるドライバにより、ハイパーバイザーレベルで GPU を仮想化し、複数の仮想マシンで共有する技術です。GPU ベンダーが提供するソフトウェア（ドライバ）を利用することで、物理 GPU を仮想 GPU に分割し、それぞれの仮想マシンに割り当てることができます。

vSphere 8 では、NVIDIA vGPU や AMD MxGPU などの技術を用いることで、物理 GPU を仮想化し、複数の仮想マシンで共有することができます。

vSphere と NVIDIA vGPU

vSphere では、NVIDIA vGPU を利用することで、GPU の共有や、仮想マシンへの柔軟なマッピングが可能になり、同じ GPU を備えたホストへ仮想マシンの vMotion も可能です（図 5.20）。リソースの効率的な利用、仮想マシンの柔軟な移動、管理の容易さなどの観点から、vGPU の利用が推奨されます。

特定の GPU デバイスに対しては、vGPU アクセスかパススルーアクセスのどちらかを選択します。複数の GPU が存在する場合には、仮想 GPU アクセスとパススルーアクセスは併用できます。

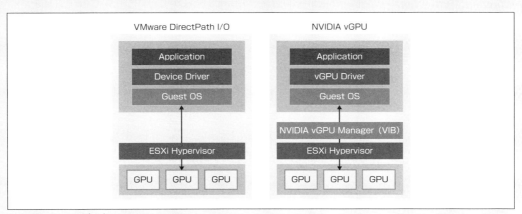

図 5.20　DirectPath I/O と NVIDIA vGPU

CHAPTER 5 CPU とメモリの仮想化

GPUのような高価なハードウェアリソースは、最大限効率的に利用することが求められます。そのため、仮想化して共有し、資源の利用率を上げることは大きな価値を持ちます。VDI の分野で、GPU の仮想化が進展してきたのは、このビジネス上の価値の最大化に早くから着目したからです。

一方で、HPC に代表される分野では、可能な限りオーバーヘッドを排除し、表面上の計算性能を最大化することに努力が払われてきたため、GPU を含む HPC 基盤の仮想化は遅れていました。実際のところ、仮想化による計算性能の変化は、ベアメタルと比較して、数パーセント以下で、実質上、無視できる範囲というベンチマーク結果が報告されています。

この小さな性能の変化と引き換えに、仮想化による環境の柔軟性、利用効率の向上が得られるのであれば、得られるビジネス価値は、その性能の変化を大きく超えると言えます。

GPU を活用する場合、単にサーバーハードウェアに対して物理的に GPU をインストールすれば即使用できるというわけではありません。GPU 個別のドライバがあり、さらにその上でアプリケーションを動作させるためのグラフィックス向け API を提供するライブラリ、あるいは AI/ML などの計算用ライブラリを適切にインストールする必要があります。

仮想化環境で活用する場合も同様であり、同じ物理 GPU 環境であっても、使用する GPU の仮想化技術によって、サポートされるドライバやライブラリ、あるいはそのバージョンなどが変わる場合があるため注意が必要です。

5.2 メモリの仮想化

5.2.1 vSphere におけるメモリの仮想化

仮想マシン作成時、構成するメモリのサイズを指定します。ゲスト OS は、指定したサイズのメモリが全て自分のものであるように見えます。しかし、仮想マシンのパワーオン時は、指定したサイズの物理メモリが単純に仮想マシンに対して割り当てられるのではなく、仮想マシンからのメモリアクセスに応じて物理メモリページが動的に割り当てられていきます。

同一ホスト上の物理メモリは、VMkernel によってプール化・資源管理が行われ、複数の仮想マシンに対して割り当て管理されます。物理メモリ容量に対して、稼働する全ての仮想マシンの合計メモリ使用量が近づいてきた際は、VMkernel が様々なメモリの回収メカニズムを用いて、仮想マシン間でメモリを融通しあい全体の消費物理メモリ量を抑えます。VMkernel は、UEFI、メモリコントローラ、CPU といったプラットフォーム側の機構と密に連携することで、物理メモリ資源を管理しています。

5.2.2 Active（有効）と Consumed（消費）

本項では、まず vSphere 環境でどういった用途でメモリが消費されるのかを最初に説明します。vSphere 環境におけるメモリは以下のような用途で消費されます（図 5.21）。

5.2 メモリの仮想化

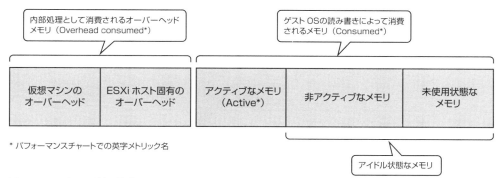

図 5.21 vSphere 環境で消費されるメモリの種類の概要

- 仮想マシンのオーバーヘッド：仮想マシンをパワーオンすると特定の量が消費される。この量は vCPU の数等多数の要素によって決まり、自動計算される
- ESXi ホスト固有のオーバーヘッド：vSphere サービスや VMkernel 等による消費量
- アクティブなメモリ：ゲスト OS が積極的に使用している状態のメモリ
- アイドル状態なメモリ：ゲスト OS からの読み書きがほぼない状態のメモリ
- 非アクティブなメモリ：ゲスト OS から消極的な使われ方をしているメモリ。例えば、キャッシングやプリフェッチ等によって、今後の必要性が予測されるデータは、しばらくの間は使用しないまま（非アクティブなまま）メモリ上にあらかじめ配置する
- 未使用状態なメモリ：ゲスト OS 上のプロセス等がメモリを解放しつつも、そこにマッピングされている物理メモリは解除されずに、再利用待ち状態にあるページ

このように消費されるメモリには、様々な状態があります。メモリのオーバーコミットが発生し、仮想マシン間でメモリを融通する必要があった場合、VMkernel は、仮想マシンのパフォーマンス影響を最小限化できるように、これら使われ方の特性に従い、アイドル状態なメモリから優先的に節約する機構が働きます。そして、vSphere ではこれら用途別のメモリの一部について、その想定消費容量を確認できるメトリックを準備しています。それがここで説明する「Active（有効）」と「Consumed（消費）」です。

- Active（有効）：Active 値は、割り当てられた物理メモリ量のうち、直近の処理によって積極的に読み書きされる「アクティブなメモリ」量。この値は VMkernel によって統計的に計算・推定された値であり、積極的にアクセスされるメモリページであるため、Active なメモリ量が枯渇すると、仮想マシンの性能へダイレクトに影響する
- Consumed（消費）：Consumed 値は、図 5.21 の通り、前述の Active なメモリ容量に加え、アイドル状態なメモリ容量も加味した容量。そのため、仮想マシンの起動直後に比べ、稼働時間が長いほど、容量が増加していく傾向がある

仮想マシン観点でのそれぞれの考え方について、図5.22で図解します。特に運用中に参考するべきことは、ActiveとConsumedの量の差です。これら2つのメトリックを見比べることで、その仮想マシンに割り当てられたメモリのサイズが適切かを判断する材料とすることができます。

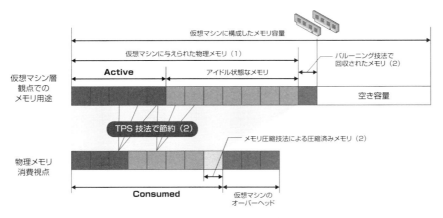

（1）パフォーマンスチャートの「Granted」に該当し（設定している場合は）予約メモリ量も含む
（2）これら技法は後述の「5.2.4　メモリの回収メカニズム」で解説

図5.22　仮想マシン観点でのActiveとConsumedの考え方

仮想マシンごとのメモリの使用状況の詳細はvSphere Clientから確認できます。

対象の仮想マシンを選択し、[監視] > [使用率]を開くと「仮想マシンのCPU」、「仮想マシンのメモリ」、「ゲストメモリ」の3つの使用率の詳細が表示されます（図5.23）。

ただし、UIの日本語表記が直訳された表示となっているため、注意してください。ゲストメモリ内の「有効なゲストメモリ」が「Activeメモリ」、仮想マシンのメモリ内の「使用中の仮想マシン」が「Consumedメモリ」と読み替えてください。

図5.23　仮想マシンの詳細なメモリ使用率

5.2 メモリの仮想化

詳細な分析をする際に KB の内容やコマンドラインの出力結果と比較する際は vSphere Client を英語表記に切り替えて利用することを推奨します。

5.2.3 メモリのオーバーコミット

vSphere 環境では、仮想マシンに構成したメモリ容量の合計値が、ホストの物理メモリ容量を超えるように設定できます。そして、同時にパワーオンされた仮想マシンのメモリ構成値の合計が、物理ホストのメモリ容量を超えることをメモリのオーバーコミットと言います。

全仮想マシンが常に最大のメモリを使用し続けることは稀で、一般に、仮想マシンには負荷の軽いものと負荷の重いものがあり、相対的な動作レベルが時間とともに変動します。ESXi ホストは、メモリの効率的な配分を行うために、メモリがアイドル状態にある仮想マシンから、より多くのメモリを必要とする仮想マシンにメモリを移動し、物理メモリを「やりくり」することで、パフォーマンス維持とオーバーコミットの相対する課題を両立させています。この「やりくり」を行っている仕組みが、後述するメモリ回収メカニズムです。

5.2.4 メモリの回収メカニズム

ESXi は様々なメモリ管理手法を用いて、物理メモリの使用量を動的に節約し、オーバーコミットを可能にしています。具体的には本項で紹介する「透過的ページ共有（TPS）」、「バルーニング」、「メモリ圧縮」、「ホストレベルのスワッピング」と呼ばれる 4 つのメカニズムによって実現しています。

■ 透過的ページ共有 (Transparent Page Sharing：TPS)

TPS は、仮想マシンが使用するメモリページの重複を検出し、それを透過的に（ゲスト OS には認識させない形で）共有することで物理メモリ使用量を節約する技術です。特に同じアプリケーションや OS が稼働する環境で効果を発揮します。

VMkernel はメモリを定期的にスキャンし、4KB 単位のメモリページのハッシュ値を取得し、ビットレベルでも一致するページは同じ物理メモリページを参照するよう変更します。共有されたメモリ量は前述の図 5.23 のゲストメモリ「共有」箇所の通り、vSphere Client 上にて確認できます。

なお、TPS はセキュリティ上の理由からデフォルトでは仮想マシン内でのみ共有が許可されています[2]。また、ラージページ（2MB もしくはより大きなサイズでメモリページを取り扱う技術）については基本的に共有処理の対象外としています。

これはラージページをビットレベルで比較する処理はオーバーヘッドが大きく、一致する確率が低いためです。ただし、仮想マシンの性能劣化が懸念される物理ドライブへのスワップ処理が発生した場合には、ラージページも TPS の対象となります。ラージページの効果以上に、TPS による効果を期待する場合は、ラージペー

【2】 KB：Additional Transparent Page Sharing management capabilities and new default settings （323624）
https://knowledge.broadcom.com/external/article/323624/

131

ジの無効化を行う(ESXi ホストの [システムの詳細設定] で Mem.AllocGuestLargePage=0 を設定する)とメモリの枯渇状況に関わらず TPS が動作します。

■ バルーニング

　バルーニングは、物理メモリが不足し仮想マシンからのメモリ需要量が賄えなくなった場合に作動する機構です。VMware Tools と一緒にゲスト OS にインストールされるバルーンドライバ(vmmemctl)がゲスト OS 内でメモリを動的に回収し、ホストに返却することで、不足する物理メモリ量を補います(**図 5.24**)。

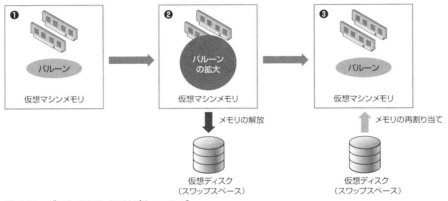

図 5.24　ゲスト OS のメモリバルーニング

　この際、ゲスト OS 内でアイドル状態のメモリ量が多い仮想マシンから優先的にバルーニングの対象となり、ゲスト OS 視点で未使用状態と判断するメモリページから回収対象となります。

　ゲスト OS 上の未使用メモリ以上の容量がバルーンドライバによって獲得された場合は、ゲスト OS は非アクティブなメモリページをゲスト OS としてあらかじめ確保していたスワップ領域にスワップアウト(Windows のページング、Linux のスワッピング)し、与えられているメモリ容量の範囲内で動作を継続します。

　バルーンドライバの名称の由来は、まるで風船のように、必要に応じてゲスト内で膨らんだり萎んだりすることで、ゲスト OS に対するメモリプレッシャーを増減し、ホストが回収できるメモリページを確保することから来ています。

■ メモリ圧縮

　前述のバルーニング処理でもメモリ不足が解決できない場合、対象のメモリページを物理ドライブへスワップさせる量を軽減するために、VMkernel はそのページの圧縮を試みます。ただし、対象は圧縮率が 50% を超える効率的なページのみです。

図 5.25 の通り、圧縮されたメモリは物理メモリ上に設けられる圧縮キャッシュ領域（圧縮キャッシュサイズは仮想マシンのメモリサイズの最大 10% まで拡張可能）に配置されます。メモリ上で圧縮・解凍の処理が完結するため、物理デバイスからのスワップインよりも遥かに高速で、仮想マシンの性能影響を最小限に抑えます。

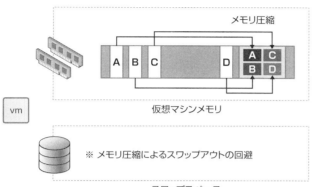

図 5.25　メモリ圧縮

ただし、この圧縮キャッシュ領域も不足してくると、長らくアクセスされていない圧縮済みページから解凍され、最終段階である「ホストレベルのスワッピング」が実行されます。

■ ホストレベルのスワップ

メモリ圧縮でもメモリ不足が解決できない場合は、VMkernel は仮想マシンに割り当て済みの一部メモリページを物理ドライブ上にあるスワップ領域へスワップアウトを行い、強制的に空きメモリ容量を確保します。

バルーニングと異なり、このスワップ処理はゲスト OS が関係しないレイヤーで強制的に実行されます。そのため、スワップ対象のメモリページはランダムに選定され、アクティブなメモリがスワップアウトされる可能性があります。

その場合、物理ドライブからスワップインが発生し、仮想マシンのパフォーマンスに深刻な影響を与えるリスクがあります。原則としてホストレベルのスワップ処理が発生することのないよう、継続的な監視・運用を行うことが推奨されます。

バルーニング時のスワップと、ホストレベルのスワップでは、ゲスト OS のパフォーマンスへの影響度に差があります。次項でその違いについて解説します。

CHAPTER 5 CPU とメモリの仮想化

5.2.5 パフォーマンス分析のための主要なメトリック（メモリ）

本項では、メモリ関連の主要なパフォーマンスメトリックとして以下を解説します。便宜上、以降の文中では各メトリックやカウンタを表す用語は「」を付けて記述します。

- バルーンメモリ（vmmemctl）
- スワップイン速度（swapinRate）

■ バルーンメモリ（vmmemctl）

先述したバルーニングによって、仮想マシンのゲスト OS 上にインストールされたバルーンドライバ（vmmemctl）が回収したゲスト物理メモリを「バルーンメモリ」と呼びます。デフォルトではバルーンドライバを使用して仮想マシンから回収されるメモリの最大量は 65% として設定されています。

バルーニングによりゲスト物理メモリレベルでスワップアウトが発生する可能性がありますが、対象となるメモリページはゲスト OS によって判断されたアイドル状態のページであることが期待できるため、アプリケーションによる直近のアクセスの可能性は低いことが想定されます。

スワップインが発生した場合、メモリへの書き戻しが終わるまではアプリケーションがメモリへアクセスできないことになるため、パフォーマンスに大きく影響を与えますが、このバルーニングの動作仕様によって、スワップアウトしたメモリは再度スワップインする確率は低く、結果として比較的パフォーマンス劣化を及ぼす可能性は小さくなることが一般的です。

しかし、「バルーンメモリ」の割合が 10% を超える場合については注視が必要です。vSphere Client のパフォーマンスチャートから監視できますが、単位は KB で表示されるため、以下の計算式で「バルーンメモリ」の割合を確認します。

▶ 計算式

```
バルーン（%）= {バルーン（KB）/ メモリサイズ（KB）} × 100
```

バルーニングは、ホストに搭載されている物理メモリの容量が不足し仮想マシンへのメモリの割り当てが難しい場合（厳密には VMkernel によって利用されるメモリ容量をベースに残りのメモリ容量が一定のしきい値を下回った場合）に発生します。

そのため、対策としては物理メモリの増強、DRS によるクラスタレベルでのリソース利用効率の向上や、特定のシステム（仮想マシン）における事象の緩和にはシェアや予約を利用したリソースの優先使用などが解決のための施策として有効と考えられます。

また、仮想マシンに対して過剰なメモリ容量が割り当てられていないかどうかも重要な確認ポイントの一つ

5.2 メモリの仮想化

です。実際の仮想マシンのメモリ使用状況として、割り当て済みメモリ容量のうち1〜2割のみしか使われていないといったケースもしばしば見受けられます。

仮想マシンに割り当てられた余剰メモリは、ゲストOS側の機能によりファイルシステムキャッシュなどの用途で使用される可能性があるため、全体としてのリソース利用効率を低下させる原因となります。リソースの適切な割り当てのための状況把握の手段としては、アクティブなメモリ量を確認することが役立ちます。

バルーニングによるパフォーマンスへの影響は比較的大きくない、と先述しましたが例外は存在します。JavaのようにOSではなくアプリケーション側でメモリ管理が行われているようなケースです。

バルーニングではOSの仕組みにより非アクティブなメモリからスワップアウトしようと試みますが、アプリケーション側でメモリ管理をしている場合には、OS側でその判断が付かず、アクティブなメモリをスワップアウトしてしまう可能性があり、結果的にバルーニングによって著しくパフォーマンスを低下させるおそれがあります。

そのため、バルーンメモリの監視と合わせて、アプリケーション側のメモリ管理の仕組みについてもきちんと理解しておくことがメモリに起因するパフォーマンス問題の対応において重要です。

■ スワップイン速度（swapinRate）

先述したバルーニングはゲストOS側でバルーンドライバが動作し、ゲストOSカーネルの判断により対象のメモリを回収する、という仕組みであるのに対して、ESXi側でゲストOSが関与しないレイヤーでスワップアウトを行い、強制的にメモリの空き容量を確保する仕組みも備わっています。この機能をホストレベルスワップと呼びます。

バルーンドライバが正しく機能していない状況や、バルーニングやその他メモリ回収の仕組みをフルに活用してもメモリの空き容量が十分に確保できない場合の最終手段としてホストレベルスワップが行われます。メトリック値「スワップイン速度」を確認することで、そのスワップインの速度（頻度）を確認できます。バルーニングと比較して、アクティブなメモリがスワップアウトされてしまう可能性が高く、それに伴うスワップイン頻度の増加に伴いパフォーマンス劣化を及ぼす可能性も高いため、このメトリックは特に注意深く監視する必要があります。

「スワップイン速度」を0に近づけるためのアプローチは基本的にはバルーニングの対応と同様であり、メモリリソース競合の緩和のための施策が有効です。また、バルーニングによって誘発されるゲスト内スワッピングが正しく機能するために、ゲストOS側で十分なスワップ領域を確保する必要があります。

割り当てるメモリが多く、仮想ディスク容量が小さい仮想マシン（例えば、8GBのRAMと2GBの仮想ディスクを割り当てた仮想マシン）では、スワップ領域が不足する可能性が高くなります。割り当てた仮想マシンメモリサイズとその予約の差分の容量を最低限ディスクに割り当てる必要があり、その領域が不足している場合、あるいはストレージの容量が不足している場合、仮想マシンのパワーオンに失敗する可能性もあるため注意が必要です。

その他のアプローチとしては、ホストレベルスワップが発生した時に備えて、パフォーマンス劣化を最小限とするためにスワップ速度を向上させるような設計とすることが考えられます（「補足：スワップファイルの配置先について」参照）。または可能な限りバルーニングにて問題が解決できるように、各仮想マシンにVMware

Toolsをインストールし、バルーンドライバを有効化することが重要です。バルーンドライバがインストールされているかどうかは、esxtopにて確認も可能です（図5.26）。

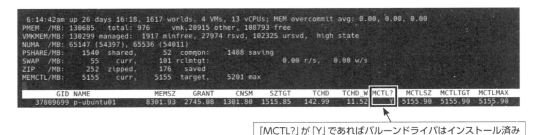

図5.26　esxtopによるバルーンドライバのインストール有無の確認例

■ 補足：スワップファイルの配置先について

デフォルトでは、仮想マシンのスワップファイルは、他の仮想マシンファイルが格納されているフォルダ内のデータストアに配置されますが、仮想マシンのスワップファイルを別のデータストアに配置させるようにホストを構成することも可能です。あるいは、フラッシュベースのストレージデバイス上に専用のホストキャッシュを構成することでスワップの配置先として使用できます。

ホストレベルのキャッシュは、ESXiが仮想マシンスワップファイルのライトバックキャッシュとして使用する低遅延ディスク上のファイルから構成されるため、例えば、HDDでバッキングされたストレージやSSDとHDDを併用するハイブリッドストレージを仮想マシンが通常用いるストレージ領域として構成する場合でも、スワップの速度を向上させることができます（図5.27）。

ただし、こちらのホストキャッシュのスワップ領域が枯渇すると、通常の仮想マシンのスワップ領域が用いられるため、キャッシュの容量は各仮想マシンの総メモリ容量を考慮して検討する必要があります。

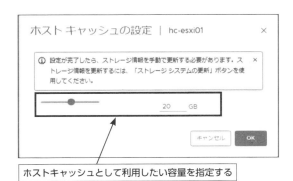

図5.27　ホストキャッシュの設定例

vSphere Memory Tiering over NVMe

vSphere 8.0 Update 3 にて vSphere Memory Tiering over NVMe（以降、Memory Tiering）と呼ばれる機能が Tech Preview（評価フェーズ）として追加されました。これは、従来の DRAM によるメモリ資源（Tier 0）に加え、NVMe デバイスを Tier 1 メモリ資源として併用可能にする、ソフトウェアによるメモリ階層化機能です（図 5.28）。

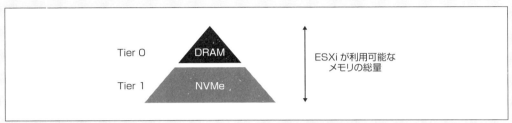

図 5.28　Memory Tiering over NVMe のイメージ

　Memory Tiering を有効化すると、NVMe デバイスをメモリ資源の延長として利用することで、広大なメモリ資源があたかも存在しているかのように vSphere クラスタを運用することができます。特に、メモリの利用量が不定期にスパイクするアプリケーション環境では、このメモリ階層化機能の有効性が期待できます。

　一般的に、このようなアプリケーション環境の場合、スパイク時に消費されるメモリ利用量分を見据え、通常時間帯の利用量に対して 20 ～ 25％ 程度の余裕を持ってメモリを搭載しているケースが多くあります。ただし、近年継続している DRAM の価格の上昇を踏まえると、稀に発生するスパイク時のためだけに DRAM を多めに搭載しておくことは、非常に勿体ない使われ方です。しかし、本機能を併用すれば、そのスパイク時のメモリ利用量を全て DRAM で賄う必要はなく、Tier 1 のメモリ資源である NVMe デバイスにてスパイク分を補完でき、メモリ資源に対する費用の最適化が期待できます。

　「高性能な NVMe デバイスとは言え、DRAM より性能が劣る NVMe デバイスを併用すると、ホストレベルのスワップインと同様に仮想マシンの性能が低下するのではないか？」と、疑問を持たれるかもしれません。Memory Tiering は ESXi が DRAM と NVMe デバイスを適切に使い分けることで、このリスクを最小化しています。Memory Tiering では、無作為にメモリページの配置先を決めているのではありません。アクセス頻度が高いアクティブなメモリページは性能が良い Tier 0 の DRAM 領域に配置し、直近アクセスされる可能性が低い非アクティブなメモリページは Tier 1 の NVMe デバイス領域に配置します。

　この動作により、スワップ処理発生時のような性能への影響を回避しながら、TCO の削減を実現しています[3]。この仕組みは、前提として ESXi が「どのメモリページがアクティブなのか」を把握し、適切なメモリオーバーコミットを制御してきたから実現できる方法で、vSphere ならではのアプローチと言えます。

　Memory Tiering 機能は以下のステップで有効化できます。これらの操作は ESXCLI コマンドや PowerCLI スクリプト、一部は vSphere Client にて実施可能です（詳細な手順は KB を参照してください[4]）。

【3】　ホストレベルのスワップ時の性能影響については「5.2.5　パフォーマンス分析のための主要なメトリック（メモリ）」の「スワップイン速度（swapinRate）」を参照してください。

【4】　KB：Using the "Memory Tiering over NVMe" feature in vSphere 8.0 Update 3. (311934)
https://knowledge.broadcom.com/external/article/311934/

CHAPTER 5　CPU とメモリの仮想化

1. Tier 1 メモリとして利用したい NVMe デバイスの準備

　　ホストごとに利用する NVMe デバイスを指定します。なお、利用可能な NVMe デバイスの種類は、メモリ用途としてのパフォーマンスを加味し、vSAN ESA 用 NVMe デバイスとして認証取得済みで、一般的に Mixed Use クラスと呼ばれる SSD がサポート対象です（パフォーマンスクラス F 以上、耐久性クラス D 以上）。詳細は Compatibility Guide [5] を参照してください。

2. Tier 1 メモリとして利用したい NVMe デバイスの構成

　　本機能用に構成する NVMe デバイスはパーティションが存在していない状態であることが前提となっています。既存のパーティションを削除した上で、Memory Tiering 用として登録すると専用パーティションが自動的に作成されます。

3. Memory Tiering 機能の設定

　　ホストごとに Memory Tiering の機能を有効化し、再起動することで Memory Tiering が利用できます。

　再起動後、vSphere Client 上で、DRAM による Tier 0 メモリ量と、NVMe デバイスによる Tier 1 メモリ量の総量が ESXi ホストの搭載メモリ量として構成されていることが確認できます。メモリ階層化は ESXi、VMkernel にて実施されるため、ゲスト OS はメモリ階層化を一切意識することなく、従来通り利用できます。

　NVMe デバイスを用いる Tier 1 メモリサイズは、DRAM 容量に対する比率で指定できます。デフォルトは DRAM 容量の 25% で設定されており、1 〜 400 の範囲で設定可能です。ただし、性能的な安定性を考慮し、vSphere 8.0 Update 3 時点では DRAM の総量を超えない構成を推奨しています。

　Memory Tiering はメモリの需要が年々高まる中、非常に有用な機能として期待でき、VMware としては中長期的に本機能の発展に取り組み、より高度な機能を順次提供していく予定です。

5.3　リソースのシェア／予約／制限

　仮想化環境では、本番用、ステージング用など、様々な仮想マシンが同一 ESXi 上で動作するケースがあり、サービスレベルや優先度に応じて、物理 CPU や物理メモリのリソースを割り当てたい場合があります。

　このような場合に各仮想マシンに対して、シェア、予約、制限といったパラメータを設定することにより、リソースの割り当てをコントロールできます。

　本節では仮想マシンに対するリソースのシェア／予約／制限について解説します。また、vSphere DRS が有効なクラスタでは「リソースプール」を利用したグループ間のシェア／予約／制限が可能です。リソースプールについては第 9 章で解説します。

■ シェア (Shares)

　リソースの要求が競合した際に、どの仮想マシンにどの程度リソースを割り当てるかを決めるための相対的な

【5】　https://compatibilityguide.broadcom.com/search?program=ssd&persona=live&column=partnerName&order=asc&tier=%5BvSAN+ESA+Storage+Tier%5D&enduranceClass=%5BEndurance+Class+D+%3E%3D7300+TBW%5D

値になります。設定する際には「高」「正常(Normal)」「低」といった値で設定が可能で、それぞれの設定でCPUまたはメモリあたりの具体的なシェア値が設定されています。この値に比例して、各仮想マシンに対してCPU、メモリのリソースが割り当てられます。デフォルト値はいずれも「正常(Normal)」として設定されています。

■ 予約 (Reservation)

対象の仮想マシンが利用するCPU、メモリのリソースを予約する値です。ここで予約された分のリソースは、他の仮想マシンにおける使用状況に関わらず、確実に利用できるようになります。設定値はCPUの場合はMHzまたはGHz単位、メモリの場合はMB、GBで指定することができ、デフォルト値は0(予約なし)として設定されています。

メモリの予約は必要なリソースを確保する有益な手段ですが、注意点もあります。メモリの予約を行った仮想マシンをESXiホスト上で電源オンにする際、ホストの物理メモリに空き容量がなく、予約分のメモリを確保できない場合は、この仮想マシンの電源をオンにできません。このような場合は、予約値を変更するか、他のホストへ移行するなどし、予約値を満たす必要があります。

■ 制限 (Limit)

対象の仮想マシンに割り当てる上限値を決める値です。仮想マシンが指定した上限値以上にCPUリソースを独占することを防ぐことを可能とします。設定値はMHz単位となり、デフォルト値は未設定(無制限)として設定されています(**図5.29**)。

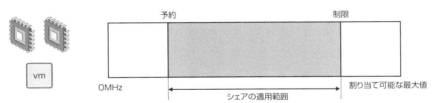

図5.29 シェア、予約、制限の適用範囲

■ シェア値に基づくリソース配分の具体例 (CPU)

簡単な例を説明する前に、前提を記載します。

ここでは1つの物理CPU(3GHz)があるESXi上に、1vCPUのリソースを割り当てた3台の仮想マシン(VM1、VM2、VM3)が動作し、リソースの競合が生じているケースを考えます。3台の仮想マシンのシェア値はVM1とVM2は高(シェア値:1vCPUあたり2000)・VM3は正常(シェア値:1vCPUあたり1000)とします。この場合、VM1への割り当てリソースは以下となります。

▶ 計算式

物理CPUのリソース(周波数) × VM1のシェア値 / (リソースを要求している全仮想マシンのシェア値の和)

上記の計算式を基に考えると、VM1 のみがリソースを要求している場合は、物理 CPU のリソースが全て VM1 へ割り当てられ、VM1 は 3GHz 全て利用できます。VM1 と VM2 がそれぞれリソースを要求している場合、等しいシェア値が設定されているため各 VM に割り当てられるリソースは以下の式の通り、1.5GHz となります。

- VM1 or VM2 = 3.0 GHz × 2000 / (2000 + 2000) = 1.5 GHz

VM1、VM2、VM3 がそれぞれリソースを要求した場合、各 VM にはそれぞれ以下のリソースが割り当てられます。

- VM1 or VM2 = 3.0 GHz × 2000 / (2000 + 2000 + 1000) = 1.2 GHz
- VM3 = 3.0 GHz × 1000 / (2000 + 2000 + 1000) = 0.6 GHz

■ シェア値に基づくリソース配分の具体例（メモリ）

こちらも簡単な例を説明する前に、前提を記載します。

ここでは、ホストの物理メモリサイズが 128GB の ESXi ホスト上に、3 台の仮想マシンが動作しており、それぞれの仮想マシンのメモリサイズは 36GB、64GB に設定されているものとします（図 5.30）。

また、シェア値はいずれも「正常（Normal）」に設定されていることを想定します。なお、「正常（Normal）」の設定におけるシェア値は 1GB あたり 10,240 シェア（1MB あたり 10 シェア）として定義されています。ここでは、分かりやすい例で考えるため VMkernel が利用するメモリサイズは 0 とします。

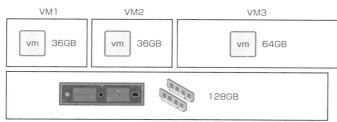

図 5.30　メモリリソース競合が発生した状態

このような場合、各仮想マシンへ割り当てられるホストの物理メモリ容量は、以下の式で計算できます。

▶ 計算式

割り当て可能なメモリ量（GB）× VM のシェア値 / リソースを要求している全仮想マシンのシェア値の和

分母となるシェア値の和は以下のように求められます。

(2 [VM] × 36 [GB] × 10,240 [シェア/GB] + 1 [VM] × 64 [GB] × 10,240 [シェア/GB]) = 1,392,640 シェア

したがって各仮想マシンへのメモリ容量の割り当ては以下のようになります（**図 5.31**）。

- VM 1、VM 2の割り当てメモリ：
  128 [GB] ×（36 [GB] × 10,240 [シェア /GB]）/ 1,392,640 ≒ 34 [GB]

- VM 3の割り当てメモリ：
  128 [GB] ×（64 [GB] × 10,240 [シェア /GB]）/ 1,392,640 ≒ 60 [GB]

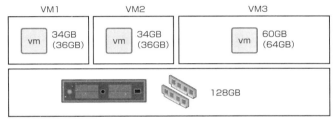

図 5.31　シェア値にしたがって物理メモリをアロケートした状態

サイジングの勘所

　vSphere クラスタ全体のサイジングをする際にどのくらいの利用率を予測するのか、CPU やメモリのオーバーコミット率はどのくらいにするのかは非常に悩ましい課題です。
　本章で述べた CPU Ready や CPU Co-Stop などの動作やメモリのバルーニングなど、オーバーコミット率が高すぎると物理リソースの取り合いが発生し、全体の性能低下を引き起こすので適切なサイジングが重要です。

CPU サイジングの一般的な推奨事項
　性能検証などで限界性能を見極めようとする時、ESXi ホストが稼働する物理サーバー側の利用率が 80% を超えたあたりから、仮想マシンにそれ以上の処理を与えても性能が上がらない事象に遭遇します。この時に esxtop コマンドなどでホストの計算資源の状況を確認すると、CPU Ready や CPU Co-Stop など、CPU の割り当てを待つ状態が増加していることが確認できるはずです（**図 5.32**）。

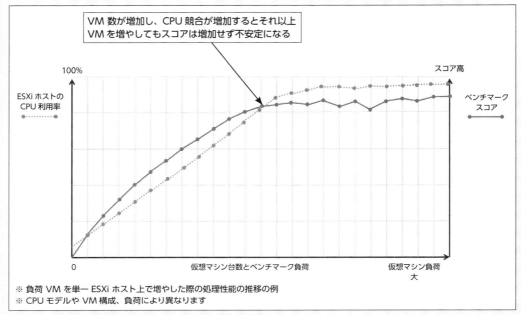

図 5.32　仮想マシン性能と ESXi ホスト CPU 利用率の関連性

　仮想化のアーキテクチャは物理リソースを効率よく仮想マシン間で分配、共有しあうことでメリットを最大化できますが、物理リソースに対して仮想マシンが多すぎる、または負荷が高すぎることで分配、共有ではなく「奪い合い」の状態になってしまうと性能は劣化してしまいます。

　仮想マシンに割り当てる vCPU 数が多いほど、物理 CPU の処理待ち時間が増加し、CPU 競合が発生しやすくなります。そのため、仮想マシンのサイジングにおいては、物理 CPU のコア数と vCPU 数のバランスを考慮することが重要です。特に、1 つの仮想マシンに対して物理 CPU の総コア数を大きく上回る vCPU 数を割り当てる場合、NUMA 構成において CPU 競合のリスクが高まるため、注意が必要です。

　一般的にはピーク時における ESXi ホストの物理 CPU 利用率が 80% 以下になるようなサイジングが推奨され、次のメモリサイジングと合わせてクラスタ全体で N+1、N+2 などの余剰リソースも vSphere HA のアドミッションコントロールなどの機能を利用して考慮します（**図 5.33**）。

メモリサイジングの一般的な推奨事項

　vSphere はメモリのオーバーコミットを可能にする様々な機能を実装していますが、バルーニングなどの処理中は仮想マシンの性能を低下させるリスクもあります。近年は物理サーバーに搭載されるメモリも大容量化する傾向があります。性能にシビアな用途の仮想マシンでは、可能な限りメモリは割り当て通りの量を利用できるようにサイジングを行い、オーバーコミットさせないことが性能の観点では推奨されます。

　クラスタ全体でメモリ容量を管理する際は、クラスタを構成する ESXi ホストのうち「何台が停止」しても他のホストで仮想マシンが再起動できるか（vSphere HA による保護）を考慮して、N+1 や N+2 の余剰リソースを含めた容量サイジングが推奨されます。通常これらは第 9 章で解説する vSphere HA や vSphere DRS で設定する「アドミッションコントロール」で制御し、設定したしきい値を超えた仮想マシンが起動しないようにします。

5.3 リソースのシェア／予約／制限

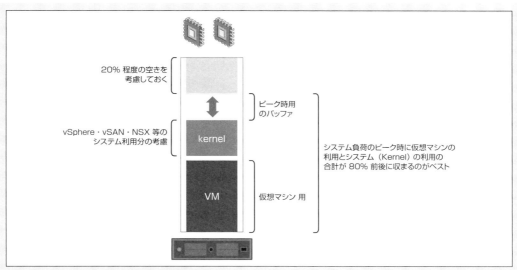

図 5.33　ピーク時の 80% の利用率を考慮した CPU サイジング

通常時は vSphere DRS によりクラスタ全体のメモリが均等に消費され、ESXi ホスト障害時には残る ESXi ホストに HA された仮想マシンが安全に起動できるようにサイジングします（**図 5.34**）。

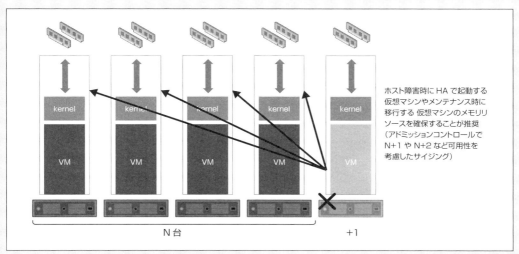

図 5.34　ESXi ホスト障害時のフェイルオーバーリソースの考慮

vSphere DRS を活用した負荷の均等化とリスクの分散

詳細は第 9 章で解説しますが、vSphere DRS は、個々の仮想マシンが最適なパフォーマンスを発揮する状態を vCenter Server が把握し、クラスタ全体で自動的に配置を最適化します。

大規模環境では1台1台のESXiホストのリソース利用率や、全ての仮想マシンの状態を監視し、それらを手動で再配置して運用することは不可能に近く、効率的ではありません。従来、vSphere DRSによる仮想マシンの自動分散配置を使わず、特定ESXiホストと特定仮想マシンを必ず同じ配置に固定化する運用環境も多く見受けられましたが、最適な状態を自動で維持するメリットを享受できるvSphere DRSの利用を強く推奨します。

システムリソースの考慮

CPU、メモリなどといった物理リソースを仮想マシンへ割り当てるためには、その仕組みがあるESXiホスト側（主にVMkernelなど）を動かすためのリソースが必要になります。これらESXiホスト側に必要となるリソースをシステムリソースと呼びます。

ESXiのシステムリソース用に最低でも10%はCPU／メモリともに空けておく必要があり、ストレージやネットワークの仮想化等を利用する場合は、利用する機能によってより多くのシステムリソースが必要となる場合があることを設計段階で考慮する必要があります。

vSAN ReadyNode Sizerなどサイジングツールでは、システムリソースのオーバーヘッドを考慮したサイジングが提案されます。また、各機能・コンポーネントのリリースノートやドキュメントにも、システムリソースのサイジング方針が掲載されているので、それら情報を活用して適切なサイジングを行ってください。

なお、ESXiのシステムプロセスが利用するCPU、およびメモリはシステムの内部であらかじめ予約されており、vSphere Clientで各ESXiホストの[構成]情報から[システム] > [システムリソースの予約]のメニューから確認できます（図5.35）。現在のバージョンでは、システムリソースの予約は有効化した機能に応じて自動で設定され、変更は行えません（vSphere 5.x以前のシステムでは変更が可能でした）。

図5.35 システムリソースの予約の確認

アセスメントツールを活用した適切なサイジング

適切なサイジングのためには、実際にどの程度のリソース容量が必要とされているのかを事前にモニタリング、アセスメントすることが推奨されます。vSphere環境であればvSphere ClientのパフォーマンスモニタやVCF Operations（旧称Aria OperationsまたはvRealize Operations）を利用してリソース利用状況を把握します。また、一般的に広く使われているシステム基盤の利用状況を分析するためのツール、アセスメントツールを活用することも

有効です。

VMwareでは従来からLive Optics[6]やRVTools[7]など、3rd Partyのアセスメントツールを利用した分析をサポートしており、取得したデータをvSAN ReadyNode Sizerなどの公式サイジングツールに取り込んで適切なサイジングを可能にしています。

CPU、メモリ、ストレージ、ネットワークなどハードウェアの性能や帯域、容量は年々進化し、コストパフォーマンスは常に向上しています。既存環境のアセスメントを通して、健全なリソース利用状況か否か、リソースが不足しているようであれば、増設や次回更改時のハードウェア構成の選定に活用できます。また、リソースが余っているようであれば高集約化や次回更改時のハードウェアのサイジングにおいて、特にスペックダウンの検討に取得したアセスメント情報を活かせます。

アセスメント情報を活用し、必要なCPU、メモリ、ストレージ、ネットワークのリソースを正しく把握することで仮想化基盤全体のTCO / ROIの改善を図ることが可能です。

【6】　Live Optics についてのご相談は Broadcom の担当営業かパートナー企業のご担当者様にお問い合わせください。

【7】　Live Optics、RVTools とも 2024 年 12 月時点で Dell Technologies が開発、提供するツールです。
　　　Live Optics：https://www.liveoptics.com/
　　　RVTools：https://www.robware.net/

Chapter 6

ストレージの仮想化

CHAPTER 6　ストレージの仮想化

　仮想マシンを配置・保管するためのストレージ、また仮想マシンが使用するためのストレージはvSphere環境を構成する上で重要な役割を担っています。ストレージにも様々な種類があり、それぞれの特徴があります。本章ではvSphere環境で使用される外部ストレージについて、第7章ではvSANについて解説します。

6.1　vSphereにおけるストレージ

　パソコンや物理サーバーにOSを直接インストールする場合、通常は物理ハードディスクやSSDが直接接続され、OSがサポートするファイルシステムでフォーマットして利用します。外部ストレージを接続して利用する場合も、通常はOSの起動領域はローカルストレージに格納することがほとんどです(OS領域をSANブート方式で直接外部ストレージに格納する場合を除く)。

　一方で、vSphereによる仮想化環境では「クラスタ化された複数のESXiホスト」から「共有されたストレージ領域(データストア)」にアクセスし、「仮想マシンのデータの実体は仮想ディスクと呼ばれるファイル形式」でデータストアに格納される方式が主流です。

　vSphereは物理ストレージのレイヤーを抽象化(ストレージ仮想化)し、様々なストレージ接続方式で仮想化環境に最適化されたデータストアを提供します(図6.1)。

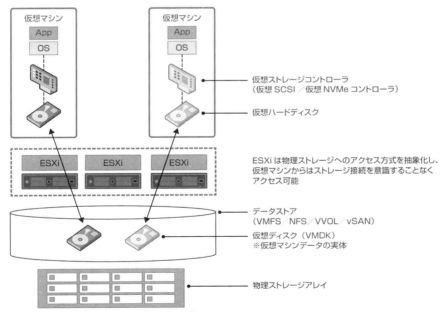

図6.1　vSphereにおけるストレージ仮想化

■ 仮想ハードディスクと仮想ディスク

ESXiホスト上の仮想マシンは、仮想ハードディスク（広義には仮想SSD、仮想NVMeを含む）を使用してOSやデータを格納します。仮想ハードディスクの実体は、コピーやバックアップが可能なデータストア上のファイル、仮想ディスク（VMDKファイル）であり、仮想マシンは複数の仮想ディスクを持つことも可能です。

仮想マシンは、仮想SCSIまたは仮想NVMeコントローラを介して仮想ディスクにアクセスします。仮想マシンは、物理ストレージへのアクセス方法を意識することなく、透過的にデータにアクセスできます。仮想ディスクについての詳細は第4章もあわせて参照してください。

■ データストア

vSphere環境における、仮想マシンを構成するファイルやコンテンツ（仮想ディスク、設定ファイル、テンプレートファイル、ISOイメージなど）を一元的に格納するための論理的なストレージです。仮想マシンからはデータストアが物理ストレージの仕様を抽象化し隠蔽し、ファイルシステムとして認識されます。

データストアは、仮想マシンの作成、クローン、スナップショット、移行など、vSphereの様々な操作において重要な役割を果たします。適切なデータストアを選択し、容量やパフォーマンスを管理することで、仮想化環境全体の効率性と安定性を向上させます。

6.1.1　vSphereデータストアが提供する価値

従来の物理サーバーに直接OSがインストールされる環境ではOS、物理サーバー、ストレージが密に接続されています。そのため、システムごとのストレージ利用率のアンバランスが起きやすく、OS自体も物理サーバーと結合しているため可用性、冗長性を向上するためにはそれぞれのOSごとに専用のフェイルオーバークラスタを組む必要がありました（図6.2）。

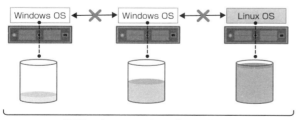

図6.2　物理サーバーにインストールされたOSとストレージの課題

vSphereはコンピュートリソースの仮想化で物理サーバーを抽象化して仮想マシンとして扱いますが、OS（ゲストOS）の実体は物理ストレージ領域を抽象化したデータストアに仮想ディスクとして格納されます。vSphereによる仮想化は物理サーバーと物理ストレージの双方を抽象化し、疎結合化することで可用性（HA）、移行性（vMotion）、運用性など様々なvSphere機能の利用を可能にします（図6.3）。

CHAPTER 6 ストレージの仮想化

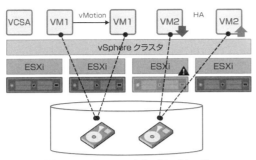

図 6.3 vSphere クラスタと共有ストレージによる仮想マシンの運用性の向上

6.1.2 vSphere がサポートする様々なストレージアーキテクチャ

vSphere は様々なストレージタイプと接続方式をサポートしており、本章では vSphere のクラスタ機能をサポートする主要な方式を詳細に解説します。まず、本項ではデータストアとしてサポートされる方式と、接続プロトコルに関して説明します。

■ vSphere クラスタがサポートするデータストアの方式

vSphere 8.0 Update 3 時点で多く利用されるデータストアの方式としていくつかの区分があります (図 6.4)。

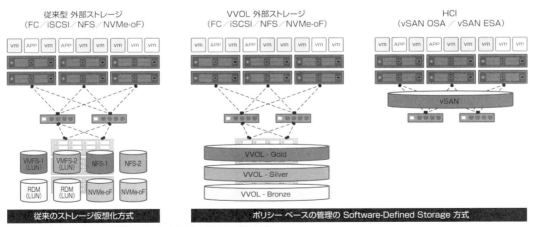

図 6.4 vSphere クラスタがサポートするデータストアの方式

6.1　vSphere におけるストレージ

■ 従来型の外部ストレージ

　従来型の外部ストレージは、利用するストレージモデルに合わせて多くの接続方式をデータストアでサポートします。外部ストレージ方式は [ホスト] - [ストレージネットワーク] - [ストレージアレイ] の 3 層で構成されることから「3Tier ストレージ」構成とも呼ばれます。

　ファイバチャネル（FC）や iSCSI で接続する方式はブロックアクセス（ブロックストレージ）とも呼ばれ、外部ストレージの論理ユニット（LUN）を仮想マシンの実行に最適化された vSphere 専用の「VMFS（Virtual Machine File System）」と呼ばれるクラスタファイルシステムでフォーマットして利用します。

　ブロックアクセスでは LUN を VMFS でフォーマットせずに物理 LUN としてそのまま仮想マシンにアタッチする RDM（Raw Device Mapping）の利用もサポートされます。また、vSphere 7.0 以降では FC（Fibre Channel）や iSCSI（Internet Small Computer System Interface）など従来から利用される SCSI ベースのプロトコルの他、NVMe ストレージとの NVMe over RoCEv2 接続、および NVMe over TCP 接続がサポートされました。

　ファイルアクセス方式では外部ストレージが提供するファイルシステムを NFS で接続してデータストアとして利用します。vSphere 8.0 Update 3 時点では NFS v3 と NFS v4.1 をサポートします。

　NFS 接続は従来から単一の VMkernel ポートからの接続をサポートしていましたが、vSphere 8.0 以降では複数の VMkernel ポートと物理 NIC をポートバインディングした接続、および NFS nConnect のサポートなど接続方式に大きな更新が行われました。

■ VVOL（Virtual Volume）外部ストレージ

　VVOL 外部ストレージは外部ストレージと vCenter Server が連動してストレージポリシーベース管理（SPBM）によって仮想マシンのアプリケーションの要求に合わせてストレージに仮想ディスクを配置します。従来型外部ストレージでは物理ストレージ上の LUN（VMFS）やファイルシステムをデータストアとして扱うため、仮想マシンのデータはデータストアを指定して配置する必要があります。

　VVOL ではあらかじめ外部ストレージ側のストレージプールと vCenter Server で設定したストレージポリシーを関連付けておくことで、仮想マシンにストレージポリシーを割り当てると対象のデータは自動的に指定した VVOL 領域に配置されます。

　VVOL 外部ストレージとの接続は従来型外部ストレージと同様に FC、iSCSI、NFS、NVMe-oF など様々な方式をサポートします。

■ vSAN

　vSAN は VMware ESXi に組み込まれた Software-Defined Storage（SDS）で、vSphere クラスタ内の ESXi ホストに搭載された SSD、HDD などのローカルドライブを利用してクラスタで共有される論理的な単一のストレージプールを作成し共有データストアとします。VVOL と同様に vSAN はストレージポリシーベース管理による仮想マシンデータの配置を制御します。

　vSAN は共有ストレージを必要とする HA、vMotion、DRS などの各種 vSphere としての機能をサポートし、

ストレージ運用や仮想マシンの展開を簡素化します。

vSphere 8.0 以降では従来のキャッシュ層ドライブとキャパシティ層ドライブを組み合わせる方式の vSAN Original Storage Architecture（vSAN OSA）に加え、NVMe ドライブを採用した vSAN Express Storage Architecture（vSAN ESA）の2つの方式がサポートされます。vSAN については第7章で詳細を解説します。

■ その他のストレージ

その他の vSphere がサポートするストレージとして、物理サーバーに SAS／SATA 接続されたローカルドライブを VMFS で利用する場合や、vSphere IaaS control plane において Kubernetes 環境のパーシステントボリュームとして利用するクラウドネイティブストレージなどがあります。

6.2 vSphere のストレージ従来型アーキテクチャ

共有ストレージを構成するには、クラスタの ESXi ホストから共通で接続可能な物理ストレージアレイで VMFS または NFS データストアを用意しマウントするか、vSAN などの分散型のデータストアを作成します。その他にも仮想マシンに直接外部ストレージの LUN を提供する RDM などもあります。本節では仮想マシンを配置するデータストア、また仮想マシンが直接使用するために vSphere レイヤーで抽象化を行うストレージ領域について解説します。

6.2.1 共有ストレージの概要

従来型アーキテクチャ（3Tier アーキテクチャ）では物理的なストレージアレイが重要なコンポーネントとなります。ハードウェアベンダー各社が様々な構成、ストレージプロトコルに対応したストレージアレイを提供しており、vSphere としてサポートされるストレージアレイは Broadcom（VMware）Compatibility Guide にて認定済みのストレージとして公開されています。

ESXi ホストからストレージリソースを利用するためには、ESXi ホストとストレージアレイをストレージネットワークで接続し、ストレージアダプタの設定、データストアの作成（登録）が必要です（**図 6.5**）。

図 6.5　データストア利用までのフロー

6.2 vSphere のストレージ従来型アーキテクチャ

■ ストレージシステムとデバイスの構成

外部ストレージで使用されるハードウェアの種類や構成、可用性や高性能を引き出すアーキテクチャはストレージシステムごとに異なり、その構成・設定方法のベストプラクティスはハードウェアベンダーに依存します。ストレージアレイと ESXi ホストを接続するストレージネットワーク、ストレージアレイの初期設定、RAID 設定、LUN 作成、ESXi ホストへの提供などのステップがあります。

■ ストレージアダプタ・ネットワークカードの設定と有効化

ストレージアダプタ（またはネットワークカード）を利用して、ESXi ホストはストレージに接続します。ESXi で使用されるストレージアダプタのタイプは、物理デバイスとしてストレージプロトコルを処理する HBA (Host Bus Adapter) やコンバージドカードなどの物理ストレージアダプタと、汎用的なネットワークカードを用いて ESXi ホスト上でソフトウェアストレージアダプタ（イニシエータ）を有効化して使用する、ソフトウェア iSCSI アダプタやソフトウェア NVMe アダプタなどがあります。ソフトウェアストレージアダプタを利用する場合は、必要に応じて有効化します。

ESXi でサポートされる様々なストレージプロトコルにはファイバ チャネル (FC)、iSCSI、NVMe、FCoE (Fibre Channel over Ethernet)、NVMe-over-Fabric などがあります。利用するストレージプロトコルに合わせた物理ストレージアダプタ、またはソフトウェアストレージアダプタを使用してください。

■ データストアの作成

vSphere 環境において仮想マシンのファイルや、仮想マシンで利用するコンテンツ（仮想ディスク、設定ファイル、ISO イメージなど）を一元的に格納するための論理的なストレージの管理単位のことをデータストアと呼びます。データストアは、仮想マシンの作成、クローン、スナップショット、移行など、vSphere の様々な操作において重要な役割を果たします。

ブロックアクセスによるストレージの接続方式では、VMFS (Virtual Machine File System) と呼ばれる専用のファイルシステムを用いてデータストアを構成します。

ファイルアクセスで NAS (NFS 共有ストレージ) を利用する場合は、NFS (Network File System) 接続でマウントした領域をデータストアとして利用します。ファイルアクセスの場合は VMFS ではなく、各ストレージアレイが提供する NFS ファイルシステムを直接利用します。

外部ストレージを利用する場合、vSphere Client から操作可能なのはあくまでもマウントしたデータストアの管理のみです。外部ストレージ側で操作が必要な LUN や NFS ファイルシステムの作成や拡張などを行うためには、外部ストレージの管理インターフェイスを利用するか、vCenter、vSphere Client と連動する物理ストレージの機能を利用します。また、外部ストレージ自体のファームウェアのバージョンアップなどのメンテナンスは、外部ストレージ側の管理ツールで実施します。

CHAPTER 6 ストレージの仮想化

6.2.2 VMFS

VMFS とは、仮想マシン格納のために最適化された、VMware が開発したクラスタファイルシステムです。主に仮想マシン構成ファイル、仮想ディスクファイル、スナップショットファイルなどの格納先として利用されます。一般的に VMFS データストアで使用されるストレージプロトコルには FC や iSCSI が使用されます。NVMe を使用する構成については後述の「6.9　NVMe プロトコルによるストレージ接続」を参照してください。

VMFS はクラスタファイルシステムであるため、複数の ESXi ホストから同一の VMFS データストアへの同時アクセスが可能です。これにより、ESXi ホスト間で仮想マシンを移動させる vMotion や、ESXi ホスト障害時に自動的に仮想マシンを異なる ESXi ホストで起動させる vSphere HA など vSphere のクラスタ機能を使用できます。vSphere 8.0 では VMFS 5 と VMFS 6 をサポートしています。

■ VMFS のバージョン比較

表 6.1 では違いのみを抜粋して記載しています。vSphere 8.0 以降の環境では、以前から利用されていた VMFS 5 データストアを継続利用する場合を除き、以前のバージョンである VMFS 5 を新規に利用するメリットはなく、VMFS 6 の利用が推奨されます。

表6.1　VMFS 5 と VMFS 6 の機能の違い

機能	VMFS 5	VMFS 6
バージョン 6.0 以前の ESXi ホストへの提供	はい	いいえ
ホストあたりのデータストア	512 個	512 個
512n ストレージ デバイス	はい	はい（デフォルト）
512e ストレージ デバイス	はい ローカル 512e デバイスは非サポート	はい（デフォルト）
4Kn ストレージ デバイス	いいえ	はい
容量の自動再利用	いいえ	はい
ESXCLI コマンドを使用した手動による容量の再利用	はい	はい
ゲスト OS からの容量の再利用	制限あり	はい
MBR ストレージ デバイスのパーティショニング	はい VMFS 3 からアップグレードした VMFS 5 データストアが対象	いいえ
デフォルトのスナップショット	2TB 未満の仮想ディスクの場合：VMFSsparse 2TB 以上の仮想ディスクの場合：SEsparse	SEsparse

VMFS 6 を利用する ESXi ホストは、別のデータストアに移行された、または削除された仮想マシンによって使用されていたスペースを再利用できることをストレージアレイに通知します。これによりシンプロビジョニングで構成された LUN は空き領域を解放し、再利用可能にします。VMFS 6 データストアでは自動 UNMAP の機能がバックグラウンドで実行されます。また、VMFS 6 はゲスト OS 内からの削除したスペースの再利用の要求をサポートしており、対応したゲスト OS 内からの UNMAP で VMDK のサイズ縮小が可能です。

6.2 vSphere のストレージ従来型アーキテクチャ

■ 使用されるストレージプロトコルの代表例：FC と iSCSI

VMFS データストアで使用されることが多いストレージプロトコル、FC と iSCSI の概要を説明します。

- FC（Fibre Channel）
  FC 構成では ESXi ホストに搭載されたファイバ チャネル ホストバスアダプタ(FC HBA)を使用して、SAN ファブリック(FC スイッチおよびストレージアレイ)に接続します（図 6.6）。

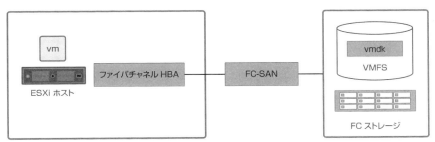

図 6.6 FC 接続のストレージ構成

- iSCSI（Internet Small Computer System Interface）
  iSCSI 構成では、TCP/IP プロトコルに SCSI ストレージトラフィックをパッケージ化することにより、FC のような専用ネットワークではなく、標準的な TCP/IP ネットワークを介してストレージ通信を行います（図 6.7）。ホストは、ストレージアレイで作成された LUN をターゲットとして利用するイニシエータの機能を持ちます。ESXi ホストは物理的なアダプタを使用するハードウェアイニシエータと VMkernel 機能のソフトウェアイニシエータによる接続方法をサポートします。

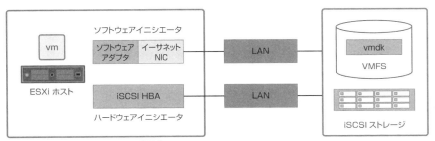

図 6.7 iSCSI 接続のストレージ構成

■ データストアの管理

VMFS データストアの作成、変更作業などの管理は vSphere Client から実行します。データストアの作成、使用状況の確認、名前変更、アンマウント、削除、またデータストアの拡張、重複するデータストアの管理、診断情報の収集などを行えます。

ストレージベンダーが提供するプラグインを利用することで、vSphere Client の UI から LUN や VMFS フォーマット、NFS ファイルシステムの作成、データストアとしてのマウントなど一連の操作を自動化できるツールもあります。詳細は外部ストレージのドキュメントなどを確認してください。

6.2.3 RDM（Raw Device Mapping）

RDM とは、ゲスト OS から直接ストレージデバイスの LUN にアクセスするための機能で、その実体は使用する物理ストレージデバイスへのプロキシとして機能する VMFS ボリューム内のマッピングファイルです。この機能を使用すると、VMFS ファイルシステムの仮想ディスクに加え、ストレージデバイスの LUN に直接アクセスできるようになります。なお、RDM ではディスクパーティション単位でのマッピングができないことに注意してください。RDM でマッピングできるのは LUN 単位のみです。

RDM には「物理互換モード」と「仮想互換モード」という 2 つの動作モードが用意されており、用途に合わせて使い分けます（表 6.2）。

表 6.2 RDM 互換モードの違い

RDM モード	特徴
RDM 物理互換モード	ゲスト OS やアプリケーションが発行する（REPORT LUN コマンド以外の）SCSI 命令を、物理ストレージにそのまま渡すモードです。物理環境と互換性があります。 仮想マシンでストレージ製品に特化したアプリケーションやクラスタソフトウェアを使用する場合に便利ですが、仮想マシンのスナップショットは使用できなくなるので注意が必要です。 Raw デバイスマッピングサイズ（物理互換モード）の上限：64TB
RDM 仮想互換モード	ゲスト OS やアプリケーションの発行する SCSI 命令のうち、一部の SCSI 命令を VMkernel がトラップすることにより、vSphere のほぼすべての機能（スナップショットやクローンの作成など）を使用できるモードです。 同一 ESXi ホスト、または異なる ESXi ホスト間の仮想マシンによる Windows Server Failover Cluster（WSFC）などのフェイルオーバー・クラスタリング・インスタンス（FCI 構成）の展開が可能です。 Raw デバイスマッピングサイズ（仮想互換モード）の上限：62TB

機能や利便性を考えると、仮想ディスクの格納先としてほとんどの場合は VMFS データストアや vSAN データストアの方が優れていますが、下記のような要件がある場合は RDM の使用を検討します。

- 物理環境で使用していたファイルシステムを仮想化環境に移行し、そのまま利用したい場合。RDM を使えばデータウェアハウスなどの大規模なディスク領域を、仮想ディスクに移行することなく仮想化環境で使用できる
- ストレージシステムが提供するスナップショットや LUN ミラーリング・バックアップ機能やストレージ管理アプリケーションなどを利用したい場合。また、物理互換モードの RDM では、LUN との接続を通して SCSI 命令をストレージに発行し、ストレージシステム固有の機能を使用できる

6.2 vSphere のストレージ従来型アーキテクチャ

- ゲスト OS 上で動作する WSFC などの FCI（Failover Clustering Infrastructure）構成を使用し、物理マシンと仮想マシン間（物理互換モードのみ）、または異なる ESXi ホスト上で動作する仮想マシン間（物理互換または仮想互換モード）でクラスタを構成する場合[1]

6.2.4 NFS

ESXi に組み込まれた NFS クライアントは、TCP/IP 接続で NFS（Network File System）プロトコルを使用して、NAS サーバー上に存在する指定された NFS ボリュームにアクセスします。ESXi ホストは、そのボリュームをマウントし、データストアとして使用できます。

■ NFS バージョンによる機能の差異

ESXi では、NFS のバージョン 3 および 4.1 をサポートします。NFS v3 と v4.1 ではサポートされる機能に差があるため、導入時に必要な機能を基にどちらのバージョンで使用するか検討します（**表 6.3**）。

表 6.3　NFS でサポートされる機能

特性	NFS バージョン 3	NFS バージョン 4.1
セキュリティメカニズム	AUTH_SYS	AUTH_SYS および Kerberos（krb5 および krb5i）
Kerberos による暗号化アルゴリズム	該当なし	AES256-CTS-HMAC-SHA1-96 および AES128-CTS-HMAC-SHA1-96
マルチパス機能	サポート対象外	セッショントランクを使用してサポート
ロックメカニズム	専用のクライアント側ロック	サーバー側ロック
ハードウェアアクセラレーション	はい	はい
シック仮想ディスク（Thick Provisioning）	はい	はい
IPv6	はい	AUTH_SYS および Kerberos 向けサポート
仮想マシンに CD-ROM として表示される ISO イメージ	はい	はい
仮想マシンのスナップショット	はい	はい
仮想ディスクが 2TB を超える仮想マシン	はい	はい

また、vSphere の機能についても NFS バージョンによるサポートの可否があるため、注意が必要です（**表 6.4**）。

【1】 vSAN 6.7 以降、および vSphere 7.0 以降では VMDK を複数の仮想マシンから共有する「クラスタ VMDK」がサポートされたことにより、仮想マシン間での FCI 構成における RDM は必須ではなくなりました。

157

CHAPTER 6 ストレージの仮想化

表 6.4　NFS でサポートされる主要な vSphere 機能

vSphere 機能	NFS バージョン 3	NFS バージョン 4.1
vMotion および Storage vMotion	はい	はい
High Availability（HA）	はい	はい
Fault Tolerance（FT）	はい	はい
DRS（Distributed Resource Scheduler）	はい	はい
ホストプロファイル	はい	はい
Storage DRS	はい	いいえ
Storage I/O Control	はい	いいえ
VMware Live Site Recovery（Site Recovery Manager：SRM）	はい	SRM のアレイベースのレプリケーションおよび VVOL レプリケーションは NFS v4.1 データストアは非サポートです。NFS v4.1 データストア環境では vSphere Replication と組み合わせて SRM を構成します
Virtual Volumes	はい	はい
vSphere Replication	はい	はい
VMware Aria Operations	はい	はい

　NFS v4.1 データストアを利用する vSphere 6.5 以前の ESXi をアップグレードすると、以前は利用できなかった機能も自動でサポートされます。対象となる機能には VVOL、ハードウェアアクセラレーションなどがあります。

　ESXi では NFS v3 から v4.1 への自動データストア変換はサポートされません。NFS v3 データストアから NFS v4.1 データストアに切り替えるには、新規に作成した NFS v4.1 データストアに Storage vMotion で仮想マシンを移行する、または登録されている仮想マシンを vSphere Client のインベントから解除した後、NFS v3 データストアをアンマウントし、NFS v4.1 データストアとして再マウント、仮想マシンを登録する必要があります。また、1 つの NFS データストアを同時に両方のバージョンの NFS プロトコルを使用してマウントすることはサポートされません。

■ NFS ポートバインディング

　vSphere 8.0 Update 1 で NFS v3 のトラフィックを特定の VMkernel ポート（vmknic）へのバインドがサポートされ、vSphere 8.0 Update 3 では NFS v4.1 のサポートが追加されました（図 6.8）。この機能により、NFS トラフィックを専用のサブネット、VLAN 経由で転送し、NFS トラフィックが管理ネットワークなど他の vmknic を使用しないようにすることで、セキュリティが向上します。

6.2 vSphere のストレージ従来型アーキテクチャ

図 6.8　NFS ポートバインド

■ NFS nConnect

vSphere 8.0 Update 1 で NFS v3 での nConnect を利用した複数の接続がサポートされ、vSphere 8.0 Update 3 では NFS v4.1 での nConnect がサポートされました。nConnect を利用することで NFS データストアに対して追加の接続が構成され、NFS データストアのパフォーマンスを向上できます。nConnect を利用した NFS データストアあたりの接続の最大数は、デフォルトでは 4 が上限に設定されていますが、NFS の詳細設定オプションを使用して 8 まで設定できます。NFS v4.1 で NFS マルチパスを構成している場合も nConnect を同時に利用できます。

vSphere 8.0 Update 3 時点で ESXi がサポートする NFS データストアのマウント数は最大 256 ですが、nConnect により複数の接続が有効化されると、その分マウント可能な NFS データストアの上限数が減少します。ESXi ホストにマウントされたすべての NFS データストア間における接続の総数が 256 を超えないようにします。

NFS nConnect の設定は ESXCLI コマンドを利用して設定します。詳細は公式ドキュメント、および KB を参照してください。

- 公式 Docs：NFS Datastore Concepts and Operations in vSphere Environment
  https://techdocs.broadcom.com/us/en/vmware-cis/vsphere/vsphere/8-0/vsphere-storage-8-0/working-with-datastores-in-vsphere-storage-environment/nfs-datastore-concepts-and-operations-in-vsphere-environment.html

- KB：Support for nConnect feature added in ESXi NFS client (313464)
  https://knowledge.broadcom.com/external/article/313464/

- KB：NFSv3 datastore mount failure with Limit exceeded error (313388)
  https://knowledge.broadcom.com/external/article/313388/

6.3 Software-Defined Storage

vSphere における Software-Defined Storage の考え方の中心となるのが仮想マシンの「ストレージポリシーベース管理（SPBM）」です。仮想マシンが必要なストレージ、可用性、容量、性能、スナップショットやレプリケーションをポリシーで定義しリソースを割り当てます。仮想マシンは仮想マシン、ストレージはストレージという従来の手法から、ストレージを意識せずに仮想マシン視点のストレージの構成、設定、管理を行えます。

本節では外部ストレージを活用した vSphere Virtual Volumes（VVOL）について解説し、vSAN については第 7 章で詳細を解説します。

6.3.1 ストレージポリシーベースの管理

vSphere では、仮想マシンのアプリケーションの要求に合わせたストレージ配置を決定する上で、広範なデータサービスおよびストレージソリューション間で単一に統合されたコントロールパネル・ストレージポリシーフレームワークを提供する「ストレージポリシーベース管理（SPBM）」を活用できます。

SPBM は、vSAN、Virtual Volumes（VVOL）、IO フィルタ、またはその他の従来型ストレージによって提供されるストレージサービスを抽象化します（図 6.9）。

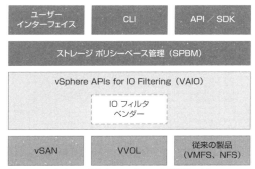

図 6.9 ストレージポリシーベースの管理レイヤー

6.3.2 デフォルトストレージポリシー

vSphere 環境のデータストア上に仮想マシンを展開する時に、明示的な SPBM の割り当てを行わない場合、システムはデフォルトのストレージポリシーを使用します。ESXi が提供する汎用デフォルトストレージポリシーは、全てのデータストアに適用されます。

ESXi は、vSAN または VVOL のようなオブジェクトベースのデータストアに対して、それぞれのデフォルトストレージポリシー提供し、これらのポリシーによりポリシーに準拠した仮想マシンオブジェクトがストレージ

上に適切に配置されます。ユーザーがvSANまたはVVOLと互換性のある仮想マシンストレージポリシーを新規に作成し、それぞれのデータストアのデフォルトポリシーとして指定することも可能です。

VMFSやNFSのデータストアには特定のデフォルトポリシーはなく、汎用デフォルトポリシーか、データストアに関連付けたカスタムポリシーを使用します（図6.10）。

図6.10　ポリシーおよびプロファイルの管理画面と仮想マシンストレージポリシー

6.3.3　仮想マシンストレージポリシー

仮想マシンストレージポリシーは複数のルールを組み合わせたルールセットで構成されます。ルールはデータストアが提供するデータサービスや機能、性能に関する設定が定義されます。例えば、仮想マシンや仮想ディスクに対するIOPS制限や、暗号化の有無、可用性のレベル等に関する定義を指定します（図6.11）。

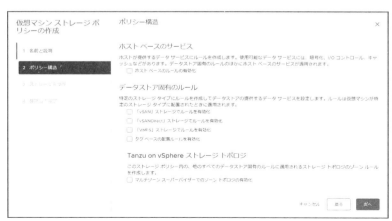

図6.11　ポリシー構造の選択

CHAPTER 6 ストレージの仮想化

　ルールセットはホストベースのサービス用ルールと、データストア固有のルールのいずれかにカテゴライズされます（**表6.5**）。

表6.5　仮想マシンストレージポリシーの定義

ポリシールール	特徴
ホストベース	ホストによって提供されるデータ サービスがルールセットとして定義されます。仮想マシン暗号化の有効化、Storage I/O Control の設定などを定義できます。ホストベースのルールでは、データストア固有とは異なり配置ルールは定義されません
データストア固有「vSAN」ストレージ	vSAN を利用している場合の vSAN データストアに仮想マシンを格納する際のストレージ要件をルールセットとして定義します。仮想マシンもしくは仮想ハードディスク単位で、サイト間の耐障害性、RAID レベルなどオブジェクトの可用性、各種 vSAN データサービスの利用可否[2]、IOPS の制限などを定義可能です
データストア固有「vSAN Direct」ストレージ	vSAN の機能であるvSAN Data Persistence platformで vSAN Directを利用する際のルールセットを定義します。クラウドネイティブストレージなど、ステートフルなデータサービスが実行されるネームスペースにおいて使用されるストレージポリシーを定義します
データストア固有「VMFS」ストレージ	VMFS データストアに仮想マシンを格納する際のボリュームの割り当て方式を以下の 3 種類からルールセットとして定義します ● 可能な場合は容量を節約（シンプロビジョニング） ● 完全に初期化されました（シックプロビジョニング Eager Zeroed 全領域にゼロ書き込み） ● 容量の予約（シックプロビジョニング Lazy Zeroed）
データストア固有タグベースの配置	データストアにセットされたタグ情報を参照して、仮想マシンの配置を制御できます。例えば、性能の異なるデータストアを Gold、Silver、Bronze のようにレベル分けし、データストアごとの性能をイメージしやすい名前のタグをセットしておくことで、タグに紐付いた性能のデータストアに仮想マシンを格納できます

　仮想マシンの作成やクローン、移行の際に事前に作成した仮想マシンストレージポリシーを適用することで、適合するデータストア内に仮想マシンを自動で配置し、要求されたデータサービスを有効化します。さらにはコンプライアンスの監視を用いて、仮想マシンが適用されたストレージポリシーの要件を満たしているかを常時、確認することも可能です。

6.3.4　仮想マシンストレージポリシーの管理

■ 仮想マシンストレージポリシーの作成

　vSphere Client から [ポリシーおよびプロファイル] を開き、[ポリシーおよびプロファイル] の一覧から [仮想マシンストレージポリシー] を選択し（**図6.10** 参照）、「作成」ボタンをクリックします。

● 名前と説明：ポリシーの「名前」と「説明」に任意の値を入力します。ポリシーの「名前」、および「説明」に設定したテキストは、仮想マシンの作成やデータストア間の移行など日々の運用の中で適切な仮想マシンの配置を決定する重要な要素になります。データストアの種別や設定されるポリシーを分かりやすいテキスト

【2】　重複排除や圧縮、暗号化などの vSAN データサービス は vSAN データストア単位で有効／無効を設定するため、仮想マシン単位での有効／無効の切り替えはできません。vSAN に関するストレージポリシーの詳細は第 7 章で詳細を解説します。

で表現することが推奨されます
- ポリシー構造:「6.3.3 仮想マシンのストレージポリシー」で解説した対象ポリシーの項目を選択し、必要なルールを入力します(図 6.11 参照)
- ポリシー種別に応じた個々のルールを設定:ルール間は相互参照され、条件を満たさない場合は赤字で警告が示されます。以下の例では vSAN 向けのルールを選択しています(図 6.12)

図 6.12 ポリシーのルール設定

- ストレージ互換性:作成したルールセットに互換性のあるデータストアが正しく表示されていることを確認します(図 6.13)。ここでの「互換性あり」は指定したルールを満たすデータストアがフィルタされて表示されており、実際に仮想マシンにポリシーを適用する際にも同様に対象のデータストアを絞り込めます

図 6.13 ポリシーのストレージ互換性の確認

CHAPTER 6　ストレージの仮想化

- 最後に完了をクリックすると仮想マシンストレージポリシーが作成されます

■ 仮想マシン作成時のストレージポリシーの適用

仮想マシンにストレージポリシーを適用する際は、新規仮想マシンの作成時や、Storage vMotion でのデータストア移行時に適用します。

仮想マシン作成や移行ウィザードの「ストレージの選択」画面において、作成済みの任意のポリシーを選択すると、準拠するデータストアが一覧に表示されます。一覧からデータストアを選択し、「互換性」の欄で互換性チェックが成功することを確認します（図 6.14）。

図 6.14　仮想マシン作成時のストレージポリシーの適用

その他の必要項目を入力し、完了をクリックすると該当のストレージポリシーに準拠した仮想マシンが作成、または Storage vMotion 後にポリシーに準拠したデータストアに配置されます。

■ 仮想マシンストレージポリシーコンプライアンスの確認

仮想マシンがストレージポリシーに準拠しているかどうかは vSphere Client のサマリ画面から確認できます。vSphere Client にて仮想マシンストレージコンプライアンスを確認したい仮想マシンを選択します。[サマリ] タブにて、[ストレージポリシー] の項目を確認し、「仮想マシンストレージポリシーのコンプライアンス」が「準拠」になっていることを確認します（図 6.15）。

6.3 Software-Defined Storage

図6.15 仮想マシンストレージポリシーコンプライアンスの確認

■ 仮想マシンストレージポリシーの変更

vSphere Clientにて仮想マシンストレージポリシーを変更したい仮想マシンを選択します。[アクション]メニューを開くか、仮想マシンを右クリックし、[仮想マシンポリシー] > [仮想マシンストレージポリシーの編集]をクリックします（図6.16）。

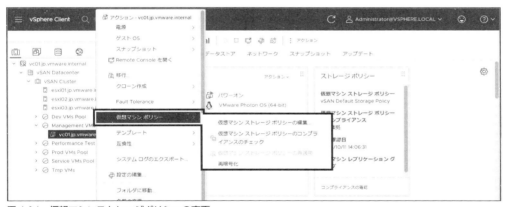

図6.16 仮想マシンストレージポリシーの変更

「仮想マシンストレージポリシー」の項目で、変更したいストレージポリシーを選択し、「OK」をクリックすると、指定したポリシーの内容に沿って、ストレージの配置やストレージサービスが変更されます（図6.17）。

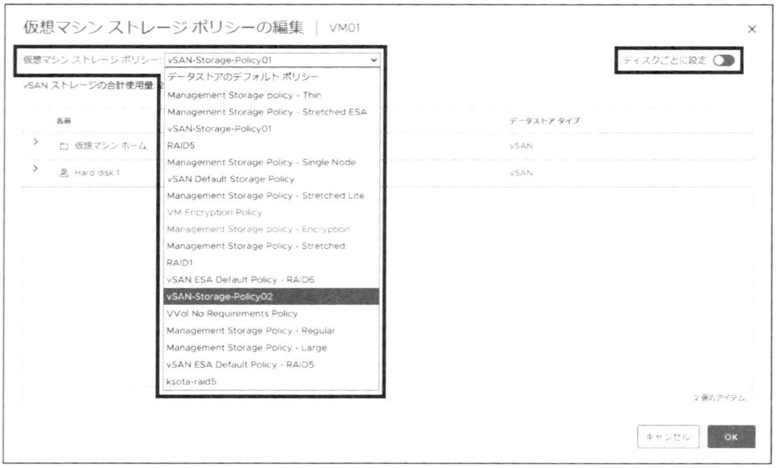

図 6.17　仮想マシンストレージポリシーの変更

　上記の手順では、仮想マシンが持つ仮想ハードディスク全てのポリシーが変更されますが、仮想ハードディスク単体で変更したい場合には、「ディスクごとに設定」のチェックボックスを有効化し、対象の仮想ハードディスクごとに「仮想マシンストレージポリシー」に任意のポリシーを選択します。

　なお、ストレージポリシーを変更することで vSAN などの RAID 構成が変更された場合や異なる VVOL が指定された場合は、ポリシーの適用後、設定したストレージポリシーに準拠するよう仮想マシンデータの再配置、再構成が行われます。再配置、再構成時はバックエンドのストレージトラフィックが発生するため注意が必要です。

6.4　vSphere Virtual Volumes（VVOL）

　VVOL はストレージポリシーベース管理と従来型の外部ストレージを組み合わせることで、仮想マシンを中心としたストレージ管理を実現するストレージ機能です。VVOL はストレージポリシーにより仮想マシンごとに必要なストレージ、可用性、容量、性能、QoS、スナップショットやレプリケーションを定義し、ストレージコンテナから切り出したリソースを外部ストレージのストレージプール（ストレージコンテナ）へ直接的に仮想マシンのオブジェクトを配置します。VVOL を利用することで外部ストレージの持つ機能を活用しつつ、ストレージアレイに依存しない管理が可能です。

6.4.1　VVOL の特長

　VVOL には次のような特徴があります（**図 6.18**、**表 6.6**）。

6.4 vSphere Virtual Volumes（VVOL）

- 様々なストレージプロトコル（FC、iSCSI、NFS、NVMe）をサポート
- LUN（データストア）の設計や作成は不要で、仮想マシンはオブジェクトとしてストレージアレイ上の領域（ストレージコンテナ）に格納
- ストレージポリシーベース管理による仮想マシン単位のストレージ要件の定義が可能
- ストレージベンダーのVASAプロバイダ連携によりネイティブな外部ストレージ機能を活用
- 外部ストレージに依存しない仮想マシンのストレージ運用管理を実現

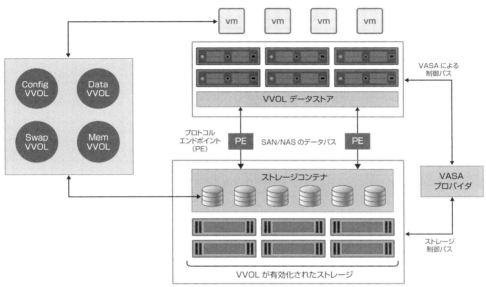

図6.18 VVOLを構成するコンポーネント

表6.6 VVOLコンポーネント

VVOL コンポーネント	説明
VASA プロバイダ	VASA プロバイダ (vSphere APIs for Storage Awareness Provider) は vSphere がストレージの認識や制御するためのストレージ側のソフトウェアコンポーネントです。ESXi と vCenter Server は、この VASA プロバイダと接続し、VVOL の作成や複製、削除に関わります。VASA プロバイダはストレージベンダーが提供するもので、その実装方法はベンダーごと、ストレージアレイごとに異なる場合があります。ただし、機種の違いを隠蔽し、API を通して同様の機能を提供するので、異なるベンダーの VVOL ストレージを利用した場合においても vSphere Client から同じような操作で仮想マシンの作成、削除などが行えます（実際のデータ I/O は VASA プロバイダを経由しません）
プロトコルエンドポイント (PE)	プロトコルエンドポイントは論理的な I/O プロキシで、ESXi ホストとストレージ間の I/O 通信のために機能します。このプロトコルエンドポイントを使用して、要求に応じて仮想マシンから VVOL オブジェクトへのデータパスを確立します。すべての I/O は、VASA プロバイダによって指示されたプロトコルエンドポイントを経由します

VVOL コンポーネント	説明
ストレージコンテナ	ストレージコンテナはストレージアレイの構成として RAW の領域やストレージ機能をプールとして定義します。vSphere の概念ではデータストアに相当します。従来型ストレージの LUN や NFS 共有とは異なり、ファイルシステムフォーマットや明確な容量の定義は不要です。ストレージコンテナの数、その容量、およびサイズは、ベンダーに固有の実装方法によって決まります。ストレージ システムごとに少なくとも 1 つのコンテナが必要です
VVOL オブジェクト	仮想マシンが作成されると仮想マシンごとに作成されるオブジェクトがストレージコンテナに格納されます。仮想マシンのファイル、仮想ディスクなどをカプセル化したものです。 •Config-VVOL：vmx、ログ、nvram、ログ ファイルなど •Data-VVOL：仮想ディスク (VMDK) •Swap-VVOL：仮想マシン起動時に作成されるスワップ •Memory-VVOL：スナップショット作成時に格納される仮想マシンメモリ

■ 外部ストレージ固有の機能が仮想マシン単位で利用可能

　従来型ストレージを活用した仮想化環境では、その外部ストレージにしかない機能を活用したいという場合も多いです。例えば、スナップショットや重複排除、暗号化などストレージアレイ固有の機能があります。

　外部ストレージの機能を最大限活用しつつ、仮想マシンを中心に機能を使用し運用管理を行える、これが VVOL です。ストレージアレイにより、サポートされる機能は異なるため、詳細は各ストレージベンダーまでお問い合わせください。VVOL 対応の VASA プロバイダの互換性については Broadcom Compatibility Guide から確認可能です。

● Broadcom Compatibility Guide：VVOL
　https://compatibilityguide.broadcom.com/search?program=vvols

6.5　ストレージマルチパス

　FC、iSCSI、FCoE などブロックアクセスを利用する場合、ESXi ホストとブロックストレージ間の冗長接続を維持するため、ESXi はマルチパスをサポートしています。マルチパスは ESXi ホストとブロックストレージ間でデータを転送する複数の物理パスの仕様を制御し、可用性と性能の向上に寄与します。

6.5.1　パスのフェイルオーバー

　ストレージアダプタ、スイッチ、ケーブル、ストレージプロセッサなど、SAN ネットワークに関する要素のいずれかで障害が起きた場合、ESXi は別の実行可能な物理パスに I/O のパスを切り替えます。このように障害の発生したコンポーネントを避けるためのパスの切り替え手順は、パスのフェイルオーバーと呼ばれます。

　マルチパスによる I/O パスのロードバランシングも重要な機能です。ロードバランシングは、複数の物理パス間で I/O 負荷を割り当てる処理です。ロードバランシングによって、潜在的なボトルネックの軽減または排除が期待できます。

パスのフェイルオーバーが発生している間に、仮想マシンのI/Oは最大で10秒から60秒遅延することがあります。この遅延時間を利用して、SANはトポロジの変更後に構成を安定させます。一般的に、I/O遅延はアクティブ／パッシブアレイでは長くなり、アクティブ／アクティブアレイでは短くなります。

マルチパスをサポートするため、ESXiホストは複数のHBAポートを用意します。一般的に、SANのマルチパスではSANファブリックに2台以上のスイッチ、およびストレージアレイ自体に2個以上のストレージプロセッサ（ストレージコントローラ）で構成されます。

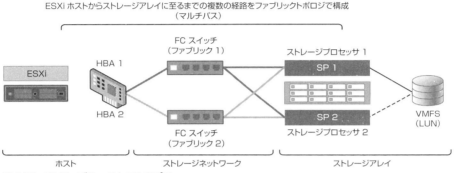

図6.19　FCファブリックとマルチパス

図6.19ではFC-SANの例を挙げていますが、基本的な考え方はiSCSIなど他のブロックアクセスの構成でも同様です。複数の物理パスで各サーバーとストレージアレイが接続され、それぞれがマルチパスで制御される場合、例えば、HBA1またはHBA1とFCスイッチ間のリンクに障害が発生したとすると、ストレージ接続はHBA2に引き継がれてI/Oは継続されます。別のHBAに引き継ぐプロセスは、HBAフェイルオーバーと呼ばれます。同様に、SP1に障害が発生するか、SP1とスイッチ間のリンクが切断した場合、SP2が引き継ぎます。SP2は、スイッチとストレージデバイスの間の接続を提供します。このプロセスはSPフェイルオーバーと呼ばれます。ESXiはHBAフェイルオーバーとSPフェイルオーバーの両方をサポートしています。

6.5.2　プラグ可能ストレージアーキテクチャ（PSA）

ESXiでは、マルチパスの管理にプラグ可能ストレージアーキテクチャ（PSA）と呼ばれるVMkernelレイヤーを使用します。PSAは、様々なストレージアレイに対応したマルチパス制御のためのフレームワークです。VMwareは、VMware NMPおよびVMware HPPと呼ばれる汎用のネイティブマルチパスモジュールを提供しています。現在多くのストレージアレイはNMP、HPPに対応して開発されています。

PSAは、サードパーティの開発者が使用できるVMkernel APIのコレクションを提供します。ハイエンドストレージなど特定のストレージアレイ用に、独自のロードバランシングおよびフェイルオーバーモジュールをストレージベンダーは開発し、提供しています。

これらサードパーティ製のマルチパスモジュール（MPP）は、ESXiホストにインストールして、VMware ネイティブマルチパスモジュールに追加して実行することも、代替として実行することもできます。同時に異なる種類のストレージアレイの接続もサポートしており、NMP または HPP と並行して複数のサードパーティ製のマルチパスモジュールを実行できます。VMware のネイティブマルチパスモジュールと、インストールされたサードパーティ製のマルチパスモジュールがともに機能するように調整するため、PSA は次のタスクを実行します。

- マルチパスプラグインをロードおよびアンロードする
- 仮想マシンの特性を特定のプラグインで非表示にする。特定の論理デバイスに対する I/O 要求を、そのデバイスを管理する MPP にルーティングする
- 論理デバイスへの I/O キューを処理する
- 仮想マシン間で論理デバイスのバンド幅共有を実現する
- 物理ストレージの HBA への I/O キューを処理する
- 物理パスの検出と削除を処理する
- 論理デバイスおよび物理パスの I/O 統計を提供する

サードパーティ製のマルチパスモジュールがインストールされると、ネイティブマルチパスモジュールに代わって動作します。マルチパスモジュールは、特定のストレージデバイスに対するパスフェイルオーバーおよびロードバランシング処理を制御します。

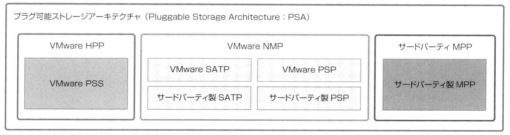

図 6.20　プラグ可能ストレージアーキテクチャ

表 6.7　マルチパスの概念と略語

マルチパスの概念	略語	定義
プラグ可能ストレージアーキテクチャ (Pluggable Storage Architecture)	PSA	PSA は複数のストレージパスを管理するためのフレームワーク。VMware 純正のパス管理モジュール（NMP、HPP）だけでなく、サードパーティ製のモジュールも使用可能
ネイティブマルチパスプラグイン (Native Multipathing Plug-In)	NMP	NMP は VMware ストレージ互換性（VCG・HCL）に掲載されるストレージをサポートし、アレイタイプに基づいてデフォルトのパス選択アルゴリズムを提供

マルチパスの概念	略語	定義
パス選択プラグイン (Path Selection Plug-In)	PSP	PSP は NMP のサブモジュールで、SCSI I/O 要求を送信する物理パスを選択するためのモジュール
ストレージアレイタイププラグイン (Storage Array Type Plug-In)	SATP	SATP は NMP のサブモジュールで、ストレージアレイの種類を識別し、適切なパスフェイルオーバー処理を行うためのモジュール
マルチパスプラグイン：サードパーティ (Multi Pathing Plug-In)	MPP	ストレージベンダーのサードパーティマルチパスプラグイン (MPP) モジュールをサポートし、ESXi に MPP をインストールし利用する。MPP は特定のストレージアレイに対して特定のロードバランシングおよびフェイルオーバー機能を提供する
高パフォーマンスプラグイン (High-Performance Plug-in)	HPP	vSphere 7.0 Update 2 で導入された高性能な MPP である HPP は NVMe over Fabrics などの高速ストレージプロトコルに最適化されており、低レイテンシと高スループットを実現する。NVMe-oF のターゲットを要求するデフォルトのプラグイン
パス選択スキーム (Path Selection Scheme)	PSS	NMP で使用される PSP に対して HPP では NVMe-oF のマルチパスでパス選択スキーム (PSS) を使用して最適なパスを選択する

6.5.3 パス管理ポリシー

NMP は、デバイスタイプに基づいて各論理デバイスのデフォルトの PSP を割り当てます。使用するストレージのアレイタイプなどによって、次の 3 種類のパス管理ポリシーのいずれかを適用します。

- MRU（最近の使用）ポリシー（VMW_PSP_MRU）
- Fixed（固定）ポリシー（VMW_PSP_FIXED）
- ラウンドロビン（RR）ポリシー（VMW_PSP_RR）

これらのポリシーは、優先パスの選択およびパスフェイルオーバーの動作に違いがあります（**表 6.8**）。

表 6.8　各パス管理ポリシーにおける動作比較

パス管理ポリシー	説明
MRU：最近の使用 (Most Recently Used)	MRU ポリシーでは、システム起動時に検出した最初のパスが作業パスとして選択されます。利用中のパスが使用できなくなると、ESXi ホストが作業パスを別のパスに切り替え、このパスを可能な限り使い続けます。 使用できなくなっていたパスが復旧した場合でも、ESXi がパスを元のパスに戻す（フェイルバックする）ことはなく、なんらかの理由で障害が発生するまで、現在使用中のパスを使います。アクティブ／パッシブタイプのアレイには、デフォルトでこのポリシーが適用されます。なお、MRU では、優先パスが表示されても適用されず、無視されることがあります
Fixed：固定	Fixed ポリシーでは、LUN へのアクセスへは基本的に指定した優先パスが使用されます。優先パスが使用できない場合、ESXi ホストは別の使用可能なパスが選択されますが、指定された優先パスが再び使用可能になると、自動的にパスをフェイルバックします。アクティブ／アクティブタイプのアレイには、デフォルトでこのポリシーが適用されます

パス管理ポリシー	説明
RR：ラウンドロビン (Round Robin)	ラウンドロビンポリシーでは、自動パス選択を使用して、使用可能なすべてのパスに順次切り替え、複数のパス間での負荷分散を可能とする仕組みです。上述の MRU ポリシーと Fixed ポリシーよりも、柔軟かつ効率的なパス管理が行えます。アクティブ / アクティブストレージとアクティブ／パッシブストレージの両方で使用できますが、次の点で動作が異なります。 ● アクティブ／パッシブストレージの場合──アクティブコントローラへのパスのみが使用される ● アクティブ／アクティブストレージの場合──すべてのパスが使用される ラウンドロビンポリシーのオプションは、コマンドラインから変更可能です。オプションには、例として次のようなものがあります。 ● PSP が次のパスに切り替える前に、1 つのパスで送信されるバイト数 ● PSP が次のパスに切り替える前に、1 つのパスで送信される I/O 処理数

3 種類のパス管理ポリシーを設定の観点で表にまとめます（**表 6.9**）。

表 6.9　各パス管理ポリシーの特徴整理

パス管理ポリシー	優先パス	ロードバランス	フェイルバック	その他
MRU：最近の使用 (Most Recently Used)	指定不可	なし	なし	起動時に最初に検出したパスのみ使用し、パスフェイルオーバー後はフェイルバックされない
Fixed：固定	指定可能	LUN ごとの優先パスを個別に設定すれば可能	あり	
RR：ラウンドロビン (Round Robin)	ラウンドロビン方式で決定	アクティブパス間で自動でロードバランスする	なし （常に変更）	現在は多くのストレージで推奨されるポリシー ※ ストレージベンダーで認定されている場合のみ利用可能

　ストレージ接続、およびマルチパスの設計の推奨は後述の「6.10　vSphere ストレージ設計のベストプラクティス」で詳細を解説します。

- KB：Difference between Physical compatibility RDMs and Virtual compatibility RDMs（323064）
  https://knowledge.broadcom.com/external/article/323064/

- 公式 Docs：Understanding Multipathing and Failover in the ESXi Environment
  https://techdocs.broadcom.com/us/en/vmware-cis/vsphere/vsphere/8-0/vsphere-storage-8-0/understanding-multipathing-and-failover-in-the-esxi-environment.html

6.6 ファイバチャネル（FC）ストレージとの接続

6.6 ファイバチャネル（FC）ストレージとの接続

ファイバチャネル（FC）接続を利用するFC-SANは、ロスレス伝送を保証するように設計され、低遅延で高い帯域幅をストレージ専用に利用できることから、ミッションクリティカルなシステムとそのデータを格納するストレージとの接続に利用されてきました。

近年は25Gbps、50Gbps、100Gbpsなど高帯域なロスレスイーサネットの普及や、vSANのようなHCI型のストレージ、NVMe-oFなどの次世代ストレージが登場し、FC-SAN以外のストレージもミッションクリティカルなシステムに採用される例が増えています。しかし、その信頼性と実績で現在も多くのvSphereシステムでFC-SANは採用されています。FC-SANの設定はvSphereそのものの設定ではありませんが、ここでは信頼性の高いFC-SANを安全に利用するための考慮点を解説します。

6.6.1 FC-SAN ゾーニング

FC-SANゾーニングとは、ファイバチャネルスイッチ内で特定のデバイス間の通信を許可または制限するためのアクセス制御の仕組みです。ゾーニングを適切に設定することで、特定のサーバー（HBA）とFCスイッチ、ストレージプロセッサのポートのFC接続を確立し、限られた範囲内のみでのアクセス、通信を許可します。具体的には、ゾーニングによって以下の効果が期待できます。

- セキュリティの向上
  特定のサーバーからのみストレージへのアクセスを許可することで、不正アクセスや誤操作によるデータ漏洩のリスクを低減します。
- パフォーマンスの向上
  不要なトラフィックを遮断することで、SANの負荷を軽減し、パフォーマンスを向上させます。
- 障害の影響範囲の限定
  ゾーニングによってSANを分割することで、障害発生時の影響範囲（RSCNのブロードキャスト範囲）を限定し、システム全体の可用性を向上させます。

大規模なクラスタ環境で、複数台のFCストレージなどを利用する際は、上記の観点で必要なパスのみをゾーニングで区切ることを検討します。

ファイバチャネルのゾーニングには主にWWN（World Wide Name）ゾーニングとポートゾーニングの2種類があります（**表6.10**）。

173

表6.10 ファイバチャネルゾーニング方法

ゾーニング方法	説明
WWNゾーニング	HBAやストレージプロセッサに割り当てられたWorld Wide Name（WWN）を基にアクセス制御を行う方式です。 WWNにはWWPN（World Wide Port Name）：HBA（Host Bus Adapter）のポートに固有に割り当てられるWWNと、WWNN（World Wide Node Name）：HBA自体に固有に割り当てられるWWNの2種類があるが、一般的にゾーニングにはWWPNが用いられます。 ● メリット：サーバーやストレージを物理的に異なるポートに接続先を変更した場合、ゾーニング設定を変更する必要がない ● デメリット：WWNは長い16進数の文字列で、人間にとって識別しにくいこと、HBAを交換するとWWNが変わるため、ゾーニング設定の変更が必要になる
ポートゾーニング	FCスイッチの物理ポートに基づいてアクセス制御を行う方式です。 ● メリット：FCスイッチのポート番号でゾーニングを管理できるため、分かりやすく管理しやすい特徴があり、物理サーバーのHBA故障時など、HBAを交換してもゾーニング設定を変更する必要がない ● デメリット：サーバーやストレージを物理的に異なるポートに接続する場合、ゾーニング設定を変更する必要がある

　推奨されるゾーニングは、ESXiホストのFC-HBAポートからストレージアレイのポートまでをWWPNゾーニング、ポートゾーニングのいずれかで1:1のゾーニングを設定します。

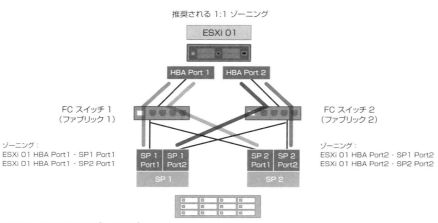

図6.21　FC-SANのゾーニング

　図6.21の例では、ESXiホストのHBAのポートごとに、ストレージプロセッサの2つのポートと1:1のゾーニングを設定し、4つのパスを構成しています。ストレージプロセッサのポート数が多い場合、全てのポートに対してESXiホストのHBAからアクセスすることもできますが、多すぎるパスはマルチパスの制御上、メリットがありません。後述の「6.10　vSphereストレージ設計とサイジングのベストプラクティス」でも解説していますが、LUNあたりのパスは通常は4パス、多くても8パスで構成します。

　1:1のゾーニング以外では、1:N、N:NのゾーニングルールをFCスイッチのコンフィグに記述することも可能です。ただし、1:N、N:Nのゾーニングの場合、デバイスの切断やポートの有効・無効など、FCスイッチに接

続されたデバイスの状態変化を通知する RSCN（Registered State Change Notification）が、変化が発生した
ゾーン内のデバイスにブロードキャストされてしまいます。

FC スイッチは RSCN を通知する際に、ファブリック内のトポロジ情報を更新するために一時的に I/O を停止
して RSCN の処理を行います。1:N や N:N ゾーニングでは、1 つのゾーンに多くのデバイスが含まれる可能性
が高いため、RSCN の影響を受けるデバイス数が増加し、パフォーマンスへの影響が大きくなる可能性があり
ます。

そのため、1:1 ゾーニングでゾーンに含まれるデバイスを最小限に抑えることで RSCN の影響を限定します。
また、1:N、N:N ゾーニングではゾーン内のアクセス制御リストが複雑になり、FC スイッチの TCAM（Ternary
Content Addressable Memory）リソースを多く消費するため注意が必要です。

1:1 ゾーニングのメリットについて解説しましたが、一方でゾーニングごとにコンフィグを記述する必要があ
り、大規模環境では管理が複雑化するデメリットがありました。最近の FC スイッチはゾーニング設定の自動
化や管理の効率化のためにスマートゾーニング（Smart Zoning）と呼ばれる機能を提供しています。大規模な
FC-SAN 環境や、頻繁に構成変更を行う環境では、FC スイッチベンダーのガイドに沿ってスマートゾーニン
グの利用を検討します。その際には、既存の SAN 環境との互換性やベンダー固有の機能などを考慮する必要
があります。

6.6.2 LUN マスキング

LUN マスキングは、ストレージアレイ側で特定のイニシエータ（ESXi ホストの HBA）から特定の LUN への
アクセスを制御する技術です。これにより、不正アクセスや誤操作によるデータ漏洩や破壊のリスクを低減でき
ます。

大規模 vSphere 環境で LUN の数も多い場合、全ての ESXi ホストに全ての LUN へのアクセスを許可した場
合に構成の上限（ESXi 8.0 時点でホストあたり 1024 VMFS データストア）に達してしまう場合がある他、本来
利用しないデータストアが vSphere Client UI 上に表示されることで管理が煩雑になるデメリットがあります。
クラスタごとに必要最小限の LUN をアクセスさせることで全体の管理性が向上します。また、LUN マスキン
グとゾーニングを併用することで、障害発生時の影響範囲を限定し、システム全体の可用性が向上します。

LUN マスキングは FC ストレージに限らず、iSCSI ストレージや NVMe ストレージでも同様です。FC スイッ
チベンダーのガイドに沿って設計を検討してください。

6.7 iSCSI ストレージとの接続

現在、ESXi がサポートする iSCSI 接続方式は、iSCSI 専用の物理ホストバスアダプタ（HBA）を利用する「独
立型ハードウェア iSCSI アダプタ構成」、標準的なネットワーク接続と iSCSI 接続用のネットワークをネット
ワークカード内で共存させる「依存型ハードウェア iSCSI アダプタ構成」、ESXi が標準的に提供する「ソフト
ウェア iSCSI アダプタ構成」、そして iSCSI ネットワークをリモートダイレクトメモリアクセス（RDMA）上で構

成する「iSCSI Extensions for RDMA（iSER）構成」など複数の接続方法があります。

しかし、10Gbps や 25Gbps など広帯域なサーバーネットワークが利用される現在、独立型や依存型のハードウェア iSCSI アダプタを利用する例は少なく、また iSER 構成に関しても対応するネットワークストレージを揃えるハードルが高いため、導入例は多くはありません。iSER 構成の基本的な iSCSI としての設定はソフトウェア iSCSI アダプタ構成と同等となります。

本項では多くの環境で使用される「ソフトウェア iSCSI アダプタ構成」を前提として解説します。

ESXi ホストと iSCSI ストレージの接続は Fibre Channel（FC）ストレージの接続と同じくブロックアクセスとなり、ストレージネットワークのパスの冗長性は「マルチパス」で制御し、仮想スイッチが提供するネットワークの冗長化（チーミング・LAG）は利用しません（図 6.22）。

一般的な構成での物理 iSCSI ストレージ接続と推奨のパス
・ESXi ホストから 2 本の冗長化された iSCSI 用の接続
・冗長化した 2 系統のストレージネットワーク
・冗長化されたストレージコントローラにそれぞれ 2 系統の IP を付与
→ 1 つの VMFS（LUN）に対して 4 つのパスをマルチパスで構成

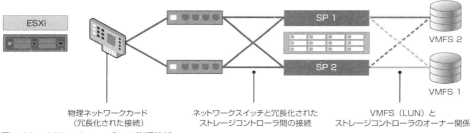

図 6.22　iSCSI ストレージとの物理接続

ESXi ホストと iSCSI ストレージの接続はシンプルで フラットな L2 ネットワークを構成し、L3 ネットワークを介さないことが性能の観点からも推奨されます。また、可能な限り 10Gbps 以上の広帯域なネットワークを iSCSI ストレージで専有し、ジャンボフレーム（MTU 9000）の使用が推奨されます。ジャンボフレームを使用することでソフトウェア iSCSI アダプタの I/O あたりの処理を減らし、VMkernel の CPU 負荷を低減できます。

6.7.1　iSCSI ポートバインディング

iSCSI ストレージはモデルによりストレージ自体に付与される iSCSI ターゲットとなる IP アドレスの構成に違いがあり、iSCSI で利用する VMkernel（vmkX）ポートと物理 NIC（vmnicX）を結びつけるポートバインディングの設定が必要な構成とそうでない構成があります。

■ iSCSI ポートバインディングが「不要」な構成

図 6.23 のように、ターゲットポートそれぞれの IP アドレスに直接接続する方式の iSCSI ストレージの場合は、FC-SAN のファブリック構成に近い 2 つの冗長化された iSCSI ネットワークが、それぞれ別の L2 ネット

6.7 iSCSI ストレージとの接続

ワークセグメントを経由してストレージとマルチパスで接続されます。この場合、iSCSI ポートバインディングは使用しません。この構成で iSCSI ポートバインディングを使用すると、ストレージとのパス数の不一致、スキャンの長時間化など不具合が起きるため iSCSI ポートバインディング設定は行わないでください。

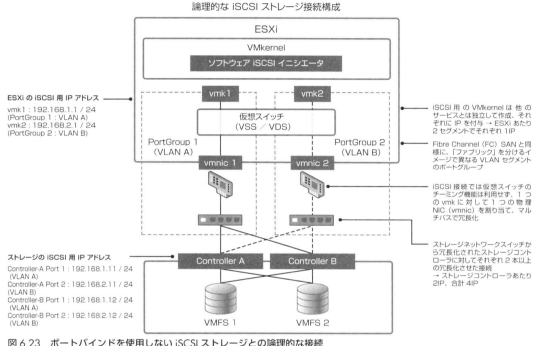

図 6.23 ポートバインドを使用しない iSCSI ストレージとの論理的な接続

■ iSCSI ポートバインディングが「必要」な構成

図 6.24 のように、iSCSI ストレージのターゲットが単一の IP アドレス[3]の場合、ESXi ホストの iSCSI 用 VMkernel ポートを同じ L2 ネットワークセグメントで構成する場合は iSCSI ポートバインディングを設定する必要があります。これは ESXi ホスト上の複数の VMkernel インターフェイスが同じネットワークサブネット内に存在する場合、ホストはこのネットワーク内の通信に使用する VMkernel インターフェイスを「1つ」のみ使用するマルチホーミングの仕様[4]が影響しています。

---

[3] iSCSI ストレージのターゲット IP アドレスが単一の場合でも、実際は各コントローラの物理ポートには同じセグメントの固有 IP アドレスを付与し、接続パスごとにターゲット IP から物理ポートの固有 IP アドレスに iSCSI のログインリダイレクトの仕組みを用いて分散接続されます。

[4] KB:Changing the default VMkernel gateway interface for a network when there are multiple VMkernel ports on the same subnet (308257)
https://knowledge.broadcom.com/external/article/308257/

CHAPTER 6　ストレージの仮想化

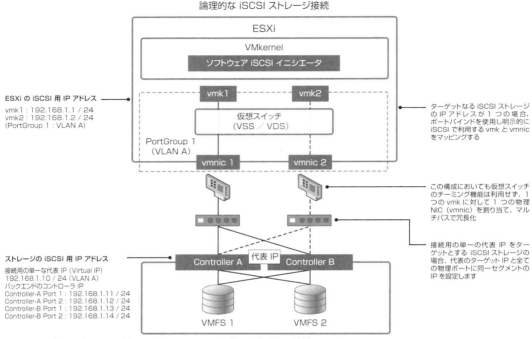

図6.24　ポートバインドを使用するiSCSIストレージとの論理的な接続

　この構成ではiSCSIポートバインディングを使用しないとストレージとのパスが正しく認識されない、またはマルチパスが正しく動作しないなどの不具合につながるため注意が必要です。

　iSCSIポートバインディングに関しては以下のKBもあわせて参照してください。

- KB：Considerations for using software iSCSI port binding in ESXi (317719)

   https://knowledge.broadcom.com/external/article/317719/

■ iSCSIネットワークの保護

　ESXiホストとiSCSIストレージを接続するIPネットワーク上の通信では転送されるデータの暗号化保護は行われません。そのためiSCSIストレージ接続上のセキュリティはユーザーが設計上で考慮する必要があります。具体的には他のネットワークから独立したネットワークセグメントをiSCSIネットワークとして確保すること、およびCHAP認証によるESXiホストとiSCSIターゲットとの接続確立時の証明書確認、ID認証を利用してセキュリティレベルを高めることが推奨されます。

6.8　VAAI（vStorage APIs for Array Integration）

仮想化技術が普及し、物理サーバーへの仮想マシン集約率の上昇とともに、仮想マシンデータがストレージに集約されたことによるストレージの負荷増大が課題になりました。複数の ESXi ホスト、仮想マシンが同時に共有ストレージにアクセスすることで、I/O の競合が発生し、仮想マシンの応答速度の低下やアプリケーションのパフォーマンス劣化につながるストレージパフォーマンスの低下などが発生しました。また、仮想マシンのクローン作成、仮想マシンデータの移行、ディスクフォーマットなどの処理がストレージやストレージネットワークに負荷をかけ、仮想マシンのプロビジョニングやメンテナンス作業のボトルネックとなりました。

従来は、これらの課題に対して、より上位のストレージモデルの採用やデータストアを細分化するといった対策が取られていましたが、コストや運用性、拡張性の面で限界がありました。　そこで、ストレージやストレージネットワークの負荷を軽減し、仮想化環境のパフォーマンスと効率を向上させる、新たな技術「ストレージ・ハードウェア・アクセラレーション」が必要とされました。

■ VAAI

VAAI（vStorage APIs for Array Integration）は、vSphere 環境でストレージアレイの機能を活用するための API です。現在 ESXi と互換性のある多くのストレージが VAAI をサポートしています。VAAI をサポートするストレージは互換性ガイド「Broadcom Compatibility Guide : Storage / SAN」から確認できます。

- Broadcom Compatibility Guide : Storage / SAN
  https://compatibilityguide.broadcom.com/search?program=san

ESXi ホストとストレージが VAAI を利用することで、ストレージに特定の処理をオフロードし、仮想マシンのパフォーマンスを向上させ、ESXi ホストの CPU 負荷を軽減できます。

VAAI ブロックストレージの主要な機能（プリミティブ）を紹介します（**表 6.11**）。

表 6.11　VAAI ブロックストレージの機能（プリミティブ）

VAAI 機能	説明
Full Copy	ストレージアレイに仮想マシンのクローン作成やテンプレートからの仮想マシン展開などのコピー処理、同一ストレージ内での Storage vMotion などのデータ移行処理をオフロードします。これにより、ESXi ホストの CPU 負荷を軽減し、コピー処理を高速化できます
Block Zeroing	ストレージアレイに仮想ディスクのゼロフィル（ゼロ初期化）処理をオフロードします。これにより、ESXi ホストの CPU 負荷を軽減し、仮想ディスクの作成の高速化、シンプロビジョニングやシックプロビジョニング（Lazy Zero）の初回書き込みを高速化します。Block Zeroing は Write Same とも呼ばれます

CHAPTER 6 ストレージの仮想化

VAAI 機能	説明
Hardware Assisted Locking	複数の ESXi ホストが同じ LUN にアクセスする場合、SCSI 予約 (SCSI Reservation) を使用してデータの整合性を保ちますが、多数の仮想マシンが動作する環境では、SCSI 予約の競合が発生しやすくなり、パフォーマンスの低下や遅延が発生しました。 Hardware Assisted Locking はストレージアレイに SCSI 予約の管理をオフロードすることで、従来の SCSI 予約のように LUN 全体をロックして排他制御するのではなく、セクター（512 バイト、アドバンスドフォーマットの LUN では 4,096 バイト）ごとの制御を行います。これにより、ESXi ホストの CPU 負荷を軽減し、同一 LUN あたりの仮想マシンの同時実行性と集約率を向上させます。 Hardware Assisted Locking は Atomic Test and Set（ATS）とも呼ばれます

　VAAI は上記の VAAI ブロックストレージの機能の他、VAAI ファイルストレージの機能も多くの NAS ストレージでサポートされ、Full Copy や Reserve Space（仮想マシンの領域予約）、UNMAP 機能が利用可能です。ESXi は VAAI を利用することで外部ストレージのパフォーマンスを劣化させることなく、仮想マシンの高集約と管理の効率性を向上させます。

6.9　NVMe プロトコルによるストレージ接続

■ NVMe over Fabric の概要

　NVMe over Fabric（NVMe-oF）とは、従来のサーバー内で利用される NVMe プロトコルをイーサネットとファイバチャネルに拡張したものです。これによりストレージとサーバー間の接続の高速化を実現し、通信を効率化します。また、NVMe は CPU への負荷が小さく、サーバー側の CPU 利用率を向上させることにも寄与します。

　NVMe-oF が登場した背景には NVMe インターフェイスを搭載した SSD の普及が挙げられます。従来の SATA や SAS インターフェイスの SSD では、フラッシュメモリの高速なアクセス性能を引き出せないことや、NVMe のプロトコル特性上 CPU へ与える負荷が小さいことから、NVMe SSD に適した高速なストレージインターフェイスが普及するようになりました。それらの通信をサーバーの中からストレージにまでつなげて End to End で NVMe 接続することを可能にしたのが NVMe-oF です。

■ vSphere での NVMe の転送方式

　vSphere では各種ドライバが提供されており、NVMe-oF の通信を可能にします。vSphere では NVMe の転送として、NVMe over PCIe、NVMe over Fibre Channel（FC）、NVMe over RoCEv2、NVMe over TCP の4つのタイプをサポートしています（**表 6.12**、**表 6.13**）。

180

6.9 NVMe プロトコルによるストレージ接続

表 6.12 vSphere でサポートしている NVMe 規格

NVMe の転送方式	ESXi のサポート対象
NVMe over PCIe	ローカル ストレージ
NVMe over RDMA	共有 NVMe-oF ストレージ
NVMe over FC	共有 NVMe-oF ストレージ
NVMe over TCP	共有 NVMe-oF ストレージ

表 6.13 vSphere がサポートする NVMe 転送方式と特徴

NVMe の転送	説明
NVMe over PCIe	NVMe over PCIe は over Fabric の通信ではなく、ホストがストレージに直接接続する転送方式です。ESXi ホストは PCIe ストレージ アダプタを使用して、1 台以上のローカルの NVMe ストレージ デバイスにアクセスします。ホストにアダプタをインストールすると、ホストは使用可能な NVMe デバイスを検出し、検出されたデバイスは vSphere Client のストレージデバイスリストに表示されます
NVMe over FC	NVMe over FC は NVMe を FC プロトコルでカプセル化し、ホストとターゲットストレージ間でのデータ転送を実現します。 NVMe over FC ストレージにアクセスするには、NVMe をサポートする FC-HBA を ESXi ホストにインストールします。アダプタの固有設定は必要なく、アダプタは適切な NVMe サブシステムに自動的に接続し、到達可能なすべての共有 NVMe ストレージ デバイスを検出します。 管理者はアダプタを再設定、コントローラの切断、またはホストの起動時に使用できなかった他のコントローラの接続操作を行えます
NVMe over RoCEv2	NVMe over RoCEv2（RDMA over Converged Ethernet version 2）はシステムのプロセッサ、キャッシュ、オペレーティングシステムに依存することなく、ネットワーク上の 2 台のシステム間でメインメモリのデータ交換を実現します。この技術は RDMA (Remote Direct Memory Access) を拡張して実装しており、NVMe over RoCEv2 のストレージにアクセスするためには、ESXi ホストはホストにインストールされている RDMA アダプタ (RDMA 対応 NIC) と、ソフトウェア NVMe over RoCEv2 ストレージアダプタを使用します。 管理者はストレージ検出のため、これらのアダプタを設定する必要があります
NVMe over TCP	NVMe over TCP は 2 つのシステム間でイーサネット接続を使用するため、既存のネットワーク構成を変えることなく、NVMe-oF を提供します。ストレージにアクセスするため、ESXi ホストは、ネットワークアダプタ (NIC) とソフトウェア NVMe over TCP ストレージ アダプタを使用します。ストレージ検出のため、これらの両方のアダプタを設定する必要があります。 ESXi でストレージを検出する方法を手動登録と自動登録の 2 種類提供します。手動登録方式はパラメータを全て入力する必要がある一方で、自動登録方式は IP アドレスとポート番号を入力するだけでストレージ検出が実行されます

■ NVMe ストレージの接続方法

ESXi ホストに NVMe ストレージを接続する手順を、NVMe over TCP の設定方法を例に解説します。ESXi は NVMe over TCP 接続用のソフトウェアアダプタを提供しており、これらを ESXi ホスト上で設定することで、NVMe over TCP の通信をネットワークスイッチ経由で実施できるようになります。アダプタの設定は以下の手順で行います。

1. NVMe over TCP でポートのバインドの設定
2. ネットワークアダプタの確認
3. NVMe over TCP のソフトウェアアダプタ追加

4. NVMe over TCP ストレージアレイの接続
5. データストアの作成

1. **NVMe over TCP でポートのバインドの設定**

ポートバインドの設定には、仮想スイッチを作成し、物理ネットワークアダプタと VMkernel アダプタを仮想スイッチに接続する必要があります。この構成は標準スイッチと分散スイッチの両方で対応しています。vSphere Client で対象の ESXi ホストを選択し、[ネットワーク] > [VMkernel アダプタ] > [ネットワークの追加] をクリックします。次に、「VMkernel ネットワーク アダプタ」の作成を選択します。使用する仮想スイッチ（既存のネットワーク、既存の標準スイッチ、新しい標準スイッチ）を選択し、新しい標準スイッチを作成する場合は利用する「物理アダプタ」を指定します。ポートのプロパティでストレージ、およびネットワークのフレームサイズに合わせて MTU を設定し、「使用可能なサービス」で「NVMe over TCP」を指定し、VMkernel ポートが使用する IP アドレスを設定します（**図 6.25**）。

図 6.25　VMkernel で NVMe over TCP の有効化

2. **ネットワークアダプタの確認**

vSphere Client で対象の ESXi ホストを選択し、[構成] > [ネットワーク] > [仮想スイッチ] を開き、物理ネットワークアダプタと VMkernel アダプタが標準スイッチ、または分散スイッチに接続されていること確認します。この接続を介して、TCP アダプタが VMkernel アダプタにバインドされます。

3. **NVMe over TCP ソフトウェアアダプタの追加**

各 ESXi ホストの構成画面から [ストレージアダプタ] を開き、NVMe over TCP のアダプタを追加します（**図 6.26**）。追加ワークフローの中に、この NVMe over TCP アダプタが利用する物理 NIC を選択し、対応付けを行う操作が含まれています。

6.9 NVMe プロトコルによるストレージ接続

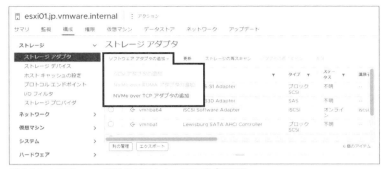

図 6.26　NVMe over TCP のソフトウェアアダプタ追加

4. NVMe over TCP ストレージアレイの接続

NVMe over TCP アダプタの作成後、アダプタに NVMe over TCP ストレージアレイを追加します。コントローラの追加をクリックして、接続するストレージアレイの情報を入力すると、コントローラの検出が可能になります。検出されたコントローラを選択することで、追加が完了します（**図 6.27**）。vSphere Client で対象の ESXi ホストを選択、[構成] > [ストレージアダプタ] の中から NVMe over TCP ストレージアダプタを選択、下の段から [コントローラ] タブを選択し、[コントローラの追加] をクリックします（**図 6.28**）。

図 6.27　NVMe コントローラの追加①

CHAPTER 6 ストレージの仮想化

図 6.28 NVMe のコントローラ追加②

　ここまでの手順で NVMe over TCP 接続用のアダプタ作成とストレージアレイとの接続作業が完了しました。ユーザーは以下のパスから登録されたデバイスを確認できます。ユーザーは登録されたデバイス上に VMFS を作成し、データストアとして利用します。

5. データストアの作成

　最後に、登録したデバイスを VMFS でフォーマットし、データストアとします。

　新しいデータストアの作成手順は FC や iSCSI と同じく、[新しいデータストアの追加] メニューから作成します。データストアのタイプで [VMFS] を選択し、作成した NVMe over TCP ディスクを選択し、任意の VMFS バージョン、パーティション設定を入力することで NVMe over TCP の VMFS データストアが作成され、利用可能になります。

6.10 vSphere ストレージ設計のベストプラクティス

　本章で紹介した様々な vSphere ストレージの機能、要件を基に本節では vSphere ストレージ設計とサイジングの推奨、ベストプラクティスを紹介します。

6.10.1 外部ストレージでの推奨設計

外部ストレージの設計要素として、HDD、SSDなどのドライブの組み方（RAIDやPool設計）、FCやiSCSIなどブロックストレージ利用時のSCSIタイムアウト設計やNFSストレージ利用時のコントローラタイムアウトの設計など、ストレージメーカー推奨の構成に準じた設計があります。本書ではvSphereで利用する際に重要となるポイントとして、従来型のデータストアの構成、およびESXiホストからストレージへの接続パスについて解説します[5]。

■ データストアのサイズと数の考慮

通常、外部ストレージは複数のストレージコントローラで冗長化され、どちらのコントローラからもLUNにアクセスできる仕組みを備えています。

ハイエンドモデルのブロックストレージではアクティブ／アクティブで構成された2つのコントローラから対象のLUNに対して同時にI/O処理可能なモデルがあり、ESXi側のマルチパスポリシーでラウンドロビンを指定することで全てのパス、コントローラをバランス良く利用できます。一方、現在多く採用されるミッドレンジモデルのストレージでは、アクティブ／アクティブ構成の一つであるALUA（Asymmetric Logical Unit Access：非対称論理ユニットアクセス）と呼ばれるアーキテクチャが採用されています。ALUAでは冗長化されたコントローラがそれぞれ対象となるLUNに対して主となる入出力を担当（LUNオーナー）し、I/Oパスに優先、非優先が設定されます。通常時のI/OはLUNオーナーであるコントローラ側に接続されたパスが優先、もう片方のコントローラ側のパスは非優先と設定されます。

ALUAが採用されていないストレージの場合はアクティブ／パッシブ型、またはアクティブ／スタンバイ型となることが一般的です。また、NFSストレージ（NFSデータストア）を利用する場合も同様で、どちらかのコントローラ（NFSサーバー）がNFSのファイルシステムをマウントして提供するのが一般的です。

このようなミッドレンジモデルのストレージやNFSストレージを利用する場合、大容量のデータストアを1つだけで構成すると片方のコントローラが普段は使用されません。データストア（LUNやNFSファイスシステム）のオーナーとなっているコントローラが停止した際にのみ残りのコントローラが利用されるため、コントローラの処理性能の負荷分散やストレージネットワークの分散、およびデータ管理の観点で好ましくありません。

以下の例では1つのデータストアのみの構成で、接続パスが偏っている場合を図示しています（**図6.29**）。

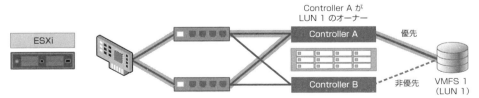

図6.29　大容量のデータストアが1つのみだった場合の接続パス

【5】 VVOLストレージ構成は仮想マシンデータをコントローラ間に均等に配置されるようにvCenter Serverと外部ストレージ間で自動調整される仕組みを有しているため、本項での考慮は必要としません。

データストアの数とサイズについて、vSphere クラスタの負荷分散と同じく、ストレージコントローラも入出力の負荷が偏り、どちらかのコントローラだけCPUやメモリの利用率が高騰した場合は入出力遅延の発生など性能低下につながります。また、vSphere HA におけるハートビートデータストアを利用する場合も2つ以上のデータストアが必要です。vSphere HA ハートビートデータストアについては第9章で解説します。

そのため適切なサイズのデータストアを複数構成し、コントローラ間で負荷を分散することが推奨されます。全体の容量や仮想マシンの数にもよりますが、単一データストアでは障害発生時のインパクトも大きくなるため、ワークロードに合わせて2つ、または4つ以上の偶数個のデータストアを作成し、ストレージパス間、コントローラ間の負荷が均等になるように構成することが推奨されます。

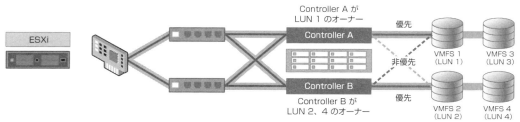

図6.30　複数のデータストアに分散させた場合の接続パス

図6.30 ではブロックストレージ(VMFS)を例にしていますが、ファイルストレージ(NFS)を利用する場合も同様に複数個のファイルシステムを冗長化されたストレージコントローラ間で分散することが推奨されます。

データストアの1つあたりの容量は、過去のバージョンでのVMFSの制限などから2TB前後で設定する場合が現在も見られますが、VAAIによる入出力処理のオフロードや精細な排他制御、そして近年のストレージの大容量化に伴い数10TBを超えるデータストアで構成することも珍しくありません。

大容量データストアを作成する場合、vSphere 8.0 時点の VMFS 5、および VMFS 6 データストア最大サイズは 64TB をサポートしていますが、上記にある I/O の分散を考慮し、外部ストレージ全体の容量に合わせたサイズに適宜分割することが推奨されます。また、外部ストレージの筐体間レプリケーションなどデータ保護機能を利用する場合は、保護の単位がLUN・ファイルシステム単位となることに注意が必要です。データ保護における考慮点は第11章で解説します。

■ ストレージとの接続パスの推奨

ブロックストレージ構成における ESXi ホストから1つのデータストア(LUN)に対する接続パスは最大32まで構成可能ですが、パスを増やしてもデータストアあたりの性能が向上するわけではなく、多すぎるパスは管理が複雑になるというデメリットがあります。推奨される接続パス数は4パス、多くても8パスで構成し、VMwareと外部ストレージメーカーが推奨するマルチパスポリシーで利用します。

6.10 vSphereストレージ設計のベストプラクティス

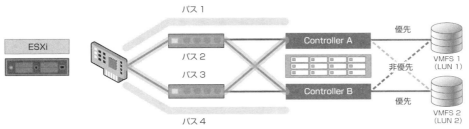

図6.31 推奨されるマルチパス経路の考え方

図6.31ではESXiホストから2本の物理結線、ストレージスイッチから冗長化されたストレージコントローラに対して2本ずつ4本の物理結線の例を示していますが、この構成例ではESXiホストは4つのパスを認識し、通常時はVMFS 1に対して2パス、VMFS 2に対しても2パスで分散してアクセスします。現在多くのブロックストレージではマルチパスで「ラウンドロビン(Round Robin)」の接続ポリシーを推奨し、また、デフォルトで「1000」I/Oごとに切り替わるパスの変更をトリガするIOPSのしきい値をデフォルトの値から変更することが推奨される場合があります。詳細は以下2つのKBを参照してください。

- KB：VMware Multipathing policies in ESXi/ESX (339621)
  https://knowledge.broadcom.com/external/article/339621/

- KB：Adjusting Round Robin IOPS limit from default 1000 to 1 (323117)
  https://knowledge.broadcom.com/external/article/323117/

また、iSCSIデータストア、NFSデータストアを利用する場合のネットワークは、ESXiホストとストレージコントローラが同一ネットワークセグメント(同一VLAN)で接続され、可能な限りL2ネットワーク折り返しでストレージの入出力が処理されることが性能、および障害発生時の切り分けの簡易化のために推奨されます(図6.32)。

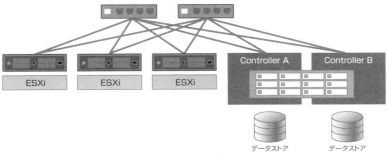

図6.32 シンプルなスイッチ折り返しのストレージネットワーク

CHAPTER 6 ストレージの仮想化

■ ストレージネットワーク速度の選定

外部ストレージとの接続パスあたりの性能を向上させるためには、パス数を増加させるのではなくストレージネットワークの接続帯域を上位の帯域で構成する必要があります。

Fibre Channel の場合、4Gbps、8Gbps、16Gbps、32Gbps、64Gbps などの規格が選択できます。そのため、外部ストレージ側のポート速度と合わせてなるべく広帯域の FC HBA を利用することが推奨されます。FC HBA がサポートする速度は下位2規格の速度まで互換性がサポートされ、例えば、32Gbps FC HBA の場合は下位互換性で 16Gbps と 8Gbps がサポートされます。

iSCSI の場合、1Gbps、10Gbps、25Gbps、50Gbps、100Gbps などネットワークカードが利用可能ですが、10Gbps 以上の利用が推奨され、高いストレージ性能を必要とする場合は 25Gbps 以上のネットワークをストレージ専用で利用することが推奨されます。

同様にストレージネットワークに NVMe over RDMA（RoCE v2）、NVMe over TCP、NVMe over Fibre Channel、iSCSI Extensions for RDMA（iSER）などを利用する場合も、より広帯域なネットワークを利用することが性能と安定性の観点で推奨されます。

■ ジャンボフレームの使用

iSCSI データストア、NFS データストアを利用する場合はストレージネットワークの経路でジャンボフレーム（MTU 9000）を利用することで、ストレージ負荷による CPU 利用率の抑制に効果があります。特に 25Gbps 以上の広帯域でストレージネットワークを利用する場合はジャンボフレームを利用し、ストレージ負荷と CPU 負荷の低減を考慮した設計が推奨されます。

■ データセンタースイッチの採用

ネットワークスイッチの選定という観点では、高い性能を求めるストレージネットワークではバッファ容量が大きく、低遅延なロスレスネットワーク機器の利用が推奨されます。iSCSI、NFS、vSAN が利用するストレージネットワークにはデータセンタースイッチ、またはエンタープライズグレードスイッチと呼ばれるクラスのスイッチの利用が強く推奨されます。

Chapter 7

vSAN

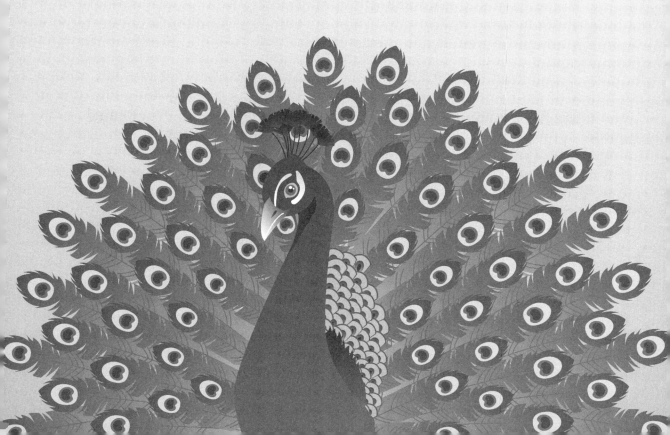

CHAPTER 7　vSAN

　VMware vSANは、ソフトウェアで定義されたストレージソリューション（Software-Defined Storage：SDS）で、外部ストレージを利用することなく、物理ホスト間を接続するネットワークだけで構成された統合インフラ、ハイパー・コンバージド・インフラストラクチャ（Hyper Converged Infrastructure：HCI）と呼ばれるアーキテクチャのストレージです。

　vSANはvSphereクラスタ内のESXiホストに搭載された物理ドライブ（SSD、HDD）を仮想化・統合し、1つの共有データストアをvSphereクラスタに提供します。vSANの機能はESXiハイパーバイザーのカーネルに組み込まれているため、ESXiホストで直接実行され、vCenter Serverを通してvSphereクラスタの一部として統合管理されます。本章ではvSANのアーキテクチャと管理、運用のポイントを解説します。

7.1　vSANのアーキテクチャ

　vSphere 8.0以降のvSANは2つのストレージアーキテクチャを提供します。vSphere 5.5でvSANが機能として実装されて以降、多くの環境で採用されたOriginal Storage Architecture（OSA）と、vSphere 8.0で新たに加わった、より高速、低遅延、大容量を実現する新しいアーキテクチャ、Express Storage Architecture（ESA）です（図7.1）。

　vSAN OSAは幅広いストレージデバイスに対応する柔軟なアーキテクチャである一方、vSAN ESAは高性能で効率性を追求した新しいアーキテクチャであり、NVMe SSDのみで構成します。vSANを利用する上での機能や管理において大きな違いはないものの、パフォーマンスやハードウェア要件に違いがあるため、設計・構成においてそれぞれの特徴を理解することが重要です。

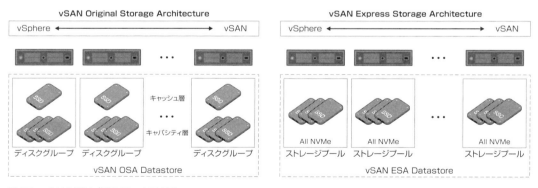

図7.1　vSAN OSA/ESAアーキテクチャ

■ vSAN Original Storage Architecture（OSA）

　高速、高耐久なソリッドステートドライブ（SSD）を、キャッシュ層ドライブ、大容量のSSDまたは磁気ディスクドライブ（HDD）をキャパシティ層のドライブとして組み合わせ、幅広いストレージデバイスを利用して、I/O性能と容量コストを適正化したvSANアーキテクチャです。キャッシュ層ドライブとキャパシティ層ドライ

ブの組み合わせ単位をディスクグループと呼びます（**表7.1**）。

表7.1 ホストごとのvSAN OSAの構成条件

vSANのタイプ	キャッシュ層SSD	キャパシティ層ドライブ	キャッシュ層SSDの用途
vSAN OSA ハイブリッド	SSD 1本／ディスクグループ 最大5ディスクグループ／ ESXiホスト	HDD1〜7本／ディスクグループ 5ディスクグループ合計で 最大35本のHDDをサポート	書き込みバッファ：30% 読み込みキャッシュ：70%
vSAN OSA オールフラッシュ	SSD 1本／ディスクグループ 最大5ディスクグループ／ ESXiホスト	SSD1〜7本／ディスクグループ 5ディスクグループ合計で 最大35本のSSDをサポート	書き込みバッファ：100%

　SSDとHDDを組み合わせたハイブリッドvSAN構成と、オールフラッシュvSAN構成はそれぞれの特徴に合わせてキャッシュ層SSDの仕組みが異なります（**図7.2**）。

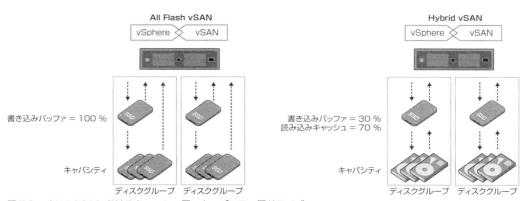

図7.2　vSAN OSAにおけるキャッシュ層・キャパシティ層ドライブ

■ vSAN Express Storage Architecture（ESA）

　vSAN ESAは従来のvSAN OSAよりさらに高いI/O性能と機能の向上を目的に、高性能なNVMe SSDと、広帯域ネットワークで構成される、新たに設計されたvSAN アーキテクチャです。各ESXiホストのvSAN ESA用ストレージプールに認定されたNVMe SSDを組み込むことでvSAN ESAは利用可能となります。

　vSAN ESAはNVMe SSDの内部をアクティブなデータの書き込み・読み込みに利用するPerformance-Leg（P-Leg）領域と、キャパシティ層に相当するCapacity-Leg（C-Leg）領域に分け、高いI/O性能と効率性を提供します（**図7.3**）。vSphere 8.0 Update 3ではスナップショット技術を拡張したvSAN ESA Data Protectionなどの新しいデータ保護機能が利用可能になりました。

CHAPTER 7　vSAN

図 7.3　vSAN ESA における NVMe SSD の利用

7.2　vSAN が提供するメリット

vSphere の機能として組み込まれた vSAN は、仮想マシンやコンテナワークロードを実行する中で多くのメリットを提供します。

- シンプルな管理

  vSAN は vSphere と緊密に統合されているため、ストレージと仮想マシンの管理を一元化できます。管理者はストレージの管理・監視を vCenter Server から直接行うことができ、ストレージ運用の複雑さを軽減できます。

- 柔軟なハードウェアの選択肢と効率化

  vSAN は専用のストレージアレイを利用せず、ハードウェアベンダー各社の認定されたサーバーと I/O コントローラ、SSD、HDD を組み合わせて構成できます。vSAN との互換性が保証された vSAN ReadyNode 認定サーバーを利用することで、ファームウェアやドライバのアップデートなど、vSAN 環境のライフサイクル管理を効率化し、運用管理コストを削減できます。

- スケーラビリティ

  データストアの拡張は既存の ESXi ホストにドライブ追加することによるスケールアップ、および追加の ESXi ホストをクラスタに参加させることでスケールアウトが可能です。柔軟かつ迅速にストレージ容量を拡張することで、将来的な需要の変化にも柔軟に対応できます。

- ストレージポリシーベース管理（SPBM）

  パフォーマンスや可用性など、仮想マシンのストレージ要件を SPBM で定義し、必要なストレージの性能や可用性を自動的に保証できます。SPBM により管理者は手動での設定作業を減らし、効率的な運用を実現できます。SPBM についての詳細は第 6 章を参照してください。

7.3 vSAN ハードウェア

7.3 vSAN ハードウェア

　第2章で紹介したように vSAN クラスタを構成するには、vSphere として認定サポートされる ESXi ホスト、NIC、ブート用デバイスの他に vSAN OSA/ESA それぞれで認定されたストレージデバイス（SSD・HDD）、ストレージコントローラ（HBA・I/O コントローラ）が必要になります。

7.3.1 vSAN ReadyNode

　vSAN は認定されたハードウェアコンポーネントを個別に組み合わせる（Build Your Own：BYO）構成、および、各ハードウェアベンダーが認定ハードウェアを組み合わせたベースモデル「vSAN ReadyNode」を利用する構成がサポートされます。vSAN ESA では vSAN ESA ReadyNode、および vSAN ESA ReadyNode エミュレート構成（Emulated Configurations）がサポートされます。

　vSAN ReadyNode は、VMware とハードウェアベンダーによって事前にテストおよび認定された構成であり、様々なユースケースに最適化された構成を提供しています。vSAN ReadyNode の構成例については OSA、ESA それぞれにガイドラインが提供されています。詳細は以下の互換性ガイドを参照ください。

- Broadcom Compatibility Guide：VCF and vSAN ReadyNodes：ESA

  https://compatibilityguide.broadcom.com/search?program=vsanesa

- vSAN ESA 向け：vSAN ESA VSAN ReadyNode Hardware Guidance

  https://compatibilityguide.broadcom.com/pages/vsan-esa-readynode-hardware-guidance

- Broadcom Compatibility Guide：VCF and vSAN ReadyNodes：OSA

  https://compatibilityguide.broadcom.com/search?program=vsanosa

- vSAN OSA 向け：vSAN Hardware Quick Reference Guide

  https://compatibilityguide.broadcom.com/pages/vsan-hardware-quick-reference-guide

　vSAN ReadyNode を利用することで、ハードウェアの互換性確認や設計ベストプラクティスを考慮する負担が大幅に軽減され、TCO を最適化できます。vSAN ReadyNode はベースモデルとして、ワークロードの要件に応じて CPU、メモリ、NIC、vSAN ドライブの各構成をカスタマイズすることがサポートされます。

　カスタマイズ時の構成は vSAN ReadyNode Sizer を利用することで、アセスメントデータを基にした必要リソースの算出、構成例のエクスポートが可能です。また、当ツール内の vSAN ReadyNode Quick Sizer では構成ごとのストレージオーバーヘッド、メモリオーバーヘッドなどを正確に、簡単に把握できます（**図 7.4**）。

193

CHAPTER 7　vSAN

- vSAN ReadyNode Sizer

  https://vcf.broadcom.com/tools/vsansizer/

図 7.4　vSAN ReadyNode Quick Sizer

　vSAN OSA、vSAN ESA ともにハードウェアのカスタマイズに関する指針は KB にて公開されており、vSAN はサイジングの結果に合わせたハードウェア構成を柔軟に組むことをサポートしています。

- KB：What You Can (and Cannot) Change in a vSAN ReadyNode™ (326476)

  https://knowledge.broadcom.com/external/article/326476/

- KB：What You Can (and Cannot) Change in a vSAN ESA and vSAN Max VSAN ReadyNode™(326717)

  https://knowledge.broadcom.com/external/article/326717/

7.3.2　vSAN ドライブとストレージ I/O コントローラ

　vSAN で利用する物理ドライブ、およびストレージ I/O コントローラは全て vSAN 認証取得済みで Broadcom Compatibility Guide（互換性ガイド）に掲載されたもので構成します。

- Broadcom Compatibility Guide：Build Your Own based on Certified Components.

  https://compatibilityguide.broadcom.com/search?program=vsanio

基本的にvSAN ReadyNodeを利用する際はストレージI/Oコントローラのカスタマイズはサポートされません（メーカーが複数のI/Oコントローラを提供する場合、搭載されるI/Oコントローラごとに異なるReadyNode型番が用意されています）。

■ vSANドライブの選定

SSDはSAS・SATA・NVMeなどのインターフェイスの種類、SLC・MLC・TLC・QLCなどのSSDの記憶素子（セル）の種別に応じて性能、耐久性が異なり、それぞれのSSDに対してvSANとしてどの用途（キャッシュ用、キャパシティ用）で利用可能かが指定されています（図7.5）。vSAN OSAではハイブリッドvSAN用のキャッシュ、オールフラッシュvSAN用のキャッシュ、またはキャパシティのどの用途で利用可能かが設定されます。

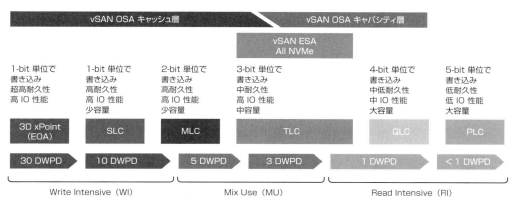

図7.5　vSANでサポートされるSSDの分類

SSDはモデルごとに耐久性指標であるTBW（Tera Byte WrittenまたはTotal Byte Writtenの略）が設定されており、記憶素子の書き換え寿命に達するまで何TB書き込めるか分かります。

同様の指標でDWPD（Drive Write per Day）があり、1日あたり何回SSDの全容量を上書きした場合でも、5年間はSSDの記録素子の寿命が持つかを示しています。1 DWPDクラスのSSDは読み込み特化（Read Intensive）、3～5 DWPDクラスのSSDはMix Use、10 DWPDクラスのSSDは書き込み特化（Write Intensive）として分類されます。

SSDの耐久性に応じてvSAN認証の中でサポートされるvSANドライブ用途が指定されていますので、必ず互換性ガイドを確認してください（表7.2）。

CHAPTER 7　vSAN

表7.2　SSDの耐久性とvSANドライブ用途

SSD耐久性クラス	利用可能なvSANドライブ用途
書き込み特化 (Write Intensive：WI) DWPD 10〜	ハイブリッドvSAN キャッシュ層 オールフラッシュvSAN キャパシティ層 オーフルラッシュvSAN キャッシュ層
Mix Use （MU) DWPD 3〜5	ハイブリッドvSAN キャッシュ層 オールフラッシュvSAN キャッシュ層 オールフラッシュvSAN キャパシティ層 vSAN ESA （NVMe のみ）
読み込み特化 (Read Intensive：RI) DWPD 1	オールフラッシュvSAN キャパシティ層 vSAN ESA （NVMe のみ）

　vSAN のハードウェア認証ではモデル、ファームウェア、ドライバと組み合わせる vSphere のバージョンが明確に定められており、認証プログラムで指定された各種の試験をクリアした組み合わせのみが vSAN 認証を取得し、製品としての公式サポートを受けられます。

■ vSAN ストレージI/O コントローラの選定

　vSAN OSA （ハイブリッド vSAN、オールフラッシュ vSAN）ではホストバスアダプタ（HBA）や RAID カードと呼ばれるストレージ I/O コントローラを利用します。ストレージ I/O コントローラも HDD、SSD と同様に互換性ガイドに掲載されたモデルに対して ESXi バージョンに合わせたファームウェアバージョン、ドライババージョンが指定されています。必ず認定されたバージョンを利用してください。

　vSAN OSA で RAID カード（ハードウェア RAID 機能を持つ I/O コントローラ）を利用する場合は「RAID モード」で複数のドライブを束ねたローカル LUN としてではなく、「パススルーモード」を利用し、独立したドライブとして HDD、SSD を ESXi に直接認識させてください。vSAN はハードウェア RAID で構成された LUN をサポートしません。

　なお、vSAN ESA で利用する NVMe ドライブは、ドライブそれぞれに I/O コントローラが内蔵されるため、従来のストレージ I/O コントローラは使用しません。vSAN ESA ReadyNode ではサーバー内部の PCIe スイッチに NVMe ドライブを直接接続します[1]。

7.4　vSAN ネットワーク

　ハイブリッド vSAN では 1Gbps 以上、オールフラッシュ vSAN では 10Gbps 以上のネットワークの利用が必要とされます。高いストレージ性能や、多くのネットワーク帯域を必要とする環境では 25Gbps 以上のネットワークが推奨されます。特に vSAN ESA では 10Gbps もサポートされますが、25Gbps 以上が強く推奨されます（表7.3）。

---

[1]　vSAN ESA では vSAN ESA ReadyNode、および vSAN ESA ReadyNode エミュレート構成のみがサポートされます。
　　Support for ReadyNode Emulated Configurations in vSAN ESA
　　https://blogs.vmware.com/cloud-foundation/2023/09/13/support-for-readynode-emulated-configurations-in-vsan-esa/

表 7.3　vSAN ネットワーク帯域・遅延のサポート要件

vSAN タイプ	ネットワーク帯域・ノード間の遅延	ストレッチクラスタ構成時 サイト間帯域・遅延	ストレッチクラスタ構成時 監視ホストとの帯域・遅延	2 ノード vSAN 構成時 監視ホストとの帯域・遅延
vSAN OSA：ハイブリッド vSAN	● 最小：1Gbps ● 推奨：10Gbps 以上 ● RTT 1ms 未満	● 10Gbps 以上 ● RTT 5ms 以下	● 2Mbps ／ 1000 コンポーネント 　100Mbps ／ 45k コンポーネント ● サイトあたり 10 ホストまで RTT 　200ms 以下 ● サイトあたり 11 ～ 15 ホスト 　RTT 100ms 以下	● 2Mbps ／ 1000 コンポーネント ● RTT500ms 以下
vSAN OSA：オールフラッシュ vSAN	● 最小：10Gbps ● 推奨：10Gbps 以上 ● RTT 1ms 未満			
vSAN ESA	● 最小：10Gbps ● 推奨：25Gbps 以上 ● RTT 1ms 未満			

7.4.1　vSAN ネットワークの推奨構成

■ データセンタースイッチの採用

iSCSI、NFS で利用するストレージネットワークと同じく、高い性能を求めるストレージネットワークでは 10Gbps や 25Gbps などのネットワーク帯域だけでなく、スイッチポートのバッファ容量が大きく、低遅延なネットワーク機器の利用が推奨されます。ネットワークのチーミング方法、帯域制御の推奨については後述します。

vSAN ネットワーク用にはデータセンタースイッチ、またはエンタープライズグレードスイッチと呼ばれるクラスの低遅延、ロスレスなスイッチを利用することが強く推奨されます。バッファ容量の少ないスイッチを利用することでパケットロスやエラーのカウントが多くなると、vSAN 健全性（vSAN Health）の機能でネットワークの問題として vSphere Client 上に警告が表示され、ネットワーク品質の改善が求められます（**図 7.6**）。

問題とアラーム

⚠ 物理 NIC エラー率が高くなっています。ホストの vSAN パフォーマンス ビューで詳細を確認してください　アクション ∨

図 7.6　ネットワーク品質に関する警告メッセージ

■ ジャンボフレームの使用

vSAN ネットワークは、ジャンボフレーム（MTU 9000）を利用することで ESXi ホストの CPU 負荷の低減と、I/O 性能の向上が図れます。

■ ネットワークチーミング

vSAN データストアを利用する場合の設計の推奨事項も外部ストレージと同様に、負荷を均等に分散し、シンプルなネットワーク構成とすることが基本となります（**図 7.7**）。vSAN ネットワークは標準（VSS）でも構成できますが、ネットワーク I/O コントロール（NIOC）機能が利用できる分散スイッチ（VDS）で構成することが強く推奨されます。

CHAPTER 7　vSAN

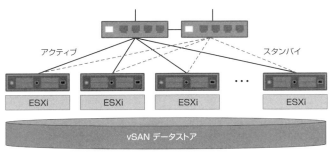

図 7.7　シンプルな L2 折り返しの vSAN ネットワーク

　ESXi ホストの vSAN ネットワークは、冗長化された 2 本のネットワークを明示的にアクティブ／スタンバイで設定することで、vSAN クラスタを構成する全ホストは通常時、常にどちらか片側のネットワークスイッチを折り返すサーバー間通信を行うことが可能です（図 7.8）。この構成は、スイッチ間接続（Inter Switch Link：ISL）やトップ・オブ・ラック・スイッチ（ToR スイッチ）より上位のスイッチを経由した vSAN トラフィックが発生せず、より低遅延で低負荷、高速な vSAN ストレージが実現できます。

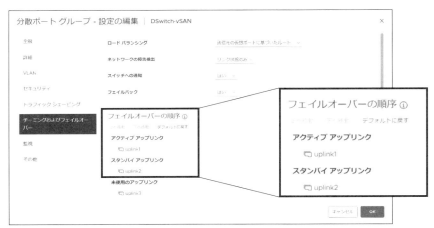

図 7.8　仮想ポートグループ上でアクティブ／スタンバイに設定

　vSAN ネットワークでは仮想ポートグループの設定で上記のように明示的に、アクティブに接続するアップリンクと、スタンバイとするアップリンクを指定し、フェイルバックを有効にすることで、物理ネットワークスイッチ上で特別な構成をする必要なく vSAN ネットワークの冗長化が可能です。
　ToR スイッチで L2 ネットワーク折り返しの通信を可能にするためには、vSAN クラスタを構成する ESXi ホストは同じ ToR スイッチ配下に接続されていることが推奨されます。複数の ToR スイッチをまたいだネットワーク間で vSAN クラスタを構成する場合はスイッチ間接続（ISL）のネットワーク帯域がボトルネックにならないように十分な帯域を確保します。ToR スイッチ配下に収まる規模の ESXi ホスト台数の検討と合わせて、ライフサイクル運用時のメンテナンス時間を考慮した ESXi ホスト台数でサイジングを検討します。

7.4 vSAN ネットワーク

■ ネットワーク I/O コントロールを利用した vSAN ネットワークの帯域確保

vSAN ネットワークで利用する 2 本のネットワークに、他の用途のネットワークが混在する場合は、分散スイッチ（VDS）のネットワーク I/O コントロール（NIOC）を使用し、複数のネットワーク間の帯域制御を有効にします。

図 7.7 で示したシンプルなアクティブ／スタンバイの構成では、vSAN ネットワークと他のネットワークのアクティブ／スタンバイのアップリンクの組み合わせを逆に組み、通常時 vSAN ネットワークは Uplink 2 のみを利用する設定としています（表 7.4）。

表 7.4　NIOC を利用したポートグループ間の帯域制御値

仮想スイッチ	ポートグループ	VLAN（例）	Uplink 1	Uplink 2	Uplink 3	Uplink 4	NIOC シェア値
DSwitch 1	管理 NW	10	Active	Standby	/	/	20
DSwitch 1	仮想マシン NW	20	Active	Standby	/	/	30
DSwitch 1	vMotion NW	30	Active	Standby	/	/	50
DSwitch 1	vSAN NW	40	Standby	Active	/	/	100

この際、NIOC のシェア値は vSAN ネットワークを「100」、その他のネットワークのシェア値を合計で「100」となるように設定します。NIOC の設定により、片系ネットワークが切断された場合において、フェイルオーバーしたネットワークは vSAN ネットワークと他のネットワークが「100：100」の割合で帯域が優先制御されるため、vSAN ネットワークには 50％ の帯域保証がされ、障害発生時におけるストレージネットワークの確保が可能です。また、vSAN ネットワークを仮想マシンネットワークと別に専用に構成する場合の例として、VDS を分ける構成や、同一 VDS 内のアップリンク設定を分離し、vMotion 用ネットワークとアクティブ／スタンバイのペアを逆に設定する構成が多く利用されます。

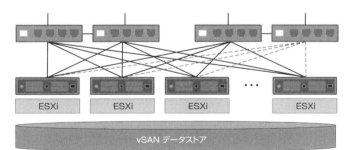

図 7.9　vSAN ネットワークを専用で用意する場合の構成

図 7.9 では物理ネットワークスイッチ筐体を分けていますが、同一の ToR スイッチを利用した場合でもネットワークケーブルを別に配線することでこの構成を組むことは可能です（表 7.5）。

CHAPTER 7　vSAN

表 7.5　NIOC を利用したポートグループ間の帯域制御値（2）

仮想スイッチ	ポートグループ	VLAN（例）	Uplink 1	Uplink 2	Uplink 3	Uplink 4	NIOC シェア値
DSwitch 1	管理 NW	10	Active	Active	/	/	40
DSwitch 1	仮想マシン NW	20	Active	Active	/	/	60
DSwitch 1 or 2	vMotion NW	30	/	/	Active	Standby	50
DSwitch 1 or 2	vSAN NW	40	/	/	Standby	Active	100

　管理用ネットワークや仮想マシン用ネットワークと、vMotion ネットワークと vSAN ネットワークを分けて組むことで急激なトラフィック増加（バーストトラフィック）が発生する vMotion と vSAN を分離し、通常時はそれぞれが別のネットワークスイッチで折り返すことで遅延の少ない高速な通信を可能にしています。

　vSphere 8.0 Update 3 時点の NIOC はバージョン 3 で、既定で以下のシステムトラフィックに対する帯域優先制御が有効化されていますので、要件に合わせて適宜カスタマイズします（**表 7.6**）。

表 7.6　NIOC v3 のシステムトラフィック設定

トラフィックタイプ	シェア	シェア値	予約	制限
管理トラフィック	正常	50	0 Mbps	無制限
Fault Tolerance（FT）トラフィック	正常	50	0 Mbps	無制限
vMotion トラフィック	正常	50	0 Mbps	無制限
仮想マシントラフィック	高	100	0 Mbps	無制限
iSCSI トラフィック	正常	50	0 Mbps	無制限
NFS トラフィック	正常	50	0 Mbps	無制限
vSphere Replication（VR）トラフィック	正常	50	0 Mbps	無制限
vSAN トラフィック	**高**	**100**	**0 Mbps**	**無制限**
vSphere Data Protection（バックアップ）トラフィック	正常	50	0 Mbps	無制限

　vSAN だけでなく iSCSI ネットワークや NFS ネットワークにおいても NIOC を利用して適切な制御を行うことが推奨されます。

7.4.2　高度なネットワーク設定の利用とvSAN ネットワークの広帯域化

　vSAN ネットワークではリンクアグリゲーショングループ（LAG）、リンクアグリゲーションコントロールプロトコル（LACP）や、vSAN 用 VMkernel を複数ポート利用する FC-SAN ファブリックに似た接続の Air-Gap 構成をサポートしていますが、それぞれネットワークスイッチの設定項目が増加し、複雑な構成をメンテナンスする必要があり、通常はシンプルなアクティブ／スタンバイ構成を推奨しています。

より安定的な構成でvSANネットワークの性能を安定的に向上するためには、25Gbps以上の広帯域なネットワークを利用し、アクティブ／スタンバイ構成で構成します。特にvSAN ESAを利用して高いストレージ性能を求める場合は25Gbps以上のネットワーク構成が必要です。

7.4.3 RDMAを利用した高速・低遅延なvSANネットワーク

vSAN 7.0 Update 2（vSphere 7.0 Update 2）以降のvSANではリモートダイレクトメモリアクセス（RDMA）をvSANネットワークに使用できます。RDMAではTCP/IPを利用する通常のvSANネットワークと比べてCPU使用率が低く、I/O遅延をより少なくでき、特にvSAN ESAなどで高速・広帯域のトラフィックを利用する場合には大きな効果を発揮します。より低遅延で高いストレージI/O性能をvSANデータストアに求める場合はvSAN over RDMAの利用を検討してください。

vSAN over RDMAを利用する際には、RDMAに対応したロスレスネットワークスイッチ、クラスタ内の全てのESXiホストでvSAN over RDMAをサポートしている同じベンダーの同じモデルのネットワークアダプタを使用します。DCBxモードをIEEEで設定するなど、ESXiホストとネットワークスイッチ双方の設定が必要です（RDMAが利用できない場合はvSANクラスタ全体のvSANネットワークがTCP/IPにフェイルバックされます）。vSphere 8.0 Update 3時点ではリモートvSANデータストア（旧称HCI Mesh）、vSAN Max構成などではvSAN over RDMAはサポートされないため注意してください。

- KB：Configuring RDMA for vSAN
  https://knowledge.broadcom.com/external/article/382163/

7.5 vSANを構成するソフトウェアアーキテクチャ

7.5.1 vSANデータストア上のオブジェクトとコンポーネント

vSANはオブジェクトベースのデータ管理手法を採用し、従来のブロックストレージよりも柔軟な拡張性や効率的なデータ保護を実現しています。vSANデータストア上の仮想マシンの仮想ディスク（VMDK）、スナップショット、ISOイメージなどは「オブジェクト」として管理されます。各オブジェクトは、ストレージポリシーに基づいて冗長化され、ポリシーに準拠するように複数のESXiホストに分散配置されます（**図7.10**）。

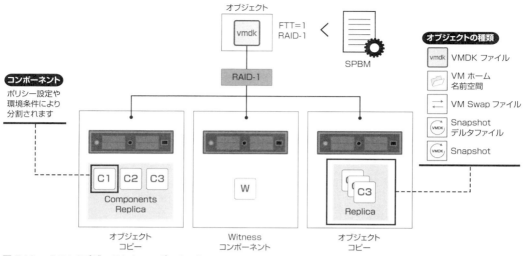

図7.10　vSAN オブジェクトとコンポーネント

vSAN データストアで扱われる主要なオブジェクトタイプは次の通りです（**表7.7**）。

表7.7　vSAN オブジェクトタイプ

vSAN オブジェクトタイプ	説明
VM Home 名前空間 （vm namespace）	.vmx、ログ ファイル、.vmdk ファイル、スナップショット差分記述ファイルなどの仮想マシンの構成ファイルすべてが保存されている、仮想マシンのホームディレクトリです
仮想ディスク（.vmdk）	仮想マシンのハードディスクドライブの内容を格納する、仮想マシンのディスクファイル（.vmdk ファイル）です
仮想マシン スワップ（.vswp）	仮想マシンのパワーオン時に作成されます
スナップショット差分ディスク	仮想マシンのスナップショット作成時に作成されます ※ vSAN ESA 環境では作成されません
メモリ オブジェクト	仮想マシンの作成またはサスペンドで、スナップショットメモリオプションを選択する時に作成されます

　オブジェクトはさらに小さな単位である「コンポーネント」に分割され、各コンポーネントはSPBMで指定したポリシーに準拠するように異なるESXiホストに配置されます。この分散配置により、単一障害点の排除と高可用性を実現します。

　Witness コンポーネントはRAID-1ポリシー使用時に、vSAN クラスタ内のESXiホストの隔離（ネットワークパーティション）が発生した場合のタイブレーカ（多数決）役として作成されます。2ノード vSAN 構成やストレッチクラスタ構成時にはWitness 機能のみを持つWitness 仮想アプライアンスが利用されます（**表7.8**）。

7.5 vSAN を構成するソフトウェアアーキテクチャ

表7.8 vSAN コンポーネント

vSAN コンポーネントタイプ	説明
データコンポーネント	vSAN オブジェクトの実データを保持しています。オブジェクトあたりのデータコンポーネントの数はストレージポリシーによって変化します
Witness（監視）コンポーネント	実データを保持せずメタデータのみ保持するため、小さなフットプリントです。障害発生時、存続するデータコンポーネントの可用性を判断するためのタイブレーカとなります。コンポーネントの数によっては Witness が不要な場合があります

　データコンポーネントは SPBM で設定したデータの冗長性指定や、ストライプ指定に応じて分割される他、vSAN クラスタ全体に均等にデータを分散する目的で VMDK ファイルサイズに応じて分割されます。vSAN OSA の場合、既定値では 255GB ごと、vSAN ESA では 765GB ごとにコンポーネントが分割されます（**表7.9**）。
　255GB という設定の背景は、vSAN が登場した 2014 年当初に認定されていた SSD・HDD の最小サイズが 300GB からであり、大きな VMDK ファイルを持つ仮想マシンを展開する際に、そのサイズに収まるように分割する必要があったためです。

表7.9 vSAN コンポーネントの分割サイズ

vSAN タイプ	説明
vSAN OSA	255GB ごとに分割（255GB を超えるサイズの VMDK ファイルは分割されます）
vSAN ESA（P-Leg）	vSAN ESA P-Leg 上のコンポーネントサイズは最大 255GB
vSAN ESA（C-Leg）	vSAN ESA C-Leg 上のコンポーネントは 765GB ごとに分割（765GB を超えるサイズの VMDK ファイルは分割されます）

7.5.2 vSAN を構成するプロセスと役割

　vSAN は ESXi に組み込まれた複数のプロセスが ESXi ホスト間で連携することで、データの可用性、パフォーマンス、整合性を確保しています。各プロセスはそれぞれ重要な役割を担っており、これらを理解しておくことで、パフォーマンスモニタリングやトラブルシューティングにおいて有用となる場面があるはずです（**表7.10**）。

表7.10 vSAN を構成するプロセスと役割

プロセス名	役割
CMMDS	Cluster Monitoring Membership and Directory Service の略。 名称の通り、vSAN クラスタ内のメンバーやコンポーネント、オブジェクトの管理・監視をディレクトリサービスに基づいて実施します。vSAN オブジェクトのポリシーや RAID 構成などのメタデータ情報も保存します。プロセスは各ホストに配置され、Master、Backup、Agent のいずれかの役割を保持します
CLOM	Cluster Level Object Manager の略。 オブジェクトがストレージポリシーに準じているかを管理します。クラスタ内のコンポーネントと監視の配置場所を決定し、仮想マシン作成時の配置や障害時の再同期など配置情報と実行命令を DOM に対して行います

203

CHAPTER 7　vSAN

プロセス名	役割
DOM	Distributed Object Manager の略。 CLOM が決定したオブジェクト構成と配置を実際に実行し、コンポーネントの作成とクラスタ全体への配布の役割を持ちます。DOM オブジェクトが作成されると、ノード（ESXi ホスト）の1つがそのオブジェクトの DOM オーナー（所有者）に任命されます。DOM オブジェクトには、vdisk、スナップショット、VM ネームスペース、VM Swap、vMem などがあります。DOM は分散操作ごとに LSN（ログシーケンス番号）を割り当て、障害などからの回復時にそのログエントリを照合することで整合性を担保します。 DOM にはローカルノードに配置されているオブジェクトへのアクセスを提供する DOM クライアント、IO のシリアル化、オブジェクトの構成状態の公開や実装、アクセス調整をする DOM オーナー、オブジェクトの状態を変更する分散トランザクションに参加する DOM コンポーネントの3つの役割を持ちます
LSOM	Local log-Structured Object Manager の略。 DOM と連携して Write Buffer や Read Cache の管理、キャパシティディスクへのデステージ処理など実際の IO に関する部分を実行します
RDT	Reliable Data Transport の略。 vSAN VMkernel ポートを介したホスト間の通信に使用される vSAN 専用の通信プロトコルです。トランスポートレイヤーで TCP を使用し、必要に応じて TCP 接続（ソケット）の作成と破棄を行います

　vSAN クラスタ全体の管理とオブジェクトのメタデータや配置制御を担う vSAN Control Path（コントロールパス）として CMMDS と CLOM の2つのプロセス、コントロールパスの指示に基づいて実際のデータの入出力を実行する vSAN Data Path（データパス）として DOM、LSOM、RDT の3つのプロセスがそれぞれ連動しながら vSAN クラスタを構成します（図7.11）。vSAN ESA では LSOM2、および DOM と呼ばれるプロセス名が使われ、vSAN OSA と内部の仕組みに違いはありますが、基本的なプロセスの役割は同様です。

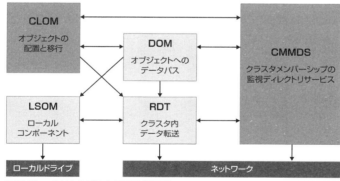

図7.11　vSAN のプロセス間の関係①

　vSAN 7.0 Update 1 で利用可能になったリモート vSAN データストア（旧称 HCI Mesh）も同様に、これら vSAN プロセスが vSAN データストアを提供するストレージクラスタとクライアントクラスタの間で連携をとり、RDT を利用して通信を行います。データの配置と制御などストレージポリシー含めて、管理は従来の vSAN と同様に行われます（図7.12）。

7.5 vSANを構成するソフトウェアアーキテクチャ

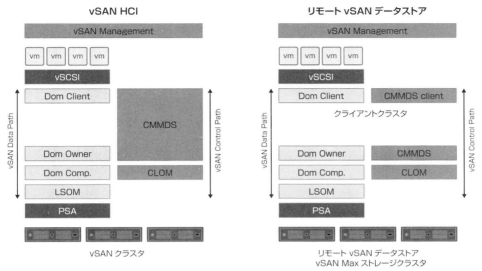

図7.12 vSANのプロセス間の関係②

後述するvSAN Maxなど、リモートvSANデータストア専用のストレージ専用クラスタを構成した場合においても、ESXiホストのvSANプロセス・VMkernelが相互にデータの配置、I/Oの制御を行うため、従来のストレージと異なりストレージネットワークの複雑なパス設計が不要となります。これにより、シンプルな設計で高い性能を発揮可能なストレージ基盤を構成できます。

vSANクラスタを構成する各ESXiホストはCMMDSのプロセスが相互に通信し、クラスタ全体の健全性の検知、データの配置情報を常に更新する役割を持ちます。CMMDSの役割はクラスタ内のESXiホストから「Master」1台、「Backup」1台、その他は「Agent」として選出し、CMMDSのDBは常に全ESXiホストで同期されます。

Masterが停止した際にはBackupがMasterに昇格、Backupが停止した際にはAgentのうち1台がBackupに昇格します（vSAN 6.5以前のESXiホスト間のハートビートはマルチキャストを利用していましたが、vSAN 6.6以降はユニキャストで通信を行います）（**図7.13**）。

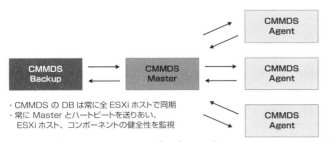

図7.13 Cluster Monitoring, Membership, and Directory Services：CMMDS

ESXiホスト間のハートビートのタイムアウトはMasterを起点としてBackupとは1秒間隔で5回、Agentとは1秒間隔で10回を超えて通信ができない場合は、対象のESXiホストが停止または隔離されたと判断します。ESXiホスト障害やネットワーク隔離が発生した場合、対象のESXiホストにデータ（コンポーネント）の一部が保存された仮想マシンは、ハートビートのタイムアウトが確定するまで一時的にI/Oが最大10秒間待機状態となります。

待機状態となったI/Oは、タイムアウトが確定した時点で残るコンポーネントへのアクセスが再開され、I/Oが継続されます。仮想マシンのI/Oが最大10秒間行われないことに不安を覚える方もいるかと思いますが、FCやiSCSIのパス断、コントローラ断時のパスフェイルオーバーのSCSIタイムアウト待ち、NFSのコントローラフェイルオーバー待ちと同様に、タイムアウト後にI/Oは再開され、滞留したI/Oはロストせずに処理されます。

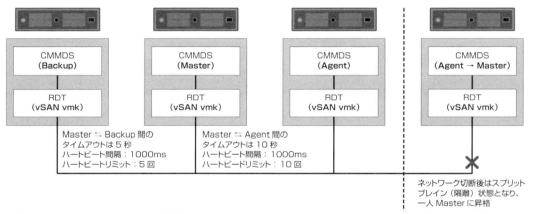

図7.14　CMMDSのメンバーシップ管理

ラックスイッチを複数台またいで配置される規模のvSANクラスタでは、スイッチ間接続の障害でネットワークの隔離などが発生するリスクがあります。隔離された側のESXiホストにMasterが存在しない場合、一時的に隔離された側のAgentの1台がMasterに昇格します。その後、ネットワーク接続が復旧すると同じクラスタ内に複数台のMasterが存在することになりますが、Master同士でネゴシエートを行い、DB上のシーケンス番号を確認して残すMasterを決定、重複したMasterをAgentに降格させます（**図7.14**）。

各ESXiホストが持つCMMDSの役割はESXiホストにSSHなどで接続し、CLI上で`esxcli vsan cluster get`コマンドを実行することで確認できます（**図7.15**）。「Local Node State:」にそれぞれ「MASTER」「BACKUP」「AGENT」が示され、障害時などの切り分けに役立ちます。

```
esxcli vsan cluster get
```

7.5 vSAN を構成するソフトウェアアーキテクチャ

```
[root@esx02:~] esxcli vsan cluster get
Cluster Information
   Enabled: true
   Current Local Time: 2024-09-19T02:38:09Z
   Local Node UUID: 669a69a9-2cd8-0658-ab05-4cd98f49de2f
   Local Node Type: NORMAL
   Local Node State: MASTER
   Local Node Health State: HEALTHY
   Sub-Cluster Master UUID: 669a69a9-2cd8-0658-ab05-4cd98f49de2f
   Sub-Cluster Backup UUID: 669a62eb-750e-ffac-7991-4cd98f4ea4b5
   Sub-Cluster UUID: 52cd0aef-1898-80ef-be6a-77b66f637b3f
   Sub-Cluster Membership Entry Revision: 2
   Sub-Cluster Member Count: 3
   Sub-Cluster Member UUIDs: 669a69a9-2cd8-0658-ab05-4cd98f49de2f, 669a62eb-750e
-ffac-7991-4cd98f4ea4b5, 669a6da2-e4f1-0b66-a3dc-4cd98f4ea415
   Sub-Cluster Member HostNames: esx02.jp.vmware.internal, esx01.jp.vmware.inter
nal, esx03.jp.vmware.internal
   Sub-Cluster Membership UUID: e188ea66-76fa-c315-8b3f-4cd98f49de2f
   Unicast Mode Enabled: true
   Maintenance Mode State: OFF
   Config Generation: 60dab258-2fd3-4a28-a6de-aac3ef8a48c1 6 2024-09-19T02:37:45
.538
   Mode: REGULAR
   vSAN ESA Enabled: false
```

図 7.15　ESXCLI を利用した CMMDS の役割の確認

■ vCenter Server 停止時の vSAN への影響

　仮想マシンの作成、変更時のストレージポリシーの指定や、各種 vSAN の設定変更時には vCenter Server が必要ですが、ESXi ホスト間の正常性監視や vSAN データストア上のデータ配置の制御は ESXi に組み込まれた vSAN プロセスが vCenter Server とは独立して vSAN クラスタ内の ESXi ホスト間で動きます（**図 7.16**）。

　そのため、メンテナンス時など vCenter Server の停止中においても vSAN 上の仮想マシンのデータは設定済みのストレージポリシーに基づき冗長性を保ち、正常なストレージ I/O を継続します。

CHAPTER 7 vSAN

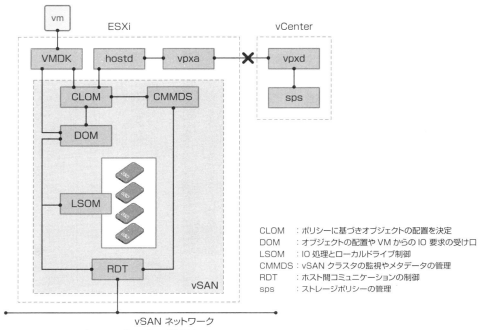

図 7.16　vCenter と vSAN サービスの独立性

7.6　vSAN ストレージポリシーとデータ配置

　従来型のストレージでは複数のストレージデバイス（HDD や SSD）をグループ化し、ディスクの冗長性によって RAID タイプを決め、RAID により格納されるデータの可用性を担保していました。

　vSAN は従来のストレージとは異なり、オブジェクトの単位で可用性を設定します。これは第 6 章で解説した SPBM を用いてオブジェクトごとの冗長化レベル、性能の指標を定義し、データ配置を制御することで仮想マシン、仮想ディスクの可用性を設定します。

　オブジェクトのコピーを vSAN データストアに配置する単位は「障害を許容する数（Failures To Tolerate：FTT）」と「データ保護レベル（ミラーリングまたはイレージャーコーディング）」を組み合わせて指定します。

　FTT は何台の ESXi ホスト・ストレージデバイスが停止、または障害が起きた場合においても仮想マシンデータへのアクセスを保証するかの指標であり、ポリシーに準拠するようにクラスタ内の ESXi ホストにデータが分散されます（**表 7.11**）。

7.6　vSAN ストレージポリシーとデータ配置

表 7.11　vSAN 8.0 で利用可能なストレージポリシー [2]

ポリシー	設定値	説明
サイトの耐障害性	なし - 標準クラスタ ホストミラーリング - 2 ノードクラスタ サイトミラーリング - ストレッチクラスタ なし – 優先サイトにデータを保持 （ストレッチクラスタ） なし – セカンダリでデータを保持 （ストレッチクラスタ）	2 ノードクラスタ、ストレッチクラスタを選択されると PFTT（Primary FTT）=1 が設定されます。なし – を選択した場合は PFTT は使用されず、サイト内の冗長性を設定します
許容される障害の数 (FTT)	データの冗長性なし ホストアフィニティを使用したデータの冗長性なし 1 件の障害 -RAID1 （ミラーリング） 1 件の障害 -RAID5（イレージャコーディング） 2 件の障害 -RAID1 （ミラーリング） 2 件の障害 -RAID6（イレージャコーディング） 3 件の障害 -RAID1 （ミラーリング）	2 ノードクラスタ、ストレッチクラスタを選択した場合、SFTT（Secondary FTT）としてサイト内の冗長性が設定されます。「ホストアフィニティを使用したデータの冗長性なし」は vSAN データパーシステンスプラットフォームの SNA ワークロードにのみ適用可能で、通常の仮想マシンには使用できません
オブジェクトあたりのディスクストライプの数	最小値（既定値）：1 最大値：12	既定値は 1：ストライプなし
フラッシュ読み取りキャッシュの予約 ※ハイブリッド vSAN のみ	最小値：0% 最大値：100%	ハイブリッド vSAN で仮想マシンオブジェクトの読み取りキャッシュとして予約するフラッシュ容量を指定します
強制プロビジョニング	有効 無効（既定値）	ポリシーに準拠しない構成（FTT 未満のホスト台数など）の場合にもオブジェクトの展開を強制します
オブジェクト容量の予約	シンプロビジョニング（既定値） 25% 予約 50% 予約 75% 予約 シックプロビジョニング（100% 予約）	仮想ディスクの使用容量を事前に予約するポリシーです。100% に設定するとシックプロビジョニングとして扱われます ※ 重複排除・圧縮が有効な vSAN データストアではデータ削減分の効果を打ち消して予約してしまうため使用しないでください
オブジェクトチェックサムの無効化	有効 無効（既定値）	本設定が無効（既定値）の場合、チェックサム機能が動作します。ハイブリッド vSAN など性能に影響がある場合にチェックサム機能を無効化するための設定です
オブジェクトの IOPS 制限	最小値（既定値）：0	仮想ディスク（VMDK）などオブジェクトの IOPS 制限を定義します。内部的には I/O あたり 32KB で正規化して IOPS を制限しているため、32KB より大きいブロックサイズの I/O、例えば 64KB のブロックサイズの I/O は 2 I/O として処理されます

【2】　ストレージポリシーの設定では「ストレージルール」として暗号化サービス、容量効率（重複排除・圧縮）、ストレージ階層の 3 つデータサービスが選択可能ですが、ルールに適合する vSAN データストアを自動選択するためのフラグ機能であり、ポリシーの設定により vSAN データストアのデータサービスが有効・無効化されるものではありません。

CHAPTER 7　vSAN

7.6.1　フォルトドメイン

　通常のvSANクラスタでは、仮想マシンのデータはポリシーに準拠して異なるESXiホストにデータを配置し、クラスタ内の全ESXiホストに均等にデータが分散されます。一方、物理的なサーバーの配置に合わせて仮想マシンデータを任意のESXiホストのグループに配置したい場合もあります。例えば、サーバーラック全体の電源障害でvSANクラスタを全停止させないために、異なる電源系統が配線されるラックにESXiホストを設置し、仮想マシンデータは必ず「異なる電源系統のESXiホストにデータを配置する」といった制御をする場合です。

　vSANはこのような物理的なサーバーの配置、またはデータセンターそのものの配置をフォルトドメイン（Fault Domain）と呼ばれる論理グループの設定で制御します。

　RAID1のストレージポリシーをサポートするフォルトドメインを構成する場合、Witnessコンポーネントの配置を含めて物理的なESXiホストを3つのフォルトドメインに配置します。仮想マシンのデータは必ず異なるフォルトドメインに冗長化されたデータを配置するように制御されます（図7.17）。

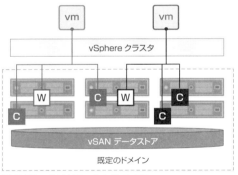
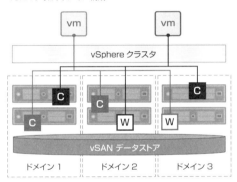

図 7.17　vSAN フォルトドメイン

　2ノードvSANやストレッチクラスタでは、Witnessホスト（Witnessアプライアンス）を含めて、3つのドメインを構成することで、物理的なデータの配置を必ずドメインをまたいで行われるように設定します。

　ストレージポリシーで「サイトの耐障害性」を設定すると、プライマリFTT（PFTT）[3]においてミラーで設定され、必ず2つのドメインにデータが配置されます。さらにドメイン内でのデータ冗長性を担保する場合、セカンダリFTT（SFTT）としてRAID1、RAID5、RAID6などのポリシーを多段で設定できます（図7.18）。

【3】　プライマリFTT、セカンダリFTTの呼称は現在のバージョンのドキュメントでは使用されませんが、「サイトの障害性」および「許容される障害の数」と、それぞれの詳細設定名称では説明が複雑になるため、本書では以前の呼称を利用しています。

7.6 vSAN ストレージポリシーとデータ配置

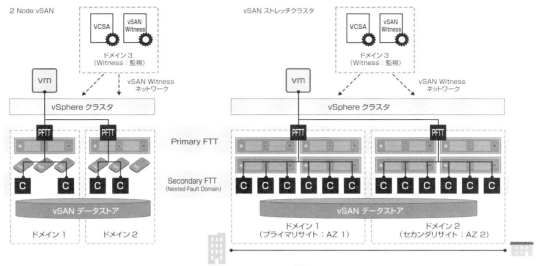

図7.18 2ノード vSAN・ストレッチクラスタのフォルトドメイン [4]

　vSAN 8.0 Update 3 において、vSphere DRS、vSphere HA などのクラスタ機能は vSAN ストレッチクラスタに最適化され、プライマリサイト、セカンダリサイトの設定に合わせた仮想マシンの配置とデータアクセス（サイトローカリティの最適化）を提供します。

7.6.2 vSAN OSA のデータ可用性

　vSAN OSA では最大 FTT=3 のミラーリング（RAID1）、およびイレージャーコーディングで FTT=1（RAID5）、FTT=2（RAID6）が指定可能です（ハイブリッド vSAN ではミラーリングのみサポートされます）。
　ミラーリングの場合は、FTT の指定で冗長化されるデータと Witness コンポーネントの必要数に応じて、合計の ESXi ホスト台数が決定されます。例えば、FTT=1 RAID1 の場合は最小 3ESXi ホストで構成され、FTT 数が 1 つ増加するごとに Witness も追加されます。
　オールフラッシュ vSAN でイレージャーコーディングを利用する場合、FTT=1 RAID5 ではオブジェクトごとに 4 台の ESXi ホストにデータとパリティが 3:1 で分散され、FTT=2 RAID6 では 6 台のホストに 4:2 で分散配置されます（**図7.19**）。

【4】　フォルトドメインはアベイラビリティゾーン（Availability Zone：AZ）などとも呼ばれます。

CHAPTER 7　vSAN

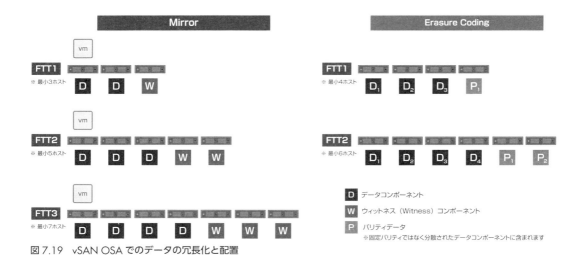

図7.19　vSAN OSAでのデータの冗長化と配置

　ストレージの消費量はRAID1の場合、FTT=1で外部ストレージなどのRAID1と同じく2倍ですが、より可用性を高め多重度の多いFTT=2で3倍、FTT=3で4倍とストレージの容量消費が大きくなるので注意が必要です。RAID5の場合は3:1のデータとパリティの割合なので1.33倍、RAID6の場合は4:2の割合なので1.5倍の容量消費でRAID1を利用した際と比べ抑えられます。

　ただし、vSAN OSAでは後述するイレージャーコーディングにおける書き込みペナルティの影響で性能影響が発生するため注意が必要です。高いI/O性能、低遅延I/Oを必要とする仮想マシンの場合はRAID1を利用する、またはvSAN ESAの採用を検討してください。

7.6.3　vSAN ESAのデータ可用性

　vSAN ESAでミラーリングを利用する場合はP-LegとC-Legにそれぞれオブジェクトが配置され、それぞれ一部が異なるESXiホストに配置され、合計で奇数台数のESXiホストで構成されるため、Witnessコンポーネントは作成されません（2ノードvSANやストレッチクラスタを利用する場合はWitnessアプライアンスを利用します）（図7.20）。

　vSAN ESAではイレージャーコーディングを利用する場合でもP-Legには必ずミラーリングでデータが配置されます。P-Legに一定のデータが蓄積されると、C-LegにRAIDのストライプ幅にあわせてまとまったデータを非同期で書き込みます。この仕組みによりvSAN ESAではイレージャーコーディングの容量効率性と、ミラーリング相当のI/O低遅延性を同時に提供します。

7.6 vSAN ストレージポリシーとデータ配置

図 7.20　vSAN ESA でのデータの冗長化と配置（ミラーリング）

　vSAN ESA でイレージャーコーディングを FTT=1（RAID5）で利用する場合、vSAN クラスタを構成する ESXi ホスト台数によりデータとパリティの割合が変更されます。5 台以下の ESXi ホストの場合はデータとパリティが 2:1 の割合で構成され、最小 3 ESXi からサポートされます。6 台以上の ESXi ホストの場合はデータとパリティが 4:1 の割合で構成されます。FTT=2（RAID6）の場合は vSAN OSA と同じく 4:2 の割合で構成されます（図 7.21）。

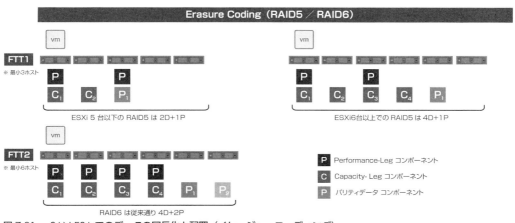

図 7.21　vSAN ESA でのデータの冗長化と配置（イレージャーコーディング）

CHAPTER 7　vSAN

7.7　vSANのストレージI/Oアーキテクチャ

　vSANは従来のストレージと異なり、ストレージ機能はすべてハイパーバイザーに統合されているため、ソフトウェアとしてI/O処理を行います。vSAN OSAとvSAN ESAではI/Oのアーキテクチャが異なります。vSANのアーキテクチャごとに仮想マシンから読み取りや書き込みがどのように処理されるかについて解説します。

7.7.1　vSANのI/Oフロー

■ vSAN OSAの書き込みフロー

1. 仮想マシンからの書き込みリクエストが発行
2. DOMオーナーがFTTの指定に応じて、書き込み先を認識
3. DOMオーナーが各ESXiホストのキャッシュ層SSDに書き込みを指示
4. キャッシュ層SSDに書き込みが完了
5. 対象となる複数のキャッシュ層SSDに書き込みが完了後、DOMオーナーが仮想マシンには書き込み完了の応答（ACK）を返す
6. 書き込みデータは一定時間キャッシュ層上に保持された後、キャッシュ層からキャパシティ層に非同期でデステージ

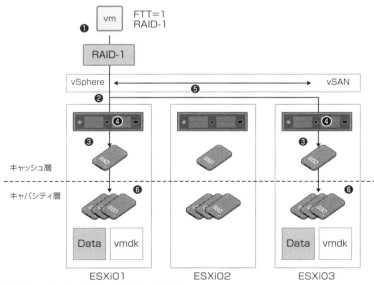

図7.22　書き込みフロー（OSA：RAID1）

7.7 vSANのストレージI/Oアーキテクチャ

　キャッシュ層にあるデータは、書き込まれた順番ではなくアドレスの順にキャパシティ層に順次書き込まれます。したがって、キャパシティ層への書き込みはシーケンシャルとなり、通常の磁気ディスクへ直接読み書きするようなランダムアクセスが少なくなり、ハイブリッドvSANにおいても高速かつ低遅延で処理を行えます。

　ミラー構成の場合は、同一の書き込み処理を複数台のESXiホスト上のキャパシティ層に対して並列実行します。vSAN OSA でRAID5、RAID6のイレージャーコーディングを利用する場合、書き込み時にはパリティ計算処理が都度発生します。

1. 仮想マシンからの書き込みリクエストが発行
2. DOM オーナーが FTT の指定に応じて、読み込み、書き込み先を認識
3. DOM オーナーは変更対象のデータとパリティを読み取る
4. 新しいデータと古いデータを組み合わせてパリティを計算
5. DOM オーナーは新しいデータとパリティをキャッシュ層に書き込み
6. 書き込み完了の応答（ACK）を仮想マシンに返す
7. 書き込みデータは一定時間キャッシュ層上に保持された後、キャッシュ層からキャパシティ層に非同期でデステージ

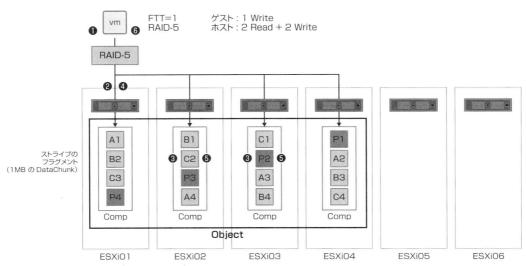

図7.23　書き込みフロー（OSA：RAID5）

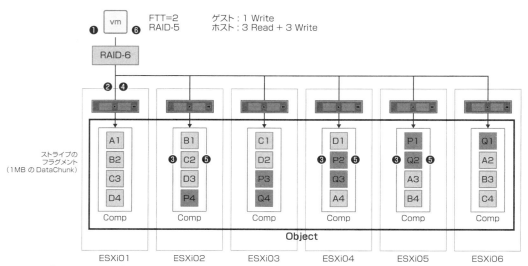

図 7.24　書き込みフロー（OSA：RAID6）

　vSAN OSAではイレージャーコーディングの仕組み上、パリティ計算を行うための書き込み時の追加の I/O 負荷（RAIDペナルティ、書き込みペナルティ）が発生し遅延が増加する可能性があります。そのため、低 I/O 遅延性が求められるアプリケーションを実行する場合は注意が必要です。一方、後述する vSAN ESA ではイレージャーコーディング利用時も低い I/O 遅延で処理が可能なアーキテクチャを採用しています。

　vSAN OSAのイレージャーコーディング利用時の書き込み負荷の低減のために、vSAN 7.0 Update 3 では書き込みサイズの大きな処理に対し Strided Write と呼ばれる書き込み処理の最適化を行いパリティ負荷を下げる機能向上が実装されました。

　vSAN OSAのイレージャーコーディングでは 1MB のチャンク幅で RAID ストライプが構成されます。RAID5 の場合は 3 データチャンク＝3MB 以上の I/O サイズ、RAID6 の場合は 4 データチャンク＝4MB 以上の I/O サイズの場合はチャンクごとのパリティ計算ではなく、RAID ストライプ幅でまとめてパリティ計算を行い、書き込みます。

■ vSAN ESA の書き込みフロー

　vSAN ESA では vSAN ログ構造ファイルシステム（Log-structured Filesystem：LFS）と呼ばれる新しいメタデータ管理のファイルシステムを採用し、効率よく高速なデータ I/O が可能になりました。

　vSAN ESA における仮想マシンからの書き込みリクエストは、FTT で指定した台数に応じた ESXi ホストの P-Leg 領域にミラー書き込み（RAID1）を実行し、P-Leg に書き込まれた時点で仮想マシンに完了の応答が返ります。これにより書き込み時の RAID ペナルティによる遅延を排除し、I/O の低遅延化と高速化を実現します（図 7.25）。

7.7 vSAN のストレージ I/O アーキテクチャ

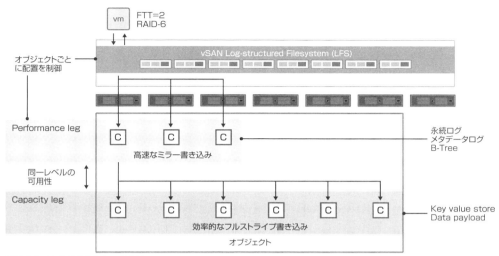

図 7.25 書き込みフロー（ESA）

　書き込みリクエストは P-Leg で他の I/O と結合され、メタデータとともにパッケージ化されます。I/O データが一定量 P-Leg 蓄積されると、非同期で C-Leg 領域へ RAID 構成に合わせてフルストライプで書き込まれます。I/O ごとのパリティ計算ではなく RAID のフルストライプでまとめてパリティ計算を行い、SSD の I/O 数を削減すると同時にパリティ計算ごとの CPU 処理を削減し、ESXi ホスト全体のリソース負荷を大幅に下げるメリットに寄与します（図 7.26）。

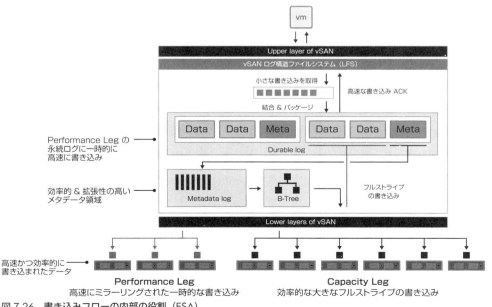

図 7.26 書き込みフローの内部の役割（ESA）

217

CHAPTER 7　vSAN

vSAN ESAではvSAN 8.0 Update 1でAdaptive Write Path（適応型書き込みパス）と呼ばれる、vSAN OSAでのStrided Writeに似た、大きなI/Oサイズのブロックを効率的に書き込む機能が実装されました。

Adaptive Write PathはI/Oサイズ、およびシステム全体の負荷を動的に判断しながら大きなサイズのI/Oの場合にP-Legへのミラー書き込みをバイパスし、C-Legにフルストライプで書き込むことで大きなI/Oを効率よく処理します（P-Legへはメタデータのみ書き込まれます）。

vSAN ESAでのイレージャーコーディングのストライプは128KBのチャンク幅で構成されるため、Adaptive Write PathによるI/Oサイズの判定もvSAN OSAより効率よく制御されます。

■ vSAN OSA の読み込みフロー

vSAN OSAにおける仮想マシンからの読み取りリクエストは、ハイブリッドvSANの場合はキャッシュ層上にデータがある場合はキャッシュ層から読み取り、キャッシュ層にない場合はキャパシティ層から読み込みます。キャパシティ層から読み取ったデータはキャッシュ層にデータをコピーすると同時に、仮想マシンに読み取りデータを渡します。

オールフラッシュvSANの場合はSSDの高速性を活かしてキャパシティ層から直接読み取り、仮想マシンにデータを渡します。図7.27ではオールフラッシュvSANを想定した構成ですが、以下のようなフローで読み込み処理が行われます。

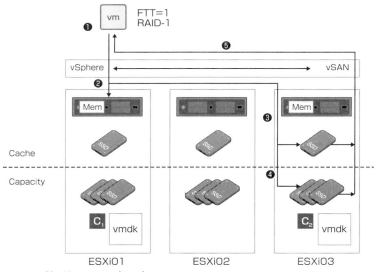

図7.27　読み込みフロー（OSA）

1. 仮想マシンからの読み込みリクエストが発行
2. DOMオーナーは実データが保存される各ESXiホストのメモリ上のキャッシュデータの有無を確認
3. 次にキャッシュ層に該当データの有無を確認

4. 最後にキャパシティ層のデータにアクセス
5. オーナーは 2 〜 4 のいずれか早い段階でアクセスしたデータを仮想マシンに送信

ミラー構成の場合、単一オブジェクト (VMDK) への読み込みは、DOM オーナーにより、複数のコンポーネントに分散して行います。FTT=1 の場合は、1 つの VMDK に対して 2 台の ESXi ホストがコンポーネントを所持しており、各コンポーネントは同じデータを格納しているため、各 ESXi ホストに対して均等に読み取りを行います。

■ vSAN ESA の読み込みフロー

1. 仮想マシンからの読み取りリクエスト発行
2. DOM オーナーが以下の操作を実行し最短のパスを確認
   - A：LFS ストライプバッファ／メモリの確認
   - B：B-Tree Lookup の実行
   - C：P-Leg ／ C-Leg に複数の読み取りの実行
3. P-Leg 上に該当リクエストのデータがキャッシュされている場合は返答
4. キャッシュされていない場合は C-Leg から読み取りを行い返答
5. DOM オーナーは 2 〜 4 のいずれか早い段階でアクセスしたデータを仮想マシンに送信

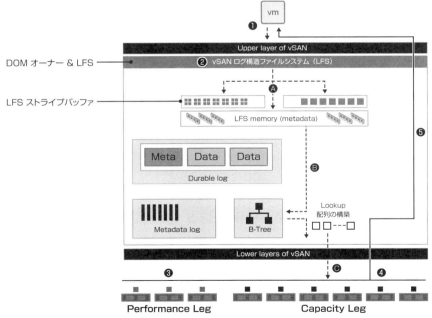

図 7.28　読み込みフロー（ESA）

CHAPTER 7　vSAN

■ ストライプポリシーの効果

ストレージポリシーの「オブジェクトあたりのディスクストライプの数」ルールを利用して複数のコンポーネントに均等に分割できます。既定値は1（ストライプなし）、最大12ストライプまで指定可能です。

データをより多くの物理ドライブに分散配置することでI/O性能の向上に一定の効果がありますが、多すぎるストライプによる分散は、構成するESXiホスト台数やドライブ数がよほど多くない限り、そこまでの効果が見られない場合がほとんどです。また、ストレージポリシーで指定されるデータの冗長性に準拠した配置が優先されるため、同じキャパシティドライブにストライプされたコンポーネントが配置される場合もあります。

ハイブリッドvSAN構成でHDDあたりの性能の上限がボトルネックになる場合において、2～3ストライプを上限に利用します。元々高いI/O性能を持つオールフラッシュvSANでは積極的に利用するメリットはありません。特にvSAN ESAの場合、NVMeドライブはより多いI/O Queueを持つため、性能向上のためのストライプには効果がほぼありません。ESAではストライプは既定値の「1」で利用してください[5]。

7.7.2　vSANデータストアの重複排除、圧縮

vSAN OSA（オールフラッシュvSAN）ではブロックレベルの「重複排除（Dedup）および圧縮」、または「圧縮のみ」を実行してストレージ容量を節約できます。重複排除および圧縮を有効にすると、各ディスクグループ内で同一の重複したデータが検出されると冗長なデータが削減されます。設定はクラスタ全体に行いますが、重複排除はディスクグループ単位、圧縮はドライブ単位で実行されます（図7.29）。クラスタ全体にわたってのグローバル重複排除ではないことに注意が必要です。

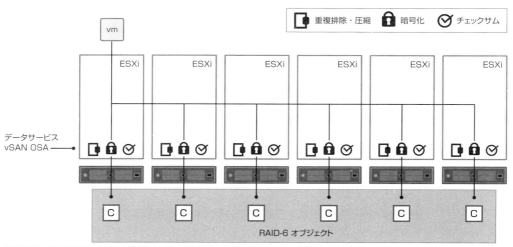

図7.29　vSAN OSAにおけるデータサービス

---

[5] vSAN OSAの場合は255GB以上、vSAN ESAの場合は765GB以上のオブジェクトは自動的に複数のコンポーネントに分割されますが、これはストライプではなく内部的には 連結（Concatenation）となります。vSAN 7.0以前はvSphere Client上でRAID0と表示されていましたが、vSAN 7.0 Update 1以降では連結と表示されます。

vSAN OSA における重複排除は 4KB の固定ブロック長で行われます。圧縮は 4KB のブロックごとに 2KB より小さく圧縮可能な場合は圧縮、2KB より小さく圧縮できない場合は 4KB のまま保存する判断を行います。

書き込みデータの重複排除と圧縮は、キャッシュ層からキャパシティ層にデータを書き込むステージのタイミングで重複排除、圧縮の順に実行され、重複排除と圧縮それぞれで容量削減効果が得られます。

vSAN ESA では vSAN 8.0 Update 3 時点で「圧縮のみ」がサポートされ、重複排除機能は今後のメジャーリリースバージョンで実装される予定です。vSAN OSA のデータサービス処理と異なり、vSAN ESA では仮想マシンが稼働する ESXi ホストにて最初に書き込みデータの圧縮を行います。次に、圧縮後のデータに対して暗号化処理やチェックサムのハッシュ計算処理を実施します。最後に、データを格納する各 ESXi ホストの P-Leg 領域に送信し、P-Leg に書き込まれた時点で仮想マシンには書き込み完了の ACK が返ります。その後、非同期で RAID のストライプ幅で C-Leg にフルストライプ書き込みします。

vSAN ESA では、圧縮・暗号化・チェックサムなどのデータサービスを仮想マシンが稼働する ESXi ホストでのみ実施することで、ホストの CPU 消費を下げ、vSAN ネットワークの帯域利用を抑える効果があります（図 7.30）。

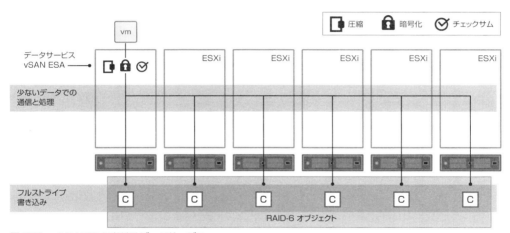

図 7.30　vSAN ESA におけるデータサービス

vSAN ESA の圧縮アルゴリズムは vSAN OSA のものより細かく制御され、4KB のブロックを 8 つのセクターに分けて圧縮の判定をする仕組み（vSAN OSA では 2 つのセクター）となったため、データによっては従来より高い圧縮効果が期待できます。

暗号化された vSAN ESA では、ESXi ホスト間の vSAN ネットワーク上の通信も暗号化されたデータが転送されます。なお、ストレージポリシーの「オブジェクト容量の予約」でシックプロビジョニング（100% 予約）を指定した場合、重複排除・圧縮のデータ削減効果を考慮せずに仮想マシンの容量が予約されてしまうため、重複排除・圧縮が有効な vSAN データストアではシンプロビジョニング（予約なし）で利用することが推奨されます。

7.7.3 vSAN データストアの暗号化

vSAN データストアの暗号化についての詳細は、第 14 章で vSphere Native Key Provider（NKP）の利用とあわせて解説します。

7.8 vSAN の運用と管理

vSAN の運用・管理は、ESXi ホストとストレージが一体化して vCenter Server で管理されるため、従来のストレージと異なる運用・管理が必要となります。通常の ESXi ホストの運用に加えて留意しておくべきメンテナンス方法、ツール類について解説します。

7.8.1 vSAN サービスの有効化

vSphere 8.0 Update 3 現在、vSAN を有効化する方法として、第 3 章で解説した VCSA の初期デプロイ時に vSAN クラスタを有効化して展開する方法、クラスタクイックスタートを用いて vSAN クラスタを構築する方法の他、新規作成したクラスタに対して手動で vSAN をサービスとして有効化する方法があります（図 7.31）。

図 7.31　vSAN の有効化

vSAN 8.0 Update 3 時点では、vSAN の有効化時に通常の「vSAN HCI」、「2 ノード vSAN」、「ストレッチクラスタ」の他、ストレージ専用の「vSAN Max」クラスタの作成、vSAN Max などストレージ分離（vSAN

Disaggregation）されたリモート vSAN データストアをマウントする「vSAN コンピューティングクラスタ」の作成がサポートされます。

7.8.2　vSAN サービス設定と健全性ステータスの確認

vSAN クラスタの状態は vSphere Client、PowerCLI、ESXCLI など各種ツールを用いて確認可能です。

vSAN 6.7 Update 3 以降では HTML5 ベースの vSphere Client に詳細な vSAN 管理ツール、および健全性モニタ（Skyline Health）が実装され、vSAN の運用と管理は初期導入からライフサイクル運用までほぼ全ての操作が vSphere Client で完結します。

vSAN はクラスタ単位に設定する機能のため、vSphere Client のインベントリからクラスタを選択した状態で「構成」・「監視」それぞれのメニューにある「vSAN」から各種設定、状態の確認を実施します。

■ vSAN サービス設定

vSAN のサービス設定は vSAN クラスタごとに行います。対象の vSAN クラスタを選択した状態で [構成] > [vSAN] > [サービス] メニューから、基本となる vSAN の各種機能の有効化・無効化を行います。その他、vSAN クラスタの構成メニューでは「サービス」「ディスク管理」「フォルトドメイン」「iSCSI ターゲット」「データストア管理」などの構成管理を行います（**図 7.32**）。

名称	説明
サービス	● vSAN の有効化、各種データサービスの設定
ディスク管理	● vSAN で使用される HDD・SSD を管理する UI ● ディスクの追加やディスク障害時の交換操作で使用
フォルトドメイン	● フォルトドメインの設定
iSCSI ターゲット	● vSAN iSCSI サービスを有効にしている場合の iSCSI ターゲット (LUN) の設定、管理で使用
データストア管理	● vSAN Disaggregation のリモート vSAN データストアをマウントする場合に使用

図 7.32　vSAN 構成管理メニュー

■ vSAN 健全性ステータス

運用中の vSAN の健全性の確認は、vSAN クラスタを選択した状態で [監視] > [vSAN] > [Skyline Health] のメニューから vSAN の各種健全性状態を確認し、不具合が確認できた場合は修正方法などの指示が表示されます。既定値では 60 分ごとに健全性がチェックされます。vSAN 健全性・Skyline Health については第 11 章で詳細を解説します。

その他、vSAN クラスタの監視メニューでは「仮想オブジェクト」「オブジェクトの再同期」「プロアクティブテスト」「容量」「パフォーマンス」「パフォーマンス診断」「サポート」「データ移行の事前チェック」などの vSAN クラスタの運用において必要な操作を行います（**図 7.33**）。

CHAPTER 7 vSAN

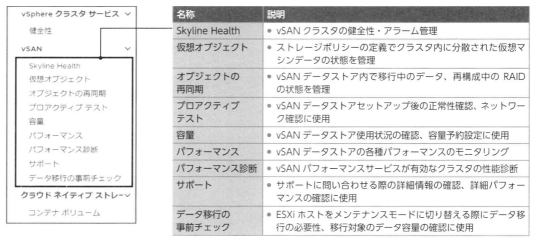

図 7.33　vSAN 監視メニュー

■ vSAN 各プロセスのモニタリング

vSphere Client に組み込まれた vSAN パフォーマンスモニタリングの機能では、通常の仮想マシンと ESXi ホストの vSAN I/O の「パフォーマンス」モニタリングの他、サポートメニューから「サポートのパフォーマンス」にアクセスすることでプロセスごとの詳細な監視が可能です（図 7.34）。

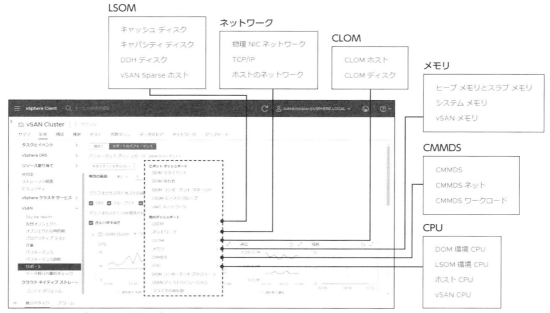

図 7.34　vSAN プロセスの詳細なパフォーマンスモニタリング

7.8.3 vSAN データストアの容量管理

vSAN データストアは仮想マシンデータで使用する容量以外にも、システムが使用するオーバーヘッドや、クラスタを構成する ESXi ホストの縮退時においてもポリシーに準拠したデータ配置を行うための予備容量の予約が必要とされます。vSAN 7.0 以前ではこれらのオーバーヘッド容量を「スラックスペース（Slack Space）」と呼び、vSAN データストアのキャパシティドライブ容量の合算（RAW 容量）の 20% 〜 30% をサイジング時にあらかじめ確保することが推奨されました。

vSAN 7.0 Update 1 以降では vSphere Client の UI で明確に容量の事前「予約」がサポートされ、仮想マシンで利用可能な容量と、システムが利用する容量（操作の予約：OR）と、ESXi ホスト縮退時の予備容量（ホスト再構築の予約：HRR）により確保するべきオーバーヘッド容量がクラスタ規模に応じて細かに算出可能になりました。また、容量利用率に応じたアラート設定のカスタムも可能です（図 7.35）。

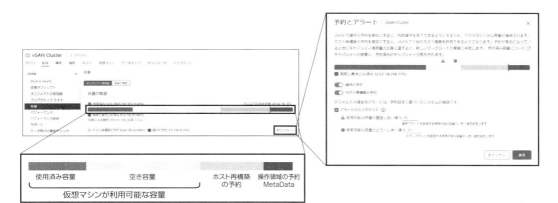

図 7.35 vSAN の容量予約とアラート設定

- 操作の予約：(Operations Reserve：OR)
  vSAN のシステム用領域（メタデータやポリシー変更などシステム処理で利用される領域）です。RAW 容量の 10% が予約されます。

- ホスト再構築の予約：(Host Rebuild Reserve：HRR)
  ESXi ホストが 1 台停止した場合でも仮想マシンデータが再構築（リビルド）できるように 1 ホスト分の容量をあらかじめ予約する ＝ N 台の ESXi で構成された vSAN クラスタの場合は全体の 1/N の容量が予約されます。

OR の 10% はシステムの安定利用のために必須のオーバーヘッドと理解してください。HRR は主に使用する RAID レベルによりサイジングの観点でクラスタ全体の何 % の容量が必要になるかが変わります。

基本的に必要とする vSAN 容量、およびコンピューティングリソースの容量から算出した ESXi ホスト台数

CHAPTER 7　vSAN

に、同サイズの ESXi ホストを 1 台追加する N+1 のサイジングで HRR は計算します。vSAN ReadyNode Sizer などで算出する際は OR と HRR を有効にしてサイジングすることで、N+1 の ESXi ホスト台数で算出されます。

図 7.36　vSAN の容量予約の有効・無効の違い

　同じ vSAN データストアの使用容量であっても、予約の有効・無効で使用可能な残り容量が大きく変わります（図 7.36）。vSAN の安定した運用のために、OR と HRR の予約機能を有効にすることが強く推奨されます。ただし、2 ノード vSAN やカスタムフォルトドメインが有効なクラスタ、通常構成 vSAN の場合でも 3 ホスト構成など最小構成の場合、HRR を確保できないことから予約は利用できません。アラームの設定はサポートされるため、アラームを使用したデータストア使用率の監視を行うことを推奨します。

　vSAN OSA のオーバーヘッドは OR 10%、HRR として N+1 のホスト台数でサイジングします。クラスタを構成する ESXi ホスト台数により異なりますが、4 台の vSAN クラスタの場合は約 30%、8 台の場合は 23% 程度の容量をオーバーヘッドとして確保します。vSAN OSA のキャッシュ層ドライブは容量利用率としての考慮は必要ありません。

　vSAN ESA のオーバーヘッドも同様に OR として 10%、HRR として N+1 のホスト台数でサイジングしますが、vSAN OSA との違いで、グローバルメタデータ容量で 10%、LFS オーバーヘッドとして仮想マシンが使用するデータ容量の 13% が追加のオーバーヘッドとして必要となります。

　P-Leg 分の容量オーバーヘッドはグローバルメタデータと LFS オーバーヘッドに含まれるため追加の計算は不要です。vSAN OSA と比較してドライブあたりのオーバーヘッドが多く設定されていますが、vSAN OSA におけるキャッシュ層ドライブ分のオーバーヘッドが P-Leg 分として含まれること、性能劣化のないイレージャーコーディングが利用可能であること、効率の良い圧縮機能がデフォルトで有効であることなどを考慮すると、実効容量は vSAN OSA 以上となります（図 7.37）。

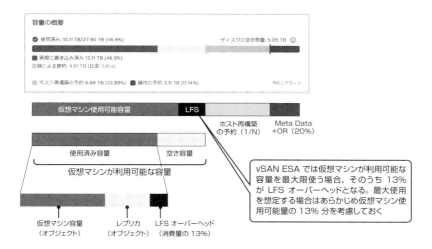

図 7.37　vSAN ESA の実効容量とオーバーヘッド

vSAN OAS、vSAN ESA ともに詳細な vSAN データストアの実効容量とオーバーヘッドの容量は、vSAN ReadyNode Sizer、Quick Sizer を利用して把握可能です。

- **vSAN ReadyNode Sizer**
  https://vcf.broadcom.com/tools/vsansizer/

第 2 章で解説した vSAN TiB 容量ライセンスは、オーバーヘッド分を含めたキャパシティドライブ全容量を TiB 換算した RAW 容量で計算します。

■ データの自動リバランス

vSAN では vSAN データストア全体の容量使用と合わせて、vSAN を構成する個々のキャパシティドライブの使用率が監視され、ドライブ全体が均等に使用されるようにデータのリバランス（再配置）が行われます。

vSAN 6.7 Update 3 以降では自動リバランス機能が実装され、個々のドライブの使用差が指定したしきい値を超えると、使用差が設定値の 1/2 になるまで vSAN コンポーネントがリバランスされます。

自動リバランスの有効化は vSAN クラスタを選択し、[構成] > [vSAN] > [サービス] > [詳細オプション] から操作します。リバランスしきい値は 10% ～ 75% の範囲で設定可能で、既定値では 30% が設定されています（**図 7.38**）。

CHAPTER 7　vSAN

図 7.38　vSAN 自動リバランス

　図 7.39 はリバランスしきい値を 30% で指定した場合の動作を図にしたものです。個々のドライブの使用率の差が 30% を超えている場合、使用率の大きなドライブに配置されたコンポーネントが使用率の小さなドライブに再配置され、使用率の差がしきい値の半分 (15%) 以内に収まるまで調整されます。再配置後もストレージポリシーに準拠するように場合によっては玉突きでコンポーネントが再配置される場合もあります。

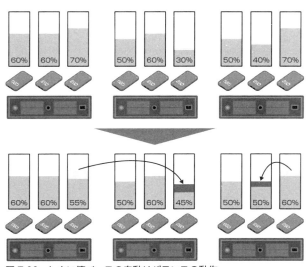

図 7.39　しきい値ベースの自動リバランスの動作

通常自動リバランスは有効にすることが強く推奨されますが、本番稼働中のシステムでリバランス I/O が不定期に発生することは避けたいという場合もあります。その際は、週末のみ自動リバランス有効化するなど定期的にストレージ利用率を均等に慣らすことを検討します（自動リバランスのスケジュール機能はないため、PowerCLI などを利用して外部からスケジュールを組む必要があります）。

■ 強制リバランス（リアクティブリバランス）

　vSAN データストアでは構成する個々のドライブの使用率が 80% を超えると強制的にリバランス（リアクティブリバランス）が行われ、使用率の少ないドライブにコンポーネントの再配置が実行されます（図 7.40）。

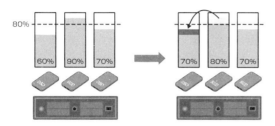
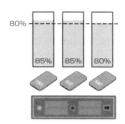

個々のドライブの容量をモニタリングして 80% を超過すると、超過したオブジェクト分のデータが vSAN クラスタ内の余裕のあるドライブにリバランスされる（強制リバランス）

vSAN クラスタ内の全ドライブが均等に 80% を超える場合には強制リバランスは発生しない

図 7.40　vSAN のリアクティブリバランスの動作

　強制リバランスは特定のドライブの使用率が 100% に達することがないように行われる緊急的な保護機能です。全てのドライブの使用率が 80% を超えた場合は、再配置は行われず特定のドライブの使用率が 100% に達するリスクが高まります。

　ドライブ使用率が 100% に達すると書き込みが行われなくなり、対象ドライブにコンポーネントを配置する仮想マシンが停止します。これらの重大な問題を避けるため、容量予約機能とアラートの機能を活用し、容量が逼迫している場合は不要な仮想マシンの削除、不要なスナップショットの削除などで空き容量を増やす、またはドライブの追加、ホストの追加を行うなど vSAN データストアの拡張を行います。

7.8.4　vSAN バージョンとディスクフォーマット

　vSAN は vSphere のバージョンに合わせてバージョンアップされていきますが、新しい vSAN の機能を利用するためには vSAN データストアを構成する vSAN ファイルシステムのメタ情報（ディスクフォーマット、またはオンディスクフォーマット）をバージョンアップする必要があります。ディスクフォーマットは vSphere クラスタのバージョンアップ後、vSAN Skyline Health（vSAN 健全性）メニューにてアップグレードが可能であることが表示されます。現在の状態を確認する場合は健全性検出ビューで「ディスクフォーマットのバージョン」を開きます（図 7.41）。

CHAPTER 7　vSAN

図7.41　vSANディスクフォーマット①

「現在の結果の表示」を選択すると各ESXiホストに搭載されるvSANドライブのフォーマット情報が確認できます（**図7.42**）。古いバージョンが含まれる場合は「オンディスクフォーマットのアップグレード」を実行してバージョンを揃えます。全てのvSANドライブのバージョンが揃った時点で、最新バージョンでサポートされる機能が利用できます。

図7.42　vSANディスクフォーマット②

オンディスクフォーマットのアップグレードはメタ情報のみ更新され、vSANドライブ1本あたり数10秒で完了し、仮想マシンは起動したままオンラインで実行できます。vSANオンディスクフォーマットのバージョンアップは必須作業ではありませんが、新しいvSAN機能を活用するためにvSphereクラスタのバージョンアップとあわせて実施することが推奨されます。

7.8.5 リモート vSAN データストア

vSAN 7.0 Update 1 で実装されたリモート vSAN データストア (旧称 HCI Mesh) は従来 vSAN クラスタ内の仮想マシンのみが利用できた vSAN データストアを、異なる vSphere クラスタにリモートマウントで共有することで柔軟なデータストア運用を可能にします。

vSAN 8.0 Update 1 以降では、vSAN OSA のリモート vSAN データストアを異なる vCenter Server 管理下のクラスタへの共有がサポートされ、vSAN 8.0 Update 2 以降では vSAN ESA においても同様のサポートが追加されました。

vSAN Max 構成はリモート vSAN データストアに特化したストレージ専用クラスタを提供します。リモート vSAN データストアの機能を活用するためには vSphere 8.0 Update 3、および vSAN 8.0 Update 3 以降の最新バージョンでクライアントクラスタとストレージクラスタの双方を構成することが推奨されます。

リモート vSAN データストアはドキュメントによっては vSAN Disaggregation、vSAN 分離データストアと表記されることがあります。

■ リモート vSAN データストアのマウント

リモート vSAN データストアをマウントするには「vSAN サービスの有効化」の操作の中でコンピュートクラスタにマウントする他、vSphere Client でクラスタを選択した状態で [構成] > [vSAN] > [データストア管理] を開き、[リモートデータストアのマウント] メニューから操作します。

同一 vCenter Server 管理下の別のクラスタで vSAN データストアが利用可能な場合は、データストアの選択画面から選択できます。異なる vCenter Server 管理下のリモート vSAN データストアをマウントする際は、事前に対象の vCenter Server をリモートデータストアソースに追加する必要があります。

リモートデータストアソースの追加は vSphere Client で最上位の vCenter Server オブジェクトを選択し、[構成] > [vSAN] > [リモートデータストア] を開き、[リモートデータストアソースの追加] メニューから操作します。クライアントクラスタとストレージクラスタ間の vSAN ネットワークと接続パスの管理は通常の vSAN HCI と同じく、vSAN プロセスが自動で制御します。

■ リモート vSAN データストアの制限

リモート vSAN データストアを利用する際、vSphere 8.0 Update 3 時点ではいくつかの制約があります。

ESXi ホストの内部で vSAN OSA のプロセスと vSAN ESA のプロセスを同時に実行することができないため、クライアントクラスタから vSAN OSA と vSAN ESA のリモート vSAN データストアを同時にマウントすることはサポートされません。また、vSAN データストアを持つ vSAN HCI から別のリモート vSAN データストアをマウントする際も、同一種類の vSAN アーキテクチャのみがサポートされます (図 7.43)。

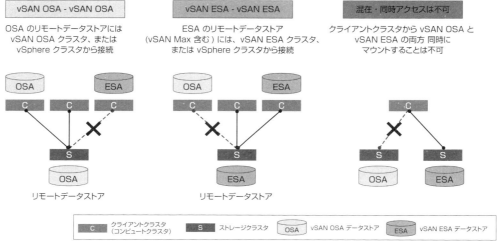

図 7.43　リモート vSAN データストアへの接続と制限

　クライアントクラスタは最大5つのストレージクラスタへの接続、ストレージクラスタは最大10のクライアントクラスタからの接続がサポートされます (図 7.44)。

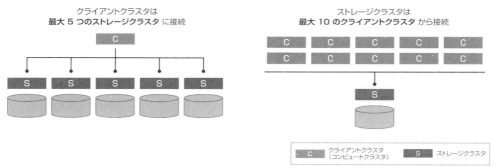

図 7.44　リモート vSAN データストアに接続可能なクラスタ数

　1つのリモート vSAN データストアに接続可能な ESXi ホストの台数は、クライアントクラスタとストレージクラスタの ESXi ホスト台数の合計 128 台以下です。vSAN で RDMA ネットワークを利用している場合は、リモート vSAN データストアはサポートされません。

7.8.6 vSAN データストアの障害と復旧

vSAN が構成されたクラスタでは「7.5.2 vSAN を構成するプロセスと役割」で解説した各プロセスが ESXi ホスト、vSAN ドライブといった物理コンポーネントの正常性を常に監視し、なんらかの問題が発生した場合には仮想マシンデータがストレージポリシーに準拠するようにデータの再構成が実行されます。

仮想マシンデータ（オブジェクト）および物理コンポーネントは「健全（Healthy）」「不完全（Absent）」「低下（Degraded）」の 3 つのステータスで健全性が管理されます（**表 7.12**）。

表 7.12 vSAN コンポーネントの健全性ステータス

コンポーネント状態	説明
健全（Healthy）	コンポーネントは健全で、ストレージポリシーに準拠して最新のデータを保持します
不完全（Absent）	一時的なディスク障害状態、ネットワーク障害に起因したホストの隔離状態においてコンポーネントにマークされる、Degraded になる前の猶予期間です。計画的なメンテナンスモードにおいても ESXi ホストの停止中は Absent 状態となります
低下（Degraded）	永続的なコンポーネントの障害が検出され、正常な状態に戻らないと判断された状態、または、Absent から 60 分経過（デフォルト）した際、低下状態のコンポーネントは再構築・再構成（Rebuild）が即時実行されます

Absent 状態は、使用している vSAN ドライブを誤って物理的に取り外した場合や、ESXi ホストがネットワーク隔離状態で疎通不可の場合、ESXi ホストがメンテナンスモードに移行した場合など、短時間で復旧見込みがある場合にマークされます。

一方、Degraded 状態は、HDD や SSD の故障（SMART などセンターでの故障検知）やコントローラの故障など明確な障害と判断されるとマークされ、Degraded 状態ではデータの再構成が即時開始されます。

Absent 状態で 60 分（既定値）を経過すると Degraded 状態に移行し、データの再構成が行われます。既定値の 60 分は、ESXi ホストのバージョンアップなどの計画メンテナンスなど「一定時間後に復旧する見込みのある停止」を想定しており、60 分を超える計画メンテナンスが予定される場合においてデータ再構成の実施を延期したい場合は「オブジェクト修復タイマー」設定から変更可能です。オブジェクト修復タイマーの設定変更は vSAN クラスタを選択し、[構成] > [vSAN] > [サービス] > [詳細オプション] から実施します。

■ ESXi ホストの停止と vSAN ドライブの故障

ESXi ホストが突発的に停止した場合、停止した ESXi ホスト上で稼働する仮想マシンは vSphere HA によりクラスタ内の他の正常なホストで再起動されます。vSAN プロセス側では CMMDS が ESXi ホスト間のハートビートを行っており、最大 10 秒の応答がない場合、対象のホストは Absent 状態としてマークされ、仮想マシンの I/O は冗長化された残りのデータにアクセスが継続されます（**図 7.45**）。

CHAPTER 7　vSAN

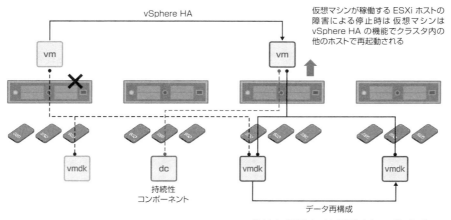

図 7.45　ESXi ホスト停止時の vSAN の挙動

　60 分以内に停止した ESXi ホストが復旧した場合、データの再構成（RAID 再構築）は実行されず、元のホストに差分データが反映されます。60 分を経過した場合はデータの再構成が開始されます。

　データ再構成途中で停止したホストが復旧した場合、「データの再構成を継続する」か「元の ESXi ホストのデータに差分を反映させる」のどちらが早くストレージポリシーに準拠する状態に戻せるか自動で判断され、効率の良いデータ再構成が選択されます。

　vSAN で利用される物理ドライブに障害が発生した場合、仮想マシンの HA による再起動は発生せず、vSAN データのデータ再構築と書き込み差分の持続性コンポーネントの作成が行われます（図 7.46）。

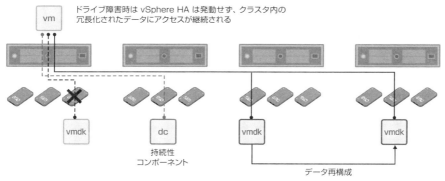

図 7.46　vSAN ドライブ故障時の vSAN の挙動

HDD・SSD の明確な故障と判断された場合は Degraded 状態として認識され、データ再構成が即時開始されます。vSAN ドライブの交換作業などの操作において、誤って正常な vSAN ドライブを抜いてしまった場合は Absent 状態として認識されます。その場合、ドライブを元通り挿し直せば再度正常なドライブとして認識され、I/O が再開されます。

■ 持続性コンポーネント (Durability Component)

vSAN 7.0 Update 2 以降では、ESXi ホストが障害などで停止している間、影響を受けるコンポーネントの書き込みデータの差分を異なる ESXi ホストに「持続性コンポーネント (Durability Component)」として保存する機能が追加されました。持続性コンポーネントは障害発生時のデータ損失リスクを低減し、障害復旧時の再同期時間を短縮することを目的としています。

■ vSAN オブジェクトの再同期の監視

データ再構成やリバランス中の vSAN オブジェクトの状況は、vSAN 監視メニューの「オブジェクトの再同期」から確認できます。ESXi ホストのメンテナンスを開始する際は、バックグラウンドで再同期中のオブジェクトがないか確認することが強く推奨され、vSAN クラスタでの構成変更やバージョンアップなどの作業の前に必ず確認してください。オブジェクトの再同期に表示される推定時間は仮想マシンの負荷、ネットワークやドライブの状態に応じて変化します。

vSAN 6.7 以降、再同期トラフィックと、仮想マシンのストレージ I/O トラフィックは Adaptive Resync（適応型再同期）と呼ばれる機能により、仮想マシンのストレージ I/O トラフィックは再同期トラフィックに対して優先するように制御されます。再同期トラフィックがない状態では仮想マシンに 100% のトラフィックが確保され、仮想マシンと再同期トラフィックの双方が高まった状態では、仮想マシンに 80% のトラフィックを優先的に割り当て、再同期トラフィックは 20% に抑えられます[6]。

再同期トラフィックは vSAN パフォーマンスモニタの「バックエンド」ネットワークの状態から確認可能です。パフォーマンスモニタ上、再同期トラフィックは「再同期読み取り（英語 UI では Resync）」と「リカバリ書き込み（英語 UI では Recovery）」の 2 つのメトリックで表示されます。

7.8.7 vSAN クラスタのシャットダウンと起動

vSAN クラスタは仮想マシンとそのデータが同じクラスタ内に配置されるため、ESXi ホストのメンテナンスもデータへのアクセシビリティを考慮した運用が必要です。ここでは ESXi ホストのメンテナンスモード、vSAN クラスタ全体のシャットダウン操作について解説します。

【6】 vSAN 6.7 以前でサポートされていた手動設定での再同期トラフィックの帯域制御は Adaptive Resync 機能の実装に伴い廃止されました。

CHAPTER 7　vSAN

■ vSAN クラスタを構成する ESXi ホストのメンテナンスモード

vSAN クラスタを構成する ESXi ホストをメンテナンスモードに移行する際は、通常の ESXi ホストと異なり、仮想マシンが vSAN データストア上のデータに継続してアクセスできることを考慮する必要があり、3 つのオプションが用意されています（図 7.47、表 7.13）。

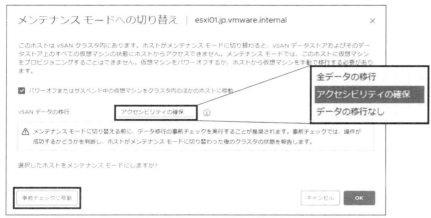

図 7.47　vSAN 構成下の ESXi メンテナンスモード

表 7.13　メンテナンスモードオプション

オプション	説明
アクセシビリティの確保	ESXi ホストのメンテナンスモードに移行した場合に、仮想マシンがデータにアクセス可能であることを担保するオプションです。対象ホストの停止によりアクセス不可となる仮想マシンデータがある場合、別のホストにデータ移行されます。仮想マシンデータが FTT=1 以上のストレージポリシーで保護され、クラスタ内の他のホストにも存在する場合、データ移行は実施されません。メンテナンスモードの間はポリシー非準拠の状態となり、60 分（既定値）経過するとデータの再構成が開始されます
全データの移行	メンテナンスモードに移行する ESXi ホストに配置される全ての vSAN データが別のホストに移行されます。他のホストにデータを移行する空き容量がない場合や、ストレージポリシーに準拠する最小台数に満たない場合はこのオプションを選択できません
データの移行なし	データの退避を行わずにメンテナンスモードへ移行します。メンテナンスモード移行後に、いくつかの仮想マシンではディスクにアクセスできなくなる可能性があります

メンテナンスモードに移行する際の影響については、事前に対象容量、想定される移行必要時間を見積もることが可能です。各 ESXi のメンテナンスモード移行画面の [事前チェックに移動] または [vSAN クラスタ] > [監視] から [データ移行の事前チェック] を開き、対象ホスト、移行モードを選択して、[事前チェック] ボタンを実行します（図 7.48）。

7.8 vSANの運用と管理

図 7.48 メンテナンスモード・データ移行の事前チェック

データ移行の事前チェックを行うことで、対象のESXiホストをメンテナンスモードに移行した際の影響を確認できます。

■ vSAN クラスタのシャットダウン

vSAN 7.0 Update 3 以降、vSAN クラスタの計画的な停止を行う場合、vSphere Client からクラスタの一括シャットダウンが可能になりました。

後述する手動シャットダウンでは、クラスタの停止前にvCLSの退避モードへの変更、および各ESXiホストのオブジェクトの完全な整合性を保つための「クラスタメンバーの更新の無効化」処理や、いずれか1台のESXiホストで「Reboot Helper」スクリプトを実行する必要があります。vSphere Client UI から行う一括シャットダウンでは、Reboot Helper の制御も含め各種操作が自動で実行されます。

1. vSAN の健全性をチェックして、クラスタが正常であることを確認
2. クラスタのシャットダウンを行う前に、対象クラスタで稼働する仮想マシンをシャットダウンする。対象クラスタ上で稼働する vCenter Server アプライアンス（VCSA）、vCLS 仮想マシンはシャットダウンしないように注意する
3. vSphere Client でシャットダウン対象の vSAN クラスタを選択し、[アクション] > [vSAN] > [クラスタのシャットダウン] を選択
4. クラスタ上に VCSA が展開されている場合、現在配置されている ESXi ホストを記録しておく。クラスタ上でその他の仮想マシンが起動している場合などは、事前チェックで警告が上がるので、警告の対象となる要因を解決する（図 7.49）

237

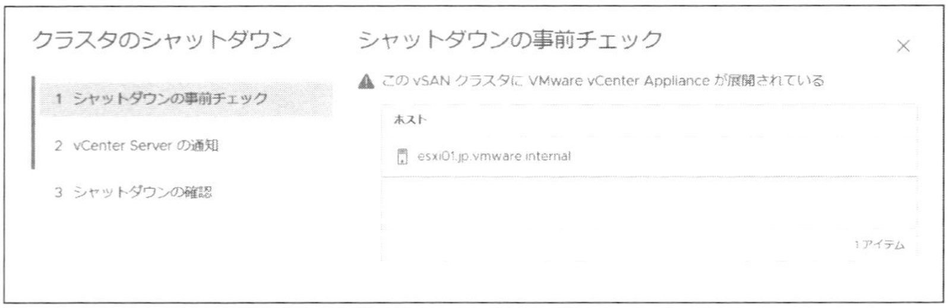

CHAPTER 7　vSAN

図7.49　vSANクラスタのシャットダウン：シャットダウンの事前チェック

5. シャットダウン対象のクラスタにVCSA自身が稼働している際はメッセージが表示される。次回クラスタの起動時はVCSAも自動で起動される。シャットダウン時と次回起動時になんらかの問題が発生した場合も、VCSAが配置されたESXiホストのHost ClientにアクセスしてVCSAの状態を確認できる。覚えやすいように一番若番のホスト名・IPアドレスを持つESXiホストなどにvMotionで移行しておくと良い（図7.50）。

図7.50　vSANクラスタのシャットダウン：vCenter Serverの通知

6. シャットダウンの最終確認に問題がなければシャットダウンを実行する。次回起動時はESXiホストの起動が完了するとVCSAも自動で起動され、vSphere Clientにアクセス可能になる（図7.51）。

7.8 vSANの運用と管理

図 7.51 vSAN クラスタのシャットダウン：シャットダウンの確認

　クラスタシャットダウン機能を利用することで vSAN クラスタを安全にシャットダウンでき、次回起動時の操作を大幅に簡略化できます。

■ vSAN クラスタの手動シャットダウン

　vSAN クラスタを手動でシャットダウンする場合、対象クラスタ上に VCSA が展開されているか否かで手順が異なります。

1. 各 ESXi ホストに SSH 接続するかコンソールから ESXi Shell にログインする（CLI からコマンドを投入する必要があるため）
2. vSAN の健全性をチェックして、クラスタが正常であることを確認する
3. vSphere HA が有効な場合は HA の誤作動で仮想マシンが再起動しないように無効化する
4. VCSA が対象クラスタ上に展開されている場合、次回起動時に VCSA を起動しやすいように若番のホスト名・IP アドレスを持つ ESXi ホストに vMotion で移動する
5. クラスタのシャットダウンを行う前に、対象クラスタで稼働する仮想マシンをシャットダウンする。対象クラスタ上で稼働する vCenter Server アプライアンス（VCSA）、vCLS 仮想マシンはシャットダウンしないよう注意する
6. vCLS を退避モードに変更し、vCLS VM が削除されたことを確認する（第 9 章参照）
7. VCSA 対象クラスタ上に展開されている場合はシャットダウンする
8. 各 ESXi ホストに SSH 接続、または ESXi Shell コンソールから以下のコマンドを実行する

CHAPTER 7　vSAN

```
esxcfg-advcfg -s 1 /VSAN/IgnoreClusterMemberListUpdates
```

9. 1台のESXiホストで以下のコマンドを実行する（複数台のホストで実行しないこと）。「Cluster preparation is done」と表示されるまで待機する。エラーが表示される場合はメッセージに従いエラーの原因を解決する

```
python /usr/lib/vmware/vsan/bin/reboot_helper.py prepare
```

10. 全てのESXiホストを「データ移行無し」でメンテナンスモードに移行する。VCSAがシャットダウンされている場合は各ESXiホストにHost Clientで接続して操作するか、SSH、PowerCLIなどでコマンドラインから操作する
11. メンテナンスモードに移行後、全てのESXiホストをシャットダウンする

■ vSANクラスタの手動起動

1. 全てのESXiホストを起動する。起動後、全てのESXiホストのメンテナンスモードを終了する
2. 1台のESXiホストにSSHで接続し、以下のコマンドを実行する。「Cluster reboot/power-on is completed successfully!」と表示されるまで待機する

```
python /usr/lib/vmware/vsan/bin/reboot_helper.py recovery
```

3. 全てのESXiホストにSSHで接続し、以下のコマンドを実行する

```
esxcfg-advcfg -s 0 /VSAN/IgnoreClusterMemberListUpdates
```

4. シャットダウン時に記録したVCSAが配置されていたESXiホストにHost Clientで接続し、VCSAを起動する
5. VCSAが起動し、vSphere Clientに接続できたらvCLSの退避モードを終了する（第9章参照）
6. vSphere HAを有効化する

vSANクラスタの手動でのシャットダウン、起動の詳細は以下のKBで解説されているのであわせて参照してください。

- KB：Using a built-in tool to perform a simultaneous shutdown/reboot of all hosts in the vSAN cluster（322144）
  https://knowledge.broadcom.com/external/article/322144/

7.9　vSAN の推奨構成

通常の vSphere クラスタの構成にも共通する内容ですが、vSAN クラスタの構成ではいくつかの推奨される考慮点があります。

7.9.1　vSAN クラスタ構成の推奨

■ 単一のメーカー、同一モデルのサーバーでクラスタを構成する

通常の vSphere クラスタと同じく、vSAN クラスタも性能の均質化、vSphere Lifecycle Manager での ESXi イメージ管理、トラブルシューティングの観点から単一メーカー、同一モデルのサーバーでクラスタを構成することが推奨されます。

vSAN データストアを構成する vSAN ドライブは全ホストで同一性能のドライブ、特に各ホストに搭載されるドライブはキャッシュ層、キャパシティ層をそれぞれ同一インターフェイス(SAS／SATA／NVMe)で構成を揃えます。例えば、特定のホストのキャッシュ層が SAS SSD、別のホストは NVMe SSD で構成される場合や、キャパシティ層で SAS を利用するホストと SATA を利用するホストが混在するなど、ドライブ構成に性能差がある場合は仮想マシン性能のボトルネックとなりうるため推奨されません。

また、ハイブリッド vSAN の場合は異なる回転数の HDD を同一クラスタに混在することは推奨されません。ライフサイクル管理の推奨は第 10 章で詳細を解説します。

■ クラスタのリソースを均等に利用する

負荷のアンバランス、ボトルネックが発生しないように vSAN クラスタでは vSphere DRS を利用し、仮想マシンが均等に分散されるようにします。また、vSAN の自動リバランス機能を利用し、クラスタ内の vSAN ドライブが均等に利用されるようにします。

■ シンプルで広帯域・低遅延なネットワークを構成する

「vSAN ネットワークの推奨構成」で解説したように、最も推奨される vSAN ネットワークは ToR スイッチで L2 ネットワーク折り返しの通信が各 ESXi ホスト間で行われることです。vSAN ネットワークには分散スイッチを利用し、NIOC を利用して帯域の優先制御を行います。

■ ライフサイクル運用を考慮した台数でクラスタを構成する

vSAN クラスタを構成する ESXi ホストは最大 64 ホストまで拡張できます。しかし、ライフサイクル運用の観点でホスト台数が多いとその分考慮するべきメンテナンスウィンドウが増加し、ネットワークも複数のスイッチにまたがる構成が必要になり管理が複雑化します。そのため、ワークロードに合わせて vSAN クラスタをデザインする他、企業のライフサイクル管理、メンテナンスウィンドウのポリシーに適応するクラスタ台数を考慮します。

241

CHAPTER 7　vSAN

7.9.2　vSANドライブ構成の推奨

　vSANのサイジング、ドライブ構成はvSAN ReadyNode Sizerを利用して作成し、必要に応じてそれらをカスタマイズすることが推奨されます。一方、Sizerで作成された構成の妥当性の理解や、Sizerにインプットする前提条件の考慮においても重要な推奨事項があります。vSANドライブを構成する上で重要な考慮点を解説します。

■ ハイブリッドvSANのキャッシュ層SSD容量

　ハイブリッドvSANではキャッシュ層SSDは30%が書き込みバッファ、70%が読み込みキャッシュとして利用されます。標準的なサイジングでは、仮想マシンの実容量（FTTで冗長化する前の仮想マシン容量）の10%程度のキャッシュ層SSD容量が推奨されます。

　仮想マシンの実容量とキャッシュ層SSD容量はクラスタ全体で算出し、キャッシュ層SSDはクラスタを構成するESXiホスト、およびディスクグループ数で按分したサイズで構成します。例えば、200GBの仮想マシン200台を、8台のESXiホストで構成されるvSANクラスタで稼働する場合、概算で合計40TBの仮想マシン容量の10%、ESXiホストあたり4TB÷8=500GB以上のキャッシュ層ドライブの容量が推奨されます。

　以前はDWPD 10クラスの耐久性の高いWrite Intensive SSDがキャッシュ層に利用されることが多く、ディスクグループあたり400GB〜800GBのSSDが採用されました。2024年現在、DWPD 3クラスのMix Use SSDの大容量化と低価格化でハイブリッドvSANのキャッシュ層に多く採用されるようになり、ディスクグループあたり1.6TBを超えるSSDが利用される機会が増えました。

　そのため、ハイブリッドvSANのキャッシュ層サイジングに関しては従来ほど10%に厳密にこだわる必要はなく、大容量Mix Use SSDを採用することで性能を最適化できます。

■ オールフラッシュvSANのキャッシュ層SSD容量

　オールフラッシュvSANのキャッシュ層は100%書き込みバッファで利用されるため、考慮するべき指標としてキャッシュ層SSDの書き込み耐久性（DWPDおよびTBW）が重要になります。厳密なサイジングを行う場合は、Live Opticsなどのアセスメントツールを使用し、クラスタ全体で稼働する仮想マシンの書き込みデータ量が一日あたりどの程度か確認します。

　書き込みデータ量を基準に、vSANデータストア上にFTT、RAIDポリシーを考慮した冗長書き込みが行われた際に、vSANクラスタの運用期間（一般的には5年）を通してキャッシュ層SSD全体での書き込み耐久性を持つことを前提にしたサイジングを行います。

　vSAN ReadyNode SizerにLiveOpticsなどアセスメントツールのデータを取り込むことで詳細なサイジングが可能です。サイジングの結果として、キャッシュ層にWrite Intensive SSDを採用する場合はキャパシティ層ドライブの容量の2〜5%のサイズ、Mix Use SSDを採用する場合は4〜8%のサイズが選ばれる傾向があります。

■ SSD のドライブインターフェイス (SAS、SATA、NVMe) の選択

vSAN OSA では SAS、SATA、NVMe の各種 SSD のインターフェイスを組み合わせた構成が可能ですが、性能の観点で注意しなければならない指標として、各インターフェイスが持つ I/O の Command Queue（キュー）と Queue Depth（キュー深度）があります。

SAS と SATA は、HDD やテープ装置などの磁気記憶装置の I/O のための SCSI 規格や ATA（IDE）規格を基礎としており、ドライブのインターフェイスごとにキューが 1、キュー深度は SAS で 254、SATA で 32 と小さい値しか持ちません。一方、NVMe は規格としてフラッシュメモリを前提に設計され、キュー・キュー深度ともに規格上は 65,536 と非常に大きな値を持ち、並列 I/O に強く、PCIe 直接接続のため広帯域であるという特徴があります[7]（図 7.52）。

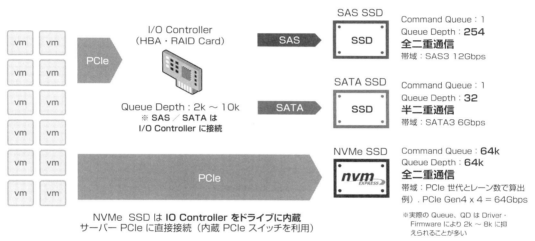

図 7.52　SAS・SATA・NVMe のインターフェイスによる違い

オールフラッシュ vSAN のキャパシティ層ドライブに SATA インターフェイスの SSD を採用する場合は、キュー深度の小ささと半二重通信が性能のボトルネックになる可能性があることを十分に注意してください。

多数の仮想マシンからの並列 I/O と、イレージャーコーディングの書き込みペナルティ、vSAN データの再同期トラフィックなどが重なると I/O の処理が詰まり、I/O 遅延が増大し性能が低下するリスクがあります。特に少数の大容量 SATA SSD でキャパシティ層を構成する場合には影響が顕著になるため、1/2 または 1/4 のサイズの SATA SSD を 2 本、または 4 本で同一容量を用意し、I/O がドライブ間で分散するように構成するか、SAS SSD の採用を検討します。

高い性能と低い I/O 遅延を求めるワークロードに最適な解は vSAN ESA を利用することです。

vSAN ESA はオール NVMe 構成のみのサポートですが、集約された多くの仮想マシンから発行される I/O を NVMe SSD が持つ多数のキュー・キュー深度で処理することで、並列 I/O に強く、低遅延で高速なストレー

---

[7]　実際の NVMe SSD のキュー・キュー深度はドライバやファームウェアにより数千に抑えられています。

ジ性能を提供します。ハイブリッド vSAN ではキャパシティ層 HDD のインターフェイス種類(SAS、NL-SAS、SATA)と合わせて HDD の回転数も性能面で考慮します。

■ 非対称 vSAN クラスタの注意点

vSAN キャパシティ用の物理ドライブ容量に、ESXi ホスト間で大きな差がある場合があります。これは「非対称 vSAN クラスタ(Asymmetrical vSAN Cluster)」と呼ばれ、サポートされる構成方法です。

既存の vSAN クラスタにホストを追加する際、CPU 世代やメモリ容量の異なる ESXi ホストを追加可能であることと同様に、ドライブ容量の異なる ESXi ホストを追加可能なことで大きな柔軟性を得られます。

しかし、vSAN はクラスタ全体のドライブが均等に利用されるように容量をリバランスしますが、非対称 vSAN クラスタの状態で大容量ドライブを搭載した ESXi ホストが停止した場合、格納される仮想マシンデータの健全性を保つために残る物理ドライブ上のデータから再構成が実行され、結果として全体の容量が逼迫するリスクがあります(図 7.53)。

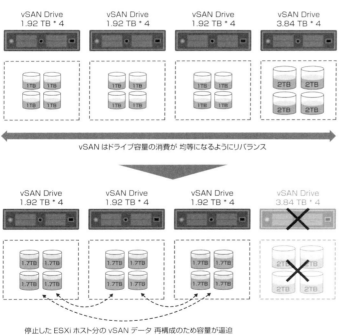

図 7.53 vSAN クラスタ内の異なる容量のサーバー混在時の考慮

非対称 vSAN クラスタはサポートされる構成ですが、構成されるドライブの容量の差、利用中のデータ容量の割合、クラスタ内の ESXi ホストの台数によってリスクの度合いが変わります。性能や安定運用の観点から vSAN クラスタを構成する際は vSAN 用の物理ドライブ容量の極端な容量差を避け、なるべく均等なサイジングで拡張することが推奨されます。

7.10 その他の vSAN 機能

本章で紹介した内容以外にも vSAN には様々な機能がありますが、その中でもいくつかピックアップして紹介します。

■ vSAN ESA スナップショット

仮想マシンのスナップショット機能を活用している管理者の方は多いかと思います。整合性のある静止点の確保、仮想マシンの保護など、スナップショット機能を活用することで運用性を大幅に向上できます。

従来、VMFS ／ NFS ／ vSAN 5.5 では redo ログ方式のアーキテクチャによって仮想マシンのスナップショット機能を実装していたため、世代（チェーン）数が増えるとそれに伴い性能への影響も大きくなる傾向がありました。このため「作成したスナップショットを 72 時間以内に削除する」、「複数世代は持たずに運用する」といったことが推奨され、実際の運用では様々な考慮点がありました。

- KB：Best practices for using VMware snapshots in the vSphere environment
  https://knowledge.broadcom.com/external/article/318825/

vSAN OSA 6.0 以降では redo ログベースのスナップショットアーキテクチャの改善、強化を行い、キャッシュ上のメタデータを参照することによってパフォーマンスを向上させました。しかし、ベースディスクとデルタディスクのチェーン方式を利用しているため、I/O 負荷の高い環境では運用上長期保持し続けることは推奨されませんでした。

vSAN ESA のスナップショットは、このような従来の方式とは全く異なるアーキテクチャにより仮想マシンのスナップショット機能を提供しています。ベースディスクとデルタディスクのチェーン方式ではなく、vSAN のオブジェクト内にポインタとなるメタデータを持たせる B-Tree 方式を採用しています。スナップショット用の差分ファイルは存在せず、オブジェクト内のどこにスナップショット作成時点のデータがあるのかというメタデータを持ちます。削除時にもデータを書き戻すことはなく、不要となったデータのポインタと実データの非同期削除のみとなり、高速に処理されます。

vSAN ESA スナップショットの、高速な取得動作、複数世代の保持、削除時のパフォーマンス影響がほぼないという優れた特長は、vSphere 環境のバックアップ運用を大きく進化させます。従来通り VADP 連携も行えることから、仮想マシンのスナップショット機能を活用したバックアップソフトウェアと組み合わせることで仮想マシンの保護が可能です。

245

CHAPTER 7　vSAN

■ vSAN Data Protection

　vSAN ESA におけるスナップショットエンジンの進化により、取得時、保持中、削除時にもパフォーマンスへの影響がほぼなくなりました。vSAN 8.0 Update 3 から提供された vSAN Data Protection 機能は、この vSAN ESA の効率的なスナップショット機構を活用しています。vSAN Data Protection はスナップショットの作成から管理までを vSphere Client から行えます。取得、定時実行のためのスケジューリング、世代管理、仮想マシンのグループ化、パフォーマンスや容量監視をシンプルに操作できます。

　vSphere のローカルクラスタ内での仮想マシンのロールバックポイントの確保、仮想マシンのリンククローン作成、インベントリから削除された仮想マシンのリストアなどの用途はもちろん、スナップショットを削除や変更できないようにするイミュータブルモード（不変モード）と呼ばれるモードが提供され、ランサムウェア保護として VMware Live Cyber Recovery とも連携できます。仮想マシンあたり最大 200 個のスナップショットをサポートし、データストア全体の使用容量が 70% を超える場合はスナップショット作成を自動的に停止する機能も組み込まれています。

　将来的には vSAN クラスタ間でのネイティブレプリケーション機能の実装も予定されており、ローカルスナップショットからバックアップまで vSAN ESA クラスタ間で組むことが可能になる見込みです。

■ vSAN iSCSI ターゲットサービス

　vSAN iSCSI ターゲットサービス機能を有効化すると、vSAN クラスタは iSCSI ターゲットとしても機能するようになり、物理ワークロードに対してストレージリソースを提供可能になります。iSCSI ターゲットサービスにより作成された LUN は仮想マシンオブジェクトと同様に vSAN データストア内にオブジェクトとして作成され、ストレージポリシーにより管理されます。

　iSCSI ターゲットサービスで作成した LUN は、ゲスト OS が持つ iSCSI イニシエータ利用してブロックストレージとして利用する他、Windows や Linux 等の物理サーバーから接続して利用することをサポートしています。一方で、ESXi ホストの VMFS データストアとして登録すること、サードパーティのハイパーバイザーへ提供すること、仮想マシンに RDM として LUN を提供することは非サポートであるため注意してください。

- 公式 Docs : Using the vSAN iSCSI Target Service
  https://techdocs.broadcom.com/us/en/vmware-cis/vsan/vsan/8-0/vsan-administration/expanding-and-managing-a-vsan-cluster/using-the-vsan-iscsi-target-service.html

■ vSAN Max

　vSAN Max は ESA で構成されたリモート vSAN データストアを vSphere のクラスタへ提供するストレージ専用クラスタです。vSAN Max クラスタ上では、仮想マシンは作成できず、他のクラスタで稼働する仮想マシンにストレージリソースを提供するストレージ専用のクラスタとなります。

　vSAN Max を構成する場合は、vSAN クラスタの作成時に vSAN Max を選択し構成します。vSAN データストアを利用するコンピュートオンリークラスタ（クライアントクラスタ）は vSAN サービスを有効化する際

vSANコンピュートクラスタとして指定します。vSAN Max は専用ストレージでありながら、今まで通りのvSAN で使い慣れた運用管理、ライフサイクル管理を行えます（図7.54）。

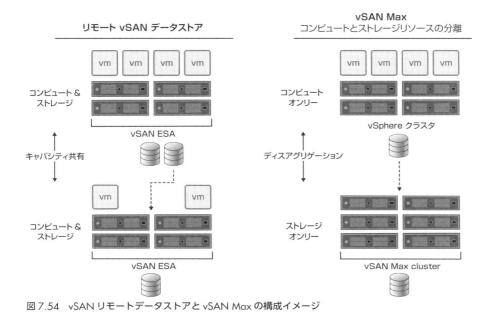

図 7.54 vSAN リモートデータストアと vSAN Max の構成イメージ

■ vSAN ファイルサービス

vSAN ファイルサービスは vSAN に組み込まれたファイル共有機能として提供されます。ファイル共有プロトコルでは NFS v3/v4.1、SMB v2.1/v3 をサポートします。vSAN データストアからファイル共有のための領域を切り出し、それぞれのファイル共有を提供します。ユースケースとしてはクラウドネイティブアプリケーションへの RWM（Read Write Many）ストレージとして使用する他、既存のワークロードでも活用可能です。

vSAN 8.0 Update 3 時点で vSAN ファイルサービスがサポートする機能と特徴は以下の通りです。

- NFS v3/v4.1、SMB v2.1/v3 をサポート
- ファイル共有のクォータ設定
- Active Directory 連携
- Kerberos 認証
- クラウドネイティブアプリケーション、コンテナワークロード向けボリューム
- vSAN ／ vSphere のサービスと併用可能

 vSAN

　vSAN のファイルサービスを構成すると内部管理用として単一の分散ファイル システムが作成され、ESXi ホスト上にファイルサービスのための仮想アプライアンス（コンテナ）が自動的に展開されます。この仮想アプライアンスがプロトコルサービス、NFS のファイルサーバーとなりファイル共有を提供します。仮想マシンのオブジェクトの考え方と同様に、ファイル共有も共有オブジェクトとして vSAN データストア内に作成されます。仮想マシンのストレージポリシーを適用し、ファイル共有オブジェクトの可用性を担保します。

- 公式 Docs : vSAN File Service

    https://techdocs.broadcom.com/us/en/vmware-cis/vsan/vsan/8-0/vsan-administration/expanding-and-managing-a-vsan-cluster/vsan-file-service.html

Chapter 8

ネットワークの仮想化

CHAPTER 8　ネットワークの仮想化

8.1　ネットワーク仮想化の基本

　本章では、vSphereにおいて重要な役割を果たす仮想ネットワークについて解説します。仮想ネットワークでは、物理ネットワークで提供されていた各種ネットワーク機能をESXiホスト内部で再現し、ESXi上の仮想マシン同士の通信や仮想化環境の外にあるネットワークとの接続を可能にします。さらに、可用性やパフォーマンスの向上、セキュリティの強化、トラブルシューティングを支援する多種多様な機能を利用できます。
　まずは、仮想ネットワークの全体像の紹介からはじめ、これらの代表的な機能について正しく理解し、活用できるよう幅広く解説します。

8.1.1　vSphereにおける仮想ネットワークの全体像

　ESXiホスト上の各仮想マシンは、ハイパーバイザー上に構成された仮想スイッチ（仮想的なレイヤー2スイッチ）へ接続することで、同一ホスト上で稼働する他の仮想マシンや物理ネットワーク上のサーバー等の機器と通信を行うことが可能となります。物理サーバーがイーサネットケーブルを使用してネットワーク機器と物理的に接続を行うのに対して、仮想マシンと仮想スイッチ間はESXiホスト上で論理的に接続が行われています。vSphereにおける仮想ネットワークを理解するためには、図8.1に示す全体像と、仮想ネットワークを構成するいくつかの要素について正しく理解することが必要となります。

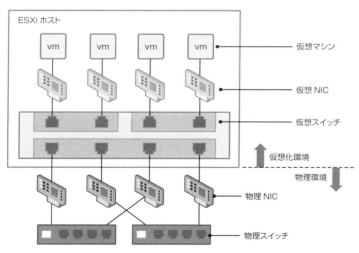

図8.1　仮想ネットワークの全体像

250

8.1.2　仮想 NIC

vSphere では仮想 NIC と呼ばれるネットワークアダプタを作成して仮想マシンへ割り当てます。仮想マシンごとに最大 10 個まで作成可能で、仮想マシンはこの仮想 NIC 使用して通信を行います。仮想 NIC は、仮想マシン上のゲスト OS から見ると物理 NIC と同様に認識され、この仮想 NIC に対して IP アドレスや MAC アドレスが割り当てられます。仮想 NIC の IP アドレスは通常通りゲスト OS 側より設定を行いますが、MAC アドレスは基本的には vSphere 側で生成・管理されるものを使用します。

■ 仮想 NIC へ割り当てられる MAC アドレス

MAC アドレスには、OUI（Organizationally Unique Identifier）として組織を一意に識別する番号が含まれており、vSphere では、デフォルトで 00:50:56 といった OUI が割り当てられます。仮想 NIC の MAC アドレスは、vSphere 側で自動的に生成された MAC アドレスを使用する方法と、手動で任意の MAC アドレスを割り当てる方法のいずれもサポートされます。vCenter Server より MAC アドレスを自動で割り当てる場合は、以下の 3 つの方法があります（**表 8.1**）。

表 8.1　MAC アドレスの自動割り当て方式

割り当て方式	説明
VMware OUI 割り当て	● デフォルトの自動割り当て方式 ● MAC アドレスの形式は「00:50:56:XX:YY:ZZ」 　XX は vCenter Server ID+128 の計算結果、YY および ZZ はランダムな 2 桁の 16 進数となる ● 複数の vCenter Server インスタンスが存在する場合は、MAC アドレスの重複を防ぐため同一の vCenter Server ID を持つインスタンスが存在しないことを事前に確認しておく
プリフィックスベースの割り当て	● VMware OUI（00:50:56）以外の OUI の指定や、LAA（Locally Administered Address）を利用して利用できるアドレス空間を拡張することが可能
範囲ベースの割り当て	● 開始 MAC アドレスと終了 MAC アドレスを指定 　（例：02:50:68:00:00:02、02:50:68:00:00:FF） ● この割り当て方式の場合は、vCenter Server を新しいバージョンにアップグレードすると設定が失われるため注意が必要

いずれの自動割り当てモデルにおいても、割り当てられた MAC アドレスは通常の操作で変更されることはありませんが、他の仮想マシンの MAC アドレスとの競合を防ぐことを目的として、パワーオン時に異なる MAC アドレスを取得する可能性もあります。そのため仮想 NIC に割り当てられる MAC アドレスを常に同一にしたい場合については、手動で静的な MAC アドレスを設定します。

■ 仮想 NIC におけるアダプタタイプ

仮想 NIC のアダプタタイプはゲスト OS に適したものを選択します。仮想 NIC のアダプタタイプに関する詳細については「4.1.6　仮想ハードウェア（ネットワーク）」を参照してください。以下に代表的なアダプタタイプを整理します（**表 8.2**）。

CHAPTER 8 ネットワークの仮想化

表 8.2　選択可能な代表的なネットワークアダプタタイプ [1]

アダプタタイプ	説明
E1000	Intel 82574 ギガビットイーサネット NIC をエミュレートしたデバイスで、Windows 8 および Windows Server 2012 の既定のアダプタです
E1000E	Intel 82545EM ギガビットイーサネット NIC をエミュレートしたデバイスで、Windows XP 以降、Linux バージョン 2.4.19 以降を含む、ほとんどの新しいゲスト OS ではドライバが標準で組み込まれており別途インストールなしで使用可能です
VMXNET 3	仮想マシンのパフォーマンスに最適化されており、物理的な対応物はありません。ジャンボフレームやハードウェアオフロードなど、最新のネットワークで一般的に使用されている高性能機能を提供します

　パフォーマンスの観点では、仮想化環境に最適化された VMXNET 3 を使用することが推奨されます。一方で、多くの場合は VMXNET 3 ネットワークアダプタ用のドライバを使用できるようにするために事前にVMware Tools のインストールが必要となることに注意が必要です。一部の Linux ディストリビューションと、Windows Server 2022 および Windows 11 バージョン 2022H2 以降では VMXNET 3 のドライバが同梱されているので、その場合は VMware Tools の事前インストールは必須ではありません。仮想 NIC におけるアダプタタイプの選択にあたっては、ゲスト OS がサポートしているネットワークアダプタタイプについて、事前に互換性ガイド（Broadcom Compatibility Guide）を確認してください。

8.1.3　仮想スイッチ

　仮想化環境内外との通信は、ESXi ホスト内部でソフトウェア的に作成される仮想スイッチを介して行われます。各仮想マシンは仮想 NIC を介して仮想スイッチに接続され、仮想化環境外とは後述するアップリンク経由で通信を行います。

　物理的なスイッチとの違いとして、仮想スイッチでは特定のユースケースを除き、基本的に MAC アドレスの学習を行う必要がありません。これは仮想スイッチがハイパーバイザー上で動作する論理的なエンティティであり、仮想スイッチに接続されている仮想 NIC の MAC アドレスを学習せずとも認識しているためです。また、一般的な物理スイッチにおけるフレームの転送動作とは異なる点も存在します。物理 NIC を通して受け取ったブロードキャストフレームについては、他の物理 NIC へとつながる仮想スイッチ上のポートへ転送しない仕様となっており（図 8.2）、複数の仮想スイッチ間を接続する仕組みもありません。そのため、物理スイッチと仮想スイッチの間でループは発生することはなく、STP 等のプロトコルを利用してループ防止の対策をする必要もありません。

　vSphere で提供されている仮想スイッチは、標準スイッチ（vSphere Standard Switch：VSS）と分散スイッチ（vSphere Distributed Switch：VDS）の 2 種類が存在します。

【1】　表 8.2 の他、PVDRMA、PCI デバイスパススルーといった特定のユースケースにおいて選択されるアダプタタイプも存在します。

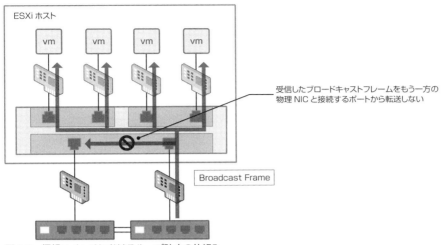

図 8.2　仮想スイッチにおけるループ防止の仕組み

■ 標準スイッチ（vSphere Standard Switch）

　標準スイッチ（VSS）は ESXi または vCenter Server 上からホスト単位で設定を行う仮想スイッチのタイプです。ESXi の初期インストール時には、vSwitch0 という名前の標準スイッチが自動的に作成されます。標準スイッチはホストが数台しか存在しないような小規模なネットワークなどで利用されます（**図 8.3**）。

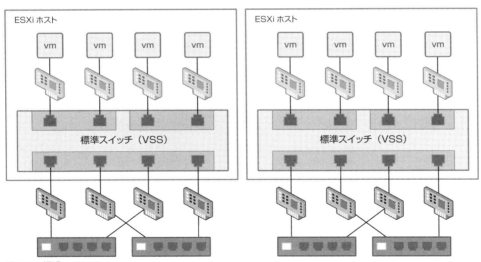

図 8.3　標準スイッチ

CHAPTER 8　ネットワークの仮想化

■ 分散スイッチ（vSphere Distributed Switch）

　分散スイッチ（VDS）は vCenter Server の管理下にある複数の ESXi ホストにまたがって構成される仮想スイッチのタイプです。分散スイッチの利用により、ESXi ホストごとに個別に仮想スイッチの設定を繰り返し行う必要がなくなります。仮想ネットワークに関する設定を vCenter Server より一元的に操作できるため、誤った設定のリスクを最小化し、管理性を大幅に向上させることが可能です（**図 8.4**）。

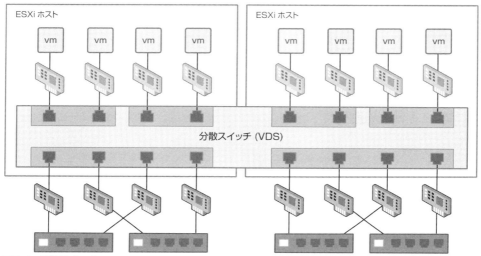

図 8.4　分散スイッチ

　分散スイッチの設定は vCenter Server を通して行われますが、vCenter Server はネットワークの設定管理を行う制御プレーンとしての役割を担い、実際のパケットを送受信する役割を担うデータプレーンとは分離されたアーキテクチャとなっています。つまり、データの送受信自体は vCenter Server を経由することなく、各ホストにローカルで存在する仮想スイッチ（ホストプロキシスイッチ）を通じて行われるため、vCenter Server の障害やメンテナンスの際にも継続してデータのやり取りを行うことが可能です（**図 8.5**）。

8.1 ネットワーク仮想化の基本

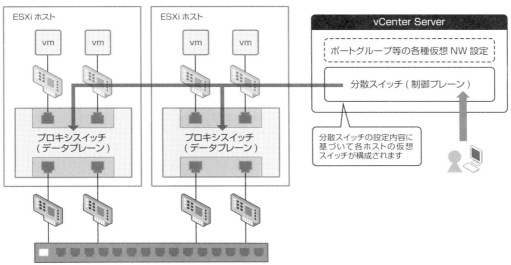

図 8.5　分散スイッチのアーキテクチャ

また、機能面においても標準スイッチと比較して差分が存在し、分散スイッチでは、より高度なネットワーク機能を利用できます（**表 8.3**）。

表 8.3　標準スイッチと分散スイッチの機能比較（主要なものを抜粋）

機能概要	標準スイッチ対応	分散スイッチ対応	備考
レイヤー 2 スイッチング	YES	YES	-
VLAN タグ付け			-
VLAN トランク			標準スイッチでは VLAN 範囲の指定は不可となります
NIC チーミング			一部ロードバランシングアルゴリズムは分散スイッチのみ対応可能です
トラフィックシェーピング			標準スイッチでは送信方向のみ制御可能で、受信方向は不可となります
LAG（静的）	NO		-
LAG（動的）			LACP が利用可能です
MAC ラーニング			-
Network I/O Control			-
トラフィックのフィルタリングとマーキング			-
IPFIX			NetFlow バージョン 10
ポートミラーリング			-
バックアップ／リストア			-
NSX サポート			-

なお、分散スイッチにはバージョンの概念が存在し、作成する際にバージョンの選択を行います。新機能を利用したい場合については、vSphereとの互換性にも留意しつつ、それに対応するバージョンを選択して、作成する必要があります（表8.4）。

表8.4 分散スイッチにおけるバージョンごとの新機能の例

分散スイッチバージョン	新機能	互換性
8.0.3	デュアルDPU	ESXi 8.0 Update 3 以降と互換性があります
8.0.0	ネットワークオフロード	ESXi 8.0 以降と互換性があります
7.0.3	NVMe over TCP	ESXi 7.0 Update 3 以降と互換性があります
7.0.2	LACP 高速モード	ESXi 7.0 Update 2 以降と互換性があります
7.0.0	NSX 分散ポートグループ	ESXi 7.0 以降と互換性があります

分散スイッチのバージョンは作成後にアップグレードすることも可能です。アップグレード後は以前のバージョンへ戻すことはできず、互換性のないバージョンのESXiホストの追加も行えません。また、アップグレードに際しては短時間ではありますが、対象のホストおよび仮想マシンでネットワークの瞬断などダウンタイムが発生する可能性があるため、これらに留意して計画的に作業を実施する必要があります。

仮想スイッチのトポロジはvSphere Clientから参照できます。以降では、以下の主要な仮想スイッチの構成要素について解説します（図8.6）。

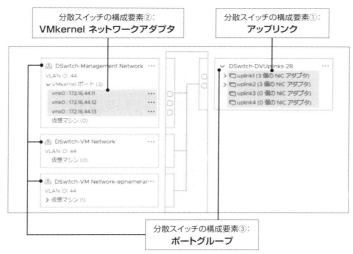

図8.6 分散スイッチのトポロジ

■ アップリンク

仮想スイッチを介して仮想化環境外におけるネットワーク上のサーバーと通信を行いたい場合は、アップリンクと呼ばれるソフトウェアによって実現されるコンポーネントを介して、仮想ネットワークと物理ネットワー

ク間の橋渡しを行います。

アップリンクは物理ネットワークアダプタと1対1でマッピングを行い、間接的に仮想スイッチに対して関連付けを行います（**図8.7**）。なお、仮想化環境では物理ネットワークアダプタはvmnicという名称で扱われます。これは仮想マシンに割り当てを行う仮想NIC（vNIC）とは異なるので注意が必要です。アップリンクの割り当てを行い、関連付けが完了すると、各物理ネットワークアダプタは特定のIDを持つ分散スイッチ上のアップリンクポート（分散ポート）に接続されるイメージとなります。

図8.7　分散スイッチにおける物理ネットワークアダプタの関連付け

この関連付けを行わない構成をとることも可能ですが、その場合は仮想化環境外との通信は行えず、ESXiホスト内に閉じた仮想マシン間通信用のネットワークとなります。可用性の観点から、1つの仮想スイッチあたり2つ以上のアップリンクの割り当てを行い、チーミングを構成することが一般的な構成です。チーミングについての詳細は、「8.2.1　冗長化と負荷分散」で解説します。

■ VMkernel ネットワークアダプタ

VMkernelはESXiの中核となるハイパーバイザーカーネルであり、VMkernelネットワークアダプタを利用して、ESXiホストへの接続性の提供や、vMotion、iSCSI、NFS、FCoE、Fault Tolerance、vSANなどのESXiサービスのトラフィックを処理します。VMkernelアダプタごとに有効化したいサービスにチェックを入れることでその設定が可能です（**図8.8**）。

図8.8　VMkernelネットワークアダプタにおけるサービスの有効化

CHAPTER 8 ネットワークの仮想化

ホスト管理、vMotion、vSphere FT などのネットワークは相互に分離することがベストプラクティスであり、これによりセキュリティとパフォーマンスを向上させることが可能です。例えば、vMotion などの帯域幅を多く消費するサービスについては専用の NIC を使用するように物理的に分離を行い、管理ネットワークなど、物理的に分割までは不要だがセキュリティの観点で分離が望ましい通信については VLAN 等で論理的に分離を行います。

■ ポートグループ

仮想スイッチ上には、物理スイッチと同様にサーバー（仮想化環境においては仮想マシン）と接続を行うためのポートの概念があります。そのポートをグループ化したものをポートグループと呼び、基本的にはポートグループ単位で VLAN やその他ネットワークポリシーの設定を行います。このポートグループによる制御は標準スイッチ、分散スイッチのいずれにおいても同様の考え方となっており、仮想マシンに割り当てた仮想 NIC は仮想スイッチ上のポートグループを指定して接続を行います。

ポートグループ観点での標準スイッチと分散スイッチの差分の一つとして、分散スイッチではポート単位での管理が可能です。分散スイッチ上のポートは分散ポートと呼ばれ、仮想マシンや先述した VMkernel アダプタなどのネットワークエンティティを接続可能です。vCenter Server では分散ポートの状態（In-Out パケットに関する統計情報を含む）を vCenter Server 内のデータベースに格納します。分散スイッチの場合は、vMotion で異なるホストへ移動した場合についても、ポートへの論理的な接続は維持される（接続先のポート ID は変わらない）ため、これらの統計情報を引き継ぐことができます。

また、分散スイッチのポートグループには 2 種類のポートバインド方式が存在します（**表 8.5**）。ポートバインドとは、仮想 NIC 等のエンティティに対してポートグループ内のポートを割り当てる処理を指します。

表 8.5　ポートバインド方式

ポートバインド方式	説明
静的バインド (Static Port Binding)	● 仮想マシンの接続時にポートの割り当てを行う、一般的に推奨されるポートバインド方式 ● この方式の場合、ポートの割り当て方法として「弾性」と「固定」から選択。ポートが不足した際に自動で追加される「弾性」がデフォルトでは使用される
短期：バインドなし (Ephemeral Port Binding)	● 仮想マシンのパワーオン時にポートの作成と接続を行い、パワーオフ、あるいは仮想 NIC が切断されるタイミングでポートを削除する方式

通常は静的バインドによるポートグループを利用しますが、vCenter Server の障害発生時には注意が必要です。vCenter Server の障害時においてもポートグループに接続された仮想マシンの通信には影響を及ぼすことはありませんが、vCenter Server が停止している状態では、静的バインドで構成されたポートグループに対しては新規にパワーオンした仮想マシンの接続が行えません。静的バインドであるポートグループへの接続は vCenter Server 経由の制御下でのみ行えることがその理由です。

図 8.9 のように Host Client より、仮想マシンのネットワークアダプタを静的バインドであるポートグループに対して接続する操作はサポートされていないためエラーとなります。

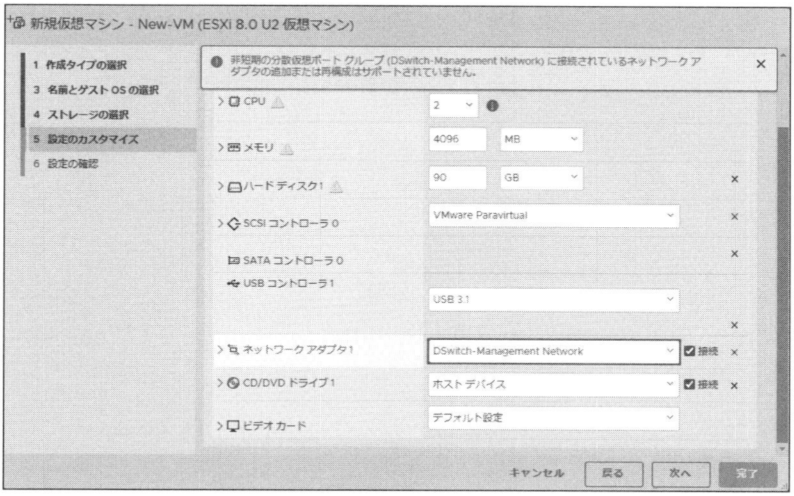

8.2 可用性・パフォーマンス向上とトラフィックの制御

図 8.9　分散ポートグループへの接続時のエラー画面

　短期：バインドなし方式のポートグループは、vCenter Server をバイパスして ESXi ホスト上で直接ポートをプロビジョニングできます。そのため、vCenter Server のリストア先となるポートグループとして、短期：バインドなし方式のポートグループを作成しておくことが、有事の際を想定すると推奨の構成になります。

　vCenter Server のリストアと短期：バインドなし方式のポートグループの運用については第 11 章で詳細を解説します。なお、短期：バインドなし方式では、ポートの生成・破棄が仮想マシンの電源操作に伴って行われるため、パフォーマンスの観点では静的バインドに優位性があり、上記のような特定のユースケースで利用するバインド方式となります。

8.2　可用性・パフォーマンス向上とトラフィックの制御

　仮想スイッチの機能として、仮想ネットワーク内での帯域制御や、物理ネットワークと同等の VLAN 機能、マーキング機能など、ネットワーク機能が多岐にわたり実装されています。本節では仮想ネットワークにおいて可用性やパフォーマンス向上を実現する手段としてどのような方式があるか、また、仮想スイッチで実装されている主要なネットワーク機能について解説します。

8.2.1　冗長化と負荷分散

　商用環境においては通常、物理サーバーで複数の物理 NIC を用意し、ネットワーク障害に対する冗長性を確保することが一般的です。また、複数の物理 NIC を使用してトラフィックの負荷を分散させることで、パフォーマンスの向上を図ることが可能です。

259

CHAPTER 8　ネットワークの仮想化

　冗長性の確保や負荷分散を目的として複数の物理 NIC を論理的に束ねることを NIC チーミング（チーミング）と呼び、チーミングの設定ごとに負荷分散や障害検出のポリシー（チーミングポリシー）を定義できます。チーミングポリシーは仮想スイッチレベルやポートグループレベルあるいは分散ポートレベルでポリシーの設定が可能です。まずは、どのようにして物理 NIC の障害を検出するか説明した後に、チーミング構成において利用できる負荷分散のアルゴリズムについて解説します。

■ 障害検出の仕組み

　物理 NIC や ESXi からみて上流のネットワークにおいて障害が発生した際は、利用不可となった物理 NIC から別の正常な物理 NIC へ処理を引き継ぐ（フェイルオーバーする）ことにより障害が通信に及ぼす影響を最小化します。その際に物理 NIC を利用不可と判断し、フェイルオーバーをトリガするための障害検出の仕組みとして、以下に記載するような3つの方式で構成が可能です。

- リンク状態のみ
  ESXi ホストと対向の物理スイッチ間のリンク状態を監視し、リンクダウンをフェイルオーバーのトリガとする方式です（図 8.10）。ESXi ホストの対向スイッチにおける筐体障害やポート障害、ケーブルの断線によるリンクダウンを ESXi が検知し、正常なアップリンクへフェイルオーバーします。

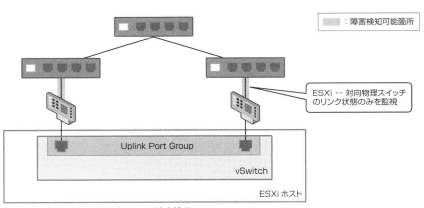

図 8.10 「リンク状態のみ」による障害検出

- ビーコンの検知
  ビーコンプローブパケットをチーミング内の物理 NIC 同士で送受信し、ビーコンプローブパケットの送受信が途絶えたことをフェイルオーバーのトリガとする方式です。ESXi としてはリンクダウンを検知していないものの、ESXi の対向にあるスイッチよりも上流のネットワーク内における障害に伴い経路断が発生している場合に、正常なアップリンクへのフェイルオーバーが可能です。次に紹介する物理スイッチ側の機能（リンクステートトラッキング）と連携したリンク障害検知が構成できない場合に有用な方式です。
  一方で、チーミングを構成している物理 NIC が2つのみでその片方の上流のリンクが切断されている場合、

両方の物理 NIC ともにビーコンを受信しない状態となるため、仮想スイッチはどちらの物理 NIC を停止するべきか判断できません（図 8.11）。そのためチーミングを構成する 3 つ以上の物理 NIC それぞれが別々の物理スイッチに接続されている構成が必要となり、一般的なネットワーク構成とは異なることからあまり採用されない障害検出の方式となっています[2]。

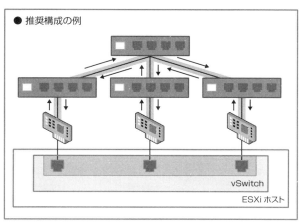

図 8.11 「ビーコンの検知」による障害検出

また、本方式ではビーコンプローブパケットの送受信により、リンクはアップしているもののパケットの送受信に問題が生じる、いわゆる NIC の「半死状態」も検知が可能ですが、上述した理由で採用されるケースは多くありません。代替手段として後述する動的 LAG（LACP）にて LACP データユニットを対向機器とやり取りすることで「半死状態」の検知もカバーした冗長化を実現できます。

- リンク状態のみ + リンクステートトラッキング

仮想スイッチ側では「リンク状態のみ」を設定し、加えて上流ネットワークの経路障害を検知するために物理スイッチ側の機能であるリンクステートトラッキングを利用する方式です。アップリンク（上流リンク）にて障害が発生したタイミングでダウンリンクのポートを連動させてシャットダウンすることで、結果的に仮想スイッチではリンクダウンを検知し、フェイルオーバーがトリガされます（図 8.12）。

【2】 ビーコンによる障害検知の詳細は以下のナレッジベース記事を参照してください。
KB：What is beacon probing? (324536)
https://knowledge.broadcom.com/external/article/324536/

CHAPTER 8　ネットワークの仮想化

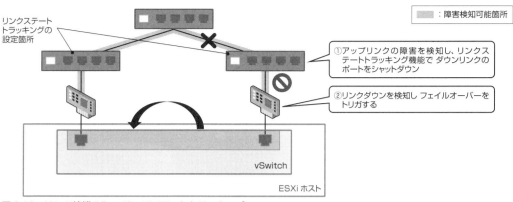

図 8.12　リンク状態のみ + リンクステートトラッキング

近年の物理ネットワーク構成においては、ほとんどのケースで、どの経路においてもリンクの冗長性が確保されており、上流のリンクで障害が発生した際も、迂回して通信を継続できる経路が確保されていることが一般的です。そのため、仮想スイッチ側で上流のリンクまでを対象とした障害検出を行う必要はなく、ESXiホストと対向スイッチ間のリンク状態のみを監視し、フェイルオーバーのトリガとすれば十分なケースが多いです。その場合、仮想スイッチ（ポートグループ）の設定としては「リンク状態のみ」を設定します（図 8.13）。

図 8.13　ネットワークの障害検出設定

8.2 可用性・パフォーマンス向上とトラフィックの制御

■ ロードバランシングアルゴリズム

チーミングを構成する場合には仮想マシンの通信や VMkernel ネットワークアダプタを介した通信がどの
アップリンクをどのように使い分けて負荷分散を実現するかを、ポートグループ、またはポートごとに設定し
ます。以降では vSphere における選択可能な 5 つの負荷分散方式 (使用するアップリンクを決定するためのア
ルゴリズム) を解説します。

1. 発信元仮想ポートに基づいたルート

「発信元仮想ポートに基づいたルート」は、デフォルトの負荷分散方式です。仮想 NIC の接続先である仮想
ポートには固有の仮想ポート ID が割り当てられており、本方式ではそのポート ID に応じて自動で使用する
アップリンクが決定されます。アルゴリズムとしては剰余演算を利用しており、ポート ID のアップリン
ク数による剰余 (ポート ID mod アップリンク数) により使用するアップリンクを決定します。通常アップリ
ンク選択のための計算は一度のみ行われるため、リソースのオーバーヘッドが小さいという特徴がありま
す。具体的には、2 つのアップリンク (アップリンク 1、アップリンク 2) を持つ仮想スイッチの場合、以下
のように負荷分散を行います (**表 8.6**)。

- [ポート ID] mod [アップリンク数 :2] = 0 の時アップリンク 1 を使用
- [ポート ID] mod [アップリンク数 :2] = 1 の時アップリンク 2 を使用

表 8.6 「発信元仮想ポートに基づいたルート」 によるアップリンクの決定例

ポート ID	剰余計算 : [ポート ID] mod [アップリンク数 (2)]	アクティブとして使用するアップリンク
0	0	アップリンク 1
1	1	アップリンク 2
2	0	アップリンク 1
3	1	アップリンク 2
25	1	アップリンク 2
36	0	アップリンク 1

ポート ID は仮想マシンが仮想スイッチに接続される際に vCenter Server により自動で採番されます。仮
想スイッチに接続する仮想マシン数が少ない場合には、ポート ID の採番によっては振り分け先が 1 つの
アップリンクに偏る可能性があります。一方で、接続する仮想マシン数が多い場合には、統計的に 1 つの
アップリンクに偏る可能性は低くなり、効率的な負荷分散が可能となります。ただし、こちらの方式は実際
のトラフィック負荷に基づいた負荷分散方式ではない点に注意する必要があります。

すなわち、仮想スイッチに接続する仮想マシンの数が多い場合でも、仮想マシンごとの送受信トラフィッ
ク量に大きな偏りがある場合においては、トラフィック量の観点ではアップリンクごとの偏りが観測される
可能性があります。実際のトラフィック負荷に基づいた負荷分散を実現したい場合においては、後述する
「物理 NIC 負荷に基づいたルート」を選択します。

2. 送信元 MAC ハッシュに基づいたルート

本方式はフレームごとの送信元 MAC アドレスに応じて、使用するアップリンクを自動で決定する方式です。通常、仮想マシンから送出されるフレームに設定される送信元 MAC アドレスは、仮想 NIC に設定された MAC アドレスであり基本的には固定であるため、負荷分散の効率は上記「発信元仮想ポートに基づいたルート」と同等です。1つの仮想マシンで、複数の送信元 MAC アドレスから送出するような特定のケースでは、1つの仮想マシンあたり複数のアップリンクを使用して通信を行える可能性があるため有用であると言えます。一方で、フレームごとに送信元 MAC アドレスを用いた計算処理が行われるため、「発信元仮想ポートに基づいたルート」と比較して、リソースのオーバーヘッドが大きくなることが懸念されます。

3. 物理 NIC 負荷に基づいたルート

本方式は物理 NIC のトラフィック負荷に基づき、チーミング内の物理 NIC の処理負荷を均衡化するよう制御する方式です。初期状態では、「発信元仮想ポートに基づいたルート」と同様、ポート ID に基づき使用するアップリンクを決定します。アップリンクは設定された間隔（デフォルトで 30 秒ごと）で利用負荷が計測され、負荷が特定のしきい値（デフォルトで 75％以上）を超過した場合、そのアップリンクで最も I/O 負荷が高い仮想マシンが使用するアップリンクを別のアップリンクへ変更します（図 8.14）。

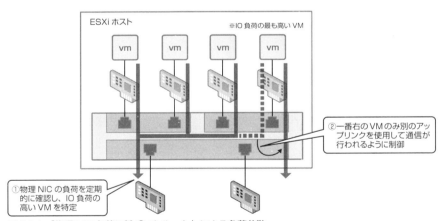

図 8.14 「物理 NIC 負荷に基づいたルート」による負荷分散

「物理 NIC 負荷に基づいたルート」では実際のトラフィック負荷に基づき負荷分散されるため、利用効率が良く、負荷の計測間隔も 30 秒に 1 回であるため、使用するアップリンクの計算に伴うリソースオーバーヘッドも最低限となっています。なお、本方式は標準スイッチでは利用できず、分散スイッチでのみ利用可能な負荷分散方式のため注意が必要です。

4. 明示的なフェイルオーバーの順序を使用

本方式はアクティブアップリンクと、スタンバイアップリンクを明示的に指定する方式です。障害検出の仕

組みによりアクティブなアップリンクが利用不能であると検知された場合、スタンバイであるアップリンクに設定されているアップリンクがアクティブに昇格します。いわゆるアクティブ／スタンバイ構成を採用する場合に選択する負荷分散方式です（**図 8.15**）。

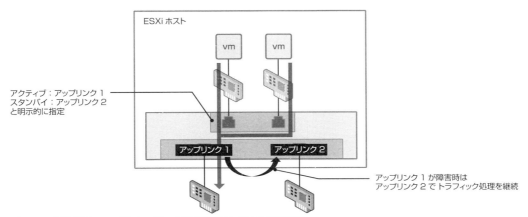

図 8.15 「明示的なフェイルオーバーの順序を使用」による負荷分散

この負荷分散方式は、管理者がトラブルシュートを容易にすることを目的として、どのトラフィックがどのアップリンクを使用しているかを常に把握したい場合や、接続される仮想マシンや VMkernel アダプタの数が少なく、「発信元仮想ポートに基づくルート」では効率的に分散が行えない場合に選択されます。一方で、ポートグループごとにどのアップリンクを使用させるか検討と管理がそれぞれ必要となるため、運用負荷が高くなることが懸念されます。

5. IP ハッシュに基づいたルート

本方式は送出されるパケットの送信元 IP アドレスおよび宛先 IP アドレスに基づき使用するアップリンクを決定する方式です。一般的には 1 つの仮想マシンに対して疎通先となる宛先 IP アドレスは複数となるため、1 つの仮想マシンから送出されるトラフィックが複数のアップリンクを使用することとなり、その他の方式と比較して仮想マシンあたりの通信における負荷分散効率が高くなります。一方で、対向物理スイッチにおいて手動でリンクアグリゲーションを構成する場合にのみ選択可能な方式であり実際に利用されるケースは多くはありません。各負荷分散方式の特徴は以下の通りです（**表 8.7**）。

CHAPTER 8　ネットワークの仮想化

表 8.7　各負荷分散方式の特徴

負荷分散方式	負荷分散効率	計算処理に伴うリソースのオーバーヘッド	トラブルシュートの容易性	利用要件
発信元仮想ポートに基づいたルート	仮想マシン数による（仮想マシン数が多い場合は効率的な負荷分散が可能）	仮想マシン接続時のみ計算処理が必要なため、オーバーヘッドは最小限	どのアップリンクを使用して通信するか管理者が把握しないため、障害発生時の通信影響の特定が難しい	VSS/VDS で利用可
送信元 MAC ハッシュに基づいたルート	仮想マシン数による（1つの仮想マシンから複数の MAC アドレスフレームが送出される場合は「発信元仮想ポートに基づいたルート」よりも効率的な負荷分散が可能）	フレームごとに計算処理が必要なため、オーバーヘッドが高くなる傾向がある	どのアップリンクを使用して通信するか管理者が把握しないため、障害発生時の通信影響の特定が難しい	VSS/VDS で利用可
物理 NIC 負荷に基づいたルート	良い（チーミング内の物理 NIC の処理負荷の均衡化が可能）	仮想マシン接続時のみ計算処理を行い、負荷計測も 30 秒ごとであるため、オーバーヘッドは最小限	どのアップリンクを使用して通信するか管理者が把握しないため、障害発生時の通信影響の特定が難しい	VDS のみ利用可
明示的なフェイルオーバーの順序を使用	劣る（事前にそれぞれのトラフィック量が予想可能な場合は設定次第で効率の良い負荷分散が可能）	特になし	どのアップリンクを使用して通信するか管理者が設定を行うため、障害発生時の通信影響の特定が容易	VSS/VDS で利用可
IP ハッシュに基づいたルート	良い（仮想マシンあたりの通信における負荷分散効率が高い）	パケットごとに計算処理が必要なため、オーバーヘッドが高くなる傾向がある	どのアップリンクを使用して通信するか管理者が把握しないため、障害発生時の通信影響の特定が難しい	VSS/VDS で利用可。物理スイッチ側で LAG 構成が必要

　いずれの方式においても、物理 NIC 障害発生時のトラフィック輻輳による性能低下を防ぐため、常時片系で全てのトラフィックを賄えるようにしておくこともサイジングや設計の観点では重要な考慮点となります。

■ リンクアグリゲーション

　vSphere の NIC チーミングとは別に、物理スイッチと連携してリンクアグリゲーション（LAG）を構成することも可能です。vSphere においては、手動で LAG を構成する静的 LAG と LACP を用いて LAG を実現する動的 LAG が構成可能です（**表 8.8**）。LAG を構成し、複数の物理 NIC を束ねることにより、仮想マシンあたりの最大利用可能帯域の論理値は LAG を構成する各物理 NIC の帯域の合計値となり、パフォーマンスを向上させることが可能です。

8.2 可用性・パフォーマンス向上とトラフィックの制御

表 8.8　LAG の種別と概要

LAG の種別	説明
静的 LAG	● 手動で LAG を構成する方式 ● 標準スイッチ・分散スイッチで構成可能 ● 仮想スイッチ側では負荷分散方式として「IP ハッシュに基づくルート」を設定（その他の負荷分散方式は利用できない）
動的 LAG（LACP）	● LACP を利用して LAG を構成 ● 分散スイッチでのみ構成可能 ● 仮想スイッチ側では負荷分散方式として「発信元仮想ポートに基づくルート」、障害検出ポリシーは「リンク状態のみ」に設定 ● LAG 設定におけるロードバランシングモードは物理スイッチ側の LACP 負荷分散アルゴリズムと一致させる

LAG の構成イメージは、それぞれ以下のようになります（図 8.16）。

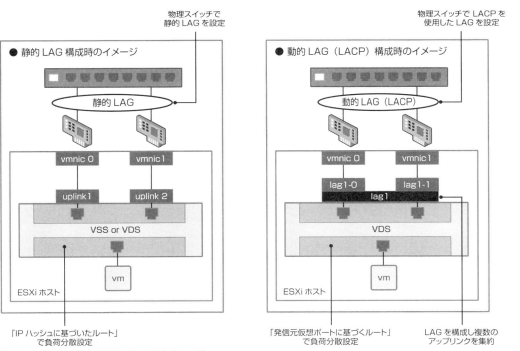

図 8.16　静的 LAG と動的 LAG の構成イメージ

動的 LAG を利用する場合は、図 8.17 のようにあらかじめリンク集約グループを作成した後に、使用する複数の物理 NIC（vmnic）を紐付ける手順で設定を行います。

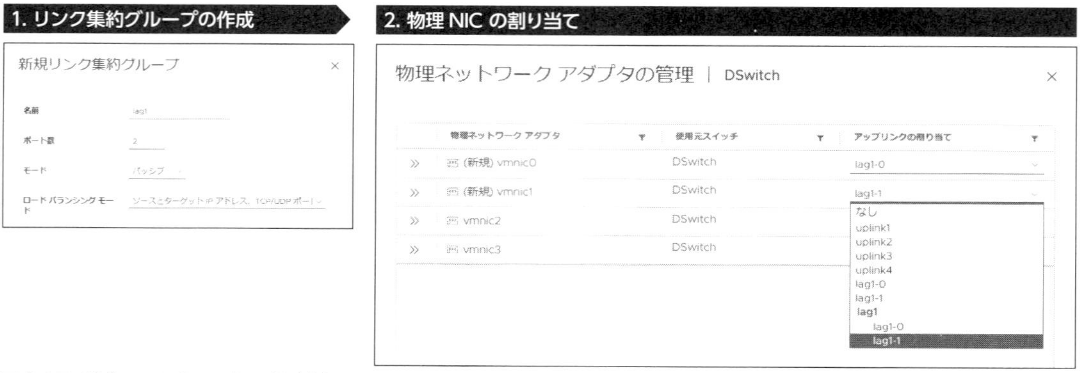

CHAPTER 8 ネットワークの仮想化

図8.17　動的LAG（LACP）の設定例

　その他LAGをアップリンクとして利用するポートグループでは、アクティブなアップリンクはLAGのみとし、LAGに属さないその他アップリンクを構成している場合は、未使用とする必要があるなどLAGの利用にあたっては留意すべき制限事項が複数あるため、その他の詳細は以下のナレッジベース記事を参照してください。

● KB：ESXi のリンク集約（EtherChannel、ポート チャネル、または LACP）のホスト要件 (327164)
　https://knowledge.broadcom.com/external/article/327164/

■ フェイルバックポリシー

　なんらかの障害が発生した際、前述した障害検出の仕組みによりアップリンクがダウンし、該当アップリンクをアクティブとして利用していたトラフィックは、チーミングを構成しているうちの正常なアップリンクへフェイルオーバーします。障害復旧後は設定に応じて、元々アクティブとして利用していたアップリンクへのフェイルバックが発生します。フェイルバックはデフォルトで有効ですが、フェイルバックにより利用するアップリンクが切り替わるため、瞬断レベルの通信断が発生する可能性があります。そのためフェイルバックによる通信断のタイミングを手動で制御したい場合においては、フェイルバックポリシーを無効としておく必要があります。

■ スイッチへの通知ポリシー

　アップリンクのフェイルオーバー／フェイルバックが発生した時、対向物理スイッチはそのイベントを検知できず、宛先仮想マシンへのフレームをフェイルオーバー／フェイルバックイベント前に利用していたリンクへフォワーディングし続けてしまう場合があります。この時、スイッチへの通知ポリシーにより、仮想スイッチはフェイルオーバー／フェイルバックイベントが発生したことを、能動的に物理スイッチへ通知する仕組みが存在します。

　プロトコルとしてはRARP（Reverse Address Resolution Protocol）を使用しており、アップリンクの切り替えが発生した仮想マシンのMACアドレスを送信元MACアドレスとして設定し、物理スイッチ側にフレームを

送信します。そのフレームを受信した物理スイッチではMACアドレスが再学習されることで、切り替えイベント発生後のポートへのフォワーディングが可能となります。この仕組みはvMotionにより仮想マシンが別ホスト上へライブマイグレーションした際にも同様に用いられています（図8.18）。

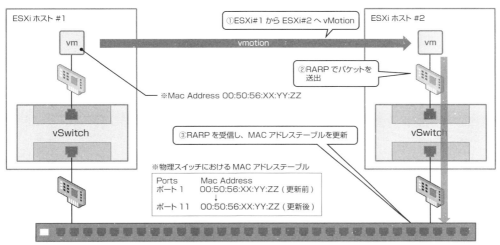

図8.18 スイッチへの通知機能によるMACアドレステーブルの更新

本設定はポートグループ単位（または分散ポート単位）で通知する・しないを変更できますが、ほとんどのケースでデフォルトの「はい」（通知を行う設定）から変更する必要はありません。ただし、接続された仮想マシンがユニキャストモードでMicrosoft NLBを利用している場合は、この「スイッチへの通知」を「いいえ」に設定し、スイッチへ通知が行われないように制御する必要があります。これはユニキャストモードにおけるNLBの動作仕様の都合上、スイッチへの通知が行われた場合、期待される動作とならない可能性があるためです。詳細については以下のKBを参照してください。

- KB：Microsoft NLB not working properly in Unicast Mode (344421)
  https://knowledge.broadcom.com/external/article/344421/

8.2.2 トラフィックの制御とセキュリティ

本項では仮想化環境上で動作するシステムのサービスレベルを維持するためのトラフィック制御機能やリソース管理の仕組みについて解説します。トラフィックシェーピングやCoS、DSCPによるマーキング機能をはじめ、物理ネットワーク機器で提供されている従来の手法の他、仮想化環境特有の手法であるNIOCと呼ばれる機能についても言及します。また、仮想ネットワークを保護する仕組みとして備えられている代表的な機能についても解説し、ネットワークパフォーマンスの最適化とセキュリティ強化の両面から、仮想ネットワーク環境でのトラフィック管理と保護のための効果的な手法を理解し活用できるようになることを目指します。

CHAPTER 8　ネットワークの仮想化

■ トラフィックシェーピング

　トラフィックシェーピングを使用して、ネットワークに出入りするデータ量の制御を行います。vSphere におけるトラフィックシェーピング機能は分散スイッチのポートグループ単位で設定を行い、各ポートに設定した値が適用されます（**図 8.19**）。

図 8.19　分散スイッチにおけるトラフィックシェーピングの設定

　標準スイッチでも同様に仮想スイッチ単位あるいはポートグループ単位でトラフィックシェーピングの設定が可能ですが、分散スイッチの場合と異なり出力方向のみ制御を行うことが可能です。本機能は各ポートグループ単位で明示的な値に基づいてトラフィックの流量に上限を設けたい場合に使用します。

■ トラフィックのフィルタリングとマーキング

　分散スイッチでは、物理ネットワーク機器で提供される ACL（Access Control List）に相当するフィルタリング機能を利用できます。ポートグループレベルでフィルタリングを有効化することによって、不要なトラフィックや攻撃から仮想ネットワークを保護します。同様に、特定の条件に合致するトラフィックに対して QoS タグを適用するマーキング機能も備えられています。CoS（Class of Service）や DSCP（Differentiated Services Code Point）の値をフレームやパケットに対してマーキングすることで、その値に基づいて物理ネットワーク側で優先制御を行うことが可能です。トラフィックとマーキング機能の各ルールは、仮想 NIC と分散ポート間、もしくはアップリンクポートと物理 NIC 間で適用され、トラフィック修飾子、トラフィック方向、アクションの大きく 3 つの要素から構成されます。トラフィックルールの各構成要素の概要と設定可能な内容は、以下の通りです（**表 8.9**）。

8.2 可用性・パフォーマンス向上とトラフィックの制御

表 8.9 トラフィックルールの構成要素

構成要素	概要	詳細
トラフィック修飾子	ヘッダの情報などからルールを適用するトラフィックを定義します	IP・MAC・システムトラフィックレベルで定義が可能です [IP] IP ヘッダに付与されるプロトコル番号、IP アドレスを指定します （TCP/UDP の場合はポート番号も指定可） [MAC] イーサネットフレームヘッダに付与されるタイプ番号、VLAN ID、MAC アドレスを指定します [システムトラフィック] FT・vSphere Replication・iSCSI・管理・NFS・仮想マシン・vMotion・vSAN・データ保護 - バックアップから選択可能です
トラフィック方向	ルールを適用するトラフィックの方向を指定します	「入力方向 / 出力方向」、「入力方向」、「出力方向」から選択します （分散スイッチから見たトラフィック方向となるため、分散スイッチに入ってくるトラフィックが入力方向のトラフィックとなります）
アクション	上記のトラフィックに対して、実行するアクションを指定します	以下のアクションから選択します ● 「許可」：対象のトラフィックを許可する ● 「ドロップ」：対象のトラフィックをドロップする ● 「タグ」：CoS 値、あるいは DSCP 値の指定が可能

また、各ポートグループで構成したトラフィックルールは図 8.20 のように設定からルールの並び替えが可能です。複数のトラフィックルールが構成された場合は、上から順に評価が行われるため、意図した制御となるようにルールの順序の検討が必要です。

図 8.20 トラフィックルールの並び替え

CHAPTER 8　ネットワークの仮想化

■ NIOC（Network I/O Control）

NIOC（Network I/O Control）は、vSphere における仮想化環境特有のトラフィック制御機能です。これにより複数の仮想マシンやサービスが共有するネットワーク帯域を効率的に管理できます。NIOC は分散スイッチでのみ利用できる機能であり、仮想スイッチ単位で有効化／無効化を行います。本機能を利用することで、仮想スイッチ上を流れる特定のトラフィックを輻輳時に優先して送出できるよう制御したり、特定のシステムのサービスレベルを維持するために一定の帯域を仮想マシン専用として割り当てる、などといった柔軟な制御が可能です。

NIOC の基本的な設定は、機能の有効化後に分散スイッチを選択し、［構成］＞［リソース割り当て］から設定を行います（**図 8.21**）。

図 8.21　NIOC の基本設定画面

NIOC は非常に柔軟な制御が可能ですが、機能が多岐にわたるため、初めて利用しようとする方にとっては全体像を理解するのが難しいと感じることがあるかもしれません。以降では NIOC によるトラフィック制御の仕組みや、設定について順を追って解説します。

まず、NIOC によるトラフィックの制御方式について解説します。NIOC では、シェア、予約、制限の 3 つのアプローチでネットワークのリソース管理を行います。これらは第 5 章で解説したように CPU・メモリにおけるリソースのシェア、予約、制限と基本的な考え方は同じですが、いくつか異なる点も存在するため、それぞれについて改めて説明します。

はじめにシェアについてですが、ネットワークにおける設定可能な各シェアの値は以下のように定義されています（**表 8.10**）。

8.2 可用性・パフォーマンス向上とトラフィックの制御

表 8.10 ネットワークにおける設定可能な各シェアの値

シェア	シェア値
低：	25
正常：	50（デフォルトの設定）
高：	100
カスタム：	1〜100 の任意の整数

NIOC ではこれらのシェア、あるいは予約、制限をシステムトラフィックや後述するネットワークリソースプールに対して設定できます。制御可能なシステムトラフィック種別は、図 8.21 中のトラフィックタイプを参照してください。

デフォルトの設定では、vSAN トラフィックと仮想マシントラフィックのシェア値が 100（高）、その他のシステムトラフィックのシェア値は 50（正常）となっています。図 8.22 の例で考えると、仮想マシントラフィックのシェア値の全体に占める割合は、全体 (50+50+100) のうち 100 であるため、100 ／ (50+50+100) = 0.5（50%）となります。ホストあたり 10Gbps の NIC が 2 枚搭載されていると仮定すると、(10Gbps × 2) × 0.5 = 10Gbps の帯域幅が輻輳時において割り当てられ、仮想マシンが優先的に通信を行えるような仕組みを実現しています。

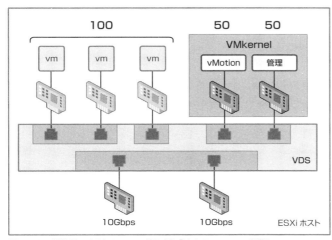

図 8.22　輻輳時におけるシェア値に基づくトラフィック制御

なお、シェア値に基づく帯域制御は輻輳発生時にのみ実行されるものであり、通常時に利用できる帯域が 10Gbps に制限される、ということではありません。特定のシステムトラフィックにおける利用帯域に上限を設けたい場合には、シェア値ではなく制限による制御を行います。デフォルトでは制限は無効（無制限）となっているため、設定する際は無制限のチェックボックスからチェックを解除し、帯域の消費上限として設定したい値を入力します（図 8.23）。

CHAPTER 8 ネットワークの仮想化

図 8.23　リソース設定の編集画面

　最後に予約による制御について説明します。シェアによって輻輳発生時に各システムトラフィックへ割り当てられる帯域幅は相対的な値であり、利用状況によって変動するという特徴があります。一方で予約の場合は、例えば、5Gbps などといったように、明示的に指定した値に基づく帯域幅を保証するように動作します。

　NIOC では、予約可能な帯域幅の合計は、物理 NIC あたりの帯域幅の 75% までとなっています。例えば、**図 8.22** のように 10Gbps の物理 NIC を利用する分散スイッチにおいては 10Gbps の 75%、すなわち 7.5Gbps が予約の合計値の最大となります。

　また、予約による帯域保証に関連して、システムトラフィックのうち特に仮想マシントラフィックにおいては、ネットワークリソースプールを活用して、ポートグループ単位あるいは仮想 NIC 単位でより詳細な帯域幅の割り当てが可能です。ネットワークリソースプールの基本となる考え方を以下に整理します。

- ネットワークリソースプールはポートグループと 1 対多（もしくは 1 対 1）の関係で紐付けられる
- ネットワークリソースプールの利用は、仮想マシントラフィックの予約が前提となる
- 仮想マシントラフィックの予約値に基づいて、分散スイッチにおいて仮想マシンの通信で保証されている帯域幅の合計値を算出する
- 上記の合計帯域幅からネットワークプールごとに予約を行い、関連付けられた各ポートグループに対して帯域幅の割り当てを行う

　これらを図示すると以下のようなイメージとなります（**図 8.24**）。

8.2 可用性・パフォーマンス向上とトラフィックの制御

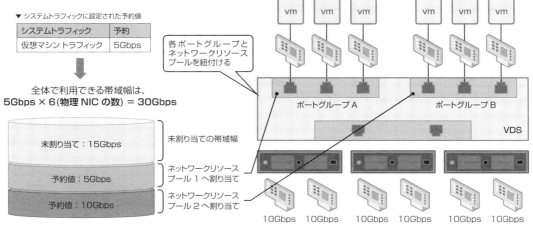

図 8.24　ネットワークリソースプールによる仮想マシントラフィックの予約

　ネットワークリソースプールは分散スイッチを選択し、［構成］＞［リソース割り当て］＞［ネットワークリソースプール］より設定可能です。ネットワークプールの作成後にポートグループ側の設定でネットワークリソースプールを指定します（**図 8.25**）。

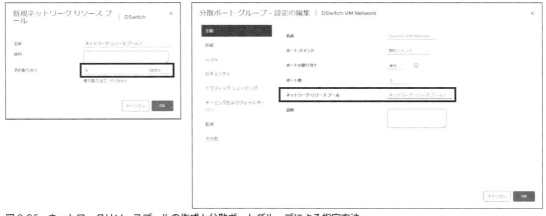

図 8.25　ネットワークリソースプールの作成と分散ポートグループによる指定方法

　各仮想マシンは接続先のポートグループを通じて、ネットワークリソースプールより帯域幅を受け取ります。ポートグループに複数の仮想マシンが接続されているような状況において、より厳密に仮想マシン（仮想 NIC）ごとに帯域幅を割り当てたい場合は、そのように個別に予約を設定することもできます。その場合は仮想マシンの［設定の編集］＞［ネットワークアダプタの設定］、またはネットワークリソースプールの設定画面から対象のネットワークリソースプールを選択し、リソース設定の編集を行います（**図 8.26**）。各仮想マシンに対する予約値の合計はネットワークリソースプールにて予約された値が最大となることに注意してください。

CHAPTER 8　ネットワークの仮想化

図 8.26　仮想マシン（仮想 NIC）単位での予約値の設定画面

特に予約による制御のうち、仮想マシン（仮想 NIC）単位での予約は管理が複雑となり、仮想化のメリットであるリソースの柔軟な利用を妨げる要因となる可能性があります。そのため、予約の設定は最小限とし、基本的にはシェア値での制御を行うことが推奨されます。

■ VLAN

以降では仮想ネットワークで利用できる主要なセキュリティ機能について解説します。まず、VLAN の利用についてです。vSphere では表 8.11 に整理しているように 3 つの VLAN タグ付け方式をサポートしており、これにより、どのレイヤーで VLAN タグを付与するか決定します。

表 8.11　VLAN タグ付け方式

タグ付け方式名	指定する VLAN ID	説明
EST（External Switch Tagging）	0（なし）	物理スイッチにおける VLAN のタグ付けを想定した方式です。ESXi の物理 NIC は物理スイッチ上のアクセスポートへ接続します
VST（Virtual Switch Tagging）	1 ～ 4094	仮想スイッチにて VLAN のタグ付けを行う方式です。ESXi の物理 NIC は物理スイッチ上のトランクポートへ接続します
VGT（Virtual Guest Tagging）	VSS の場合：4095 VDS の場合：0 ～ 4094 （範囲指定）	仮想マシンにおける VLAN のタグ付けを想定した方式です。ESXi の物理 NIC は物理スイッチ上のトランクポートへ接続します

EST は物理ネットワーク側で VLAN のタグ付けが行われるのに対して、VST、VGT では仮想化環境側で VLAN のタグが付与されます。そのため、VST もしくは VGT を利用する場合は ESXi ホストの接続先となるスイッチ側では VLAN タグが付与されたフレームを受信できるようにトランクの設定が必要となります。DTP（Dynamic Trunking Protocol）はサポートされていないため、物理スイッチ側でネゴシエーションが行われる設定となっていないこともあわせて確認が必要です。

ESTは、物理スイッチ側でタグVLANの設定ができない(許可されない)場合などに用いられる方式ですが、近年ではこの方式が採用されることはほとんどありません。基本的にはVST方式が選択されることが多く、ゲストOS側でVLANのタグ付けが必要となる場合など、特定ケースにおいてVGTを利用する、といった形で使い分けが行われます。それぞれの方式におけるVLANのタグ付けのイメージは、以下の通りです(図8.27)。

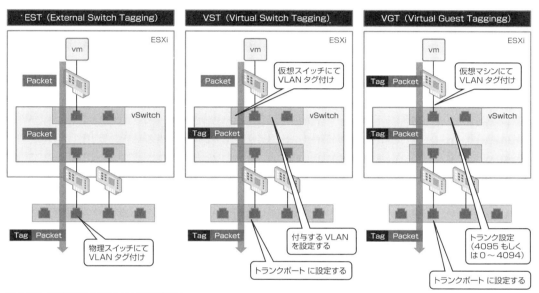

図8.27　各方式によるVLANのタグ付け

　また、仮想スイッチではネイティブVLANはサポートされていません。VST方式にてタグ付け行う場合、指定するVLAN IDはトランクポートで定義されたネイティブVLAN以外の値にする必要があります。物理スイッチのトランクポートを経由するESXiホスト上の仮想マシン宛の通信は、ネイティブVLANパケットについてはタグ付けが行われないため、結果としてパケットがドロップされる結果となるためです。また、指定するVLAN IDは物理スイッチで予約された値でないことを確認する必要があります。例えば、Cisco Catalystスイッチでは通常、VLAN1001〜1024および4094が内部的な目的で予約されています。多くの場合、これらのタグが付与されたパケットは許可されないため、予期せぬネットワークのトラブルを招く可能性があります。

■ セキュリティポリシー

　vSphereでは仮想ネットワークのセキュリティポリシーとして「無差別モード」、「MACアドレス変更」、「偽装転送」、「MACラーニング」の4つを各ポートグループで構成できます(図8.28)。本項ではそれぞれの設定内容に応じた動作の解説や、デフォルトの設定から変更するようなユースケースの例について紹介します。

図 8.28　分散ポートグループにおけるセキュリティポリシー設定

- **無差別モード**

  別名をプロミスキャスモードとも呼びます。デフォルトの設定は「拒否」であり、仮想スイッチは接続された仮想マシン宛のフレームのみをその仮想マシンに対して転送します。設定を「承諾」に変更すると、同ネットワーク上を流れる全てのフレームを接続された仮想マシンへ無差別に転送する動作となります。

  基本的にはデフォルトの「拒否」のまま利用する設定ですが、Wireshark などのアナライザを利用するケースや IDS などを利用してネットワークを流れるトラフィックの監視を行うといった特定のケースで設定の変更を行います。

- **MAC アドレス変更**

  デフォルトの設定は「拒否」です。ゲスト OS 側で MAC アドレスの変更が行われた場合、その仮想マシンより送信されたフレームは仮想スイッチ側でドロップされます。ゲスト OS では MAC アドレスの変更は容易に可能となっていますが、このセキュリティ設定により、MAC アドレスのなりすましを防止できます。仮想 NIC へ割り当てられる MAC アドレスには、アダプタの作成時に割り当てられゲスト OS 側から変更不可である「初期 MAC アドレス (Initial MAC Address)」と、ゲスト OS 側で実際に使用される「有効な MAC アドレス(Effective MAC Address)」の 2 種類があります。vSphere ではこれら 2 つの MAC アドレスが一致しているかどうか確認することでゲスト OS 側での MAC アドレスの変更を検知し、一致していない場合は該当する仮想 NIC の接続先である仮想ポートをブロックすることでこの制御を実現しています（**図 8.29**）。

8.2 可用性・パフォーマンス向上とトラフィックの制御

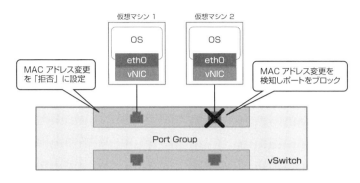

VM	Initial MAC Address（vNIC）	Effective MAC Address（eth0）
仮想マシン1	00:50:56:XX:YY:ZA	00:50:56:XX:YY:ZA
仮想マシン2	00:50:56:XX:YY:ZB	**00:50:56:XX:YY:AA**

図 8.29　MAC アドレス変更（セキュリティポリシー）

- 偽装転送

デフォルトの設定は「拒否」であり、仮想マシンから送出されるフレームのうち、送信元 MAC アドレスが書き換えられているフレームについては仮想スイッチ側でドロップされます。「MAC アドレスの変更」と同様に、MAC アドレスのなりすましを防止するためのセキュリティ機能です。

仮想マシンから送出されるフレームヘッダの送信元アドレスと有効な MAC アドレス（Effective MAC Address）を比較し、それら 2 つの MAC アドレスが一致しているかどうかを確認することで MAC アドレスのなりすましを検知します（**図 8.30**）。

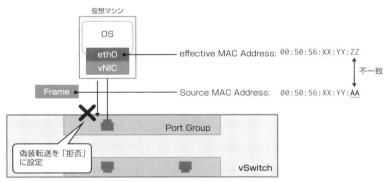

図 8.30　偽装転送（セキュリティポリシー）

「MAC アドレス変更」、「偽装転送」は基本的にはデフォルトの「拒否」のまま利用する設定です。しかし、ユニキャストモードの Windows NLB のように、特定の機能を利用するにあたって MAC アドレスが置き換えられる場合などに関しては、「承諾」へ設定を変更する必要があります。同様に仮想ルーターを ESXi 上で動作させる場合や、Nested ESXi など、ESXi の上にさらに ESXi を仮想マシンとして展開する vSphere

CHAPTER 8　ネットワークの仮想化

環境を構成する場合は、仮想マシンの vNIC の MAC アドレスとは異なる複数の MAC アドレスを持ち、送信元・宛先に設定されるため、「無差別モード」「偽装転送」を「承諾」に変更する必要があります。

- MAC ラーニング

vSphere における仮想ネットワーク環境では仮想スイッチにおいて MAC アドレスの学習は必須ではありません。一方で、1つの仮想マシン（仮想 NIC）で複数の MAC アドレスを使用して通信を行いたい場合においては、この「MAC ラーニング」と呼ばれる MAC アドレス学習機能を有効化することで仮想スイッチにて効率的にフレームの転送を行うことが可能です。どのようなケースで MAC ラーニングを有効化する必要があるかの理解を助けるために、以下のように macvlan を使用して通信する例を考えてみます。

macvlan に関する技術の詳細な説明はここでは割愛しますが、これは Linux カーネルでサポートされるネットワーク仮想化技術であり、これによって単一の物理インターフェイス上に、異なる MAC アドレスと IP アドレスを持つ複数のサブインターフェイスを作成できます。

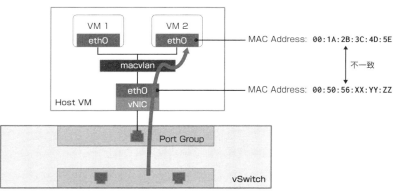
図 8.31　macvlan 利用時における通信例

図 8.31 において、Host VM 上の VM2 へ通信を行いたい場合を考えます。この場合、デフォルトでは仮想スイッチは、VM2 宛のフレームを Host VM に対して転送しません。フレームヘッダ内の宛先 MAC アドレスは仮想スイッチが認識している Host VM の MAC アドレスではないためです。先述した「無差別モード」を接続先のポートグループで有効化（承諾）することで VM2 宛の通信を Host VM へ転送できます。しかし、VM2 宛の通信の他にも、同一のネットワーク上を流れる全てのフレームが Host VM 宛へ転送されるため、セキュリティやパフォーマンスの観点で望ましい設定ではありません。このようなケースにおいて、「無差別モード」の代わりに「MAC ラーニング」を有効化することで、VM2 の MAC アドレスを学習し、必要なフレームだけを適切にフォワーディングできます。なお、VM2 を起点とした送信方向のトラフィックについては、「偽装転送」の承諾が別途必要となることに注意してください。

8.3　仮想ネットワーク環境の運用とトラブルシューティング

ここまで、チーミングや NIOC をはじめとする vSphere における仮想ネットワークに関連したいくつかの主要な機能について解説してきました。これらの機能を適切に活用することで、仮想ネットワークにおける可用性やパフォーマンスを向上させ、柔軟なトラフィックの制御が可能となります。

しかし、これらの技術を導入するだけでは十分ではありません。実際の運用の中では、予期せぬ問題やパフォーマンスの低下が発生する場面も想定され、そうした課題に対応するためには、十分な備えと迅速かつ正確なトラブルシューティングが不可欠です。vSphere では仮想ネットワークの運用において役立つ機能も数多く備えられており、ここでは代表的な機能の解説とそれらの機能を活用するためのテクニックを紹介します。

8.3.1　データの保護と復元

分散スイッチを利用する大きなメリットの一つは、複数の ESXi ホストをまたがって仮想スイッチを構成し、ネットワークに関する設定(仮想スイッチの構成情報)を vCenter Server 上で一元管理できる点にあります。一方で、ネットワーク管理者の設定ミスによって ESXi ホストと vCenter Server 間の接続が失われてしまったり、vCenter Server 上のデータがなんらかのトラブルにより消失した場合、その影響は非常に大きなものとなることが想定されます。

そこで vSphere ではこうした問題を事前に防止するために分散スイッチの設定情報をバックアップする機能やロールバック等の機能が備えられています。

■ バックアップとリストア

分散スイッチでは仮想スイッチ単位、あるいはポートグループ単位で設定情報のエクスポートやインポートが可能です。ネットワーク管理者による意図しない設定変更や分散スイッチのアップグレードに伴うトラブルなどに備えてバックアップ用途で取得時点の構成情報を保存したり、保存した仮想スイッチの構成をテンプレートとして、同様の構成を異なる vSphere 環境に展開したりする場合などに利用できます。

仮想スイッチの構成情報は vCenter Server のバックアップ対象として取得可能な内容ですが、影響範囲を対象の仮想スイッチ・ポートグループに限定して、手軽にバックアップとリストアを実施できることが本機能の特徴です。

ネットワークペインより対象のインベントリを選択して、[設定のエクスポート]もしくは[設定のリストア]という手順で設定のバックアップおよびリストアが可能です。**図8.32**では仮想スイッチ単位でポートグループを含む構成情報をエクスポートし、その構成に基づいて新しくスイッチを作成する様子を表しています。

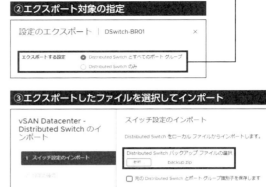

図8.32 分散スイッチのエクスポートとインポート操作

　vCenter Serverのバックアップ・リストアと分散スイッチのバックアップ・リストアの運用については第11章で詳細を解説します。また、vSphere 8.0 Update 3以降では、vSphere Configuration Profiles（VCP）と呼ばれる定義された望ましい状態に基づいてクラスタ内のホスト構成の一貫性を確保する仕組みが強化され、VCPにて分散スイッチの構成の一部を管理できるようになっています[3]。バックアップ用途で利用されるような機能ではありませんが、構成管理といった観点ではこうした機能を活用することで仮想ネットワークの運用に関連する負荷を軽減できると考えられます。

■ ロールバックとリカバリ

　ヒューマンエラーを完全に防ぐのは困難であり、仮想基盤の運用の中で設定ミスが引き金となるトラブルが発生する可能性は常に存在します。こういったトラブルの中で、特に管理ネットワークが失われてしまった場合は、一般的にその復旧に時間を要することから影響度合いが大きいと考えられます。なぜなら管理ネットワークが失われてしまった場合、vCenter ServerからESXiへの接続も同様に失われるため、vCenter Serverから設定を元の状態に戻そうにも何もなすすべがない状態に陥ってしまうためです。このような事態を防ぐため、vSphereではネットワーク構成の自動ロールバック機能がデフォルトで有効になっています。

　自動ロールバック機能はESXiホストがvCenter Serverへの接続を失う結果となる設定変更が意図せず行われた場合や、分散スイッチ（または分散ポートグループ、分散ポート）に対して無効な設定が行われた場合に、該当する設定変更のタスクを失敗させる形で直前の有効な状態に戻します（図8.33）。

---

[3] Configuration Profilesの詳細は「10.2　Host ProfilesとConfiguration Profiles」を参照してください。

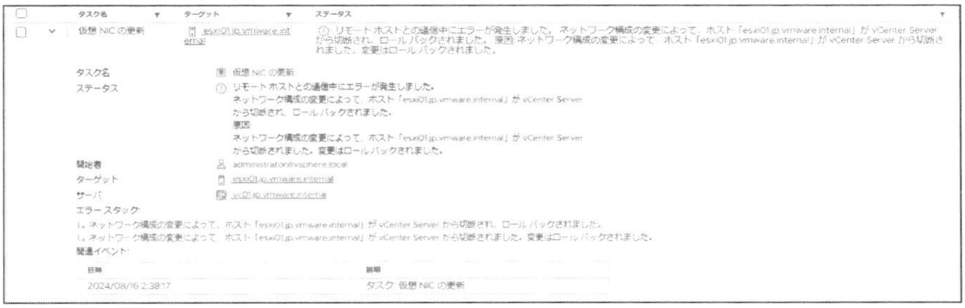

8.3 仮想ネットワーク環境の運用とトラブルシューティング

図 8.33 自動ロールバックの実行

なお、自動ロールバック機能は vSphere Client から詳細設定(config.vpxd.network.rollback)を変更、または vCenter Server の vpxd.cfg 構成ファイルを直接編集することで、無効にすることも可能です。基本的にはデフォルトである自動ロールバック機能が有効な設定のまま利用されます。また、自動ロールバックのタイムアウト値はデフォルトで30秒と定義されています。多数のネットワーク操作が同時に行われ、システムに高い負荷がかかった状況においては、該当する操作の実行時間がこのタイムアウト値を超えてしまい、ポートグループ作成などの通常のネットワーク操作もロールバックされてしまう可能性があります。そうした状況が頻繁に発生する場合は、上述した詳細設定(config.vpxd.network.rollback)や構成ファイル(/etc/vmware-vpx/vpxd.cfg)でタイムアウト値を任意の値に変更することが可能となっているので、操作完了に十分な値へ変更することを検討します。

その他の手段として、DCUI から ESXi にアクセスし、vCenter との接続が失われてしまった ESXi ホストのネットワークを復旧させる機能も提供されています。分散スイッチの復旧機能を利用して、DCUI からの操作で分散スイッチ上に短期バインド方式のポートグループを指定したアップリンクと VLAN ID の設定に基づいて作成し、管理用の VMkernel ネットワークアダプタを移行させます。これにより一度の操作で ESXi から vCenter Server の接続を復元できます。DCUI より [Network Restore Options] > [Restore vDS] で各パラメータを指定しリストアする手順となります(**図 8.34**)。

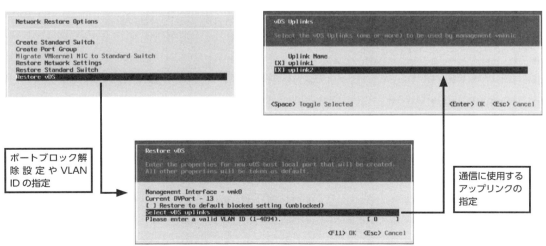

図 8.34 DCUI から VDS をリストアする手順

CHAPTER 8　ネットワークの仮想化

8.3.2　トラフィックの監視と分析

本項では、仮想マシン間の通信や外部（仮想化環境外）との通信で問題が発生した際に役立つトラブルシューティングツールとその利用方法、トラフィックの監視や分析に使用できる機能について紹介します。

■ パケットキャプチャ

vSphereでは、pktcap-uwと呼ばれるESXiホスト内におけるパケットの監視やトレースを行うためのツールが提供されています。このツールを使用して物理ネットワークアダプタ、VMkernelアダプタ、仮想マシンアダプタなど、その他にもESXi上の様々なポイントを通過するパケットの情報を取得できます。pktcap-uwの使用に際しては、事前に追加でのソフトウェアのインストールなどといった特別な準備は必要ありません。ESXiにSSHでログインしてコマンドを実行する流れとなるため、その導線のみあらかじめ確保しておく必要があります。使用に際する基本的な構文を図8.35で解説します。

pktcap-uw: 基本構文

pktcap-uw　switch_port_arguments　capture_point_options　filter_options　output_control_options
　　　　　　　　　　①　　　　　　　　　　　②　　　　　　　　　③　　　　　　　　④

解説	使用例
①キャプチャするポイントを指定	● 物理アダプタにてキャプチャしたい場合：--uplink vmnic 0
②キャプチャポイントに関する詳細なオプション	● キャプチャポイントにおいて双方向(入力・出力)のパケットをキャプチャしたい場合： --dir 2 ※デフォルトでは仮想スイッチから見て入力方向のパケットのみをキャプチャ
③キャプチャしたパケットをフィルタするためのオプション	● VLAN(ID=100)がタグ付けされたパケットをキャプチャしたい場合： --vlan 100
④出力制御を行うためのオプション	● 分析のためにキャプチャした結果をPCAP形式でファイルへ保存したい場合： --outfile vmnic0_test.pcap ※デフォルトではコンソールへ出力

図 8.35　pktcap-uw の基本構文

図8.35の使用例に基づき、キャプチャを実施する場合は以下のコマンドをESXi上で実行します。

```
[root@esx:~] pktcap-uw --uplink vmnic0 --dir 2 --vlan 100 --outfile vmnic0_test.pcap
```

このコマンドでは、取得したデータはPCAP形式で指定したパス（今回はコマンドを実行したディレクトリ）に保存されるため、取得したデータを転送し、Wiresharkなどのネットワークアナライザツールを使用して詳細な分析を行うことが可能です。こちらのコマンドは一例であり、他のポイントにおけるパケットのキャプチャも可能です。より詳細な情報は-hオプションで表示されるヘルプを確認できます。以下のKBにもサンプルのコマンドがいくつか記載されているので利用の際に参照してください。

- KB：Packet capture on ESXi using the pktcap-uw tool (341568)
  https://knowledge.broadcom.com/external/article/341568/

■ IPFIX

分散スイッチではIPFIX（NetFlow Version10）をサポートしており、それに対応するシステム（フローコレクター）と連携することで分散スイッチ上を流れるトラフィックの監視・分析が可能です。IPFIXの利用により、生成されるフローデータを基にトラフィック分析を行うため、処理するデータ量を最小限に抑え、大規模な環境においても効率的なトラフィック監視を実現できます。利用の際は、図8.36のように分散スイッチ単位で設定を行い、フローデータの送信先となるフローコレクターのIPアドレスなどを指定し、オプションとしてサンプリングレートなどの詳細設定も任意の値に変更できます。さらに分散ポートグループや分散ポート単位でフローデータの送信有無を指定できるため、監視対象とするデータは柔軟に制御することが可能です。

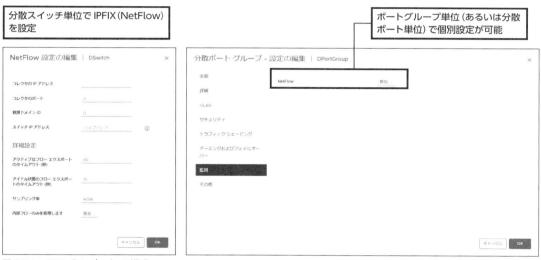

図8.36　IPFIX（NetFlow）の構成

■ ポートミラーリング

ポートミラーリングは一般的に物理ネットワーク機器に備えられているツールですが、vSphereの仮想スイッチでも同等の機能を利用できます。IPFIXと同様に分散スイッチ上で利用できる機能であり、これによって分散スイッチを流れる仮想化環境のパケットを特定のポートへミラーリング（複製）し、パケットの監視や分析に役立てることができます。

ポートミラーリングを利用する際は、セッションと呼ばれる単位でミラーリングする対象やターゲットの設定を行います。ポートミラーリングセッションは表8.12に示すように4つのセッションタイプが存在し、ミラーリングしたい対象のパケットやパケットを分析するためのネットワークアナライザの配置に応じて選択します。

CHAPTER 8 ネットワークの仮想化

表 8.12　ポートミラーリングで設定可能なセッションタイプ

セッションタイプ	概要	送信元	送信先	詳細
分散ポートミラーリング	分散ポート上を流れるパケットを同じ ESXi ホスト上の他の分散ポートへミラーリングします（ローカル SPAN に相当）	分散ポート	分散ポート	● 送信元（ソース）と送信先（ターゲット）が異なるホスト上にある場合は利用できない方式 ● ソースやターゲットには複数のポートを選択可能
リモートミラーリングソース	分散ポート上を流れるパケットを同じ ESXi ホスト上の特定のアップリンクポートへミラーリングします（分散ポートを送信元とした RSPAN）	分散ポート	アップリンク	● 仮想スイッチ上を流れるパケットをアップリンク経由で異なるスイッチ上のポートへミラーリングしたい場合に利用する方式
リモートミラーリングターゲット	指定した VLAN ID がタグ付けされたフレームをアップリンク以外の任意の分散ポートへミラーリングします（分散ポートを送信先とした RSPAN）	VLAN	分散ポート	● RSPAN VLAN（転送用に設定した VLAN）上を流れる。フレームを分散スイッチ上のポートへミラーリングしたい場合に利用する方式
カプセル化されたリモートミラーリング(L3) ソース	分散ポート上を流れるパケットを直接指定した IP アドレスを送信先としてミラーリングします（ERSPAN に相当）	分散ポート	IP アドレス	● 「リモートミラーリングソース」では送信先は同一の L2 ネットワーク上にある必要があるが、この方式では GRE にてカプセル化した IP パケットを送信することで、ネットワークセグメントを越えたミラーリングが可能

8.3.3　パフォーマンス監視とトラブルシューティング

　仮想ネットワーク環境では、設定の最適化とリソースの適切な管理によって高いパフォーマンスを発揮できます。万が一パフォーマンスに問題が発生した場合でも、vSphere に備えられている高度なモニタリングツールを活用することで、迅速かつ的確に原因を見つけ出し、適切な対策を講じることができます。ネットワーク遅延が疑われる問題が発生した場合は、闇雲に設定を変更するのではなく、モニタリングツールを使用してボトルネックを特定することが迅速な問題解決のために必要なアクションと考えられます。

　仮想ネットワーク環境のパフォーマンスを監視するツールとして、vSphere Client から利用できるパフォーマンスチャートと、ESXi のコンソールから利用できる esxtop ユーティリティがあります。それぞれ特徴があり、パフォーマンスチャートは一定期間内のパフォーマンスを確認したい場合に、esxtop ユーティリティは Linux の top コマンドのようにリアルタイムのパフォーマンスを確認したい場合に有用です[4]。ネットワークのパフォーマンスに問題が生じていることが疑われる場合は、以下のそれぞれのポイントでパケットのドロップ発生有無について調査します（図 8.37）。

【4】　パフォーマンスチャートや esxtop ユーティリティの使い方については、「11.4　パフォーマンスモニタリング」を参照してください。

8.3 仮想ネットワーク環境の運用とトラブルシューティング

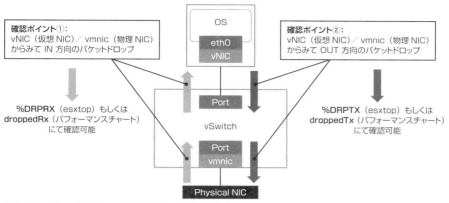

図 8.37 パケットのドロップ発生有無の確認ポイント

　上記のポイントでパケットのドロップが発生している場合、なんらかの要因によってそのポイントがボトルネックとなっていると考えられ、ネットワーク速度の低下を招いている可能性があります。esxtopのネットワークパネルでは、図 8.38 のような形式で統計情報の確認が可能です。

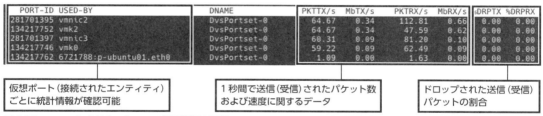

図 8.38 esxtop によるネットワーク統計情報の確認

　%DRPRX、%DRPTX の値は 0 であることが望ましく、特にパフォーマンス問題が顕在化している場合においては早急に対応が必要となります。以下ではESXi ホストと仮想マシンの観点でそれぞれ確認すべき観点やアプローチの例を紹介します。パケットドロップを引き起こしている要因は必ずしも一つとは限らないため、各対策を実施するたびにパフォーマンスがどの程度改善されたかを確認しながらトラブルシューティングを進めます。

■ ESXi ホストにおける確認観点・アプローチ例

- **物理 NIC のドライバ・ファームウェア**
  物理 NIC のドライバやファームウェアが最新ではないことに起因して、ネットワークのパフォーマンスに問題が生じているケースがあります。その場合はドライバやファームウェアを最新のものへアップデートすることで、パフォーマンスが改善するかどうか確認します。バージョンの確認や更新についての詳細は、以下の KB を参照してください。

CHAPTER 8 ネットワークの仮想化

- KB：Determining Network/Storage firmware and driver version in ESXi (323110)

  https://knowledge.broadcom.com/external/article/323110/

- 物理 NIC のリングバッファ

  物理 NIC のリングバッファが不足している影響で、パケットのドロップが発生することがあります。その場合はリングバッファサイズを増やすことで、パケットのドロップ数が減少するかどうか確認します。現在のリングバッファサイズの確認や変更についての詳細は、以下の KB を確認ください。

  - KB：Troubleshooting NIC errors and other network traffic faults in ESXi

    https://knowledge.broadcom.com/external/article/341594/

- ネットワークの分離

  ストレージや vMotion など多くの帯域幅を必要とするネットワークと仮想マシンのネットワークを同じ仮想スイッチ上で構成している場合、輻輳が発生してスループットが低下する可能性があります。その場合は、サービス用のネットワークと仮想マシンのネットワークをチーミング、あるいは仮想スイッチレベルで分離させることで、それぞれの通信が影響しない構成に変更することを検討します。

- 物理 NIC の増強

  リンク速度の大きな物理 NIC を使用したり、仮想スイッチに割り当てる物理 NIC の数を増やしたりすることで、ネットワークのパフォーマンスを向上させることができます。

- 仮想マシンの配置

  帯域を多く消費する仮想マシンが複数存在する場合、その仮想マシンを複数の ESXi ホストにまたがる形で分散して配置することで仮想化環境全体のネットワークパフォーマンスを最適化できます。あるいは、同一セグメントで頻繁に大量の通信が発生する仮想マシンが存在する場合は、それらの仮想マシンを同一ホストに配置することを検討します。

  それにより、物理ネットワークを経由してパケットが転送されないようにし、物理 NIC の負荷が下がることでパフォーマンスの改善につながる可能性があります。

■ 仮想マシンにおける確認観点・アプローチ例

- VMXNET 3 の使用

  レガシーなネットワークアダプタタイプを使用している場合、VMXNET 3 を使用するように構成を変更することでネットワークのパフォーマンスを向上させることができます。

8.3 仮想ネットワーク環境の運用とトラブルシューティング

- 仮想 NIC のリングバッファ

  仮想 NIC のリングバッファが不足している影響で、パケットのドロップが発生することがあります。その場合は、仮想 NIC のリングバッファサイズを増やすことで、パケットのドロップ数が減少するかどうか確認します。各 OS におけるリングバッファサイズの変更手順に関する詳細は、以下の KB を参照しくてください。

- KB：The output of esxtop show dropped receive packets at the virtual switch (312565)

  https://knowledge.broadcom.com/external/article/312565/

- CPU リソースの割り当て

  仮想マシンに割り当てられている CPU リソースが不足している場合、仮想 NIC がパケット受信処理を行うことができず、結果的にパケットのドロップが発生します。その場合は割り当てる CPU を増やす、CPU リソースの予約を行う、あるいは同一 ESXi ホスト上で動作する仮想マシン数の削減し、CPU の競合が緩和されるようにする、といった対策を検討します。

- ゲスト OS の設定

  ゲスト OS の設定がネットワークパフォーマンスに影響している場合があります。例えば、ファイアウォールの設定や導入しているセキュリティソリューションの設定を見直すことで、ネットワークパフォーマンスを改善できる場合があります。

COLUMN　VMware NSX との連携

vSphere における仮想スイッチは L2 スイッチとしてのみ機能するため、L3 以上の処理に関しては物理ネットワーク機器に依存します。サーバーの観点では vSphere を導入して仮想化を行うことで俊敏性や柔軟性を向上させることができますが、ネットワークは依然として物理レイヤーに依存しているため、仮想化されたワークロードの展開や構成の変更に時間がかかってしまうことがあります。

このような課題に対して、VMware NSX を導入してネットワークを仮想化することで、物理レイヤーを意識することなくネットワークの管理・運用が可能となります。VMware NSX はレイヤー 2 からレイヤー 7 まで、以下のような幅広いネットワークサービスや管理機能を仮想マシン、コンテナ、ベアメタルに対して提供します (図 8.39)。

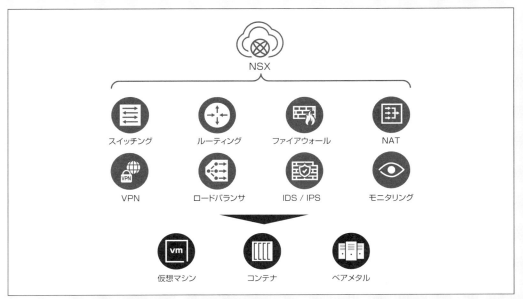

図 8.39　VMware NSX によって提供されるサービス例

スイッチングに関しては、VLAN だけでなく物理ネットワークに依存しないオーバーレイと呼ばれるネットワークを構成できます (**図 8.40**)。オーバーレイネットワークでは、仮想マシンのパケットをカプセル化することで、物理ルーターをまたぐ論理的なセグメントを実現します。それによって、ToR スイッチでレイヤー 2 を終端する構成においても、ラックをまたいで vMotion が可能となるため、リソースの最適化が容易になります。

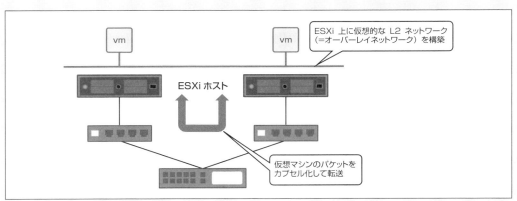

図 8.40　オーバーレイネットワークのイメージ

また、VMware NSX によって提供可能なファイアウォールには、従来の境界型ファイアウォールだけでなく、分散ファイアウォールと呼ばれる機能があり、仮想 NIC 単位で通信をフィルタリングできます (**図 8.41**)。これにより同

じブロードキャストドメイン内における仮想マシン間の通信も制御できるので、マルウェアの拡散や不正アクセスによる被害を抑制できます。

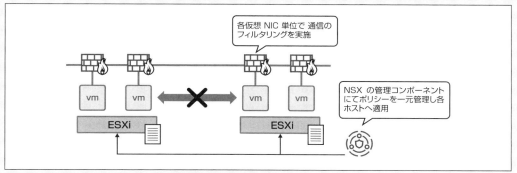

図 8.41　分散ファイアウォールによる通信のフィルタリング

　上述した機能はすべて、VMware NSX を通して一元管理できます。また、他のソリューションとの連携や API による操作も可能であり、仮想化環境のネットワークとセキュリティの管理・運用を簡素化できます。

Chapter 9

vSphere クラスタの機能と管理

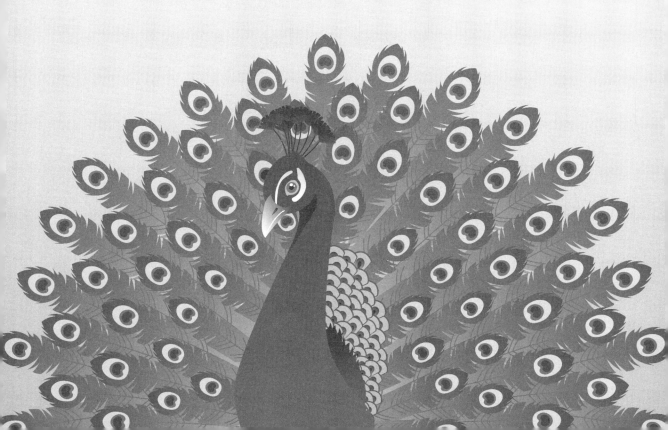

vSphere クラスタの機能と管理

　vSphere クラスタは、仮想化環境の可用性、パフォーマンス、運用効率を向上させるための重要な機能を提供する単位であり、複数台の ESXi ホストをまとめて一つの大きなリソースとして管理、利用することを可能にします。ビジネスの規模や要件に応じて適切なクラスタ構成を検討し、各種機能を活用して仮想化環境を最適化することは非常に重要なポイントです。
　本章、および次章では vSphere クラスタで提供する各種機能の詳細を解説します。

 vSphere クラスタ

 vSphere クラスタとは

　vSphere クラスタとは、複数の ESXi ホストを論理的にグループ化したものです。これにより、各ホストのリソースを統合し、仮想マシンをより効率的に管理・運用できるようになるだけでなく、クラスタで提供される高可用性（High Availability：HA）の機能や、ライフサイクル運用（vSphere Lifecycle Manager：vLCM）の機能など様々な機能が提供されます。vSphere クラスタにて提供される主な機能や特徴・メリットは以下の通りです（**表 9.1**）。

表 9.1　vSphere の主要機能と特徴

機能	説明
高可用性 vSphere HA	HA 機能により ESXi ホストの障害時に影響を受ける仮想マシンを自動的にクラスタ内の他のホストで再起動することで、システム全体のダウンタイムを最小限に抑えます。この機能は、vSAN ストレッチクラスタなどを用いることで異なるデータセンター間でも利用でき、局所災害への対策としても利用できます
柔軟性・移行性 vMotion	仮想マシンのホットマイグレーション機能を利用して、メンテナンスなどのためにホストを停止する場合でも、仮想マシンの稼働を継続できます
負荷分散 vSphere DRS	クラスタ内の各ホストのリソース使用状況を監視し、仮想マシンを自動的に移動させることで、負荷を均等化し、パフォーマンスを最適化します
仮想マシンの耐障害性 vSphere FT	vSphere FT は完全に同じ仮想マシンを異なるホストで実行し、障害時には瞬時に切り替えてサービスを継続させる仮想マシンのダウンタイムゼロを実現する耐障害性機能です
ライフサイクル運用 vLCM	vSphere クラスタのアップデート、構成管理、コンプライアンスチェックを効率的に実行し、ダウンタイムを最小限に抑えます
コンテンツライブラリ	仮想マシンテンプレート、ISO イメージなどを一元管理し、vCenter Server 間で共有し、デプロイの迅速化、ストレージの効率的な利用を実現する機能です

　その他、第7章の vSAN、第8章の分散スイッチ（VDS）、第12章、第13章で紹介する vSphere IaaS Control Plane（旧称 vSphere with Tanzu）も vSphere クラスタで提供される機能です。

9.1.2 vSphere クラスタサービス（vSphere Cluster Services：vCLS）

vSphere Cluster Services（vCLS）は分散型クラスタサービスとして、vCenter Server 停止時における vSphere クラスタ状態の監視と制御を行うために vSphere 7.0 Update 1 で導入された機能です。従来は、vCenter Server が担っていた vSphere HA や DRS（Distributed Resource Scheduler）など、クラスタサービスを制御するための監視機能をクラスタ内の ESXi ホストに分散させることで単一障害点を排除し可用性を向上させます。

vCLS は、複数台の vCLS VM を使用してクラスタサービスの健全性を維持します。ESXi ホストをクラスタに追加すると、vCLS エージェント仮想マシン（vCLS VM）が自動で作成されます。vSphere 8.0 Update 3 からは vCLS が大幅アップデートされ、それ以前のリリースと比較して vCLS の提供形態が異なります。以降ではそれぞれについて解説します。なお、どちらの vCLS VM においても管理者が vCLS VM 自体を手動で展開したり、vCLS VM の内部にアクセスして操作する必要はなく、クラスタの状況に応じて自動的に作成、配置されます。

■ vCLS 1.0 VM の仕様（vSphere 7.0 Update 1 から vSphere 8.0 Update 2 までの外部 vCLS）

vSphere 7.0 Update 1 で実装された vCLS VM は Photon OS ベースの軽量 Linux VM です。OVF テンプレートからクラスタ内に自動展開され、DRS による自動分散や HA 時の仮想マシンの最適配置を制御します。

vCLS VM が実行される ESXi ホストがメンテナンスモードに移行した際や停止した場合は、クラスタ内の vCLS VM が実行されていない ESXi ホストで自動的に新しい vCLS VM が展開されます。また、後述する「Retreat Mode（退避モード）」に移行すると、vCLS VM は自動的に削除され、退避モードを解除すると再度自動的に展開されるステートレスな仮想マシンです。vCLS VM は「仮想マシン」として展開されるため、データストアにそれぞれの仮想ディスクを持ち、少量ながらストレージフットプリントが必要となります。

■ vCLS 2.0 VM の仕様（vSphere 8.0 Update 3 以降の組み込み vCLS）

vSphere 8.0 Update 3 では vCLS VM の仕組みが大幅に変更されました。組み込み vCLS（Embedded vCLS）として ESXi ホストのメモリ内で直接実行されるコンテナランタイム実行形式（Container Runtime Executive：CRX）で動作します[1]。

【1】 ドキュメントによっては従来の vCLS を明示的に「外部 vCLS（External vCLS）」と記載し、vSphere 8.0 Update 3 以降の「組み込み vCLS」と区別する場合があります。

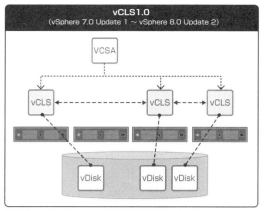
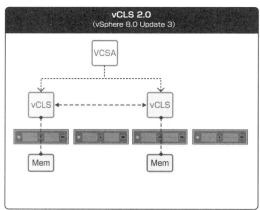

図 9.1　vCLS 1.0 と vCLS 2.0 の展開イメージ

　組み込み vCLS VM にはストレージフットプリントがなく、ESXi ホストは組み込み vCLS VM を直接起動し、完全に ESXi ホストのメモリ内で実行されるため、従来の vCLS と比較してもメンテナンス時も非常に高速に起動し、機能が有効化されます。

　組み込み vCLS は、少なくとも 1 台の ESXi 8.0 Update 3 ホストを含む vSphere クラスタで自動的にアクティブ化され、vCenter Server 8.0 Update 3 によって管理されます。以前のバージョンからの更新時に、少なくとも 1 台のホストが ESXi 8.0 Update 3 に更新されると自動的に組み込み vCLS に移行します。組み込み vCLS が有効化されると vSphere Client の「クラスタ」ビューのサマリ画面で「組み込み vCLS」であることが確認できます（図 9.2）。

図 9.2　vSphere 8.0 Update3 の組み込みクラスタサービス

vCLS VM は「vCLS」という名前の専用の仮想マシンフォルダに自動で配置されます。普段は意識する必要はありませんが、トラブル時など vCLS VM が正常に動作していない場合は「仮想マシンとテンプレート」インベントリの「vCLS」フォルダから確認できます。

vSphere クラスタを構成する ESXi ホストの台数・バージョンの違いにより、実行される vCLS VM 数、配置が異なります。従来はクラスタあたり最大 3 vCLS VM が展開されましたが、組み込み vCLS VM はクラスタあたり最大 2 vCLS VM を上限数として展開されます（表 9.2）。

表 9.2　クラスタ内の ESXi ホスト台数と vCLS VM 数

クラスタ内のホスト数	外部 vCLS VM の数 （vSphere 8.0 U2 以前）	組み込み vCLS VM の数 （vSphere 8.0 U3 以降）
1 台	1	1
2 台	2	2
3 台以上	3	2

組み込み vCLS VM はコンテナランタイム実行形式であるため、仮想ディスクは利用されず、ESXi ホストのメモリ上でのみ実行されます。

■ Retreat Mode（退避モード）

vCLS はクラスタの健全な管理を行うために、必ず規定の台数の vCLS VM が稼働するように維持されます。これはクラスタ全体をシャットダウンする目的で、ESXi ホストをメンテンスモードに移行した場合においても同様です。そのため、vCLS が有効なクラスタでは vCLS VM が自動で別のホストに移行したり、新たに展開されて再起動してしまい、ESXi ホストをメンテナンスモードに移行できない状況となってしまうことがあります。

計画メンテナンス時に vCLS VM を停止させるための機能として退避モードを利用します。vCenter Server 7.0 Update 3 以降では退避モードへの切り替えが vSphere Client を利用して操作が可能です。vCLS の退避モードへの切り替えは対象クラスタの「構成」メニューから [vSphere クラスタサービス] > [全般] を選択し、「vCLS モードの編集」から操作します。

vSphere 7.0 Update 2 以前は vSphere Client に組み込まれた退避モードへの切り替え操作が利用できないため、vSphere Client から vCenter Server の詳細設定を直接変更する、または vCenter MOB や CLI からクラスタを退避モードに切り替える必要があります。切り替え方法および詳細は次の KB を参照してください。

- KB：Disable vCLS on a Cluster via Retreat Mode（316514）
  https://knowledge.broadcom.com/external/article/316514/

なお、退避モードに移行したクラスタでは HA や DRS などの機能が制約されるため、本設定の変更の際は十分に注意してください。

CHAPTER 9　vSphere クラスタの機能と管理

9.2　高可用性（High Availability）

　vSphere クラスタが提供する高可用性は、クラスタ内での自動化された障害復旧（High Availability：HA）、リソースの最適化（Distributed Resource Scheduler：DRS）、ミッションクリティカルなアプリケーション向けのゼロダウンタイム（Fault Tolerance：FT）を実現します。これらにより、仮想化基盤の運用効率を向上させ、ダウンタイムによるビジネスへの影響を最小限に抑えられます。
　vSphere HA は、ESXi ホストの障害からの仮想マシンの復旧性を高め、ビジネスの継続性を確保するための重要な機能です。また、VCSA の障害からの保護にも対応した vCenter HA は、vCenter Server の単一障害点を排除し、安定した仮想化環境の運用を可能にします。

9.2.1　vSphere HA のアーキテクチャ

　vSphere HA は複数の ESXi ホストで構成されたクラスタにおいて、ハードウェア障害などが発生した場合に、影響を受けた仮想マシンをクラスタ内の他の正常な ESXi ホスト上で自動的に再起動（フェイルオーバー）させることで、仮想マシンの可用性を確保する機能です。これにより、物理的な障害が発生した場合でも仮想マシンのサービスを迅速に復旧し、ダウンタイムを最小限に抑えられます。
　また、vSphere HA は ESXi ホストの障害だけではなく、データストアとの接続状態や仮想マシン内の正常性も監視する機能を備えており、これらの状態をトリガとした仮想マシンの復旧も可能です。
　vSphere HA は、仮想マシンやアプリケーションの可用性を高めるためのシンプルかつ強力なソリューションです。従来の高可用性を実現するためのクラスタソリューションと比較して、複雑な設計やアプリケーション側の特別な設定を必要とせず、クラスタ上で vSphere HA を有効化するだけで、稼働するすべての仮想マシンを保護できます。

■ vSphere HA の構成

　vSphere HA は、vSphere クラスタ上で動作し、稼働中の仮想マシンを保護します。クラスタのサイジングの際は HA に必要なリソース（CPU、メモリ）を考慮し、障害発生時に仮想マシンを再起動できるだけの十分なリソースの確保が重要です。一般的には、1 台の ESXi ホストが停止した場合でも仮想マシンが正常に稼働できるように、N+1 のホスト台数構成が推奨されます。クラスタのサイジングの詳細については、第 5 章コラム「サイジングの勘所」を参照してください。
　vSphere HA は、第 3 章で紹介した「クラスタクイックスタート」機能でクラスタをセットアップする際に有効化できます。また、vSphere Client からクラスタ設定の「vSphere の可用性」オプションを有効化することでも構成できます。vSphere HA を構成するための主な要件は以下の通りです。

- vCenter Server
- 2台以上のESXiホストで構成されるvSphereクラスタ
- クラスタ内のすべてのESXiホストが利用可能なデータストア（vSAN、VVOL、FC、iSCSI、NASなど）
- ハートビートで利用するネットワーク（VMkernel管理ネットワーク）
  TCPおよびUDPポート8182をエージェント間の通信に使用
- ハートビートデータストアとして使用するための2つ以上のデータストア（vSAN構成時は考慮不要）

vCenter Serverは、HAエージェント（後述のFDM）のインストールやフェイルオーバーキャパシティの算出など、HAの構成に必要な処理のみを行い、障害時におけるvSphere HA自体は、vCenter Serverに依存せずに動作するように設計されています。そのため、vCenter Serverが正常に動作していない場合でも、vSphere HAは継続して仮想マシンを保護し、vCenter Serverが単一障害点になることはありません。また、VCSAそのものを、vCenter Server自身の管理するHAクラスタで稼働させることで、VCSAが配置されたESXiホストが停止した場合に、別の正常なESXiホストで再起動できます。

実際の死活監視やフェイルオーバーの実行は、ESXiホスト上で動作するエージェントが行います。ESXiホストをvSphere HAクラスタに追加すると、vCenter ServerによってHAエージェントが各ESXiホストにインストールされ、クラスタ内の他のHAエージェントと通信できるよう構成されます。

■ vSphere HAの各コンポーネント

以降ではHAクラスタを構成する各コンポーネントについて、その名称と役割を解説します（図9.3）。

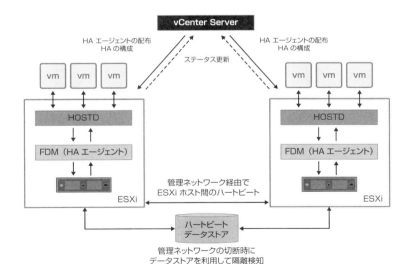

図9.3 vSphere HAを構成するコンポーネント

CHAPTER 9 vSphere クラスタの機能と管理

■ FDM（HA エージェント）

vSphere HA における FDM（Fault Domain Manager）は、各 ESXi ホスト上で動作する HA エージェントです。vSphere HA の中核を担うコンポーネントとして以下の役割を持ちます（**表 9.3**）。

表 9.3 FDM の役割

FDM の役割	説明
ホストの死活監視	クラスタ内の他の ESXi ホストとハートビートを交換し死活監視を実施します
仮想マシンの監視	VMware Tools を使用して仮想マシンの状態を監視します
データストアハートビート	ESXi ホストは、構成されたハートビートデータストアに定期的にアクセスし、FDM 状態ファイルを更新します
パス障害の検知	ESXi ホストは、ストレージへのパス障害を検知すると、その情報を FDM に通知します。FDM は、この情報に基づいて、仮想マシンのフェイルオーバーが必要かどうかを判断します
フェイルオーバーの実行	ホスト障害発生時に、影響を受ける仮想マシンを他のホストで再起動します
リソースの管理	クラスタ内のリソース使用状況を監視し、フェイルオーバーに必要なリソースを確保します
vCenter Server との通信	vCenter Server と通信し、クラスタの状態や設定情報を交換します

■ HOSTD

vSphere HA における HOSTD の役割は、FDM と連携して vSphere HA の機能を実現することです（**表 9.4**）。HOSTD は ESXi ホスト上で動作するプロセスで、ホストデーモンとも呼ばれ、ESXi ホストの管理エージェントとして機能します。

表 9.4 HOSTD の役割

HOSTD の役割	説明
FDM との通信	FDM からの要求を受け取り、それに応じて ESXi ホストを操作します （例：FDM から仮想マシンの再起動要求を受け取ると、HOSTD はその仮想マシンの再起動を実行）
仮想マシンの状態管理	仮想マシンの状態（パワーオン、パワーオフ、サスペンドなど）を管理し、その情報を FDM に提供します
リソースの監視	ESXi ホストのリソース（CPU、メモリ、ストレージなど）の使用状況を監視し、その情報を FDM に提供します

HOSTD は vSphere HA だけでなく、vSphere の他の機能（vMotion、DRS など）においても重要な役割を担っています。

■ vCenter Server

vSphere HA における vCenter Server の役割は、HA クラスタの構成と管理を行うことです。vCenter Server は、HA クラスタ全体の監視と制御を行うわけではありませんが、HA クラスタが正しく動作するために必要な、様々な機能を提供します。

- HA エージェントの構成
- クラスタ構成変更の通知

9.2 高可用性 (High Availability)

- 仮想マシンの保護

vCenter Server は ESXi ホスト上に FDM をインストールし、他の ESXi ホストと通信ができるように構成します。また、HA クラスタの構成変更が行われた場合は、次に解説する HA クラスタのプライマリホストに通知します。

■ HA クラスタを構成する各ホストの役割

HA クラスタは 1 台のプライマリホストと複数のセカンダリホストで構成されます（図 9.4）。

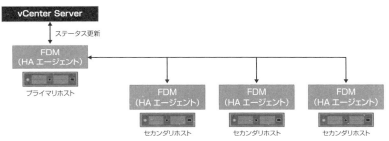

図 9.4　HA クラスタを構成するホストの種類

プライマリホストはクラスタ全体を監視し、障害発生時に、フェイルオーバーを調整する役割を担います（表 9.5）。

表 9.5　HA プライマリホストの役割

HA プライマリホストの役割	説明
セカンダリホストの監視	クラスタ内の他の ESXi ホスト（セカンダリホスト）とハートビートを交換し、状態を監視します
障害検出	セカンダリホストの障害を検出し、vCenter Server に報告します
フェイルオーバーの決定	障害発生時に、どの仮想マシンをどのホストで再起動するかを決定します
リソースの管理	クラスタ全体のリソース使用状況を監視し、フェイルオーバーに必要なリソースを確保します
隔離の検出	ネットワークの障害などにより、ESXi ホストがネットワークから隔離された状態を検出します
vCenter Server との通信	vCenter Server と通信し、クラスタの状態や設定情報を交換します

セカンダリホストはプライマリホストの指示に従い、仮想マシンの稼働と監視を行います（表 9.6）。

表 9.6　HA セカンダリホストの役割

HA セカンダリホストの役割	説明
プライマリホストとの通信	プライマリホストからのハートビートを受信し、自身の状態を報告します
フェイルオーバー時の対応	プライマリホストから仮想マシンの再起動指示を受け取ると、その仮想マシンを再起動します

CHAPTER 9　vSphere クラスタの機能と管理

　セカンダリホストは、プライマリホストの指示に従って動作することで、クラスタ全体の可用性維持に貢献します。プライマリホストに障害が発生した場合、セカンダリホストの中から新しいプライマリホストが選出され、クラスタの運用が継続されます。

■ プライマリホストの選出プロセス

　各 ESXi ホストに FDM がインストールされた後、FDM 間でネゴシエーションが行われ、プライマリホストが 1 台選出されます。クラスタ内の残りのホストはセカンダリホストとして動作します。プライマリホストの選出基準は以下の通りです。

- データストアの接続：より多くのデータストアにアクセスできるホストを優先
- リソース：CPU、メモリなどのリソース量が多いホストを優先
- ホストの可用性：電源状態、ネットワーク接続状態など正常に動作しているホストを優先

　上記の基準に基づき、最も優先順位の高いホストがプライマリホストとして選出されます。
　複数の ESXi ホストがプライマリホスト候補となる場合は、各 ESXi ホストに設定された固有の ID である Management Object ID（MOID）が ASCII 順で最も大きいホストがプライマリホストになります。例えば、MOID が host-22 と host-24 がある場合は host-24 が選ばれます。また、host-99 と host-100 がある場合は、9 は 1 より ASCII 順で上位に位置づけられるため、host-99 がプライマリホストに選ばれます。
　各 ESXi ホストの MOID は、vSphere Client で対象の ESXi ホストを選択した際の URL から確認するか、PowerCLI などで確認できます。また、どの ESXi ホストがプライマリホストかは vSphere Client の各 ESXi ホストのステータスや、PowerCLI、API から情報を取得できます。

```
PS C:\> Get-Cluster -Name "vSAN Cluster"  | Get-VMHost | select Name,ID
Name                     Id
----                     --
esxi01.jp.vmware.internal HostSystem-host-20
esxi02.jp.vmware.internal HostSystem-host-12
esxi03.jp.vmware.internal HostSystem-host-22
```

```
PS C:\> Get-Cluster -Name "vSAN Cluster"  | Get-HAPrimaryVMHost | select Name,ID
Name                     Id
----                     --
esxi03.jp.vmware.internal HostSystem-host-22
```

　プライマリホスト選出のプロセスは、クラスタで vSphere HA が有効化された時以外にも以下の条件で実行されます。

- プライマリホストをメンテナンスモードに移行した時
- プライマリホストの障害発生時
- 管理ネットワークのパーティション（分断）発生時（片側のパーティションでプライマリホスト不在時）

セカンダリホストからプライマリホストが選出された後に、停止していた、またはメンテナンスモードだった元のプライマリホストがクラスタに復帰した際は、プライマリホストとして再選出されずセカンダリホストとしてHAクラスタのメンバーとなります。ネットワークパーティション発生中にそれぞれのパーティションでプライマリホストが選出されている場合は、パーティションの解消後に再度プライマリホストが選出されます。

9.2.2　障害検知の仕組み

■ ハートビートデータストア

ハートビートデータストアは管理ネットワーク障害時のバックアップチャネルとして機能し、HAクラスタごとに2つ以上のハートビートデータストアを構成することが推奨されます（図9.5）。

各ESXiホストはハートビートデータストアに定期的にアクセスし、監視用のFDM状態ファイルを作成・更新することで自身の健全性を示します。ホスト隔離が発生し、特定のESXiホストと管理ネットワーク経由のハートビートが途絶えても、データストアへのアクセスが継続されていることが判断できると、vCenter Serverは他の健全なESXiホストを経由して、隔離状態のESXiホストがまだ稼働していることを認識します。

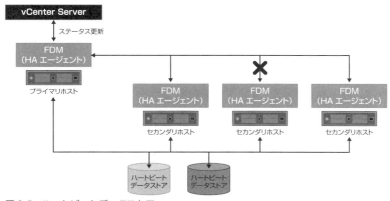

図9.5　ハートビートデータストア

ハートビートデータストアは、FDMを通じた死活監視の不通時に、ESXiホスト障害とネットワーク障害との識別を行うためにのみ使用され、ストレージパスに対する死活監視では使用されません。ハートビートデータストアは、ESXiホストにアタッチされたデータストアの中から2つ以上が利用されます（自動選択または個別指定が可能です）（図9.6）。

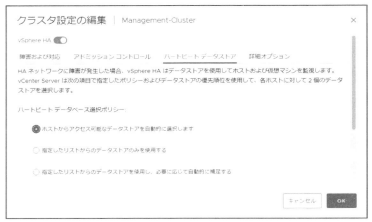

図9.6 ハートビートデータストアの設定

　ハートビートデータストアは詳細オプション「das.heartbeatDsPerHost」を設定することにより、デフォルトで2台、最大5台までのデータストアをハートビートデータストアとして構成できます。なお、vSANデータストアのみを使用するクラスタでは、ハートビートデータストアの指定は不要です。vSANと外部ストレージを併用するクラスタでは、外部ストレージのデータストアから2つ選択します。vSANデータストアはハートビートデータストアとして選べません。

■ FDM状態ファイル

　ハートビートデータストア上に格納されるFDM状態ファイルには、各ESXiホストの状態やクラスタ上で稼働しているすべての保護対象の仮想マシンの情報が含まれています（**表9.7**）。このファイルは、HAクラスタが障害発生時に適切なフェイルオーバーを実行するために重要な役割を果たします。

　ハートビートデータストアを用いたホストおよび仮想マシンの死活監視は、このFDM状態ファイルによって実現されます。各ESXiホストは、定期的にFDM状態ファイルを更新することで自身の健全性をクラスタ内の他のホストに示します。また、FDM状態ファイルには仮想マシンの稼働状況も記録されているため、仮想マシンの死活監視にも利用されます。

表9.7　FDM状態ファイル

ファイル名	用途	配置場所	説明
host-X-hb （host-Xはホストの MOID）	ホストの死活監視で利用	ハートビートデータストアの/.vSphereHA/FDM-xxxフォルダ内に、クラスタに属しているESXiホストごとに存在します	プライマリによるホストの死活判定のため、ホストが生きている間はそのホストでロックが保持されます（VMFS）、またはタイムスタンプがアップデートされます（NFS）
host-X-poweron （host-Xはホストの MOID）	そのホストで動作しているパワーオン中の仮想マシンのリスト	ハートビートデータストアの/.vSphereHA/FDM-xxxフォルダ内に、クラスタに属しているESXiホストごとに存在します	ホストが隔離された場合は、そのホストによってビットが立てられ、プライマリで隔離状態を確認できます

9.2 高可用性（High Availability）

ファイル名	用途	配置場所	説明
protectedlist	そのデータストアに格納されている全保護対象仮想マシンのリスト	ハートビートデータストアも含むクラスタ内の仮想マシンによって使用されている全データストアの /.vSphereHA/FDM-xxx フォルダ内に存在します	ネットワークパーティション時には、複数のプライマリからロック競争がかけられ、勝利した方が仮想マシンの保護を行います。ホスト単体の隔離時には、プライマリによってロックがかけられます。隔離されたホストは protectedlist にロックがかかっていること（つまりプライマリが隔離を認識したこと）を確認し、（プライマリによってフェイルオーバーが起動できるよう）仮想マシンのロックを外します

■ ホスト障害とネットワーク障害への対応

ハートビートデータストアを利用することでホスト障害とネットワーク障害の識別が可能となります。図9.7は、プライマリホストが vSphere HA により障害点を判別する流れを表しています。

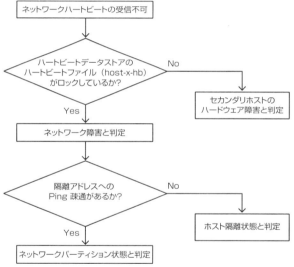

図9.7　プライマリホストが障害点を判別する流れ

図中に登場する隔離アドレスとは、ESXi ホストがネットワーク障害に陥った際に、その状態が「ネットワークパーティション」なのか「ホスト隔離」なのかを識別するために使用する ping のターゲットアドレスです。

- ネットワークパーティション：ネットワークが分割され、複数（2台以上）の ESXi ホストがクラスタ内のその他ホスト群と通信できない状況
- ホスト隔離：単一の ESXi ホストが、他のホストや vCenter Server と通信できない状態

デフォルトでは、ESXi ホストの管理ネットワークにおけるデフォルトゲートウェイの IP アドレスが隔離アドレスとして設定されます。しかし、環境によってはデフォルトゲートウェイが適切でない場合があります。そのような場合は、vSphere HA の詳細設定から隔離アドレスを変更できます。実際の設定方法は次項「vSphere HA と vSAN の併用」で説明します。

また、詳細オプション「das.config.fdm.isolationPolicyDelaySec」により、ESXi ホストが隔離されていると判断された場合に、隔離ポリシーを実行する前にシステムが待機する秒数を指定できます。最小値は 30 秒です。30 秒未満の値に設定しても、遅延時間は 30 秒になります。その他、vSphere HA の様々な詳細オプションについては公式ドキュメント、および KB で公開しています。

- 公式 Docs：Creating and Using vSphere HA Clusters

  https://techdocs.broadcom.com/us/en/vmware-cis/vsphere/vsphere/8-0/vsphere-availability/creating-and-using-vsphere-ha-clusters.html

- KB：Advanced configuration options for VMware High Availability in vSphere 5.x, 6.x, 7.x and 8.x (313261)

  https://knowledge.broadcom.com/external/article/313261/

■ vSphere HA と vSAN の併用

通常 FDM 間における死活監視の通信は管理ネットワークを介して行われますが、vSAN が有効なクラスタでは、vSAN ネットワークを介して通信します。これは、vSphere HA と vSAN が異なるネットワークを使用する場合に発生するおそれのあるネットワークパーティションによる不都合を回避するためです。そのため、vSAN クラスタで vSphere HA を構成する場合は、隔離アドレスをデフォルトの設定である管理ネットワーク上のアドレスから vSAN ネットワーク上のアドレスに変更する必要があります。これにより、vSAN 利用時においても正しく自分自身が隔離状態であることを判断し、適切なアクションを実施することが可能です。一般的には、vSAN で利用するネットワークスイッチ上の仮想インターフェイスに割り当てた IP アドレスを隔離アドレスとして設定します。なお、vSAN と管理ネットワークが同一のネットワーク上にあり、分離されていない構成の場合は本設定変更の考慮は不要です。

隔離アドレスの設定は vSphere Client で vSphere HA の設定から詳細オプションを選択し、以下のパラメータを追加します（図 9.8）。

- das.usedefaultisolationaddress = false：デフォルトの設定である管理ネットワーク上のゲートウェイ IP アドレスを隔離アドレスとして「使わない」設定
- das.isolationaddress0 = <vSAN ネットワーク上の IP アドレス>：指定した vSAN ネットワーク上の IP アドレスを隔離アドレスとして使用する設定

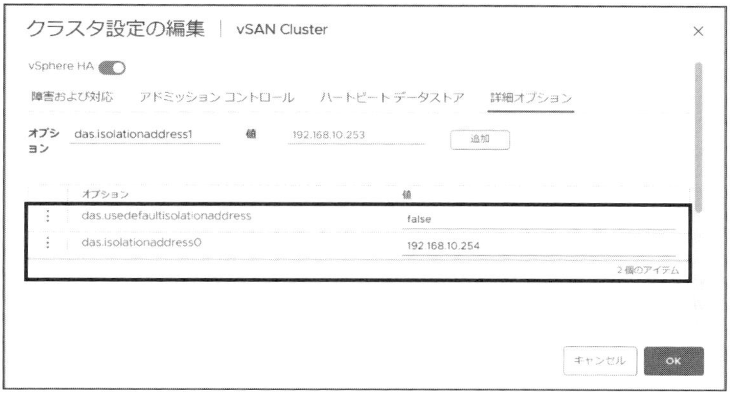

9.2 高可用性（High Availability）

図9.8 HA隔離アドレスの設定

また、vSANクラスタでHAを設定する際は、後述する「ホスト隔離への対応」の設定を「仮想マシンをパワーオフして再起動」に変更することが推奨されます。

■ vSphere HAによるホスト障害時のリカバリ動作

ホスト障害時のリカバリ動作は、該当するホストがプライマリホストか否かによって異なります。

- **セカンダリホストに障害が発生した場合**
  プライマリホストは、そのホストで稼働していた仮想マシンを他のホストで再起動（フェイルオーバー）しようとします。

- **プライマリホストに障害が発生した場合**
  まず正常稼働中のセカンダリホストの中から新しいプライマリホストが選出されます。その後、新しいプライマリホストによって、旧プライマリホスト上で稼働していた仮想マシンのフェイルオーバーが実行されます。

セカンダリホスト障害とプライマリホスト障害では、仮想マシンの再起動開始に要する時間が異なる場合があることに注意が必要です。また、プライマリホストの選出に要する時間は、クラスタを構成するESXiホスト台数や各ESXiホストやネットワークの状態によって異なります。

フェイルオーバー先となるホストは、vSphere HAの設定と以下のアルゴリズムにより決定されます。

■ 再起動先のホストを選択するアルゴリズムおよび再起動方法

1. フェイルオーバー可能な空き容量のあるESXiホストのうち、「再起動待ち」の仮想マシン数が最も少ないホストを選択
2. 1.の条件を満たすホストが複数ある場合は、空き容量の最も大きいホストを選択
3. 1.～2.をフェイルオーバー対象のすべての仮想マシンで行い、ホストごとにパワーオンする仮想マシンの

307

リストを作成

4. リストに従い、各ホスト上で仮想マシンのパワーオン操作を並列実行（ESXi ホストあたり最大 32 同時実行）

5. ホストでの再起動に失敗した場合は一定時間待機後、別のホスト上で再起動を試行（デフォルトでは最大 6 回まで）

なお、上記アルゴリズムでフェイルオーバーされるのは、障害の起きたホスト上で実行中だった仮想マシンのみです。パワーオフ状態だった仮想マシンは、vCenter Server により他のホストにコールドマイグレーションされます。移行先ホストはランダムに決められます。

■ 仮想マシン再起動の優先順位

ホスト障害時に、どの仮想マシンを先に再起動するかを優先順位付けできます。vSphere HA は、リソースが許す限り、高優先順位の仮想マシンから順に再起動を試みます。ただし、高優先順位の仮想マシンのパワーオンに失敗した場合でも、vSphere HA は低優先順位の仮想マシンの再起動を試みます。そのため、仮想マシン再起動の優先順位は、仮想マシンの起動順序を保証するものではないことに注意が必要です。

仮想マシン再起動の優先順位はクラスタの設定メニューから「仮想マシンのオーバーライド設定」から個々の仮想マシンに対して設定します。指定可能な優先順位は、無効・最低・低・中・高・最高の 6 段階で設定可能です。

vSphere HA による再起動を行わない仮想マシンは「無効」として設定しておくことで、HA 時の再起動対象から除外されます。

■ ネットワークパーティションとリカバリ動作

ネットワークパーティション状態とは、管理ネットワークの一部で障害が発生し、管理ネットワークが分断された状態です（**図 9.9**）。ネットワークパーティションが発生すると、プライマリホストは、ネットワーク的に分断されたセカンダリホスト（群）と通信できなくなります。しかし、プライマリホストからハートビートデータストアへのアクセスは可能であり、分断されたセカンダリホストからも（通常は複数設定されている）隔離アドレスへの ping が通じる状態になります。

ネットワークパーティション状態では、ESXi ホストの物理デバイス（NIC など）に問題はないものの、管理ネットワーク上のネットワークトポロジーの一部で障害が発生していると考えられます。例えば、異なるトップ・オブ・ラック・スイッチ（ToR スイッチ）をまたいで別のサーバーラックで稼働する ESXi ホスト群と HA クラスタを構成しており、上位のスイッチへのパスに障害が発生した場合などが挙げられます。

このような状態では、分断された側の ESXi ホストおよび物理 NIC は健全であり、これらのホスト上の仮想マシンも正常に稼働している可能性が高いため、vSphere HA は仮想マシンを他のホストにフェイルオーバーしません。

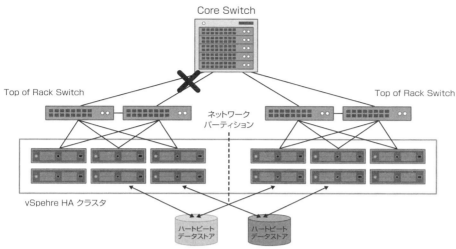

図 9.9　ネットワークパーティション状態

　ネットワークパーティション発生時には、プライマリホストと通信できないネットワークパーティション内で、プライマリホスト選出プロセスが実行され、セカンダリホストの中から 1 台がプライマリホストとして選出されます。その後、それぞれのネットワークパーティションごとに、それぞれのプライマリホストによってvSphere HA の通常の監視活動が継続されます。ただし、vCenter Server も管理ネットワークに属しているため、分断された複数のネットワークパーティションに存在する複数のプライマリホストのうち、1 台にしか接続できません。そのため、vCenter Server は、最初に接続したプライマリホストからの情報のみを受信します。ネットワーク障害が回復すると、1 台のプライマリホストを残して、他のプライマリホストはセカンダリホストに降格し、通常の HA クラスタの動作に戻ります。

　ネットワークパーティションは、vSphere HA にとって複雑な状況であり、誤ったフェイルオーバーが発生する可能性もあります。ネットワークパーティションが発生しやすい環境では、vSphere HA の設定を慎重に行う必要があります。

■ ホスト隔離時のオプションとリカバリ動作

　ホスト隔離状態とは、特定の ESXi ホストがプライマリホストとの通信だけでなく、隔離アドレスへの通信も途絶え、管理ネットワーク上で完全に孤立した状態を指します。具体的には、当該 ESXi ホストの NIC 、もしくは接続しているネットワークスイッチへのパスに障害が発生したと考えられる状態です（**図 9.10**）。

vSphere クラスタの機能と管理

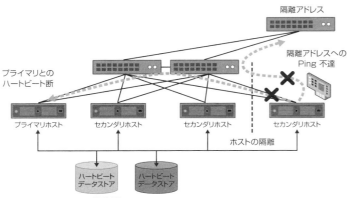

図9.10 ホストの隔離状態

　このような状態が発生した場合、vSphere HA は、当該ホスト上の仮想マシンをフェイルオーバーすべきかどうかを判断する必要があります。仮想マシンネットワークと管理ネットワークが物理的に分離されている場合、管理ネットワークに障害が発生しても、仮想マシンネットワークやストレージへのアクセスには問題がない可能性があります。つまり、仮想マシンは正常に稼働している可能性があり、安易にフェイルオーバーを実行すると、かえってシステム停止を引き起こす可能性があります。

　管理ネットワークの物理 NIC が、仮想マシンネットワークやストレージネットワークと物理的に同一であるかどうかが、仮想マシンをフェイルオーバーすべきかどうかの重要な判断材料となります。物理 NIC やネットワーク構成に応じてフェイルオーバーの動作を選択できるように、vSphere HA では以下のような「ホスト隔離への対応」オプションが用意されています（**表 9.8**）。

表 9.8 ホスト隔離時の対応

オプション	説明
無効	● デフォルトの設定 ● ホスト隔離が検出された場合でも仮想マシンは当該ホスト上で稼働し続ける
仮想マシンをパワーオフして再起動	● ホスト隔離が検出されると、当該ホスト上の仮想マシンのパワーオフを実行 ● パワーオフ後に、他のホストに仮想マシンをフェイルオーバーする ● 仮想マシン稼働中にパワーオフされるため、ディスク整合性は保たれずデータ損失が起きる可能性があるが、迅速なフェイルオーバーが可能 ● vSAN クラスタで HA を利用する際には本設定が推奨
仮想マシンをシャットダウンして再起動	● ホスト隔離が検出されると、当該ホスト上の仮想マシンをシャットダウンする ● シャットダウン後に、他のホストに仮想マシンをフェイルオーバーする ● シャットダウンプロセスを経るため、仮想ディスクへのアクセスが正常であれば、ディスクの整合性は保たれるが、フェイルオーバーに時間を要する ● 300 秒以内にシャットダウンできない場合は、仮想マシンはパワーオフされる ● 正常にシャットダウンプロセスが実行できるようにするためには、ゲスト OS 上に VMware Tools のインストールが必要

9.2 高可用性（High Availability）

ホスト隔離が検出されると上記の設定に従い、当該ホスト上の仮想マシンはフェイルオーバー動作に入ります（またはそのまま稼働し続けます）。

ホスト隔離への対応はデフォルトで「無効」が選択されているため、デフォルトでは仮想マシンのフェイルオーバーは実行されません。また、オーバーライド設定を利用することで、仮想マシンごとにホスト隔離時の動作を設定することもできます。

■ コンポーネント障害ごとのプライマリの再選出とリカバリ動作のまとめ

ESXiホストやネットワーク障害の他に、HAエージェント障害やvCenter Serverとの通信不可など、いくつかの障害のパターンがあります。パターンごとのプライマリの再選出と仮想マシンのフェイルオーバーの有無を表9.9にまとめます。

表 9.9　コンポーネントごとのプライマリの再選出とリカバリ動作

発生障害事象	障害が発生したホスト種別	プライマリ（再）選出ホスト種別	仮想マシンフェイルオーバーの有無
ネットワーク パーティション状態	プライマリ	あり	なし
	セカンダリ	あり [2]	
ホスト隔離状態	プライマリ	あり [3]	既定値：なし 「ホスト隔離への対応」設定でフェイルオーバー可能
	セカンダリ	なし	
ホスト障害	プライマリ	あり	あり
	セカンダリ	なし	
HA エージェント障害 (FDM プロセス詳細)	プライマリ	あり	なし
	セカンダリ	なし	
vCenter Server との通信不可	プライマリ	なし	なし
	セカンダリ	なし	
ハートビートデータ ストアへのアクセス不可	プライマリ	なし	なし
	セカンダリ	なし	

■ ストレージ障害への対応

vSphere HA には、ストレージへのアクセス障害に対する対応機能が実装されています。仮想マシンのコンポーネント保護（VMCP）が有効になっている場合、vSphere HA はデータストアのアクセス障害を検出し、影響を受ける仮想マシンのフェイルオーバーを実行できます。

■ ストレージアクセス障害の種類

ストレージへのアクセス障害は発生頻度こそ高くありませんが、発生した場合の影響は非常に大きいと考えられます。ストレージへのアクセス障害は、ストレージアレイの故障だけでなく、ネットワークやスイッチの障

【2】 ネットワークパーティション状態ではセカンダリホストのみの ESXi ホスト群の中からプライマリが選出されます。ネットワークパーティションが解消すると元のプライマリとネゴシエーションしてセカンダリに降格します。

【3】 プライマリホストがホスト隔離されるとセカンダリホストのいずれかがプライマリに昇格されます。

害や設定ミス、ストレージアレイの設定ミス、電源系の障害など、様々な要因で発生する可能性があります。ストレージへのアクセス障害は、大きく分けて以下の2つに分類できます（**表 9.10**）。

表 9.10　ストレージの障害ステータス

障害ステータス	説明
PDL：永続的デバイス損失 (Permanent Device Loss)	ストレージへの接続が永続的に失われたと見なされる状態です ● 該当 LUN に対してアレイから SCSI センスコードが返され、特定のコードは ESXi により永続的な障害と見なされた場合 ● アレイから LUN がアンマップまたは削除された場合 ● I/O が直ちに失敗する
APD：全てのパスがダウン (All Path Down)	ストレージへの接続が一時的に失われたと見なされる状態です ● ネットワーク経由でのストレージへのアクセス時など、（一時的に）ストレージへのアクセスができない状態 ● I/O はタイムアウトにより失敗する ● 時間の経過により自動的に回復される可能性がある障害

■ データストアへのアクセス障害時のリカバリ動作

PDL と APD では発生原因が異なるため、復旧の見込みも異なり、vSphere HA によるリカバリ動作も異なります。

● **PDL 発生時**

PDL シグナル（センスコード）がストレージアレイから発信された場合、仮想マシンは後述の対応オプションに従って直ちに他の ESXi ホストで再起動されます。

● **APD 発生時**

APD が検出された場合、まずタイマーが作動します。APD が検出されてから APD タイムアウト（140 秒）まで待機し、140 秒経過すると APD が宣言され、デバイスは APD タイムアウトしたとマークされます。その後、vSphere HA カウントを開始し、3 分間（デフォルト値、変更可能）待機します。3 分経過後、vSphere HA は後述の対応オプションに従って、他の ESXi ホストで仮想マシンを再起動します。最初の 140 秒は APD 宣言をするかどうか決定するまでの時間で、その後の 3 分間は APD の復旧を待つ時間です。

PDL および APD 発生時の動作は、クラスタごとの vSphere HA の設定「障害および対応」から以下のオプションで設定できます（**表 9.11**）。

9.2 高可用性（High Availability）

表 9.11 アクセス障害時の応答種類

応答種類	説明
PDL 状態の障害応答	● 無効： PDL が発生しても仮想マシンには何も行われません ● イベントの発行： PDL が発生すると vCenter Server イベントが発行されます。仮想マシンは自動で復旧せず、システム管理者が手動で対処する必要があります ● 仮想マシンをパワーオフして再起動： デフォルトの動作です。PDL 発生後、直ちに仮想マシンをパワーオフし、データストアにアクセス可能な異なるホスト上で再起動を試みます
APD 状態の障害応答	● 無効： APD が発生しても仮想マシンには何も行われません ● イベントの発行： APD が宣言されると vCenter Server イベントが発行されます。仮想マシンは自動で復旧せず、システム管理者が手動で対処する必要があります ● 仮想マシンをパワーオフして再起動（標準的な再起動ポリシー）： デフォルトの動作です。APD 宣言後さらに 3 分間（デフォルト）経過後に、仮想マシンをパワーオフし、異なるホスト上で再起動します。APD の影響を受けた仮想マシンに対し、他のホストで再起動ができるということを HA 側が知り得た場合のみ再起動します ● 仮想マシンをパワーオフして再起動（アグレッシブな再起動ポリシー）： APD 宣言後さらに 3 分間（デフォルト）経過後に、仮想マシンをパワーオフし、異なるホスト上で再起動します。APD の影響を受けた仮想マシンに対し、他のホストで再起動ができるかどうかが HA 側で不明な場合、例えばネットワークパーティションのため HA が他のホスト上のリソースを検出できない場合でも再起動を実施します

　APD タイムアウト（140 秒）後、すなわち VMCP で APD が宣言された後に、（デフォルトで 3 分以内に）APD が解消された場合に、仮想マシンに対してどのような処理を行うかを ［APD リカバリに対する応答］ オプションで設定できます（**表 9.12**）。

表 9.12　APD リカバリに対する応答

応答種類	説明
APD リカバリに対する応答	● 無効： APD からの復旧後に何もしません。APD 復旧後に仮想ディスクへのアクセスが正常に復旧できていれば、仮想マシンはそのまま処理を継続できます ● 仮想マシンをリセット： APD からの復旧後に一旦仮想マシンをリセットします。これにより、仮想マシンは再起動プロセスに入ります。APD の影響により仮想ディスクへのタイムアウトが発生した場合、アプリケーションが処理を継続できないケースなどで選択します

■ ゲスト OS とアプリケーション障害への対応

　vSphere HA では、物理ホストやストレージ接続の障害だけでなく、ゲスト OS およびアプリケーションの障害も監視できます。これはゲスト OS 内で実行される VMware Tools プロセスから定期的に発信されるハートビートを監視することで実現しています。ハートビートが一定時間途絶えると、vSphere HA はその仮想マシンに障害が発生したと判断し、同一ホスト上で仮想マシンを再起動します。

CHAPTER 9 vSphere クラスタの機能と管理

また、ブルースクリーンなどゲスト OS そのものに障害が発生した場合と、なんらかの理由で VMware Tools プロセスのみに障害が発生した場合を区別するため、vSphere HA は仮想マシンの I/O アクティビティも監視しています。以下の 3 つの条件をすべて満たした場合、vSphere HA は仮想マシンに障害が発生したと見なし、仮想マシンを同一ホスト上で再起動します。

- VMware Tools からのハートビートが停止
- ネットワーク I/O が一定期間停止（デフォルトで 120 秒間）
- ストレージ I/O が一定期間停止（デフォルトで 120 秒間）

デフォルト値（120 秒）は、詳細オプション das.iostatsinterval を使用して変更できます。仮想マシンの障害が検出され再起動された場合、vSphere HA は障害時の画面のスクリーンショットを取得し、画像ファイルを .vmx ファイルと同一のディレクトリに <VM 名 >-< 通し番号 >.png というファイル名で自動的に保存します。また、アプリケーションの監視を有効にするには、アプリケーションを監視するためのソフトウェアを導入するか、Broadcom が提供する SDK を使用して、アプリケーション監視用のハートビートを生成するようアプリケーションをカスタマイズする必要があります。

9.2.3 アドミッションコントロール

vSphere HA はクラスタ内の ESXi ホストに障害が発生しても、他のホストに仮想マシンをフェイルオーバーさせることで可用性を維持します。しかし、フェイルオーバー先の ESXi ホストに仮想マシンを起動するための十分なリソース（CPU・メモリ）がない場合、仮想マシンを再起動できず、仮想マシンで提供しているサービスが停止する可能性があります。

vSphere HA のアドミッションコントロールは、ESXi ホスト障害時に仮想マシンを再起動するためのリソースをクラスタ内にあらかじめ確保しておくための機能です。3 台以上の ESXi ホストで構成されたクラスタで利用可能です。

アドミッションコントロールを有効にすると、vSphere HA はクラスタのリソース使用状況を監視し、障害発生時に必要なリソースを確保できるかどうかを判断します。もしリソースが不足する可能性がある場合は、仮想マシンのパワーオンを制限したり、警告を発したりすることで、障害発生時の可用性低下を防ぎます。

制限される可能性のある操作は以下が挙げられます。

- 仮想マシンのパワーオン
- 仮想マシンの移行
- 仮想マシンの CPU、メモリ予約の増加

ただし、これらの操作が制限されるのは、障害が発生していない通常動作時のみです。アドミッションコントロールによる操作の制限はvCenter Serverによって監視、制御されます。障害発生時のフェイルオーバーにはアドミッションコントロールによる制限は適用されず、DRSによって配置がコントロールされた場合も、vSphere HAはクラスタのリソースが利用可能な限り、仮想マシンのフェイルオーバー・再起動を試みます。

vSphere HAでは3種類の設定を組み合わせてアドミッションコントロールを制御します（図9.11）。

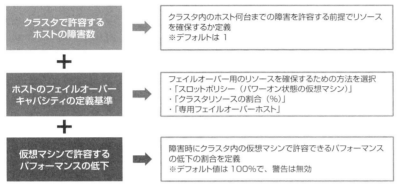

図9.11　アドミッションコントロールの設定

アドミッションコントロールは「クラスタで許容するホストの障害数」を基準にして、「ホストのフェイルオーバーキャパシティの定義基準」でフェイルオーバーリソースを予約する方法を指定します。以下では選択可能な「ホストのフェイルオーバーキャパシティの定義基準」についてそれぞれ解説します。

■ クラスタリソースの割合（%）

このアドミッションコントロールポリシーでは、クラスタ全体の物理CPUリソースとメモリリソースのそれぞれに対して、一定の割合をフェイルオーバーキャパシティとして予約します。「クラスタリソース（に対して予約するフェイルオーバーリソース）の割合」と表現する方が分かりやすいかもしれません。

クラスタ設計で推奨される「均等なスペックのハードウェア」を使用してHAクラスタを構成すると計算が分かりやすくなります。デフォルトの設定では、クラスタを構成する全てのESXiホストのCPUとメモリのリソースのそれぞれの合計値を、ESXiホストの台数で割った値をESXiホスト1台あたりの平均リソースとし、「クラスタで許容するホストの障害数」で指定した許容するホストの障害数に対応するリソースを割合で確保します。

次の例では、同一スペックである4台のESXiホストでクラスタを構成し、許容するホストの障害数を1としました。この場合、フェイルオーバーリソースは1ESXiホスト分、つまり全体の1/4 = 25%のリソースがフェイルオーバーリソースとして予約されます。3台のESXiホストの場合は33%、5台のESXiホストの場合は20%となります（図9.12）。

CHAPTER 9　vSphere クラスタの機能と管理

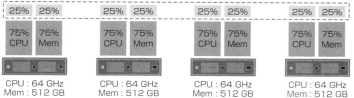

図 9.12　vSphere HA クラスタリソースの割合の考え方

　許容するホストの障害数は、クラスタに含まれる ESXi ホスト台数の「-1」台まで指定できますが、最大値で設定することは一般的ではありません。通常はクラスタあたり 1 台、ないし 2 台でサイジングし、自動で計算されたフェイルオーバーリソースの利用が推奨されます。
　CPU とメモリの予約済みフェイルオーバーリソースの割合は個別に設定できます。例えば、CPU の割合を 35%、メモリの割合を 40% に設定した場合、vSphere HA は、クラスタ全体の CPU リソースの 35% とメモリリソースの 40% をフェイルオーバー用に予約します。クラスタリソースの割合（%）の設定値を高くするほど、フェイルオーバー時の可用性は高くなりますが、その一方で、通常時のリソース使用効率は低下します。個別設定する場合は、クラスタを構成する ESXi ホスト台数とそれぞれのスペックを考慮した上で、設定値を検討してください。N+1、N+2 のサイジングの考え方は第 5 章コラム「サイジングの勘所」で解説しています。

■ スロットポリシー

　スロットポリシーは、vSphere HA クラスタにおいて仮想マシンのリソース使用量を「スロット」と呼ばれる単位で管理し、フェイルオーバーキャパシティを確保するポリシーです。スロットとは、仮想マシンの CPU とメモリの要求量に基づいて計算されるリソースの単位です。以下のような流れでスロットの計算やキャパシティの確保が行われ、vSphere HA による制御が行われます。

1. スロットサイズの計算

　クラスタ内に存在するパワーオン状態の各仮想マシンに設定されている CPU、メモリの予約値を基準にスロットサイズを計算します。各予約値が最も大きいものがスロットサイズとなります。CPU 予約、メモリ予約がそれぞれ、VM1（2GHz、4GB）、VM2（1GHz、8GB）の 2 つの仮想マシンがある場合を考えると、スロットサイズは CPU が 2GHz、メモリは 8GB という計算結果になります（実際にはメモリはオーバーヘッド分の容量が考慮された形で計算されます）。

2. ESXi ホストごとに保有できるスロット数の計算

クラスタ内の各 ESXi ホストについて、スロットサイズを基に合計いくつのスロットのキャパシティがあるか計算します。ESXi ホストに搭載されている CPU、メモリ容量をスロットサイズで除算し、小さい数値が、その ESXi ホストでサポートされるスロット数となります。例えば、ESXi ホストのリソースが CPU は 16GHz、メモリが 128GB の場合は、先ほどのスロットサイズで除算すると CPU ベースでは 8、メモリベースでは 16 となり、小さい値である 8 がスロット数として計算されます。

3. フェイルオーバー容量の決定

クラスタ内の ESXi ホストで障害が発生した場合に、パワーオン状態であるすべての仮想マシンが起動できるだけのスロット数が残っているかどうか計算します。クラスタ内のホスト間でリソースが均一でない場合は、最もスロット数が多いホストから計算し、何台のホスト障害まで耐えることができるかスロット数をベースに判断します。

4. クラスタで許容するホストの障害数と比較

最後に指定した「クラスタで許容するホストの障害数」と上記で実際に計算された許容できるホストの障害数を比較します。指定した「クラスタで許容するホストの障害数」より小さい計算結果となった場合、アドミッションコントロールにより仮想マシンのパワーオン等の操作が制御されます。スロット数を基準としたキャパシティの確保状況が、期待する許容可能なホスト障害数を実現するために不十分であるためです。

　上述の通り、スロットポリシーは各仮想マシンに割り当てられた CPU とメモリの予約値に基づいてスロットサイズを計算します。しかし、仮想マシンに予約値を設定していない場合、またはリソースプールで設定している場合、仮想マシンには明示的な予約値が設定されていないため、スロットサイズが正しく計算されません。その結果、アドミッションコントロールが正しく機能せず、フェイルオーバー時に必要なリソースが確保できない可能性があります。

　近年の vSphere 環境では、前項「クラスタリソースの割合」によるフェイルオーバーリソースの設定、およびそれを前提としたサイジングが一般的です。クラスタ全体の CPU とメモリのリソースに対して、一定の割合をフェイルオーバー用に予約することで、個々の仮想マシンの予約値に依存せず、リソースプールを利用している場合でも正しく機能します。

■ 専用フェイルオーバーホスト

　「専用フェイルオーバーホスト」とは、特定の ESXi ホストを vSphere HA によるフェイルオーバー専用として指定しフェイルオーバー用のキャパシティを確保する方式です。この専用フェイルオーバーホストでは、通常時は仮想マシンを配置せず、他のホストで障害が発生した場合のフェイルオーバー先としてのみ使用します（図 9.13）。

CHAPTER 9　vSphere クラスタの機能と管理

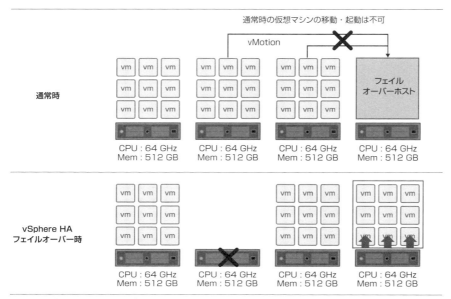

図 9.13　専用フェイルオーバーホストの考え方

　ホスト障害時は、デフォルトではフェイルオーバーホスト上で仮想マシンが再起動されますが、フェイルオーバーホストに障害が発生している、または十分なリソースがないなどの理由により仮想マシンを起動できない場合、他のホスト上で再起動されます。すなわち、フェイルオーバーホストの設定は、必ずそのホストで再起動することを保証するものではありません。特定ホスト上で必ず再起動するように制御を行いたい場合については、後述するアフィニティルールを使用します。
　スペックが同一でない複数のESXiから構成されるクラスタの場合、最もリソース量の大きいESXiホストに基準をあわせてフェイルオーバーホストを選定する必要があります。リソース不足による再起動の失敗を回避する方法として、フェイルオーバーホストを複数台指定することも可能です。
　この方式を選択する上で最も注意が必要な点は先述したように、フェイルオーバーホスト上で仮想マシンを起動できるのが、vSphere HAによるフェイルオーバー時のみという点です。計画メンテナンスでESXiホストをメンテナンスモードに移行したり、再起動を行う場合の仮想マシンの退避先としては利用できません。また、vSphere HAによるフェイルオーバーが発生した状況においても、手動によるフェイルオーバーホストでの仮想マシンの起動は行えません。計画メンテナンス時などにフェイルオーバーホストに仮想マシンを配置したい場合は、アドミッションコントロールの設定を解除するか、クラスタリソースの割合など別のポリシーに変更します。

9.2.4 vCenter High Availability

vCenter High Availability（vCenter HA）は、VCSAに対して高可用性を提供する機能です。VCSAを3台のノード（アクティブ、パッシブ、ウィットネス）で構成し、アクティブノードに障害が発生した場合に、vCenter Serverのサービスをパッシブノードに自動的にフェイルオーバーすることで、vCenter Serverのダウンタイムを最小限に抑えます。

VCSAはシングル構成で導入し、VCSAが稼働するESXiホストが障害で停止した場合は、vSphere HAにより他の仮想マシンと同様に別のホストで「再起動」する保護の設定が一般的です。一方vCenter HAでは、より高い可用性を実現するために3台のVCSAを、3台以上の物理ESXiホストで構成されたクラスタに展開します（図9.14）。

DRSの機能を利用して異なるESXiホストにVCSAが配置されるようにすることで、アクティブノードであるVCSAが稼働するESXiホストが障害で停止しても、VCSAはパッシブノード側でサービスを引き継ぐことでダウンタイムを短縮できます。

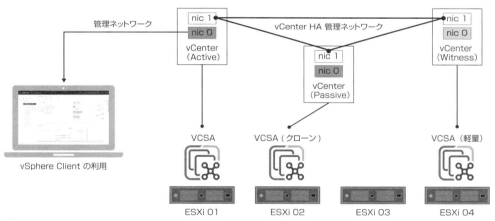

図9.14 vCenterの3ノードクラスタ

vCenter HAを有効化するためには、通常の管理ネットワークとは別に、VCSAに仮想NICを追加し、vCenter HA用の管理ネットワークを構成する必要があります。vCenter HAの各ノード間の死活監視はこの専用ネットワークを利用します。なお、監視ノードの通常の管理ネットワーク（nic 0）は無効化され、利用されません（表9.13）。

CHAPTER 9　vSphereクラスタの機能と管理

表9.13　vCenter HAノードと役割

VCHAノード種類	説明
アクティブ (Active)	● アクティブvCenter Serverインスタンスを実行 ● 元々の管理インターフェイスを使用してvSphereサービスを提供 ● vCenter HAネットワークを使用して、パッシブノードへのデータをレプリケーション ● vCenter HAネットワークを使用して、監視ノードとの通信
パッシブ (Passive)	● アクティブノードのクローンで展開 ● vCenter HAネットワークを介して常時アクティブノードから更新を受信し、アクティブノードと状態を同期 ● 障害が発生すると、自動的にアクティブノードの役割を引き継ぐ
監視 (Witness)	● アクティブノードの軽量クローン ● クォーラムを提供し、スプリットブレイン(隔離)の状態からの保護を担う

　vCenter HAはVCSAというvSphere環境を管理する上の単一障害点を排除できる機能です。しかし、VCSAへのパッチ適用や、VCSAをシャットダウンする際の手順などが通常の単一構成のVCSAと異なるので、詳細は公式ドキュメントを確認してください。

● 公式Docs：vCenter High Availability
　https://techdocs.broadcom.com/us/en/vmware-cis/vsphere/vsphere/8-0/vsphere-availability/vcenter-server-high-availability.html

9.3　vSphere vMotion

　vSphere vMotion(以降、vMotion)とは、ESXiホスト間やデータストア間など異なる物理リソース間で仮想マシン(または仮想ディスク、またはその両方)をオンラインで移行させる一連の機能で、「ホットマイグレーション」や「ライブマイグレーション」とも呼ばれます。vMotionは仮想マシンとその上で稼働するサービスを停止することなく、仮想マシンを異なるESXiホスト間や、クラスタ間、異なるvCenter Server環境へ移行できます。
　vMotionは2003年初期のVirtual Center(vCenterの前身)で実装され、以来vSphereのバージョンを重ねるごとに進化を続けています。vSphere 7.0では、異なるSingle Sign-OnドメインのvCenter Server間で仮想マシンを移行できるAdvanced Cross vCenter vMotion、vSphere 8.0ではvMotion実施前にゲストOS側へ通知するvMotion Notificationなど、vMotionに関する有用な機能が追加されています(**表9.14**)。
　また、vSphere 7.0以降では、vMotionの実装が効率化されたことにより、以前のバージョンと比較し、大規模な構成の仮想マシンを移行する際のパフォーマンス影響と、移行に伴う仮想マシンの一時的な静止時間が縮小されています。

9.3 vSphere vMotion

表 9.14 vMotion の種類

vMotion の種類	機能
vMotion	異なる ESXi ホスト間で仮想マシンのホットマイグレーション
Storage vMotion	異なるデータストア間で仮想ディスクの移行
vMotion without Shared Storage (Shared nothing vMotion)	共有データストアを持たない ESXi ホスト間で仮想マシンのホットマイグレーション (vMotion と Storage vMotion の同時実行)
Cross vCenter vMotion	同じ SSO ドメインの vCenter Server 間で仮想マシンのホットマイグレーション
Advanced Cross vCenter vMotion	異なる SSO ドメインの vCenter Server 間で仮想マシンのホットマイグレーション、またはクローン

　vMotion はこの他に、複数の環境をメッシュで移行できる HCX vMotion、データ容量の多い仮想マシンや多数の仮想マシンを同時に移行できる HCX Replication Assisted vMotion などがあります。これらは HCX の機能として第 15 章で解説します。

9.3.1　vMotion のアーキテクチャ

　vMotion とはパワーオン状態の仮想マシンを、別の ESXi ホストへダウンタイムなしで移行する技術です。仮想マシンのメモリ情報、データ、ネットワーク接続といったアプリケーションを含めた実行状態をすべて保持したまま、ホットマイグレーションを実現します。

　vMotion で移動されるメモリ情報には、OS やアプリケーションがメモリ上に保持するデータだけでなく、処理中のトランザクションデータも含まれます。これにより、アプリケーションとデータの整合性が保たれ、移行先でもスムーズに処理が継続されます。また、仮想マシンの構成情報 (BIOS やデバイス、CPU、仮想 NIC の MAC アドレス、チップセットの状態) など、仮想ハードウェアコンポーネントに関連するすべての情報が移行され、移行先でも仮想マシンが同じように動作することを保証します。

　vMotion 中の仮想マシンのパフォーマンス低下や切り替え時の影響は非常に小さく、サービスへの影響は最小限に抑えられます。ユーザーや仮想マシン上のサービスは、仮想マシンが別の物理 ESXi ホストに移動していることをほとんど意識しません。

■ vMotion の仕組み

　ここでは vMotion 処理を掘り下げて、移行元と移行先 ESXi ホスト間でどのようなやり取りが行われ、仮想マシンをどのようにして別の ESXi ホストへ移行するのか、4 つのフェーズ (①移行前準備、②メモリコピー、③切り替え、④クリーンアップ) に分けて解説します (**表 9.15**)。

CHAPTER 9 vSphere クラスタの機能と管理

表 9.15 vMotion の流れ

No.	フェーズ	実施されるタスク	説明
1-1	移行前準備	互換性チェック	・移行元と移行先の ESXi ホストの互換性 (CPU 互換性、vMotion ネットワークの接続性など) や、仮想マシンの要件 (仮想ハードウェアバージョン、デバイスの互換性など) を確認
1-2		移行スペックの作成	・移行に必要な情報をまとめた移行スペックを作成 ・仮想マシンの構成情報、ネットワーク設定情報などを含む
1-3		リソース予約	・移行先ホスト上で、仮想マシンに必要なリソースを予約
2-1	メモリコピー (Pre-Copy)	ページトレーサーのインストール	・変更されたメモリページを追跡するためのページトレーサーを仮想マシンの vCPU にインストール
2-2		メモリデータの転送	・仮想マシンのメモリ内容を移行先ホストにコピー
2-3		差分転送の繰り返し	・コピープロセス中に生じたメモリ差分を、差分が小さくなるまで繰り返し転送
3-1	切り替え	チェックポイント作成	・移行元ホスト上で仮想マシンのチェックポイントを作成 ・仮想マシンのデバイスの状態、CPU のレジスタ情報などを含む
3-2		チェックポイント転送	・作成したチェックポイントを移行先ホストに転送
3-3		RPC による Stun	・移行元ホストの仮想マシンを RPC (Remote Procedure Call) によって一瞬停止 (Stun)
3-4		最終同期	・Stun 状態の仮想マシンの残りのメモリデータと実行状態を移行先ホストに転送
3-5		チェックポイントのリストア	・移行先ホストでチェックポイントをリストア
3-6		実行再開	・移行先ホストで仮想マシンが実行を再開
4-1	クリーンアップ	移行元ホストのクリーンアップ	・移行元ホスト上の仮想マシンをパワーオフし、関連するリソースを解放

いくつかポイントとなる箇所を補足します。

- (No.2-1 関連) ページトレーサーの役割

  vMotion の実現にあたっては、移行元ホスト上の仮想マシンにおけるすべてのメモリページの追跡が必要となります。これはメモリのコピープロセス中に変更されるメモリページ (dirty page と呼びます) を認識し、移行先のホストへ転送する必要があるためです。

- (No.2-3 関連) メモリコピーの反復回数

  上述の通り、dirty page を追跡し移行元から移行先へ繰り返し転送を行います。これは、メモリコピー(Pre-Copy)フェーズにおける最後のタスクであり、最終的に 500ms のウィンドウで転送可能なデータ量となるまで繰り返し差分の転送が行われます。転送速度や dirty page のサイズを基に計算され、500ms で問題なく転送可能と判断されるとメモリコピー (Pre-Copy) フェーズは終了し、切り替えのフェーズへ移行します。また、差分転送の効率を上げるため、SDPS (Slow Down during Page Send) と呼ばれる技術が利用されています。これは、メモリ変更速度が転送速度を上回る場合に、仮想マシンの CPU クロックを一時的に遅くすることで、メモリ変更量を抑制し、差分転送量を減らす技術です。

- **（No.3-3 関連）Stun に伴う仮想マシンの停止時間**

  vMotion のプロセス上、移行先での切り替え時に仮想マシンの一時停止（Stun）が発生します。停止時間は瞬断レベルで、目安は 500ms 未満と考えられます。これまで説明してきたように、vMotion では Pre-Copy プロセスにてメモリデータの差分追跡、反復転送を実施することで、切り替え時に必要となる最終の転送データ量を最小化し、このような短いダウンタイムを実現しています。

■ vMotion 後のネットワーク経路の切り替え

　vMotion 後の仮想マシンは、移行先の ESXi ホストに接続されたネットワーク経由で通信を行います。そのためには物理ネットワークスイッチに対して仮想マシンが異なる ESXi ホストに移動したことを通知する必要があります。

　vMotion 後、移行先の ESXi ホストから物理ネットワークスイッチに対して、RARP（Reverse Address Resolution Protocol）パケットを送信し、移行された仮想マシンの仮想 MAC アドレスをスイッチの MAC アドレステーブルに登録します。これにより、仮想マシンに対する上位のネットワーク接続が移行先のホスト経由で再開されます。

- **KB：IP to MAC mapping, GARP, RARP and Notify Switch**

  https://knowledge.broadcom.com/external/article/343401/

　vMotion による仮想マシンのサービスの静止時間は、先述した Stun と RARP による経路切り替えの 2 つの処理が主に影響します。

　vMotion によるメモリコピー、vMotion 後の経路切り替え（MAC テーブルの書き換え）をスムーズに行い、静止時間を最小化するためには、10Gbps 以上の帯域とデータセンタークラスのスイッチの採用を検討します。

■ 大規模なリソースを持つ仮想マシン移行時のパフォーマンス改善

　従来の vMotion では、大規模なリソース（例えば現在のサポート上限である 768vCPU ／ 24TB メモリ）を持つ仮想マシンを移行する場合において、パフォーマンスへの影響と静止時間の増加が課題となっていました。そこで、vSphere 7.0 以降では、以下の 3 つのポイントを強化することで、パフォーマンス影響と静止時間の短縮を実現しています。

1. メモリコピー（Pre-Copy）の最適化

　先述の通り、vMotion のプロセスにおいて仮想マシンの変更されたすべてのメモリページを追跡し、上書きされたメモリページがある場合はその差分を再送信する必要があります。

　変更されたメモリページを追跡するために、仮想マシンの vCPU にページトレーサーをインストールします。ページトレーサーを vCPU にインストールするためには、vCPU をわずかな時間（数マイクロ秒）停止させる必要があります。

　従来のバージョンでは、vMotion 時に仮想マシン上のすべての vCPU にページトレーサーをインストール

CHAPTER 9 vSphere クラスタの機能と管理

する必要があったため、すべての vCPU が一旦停止することで、特に vCPU の数が多い仮想マシンほど、処理の中断が増えてパフォーマンスに影響を与えていました。

vSphere 7.0 では、Loose Page Trace Install という技法を導入することで、ページトレーサーをインストールする vCPU が 1 つだけで済むようになりました。この技法により、一旦停止する必要がある vCPU は 1 つだけとなり、他のすべての vCPU は処理を中断することなく継続できます。

2. メモリページ追跡の効率化

メモリページの追跡にあたり、vMotion プロセスにおいて VMM（仮想マシンモニタ）はメモリページに読み取り専用のフラグを設定します。従来のバージョンでは 4 KB の粒度でこの設定を行う仕様となっていました。当然ながら設定する粒度が小さいほど、読み取り専用として設定が必要となる合計の回数は増えてしまいます。vSphere 7.0 以降では、この設定を行うページテーブルの粒度が 1 GB 単位に拡張され、効率的な差分の追跡が可能となりました。

3. 転送するメモリ差分情報の圧縮

vMotion では、メモリの差分（メモリビットマップ）を転送しますが、従来のバージョンでは 1 GB のメモリごとに 32 KB のメモリビットマップの転送が必要でした。32 KB を転送するのに要する時間は数ミリ秒のため、通常は問題ありません。しかし、例えば、メモリサイズが 6 TB の大規模仮想マシンの場合、メモリビットマップは 192 MB となり、転送に 1 秒以上かかる可能性がありました。

vSphere 7.0 以降では、このメモリビットマップを圧縮し、必要な情報のみを転送するようになり大容量のメモリを持つ仮想マシンでもメモリビットマップの転送時間の短縮を実現しています。

■ vMotion ネットワークのマルチストリーム化

vSphere 7.0 Update 2 以降では、vMotion ネットワークに利用する物理ネットワークから帯域幅を自動検知して、vMotion のストリーム数（並列実行数）を増加する機能が加わりました。

ベースラインとなる 10Gbps ネットワークでは従来通り 1 ストリーム、追加 15Gbps あたり +1 ストリームで計算されます。25Gbps 以上のネットワークを利用する場合、vMotion の性能も大幅に向上します。

- 10Gbps ＝ 1 vMotion ストリーム
- 25Gbps ＝ 2 vMotion ストリーム
- 40Gbps ＝ 3 vMotion ストリーム
- 100Gbps ＝ 7 vMotion ストリーム

9.3.2 Enhanced vMotion Compatibility：EVC

vSphere クラスタ上で Enhanced vMotion Compatibility（EVC）と呼ばれる機能を有効化することにより、異なる世代の物理 CPU を搭載した ESXi ホストが混在するクラスタにおけるホスト間の vMotion が可能となります。これは、物理サーバーのハードウェア更改時に、旧環境から新環境へ仮想マシンを移行する場合などに役立ちます。

x86 CPU では、通常、CPU 世代ごとにサポートする命令セットが異なります。x86 CPU 上で動作する一般的なアプリケーションは、起動時にサポートされる命令セットを確認し、その命令セットのみを使用するようにプログラミングされています。このような命令セットの確認は、通常、アプリケーションの起動時にのみ行われ、アプリケーションの実行中にサポート命令セットが変わってしまうことは想定されていません。

仮に vMotion により、異なる命令セットをサポートする ESXi ホスト間を仮想マシンが移行できてしまうと、アプリケーションはサポート命令セットが変更されたことを正しく認識できず、予期せぬ障害が発生する可能性があります。そのため、vCenter Server は、異なる命令セットを持つ ESXi ホスト間での vMotion を行わないようにブロックします。このような CPU 命令セットが異なる物理ホスト間では、vMotion ができないという制限は、EVC を利用することにより緩和できます。

EVC は、クラスタ単位もしくは仮想マシン単位で構成します。EVC を有効化したクラスタに属するホストでは、指定した互換性レベルの命令セットのみを仮想マシンに通知し、互換性のない命令セットをマスクします。仮想マシン上の OS やアプリケーションは、マスクされた命令セットはサポートされていないと認識し、互換性のある命令セットでのみ動作します。これにより、EVC クラスタの ESXi ホスト間では CPU 命令セットレベルの互換性が維持され、vMotion が可能になります。

■ EVC の要件

vCenter 8.0 で管理するクラスタで EVC を有効化する場合、ESXi ホストと今後 EVC クラスタに追加するホストは次の要件を満たしている必要があります（**表 9.16**）。

表 9.16　vSphere 8.0 における EVC の要件

EVC を利用する要件	説明
サポートされる ESXi バージョン	ESXi 6.7 以降（vCenter 8.0 で管理可能な ESXi ホストバージョン）
vCenter Server	ホストが vCenter Server に接続されていること
CPU	クラスタ内の ESXi ホストは移行元と移行先で Intel、または AMD の単一ベンダーの CPU で構成されていること
高度な CPU 機能の有効化	BIOS で次の CPU 機能を有効にする • ハードウェア仮想化のサポート（AMD-V または Intel VT） • AMD No eXecute（NX） • Intel eXecute Disable（XD）

ハードウェアのベンダーによっては、BIOSにおける特定のCPU機能がデフォルトで無効な場合があります。互換プロセッサのシステムでEVCを有効にできない場合は、BIOSですべての機能が有効であることを確認します。

■ サポートされるCPU種別とEVCモード

vSphereがサポートするCPU種別とEVCモードは対象のバージョンと、リリース時期に存在したCPUにより異なります。最新情報は常に互換性ガイド、およびFAQを確認してください。

- Broadcom Compatibility Guide : CPU
  https://compatibilityguide.broadcom.com/search?program=cpu

- KB : VMware EVC and CPU Compatibility FAQ
  https://knowledge.broadcom.com/external/article/313545/

■ 仮想マシンEVCモード

仮想マシンEVCモード(Per-VM EVC)は、vSphere 6.7以降で導入された機能で、個々の仮想マシンに対してEVCモードを有効化できる機能です。

従来のEVCはクラスタレベルで設定するもので、クラスタ内のすべての仮想マシンに同じEVCモードが適用されていました。Per-VM EVCでは、仮想マシンごとに異なるEVCモードを設定できるため、より柔軟なvMotionが可能になります(図9.15)。

図9.15　Per-VM EVCが設定された仮想マシン

Per-VM EVCは、仮想マシンハードウェアバージョン14以上でサポートされます。

■ クラスタEVCの有効化

現在のEVCモードと同じ(あるいは新しい)EVCモードを明示的に設定する場合は、仮想マシンを起動したまま設定可能です。ただし、一部のCPU、およびEVCモードでは、EVCの命令セット以上のCPU機能が利用されている場合があり、その場合は仮想マシンを停止する必要があります(図9.16)。

9.3　vSphere vMotion

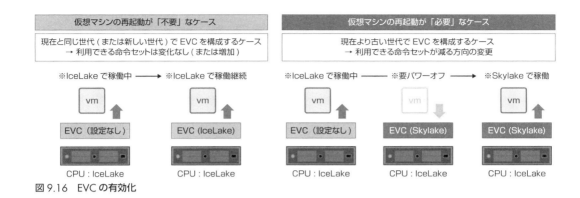
図 9.16　EVC の有効化

　ただし、上図右のようなケースにおいても、Per-VM EVC で設定された CPU モード(仮想マシンが掴んでいる CPU モード)がクラスタで設定を行う EVC モードと同じかそれより古い世代の場合は、その仮想マシンから見るとクラスタ EVC の有効化によって利用できる命令セットはマスクされないため、仮想マシンを起動したままクラスタ EVC を有効化できます。
　今後下位の CPU 世代のホストをクラスタに追加する予定がなく、より新しい CPU 世代のホストを追加する可能性がある場合は、搭載している CPU の世代(または設定可能な現時点の最上位の CPU 世代)に合わせた EVC モードにしておくことが推奨されます。

■ EVC モードの異なるクラスタ・ホスト間での vMotion の制限

　EVC モードの異なるクラスタ・ホスト間で vMotion を実施する場合、操作の実行が許可されるケースとそうでないケースがあるため、注意が必要です。下位の EVC モードで稼働する仮想マシンを上位の EVC モードの環境へ vMotion する操作は基本的にサポートされます(図 9.17)。
　ただし、移行先にある仮想マシンは、以前の設定を引き継ぎ、下位の EVC モードの CPU 命令セットで動作します。上位の命令セットを該当する仮想マシンで利用したい場合については、一度仮想マシンをシャットダウンしてからパワーオンする必要があります。ゲスト OS の再起動(ウォームリブート)では反映されないため注意が必要です。
　Per-VM EVC を個別に有効化した仮想マシンの場合、上位 EVC モードが設定されたクラスタに vMotion した後も設定された Per-VM EVC のレベルで動作します。この場合は仮想マシンのコールドリブート後も維持されます。

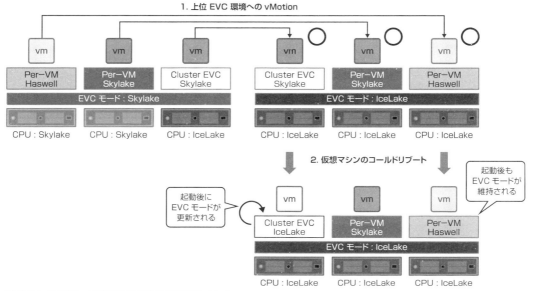

図 9.17　EVC モードの異なるクラスタ間での vMotion

　一方で、上位の EVC モードで稼働する仮想マシンを、下位の EVC モードのクラスタに vMotion することはできません。同様に上位の Per-VM EVC を設定した仮想マシンを、下位の EVC モードで動くクラスタへは vMotion できません。

　下位の EVC モードのクラスタに仮想マシンを移行する場合は、仮想マシンをシャットダウンしてコールドマイグレーションするか、Per-VM EVC を下位の EVC モードで有効にしてコールドリブート、その後 vMotion で移動します（図 9.18）。いずれの場合もこのケースでは仮想マシンの停止を伴います。

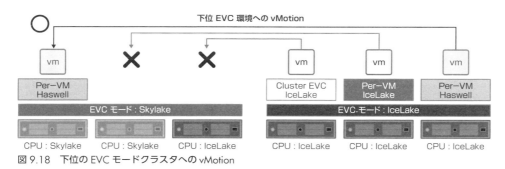

図 9.18　下位の EVC モードクラスタへの vMotion

9.3.3 Storage vMotion

Storage vMotion は、仮想マシンの仮想ディスクを、ゲスト OS をオンラインのまま別のデータストアに移行する機能です。vMotion と似ていますが、vMotion は仮想マシンを稼働させたまま別の ESXi ホストに移行するのに対し、Storage vMotion は仮想マシンを稼働させたまま別のストレージ（データストア）に移行する点が異なります。Storage vMotion で移行する対象は仮想ディスクであり、仮想マシンが実行される ESXi ホストは Storage vMotion 前後で同じです。

Storage vMotion では、移行時に仮想マシン構成ファイルと VMDK ファイルを同一のデータストアに配置することも、異なるデータストアに配置することも可能です。VMDK が複数ある場合は、それぞれを別々のデータストアに配置することもできます。また、Storage vMotion は移行元と移行先のストレージタイプに依存しません。ESXi ホストからアクセス可能なストレージであれば、物理互換モード RDM を除くストレージタイプ間での移行が可能です。さらに、Storage vMotion の際に、VMDK のプロビジョニングタイプ（シンプロビジョニング、シックプロビジョニングなど）を変更することもできます。

Storage vMotion は、データストアのメンテナンスや仮想マシンのデータ移行、パフォーマンスの最適化、ストレージ容量の拡張など、様々な場面で役立つ技術です。本項ではその仕組みについて解説します。

■ Storage vMotion の仕組み

Storage vMotion は vMotion のプロセスと多くの類似点があります。ここではその差分に着目して Storage vMotion の流れを解説します（**表 9.17**）。

表 9.17　Storage vMotion の流れ

No.	フェーズ	実施されるタスク	説明
1-1	移行前準備	ディレクトリの作成 （VM HOME の複製）	● 宛先となるデータストアに仮想マシンのホームディレクトリ（いくつかの構成ファイルを含む）を複製
1-2		シャドウ VM の作成	● 上記のファイルを基にシャドウ VM を作成し起動 ● 仮想ディスクのコピー完了までアイドル状態で待機
1-3		ミラードライバの有効化	● 移行対象の仮想マシンに対してミラードライバを有効化
2-1	データコピー	ディスクデータの転送	● データムーバーまたは VAAI を使用して移行元のデータストアから移行先へ仮想ディスクのデータをコピー
2-2		ミラーリングの開始	● ミラードライバを使用して、ディスクの IO をミラーリングし、移行元・移行先のディスクを同期
3-1	切り替え	RPC による Stun	● 移行対象の仮想マシンを RPC（Remote Procedure Call）によって一瞬停止（Stun）
3-2		データの最終転送	● 仮想マシンのデバイスの状態やメモリのメタデータをシャドウ VM に転送
3-3		処理の引き継ぎ	● オリジナルの仮想マシンからシャドウ VM に切り替えを実施
4-1	クリーンアップ	オリジナル VM に関連するリソースの削除	● 移行元のデータストアからホームディレクトリや仮想ディスクのファイルを削除

記載を省略していますが、移行前準備フェーズでは vMotion と同様に互換性のチェックやリソース（宛先データストアに十分な容量があるか）を確認します。その他いくつかポイントとなる箇所を以降で補足します。

- （No.1-1 関連）VM HOME ディレクトリの複製

  これらのプロセスは仮想マシンのホームディレクトリが Storage vMotion の対象である前提となります。多くの場合上記の流れで移行が実施されますが、仮想ディスクのみが移行対象となる場合はシャドウ VM の作成は行われません。

- （No.1-3 関連）ミラードライバの役割

  ミラードライバは VMkernel 上で動作し、ディスク IO のミラーリングを実現します。すなわち、Storage vMotion の実行中における仮想マシンからのディスクに対する書き込みは移行元のデータストアと移行先のデータストア両方にコミットされます。なお、ミラードライバが仮想マシン上で有効化される際は瞬断レベルの停止（Stun）を伴います。

- （No.2-1 関連）ディスクデータの転送

  既存のディスクデータの転送の際は、ミラードライバと同様に VMkernel 上で動作するデータムーバーと連携してデータの複製が行われます。ストレージアレイが VAAI に対応している場合は、処理がストレージ側にオフロードされます。

- （No.3-1、No.3-2 関連）メモリページのコピーと Stun

  本項の冒頭で言及したように、vMotion とは異なり、Storage vMotion の実行前後において対象の仮想マシンが稼働する ESXi に変更はありません。すなわち Storage vMotion による移行は ESXi ホストに対してローカルであると言えます。したがって、vMotion のプロセスとは異なりメモリページの Pre-Copy は必要ありません。メモリのメタデータのみが Stun 後に複製されます。

■ 大規模なリソースを持つ仮想マシン移行時の Storage vMotion 速度の改善

vSphere 7.0 以降では、大規模なリソースを持つ仮想マシンについて Storage vMotion で移行する処理が効率化されました。

「切り替え」フェーズにおける Stun の時間は、通常は 1 秒未満に抑えられますが、仮想マシンのメモリサイズが大きい場合、メモリメタデータの転送に時間を要し、1 秒を超えてしまう可能性があります。

以前のバージョンでは、最終同期にてメモリメタデータを転送する際に、仮想マシン内の 1 つの vCPU のみでメモリメタデータを転送していましたが、vSphere 7.0 以降では全ての vCPU を使用してメタデータの並列転送が可能となり、短い時間で転送できるよう改善されています。

■ 停止状態の仮想マシンの移行

パワーオン状態の仮想マシンの Storage vMotion による移行は、vMotion に最適化されたプロトコルを使用

するため、非常に高速です。しかし、パワーオフ状態の仮想マシンではネットワークファイルコピー（NFC）プロトコルを利用するため、非常に長い時間を要することが課題でした。

　vSphere 8.0 以降では、パワーオフ状態の仮想マシンの移行を高速化するために Unified Data Transport（UDT）と呼ばれる NFC と vMotion プロトコルの長所を組み合わせたプロトコルが導入されました。UDT は NFC を制御チャネルとして使用しますが、データ転送を vMotion プロトコルにオフロードして、大幅に向上したパフォーマンスとスループットを実現します。

図 9.19　プロビジョニング・Unified Data Transport（UDT）の有効化

　Unified Data Transport（UDT）は、VMkernel アダプタの「プロビジョニング」にチェックを入れることで利用可能となります（**図 9.19**）[4]。

　注意点として、vMotion 専用の TCP/IP スタックを使用している場合、vMotion と同じ VMkernel アダプタでプロビジョニングを有効化することはできません。別の VMkernel アダプタで有効化するか、新規に VMkernel アダプタを作成します。

9.3.4　Cross vCenter vMotion

　Cross vCenter vMotion によって vCenter Server をまたいだ仮想マシンの移行が可能です。

　vCenter 7.0 Update 1c からは、異なる SSO ドメインの vCenter Server 間の仮想マシン移行が vSphere Client から実行できるようになりました。これは同一 SSO ドメインである vCenter 間で仮想マシン移行を実現する Cross vCenter vMotion に対して、Advanced Cross vCenter vMotion と呼ばれます。Advanced Cross vCenter vMotion では vCenter Server 間における拡張リンクモードの構成は不要です。また、vCenter 7.0 Update 3 からは vCenter Server 間で仮想マシンをクローンする Advanced Cross vCenter Clone 機能が追加されました。

【4】　公式 Docs：How to Isolate Traffic for Migrating Your Virtual Machines
https://techdocs.broadcom.com/us/en/vmware-cis/vsphere/vsphere/8-0/vcenter-and-host-management-8-0/migrating-virtual-machines-host-management/how-to-isolate-traffic-for-migrating-virtual-machines-host-management.html

CHAPTER 9 vSphere クラスタの機能と管理

■ Cross vCenter vMotion の要件および制限事項

- 移行元・移行先 vCenter Server が同じ SSO ドメイン内に存在すること
- 移行元および移行先の vCenter Server、ESXi ホストが 6.7 以降のバージョンであること
- vCenter SSO トークンを正確に検証するために、両方の vCenter Server が互いに時刻の同期をしていること
- コンピューティングリソースのみの移行の場合は、両方の vCenter Server が共通のデータストアに接続され、仮想マシンデータがそのデータストアに配置されていること
- 必要なポート：
  - vMotion の場合、ESXi ホストのポート 8000
  - コールド移行の場合、ESXi ホストのポート 902
  - 2 つの vCenter Server インスタンス間のポート 43

■ Advanced Cross vCenter vMotion の要件および制限事項

- 仮想マシンのエクスポートまたはインポートを実行する vCenter Server がバージョン 7.0 Update 1c 以降であること
- 仮想マシンのエクスポート先またはインポート元のターゲット vCenter Server および ESXi ホストがバージョン 6.7 以降であること
- Advanced Cross vCenter vMotion 機能を使用してパワーオン状態の仮想マシンを vMotion するには、vSphere Enterprise Plus 相当以上のライセンスが必要
- Advanced Cross vCenter vMotion 機能を使用してパワーオフ状態の仮想マシンを移行するには、vSphere Standard 相当以上のライセンスが必要
- 必要なポート：Cross vCenter vMotion と同様

■ vCenter Server 間における vMotion 時のネットワーク互換性チェック

vMotion の実行時には vCenter Server でネットワーク互換性チェックが実行され、次の構成の問題が回避されます。特に Cross vCenter vMotion では vCenter、すなわち仮想スイッチもまたいだ移行となるため、移行元と移行先の仮想スイッチのタイプやバージョンに留意する必要があります。

- ターゲットホストの MAC アドレスの互換性
- 分散スイッチから標準スイッチへの vMotion
- 異なるバージョンの分散スイッチ間の vMotion [5]

---

[5] 仮想マシンが分散スイッチを利用していてバージョンが移行元と移行先で異なる場合、vMotion の互換性チェックで弾かれます。この問題を解決するためには、分散スイッチのバージョンが一致するようにバージョンアップを行う、あるいは仮想マシンをシャットダウンしてコールドマイグレーションを行います。移行時のために一時的な回避方法が提供されていますが、移行前後の仮想マシンネットワークが切断される可能性があるため、通常時の利用は推奨されません。
KB：Migrating a virtual machine between two different vDS version（318582）
https://knowledge.broadcom.com/external/article/318582/

9.3　vSphere vMotion

- 内部ネットワーク（物理 NIC のないネットワークなど）への vMotion
- 適切に機能していない分散スイッチへの vMotion

■ 仮想マシン MAC アドレスの管理

　vCenter Server 間で仮想マシンを移行する場合、ネットワークにおけるアドレス重複とデータ損失を回避するために、移行元・移行先の vCenter Server 間で MAC アドレスの移行が処理されます。

　複数の vCenter Server インスタンスが存在する環境では、仮想マシンが移行される時、その MAC アドレスはターゲット vCenter Server に転送されます。移行元 vCenter Server は移行した仮想マシンが利用していた MAC アドレスを拒否リストに追加して、新しく作成された仮想マシンに当該 MAC アドレスが割り当てられないようにします。

■ Advanced Cross vCenter vMotion で可能な移行の種類

　Advanced Cross vCenter vMotion では、様々な方法で仮想マシンを移行またはクローンできます。具体的には、以下の 4 通りの方法で仮想マシンを移行できます。操作する vCenter Server（vSphere Client）側から移行先に仮想マシンを送出する操作をエクスポート、移行元から仮想マシンを受け入れる操作はインポートと定義されています。

- 別 vCenter Server への仮想マシンエクスポート（vMotion で送出）
- 別 vCenter Server への仮想マシンクローン
- 別 vCenter Server からの仮想マシンインポート（vMotion で受入）
- 別 vCenter Server からの仮想マシンクローン

　Advanced Cross vCenter vMotion を開始する際には、仮想マシンの移行画面で[クロス vCenter Server エクスポート]を選択することで実行できます。

　また、仮想マシンをインポートする際には、受け入れ側のクラスタまたは ESXi ホストを右クリック、またはアクションメニューを開き、[仮想マシンのインポート]を選択します。

- 対象 vCenter Server の認証

　エクスポート、インポートともに、vSphere Client から移行先・移行元となる対象の vCenter Server インスタンスの認証情報の入力が必要となります。認証情報は一時的な保存が可能で、操作している vSphere Client のセッションが有効な間は、同様の vMotion 操作を行う際に保存した情報を利用できます。vSphere Client からログアウトする、またはセッションが無効化されると入力した認証情報は破棄されます。

333

CHAPTER 9 vSphere クラスタの機能と管理

9.3.5 vMotion Notification

vMotion 実行時、処理中に仮想マシン上でわずかな静止時間(Stun)が発生します。通常、このわずかな静止時間は多くの仮想マシンやその中で動くアプリケーションにとって影響ありませんが、クラスタ化された仮想マシン等の遅延に非常に敏感なアプリケーションにとっては好ましくない場合があります。

このような課題を解決するため vSphere 8.0 以降では、vMotion Notification が実装されました。本機能を利用することで、vMotion の開始を仮想マシン内のアプリケーションに事前に通知することができ、アプリケーション側で vMotion 処理に対する準備と、処理の開始を遅らせるよう調整が行われます。vMotion Notification 動作の主な流れは以下の通りです。

1. 仮想マシンの vMotion 実行命令が出される
2. 移行元 ESXi ホストは一旦仮想マシンの vMotion を保留する
3. 移行対象仮想マシン内のゲスト OS 側アプリケーションへ vMotion 開始通知を送信する
4. vMotion を開始しても良いことをゲスト OS 側アプリケーションが ESXi へ通知する、または事前に設定したタイムアウト値が経過する
5. 仮想マシンの vMotion が開始される

■ vMotion Notification 要件

vMotion Notification の利用には、ESXi と仮想マシン上で下記要件を満たすことが必須です。

- ESXi のバージョンが 8.0 以降
- 仮想マシンのハードウェアバージョンが 20 以降
- 仮想マシンに VMware Tools 11.0 以降がインストール済み

■ vMotion Notification に必要な設定値

対象の仮想マシンが稼働する ESXi および仮想マシンに次の設定を追加します。

- ESXi 側に追加する設定

  VmOpNotificationToApp.Timeout（必須）：タイムアウト時間の設定

設定値は vSphere Web Services API を使用して編集できます。vSphere Web Services API の詳細については下記 Broadcom Developer Portal のリンク先を参照してください。

- Broadcom Developer Portal : vSphere Web Services API

  https://developer.broadcom.com/xapis/vsphere-web-services-api/latest/

また、PowerCLI を使用した以下の方法でも編集が可能です（例：タイムアウト値を 60 秒に設定する場合）。

```
Get-VMHost -Name <ESXi Name> | Get-AdvancedSetting -Name VmOpNotificationToApp.Timeout | Set-AdvancedSetting -Value 60
```

- 仮想マシン側に追加する設定

    vmOpNotificationToAppEnabled（必須）：True を入力することで vMotion Notification を有効化します。
    vmOpNotificationTimeout：タイムアウト値を設定します（未設定の場合は ESXi 側で設定したタイムアウト値が反映されます）。

この値は vCenter Server の Managed Object Browser（MOB）を利用するか、vSphere Web Services API を使用して編集できます。

また、仮想マシンの vmx ファイルを直接編集することでも設定が可能です（例：vMotion Notification を有効化しタイムアウト値を 60 秒に設定する場合）。この時、仮想マシンはパワーオフにした状態で編集する必要があります。

```
vmx.vmOpNotificationToApp.enabled = "true"
vmx.vmOpNotificationToApp.timeout = "60"
```

■ vSphere vMotion Notification 用にアプリケーションを登録する方法

ゲスト OS 内で VMware Tools のコマンド「vmtoolsd」にオプションを付加して実行することで、アプリケーションの登録や vMotion 開始通知への Ack 等を実行できます（**表 9.18**）。

表 9.18　vMotion Notification に使用する vmtools オプション

コマンド	説明
vm-operation-notification.register	アプリケーションを登録して、vSphere vMotion イベントの通知の受信を開始します
vm-operation-notification.unregister	アプリケーションが vSphere vMotion イベントの通知を受信しないように登録解除します
vm-operation-notification.list	ホスト上の仮想マシンで実行されている登録済みアプリケーションに関する情報を取得します
vm-operation-notification.check-for-event	呼び出し時に登録された vSphere vMotion イベントに関する情報を取得します
vm-operation-notification.ack-event	vSphere vMotion の開始イベントを確認します

▶ 実行例：check-for-eventコマンドでvMotionイベントの情報を取得 [6]

```
$ vmtoolsd --cmd 'vm-operation-notification.check-for-event {"uniqueToken": "52db00ef-d9f1-504e-e05e-c9e452cbfbd2"}'
```

▶ 実行結果

```
{"version":"1.0.0", "result": true, "eventType": "start", "opType": "host-migration", "eventGenTimeInSec": 1666730185, "notificationTimeoutInSec": 60, "destNotificationTimeoutInSec": 60, "notificationTypes": ["sla-miss"], "operationId": 1053181622077173406 }
```

出力結果内の "eventType" で vMotion 命令の状態を判断できます。今回、eventType = start であることから、vMotion の実行命令が出されたことを確認できます。

上記のような各種コマンドを使用して、vMotion 通知を監視するアプリケーションを仮想マシン内のゲストOS 側で実装することにより、vMotion に備えることができます。

9.4　vSphere クラスタのリソース管理と動的配置による最適化

VMware vSphere は複数の ESXi ホストのリソースを論理的にまとめて HA や vMotion 等様々な機能を提供しますが、クラスタ全体で負荷に応じて仮想マシンの配置を動的に制御する vSphere Distributed Resource Scheduler（DRS）の機能とあわせて利用することでクラスタ全体の利用率の最適化を実現することが可能です（図 9.20）。

vSphere DRS を活用することで各仮想マシンが必要とするリソースを均等に、需要に応じて配置を制御でき、仮想マシン性能の安定化と障害発生時のリスク分散にも寄与します。

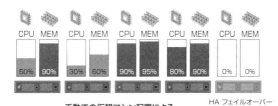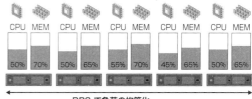

図 9.20　DRS によるクラスタの最適化

---

[6] uniqueToken とはアプリケーション register 時に割り当てられる Token です。

9.4 vSphere クラスタのリソース管理と動的配置による最適化

本節では vSphere DRS が提供するクラスタリソースの利用率を最適化し、仮想マシンのパフォーマンスを最大化する様々な機能を解説します。

9.4.1 リソースプールによるリソースの階層化と予約・制限・共有

vSphere のリソースプールは DRS クラスタ内の物理 ESXi ホストが持つリソース(CPU とメモリ)を集め、複数のプールに分割し、プールに属する仮想マシンに対して要求されたリソースを動的に割り当てるための論理的なグループです。

リソースプールを使用することで管理者はクラスタ内のリソースを階層的に管理し、特定のグループの仮想マシンに対してリソースの予約、制限、および共有の優先度を設定できます。

リソースプールを使用することで、管理性が向上するだけではなく仮想マシンに対してリソースを柔軟に配分し、保証することができます。リソースプールを利用するためには DRS の有効化が必須です(完全自動化・手動のモードは問いません)。

■ リソースプールの階層化

リソースプールによる階層化はクラスタに含まれる ESXi ホスト全体のリソースを持つ「ルートリソースプール」が既定で作成され、その配下に任意のリソースプールを階層的に作成することで実現します。

vSphere Client では以下のようにコンピュート・クラスタのインベントリビューにてリソースプールを階層的に管理します(図 9.21)。

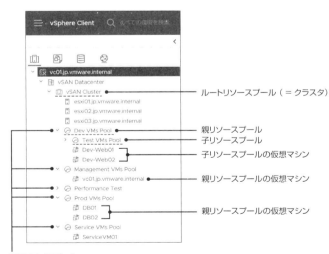

図 9.21　リソースプールの vSphere Client ビュー

リソースプールを利用してフォルダ階層的に仮想マシンを管理することも可能です。視覚的な管理性の向上の他、リソースプールへのアクセス制御を設定することでより柔軟な管理が可能になります。

■ リソース割り当ての優先制御

リソースプールによるリソースの割り当てには予約、制限、シェア（共有）の3つの優先順位があります。予約、制限、シェアはそれぞれ組み合わせて利用することも可能です（**表9.19**）。

表9.19　リソースプールの優先順位設定

優先順位設定	リソース優先順位の効果
予約	リソース予約は、特定のリソースプールまたは仮想マシンに対して、最低限保証されるリソースの量を設定するものです。CPU予約を設定すると、そのプールまたはVMには少なくとも予約した量のCPUリソース（MHz単位）が割り当てられます。これは他のリソースの使用要求が多い時でも保証されます（他の仮想マシンが使えないようにリソースが確保されます）
拡張可能な予約	既定で有効となっているオプションです。アドミッションコントロール制御下で拡張可能な予約が考慮され、仮想マシンリソース予約の合計がリソースプールの予約よりも大きくなる場合、親またはルートリソースプールの余裕リソースを利用します
制限	リソース制限は、プールや仮想マシンが消費できるリソースの上限を設定するものです。制限によりリソースの過剰な使用を防ぎ、他のプールやVMに影響を与えないようにすることができます。本番システムと開発システムなどが同一クラスタに配置する際など、開発システムのリソースが本番システムのリソースを消費しないように開発システムのリソースプールに制限を設定するなどの使い方ができます
シェア（共有）	リソースシェアは、空いているリソースをどのようにプール内の仮想マシン間、およびプール間で配分するかを決定するための仕組みです。各リソースプールには「High」「Normal」「Low」といったシェアの優先度レベルがあります。リソースが不足した場合に、どの仮想マシンが優先的にリソースを受け取るかを制御でき、優先度が高い仮想マシンはより多くのリソースを受け取ることができます

リソースプールの設定を適切に管理することで、vSphere環境内でのリソースの配分と優先順位を調整し、必要な仮想マシンが必要なリソースを確実に受け取れるようにしながら、全体としてのリソースの効率的な使用を実現します。

リソースプールのシェア値設定は同一階層のリソースプールにおいて、リソース割り当ての最大値を算出するための値です（**表9.20**）。リソースプールを利用せず、仮想マシンそのもののCPU、メモリにリソースシェア値の設定を行う場合も以下の割合が適用されます。

表9.20　リソースプールのシェア値

優先設定	CPU シェア値	メモリ シェア値
高（High）	8,000	327,680
標準（Normal）[7]	4,000	163,840
低（Law）	2,000	81,920
カスタム（Custom）	最小値 0	最小値 0

【7】 vCenter Serverのバージョンによって「標準」や「正常」と表示されますが英語表記「Normal」の翻訳のブレになります。

シェア値を設定したリソース割り当てサイズの計算式は以下の通りです。

$$リソースの割り当てサイズ = \frac{設定されたシェア値}{同一階層のシェア値合計} \times 親階層の総リソースサイズ$$

次の例ではDRSクラスタ全体のルートリソースを親と子のリソースプールに階層化した場合にどのような分け方となるかのサンプルを示します（**図9.22**）。

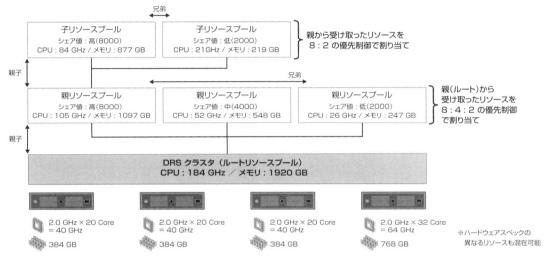

図9.22　リソースプールによる階層管理

リソースプールのシェア値設定そのものは予約や制限を伴わず、リソースに余裕があればシェア値の低いリソースプールの仮想マシンも親側のリソースを多く利用できます。リソースに余裕がなくなった時に、設定した優先値の割合に沿って同一階層のリソースプール間でリソースの割り当てを制御します。

■ **リソースプールのアクセスコントロール**

リソースプールはクラスタ内のリソース割り当てを階層的に管理でき、それぞれのリソースプールはユーザー・グループに対するアクセスコントロールを設定可能です。

例えば、vCenter Serverなど管理用仮想マシンを「Management VMs」リソースプール、開発関連仮想マシンを「Dev VMs」リソースプールに格納した場合、それぞれのリソースプールを表示・操作できる権限（ロール）を設定可能です（**図9.23**）。

CHAPTER 9 vSphere クラスタの機能と管理

図9.23　リソースプールのアクセス制御

■ リソースプール設定のバックアップとリストア

リソースプールで作成した階層や設定値、仮想マシンへの割り当てはDRSを無効化すると解除されてしまいます。リソースプール設定のバックアップとリストアについては、第11章で解説します。

9.4.2　vSphere DRS（Distributed Resource Scheduler）

vSphere DRSは、仮想マシンのCPU・メモリ利用率のモニタリングを行い、クラスタ全体の物理ESXiホストのリソースに対して負荷を均等化するために、vMotionを利用した仮想マシンの動的配置を実行します。DRSは仮想マシンのリソース要件が満たされることを前提に、各ESXiホストから収集したパフォーマンス情報を基に、ESXiホスト間の負荷バランスを改善可能な仮想マシンを検知するとvMotionを使用して対象仮想マシンをESXiホスト間で移動し、クラスタ全体で負荷の分散を図ります（図9.24）。

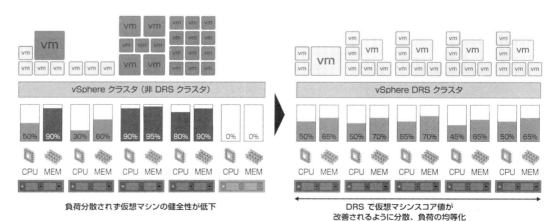

図9.24　DRSによる仮想マシンの負荷分散

9.4　vSphere クラスタのリソース管理と動的配置による最適化

　DRS が有効なクラスタでは、仮想マシン起動時にどの ESXi ホストに配置するべきか、自動で推奨ホストが選ばれ起動できます。また、HA による仮想マシン再起動が発生した場合も適切な ESXi ホストに分散配置し、その後も負荷のバランスをモニタリングしながら配置の調整を自動で行います。

　また、vSphere Lifecycle Manager を利用したクラスタ内の ESXi ホストのローリングアップデート(1台ずつ順にパッチ適用と再起動を繰り返すアップデート)の場合においても、ESXi ホストがメンテナンスモードに投入される際に自動で別 ESXi ホストに仮想マシンを vMotion で移動し、メンテナンス終了後に再度負荷分散をして仮想マシンを戻すことをサポートします。

　vSphere 7 Update 2 以降では DRS はストレッチクラスタ (vSAN または VVOL) をサポートし、プライマリサイトとセカンダリサイトの仮想マシン配置を認識して、仮想マシンの読み込み (サイトローカリティ) 最適化を自動的に制御します。

■ DRS 1.0 と DRS 2.0

　DRS 1.0 は vSphere 4 で実装された機能ですが、vSphere 7.0 で大幅にアップデートされ、vSphere 8.0 Update 3 現在、内部的には DRS 2.0 と呼ばれる機能バージョンで動作します(**表9.21**)。

　従来の DRS 1.0 ではクラスタ全体の状態に着目し、ESXi ホスト間でのリソース利用率の再バランス要否をチェックしていました。また、5分ごとにクラスタ状態を判断し、ESXi ホスト間の負荷の標準偏差を用いて再バランスの必要性があると判断される仮想マシンを vMotion してクラスタ内の負荷のバランスを維持していました。

　vSphere 7.0 で実装された DRS 2.0 は DRS 1.0 と比較していくつかの大きな変更があります。DRS 2.0 では、クラスタ全体の負荷を基準にするのではなく、個々の仮想マシンのワークロードに焦点を当て、仮想マシンのワークロードが健全な状態を維持するように ESXi ホスト間で再バランスする設計となりました。再バランスの判断は従来よりも短い 1 分間隔で実行され、最新の情報に基づいて健全性を維持します。

　DRS 2.0 [8] では、「仮想マシン DRS スコア」という新しいメトリックが導入され、これは仮想マシンが現在の ESXi ホストでどの程度効率的に実行されているかを示します。このスコアは、CPU、メモリ、およびネットワークリソースの使用状況など様々なアルゴリズムによって計算されます。

表9.21　DRS 1.0 と DRS 2.0 の比較

	クラスタ健全性の監視間隔	アーキテクチャ	比較対象のメトリック
DRS 1.0	5分	集中型 ※ vCenter が ESXi ホスト間の利用率を監視	クラスタ内の各ホストの CPU とメモリの使用率
DRS 2.0	1分	分散型 ※ vCenter、および各 ESXi が仮想マシンごとのリソースを監視	クラスタ内の仮想マシンごとのパフォーマンスメトリック (CPU、メモリ、ディスク、ネットワークの使用率、容量メトリック、応答時間、トランザクション時間など)

【8】　DRS 2.0 ではメモリメトリックは仮想マシンの「消費メモリ (Consumed Memory)」を採用し、DRS 1.0 で参照していた「アクティブメモリ (Active Memory)」は使用されません。

クラスタ全体の現在のDRSスコアはvSphere Clientのクラスタサマリ画面から確認できます。クラスタDRSスコアは、クラスタ内でパワーオンされているすべての仮想マシンにおける仮想マシンDRSスコアの加重平均です。仮想マシンDRSスコアが80～100%の場合、リソース競合がほとんどないか全くないことを示しますが、それより低いスコアの仮想マシンの健全性が必ずしも低いわけではありません（図9.25）。

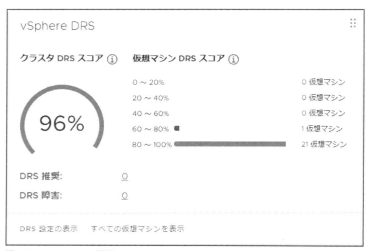

図9.25　DRS 2.0の仮想マシンDRSスコア

これは仮想マシンDRSスコアに影響を与えるメトリックが多数あるためで、各種パフォーマンスメトリックが使用されるだけでなくCPU %ready時間やCPUキャッシュの状態、メモリのアクティブ・非アクティブな状態など各種の容量メトリックも計算アルゴリズムに組み込まれています。クラスタの仮想マシンDRSスコアのビューでは、アクティブなCPU、使用済みCPU、CPU Readiness、付与されたメモリ、スワップ済みメモリ、バルーンメモリなど仮想マシンごとのリソース利用状況が確認できます（図9.26）。

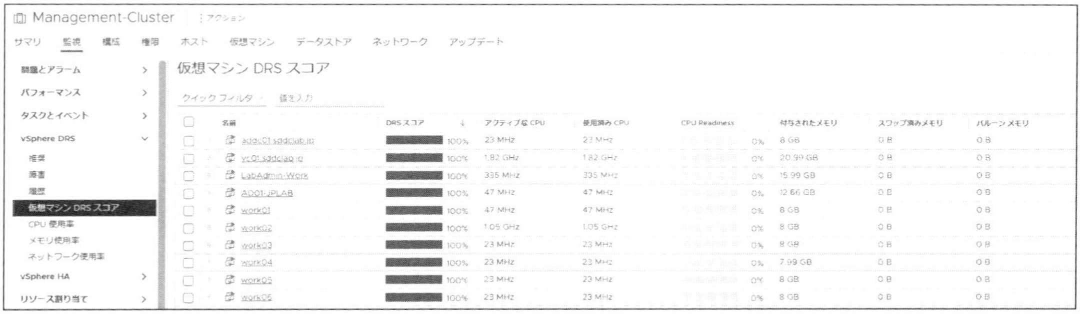

図9.26　DRS 2.0の仮想マシンDRSスコア詳細ビュー

9.4 vSphere クラスタのリソース管理と動的配置による最適化

■ DRS の設定

DRS 設定の編集はクラスタの [構成] メニューから [サービス] > [vSphere DRS] を選択し、[編集] をクリックします（図 9.27）。

図 9.27　DRS の設定

■ DRS の自動化レベル

DRS の自動化レベルは仮想マシン起動時のクラスタ内の負荷に応じた仮想マシンの配置の制御、およびリソース負荷の不均衡が発生した際の ESXi ホスト間の vMotion の推奨や、vMotion の自動実行を指定します（**表 9.22**）。

表 9.22　DRS の自動化レベル

自動化レベル	起動時の初期配置	DRS による仮想マシンの移行制御
手動	推奨ホストの提示	仮想マシンの起動時の配置の推奨と、リソース負荷の不均衡時に移行を推奨します。推奨は手動で適用する必要があります
一部自動化	推奨ホストに自動配置	仮想マシンの起動時に適切な ESXi ホストに自動的に配置します。移行の推奨は手動で適用する必要があります
完全自動化	推奨ホストに自動配置	仮想マシンの起動時の適切な ESXi ホストへの自動配置、およびリソース負荷の不均衡時に自動的に仮想マシンを別の ESXi ホストに移行して仮想マシンの負荷を最適化します

自動化レベルを手動、または一部自動化に設定した場合、DRS はクラスタ内のリソースの不均衡を解消するための推奨を UI 上や通知で伝えます。推奨は次のような場合に行われます。

- CPU 負荷または予約を均衡化する
- メモリ負荷または予約を均衡化する
- リソースプールの予約に従う
- アフィニティルールに従う
- ホストがメンテナンスモードまたはスタンバイモードに移行する場合

CHAPTER 9　vSphere クラスタの機能と管理

　vSphere Lifecycle Manager（vLCM）を利用してクラスタメンテナンスを行う場合、ESXi ホストがメンテナンスモードに移行した際に仮想マシン移行の推奨が通知されます。この場合は速やかに対象仮想マシンを手動で vMotion するかシャットダウンする必要があります。そのため、特に vLCM などを利用したメンテナンス時は、可能な限り DRS の自動化レベルを「完全自動化」に設定しておくことを推奨します。

■ DRS の移行のしきい値

　移行のしきい値は DRS がリソース負荷の不均衡に vMotion を積極的に推奨する程度を指定します。仮想マシンが要求するリソース、リソースの割り当て設定（予約、制限、シェア）、各ホストが提供するリソース、仮想マシンの移行コストに基づいて自動的に推奨されます。設定が控えめになるほど、vMotion の頻度は減ります。

　積極的に仮想マシンを分散させ負荷の均等化を図る場合は積極的なレベルを選択し、vMotion の発生を最小限にしたい場合は控えめ（保守的）なレベルを選択します。通常は既定値のレベル 3（中間）のしきい値を使用します（**表 9.23**）。

表 9.23　DRS の移行のしきい値

自動化レベル	DRS による仮想マシンの移行制御
レベル 1 （控えめ：vMotion の頻度最小）	アフィニティルールやホストメンテナンスなどのクラスタ制約を満たすために必要な推奨事項のみを適用します。このしきい値設定で ESXi ホスト間の不均衡が解消されることはありません
レベル 2	ワークロードが極端に不均衡な場合、または仮想マシンの需要が現在のホスト上で満たされていない場合にのみ推奨事項を提供します
レベル 3 （既定値）	ワークロードが中程度に不均衡な場合に推奨事項を提供します。このしきい値はワークロードが安定している環境に推奨されます（既定値）
レベル 4	ワークロードがかなり不均衡な場合に推奨事項を提供します。このしきい値は、バースト的なワークロードがある環境に推奨されます
レベル 5 （積極的：vMotion の頻度最大）	ワークロードがわずかに不均衡で、改善がわずかに実現できる可能性がある場合にも推奨事項を提供します。動的ワークロードの場合このしきい値により vMotion の推奨が頻繁に実施される可能性があります

■ その他の DRS 設定のオプション

　その他の DRS 設定のオプションは**表 9.24** の通りです。

表 9.24　その他の DRS 設定のオプション

設定項目	説明	既定値
Predictive DRS	vSphere DRS のリアルタイムメトリックに加え、Aria Operations が提供する予測（Predictive）メトリックにも対応します。この機能を利用する場合はサポートするバージョンの Aria Operations 側でも「Predictive DRS」を構成する必要があります（Aria Operations に vCenter Server を登録する際、または登録後に「データを vSphere Predictive DRS に提供」を「true」に設定します）	-
仮想マシンの自動化	仮想マシンごとの DRS 設定の編集を許可する（オーバライドを許可）場合にチェックします	有効
仮想マシンデバイスのサスペンド（Stun）時間制限	vGPU ワークロードなどに対して vMotion の最大許容 Stun 時間の定義します（vSphere 8.0 Update 3 以降）	-

9.4 vSphere クラスタのリソース管理と動的配置による最適化

設定項目	説明	既定値
パススルー仮想マシンのDRS自動化	vGPUワークロードのDRSでのロードバランシングを有効化します（vSphere 8.0 Update 3 以降）	-
仮想マシンの分散	仮想マシンの可用性を高めるため（HAによる再起動時のリスクを均等化するため）クラスタ内のホスト全体に仮想マシンをより均等に分散させます。仮想マシンDRSスコアに依らない配置も行われるためDRSによる最適化が低下する可能性があります	無効
CPU オーバーコミットメント	クラスタ内のすべてのホストの仮想CPUと物理CPUコアの比率（vCPU：pCPU）のCPUオーバーコミットメントの上限を制御できます	無効
スケーラブルシェア	対象クラスタのリソースプールのスケーラブルシェアを有効にします。「スケーラブルシェア」とはリソースプールにてシェアに基づく制御を行う場合に、リソースプール内の仮想マシン数に応じて動的に配分するリソースを調整する仕組みです	無効

■ vSphere DRS のスケジュール実行

DRSは指定したタイミングで異なる設定を有効化するスケジュール実行（タスク化）が可能です。スケジュールは特定のタイミングで1回のみ実行する設定から、vCenter Server 起動時、時間単位、日単位、週単位、月単位で指定可能です（図9.28）。

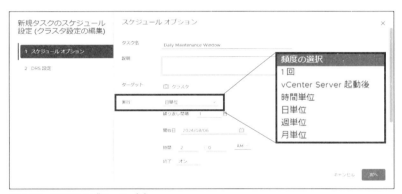

図9.28 DRS スケジュール（1）

この例では業務時間外の毎日深夜2時から、DRSの移行しきい値を「控えめ」に変更することでバックアップ処理や夜間バッチ処理中の vMotion が発生しないように調整しています（図9.29）。

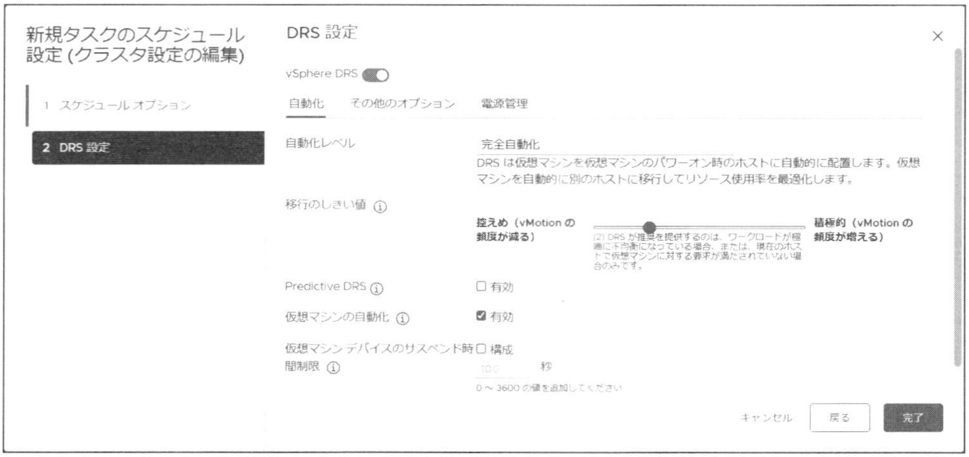

CHAPTER 9　vSphere クラスタの機能と管理

図 9.29　DRS スケジュール（2）

スケジュール設定したタスクは [スケジュール設定タスク] から確認可能です（**図 9.30**）。

図 9.30　DRS スケジュール（3）

9.4.3　アフィニティルールと DRS グループ

アフィニティルールとは、仮想マシンをどこで実行するかを制御するためのポリシーです。これらのルールを使用して、管理者は仮想マシン同士の配置に関する詳細な設定を行うことができ、パフォーマンスの最適化、ライセンス制限の遵守、または高可用性の実現に役立てることができます。

アフィニティとアンチアフィニティ（非アフィニティ）ルールには、特定の仮想マシン同士をどのように ESXi ホスト上で実行するかを決める「仮想マシン間のアフィニティルール」、または特定の仮想マシンを特定の ESXi

ホストで実行する、または実行しないを決める「仮想マシンとホスト間のアフィニティルール」があります（表 9.25）。

表 9.25 アフィニティルールタイプ

アフィニティルールタイプ	特徴	利用例
仮想マシンを一緒に保存 (Keep VMs Together)	仮想マシンを同一 ESXi ホストで実行	同一 ESXi ホスト上で動作させることによりネットワークの遅延を最小限に抑え、高速なデータアクセスを必要とするアプリケーションのパフォーマンスの向上が必要な場合
仮想マシンを個別に保存 (Separate VMs)	仮想マシンを異なる ESXi ホストで実行	複数インスタンスで動作する仮想マシンや、クラスタ化された仮想マシンを異なる ESXi ホストで動作させることによる ESXi ホスト障害からの可用性向上が必要な場合
仮想マシンからホストへ (VMs to Hosts)	仮想マシンを実行するホストを指定	特定の ESXi ホストで動作する仮想マシンを指定することによる管理性の向上やライセンス要件への適合などが必要な場合
仮想マシンから仮想マシンへ (VMs to VMs)	仮想マシン間で起動の依存関係を設定	DB サーバー → アプリケーションサーバー → Web サーバーなど仮想マシンの起動順序の指定が必要な場合

■ DRS との組み合わせ

アフィニティとアンチアフィニティルールは DRS 機能と組み合わせて使用されることで効果が最大化します。DRS はクラスタ内のリソースを動的に最適化しますが、アフィニティ、アンチアフィニティルールは DRS が仮想マシンをどのホストに移動させるかをガイドするために使用されます。ルールに従うことで、DRS はリソースのバランスを取りながらも、特定のポリシー制約を満たすように仮想マシンの配置を調整します（図 9.31）。

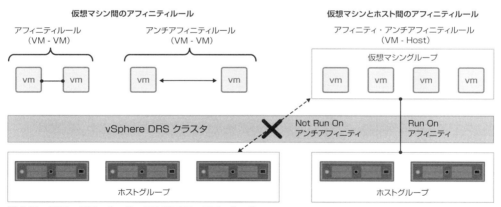

図 9.31 アフィニティルール・アンチアフィニティルール

アフィニティルールやアンチアフィニティルールを効果的に利用するために、2 つの DRS グループ、「仮想マシングループ」と「ホストグループ」を定義できます。これらのグループを使用することで、より複雑なポリシーを設定し、リソースの管理を柔軟に行えます。

CHAPTER 9 vSphere クラスタの機能と管理

- 仮想マシングループ:特定のポリシーを共有する仮想マシンの任意のグループです。管理者はアフィニティやアンチアフィニティルールを適用するために、アプリケーションワークロード種別や管理上のポリシーで仮想マシングループを作成します。
- ホストグループ:クラスタ内の特定 ESXi ホストの任意のグループです。ホストグループを使用して、特定の仮想マシングループが実行されるホストを指定できます。

仮想マシングループとホストグループは、アフィニティまたはアンチアフィニティルールと組み合わせて使われることが一般的です。例えば、管理用仮想マシンが実行されるべき ESXi ホストを含む「管理系ホストグループ」を作成し、管理系仮想マシンをまとめた「管理系仮想マシングループ」がこれらのホスト上でのみ実行されるようにポリシーを設定できます。逆に、アンチアフィニティルールを使用して、特定の仮想マシングループに属する仮想マシンが特定 ESXi ホスト上で実行されないようにすることもできます。

これらのルールにどの程度強制力を持たせるかについても、DRS のルールを編集して設定可能であり、要件に応じたものを選択します(**表 9.26**)。

表 9.26　仮想マシンからホストへの DRS ルール強制レベル

ルールタイプ	特徴
グループ内のホスト上で実行する必要があります (Must run on)	仮想マシングループとホストグループの配置は強制され、別のホストでは仮想マシンは稼働できません
グループ内のホスト上で実行します (Should run on)	仮想マシングループとホストグループの配置は優先されますが、リソース条件を満たせない場合は別のホストで仮想マシンは稼働できます
グループ内のホスト上で実行しない必要があります (Must Not run on)	仮想マシングループとホストグループの配置は強制され、指定のホストグループでは仮想マシングループに属する仮想マシンは稼働できません
グループ内のホスト上で実行しません (Should Not run on)	仮想マシングループとホストグループの配置は優先され、指定のホストグループでは仮想マシングループに属する仮想マシンは通常は稼働できませんが、リソース条件を満たせない場合は稼働できます

例えば、「グループ内のホスト上で実行する必要があります(Must run on)」ルールで特定の1台の ESXi ホストと仮想マシンを関連付けると vMotion や HA で別ホストへの移動ができなくなるため、それを回避するためには「グループ内のホスト上で実行します(Should run on)」のルールを使用します。

アフィニティルール、および DRS グループは DRS が無効な場合もルールとして機能し、仮想マシンの起動時の ESXi ホストの指定や vSphere HA による仮想マシンの再配置・再起動時はルールが遵守されます。ただし、ルールを認識した仮想マシンの自動配置の制御、vMotion の連動には DRS の有効化が必要です。

従来、特定仮想マシンを特定 ESXi ホストに必ず配置したいニーズのために DRS を無効にした運用が多くありましたが、クラスタ全体のリソースの均等化やライフサイクル運用時の仮想マシンの自動再配置など DRS を活用することで vSphere 基盤の健全性は大きく向上します。特定仮想マシンと特定 ESXi ホストを関連付けて動作させる管理運用が必要な場合は DRS を有効化した上でアフィニティルールを利用することを強く推奨します。

9.4.4 DRSクラスタ内での異なる性能のサーバー混在時の考慮

DRSクラスタには異なるハードウェアメーカーのサーバーや、異なるリソース量のサーバー、EVCを有効にすることで異なる世代のCPUを搭載したサーバーを混在できます。非常に柔軟な拡張性は運用上便利な半面、考慮しなければならないリスクがあります。

■ CPU・メモリ搭載容量の不均衡による障害発生時のリスク

異なる性能のサーバーが混在するクラスタを「非対称クラスタ（Asymmetrical Cluster）」と呼びます。クラスタ内のフェイルオーバーリソースの確保はvSphere HAアドミッションコントロール機能を利用して、許容するホスト障害数やクラスタリソースの割合などで指定しますが、クラスタに含まれるESXiホストの性能差が大きすぎる場合には仮想マシンのリソース配置に不均衡が発生し、大容量ESXiホスト停止時のリスクが高くなります。

柔軟性が高く、多様なハードウェアスペックのサーバーを混在できるvSphereクラスタですが、ESXiホスト障害時のリスクを避けるために極端な性能差を避け、なるべく均等なスペックのハードウェアで拡張することが推奨されます（図9.32）。

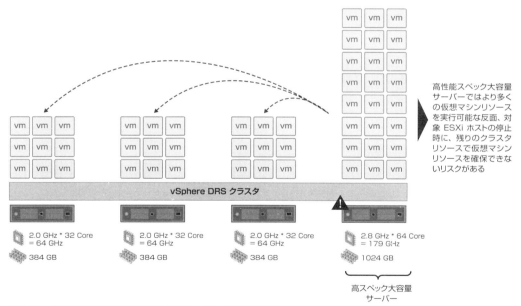

図9.32　DRSクラスタ内の異なる性能のサーバー混在時の考慮

CHAPTER 9　vSphere クラスタの機能と管理

■ vSAN ドライブ搭載量の不均衡による障害発生時のリスク

DRS とあわせて考慮が必要なリスクとして、vSAN クラスタにおいても、搭載するドライブ容量に大きな不均衡がある非対称クラスタの場合は、障害発生時のデータ再構築、再配置においてリスクがあります。詳細は第 7 章を参照してください。

■ サーバーライフサイクル運用における考慮

その他、vSphere Lifecycle Manager（vLCM）で ESXi のパッチ管理を行う際に異なるハードウェアメーカーのサーバーの場合、適用するドライバやファームウェアが異なるため同一 vLCM Image で管理ができない場合があります。なるべく同一ハードウェアメーカーのサーバーモデル、可能であれば同一ラインナップのサーバーで統一することが推奨されます。

9.4.5　DRS の無効化

vSphere クラスタから DRS を無効化した場合、いくつかの動作に制約があります。

- リソースプール設定がクラスタから削除される。DRS を無効化にする前にリソースプールスナップショットを必ず取得し、DRS の再有効化時にリソースプールツリーのリストアを実行すること。詳細は「11.3.5　vSphere クラスタ構成のバックアップ・リストア：リソースプール設定のバックアップ・リストア」を参照
- アフィニティルールは削除されないが、DRS が再有効化するまで適用されない。ルール自体は有効なため手動配置時の制約は機能する。また、ホストグループ、仮想マシングループは削除されない
- vSphere IaaS Control Plane：ワークロード管理が有効になっている場合は、DRS を無効にしないようにすること。無効にすると、Workload Control Plane（WCP）サービスがリカバリ不能になる

■ 本書で取り扱わない DRS 機能について

vSAN などクラスタリソースをコンピューティングだけでなくストレージとして活用する HCI アーキテクチャが一般化し、DRS クラスタの拡張機能である ESXi ホストの電源管理と連動する vSphere Distributed Power Management（DPM）は採用機会が減っているため、本書では説明を省略しました。また、データストアクラスタと Storage DRS 機能に関して、同様に vSAN、VVOL などのポリシーベース管理ストレージの採用が増えていることと、vSphere 8.0 Update 3 以降では Storage DRS IO ロードバランサ（IO レイテンシに基づく初期配置と負荷分散機能）、データストアでの Storage I/O Controller（SIOC）機能が廃止された関係で、Storage DRS に関しても同様に説明を省略しました。

9.5 vSphere Fault Tolerance (FT)

vSphere HA は ESXi ホストの障害発生時に、仮想マシンを別の正常な ESXi ホストで再起動することで仮想マシンの可用性を高める機能です。一方、システムによってはこの再起動に伴うダウンタイムを許容できないケースも存在します。vSphere Fault Tolerance（FT）では、そのようなミッションクリティカルなシステムを対象として、ゼロダウンタイムを実現するための機能を提供します。

9.5.1 vSphere FT とは

vSphere FT では、保護する対象の仮想マシンをプライマリ仮想マシン（以下プライマリ）として扱い、複製されたセカンダリ仮想マシン（以下セカンダリ）を別のホスト上で実行します。プライマリが障害を起こした場合にセカンダリが処理を引き継ぐことで、サービスの中断を防ぐ仕組みです。

プライマリとセカンダリは相互にステータスを監視することで障害の検知と透過的なフェイルオーバーを実現しています。クラスタが 3 台以上の ESXi ホストで構成されている場合は、障害発生後に正常な ESXi ホストに新しいセカンダリが自動的に作成され、冗長性が維持されます（図 9.33）。

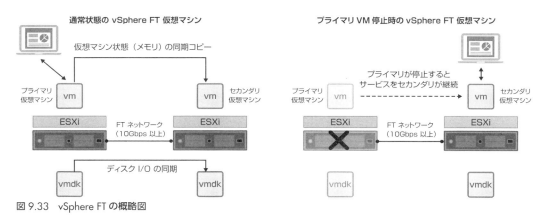

図 9.33　vSphere FT の概略図

■ メトロクラスタ FT のサポート

vSphere 8.0 Update 3 から、メトロクラスタ（ストレッチクラスタ）FT がサポートされるようになりました。これは仮想マシンの高可用性を実現するための新しい機能であり、従来の FT と比較していくつかのメリットと相違点があります。

従来の FT は主にホストレベルの障害対策に焦点を当てており、同じクラスタ内の異なるホストにプライマリとセカンダリを配置することで、単一ホストの障害から VM を保護します。

一方、メトロクラスタ FT はサイトレベルでの障害対策に特化しています。これは、プライマリとセカンダリを異なる物理的なサイトに配置することで、サイトレベルの障害から VM を保護することを可能にします。

メトロクラスタ FT の vSphere Client UI 上での設定方法は非常にシンプルです。事前にそれぞれのサイトの ESXi ホストをホストグループに設定します。仮想マシンの FT を有効化する際に、「Metro Cluster Fault Tolerance の有効化」のチェックボックスをオンにし、プライマリサイトとして利用するホストグループを選択します（図 9.34）。

図 9.34　メトロクラスタ FT の設定画面

プライマリは指定したホストグループ内の ESXi ホストに配置され、セカンダリ VM はホストグループに属さない ESXi ホストから選択して配置を行います。プライマリを実行しているホストに障害が発生した場合、セカンダリがサービスを引き継ぎます。サイト全体に障害が発生した場合は、障害が発生したサイトが回復するまでは影響を受ける VM は FT 保護なしで実行されます（図 9.35）。

メトロクラスタ FT におけるサイト間ネットワークの要件は、FT ログ用ネットワークの帯域幅が 10Gbps 以上、RTT が 1ms 以下の接続が推奨されています。これは vSAN ストレッチクラスタで求められる RTT 5ms 以下の要件より低遅延であることに注意してください。高性能を必要とする理由は、FT 仮想マシン間でメモリの状態をミラーリングするため、ディスク I/O よりも速い応答が必要となるからです。

9.5 vSphere Fault Tolerance (FT)

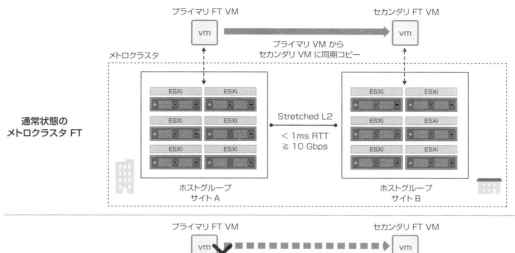

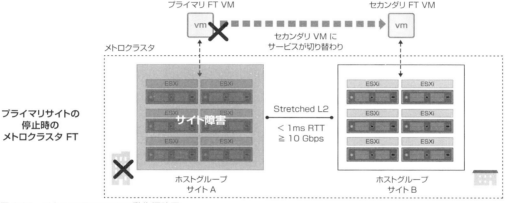

図 9.35 メトロクラスタ FT の動作概略図

9.5.2 vSphere FT の構成

　vSphere FT では Fast Checkpointing と呼ばれる技術を活用してプライマリとセカンダリ間のデータ同期を実現しています。FT を有効化する際に、FT 保護対象の仮想マシンは通常の仮想ハードディスクに加えて、「構成ファイル」と「タイブレーカファイル」を共有データストアに指定します。FT 仮想マシンを配置する ESXi ホストは、互いにそれぞれのデータストアにアクセスし、構成ファイルとタイブレーカファイルをチェックすることで、ESXi ホストのネットワーク隔離（スプリットブレイン）状態における FT 仮想マシンの制御を行います（図 9.36）。プライマリとセカンダリでは、同等性能の異なるデータストアで構成することが可用性の観点で推奨されます。なお、vSAN データストアを利用する場合は自動的に仮想ディスクが分散配置されるため、構成ファイルとタイブレーカファイルの配置先は指定不要です。

CHAPTER 9　vSphere クラスタの機能と管理

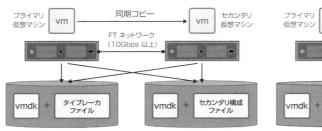

図 9.36　FT 有効時の一般的な構成ファイルの配置

- 構成ファイル

    セカンダリ仮想マシンのスナップショット記述ファイル（.vmsd）と構成ファイル（.vmx）です。通常はセカンダリ仮想マシンのハードディスクと同じデータストアに配置されますが、異なる共有データストアに配置することも可能です。

- タイブレーカファイル

    データストアのタイブレーカファイルとして用いられる「.ft-generation」ファイルと、メタデータである「shared.vmft」で構成されます。.ft-generation ファイルはスプリットブレインを防止するために使用し、shared.vmft はプライマリ仮想マシンの UUID が変わらないことを保証するために使用します。.ft-generation ファイルの中身は空であり、ESXi ホスト間の通信が切断されスプリットブレインが発生した際など、データストアにアクセスできる状況下で FT 仮想マシンの状態を判断するために利用されます（.ft-generation ファイルのファイル名を変更できた ESXi ホスト上の仮想マシンがプライマリ仮想マシンとなる）。shared.vmft には、プライマリ仮想マシンおよびセカンダリ仮想マシン双方の UUID と構成ファイル（.vmx）の場所と、FT が現在有効であるかどうかが記述されています。vSAN データストアを利用する場合は .ft-generation ファイルは作成されず、shared.vmft ファイルがプライマリ仮想マシンフォルダ内に保存されます。

■ vSphere FT の要件と制限事項

- CPU 要件

    vSphere 8.0 では次の世代以降の CPU が ESXi としてサポートされ、vSphere FT を利用する場合もそれに準じます。
    - Intel Broadwell 以降（EVC モードは Intel Sandy Bridge 以降をサポート）
    - AMD Zen 以降（EVC モードは AMD Bulldozer 以降をサポート）

9.5 vSphere Fault Tolerance (FT)

- KB：CPU Support Deprecation and Discontinuation In vSphere Releases（318697）

  https://knowledge.broadcom.com/external/article/318697/

- ネットワーク要件

  FT 用に 10Gbps（以上）の変更記録転送用ネットワークが必要です。また、ESXi ホスト間のネットワーク遅延は低遅延（目安は RTT 1ms 未満）である必要があり、FT 専用のネットワークを構成することが強く推奨されます（**図 9.37**）。

図 9.37　専用の FT ログネットワークを推奨

FT は vSphere 8.0 現在、NSX で作成されたポートグループ（VLAN またはオーバーレイ セグメント）を使用している仮想マシンでは有効にできません。また、FT は、NSX Manager および Edge ノードで FT を有効化することもサポートされません。

- 仮想マシンの実行の上限

  FT を使用するように構成されたクラスタでは、2 つの制限が個別に詳細設定パラメータとして適用されます。

  - das.maxftvmsperhost

    ESXi ホストあたりに許容される FT 仮想マシンの最大数。デフォルト値は 4 です。FT 仮想マシンでワークロードが適切に実行されている場合は、上限値を変更することは可能です。変更が必要な場合は十分な検証の上で検討します。値を 0 に設定すると、チェックを無効にできます。

  - das.maxftvcpusperhost

    ESXi ホストあたりに許容される FT 仮想マシンで構成可能な vCPU の最大数。デフォルト値は 8 です。FT 仮想マシンでワークロードが適切に実行されている場合は、上限値を変更することは可能です。変更が必要な場合は十分な検証の上で検討します。値を 0 に設定すると、チェックを無効にできます。

1台のESXiホストに4つを超えるFT仮想マシンを配置したり、合計8つを超えるFT vCPUを配置したりする場合は注意が必要です。この場合、FTログ用の物理NICが飽和する可能性が高くなり、ホスト障害時に新しいセカンダリ仮想マシンを作成するために必要なネットワーク負荷がボトルネックになるリスクがあります。

FTが有効化された仮想マシンではスナップショットの取得や、Storage vMotionを利用したデータ移行が非サポートとなります。その他の制約については公式ドキュメントで最新情報を確認してください。

- 公式 Docs：Providing Fault Tolerance for Virtual Machines
  https://techdocs.broadcom.com/us/en/vmware-cis/vsphere/vsphere/8-0/vsphere-availability/providing-fault-tolerance-for-virtual-machines.html

9.5.3 vSphere FT の動作

本項では、仮想マシンに対して、FTを有効化した場合の仕組み、およびホスト障害時のリカバリ動作、暗号化について説明します。

■ vSphere FT の有効化

セカンダリ仮想マシンの生成

仮想マシンのFTを有効化すると、クラスタ内の異なるESXiホスト上に仮想マシンの状態が「vMotion without Shared Storage」の仕組みを利用して仮想ディスクとともにコピーされます。通常のvMotion without Shared Storageとは異なり、移行元および移行先のESXiホストの両方に仮想マシンが存在し、それぞれプライマリおよびセカンダリとして動作します（図9.38）。

図9.38 プライマリ仮想マシンとセカンダリ仮想マシンの表示

vSphere Clientのインベントリツリー上ではプライマリ仮想マシンのみが表示されますが、プライマリ仮想マシンが配置されたクラスタ、リソースプール、仮想マシンフォルダなどのオブジェクトを確認するとセカンダリ仮想マシンの存在が確認できます。

9.5 vSphere Fault Tolerance（FT）

■ 同期実行（Fast Checkpointing）

仮想マシンのワークロード（OSやアプリケーションの動作、ネットワーク送受信、ディスクI/Oなど）は、プライマリ仮想マシンで実行されます。プライマリ仮想マシンで発生したメモリやディスク、デバイスの変更は、FTログネットワークを介してリアルタイムでセカンダリ仮想マシンに送信されます。これにより、セカンダリ仮想マシンは常にプライマリと同じ状態を保ちます。

Fast Checkpointingの実行

Fast Checkpointingとは、プライマリ仮想マシンの状態変更を非常に短い間隔（ミリ秒単位）でセカンダリ仮想マシンに送信し続けるプロセスです。これは、永続的なvMotionのようなもので、常に両仮想マシンが同期されていることを保証します。

■ 障害時の動作

プライマリ仮想マシンが障害を起こした場合、セカンダリ仮想マシンが自動的にプライマリとして昇格し、処理を引き継ぎます。クラスタが3台以上のESXiホストで構成されている場合、vSphere HAの機能により残る正常なESXiホスト上で停止した仮想マシンを新たなセカンダリとして再起動します。セカンダリ仮想マシンの起動が完了すると現在のプライマリ仮想マシンとの同期が再開されます。これらはvSphere HAの機能により実行されるためvCenter Serverは介在しておらず、vCenter Serverに障害が発生している場合でも、FTによる保護は継続されます。

ホスト障害時のリカバリ動作

ホスト障害などでプライマリ仮想マシンが停止した場合は、すぐさまセカンダリ仮想マシンがプライマリに昇格し、仮想マシンの処理を継続します。このためホスト障害の際にもシステムのダウンタイムやデータ損失をゼロにすることができ、極めて高い可用性を担保します。

- 同期できなくなったことを確認すると、タイブレーカファイル内のメタデータ（shared.vmftファイル）からプライマリ仮想マシンのUUIDを取得し、セカンダリに上書きすることにより、セカンダリをプライマリに昇格させる。これにより、フェイルオーバー時もUUIDが保たれることを保証する
- クラスタ内に正常に起動しているESXiホストが他にあった場合は、以前のプライマリ仮想マシンの構成ファイル（.vmxファイル）を使用してvSphere HAの機能によって仮想マシンを起動し、新しいセカンダリとする。この際、仮想マシンの起動が可能かどうかはvSphere HAの動作要件に準拠する
- 新たなプライマリ仮想マシンとセカンダリ仮想マシン間で同期を開始する

プライマリ仮想マシン、セカンダリ仮想マシンが稼働している2台のESXiホストで同時に障害が発生した場合も、クラスタ内に正常なESXiホストが1台以上存在する状況であれば、vSphere HAにより他のESXiホストで仮想マシンを再起動し、プライマリとして実行されます。2台以上のESXiホストが存在する場合はさらに

セカンダリ仮想マシンが起動されます。このように正常稼働している ESXi ホストが存在している限り、vSphere HA および FT による高可用性は担保されます。

ただし、プライマリ仮想マシン、またはセカンダリ仮想マシンの仮想ディスクを保存するデータストアに障害が発生し自動復旧されない場合、別のデータストアへの仮想ディスクの複製は行われず、データの高可用性は担保されません。仮想マシン自体の稼働は継続されます。データストア障害が発生した場合は、一度現在の FT 無効化した後に、新しいデータストアを指定した上で FT を再度有効化します。

■ vSphere FT ネットワーク通信の暗号化

FT 暗号化は、プライマリとセカンダリ仮想マシン間のログトラフィックを暗号化し、データの傍受リスクを低減します。この機能は、仮想マシンへのパフォーマンスに最小限の影響を与えつつ、データセンターのセキュリティを強化します。

FT を有効にした場合、FT 暗号化はデフォルトで「任意」に設定されます。プライマリ ESXi ホストとセカンダリ ESXi ホストの両方で暗号化が可能な場合（物理サーバーシステムボードで AES-NI が有効）にのみ暗号化が有効になります。vSphere 8.0 がサポートする CPU は基本的に暗号化のハードウェア支援機能「AES-NI」が利用でき、自動的に暗号化ログトラフィックが利用されます。FT 暗号化モードを手動で変更する必要がある場合は、仮想マシンオプションから変更します（図 9.39）[9]。

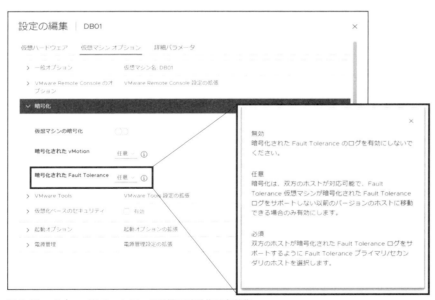

図 9.39　vSphere FT ネットワーク通信の暗号化の有効化

【9】　仮想マシンの暗号化が有効になっている場合、FT 暗号化モードはデフォルトで [必須] に設定され、変更できません。

Chapter 10

vSphere のライフサイクルと コンテンツ管理

CHAPTER 10　vSphereのライフサイクルとコンテンツ管理

　ライフサイクル管理とは、ソフトウェアをインストールし、アップデートやアップグレードによってメンテナンスを行い、運用が終了されるまで繰り返されるプロセスを指します。vSphere環境の維持、特にクラスタとホストの維持という文脈では、ライフサイクル管理とは、新しいホストへのソフトウェア（ファームウェアやドライバも含めたESXi）のインストール、必要に応じたソフトウェアのアップデート、またはアップグレードなどのタスクを指します。

　メジャーリリースやアップデートリリースなど機能追加を伴う更新を「アップグレード」、同一メジャーリリースのパッチ適用などを「アップデート」としていますが、本章では、それらを含めて「バージョンアップ」と表現します。vSphere製品のリリースやサポート期間、バージョンナンバリングについては第2章で解説しています。あわせて参考してください。

10.1　vSphereのライフサイクル管理とバージョンアップ

　vSphereのバージョンアップを実施するトリガとしては、以下のようなことが考えられます。

- 新機能を利用する場合
- 旧バージョンではサポートされていない新しいゲストOSを使用する場合
- 物理サーバーを更新する場合
- サポート期間の終了が近づいた、または終了してしまった場合
- 新しく導入したvSphere基盤との機能や環境の統一が必要な場合
- 発生した不具合を修正する場合
- セキュリティの脆弱性に対応する場合

　特に、大幅な機能追加のあるメジャーリリース間のアップグレードを行う場合は、事前に既存の環境と新しいバージョンでの差分を調査し、アップグレードが可能であることを確認することを推奨します。

　事前確認を行う際は、既存環境について環境を把握するとともに、新しいバージョンに追加された機能機能がどのようなものか、利用しているソフトウェアの互換性がサポートされるか、なんらかの廃止される機能・サポートがないか、ある場合は代替手段があるかなどを精査します。これらにより、既存環境で利用している機能面でのアップグレードの可否判断ができます。

10.1.1　バージョンアップ計画・事前確認

　vSphere環境のバージョンアップの前に、必ず既存の環境に対して新しいバージョンを適用できるかを調べます。新しいバージョンで提供される新機能を使う場合には、現在の運用における変更点などを調査し、既存環境の設計で変更するべき点がないかを確認します。これは、アップグレード後のvSphere環境における管理や運用をイメージし、運用中の想定外を避けるために重要なポイントです。

ライフサイクル運用の基本は、脆弱性や既知の不具合が解決された各メジャーバージョンにおける最新版への更新が強く推奨されます。利用しているハードウェアや、関連するソフトウェアの互換性によっては途中のバージョンまで一旦更新し、さらに最新版に更新が必要な多段バージョンアップが必要な場合もあります。各項目を検討し、アップグレード先のバージョンを決定します。以下に、いくつかの考慮点を挙げます。

本節で紹介する Broadcom Support Portal の各サイトの利用方法は、以下の VMware Japan ブログでも紹介していますので参考にしてください。

- VMware Japan Blog：Broadcom Support Portal 利用ガイド

    https://blogs.vmware.com/vmware-japan/2025/01/broadcom-support-site-user-guide.html

■ 利用するハードウェアが新しいバージョンでサポートされているか

ハードウェアが古い場合、ファームウェアのアップデートが必要になることや、サポートされていない場合があります。適用するバージョンが、利用しているハードウェアでサポートされているかを、Broadcom Compatibility Guide サイトで確認します。

- Broadcom Compatibility Guide

    https://compatibilityguide.broadcom.com/

- Broadcom Compatibility Guide を利用したライフサイクル互換性の確認ポイント

    サーバーを検索する場合は [Platform & Compute] 欄から [System/Servers] を選択します。外部ストレージを検索する場合は [Storage & Availability] 欄から [Storage/SAN] を選択して検索します（図 10.1）。

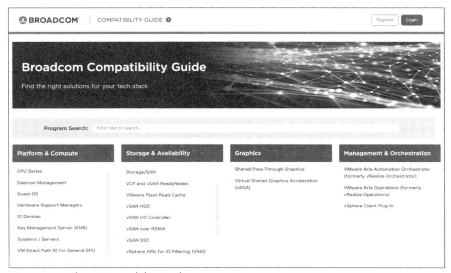

図 10.1　Broadcom Compatibility Guide

CHAPTER 10 vSphere のライフサイクルとコンテンツ管理

■ 利用したい機能の有無や、既知の不具合、脆弱性への対応

　vSphere はバージョンが上がるたびに新機能の追加や機能の改善、不具合や脆弱性など既知の問題への修正が行われます。新機能を利用する場合は、アップグレード設計と並行して各機能の設計も行う必要があります。新機能や機能差分、修正された問題の確認は、公式ドキュメントサイトに各バージョンごとに用意されるリリースノートを確認する他、公式ブログなどの新バージョンの解説記事などが参考になります。

■ 製品サポート期間

　残されたサポート期間が短期であっても、現在のバージョンを使用するか、サポート期間の長い最新バージョンに更新するかを、アップグレード対象となるシステムの運用ポリシーと照らし合わせて検討する必要があります。長期間サポートが受けられる点から、最新バージョンの導入が推奨されます。アップグレード時は最新パッチバージョンの適用も検討します。vSphere は累積差分でバージョンアップ用のパッケージを提供しているため、直近にリリースされたパッチバージョンを適用することで、最新メジャーリリースの最新パッチバージョンに更新可能です。サポートライフサイクルは Broadcom Product Lifecycle サイトで確認可能です。

- Broadcom Product Lifecycle
  https://support.broadcom.com/group/ecx/productlifecycle

■ アップグレード後の vSphere における仮想マシンのゲスト OS のサポート

　vSphere 上で稼働するゲスト OS のサポート状況は、[Broadcom Compatibility Guide] の [Platform & Compute] 欄から [Guest OS] を選択して調査できます。

- Tech Preview / Supported / Legacy / Deprecated / Terminated / Unsupported

　ゲスト OS の細かいアップデートやサービスパックごとにサポートレベルが異なる場合があります。
　Terminated と Unsupported 状態のゲスト OS は、すでにサポートが終了しています。Legacy と Deprecated は現時点ではサポートされますが、近い将来サポートが終了する予定のゲスト OS です。また、Legacy より下のサポートレベルでは vSphere 新機能の利用がサポートされません。そのため、できるだけゲスト OS のバージョン（またはサービスパック）は最新のものを利用することを推奨します。サポートステータスの詳細は第 4 章を参照してください。
　Broadcom は「Compatibility Guide」に記載のあるゲスト OS 自体をサポート・保守しているということではなく、vSphere 上で稼働することをサポートしている、という点に注意してください。

■ vSphere 以外の VMware 製品を利用している場合の製品間互換性確認

　vSphere と連携して動作する製品を利用している場合は、アップグレードする vSphere のバージョンとの互換性を確認する必要があります。VMware 製品の互換性は以下のサイトで確認できます。

362

- Product Interoperability Matrix

  https://interopmatrix.broadcom.com/Interoperability/

　各製品をバージョンアップする順番においても注意を払う必要があります。vCenter Server と ESXi で構成される vSphere の環境の場合は vCenter Server からアップグレードを行い、その次に ESXi のアップグレードを行う必要があります。他の製品が構成されている場合は以下の KB を確認してください。

- KB：Update Sequence for VMware vSphere 8.0 and Compatible VMware Products

  https://knowledge.broadcom.com/external/article/308161/

■ vSphere をサポートするサードパーティ製品を利用している場合

　サードパーティ製品を利用している場合は、アップグレード後のバージョンと互換性があるかをベンダーに確認する必要があります。vSphere の最新バージョンを利用したいと考えていても、サードパーティ製品のサポートが間に合わず、古い vSphere のバージョンを利用することになった事例も存在します。各製品ベンダーのガイドに沿ってバージョンアップを行ってください。

■ アップグレードパスの確認

　前述の「Product Interoperability Matrix」の「Upgrade Path」で、特定のバージョンがどのバージョンにアップグレードが可能であるかを確認できます。直接のバージョンアップがサポートされていない場合、段階的にアップグレードを行う必要があります。

■ アップグレードの前提条件を満たしているか

　アップグレードの要件については製品ごとにドキュメントがあるので、アップグレード対象の製品のドキュメントを確認する必要があります。vCenter Server および ESXi の各種要件、手順に関しては以下の公式ドキュメントを参照してください。

- 公式 Docs：VMware ESXi Upgrade

  https://techdocs.broadcom.com/us/en/vmware-cis/vsphere/vsphere/8-0/esxi-upgrade-8-0.html

- 公式 Docs：vCenter Server Upgrade

  https://techdocs.broadcom.com/us/en/vmware-cis/vsphere/vsphere/8-0/vcenter-server-upgrade-8-0.html

CHAPTER 10 vSphere のライフサイクルとコンテンツ管理

10.1.2 vCenter のバージョンアップ

vCenter のバージョンアップの方法はメジャーバージョンを更新するアップグレードを行うか、パッチ適用を行うアップデートかによって異なります。いずれのバージョンアップにおいても、事前にバックアップを取得し、予期せぬトラブルに備えてリカバリできる状態にしておくことが重要です。

■ vCenter Server のバージョンアップ用ファイルの入手

vCenter Server のバージョンアップに利用するファイルは、vCenter Server アプライアンス(VCSA)から直接インターネット経由で入手可能な他、Broadcom Support Portal から必要なファイルをダウンロードできます。

VCSA の更新ファイルは3種類のファイル形式で提供されます。ファイル名が「VMware-VCSA-all-*.iso」のISO メージファイルは VCSA の新規インストール、またはメジャーバージョンのアップグレード、およびメジャーバージョン内の Reduced Downtime Upgrade (RDU) に使用します。ファイル名が「*-updaterepo.zip」のファイルはオフラインリポジトリを利用したアップデートに利用します。「*-patch-FP.iso」のファイルは VAMI や CLI を利用したアップデートに利用します (図 10.2)。

■ Broadcom Support Portal でダウンロード可能な VCSA アップデートファイルと用途

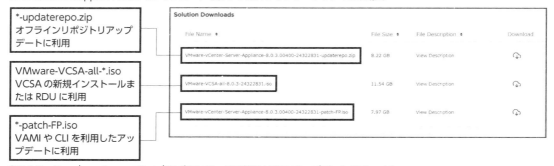

図 10.2 Broadcom Support Portal でダウンロード可能な VCSA アップデート用ファイル

■ vCenter Server のバックアップ取得

vCenter Server をバージョンアップする前に、最新のバックアップが取得済みかを確認し、未取得の場合は必ず取得してください。vCenter Server のバックアップ方法は第 11 章を参照してください。

■ vCenter Server のメジャーバージョン・アップグレード

vCenter Server のアップグレード (7.0 から 8.0 への更新などメジャーバージョンをまたぐバージョンアップ) は、Broadcom Support Portal からダウンロードできる、vCenter Server インストーラを用いて行います。第 3 章で紹介した vCenter Server の新規インストールと同様の手順で行いますが、最初に「アップグレード」を選択します (図 10.3)。

364

10.1 vSphere のライフサイクル管理とバージョンアップ

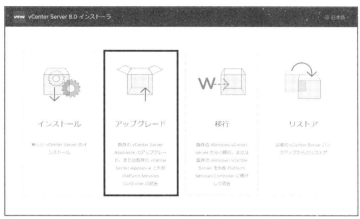

図 10.3　VCSA のアップグレードメニュー

vCenter Server のアップグレードは以下のステップで行われます（**図 10.4**）。

1. 新しい VCSA を仮 IP アドレスでデプロイ
2. vCenter Server のデータを転送して、新しくデプロイされた VCSA をセットアップ
3. 新しい VCSA の IP アドレスを本来の IP アドレスに切り替え、元の VCSA を停止

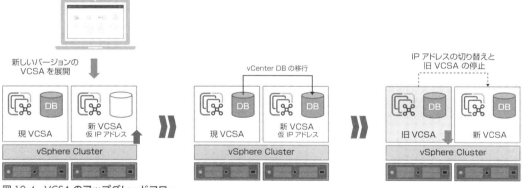

図 10.4　VCSA のアップグレードフロー

新しいバージョンの VCSA は、ESXi ホストまたは vCenter Server 管理下のクラスタにデプロイできます。古い VCSA から新しくデプロイした VCSA へのデータ移行を行うために、インストーラで新しい VCSA のための一時的な IP アドレスを設定します。データ移行後、既存の VCSA の IP アドレスとホスト名がアップグレードされた新しい VCSA に自動で適用されます。アップグレードの最後に一時的な IP アドレスは開放され、古い VCSA の電源が自動でシャットダウンされます。

CHAPTER 10 vSphere のライフサイクルとコンテンツ管理

■ vCenter Server のアップデート

　vCenter Server のアップデート（メジャーリリース内のバージョンアップ）は、VAMI（アプライアンス管理インターフェイス）またはアプライアンスシェルを使用する従来の方式と、vCenter Server 8.0 からサポートされた vCenter Server Reduced Downtime Upgrade（RDU）で実行可能です。

　RDU はメジャーバージョンアップ時の操作と同様に、新しい VCSA をデプロイし、元の VCSA から DB 情報などをコピーし、切り替え準備がすべて整ったタイミングでサービスを新旧 VCSA 間で切り替えます。従来のバージョンアップ方式と比べ、バージョンアップ中の vCenter Server サービスの停止時間が短縮されるメリットがあります。

　従来の VAMI やアプライアンスシェルを利用するアップデートの方式も、vCenter Server 8.0 Update 2 以降のバージョンでは、VCSA 内部の Linux OS がアップデートの適用前に LVM スナップショットを自動で取得し、アップデート適用に失敗した場合に、ロールバックを速やかに提供するオプションが追加されました。

■ vCenter Server 管理インターフェイス（VAMI）を使用した vCenter Server へのアップデート適用

　VAMI を使用して、インストールされているバージョンの管理、適用可能な新しいパッチの確認とインストール、使用可能なパッチの自動チェックができます。

　VCSA は直接 Broadcom のリポジトリから VCSA のアップデートファイルをダウンロードして、アップデートを実施できます。デフォルトで Broadcom のリポジトリ URL が vCenter Server に事前に設定されており、インターネットにアクセスできることが必要条件です。また、Broadcom Support Portal からダウンロードしたアップデート用の ISO イメージファイルを利用することも可能です。事前にダウンロードした「*-patch-FP.iso」ファイルを vSphere Client またはリモートコンソール（VMRC）を利用して VCSA 仮想マシンにマウントし、VAMI の管理画面から [更新の確認] > [CD-ROM の確認] をクリックしてアップデートファイルを認識させます（図 10.5）。VCSA に ISO イメージをマウントする方法は第 4 章を参照してください。

図 10.5　VAMI を利用した VCSA のアップデート

インターネットに接続できない環境では、代替の方法として、カスタムのリポジトリ URL（データセンター内で実行されているローカル Web サーバー上のリポジトリ URL など）を使用するようにアプライアンスを構成することもできます。その場合は事前にダウンロードした「*-updaterepo.zip」のファイルをリポジトリに展開しておき、リポジトリの指定を変更します（**図 10.6**）。

図 10.6　VCSA アップデート用リポジトリの指定

■ vCenter Server アプライアンスシェルを使用した vCenter Server へのアップデート適用

アップデート用 ISO イメージ「*-patch-FP.iso」ファイルを VCSA にマウントします。スーパー管理者権限（root など）を持つユーザーとして VCSA のアプライアンスシェルにログインし、ISO をステージングするための以下のコマンドを実行します。

```
software-packages stage --iso
```

ステージングしたパッチをインストールするには以下のコマンドを実行します。

```
software-packages install --staged
```

アプライアンスシェルを利用した vCenter Server のアップデートはその他様々なオプションが提供されています。詳細は公式ドキュメントをあわせて参照してください。

■ vCenter Server Reduced Downtime Upgrade（RDU）を利用した vCenter Server へのアップデート適用

vSphere 8.0 以降では、vCenter のアップグレード時のように元の VCSA と同じ環境に新しいバージョンの VCSA を展開し、VCSA のデータベースを新 VCSA にコピーして切り替える、vCenter サービスの停止時間を短く抑えて更新する方式の RDU がサポートされました（**図 10.7**）。

CHAPTER 10　vSphere のライフサイクルとコンテンツ管理

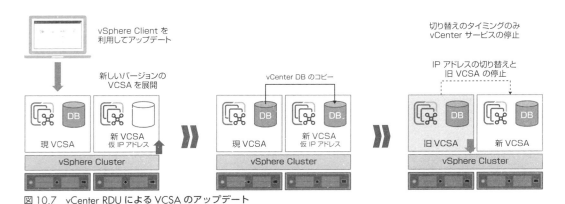

図 10.7　vCenter RDU による VCSA のアップデート

　RDU は VAMI ではなく、vSphere Client 内の Lifecycle Manager の一機能として実行されます。

　vSphere 8.0 Update 3 では vCenter HA 構成や、異なる vCenter Server が管理するクラスタ上で稼働する VCSA（自己管理型でない VCSA）、拡張リンクモードを使用した vCenter Server の RDU がサポートされ、全ての展開方法の VCSA において RDU が可能になりました。

　RDU による VCSA のアップデートは事前にダウンロードした VCSA の新規インストール用の ISO イメージファイル、「VMware-VCSA-all-*.iso」を vSphere Client、またはリモートコンソール（VMRC）を利用して VCSA 仮想マシンにマウントします。vSphere Client 上で vCenter Server を選択し、メニューの一番右の [アップデート] を選択し、[vCenter Server] > [アップグレード] を開くと RDU のウィザードが利用できます。画面サイズの関係でメニュー上に [アップデート] が表示されていない場合は「…」をクリックします（**図 10.8**）。

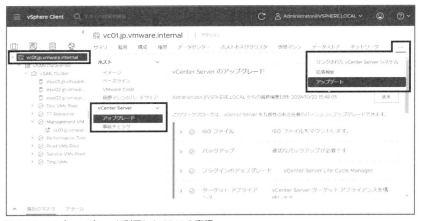

図 10.8　vSphere Client を利用した RDU の実行

368

RDU は vSphere Client のウィザードに沿って、ISO ファイルのマウント、vCenter Server のバックアップの確認、vSphere Client のプラグインアップグレード、ターゲットアプライアンス（新しい VCSA）のデプロイ、最後にデータのコピーと切り替えが行われます。従来のアップデートとの違いとして、ターゲットアプライアンスのデプロイ時に、VCSA のサイズ（CPU・メモリ・ディスク）の構成を変更可能である点、異なるクラスタなどを指定して展開可能な点があります。規模の拡大などで VCSA のリソースが足りなくなってきた場合など、アップデートのタイミングでデプロイサイズの変更がサポートされるため、メンテナンスの効率を大幅に向上させます。

RDU が完了すると元の VCSA はシャットダウンされます。バージョンアップ成功後の不要な元の VCSA は適宜削除してください。RDU で提供されるオプションと詳細は以下の KB、および公式ドキュメントを参照してください。

- KB：vCenter Server upgrades with the reduced downtime（313288）
  https://knowledge.broadcom.com/external/article/313288/

- 公式 Docs：Reduced Downtime Upgrade
  https://techdocs.broadcom.com/us/en/vmware-cis/vsphere/vsphere/8-0/vcenter-server-upgrade-8-0/upgrading-and-updating-the-vcenter-server-appliance/reduced-downtime-upgrade.html

10.1.3 vSphere Lifecycle Manager

従来、vSphere 6.7 以前では vSphere Update Manager（vUM）と呼ばれていたライフサイクル管理ツールが利用されていましたが、vSphere 7.0 以降では vSphere Lifecycle Manager（vLCM）が vSphere 環境のライフサイクル管理ツールとなります。

vLCM は vCenter Server で実行されるサービスとして、VCSA の初期デプロイ時に組み込まれた状態で、vSphere Client 上で vLCM ユーザーインターフェイスが有効になります。

vLCM は、vCenter Server がインターネットに接続できる環境では、VMware のソフトウェアリポジトリからアップデート用のファイルを直接ダウンロードできます。

vCenter Server が直接インターネットに接続できない環境では、インターネットに接続できる Linux マシン（物理サーバー or 仮想マシン）を用意し、Linux 上に vLCM のオプションモジュールである Update Manager Download Service（UMDS）をインストールし、アップデート用のファイルをダウンロードします。UMDS を vCenter Server のダウンロードソースとして利用することで、インターネットに接続できない vCenter Server にもアップデート用のファイルを取り込みやすくなります。

vCenter Server のインターネット接続、および UMDS ともに利用できない場合は、Broadcom Support Portal、または OEM やサードパーティベンダーのサポートサイトからダウンロードした zip 形式の ESXi アップデート用のファイルやドライバ（オフラインデポ、またはオフラインバンドルと呼ばれる）、または ISO イメージ形式を vLCM デポに手動でインポートして利用します。vLCM を使用すると、vLCM イメージ、または vLCM

CHAPTER 10　vSphere のライフサイクルとコンテンツ管理

ベースラインを使用した ESXi ホストおよびクラスタを管理できます。ベースラインによる管理方法は vSphere 6.7 以前で提供されていた vSphere Update Manager から使用されている方法ですが、今後のバージョンでは廃止される予定です（vSphere 8.0 が vLCM ベースラインをサポートする最後のメジャーリリースです）。そのため本書では、vLCM イメージを使用した vSphere 環境のソフトウェアライフサイクルを管理する方法を紹介します。

vLCM を用いて vSphere のライフサイクルを管理するためには vLCM イメージと vLCM デポの 2 つのコンポーネントを理解することが重要です。

■ vLCM デポ

vLCM デポは vLCM を利用してソフトウェアアップデートを行うためのソースで、vLCM イメージの作成に使用するすべてのソフトウェアアップデートが含まれています。vLCM デポにソフトウェアを配置するにはオンラインデポからダウンロードする構成を行うか、UMDS を使用して作成された共有リポジトリからソフトウェアをダウンロードするように vLCM を構成します。また、オフラインデポファイル（オフラインバンドルファイル）を vLCM に取り込む場合、対象デポファイルを vSphere Client を利用して手動でインポートします。

■ vLCM イメージ

vLCM イメージとは、ESXi ホストおよびクラスタに適用できる、複数の要素から成り立つ更新用ソフトウェアスタックです。vLCM イメージは、単一イメージを使用してクラスタ内のすべてのホストを管理することで、クラスタ全体でホストイメージを同一にしてライフサイクルを管理します。vLCM イメージは、次の 4 つの要素で構成されています（**表 10.1**）。

表 10.1　vLCM イメージの構成要素

vLCM イメージの要素	説明
ESXi の基本イメージ	vLCM イメージの唯一の必須要素で、その他の要素はすべてオプションです。ESXi のイメージと、サーバーを起動するために必要なドライバやアダプタ等の追加コンポーネントが含まれます。Broadcom Support Portal から入手可能な ESXi のインストールイメージや、オフラインデポファイルが該当します
ベンダーアドオン	OEM 提供のソフトウェアコンポーネントです。OEM ベンダーから対象サーバー向けのアドオンが提供されている場合は、デポやベンダーサイトより入手してイメージに設定します。Broadcom Support Portal やサードパーティのサポートサイトから入手可能な OEM ベンダーのドライバなどが含まれた「カスタム ISO イメージ」や「オフラインデポ」などが該当します
ファームウェアとドライバのアドオン	vLCM を利用してサーバーのシステムボードのソフトウェア（UEFI／BIOS）や、PCIe カードやドライブなど、デバイスのファームウェアのライフサイクルを制御する際に利用するアドオンです。特定のハードウェアベンダーのファームウェアの更新は、ハードウェアサポートマネージャー（HSM）と呼ばれるソフトウェアモジュールを通じてアクセスするベンダーの特別なデポで行われます。HSM は、それ自体を vCenter Server 拡張機能として登録するプラグインです。各ハードウェアベンダーは、vSphere と統合される個別の HSM を提供し管理します
独立型コンポーネント	上記のアドオンには含まれない、イメージ内の個別の最小単位です。イメージに追加する独立したコンポーネントには、ドライバやアダプタなどのサードパーティ製ソフトウェアが含まれています。Broadcom Support Portal やサードパーティのサポートサイトからダウンロード可能な、ベンダー固有のドライバなどが該当します

10.1.4 ESXi のバージョンアップ

ESXi のバージョンアップの方法は複数ありますが、本書では以下の方法を紹介します。

- ISO イメージを利用した ESXi のバージョンアップ
- オフラインバンドルを利用した ESXi のバージョンアップ
- vLCM を利用した ESXi のバージョンアップ

■ ISO イメージを利用した ESXi のバージョンアップ

ESXi インストールイメージをマウントする、またはインストールイメージを CD、DVD、USB フラッシュドライブに展開して ESXi にマウントして ESXi インストーラを起動することで、既存の ESXi 6.7 ホストまたは ESXi 7.0 ホストを ESXi 8.0 にアップグレードできます。

対話式アップグレードを行う場合は既存のデータを維持してアップグレードを行います。ESXi ホスト台数が少ない場合や、vCenter Server（vLCM）で管理されていないスタンドアローン ESXi ホストをメンテナンスする際に利用されます。

- 公式 Docs：Upgrade Hosts Interactively

  https://techdocs.broadcom.com/us/en/vmware-cis/vsphere/vsphere/8-0/esxi-upgrade-8-0/upgrading-esxi-hosts-upgrade/upgrade-or-migrate-hosts-interactively-upgrade.html

■ オフラインバンドルを利用した ESXi のバージョンアップ

従来の ESXi バージョンから用いられる手法で、ESXi の CLI ツール、ESXCLI を使いオフラインデポで ESXi のイメージプロファイルをアップデートします[1]。ISO イメージを利用した対話式アップグレードと同じく、ESXi ホストを一台ずつメンテナンスする必要があり、小規模なクラスタやスタンドアローン ESXi ホストをメンテナンスする際に利用されます。

- オフラインバンドル（オフラインデポ）の zip ファイルを Broadcom Support Portal からダウンロードし、ESXi ホストのファイルシステムに SFTP などで配置
- ESXi をメンテナンスモードに移行
- 以下のコマンドでオフラインバンドルに含まれるイメージプロファイル名を確認

```
# esxcli software sources profile list -d [オフラインバンドルの絶対パス]
```

【1】　ESXCLI を利用したバージョンアップの際は、esxcli software vib update / install ではなく、esxcli software profile update を利用して、正しくイメージプロファイルを更新してください。esxcli software vib update / install での ESXi のバージョンアップはサポートされません。

CHAPTER 10 vSphere のライフサイクルとコンテンツ管理

- 以下のコマンドでアップデートを実行

```
# esxcli software profile update -d [offline bundle の絶対パス] -p [イメージプロファイル名]
```

- アップデート実行後、ESXi ホストを再起動

イメージプロファイルの管理の詳細は以下の公式ドキュメントをあわせて参照してください。

- 公式 Docs：How to Upgrade Hosts by Using ESXCLI Commands
  https://techdocs.broadcom.com/us/en/vmware-cis/vsphere/vsphere/8-0/esxi-upgrade-8-0/upgrading-esxi-hosts-upgrade/how-to-upgrade-hosts-by-using-esxcli-commands-upgrade.html

■ vLCM の ESXi イメージを利用した ESXi のバージョンアップ

vSphere 8.0 Update 3 時点で vLCM を利用した ESXi ホストのバージョンアップは、クラスタ単位での実施と、クラスタに属していないスタンドアローン ESXi ホストでの実施の両方に対応しています。

vLCM を利用したクラスタ単位のバージョンアップは、DRS を完全自動化で有効にしておくことで仮想マシンを vMotion で退避しながら、ESXi ホストを自動で順にメンテナンスが行われます。

■ クラスタ単位での ESXi ホストのバージョンアップ

クラスタ単位で ESXi ホストをバージョンアップする場合、次の手順を実行します。

- デポのイメージの設定
- イメージの作成
- 事前チェック
- イメージのステージングおよび修正

デポのイメージの設定

vSphere Client にログインし、[Home] メニューより [Lifecycle Manager] を選択します。[デポのイメージ] にバージョンアップ対象のイメージがリストされることを確認します（**図 10.9**）。

10.1 vSphere のライフサイクル管理とバージョンアップ

図 10.9 vSphere Lifecycle Manager の UI とデポのイメージ

イメージ一覧にバージョンアップ対象のバージョンのソフトウェアがリストされない場合は、以下の方法のいずれかの設定を行うことでデポのイメージを vLCM に追加できます。

- オフラインデポをインターネットからダウンロードするか、メディアドライブからコピーし、Lifecycle Manager デポにインポート
- プロキシの設定を行い、デフォルトダウンロード元サイトにアクセスできる状態にしてイメージを取得
- VMware vSphere Update Manager Download Service（UMDS）を使用し、UMSD がダウンロードしたデータを利用

イメージの作成

vSphere Client にログインし、[クラスタ] > [アップデート] > [イメージ] を選択します。対象クラスタにおいて単一イメージで管理する設定が行われていない場合、[単一イメージで管理] メニューより、[このイメージを続行] または [クラスタのイメージをセットアップするその他の方法] の [イメージの手動設定] を選択します（図 10.10）。

373

CHAPTER 10 vSphere のライフサイクルとコンテンツ管理

図 10.10　vLCM 単一イメージで管理

「イメージの変換」メニューでイメージの定義およびコンプライアンスの確認を行います。

ステップ 1：イメージの定義

　対象ホストに適用したい ESXi バージョン、ベンダーアドオン、ファームウェアとドライバのアドオンおよびコンポーネントをデポから選択します。選択が完了したら「検証」ボタンより検証を行います。「イメージは有効です。」のメッセージが出力されたら「保存」を押して次のステップに進みます（**図 10.11**）。

図 10.11　vLCM ステップ 1. イメージの定義

374

10.1 vSphere のライフサイクル管理とバージョンアップ

ステップ 2：イメージのコンプライアンスの確認

このステップでは、クラスタ内のホストが、ステップ 1 で定義したイメージのコンプライアンスを満たしているかを確認します（**図 10.12**）。ホストのイメージがクラスタに設定したイメージと一致する場合、ホストは準拠になります。バージョンアップを行う目的でイメージの変換を行う場合、必然的にコンプライアンスは非準拠の状態です。

図 10.12　vLCM ステップ 2. イメージのコンプライアンスの確認

イメージのコンプライアンスの確認を完了したら「イメージのセットアップ」を選択し、表示されるポップアップメニューの「はい、イメージのセットアップを完了します」を選択することでセットアップを完了します（**図 10.13**）。

図 10.13　イメージのセットアップの完了

過去に単一イメージでクラスタを管理する設定が行われている環境で、ESXi のバージョンアップを行う場合は、[クラスタ] > [アップデート] > [イメージ] > [編集] を選択することで、イメージの編集メニューに遷移します。この場合のイメージの定義方法やコンプライアンスの確認方法は上記ステップ 1、ステップ 2 と同様です。

375

事前チェックとイメージのステージング

ステージングおよび修正を行う前に、事前チェックを実施することで、修正のために必要な設定の確認を行います。仮想マシンを移行するために、vMotion トラフィックや DRS の有効化の設定等が必要です。事前チェックで修正のために必要な設定のチェックを行います（図 10.14）。

図 10.14　事前チェックとイメージのステージング

事前チェックが完了後、クラスタ配下の ESXi ホストに対してステージングを行います。

ステージングとは vSphere 8.0 以降でサポートされている機能であり、ソフトウェアとファームウェアの更新をすぐに適用せずに、デポ・コンポーネントを vLCM デポから ESXi ホストにあらかじめダウンロードするプロセスです。ESXi 7.0 からメジャーアップグレードを行う場合はステージングの機能は利用できません。

実際の修正処理を行う前にステージングを実施することで、修正処理時に ESXi ホストがメンテナンスモードに留まる時間を短縮します。ステージングを行うことで、修正に必要なデータが ESXi ホストのスクラッチパーティションに格納されます。

ステージングおよび修正は ESXi ホストごとに行うこともできますし、クラスタ配下のすべての ESXi ホストに対して一括して行うこともできます。また、従来通りステージングの処理をスキップして、ESXi ホストの修正を行うこともできます。その場合、修正プロセスの一部としてステージングが行われます。vLCM は、ステージングが完了した後にのみ ESXi ホストをメンテナンスモードにします。ステージングが完了すると、ホスト名の横にチェックアイコンが表示されます。

修正

任意の ESXi ホストの [アクション] メニューから「修正」を選択するか、「すべて修正」を選択することで、ESXi ホストがイメージを遵守するよう修正できます。修正処理が開始される前に、修正の影響や VMware 一般条項等が表示されます。表示されている内容を確認し、「修正の開始」を選択することで実際に ESXi ホストに対して修正処理が実施されます（図 10.15）。

10.1 vSphereのライフサイクル管理とバージョンアップ

図10.15 修正の影響の確認

修正中の処理状況はvSphere Clientから確認できます。修正完了後はコンプライアンスの再確認が行われ、問題がなければコンプライアンスが遵守の状態になります（**図10.16**）。

図10.16 イメージのコンプライアンス

■ スタンドアローンでのESXiホストのバージョンアップ

vCenter Server 8.0 Update 1以降のバージョンでは、クラスタに属していないスタンドアローンのESXiホストをvLCMを使用してバージョンアップできます。基本的な手順はクラスタ単位でのESXiホストのバージョンアップと同様です。

■ ESXi Live Patch

vSphere 8.0 Update 3以降で追加されたESXiの新しいLive Patch機能は、ESXiホスト全体の再起動をすることなくESXiソフトウェアのアップデートを実行します。Live Patchを利用することで、仮想マシンのvMotionによる退避なしでESXiホストにパッチを適用でき、再起動を行わない分、メンテナンスウィンドウの大幅な削減に寄与します。

Live Patchの際、稼働中の仮想マシンは高速サスペンド・再開（Fast-Suspend-Resumed：FSR）されます。こ

CHAPTER 10　vSphereのライフサイクルとコンテンツ管理

のFSR機能自体は、稼働中の仮想マシンにオンラインで仮想NICや仮想ディスクなどのデバイスを追加（Hot Add）、削除（Hot Remove）する際などに利用されている機能です。一連の動作の中で、ESXiホストは部分的なメンテナンスモードに入り、新しいマウントリビジョン（Mount Revision）がロードされ、パッチが適用されます。その後、稼働中の仮想マシンがFSRされパッチが適用されたマウントリビジョンが使用されます。このアクションは、ほとんどの仮想マシンに支障をきたしません。

FSRに対応できないvSphere FTやDirect Path I/O等を利用した仮想マシンは、従来通りvMotionで他のESXiホストで退避してローリングアップデートできます。

Live Patchは、Live PatchそのものをサポートするESXiバージョン間でのみ利用できます。全てのESXiのアップデートで利用できるわけではないため注意が必要です。なお、vSpehre 8.0 Update 3の時点では、Live PatchはシステムボードのTPMが有効なESXiホスト、およびvSphere Distributed Services Engineを使用してDPUが構成されたESXiホストには互換性がありません。

10.1.5　仮想マシンハードウェアバージョンとVMware Toolsのバージョンアップ

ESXiのアップグレード後に、ゲストOSで稼働しているVMware Toolsと仮想マシンのハードウェアバージョンをアップグレードするかを検討する必要があります。仮想ハードウェアをアップグレードする場合は、仮想マシンを停止する必要があります。

VMware Toolsと仮想ハードウェアの両方をアップグレードする場合は、最初にVMware Tools、次に仮想ハードウェアのバージョンをアップグレードしてください。順番が逆になった場合、古いバージョンのVMware Toolsが新しい仮想ハードウェアバージョンを正しく認識できず、ネットワーク設定が消えてしまうなどの問題が発生する場合があります。アップグレード作業前に、切り戻しが行えるように仮想マシンのバックアップやスナップショットの取得を推奨します。仮想マシンのハードウェアバージョンの互換性については以下のKBで確認してください。

- KB：ESXi/ESX hosts and compatible virtual machine hardware versions list（312100）
  https://knowledge.broadcom.com/external/article/312100/

VMware Toolsのアップグレードが必須になるかどうかは、アップグレード先のESXiのバージョンと現在の仮想マシンで利用しているVMware Toolsの互換性をProduct Interoperability Matrixで確認してください。

■ vLCMを利用した仮想ハードウェアおよびVMware Toolsのバージョンアップ

vLCMを使用することで、複数の仮想マシンの仮想ハードウェアとVMware Toolsを同時にアップグレードできます。一回の操作に対して同時にアップグレード可能な仮想マシンは5台までです。

vSphere ClientからvCenter Server、クラスタ、ESXiホスト等、仮想マシンが含まれる任意のインベントリ

10.2 Host Profiles と Configuration Profiles

を選択し、[アップデート] タブを選択することで VMware Tools または仮想マシンのハードウェアのアップグレードのメニューに遷移できます（**図 10.17**）。[ステータスの確認] を選択することで、現在の仮想マシンのステータスを更新して一覧表示できます。

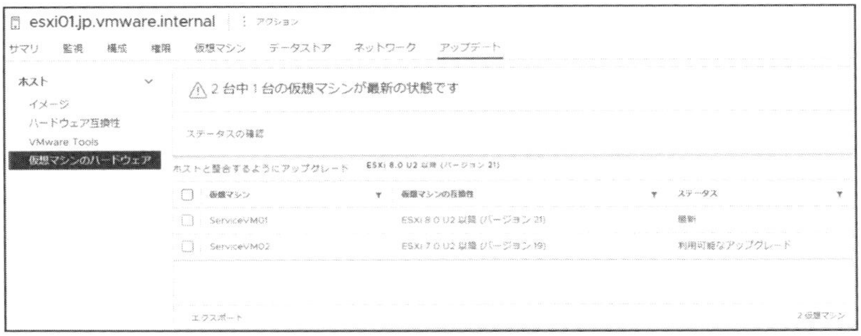

図 10.17　仮想マシンのハードウェア

[ホストと整合するようにアップグレード] を選択することで、仮想ハードウェアおよび VMware Tools のアップグレードを行う仮想マシンの選択メニューに遷移します。アップグレードを行う対象仮想マシンのチェックボックスを選択し、「ホストと整合するようにアップグレード」ボタンを選択することでアップグレードのためのタスクが処理されます。

10.2　Host Profiles と Configuration Profiles

本節では、従来の vSphere バージョンから利用されてきた Host Profiles（ホストプロファイル）と、vSphere 8.0 で実装された Configuration Profiles（コンフィギュレーションプロファイル）について解説します。Configuration Profiles は vSphere 8.0 で Tech Preview として実装され、8.0 Update 1 で GA された後、サポートされる機能・構成を増やして 8.0 Update 3 時点でホストプロファイルを置き換える機能として利用されます。

10.2.1　Host Profiles（ホストプロファイル）

ホストプロファイルは vSphere 環境で ESXi ホストの構成管理を簡素化し、設定の一貫性を確保するための機能です。これにより、複数のホスト間で同一の設定を適用し、手動による設定ミスを防ぐことができます。ホストプロファイルにはネットワーク、ストレージ、セキュリティ、および他のホスト レベルのパラメータの設定が含まれています。特定のホストの設定をリファレンスホストの構成としてプロファイル化し、そのプロファイルを他のホストに適用することで、複数のホスト間で設定の不整合を防ぎ、環境全体の整合性を確保します。

CHAPTER 10 vSphere のライフサイクルとコンテンツ管理

■ ホストプロファイルの作成方法

ステップ1：ホストプロファイルの抽出

- vSphere Client にログインし、ESXi ホストのショートカットメニューから「ホストプロファイル」を選択する
- 「ホストプロファイルの抽出」を選択する
- リファレンスホストとして使用するホストを選択し、「次へ」をクリックする
- 新しいプロファイルの名前と説明を入力し、「完了」をクリックする

ステップ2：ホストプロファイルのカスタマイズ

- 作成されたホストプロファイルを選択し、「編集」をクリックする
- ネットワークの設定やストレージの設定等、必要に応じてプロファイル内の設定をカスタマイズする。例えば、ネットワーク設定、ストレージ設定、セキュリティポリシーなどを調整する

■ ホストプロファイルを使用したホストやクラスタの管理方法

プロファイルの適用

- vSphere Client のインベントリで適用対象のホストまたはクラスタを選択し、[構成] > [ホストプロファイル] を選択する
- 「添付」を選択し、抽出したホストプロファイルを選択して「OK」をクリックする
- 適用するホストまたはクラスタを選択し、「保存」をクリックする

コンプライアンスチェックと修正

- ホストプロファイルが適用されたホストやクラスタの設定がプロファイルと一致しているか確認するため、「コンプライアンスの確認」を実行する
- 「非準拠」が検出された場合、非準拠になったホストを選択することで、非準拠の設定を確認可能
- 「修正」を選択し、非準拠のホストを選択して「修正の事前チェック」を選択することで、修正を実行する前のチェックが可能
- 事前チェックの内容を確認後、もう一度「修正」を選択し、非準拠のホストを選択し「修正」を選択する。実行してプロファイルに準拠するように設定を自動的に修正する

■ ホストプロファイルの維持と更新

プロファイルの更新

- ホスト環境の変更に応じて、ホストプロファイルを定期的に更新する
- 新しい設定のホストをリファレンスホストとしてホストプロファイルを再作成するか、既存のプロファイルを編集して最新の設定を反映する

■ Auto Deploy との連携

ホストプロファイルは、Auto Deploy との関わりが深い機能です。Auto Deploy ステートレスキャッシュでプロビジョニングされたホストは、構成状態の情報はホストに保存されません。代わりにリファレンスホストからホストプロファイルを作成し、そのホストプロファイルを Auto Deploy のルールに関連付けます。このようにすることで、Auto Deploy でプロビジョニングされたホストは、パワーオン時にホストプロファイルの構成情報を適用できます。なお、Auto Deploy によるプロビジョニングに使用するホストプロファイルでは、ステートレスホストがログをリモートサーバーに保存するように syslog を設定する必要があります。

10.2.2 vSphere Configuration Profiles（コンフィギュレーションプロファイル）

vSphere 8.0 Update 1 以降のバージョンでは、vLCM の単一のイメージを使用して管理するクラスタに対して Configuration Profiles を構成できます。また、vSphere 8.0 Update 3 以降では vLCM のベースラインを利用するクラスタもサポートされるようになりました。

Configuration Profiles はクラスタ単位で有効化される機能で、クラスタ内のすべてのホストの構成をまとめて管理し、vLCM と連動して構成されます。すべてのホストに適用する構成を 1 回の操作で設定できます。また、リファレンスホストを使用し、その構成をクラスタ全体に適用する構成にすることもできます。Configuration Profiles を使用すると、ホスト構成の一貫性が確保されます。前項で説明したホストプロファイルとの比較は以下の通りです（**表 10.2**）。

表 10.2　Host Profiles と Configuration Profiles の比較

比較項目	Host Profiles	Configuration Profiles
ユーザーインターフェイス	「ポリシーおよびプロファイル」メニューに統合	「Lifecycle Manager」に統合
データ形式	xml 形式	json 形式
ホストレベルのオーバーライド	非サポート	サポート
成熟度	vSphere 4.0 から使用される成熟した機能です	vSphere 8.0 Update1 以降、継続的なアップデートで機能が強化され、今後さらなる機能拡張が見込まれます

■ Configuration Profiles の注意事項

クラスタで Configuration Profiles を構成した後は無効化することはできません。ESXi ホストをクラスタから除外することは今まで通り可能です。バージョンごとに使用可能な機能が異なる場合があるため、使用を検討する際は vSphere のドキュメントを確認してください。

- 公式 Docs：Using vSphere Configuration Profiles to Manage Host Configuration at a Cluster Level
  https://techdocs.broadcom.com/us/en/vmware-cis/vsphere/vsphere/8-0/managing-host-and-cluster-lifecycle-8-0/using-vsphere-config-profiles-to-manage-host-configuration-at-a-cluster-level.html

なお、vSphere 8.0 Update 3 時点では、NSX や DPU が構成された ESXi ホストを含むクラスタでは Configuration Profiles はサポートされません。

■ Configuration Profiles の有効化

既存の vLCM を利用して管理するクラスタに対して Configuration Profiles を有効にする方法と、新規クラスタを作成する際に Configuration Profiles を有効にする方法があります。

既存の vLCM を使用して管理するクラスタに対して Configuration Profiles を有効にする手順
- vSphere Client で、vLCM で管理するクラスタに移動する
- [構成] タブで、[目的の状態] > [設定] の順にクリックする
- [構成の作成] をクリックし、[クラスタ レベルでの構成の管理] ペインを展開する
- [構成の作成] > [構成の確認] > [事前チェックと適用] の順番でクラスタに必要な構成を設定する

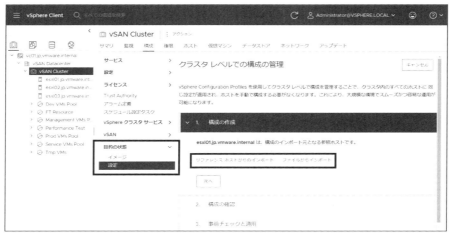

図 10.18 Configuration Profiles のクラスタレベルでの構成の管理

- [1. 構成の作成] では、クラスタ内のいずれか 1 台のリファレンスホストから構成情報をインポートするか、事前にファイルにエクスポートされた構成情報をインポートする。「構成をリファレンスホストからインポート」オプションを選択した場合は、リストから参照ホストを 1 台選択する
- インポート完了後はウィザード内の「閉じる」を選択し、[1. 構成の作成] 項目の「次へ」を選択し、[2. 構成の確認] に進む

10.2 Host Profiles と Configuration Profiles

図 10.19　構成の確認

- [2. 構成の確認] に進むと、まずコンプライアンスチェックが行われる。チェックが完了すると、クラスタ内のホストが作成した構成に準拠しているかどうかの結果が表示される。非準拠のホストが見つかった場合は「コンプライアンスの表示」を選択すると、どのホストのどのパラメータが準拠していなかったかを確認できる。VMkernel NIC の数が違うなど、明らかに構成が違う場合はエラーが表示される。エラーはメッセージに従い適宜修正する。次のステップで構成の適用を行うので、この時点ではすべてのホストをコンプライアンスを準拠状態にしておく必要はない
- 「設定のエクスポート」「構成スキーマのエクスポート」をクリックすることで現在の構成情報を json 形式のファイルで保存できる。json 形式のファイルの任意の箇所を変更して、再度インポートすることも可能

CHAPTER 10　vSphere のライフサイクルとコンテンツ管理

図 10.20　事前チェックと適用

- [3. 事前チェックと適用] に進むと事前チェックが実行され、クラスタへの影響を確認する処理が行われる。事前チェックが完了した後は「影響のプレビュー」の項目で、構成を適用することによって修正されるホストと設定項目を確認できる。全てのホストがリファレンスホストと同じ設定の場合はそのまま「完了して適用」を実行する
- リファレンスホストと異なる設定のホストがある場合、「ホストレベルの詳細」から対象の ESXi ホストに必要なアクションが確認できる
- 更新される内容に問題がない場合は「完了して適用」を選択し、その後の確認画面で「続行」を選択することで実際の適用処理が行われる。適用処理が完了すると完了画面が表示される

　Configuration Profiles が有効化されると、クラスタに含まれる ESXi ホストの構成、設定がプロファイルに準拠しているかを一元管理できます。設定変更が必要な場合は「ドラフト」を作成し、クラスタに適用することで、一括で全ての ESXi ホストに設定が可能です。

■ 新規クラスタを作成する際に Configuration Profiles を有効にする

　新規クラスタを作成する際のウィザードで「クラスタレベルでの構成の管理」にチェックを付けてクラスタを作成することで、新規クラスタを作成する際に Configuration Profiles を有効にできます（**図 10.21**）。この場合、作成されるクラスタはデフォルト構成になるため、Configuration Profiles を適切に設定するためにホストの追加やクラスタの設定等、必要な構成を行った後に Configuration Profiles のドラフトを作成する等の作業を行う必要があります。

10.2 Host Profiles と Configuration Profiles

図 10.21　新規クラスタ作成時の Configuration Profiles の有効化

■ Configuration Profiles を使用したクラスタの構成変更

Configuration Profiles を使用するクラスタの構成変更を行う必要がある場合は、そのクラスタのドラフト構成を vSphere Client で作成できます。ドラフトは、編集する対象の「現在の設定」のコピーです。ドラフトの作成方法は次の 3 種類があります（**表 10.3**）。

表 10.3　ドラフトの作成方法

オプション	内容
ドラフトの作成	現在のクラスタ構成からドラフトを作成します
ファイルからインポート	クライアントに保管されている JSON 形式の構成ファイルからドラフトをインポートします
ホストからのインポート	単一のイメージまたはベースラインで管理されているクラスタ内のホストの 1 つから構成をインポートします

ドラフトは vSphere Client を利用して詳細を UI で確認しながら編集できます。

一例として、以下では各 ESXi ホストの Syslog ローテーションの世代とサイズをデフォルトから変更する操作を紹介します（**図 10.22**、**図 10.23**）。

CHAPTER 10　vSphere のライフサイクルとコンテンツ管理

図 10.22　Configuration Profiles ドラフトの変更

図 10.23　Configuration Profiles ドラフトの変更・Syslog ローテーション設定の変更例

　ドラフトの作成が完了したら [事前チェックの実行] を選択し、クラスタ内のすべてのホストに適用できることを確認します（**図 10.24**）。

10.2 Host Profiles と Configuration Profiles

図 10.24　ドラフトの変更に対する事前チェック

　事前チェックが成功したら、[変更を適用] を実行してドラフトの設定変更をクラスタ内のすべてのホストに適用します。修正ウィザードには事前チェックと影響の確認が含まれます。事前チェックや影響の確認の内容に問題がないことを確認したら、「修正」をクリックすることでホストに修正を適用するためのタスクが実行されます（図 **10.25**）。

図 10.25　Configuration Profiles のドラフトの修正

　各 ESXi ホストの詳細設定を開き、修正が反映されているかを確認します。今回の変更の場合は Syslog ローテーションとサイズのパラメータを確認します。

CHAPTER 10　vSphere のライフサイクルとコンテンツ管理

■ Configuration Profiles を使用するクラスタのコンプライアンスチェック

　クラスタのコンプライアンスチェックは vSphere 8.0 Update 1 以降で実行できます。はじめに [コンプライアンスの確認] を実行し、非準拠の設定が見つかったら [事前チェックの確認] および [修正] で実行することでホストの設定を修正し、コンプライアンスを準拠させられます。以下の例では、1 台の ESXi ホストの Syslog ローテーションサイズが Configuration Profiles で設定した値に準拠していないため警告が表示されています（図 10.26）。必要に応じて修正を行います。

図 10.26　Configuration Profiles のコンプライアンスの確認

　メンテナンスやトラブルシューティングで一時的に設定変更した後など、Configuration Profiles のコンプライアンスの確認を行うことで、設定変更の戻し忘れがないかチェックできます。Configuration Profiles を利用することで、クラスタ全体の設定を統一し、設定違いによる不具合や、脆弱性につながるミスを未然に防ぐことに寄与します。

10.3　コンテンツライブラリ

　コンテンツライブラリとは、vSphere 環境で、仮想マシンテンプレート、ISO イメージ、スクリプトなどのファイルを保存および共有するための vCenter Server によって管理されるリポジトリです。従来、ISO イメージや仮想マシンテンプレートは仮想マシンと同じく、データストア（NFS や VMFS）にそのまま配置して利用されることがほとんどでした。その場合、データストアにアクセスできない ESXi ホストでそれらを利用したい場合は、同じデータをコピーして利用したため、無駄なデータや管理者不在のデータがクラスタ内に残ってしま

10.3 コンテンツライブラリ

う課題が問題視されていました。

コンテンツライブラリは単一の vCenter Server 内、または複数の vCenter Server 間で必要なコンテンツを保管し、共有することでデータの状態を把握し、仮想マシンの展開や管理を効率化するために利用されます。vCenter Server が複数のインスタンスに別れて構成される場合や、異なるデータセンターに分散して配置されているような環境においても、コンテンツを一元管理できます。大規模なワークロードで整合性やコンプライアンスを確保し、環境の構築を効率化および自動化するためのツールとしてコンテンツライブラリは活用できます（**表 10.4**）。

表 10.4　コンテンツライブラリによって実現可能な利点

メリット	説明
コンテンツの一元管理	すべてのコンテンツを一箇所にまとめて保存することで、管理が容易になります
コンテンツの共有	複数の ESXi ホストや vCenter Server インスタンス間でコンテンツを共有できます
バージョン管理	同じコンテンツの複数のバージョンを保存し、必要に応じて以前のバージョンに戻せます
コンテンツの配布	コンテンツを複数の vCenter Server インスタンスに配布できます
仮想マシンの迅速な展開	コンテンツライブラリに保存されているテンプレートから仮想マシンを迅速に展開できます

コンテンツライブラリでは保存するアイテム（コンテンツ）をライブラリアイテムの形で保存、管理します。単一のライブラリアイテムには、1つまたは複数のファイルを含めることができ、OVFテンプレートのように複数のファイルで構成されるファイルのセットを、1つのライブラリアイテムとして登録、提供します。

コンテンツライブラリに保存できるコンテンツ

- 仮想マシンテンプレート
- vApp テンプレート
- ISO イメージファイル
- スクリプト
- その他のファイル

コンテンツライブラリの作成、管理は vSphere Client のメニューから [コンテンツライブラリ] を開き操作します（**図 10.27**）。

CHAPTER 10　vSphereのライフサイクルとコンテンツ管理

図10.27　vSphere Client コンテンツライブラリビュー

10.3.1　コンテンツライブラリの作成と種類

■ ローカルコンテンツライブラリ

　ローカルコンテンツライブラリは、単一のvCenter Server インスタンスに関連付けられています。vCenter Server インスタンスによって管理されるESXiホスト間でコンテンツを共有するために使用されます。ローカルコンテンツライブラリを「公開」することで、HTTPSでのアクセスが許可されたvCenter Server間でコンテンツの分散、共有が可能です（図10.28）。

図10.28　ローカルコンテンツライブラリの作成

「仮想マシンテンプレート」を配布するためには各 vCenter Server 間が拡張リンクモード、またはハイブリッドリンクモードで構成されている必要があります。独立した vCenter Server 間で仮想マシンテンプレートをコンテンツライブラリで配布するためには、「OVF・OVA テンプレート」としてコンテンツライブラリに登録する必要があります。

ローカルコンテンツライブラリの公開、非公開は作成後に変更可能です。公開設定にした場合、サブスクリプション URL が各コンテンツライブラリの設定編集の UI から確認できます（図 10.29）。

図 10.29　ローカルコンテンツライブラリの公開設定

■ サブスクライブ済みコンテンツライブラリ

サブスクライブ済みコンテンツライブラリ（購読済みコンテンツライブラリ）は、別の vCenter Server の公開されたローカルコンテンツライブラリを読み込むことで、異なる vCenter Server 環境下のユーザーがアクセスできるコンテンツライブラリの形式です。

コンテンツを最新の状態で維持するには、サブスクライブ済みコンテンツライブラリとソースの公開ライブラリを一定の間隔で自動的に同期します。ライブラリの作成時にはコンテンツの即時ダウンロード、またはメタデータのみのダウンロードが選択でき、ライブラリへのアクセス方法を制御できます（図 10.30）。

CHAPTER 10 vSphere のライフサイクルとコンテンツ管理

図 10.30 サブスクライブ済みコンテンツライブラリ

■ コンテンツライブラリの同期とアイテムのダウンロード設定

図 10.31 コンテンツライブラリのダウンロード設定

- **「必要に応じて」ダウンロード**

  「必要に応じて」のダウンロードを選択すると、サブスクライブ済みコンテンツライブラリは接続先の公開ライブラリのメタデータ（カタログ情報）のみを同期します。ライブラリアイテムのメタデータには、アイテムの名前、説明、作成日、バージョンなどの基本情報が含まれます。この方法では、コンテンツ自体はダウンロードされないため、ストレージ容量を節約できますが、アイテムが必要になったタイミングでダウン

ロードするため、ネットワーク帯域やストレージの性能によっては利用可能になるまで一定時間要する場合があります。不要になったアイテムのコンテンツは削除してストレージ容量を解放できます。

- 「今すぐ」ダウンロード
  公開コンテンツライブラリの全てのデータをローカルデータストアにダウンロードします。サブスクライブ済みコンテンツライブラリと公開ライブラリの間の同期は、一定の間隔で自動的に行うことができ、手動で個別のアイテムまたはライブラリ全体の同期を行うことも可能です。頻繁に利用されるライブラリでは、あらかじめコンテンツがダウンロードされていることで、仮想マシンの展開を迅速に行えるなど、ユーザーの利便性が向上します。

- 同期間隔の変更
  サブスクライブ済みコンテンツライブラリと公開ライブラリの間の同期の間隔は、各コンテンツライブラリの「詳細」設定から変更できます（図 10.32）。

図 10.32　コンテンツライブラリの「詳細」設定

　デフォルトの設定値では、20 時から 7 時までの夜間から早朝にかけて、240 分（4 時間）間隔でライブラリ間の同期が行われます（図 10.33）。

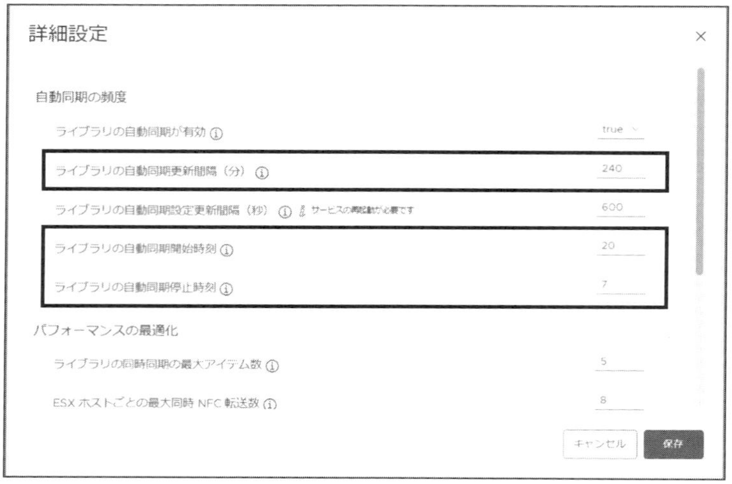

CHAPTER 10　vSphereのライフサイクルとコンテンツ管理

図10.33　コンテンツライブラリ同期設定の変更

■ コンテンツライブラリのストレージ設定

作成済みのコンテンツライブラリのストレージ（データストア）は作成時にのみ指定可能です。指定可能なデータストアはVMFS、NFS、vSANなどが利用可能です。作成済みのコンテンツライブラリのストレージを変更、追加することはできません。

コンテンツライブラリで使用するストレージを変更する必要がある場合は、既存アイテムをエクスポートし、新しいストレージを指定したコンテンツライブラリを新規作成し、アイテムを取り込む必要があります。

■ コンテンツライブラリへのアイテムの追加

コンテンツライブラリにアイテムを追加する際は、vSphere Clientのコンテンツライブラリビューで対象のコンテンツライブラリを右クリック、またはアクションアイテムから「アイテムのインポート」をクリックします（図10.34）。

図10.34　コンテンツライブラリへのアイテムのインポート

10.3 コンテンツライブラリ

アイテムはURLで指定するか、操作端末からローカルファイルをアップロードできます（図10.35）。

図10.35 コンテンツライブラリへファイルアップロード

また、仮想マシンをテンプレートとしてコンテンツライブラリ登録する場合は、対象の仮想マシンの[クローン作成]メニューから「テンプレートとしてライブラリにクローン作成」を選ぶことでも可能です（図10.36）。

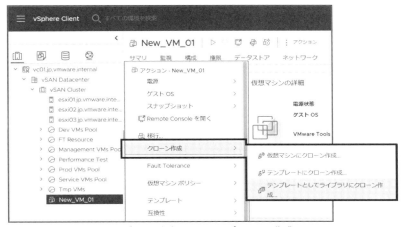

図10.36 コンテンツライブラリへ仮想マシンテンプレートの作成

コンテンツライブラリへの仮想マシンテンプレートの登録はデータストア上の「仮想マシンテンプレート」として登録する、または「OVF」としてエクスポートされたフォーマットで登録するかを選択できます（図10.37）。

CHAPTER 10　vSphere のライフサイクルとコンテンツ管理

図 10.37　テンプレートタイプの指定

ローカルコンテンツライブラリ内での利用であれば仮想マシンテンプレート、OVF どちらでも利用可能ですが、サブスクライブ済みコンテンツライブラリに対して公開する場合は OVF で登録する必要があります。

COLUMN
VMware Cloud Foundation でのソフトウェアライフサイクル管理

コンピュート、ネットワーク、ストレージと複数の仮想化製品を組み合わせて構成する Software-Defined Data Center（SDDC）基盤では、ソフトウェアのライフサイクルも製品ごとに分かれており、パッチやアップグレードリリースのタイミングも異なります。また、製品間ではバージョンの依存関係も存在するため、その依存関係に合わせてアップデートする順番などを考慮しなければならず、ソフトウェアライフサイクル運用はどうしても複雑で難易度の高い作業になってしまう傾向があります（**図 10.38**）。

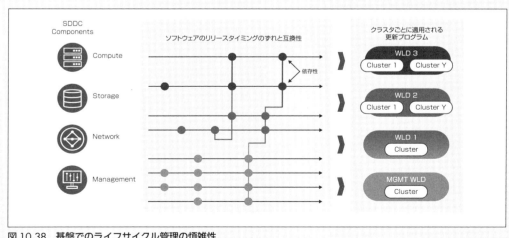

図 10.38　基盤でのライフサイクル管理の煩雑性

396

VMware Cloud Foundationを利用すると、SDDC基盤を構成するvCenter、ESXi、vSAN、NSXのアップデートなどライフサイクル運用をSDDC Managerから一括して行うことができます。

SDDC ManagerはvSphere Lifecycle ManagerやNSX Managerなどと連携し、上記の製品間の依存関係や手順を全てSDDC Manager側で吸収してくれるため、管理者はSDDC Managerで表示されるアップデートフローをUI上でクリックして進めていくだけで、SDDC環境全体のアップデートが完了します。

Ariaコンポーネントに関しては、Aria Suite Lifecycle Managerと呼ばれるAria製品を統合管理する仮想アプライアンスをSDDC Managerから展開することで、SDDC Managerと連携しながら、Aria Suite Lifecycle Manager上でAria OperationsやAria Automationなどのコンポーネントをバージョンアップできます。

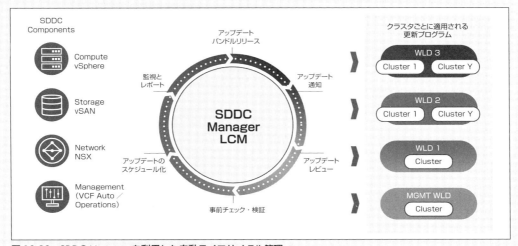

図10.39 SDDC Managerを利用した自動ライフサイクル管理

SDDC Managerのソフトウェアライフサイクル管理機能では、ライフサイクル管理に関わる次の機能を提供します。

- 新しいVMware Cloud Foundationのリリース通知
- アップデートバンドルのダウンロード
- 事前チェック・検証機能
- アップデートのスケジュール実行
- アップデートの監査とレポート

VMware Cloud Foundationは基盤全体のライフサイクル管理を共通化し、自動化します。アップデートに必要なコンポーネントはバンドル化され、コンポーネント間の互換性も保証されているため、管理者は複雑な手順を踏むことなく、確実なバージョンアップを実行できます。

セキュリティ対策や新機能の活用、パフォーマンス向上には、システムのライフサイクル運用の効率化、適切なバージョンアップ運用のプライベートクラウド環境での維持が不可欠です。VMware Cloud Foundationは、仮想化基盤のライフサイクル管理を簡素化し、運用負荷を軽減することで、プライベートクラウド環境のモダナイズを実現します。

 **仮想 GPU をサポートする vSphere の各種機能**

vSphere では仮想 GPU を利用する仮想マシンの運用を効率化し、柔軟性を高めるための機能が強化されています。本コラムでは広く採用され、vMotion、DRS、vLCM などの主要な vSphere 機能との互換性が確保されている NVIDIA vGPU を前提として解説します。

同一 GPU 上へ異なるタイプのワークロード展開のサポート

vSphere 8.0 Update 1 以降では異なる NVIDIA vGPU のプロファイルタイプのワークロードを同じ物理 GPU に割り当てられます。vSphere 8.0 Update 1 および Update 2 では vGPU プロファイルサイズ（メモリ・コア）が同じ必要がありましたが、vSphere 8.0 Update 3 以降では異なる vGPU プロファイルサイズの展開がサポートされます。そのため、VDI アプリケーション、コンピューティングアプリケーション、グラフィックアプリケーションなど、すべて同じ物理 GPU に配置可能で、効率の良い統合が可能です（**図 10.40**）。ただし、1 つの物理 GPU でメディアエンジンを利用できる vGPU プロファイルは 1 つに限られます。メディアエンジンは、同じ物理 GPU を使用する複数の vGPU プロファイル、vGPU 仮想マシン間で共有することはできません。

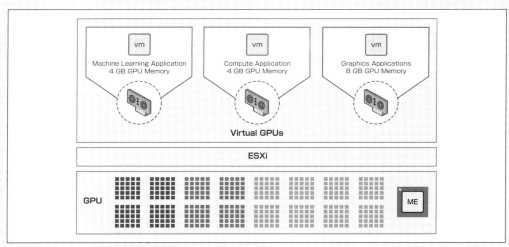

図 10.40　vSphere 8.0 Update 3 の異なる GPU プロファイルの集約

vSphere Client に統合された GPU パフォーマンスとリソースモニタリング

vSphere 8.0 Update 3 以降では vSphere Client のサマリビューでの GPU リソースの概要表示と、パフォーマンスモニタでの GPU リソース状況の詳細パフォーマンス表示がサポートされ、運用上のリソース管理性が大幅に向上しました（**図 10.41**）。

10.3 コンテンツライブラリ

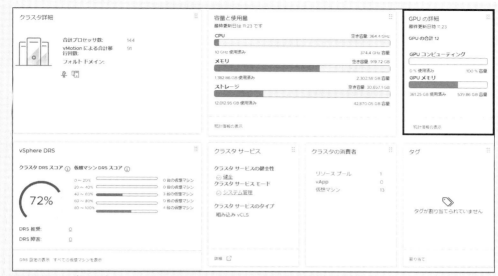

図 10.41　vSphere Client 上の GPU リソースサマリビュー

GPU の詳細パフォーマンスビューはクラスタ、または ESXi ホスト単位で確認可能で、GPU CPU、メモリの他、GPU の消費電力もレポートされます (図 10.42)。

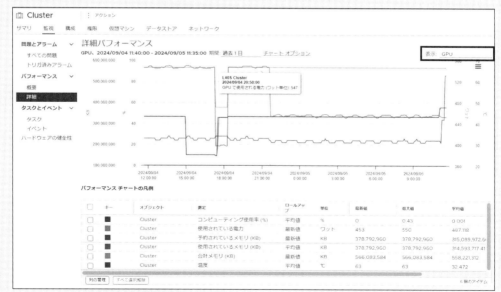

図 10.42　vSphere Client 上の GPU パフォーマンスビュー

399

CHAPTER 10　vSphereのライフサイクルとコンテンツ管理

　vSphere Clientの基本的なGPUに対するサポートの他、VCF Operations（旧称Aria Operations／vRealize Operations）もGPU VDIやVMware Private AI FoundationなどGPUを利用するvSphere環境をサポートしており、ダッシュボード上でリソースの状況を集約監視できます（図10.43）。

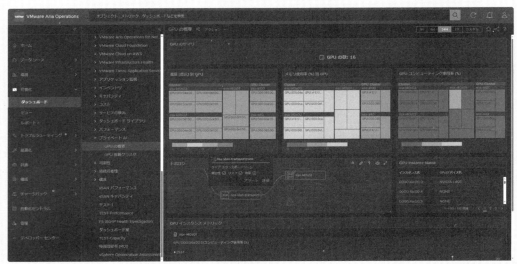

図10.43　Aria OperationsによるGPUリソース管理画面

vMotionを使用したvGPU仮想マシンの移行

　vSphere環境において仮想マシンにGPUをパススルーモードで適用した場合はvMotionによるESXiホスト間の移動はサポートされません。一方、vSphere 6.7 Update 1以降、vMotionはNVIDIA vGPUを利用した仮想マシンをサポートします。ただし、vMotion用ネットワークは10Gbps以上の帯域を利用してください。ネットワーク帯域が小さいとvGPUプロファイルが大きい仮想マシンをvMotionする場合、移行に失敗することがあります。vGPUを割り当てた仮想マシンで vMotionを有効にするには、vCenter Serverの詳細設定で対象仮想マシンに対してパラメータ「vgpu.hotmigrate.enabled」を「True」に設定する必要があります（図10.44）。

図10.44　vGPU仮想マシンのvMotion有効化

400

vSphere 8.0 Update 3 では既定で有効化されているパラメータですが、パラメータがない場合や「False」となっている場合はパラメータを追加し、有効化してください。

vGPU を割り当てた仮想マシンを vMotion する際は、仮想マシンのサスペンド時間 (vMotion 中にユーザーが仮想マシンにアクセスできなくなる時間) が通常の仮想マシンと異なり大きく発生します。通常の仮想マシンの場合は、仮想マシンのメモリ使用状況と vMotion ネットワーク帯域により差がありますが、1 ミリ秒以下から数ミリ秒のサスペンドです。一方、vGPU を割り当てた仮想マシンの場合は、仮想マシンのメモリサイズに加え、vGPU メモリサイズと利用可能な vMotion ネットワーク帯に応じて数秒から数十秒のサスペンドが発生する場合があります。

以下の想定されるサスペンド時間と、最も時間を要する場合での推定サスペンド時間は公式ドキュメント「vSphere 8.0 - vSphere vMotion の仮想マシンの要件および制限事項」[2] から抜粋した NVIDIA Tesla V100 PCIe 32 GB GPU を使用し、10 Gbps の vMotion ネットワークでテストした場合の参考数値です (**表 10.5**、**表 10.6**)。

表 10.5　vGPU 仮想マシンの vMotion で想定されるサスペンド時間

使用されている vGPU フレーム バッファ（GB）	仮想マシンの サスペンド時間 (秒)
1	2
2	4
4	6
8	12
16	22
32	39

表 10.6　最も時間を要する場合での推定サスペンド時間（秒）

vGPU メモリ	仮想マシンの メモリ 4GB	仮想マシンの メモリ 8GB	仮想マシンの メモリ 16GB	仮想マシンの メモリ 32GB
1GB	5	6	8	12
2GB	7	9	11	15
4GB	13	14	16	21
8GB	24	25	28	32
16GB	47	48	50	54
32GB	91	92	95	99

各 vGPU 仮想マシンの設定画面からは利用している GPU モデルと vGPU プロファイル、vMotion ネットワーク帯域から算出される参考値 (リファレンステーブル) が表示可能で、vGPU 仮想マシンの設定から [仮想ハードウェア] > [PCI デバイス] > [vGPU] を選択します。推定最大サスペンド時間は vGPU プロファイルとクラスタの vMotion ネットワーク帯域から自動的に推定最大サスペンド時間の値が設定されます。以下の例では NVIDIA L40S を搭載した vGPU 仮想マシンの設定画面を参考としています (**図 10.45**)。

---

[2]　公式 Docs：Virtual Machine Conditions and Limitations for vSphere vMotion
https://techdocs.broadcom.com/us/en/vmware-cis/vsphere/vsphere/8-0/vcenter-and-host-management-8-0/migrating-virtual-machines-host-management/migration-with-vmotion-host-management/virtual-machine-conditions-and-limitation-for-vmotion-host-management.html

CHAPTER 10　vSphere のライフサイクルとコンテンツ管理

図 10.45　vGPU 仮想マシンの推定最大サスペンド時間設定

　リファレンステーブルの値と設定されている数値に乖離がある場合など、値を修正する場合はテーブルを参照の上、適切な値を設定します。リファレンステーブルでは vMotion ネットワークの帯域幅（バンド幅）を変更して vGPU プロファイルごとのサスペンド時間を確認できます（図 10.46）。

10Gbps vMotion の場合　　　　**25Gbps vMotion の場合**　　　　**100Gbps vMotion の場合**

図 10.46　vGPU 仮想マシンの推定最大サスペンド時間リファレンステーブル

vGPU 仮想マシンの DRS による負荷分散とサスペンド時間制限設定

vSphere 8.0 Update 2 以降では DRS を使用した vGPU ワークロードの配置制御がサポートされ、vSphere 8.0 Update 3 以降では vGPU 仮想マシンに対する「vMotion 移行時のサスペンド時間制限を設定」がサポートされました。時間制限を設定することで想定以上に長いサスペンドが発生する場合に vMotion はキャンセルされます。

vMotion 移行時のサスペンド時間制限は vGPU 仮想マシンごとの設定、およびクラスタごとの DRS 設定で制御されます。

各 vGPU 仮想マシンの設定は [仮想マシンオプション] > [詳細] > [vMotion のサスペンド時間制限] の項目で指定します。既定値で空欄となっている場合は、前項で設定された仮想マシンに割り当てた vGPU プロファイルごとの「推定最大サスペンド時間の合計」より大きい数字を設定します。例えば、推定最大サスペンド時間が 16 秒の vGPU を 4 基搭載した vGPU 仮想マシンの場合は、その合計である 64 秒より大きな値を設定します。値が条件を満たしていない場合は警告メッセージが画面上に表示されます（**図 10.47**）。

図 10.47 vGPU 仮想マシンの vMotion のサスペンド時間制限

また、DRS による vGPU 仮想マシンの自動での負荷分散が vSphere 8.0 Update 3 以降でサポートされました。DRS クラスタの詳細オプションで「仮想マシンデバイスの推定サスペンド時間」が移行対象の vGPU 仮想マシンの「vMotion のサスペンド時間制限」よりも短い場合、DRS は仮想マシンの移行を自動実行します（**図 10.48**）。

CHAPTER 10　vSphere のライフサイクルとコンテンツ管理

図 10.48　vGPU 仮想マシンの DRS 設定におけるサスペンド時間制限

　vSphere 8.0 Update 3 では大幅に vGPU 仮想マシンに対しての各 vSphere 機能の最適化が行われました。vGPU ワークロードを vSphere 環境で実行することで、従来の仮想マシンのように DRS を用いた負荷分散や、vLCM を用いたライフサイクル管理を合理化でき、運用性の向上に寄与します。

- 公式 Docs：Configure Virtual Graphics on vSphere

    https://techdocs.broadcom.com/us/en/vmware-cis/vsphere/vsphere/8-0/vsphere-resource-management-8-0/configuring-virtual-graphics.html

- 公式 Docs：Virtual Machine Conditions and Limitations for vSphere vMotion

    https://techdocs.broadcom.com/us/en/vmware-cis/vsphere/vsphere/8-0/vcenter-and-host-management-8-0/migrating-virtual-machines-host-management/migration-with-vmotion-host-management/virtual-machine-conditions-and-limitation-for-vmotion-host-management.html

Chapter

11

vSphere クラスタの運用と監視

vSphere クラスタの運用と監視

本章では主にvSphereクラスタの運用フェーズで活用できる機能やベストプラクティスについて説明します。運用の全てを説明することは難しいため、vSphereクラスタの運用で活用できる基本的な機能や考え方について解説します。

健全性監視

vSphere基盤の健全性監視の方法として、Skyline Healthの利用、インベントリオブジェクトに対して任意の条件を設定しアクションを定義できるアラームについて説明します。これらを正しく活用することで問題の切り分けや対応速度を向上させ、より安定したvSphere基盤運用を行えます。

11.1.1 Skyline Health

vSphere健全性を一望するための画面としてSkyline Healthというヘルスチェック機能があります。Skyline Healthには各ホストの健全性をレポートするSkyline Health for vSphereとvSANクラスタの健全性をレポートするvSAN Skyline Healthの2つがあり、ともにvSphere Clientから利用できます。

Skyline HealthはCEIP（カスタマーエクスペリエンス向上プログラム）に参加し、インターネットへの接続が可能な場合、VMware Analytics Cloudへテレメトリデータを送信して分析を行い、より詳細な分析や問題解決の提案を得られます。

■ Skyline Health for vSphere

Skyline Health for vSphereはESXiホストごとの健全性を確認できます。インベントリツリーから対象のESXiホストを選択し、[監視] > [Skyline Health]をクリックします（図11.1）。

図11.1　Skyline Health for vSphere 画面

406

Skyline Health for vSphere では、該当 ESXi ホストについての構成や設定を Broadcom の推奨と照らし合わせ、検査項目の各項目についての評価結果、推奨、参考情報を提供します。

■ vSAN Skyline Health

vSAN Skyline Health の画面を表示するには、まず、インベントリツリーから対象の vSAN クラスタを選択し、[監視] > [Skyline Health] をクリックします。(**図 11.2**)。

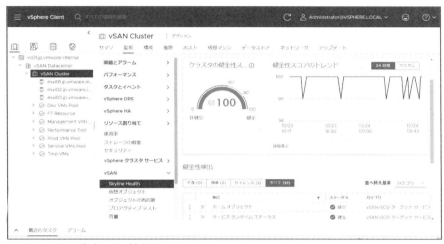

図 11.2　vSAN Skyline Health 画面

vSAN Skyline Health では vSAN クラスタの構成や設定、各サービス状態を検査して Broadcom の推奨と照らし合わせ、評価結果をスコアリングして表示しているものです。直近 24 時間、もしくは 30 日以内における特定期間の健全性スコアの推移を表示します。検査は定期的に実行されますが、最新の健全性スコアを確認する場合は [再テスト] のリンクをクリックすることで、検査を実行できます。

vSAN Skyline Health で検査された各項目については、画面の下部に表示されます。項目がリスト形式で表示され、非健全・不良として検出された項目、情報提供がある項目、都合によりサイレンスとした項目、すべての項目がボタンで切り替えできるようになっています。各項目列にある「>>」をクリックすることで、その項目に対する詳細な説明、ESXi ホストやディスクなど各コンポーネントやオブジェクトレベルでの検査結果を表示し、どのコンポーネントに問題が発生しているかを切り分け、修正するべきかのガイドを取得できます。

また、環境都合や他への影響などにより、見直しが難しい項目については、項目の詳細表示タブ右下にある [サイレンスアラート] のリンクをクリックすることで、vSAN クラスタの健全性評価から除外できます（**図 11.3**）。

CHAPTER 11　vSphere クラスタの運用と監視

図 11.3　サイレンスアラート

　各検査項目単位で履歴を保持しているため、項目の詳細表示タブ左下にある [履歴の詳細を表示] リンクより、任意のタイミングでの検査結果をトラッキングでき、過去の操作やイベントと照らし合わせながら健全性の変動を調査可能です。

11.1.2　アラームの管理

　vCenter におけるアラームは、インベントリのイベントや状態によって起動される通知です。適切なアラーム管理を行うことで、仮想化環境における問題の迅速な検知、および問題が顕在化する前の予兆を検知し、対応することでシステムやユーザーへの影響を軽減することができます。アラーム定義はインベントリのオブジェクトと紐付いており、適用範囲を選択できます。図 11.4 ではアラーム定義の適用範囲を vCenter 全体に適用した場合と、特定のクラスタのみに適用した場合をイメージしています。

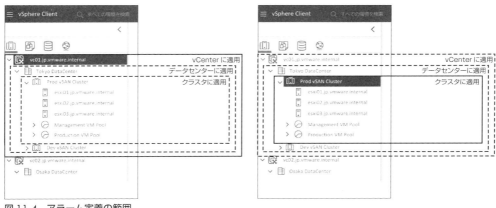

図 11.4　アラーム定義の範囲

408

特定のオブジェクトに対してアラーム定義を適用させたい場合は、インベントリツリーより下位のオブジェクトを選択し、アラーム定義を設定します。仮想マシン単位やデータストア単位でもアラーム定義は可能ですが、管理が煩雑になる可能性があります。特定の要件がない限りはvCenterやデータセンター、クラスタ、フォルダなど、大きな単位で定義することを検討します。

■ 定義済みの vCenter アラーム

vCenterでは、一般的に対応が必要である様々なイベントや状態について、定義済みアラームが存在します。定義済みアラームはインベントリツリーにてオブジェクトを選択し、構成タブからアラーム定義を選択することで確認ができます。

定義済みのアラームを変更する場合は、適切なインベントリオブジェクトを選択する必要があります。次の画面では、vCenter全体に適用されたアラーム定義を選択しています。ここで定義したアラームは、より小さな範囲であるデータセンターやクラスタでアラーム定義を選択しても編集ができません。アラーム定義範囲を確認するには、アラーム定義画面の定義範囲列を参照することで確認ができます（図 11.5）。

図 11.5　アラーム定義および定義範囲の確認

アラームが起動した場合、デフォルトではvSphere Clientの管理画面上に通知がされますが、外部への通知は設定されていません。アラームで外部通知を行う場合、アラームアクションを設定する必要があります。アラーム条件を満たした場合のアクションとして「E メール通知を送信」「SNMP トラップを送信」「スクリプトの実行方法」の3つが設定できます。

vCenterからメールやSNMPトラップを送信する場合、アラーム定義とは別に設定が必要です。vCenterオブジェクトを選択し、[構成] から、[設定] > [全般] を開き、メールサーバーやSNMPレシーバの設定を行います。SNMPレシーバ向けにMIBファイルも提供されています。詳細は下記ドキュメントを参照してください。

- 公式 Docs：Monitoring Networked Devices with SNMP and vSphere

  https://techdocs.broadcom.com/us/en/vmware-cis/vsphere/vsphere/8-0/vsphere-monitoring-and-performance-8-0/snmp-and-vsphere.html

■ トリガ済みアラームの対応

起動されたアラームはオブジェクトの [監視] > [問題とアラーム] > [トリガ済みアラーム] を選択することで確認できます。問題に対応する際には、[確認]をクリックすることで他の管理者に対応中であることを知らせることができます。。

アラームへの対応が完了した後も、アラームが表示されている場合は「緑にリセット」をクリックして解除します（図 11.6）。トリガ済みアラームをそのままにしておくと、新規にアラームが起動した場合に画面上から気づきにくくなり対応が煩雑になるため、速やかに対応を行うことを推奨します。

図 11.6　トリガ済みアラーム

11.2　ログ管理・運用

vSphere 基盤運用において、問題発生時の調査、切り分けを行う場合には vCenter 上のタスクやイベント、各種ログを参照します。タスクとイベント、およびログを適切に管理することは、安定した運用に必要不可欠です。

11.2 ログ管理・運用

11.2.1 タスクとイベント

■ タスク

　タスクとは、vSphere のインベントリオブジェクトに対して実行される、操作やアクティビティのことを指します。インベントリのオブジェクトを選択し、[監視] > [タスクとイベント] > [メニュー] > [タスク] を選択することで確認ができます。

　タスクの画面では、タスクの開始および完了時間や、どのオブジェクトに対してどのようなアクションが行われたか、タスクの開始者などを確認できます。例えば、仮想マシンのパワーオン／オフや移行などがいつ実行されたか、何の指示で開始されたかを確認したい場合に利用できるため、アクションの状況確認、整理に役立ちます。[タスク] 画面で [フィルタ] をクリックすることで、タスクの種類や時間でフィルタをかけられます。

■ イベント

　イベントは、vSphere のインベントリオブジェクトにて発生したアクションの記録です。インベントリのオブジェクトを選択し、[監視] > [タスクとイベント] > [イベント] を選択することで確認ができます。

　イベントの画面では、発生したイベントのタイプ、日付やターゲット等が確認できます。前述したタスクに関連する記録だけではなく、ユーザーのログインイベントやライセンスキーの有効期限切れ、ホストの切断など、発生したイベントが記録されているため、運用中の問題が発生した場合の時系列の整理や状況確認として利用できます。タスクの確認画面と同様に、[イベント] > [フィルタ] をクリックすることで、フィルタリングできます。問題発生時など、本フィルタリング機能を利用することで対応を迅速化できます。

　タスクおよびイベントはいずれも csv 形式でエクスポートが可能です。エクスポートのタイミングでフィルタも可能ですが、一度にエクスポート可能な件数は、vSphere Client の 1 ページ内で表示できる最大件数の 100件となります。全件エクスポートを行いたい場合は、PowerCLI による Get-VIEvent コマンドの利用等を検討します。

11.2.2 ログ管理

　vCenter Server におけるイベントなど、ログは vCenter Server 内のデータベースに保存されます。デフォルトの保持期間は 30 日となっています（**図 11.7**）。vSphere Client で対象の vCenter Server を選択し、[設定] > [全般] から編集が可能です。保持期間を大幅に延ばした場合、保存データの容量が増えることで vCenter Server が停止する可能性があります。実施する場合は VCSA の VAMI の管理インターフェイスでデータベースの使用量やディスクパーティションを監視しながら実施してください（**図 11.8**）。保持期間の変更作業を実施する場合、VCSA の再起動が必要となります。

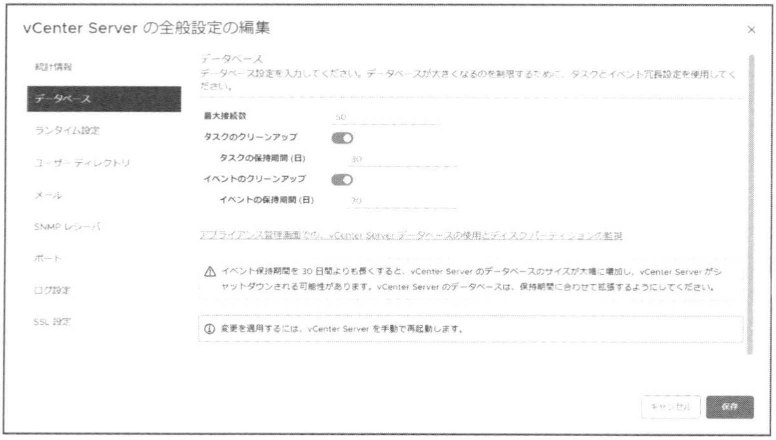

CHAPTER 11 vSphere クラスタの運用と監視

図 11.7　vCenter データベースにおけるタスク、イベントの保持期間

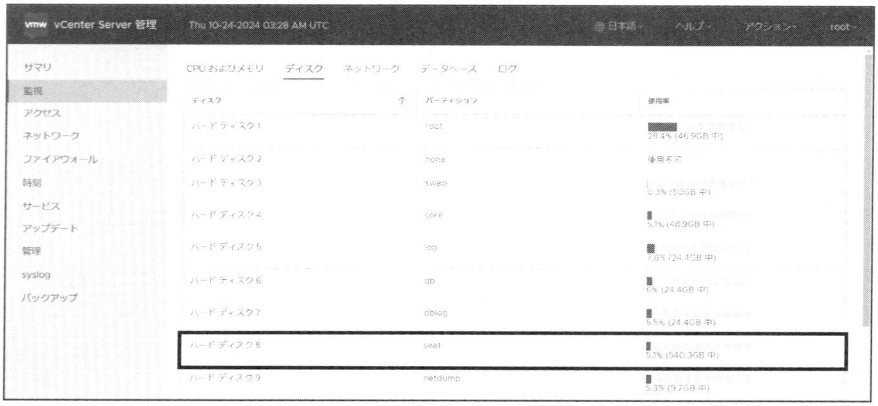

図 11.8　VAMI によるディスク使用率の確認

　vCenter Server の統計情報やイベント、アラームなどは「seat」パーティションに保存されています。ディスク使用率のしきい値超過については、定義済みアラーム「SEAT Disk Exhaustion *」で通知が可能です。その他のパーティションの使用率も「* Disk Exhaustion *」のアラーム名の定義で監視可能です。

■ vCenter ログの syslog 転送

　vCenter Server が出力するログは、リモート syslog サーバーへ転送できます。ログの分析のために転送設定の実施を推奨します。syslog サーバーへの転送設定は VAMI で実施します。VAMI の管理インターフェイスから、[syslog] > [構成] で設定します（**図 11.9**）。

11.2 ログ管理・運用

図 11.9　VAMI による syslog 転送設定

ログ転送の暗号化必要有無などの要件にしたがって、転送先 syslog サーバーの IP アドレスおよびプロトコルを設定します。

■ ESXi ログの syslog 転送

ESXi のログもリモート syslog サーバーへ転送可能です。設定は vSphere Client または VMware Host Client、ESXCLI コマンドで設定可能です。

vSphere Client で設定する場合は、設定を行う ESXi ホストを選択します。次に [構成] > [システムの詳細設定] を選択し、キーを「syslog」でフィルタします。

syslog 転送先設定値は「Syslog.global.logHost」です。右ペインから [編集] ボタンをクリックし編集します（**図 11.10**）。その他、syslog に関するオプションは次の公式ドキュメントを参照してください。

- 公式 Docs：System Log Files

    https://techdocs.broadcom.com/us/en/vmware-cis/vsphere/vsphere/8-0/vsphere-monitoring-and-performance-8-0/system-log-files.html

413

CHAPTER 11　vSphere クラスタの運用と監視

図 11.10　ESXi リモート syslog サーバーの設定

　設定後、ESXi ファイアウォールにてリモート syslog サーバーへの 514 番ポートが許可されていない場合は、あわせて設定します[1]。ESXi の [構成] > [ファイアウォール] を選択し、[送信] ルールを [編集] します。サービス名を「syslog」でフィルタし、514 ポートを許可します（図 11.11）。設定後、リモート syslog サーバーにてログが受信できているかを確認します。

図 11.11　ESXi ファイアウォールにおける syslog サービスの許可

【1】　vSphere 8.0 Update 3 以降では自動でポート許可が設定されます。
　　・KB：Opening the firewall for syslog emission to remote hosts
　　　https://knowledge.broadcom.com/external/article/312032/

414

全ての ESXi ホストで同様の syslog 設定を行うため、設定をし忘れる場合もあります。第 10 章で解説した Configuration Profiles を利用すると、クラスタ内の ESXi ホストに同一の設定を展開できます。ESXi ホストの台数が多い場合は Configuration Profiles の利用を検討します。

また、Aria Operations for Logs（旧称 vRealize Log Insight）などで vCenter Server を指定すると、管理下の ESXi ホストに対して、一括で Aria Operations for Logs への syslog 転送設定が可能です。

■ ESXi ログの syslog フィルタリング

vSphere 7.0 Update 2 以降より、ESXCLI を利用することで、ESXi が出力する syslog に対してフィルタリングを有効にできます。

▶ syslogフィルタリングの形式

```
esxcli system syslog config logfilter {cmd} [cmd options]
```

表 11.1　esxcli syslog フィルタ cmd パラメータ

パラメータ	説明
get	現在ログフィルタが有効かどうか確認する
set	ログフィルタを有効または無効に設定する
add	ログフィルタを追加する
remove	ログフィルタを削除する
list	設定済みのログフィルタを表示する

詳細は公式ドキュメントを参照してください。

● 公式 Docs：Collecting Log Files - Configure Log Filtering on ESXi Hosts
https://techdocs.broadcom.com/us/en/vmware-cis/vsphere/vsphere/8-0/vsphere-monitoring-and-performance-8-0/system-log-files/collecting-log-files.html

syslog フィルタリングは、ESXi 再起動後も有効になります。特定のログが大量に出力される場合に数件のみに抑えたい、または一切出力させないといった使い方ができます。一方で、syslog フィルタリングを実施することにより必要なログまで出力を抑止してしまわないよう、ログ保管の要件を確認しながら利用を検討してください。ログフィルタはデフォルトで無効化されています。

```
[root@esx01:~] esxcli system syslog config logfilter get
   Log Filtering Enabled: false
```

CHAPTER 11 vSphere クラスタの運用と監視

例として、ident 文字列 vsansystem から出力されるログについて、vsan という文字列が 5 回出力された場合に、6 回目以降は出力しないようフィルタの有効化を実施します。syslog フィルタリングを有効にするためには、ログフィルタの作成に加え、ログフィルタ自体の有効化および syslog の reload が必要になります。以下に一連の流れを示します。

```
[root@esx01:~] esxcli system syslog config logfilter get
   Log Filtering Enabled: true
[root@esx01:~] esxcli system syslog config logfilter add --filter="5|vsansystem|vsan"
[root@esx01:~] esxcli system syslog config logfilter list
Filter
------
5 | vsansystem | vsan
[root@esx01:~] esxcli system syslog reload
```

11.2.3 サポートバンドル取得・確認

vSphere 環境で障害が発生した際は、Broadcom サポートに Case を発行することで問い合わせを行います。その際、Case のやり取りに必要なファイルや、サポートバンドルを送付するように依頼される場合があります。また、調査の時間が経過するにつれて事象が発生した際の必要なログが流れてしまうことがあります。事前にサポートバンドルの収集方法を把握しておくことで、調査および対応の迅速化につながります。ここでは、vCenter Server および ESXi の代表的なログバンドル収集方法を記載します。

■ サポートバンドルに含まれる情報

サポートバンドルは vSphere 環境の様々な診断データが含まれた圧縮ファイルで、含める診断データは取得時に選択できます。システムログ、ログバンドルと呼ばれる場合もあります。

- ログファイル：vCenter Server、ESXi ホスト、仮想マシンのログファイル
- 構成ファイル：vCenter Server、ESXi ホスト、仮想マシンの構成ファイル
- システム情報：ESXi ホストのハードウェア情報、ネットワーク設定、パフォーマンスデータ
- コアダンプファイル：問題発生時に生成されたコアダンプファイルが含まれる場合がある

■ vCenter サポートバンドルの取得

vSphere Client で、ホストとクラスタのインベントリツリーから vCenter Server オブジェクトを選択し、[アクション] > [システムログのエクスポート] を選択します（**図 11.12**）。

11.2 ログ管理・運用

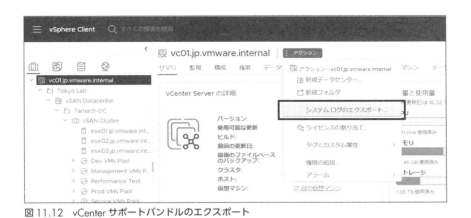

図 11.12　vCenter サポートバンドルのエクスポート

この時、ホストを選択してESXiのログバンドルも同時に収集可能です。[vCenter Server および vSphere UI Client ログを含めます] にチェックを入れ、「次へ」をクリックします（図 11.13）。

図 11.13　ログバンドルのエクスポート : ホストの選択

ログの選択画面より、必要なログを選択します。取得対象についてはサポートの指示に従ってください。[パフォーマンスデータの収集] にチェックを入れることでログバンドルにパフォーマンスデータが含まれます。デフォルトでは取得しないため、必要に応じてチェックを入れてください（図 11.14）。

図11.14　ログバンドルのエクスポート：ログの選択

　ログバンドルの生成とダウンロードが開始されます。ダウンロードされるログバンドルはGB単位のものとなるため、取得対象のESXiホストの台数、ログ容量次第で取得にはある程度時間を要します。

■ ESXiサポートバンドルの取得

　ESXi単体のログバンドルを取得する際は、vCenterサポートバンドル取得時と同様に、インベントリツリーからESXiホストを選択し、[アクション]メニューから[システムログのエクスポート]を実施できます。しかし、vCenterになんらかの問題が発生し、vCenterが利用できない場合は本操作が行えません。ここではそうした場合に備えるため、Host Clientを利用したESXiのサポートバンドル取得方法を紹介します。

　Host Clientにログイン後、[ホスト]メニューを選択し、アクションから[サポートバンドルの生成]をクリックします（図11.15）。

図11.15　Host ClientによるESXiのサポートバンドル生成

認証を求められた場合、管理者ユーザーとパスワードを入力することでサポートバンドルがダウンロードされます。また、サポートバンドルは、その他にも、ESXi コンソール上で vm-support コマンドを実行することでも取得可能です。

- KB：“vm-support” command in ESX/ESXi to collect diagnostic information (313542)
  https://knowledge.broadcom.com/external/article/313542/

11.3　vSphere 環境のバックアップ・リストア運用

システムの安定稼働はもとより、障害発生時の迅速な復旧には、バックアップ・リストア運用が不可欠です。仮想化基盤のデータ保護は、事業継続計画（BCP）の重要な要素であり、システム停止やデータ損失による事業への影響を最小限に抑えます。

11.3.1　vSphere 環境の保護対象と様々な保護の手法

バックアップ・リストアの手法を検討する際には様々な要件、特に非機能要件を考慮する必要があり、多くは企業としての BCP に基づきます。データ保護に関連する代表的な非機能要件は以下の通りです（**表 11.2**）。

表 11.2　データ保護とサービスレベルの定義

定義	正式名称	内容	考慮事項
RTO	Recovery Time Objective （目標復旧時間）	許容される業務停止時間を定義 （リカバリに要する時間は？）	システム復旧時手順の簡易性 サービスの依存関係 サーバーの起動速度／起動台数
RPO	Recovery Point Objective （目標復旧時点）	許容されるデータ損失を定義 （どの時点のデータまで戻せるか？）	バックアップ取得間隔 ストレージレプリケーション転送速度 転送データ量 回線帯域／回線遅延
RGO	Recovery Geographic Objective （地理的復旧目標）	想定される災害の範囲を定義 （サイト間の距離は？）	回線帯域／回線遅延に影響し、RPO と関連
RLO	Recovery Level Objective （目標復旧レベル）	段階的復旧の指針を定義 （どのレベルまで復旧するか？）	システム復旧の優先度ごとにレベルを指定 サーバーの起動台数に影響し、RTO と関連
RP	Retention Policy （データ保持期間）	対象データをいつまで保持するか	RPO で定義したバックアップをいつまで 保持するか、何世代保持するか ランサムウェア対策や法令による指定など

災害対策などの要件では、データセンター間の距離やネットワーク回線の帯域、遅延などもバックアップデータの転送に影響します。そのため、RPO や RTO とともに、RGO、RLO、RP なども重要な要件となります（図 11.16）。

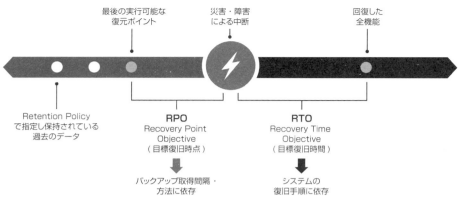

図 11.16　RPO・RTO・RP の定義

　また、近年はランサムウェアなど長期潜伏型の攻撃が増加しており、データ保持期間（Retention Policy）を中長期的に設定し、攻撃を受けた場合でも健全な状態に復旧できる可能性を高めることが重要になりつつあります。長期間のデータ保持はストレージ容量の増加につながるため、重複排除機能などを活用し、効率的なストレージ運用を行う必要があります。

　データ保護に関する非機能要件が定まると、次にバックアップ・リストア方法（機能要件）が定義できます。vSphere 環境のデータ保護対象は、大きく分けて以下の 2 つです（**図 11.17**）。

- 稼働する仮想マシン、およびその内部データ（ファイル）
- vCenter Server や ESXi など、vSphere 仮想化基盤の構成要素の設定とデータ

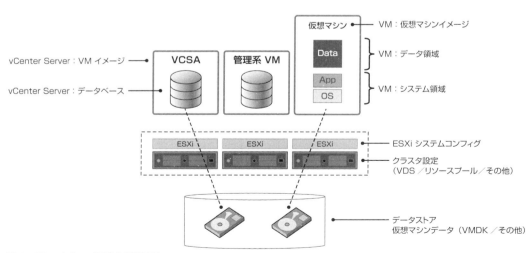

図 11.17　vSphere 環境の保護対象

11.3　vSphere 環境のバックアップ・リストア運用

　仮想マシンのデータと、vSphere 仮想化基盤を構成するコンポーネント（vCenter Server、ESXi など）のデータは、それぞれ対応したバックアップ手法を運用にあわせて用います。

■ バックアップの粒度

　vSphere 環境におけるバックアップは、以下の 3 つの粒度とバックアップ手法で取得できます。

　バックアップ手法の選択は、リストア方法と密接に関連しています。「どのような障害から復旧するか」「誰が復旧作業を行うか」「どの方法で復旧するか」「どの状態に復旧するか」など運用要件を考慮し、実際の運用を想定した上で、適切なバックアップ・リストア手法を選択します（**表 11.3**）。

表 11.3　バックアップ取得における 3 つの方法

バックアップの粒度	保護対象	内容
ファイルレベル	個別ファイル単位	ゲスト OS やデータベースの特定フォルダ・ファイルを指定したバックアップです。一般的にバックアップソフトウェアのエージェントツールを利用してゲスト OS からエージェント経由で取得したり、仮想アプライアンスの管理ツールを利用したバックアップ機能を利用します
イメージレベル	仮想マシン全体	仮想マシン全体をイメージデータとしてバックアップします。vSphere Storage APIs - Data Protection (VADP) などのバックアップソフトウェアと連携する API を利用したり、vSphere Replication を利用した仮想マシンレベルのレプリケーション、仮想マシンのクローンコピー、OVF テンプレートへのエクスポートなどが該当します
データストアレベル	データストア全体	大規模環境の筐体間ストレージミラーや、サイト間のストレージ筐体間レベルのデータレプリケーションを使用して、仮想マシンを含むデータストア全体をバックアップします。データセンター間レプリケーション・災害対策などで採用されます

■ バックアップデータの整合性の考慮

　バックアップの粒度（取得方法）に加えて、バックアップデータの整合性レベルも重要な考慮事項です（**表 11.4**）。整合性レベルは、リストア後の仮想マシンの状態に影響を与えます。

表 11.4　バックアップデータの整合性に関する定義

整合性	バックアップ速度	リストア時信頼性	内容
クラッシュ整合性 (Crash Consistent)	速い	中程度	ストレージレベル、仮想マシンイメージレベルのデータ保護など、バックアップ取得時に OS やアプリケーションの状態を考慮せず仮想マシンやストレージレベルのスナップショットでデータ静止点を取得します。リストア時にファイルシステムの破損やゲスト OS の起動エラーが発生するリスクがあります
ファイルシステム整合性 (File System Consistent)	普通	高い	ゲスト OS 内のファイルシステムとしてのデータ整合性を担保します。イメージレベルバックアップなどにおいては VMware Tools を介して、Windows VSS など仮想マシンスナップショットと連携した静止点を取得する仕組みを利用可能です

421

CHAPTER 11　vSphere クラスタの運用と監視

整合性	バックアップ速度	リストア時信頼性	内容
アプリケーション整合性 (Application Consistent)	遅い	高い	バックアップ取得時に、VMware Tools やバックアップソフトウェアの連携機能を利用して、アプリケーションの整合性のある静止点を含めて取得します。データベースなどミッションクリティカルなシステムや、データの整合性が非常に重要な場合に利用します。バックアップソフトウェアのエージェントを利用して取得することが多いです

近年では、仮想マシンを稼働させたままバックアップを取得するオンラインバックアップが主流ですが、完全な整合性を確保するために、オフライン（静止）バックアップを選択肢として検討することも可能です。

11.3.2　仮想マシンのバックアップとリストア

前項でまとめた vSphere 環境のデータ保護に関する様々な考慮事項を基に、本項では仮想マシンのバックアップ・リストア方法について解説します。

vSphere 8.0 Update 3 時点では、代表的な仮想マシンのデータ保護方法として以下の手法があります（**表11.5**）。データ保護の要件（バックアップの粒度や整合性レベル）に応じて、複数手法を組み合わせてデータを保護することが推奨されます[2]。

表11.5　仮想マシンのバックアップ方法

バックアップ方式	バックアップ粒度	仮想マシン停止の必要性	バックアップウィンドウ	消費ストレージ容量	その他考慮点
OVF エクスポート	イメージレベル	必要	大（仮想マシン停止、エクスポート処理）	中～大（仮想マシン全体をエクスポート）	ポータビリティが高い、リストアに時間がかかる
仮想マシンクローン	イメージレベル	不要	小	大（元の仮想マシンと同等の容量を消費）	利用可能データストア容量など運用環境への影響に注意
仮想マシンレプリケーション・ストレージレプリケーション	イメージレベル	不要	小	大（元の仮想マシンと同等の容量を消費）	災害対策などで利用する場合はサイト間のネットワーク帯域などを考慮
エージェント（バックアップソフト）	ファイルレベル	不要	中～大	小～大（バックアップ方式による）	ゲスト OS への負荷、バックアップソフトとエージェント管理が必要
ゲスト OS 内ツール・スクリプト	ファイルレベル	不要	小～大	小～大（バックアップ対象による）	OS 組み込みのツールを用いた外部バックアップ

---

[2]　VMware Live Recovery を利用したデータ保護（ランサムウェア対策と災害対策）に関しては、本章のコラム「VMware Live Recovery 災害対策とランサムウェア対策」を参照してください。

バックアップ方式	バックアップ粒度	仮想マシン停止の必要性	バックアップウィンドウ	消費ストレージ容量	その他考慮点
VADP（バックアップソフト）	イメージレベル	不要	小（CBT利用で差分バックアップを高速化）	小～中（CBT利用で容量削減）	vSphere環境限定、スナップショットへの依存

■ 仮想マシンOVFエクスポート・仮想マシンクローン方式

　同一環境に仮想マシンのクローンを作成したり、OVFテンプレートにエクスポートしたりする方法は、ストレージ容量を多く消費するため、日々のバックアップにはあまり向いていません。主に、メンテナンスの前後など、特定のタイミングで利用されます。

　OVFテンプレートへのエクスポートとクローン作成はどちらも、vSphere ClientやPowerCLIなどの標準ツールで実行できます。ただし、OVFテンプレートへのエクスポートは、仮想マシンを停止した状態で行う必要がある点に注意してください。仮想マシンを停止することで、データの整合性を完全に保ったバックアップを取得できます。OVFエクスポートの詳細については、以下の公式ドキュメントを参照してください。

- 公式Docs：Deploy and Export OVF and OVA Templates

  https://techdocs.broadcom.com/us/en/vmware-cis/vsphere/vsphere/8-0/vsphere-virtual-machine-administration-guide-8-0/deploying-ovf-templatesvsphere-vm-admin.html

　vCenter 7.0 Update 3以降では、vSphere Clientを使用して異なるvCenter Server間で仮想マシンのクローンを作成できるようになりました。この機能は「Cross vCenter Server エクスポート」と呼ばれ、テスト環境と本番環境でvCenter Serverが異なる場合でも、簡単に仮想マシンを複製できます。Cross vCenter Server エクスポートは、仮想マシンの移行（vMotion）機能の拡張版として提供されています。この機能はAdvanced Cross vCenter vMotion（Clone）と呼ばれることもあります。詳細は第9章を参照してください。

■ バックアップエージェント方式

　バックアップソフトウェアのエージェントを利用する方式では、従来の物理環境と同様に、ゲストOSにエージェントツールをインストールします（図11.18）。バックアップ・リストアは、このエージェントツールを介してバックアップソフトウェアによって制御されます。この方式ではバックアップソフトウェアが提供する様々なアプリケーションやデータベースとの連携機能を利用することができ、ファイルシステム整合性やアプリケーション整合性を確保したバックアップをきめ細かく設定できます。

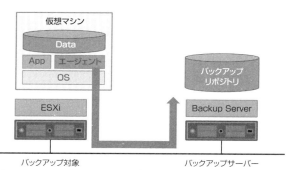
図11.18 エージェント方式のバックアップ

　バックアップデータは、エージェントがネットワーク経由でバックアップサーバーに転送します。そのため、多数の仮想マシンを同時バックアップする際のネットワーク負荷を考慮し、バックアップジョブの実行時間を分散させるなど、ネットワーク負荷を考慮したジョブ設計が重要になります。

■ ゲストOS内ツール・スクリプト方式

　ゲストOS内ツール・スクリプトを利用したバックアップの取得は、利用するシステムにより様々な手法が存在しますが、後述する「vCenter Serverのバックアップとリストア」で解説する、「vCenter Serverのファイルベースバックアップ」などは、ゲストOS内ツールの利用に該当します。

■ VADP方式

　vSphere Storage APIs - Data Protection（VADP）は、Broadcomが提供するバックアップ・リストア用のAPIです。仮想マシンにエージェントをインストールすることなく、イメージレベルのバックアップを取得するためのAPIで、多くのバックアップソフトウェアでサポートされています[3]。VADPの主な特徴と利点は以下の通りです。

- エージェントレス：仮想マシンにエージェントをインストールする必要がない
- イメージレベルのバックアップ：仮想マシンのスナップショットを取得し、ディスクイメージ全体をバックアップする。リストアが容易で、システム全体の復旧に適している
- 変更ブロックトラッキング（CBT）：前回バックアップからの変更差分データブロックのみをバックアップするため、バックアップ時間とストレージ容量を節約できる
- アプリケーション整合性：VMware Toolsやスクリプト、バックアップソフトウェアとの連携により、アプリケーションの状態を整合性のある状態でバックアップできる
- 3つの転送モード：環境に合わせて最適な方法を選択できる

---

[3] バックアップソフトウェアと対応するvSphereのバージョンは、各メーカーの互換性情報を確認してください。

11.3 vSphere 環境のバックアップ・リストア運用

VADP では、vSphere 環境に合わせて以下の 3 つの転送モードから選択できます（**図 11.19**）。

- HotAdd モード
- NBD（Network Block Device）モード
- SAN モード

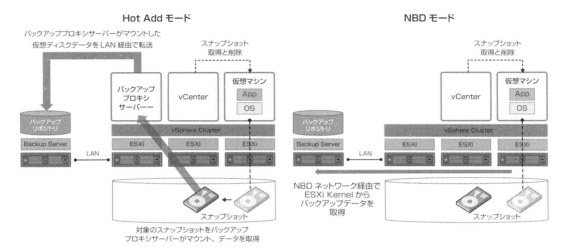

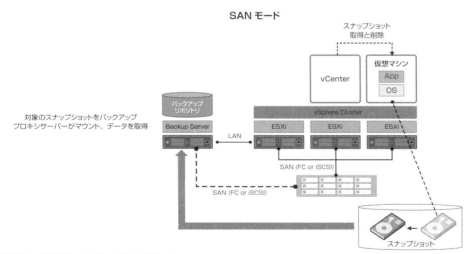

図 11.19　VADP：3 つのバックアップモード

CHAPTER 11 vSphere クラスタの運用と監視

　HotAddモードとNBDモードは、LAN経由でバックアップデータを取得するため、vSANなど外部ストレージを持たないHCI構成でも利用できます。HotAddモードでは、仮想マシンのスナップショットから直接データを取得します。そのため、バックアップサーバー本体、またはバックアッププロキシサーバーを仮想マシンとして、対象の仮想マシンと同じクラスタに配置する必要があります。一方、SANモードでは、物理バックアップサーバーを用いてSAN接続されたデータストアに直接アクセスします。そのため、FCまたはiSCSI接続のVMFSデータストアのみに対応しており、ストレージネットワークを適切に設定する必要があります（**表11.6**）。

表11.6　VADP:3つのバックアップモード

バックアップモード	サポートするデータストア	バックアップサーバー	考慮事項
Hot Add モード	vSAN VMFS NFS VVOL	物理・仮想	物理バックアップサーバーを利用する場合はバックアッププロキシサーバーを用意
NBD モード (Network Block Device)			同時バックアップ数が多数の場合仮想マシンネットワーク負荷が高くなるため注意
SAN モード	VMFS (FC・iSCSI)	物理	物理サーバーとデータストア(LUN)の接続を適切に設定

■ VADP を利用したバックアップの基本的な流れ

1. バックアップソフトウェアが VADP を介して vCenter Server に接続する
2. vCenter Server を経由して仮想マシンのスナップショットが作成される
3. バックアップソフトウェアがスナップショットから変更ブロックを読み取り、バックアップサーバーに転送する
4. バックアップが完了すると、vCenter Server がスナップショットを削除する

　VADP では、仮想マシンスナップショットを事前に作成することで、静止点を確保した状態でデータを読み取ります。さらに、VMware Tools を経由して、スナップショット取得の前後に「カスタム静止スクリプト（Custom Quiescing Script）」を実行することで、アプリケーションの静止点を個別に取得することも可能です。これにより、アプリケーションの整合性をより確実に確保できます。カスタム静止スクリプトの詳細については、次の KB を参照してください。

- KB：Running custom quiescing scripts inside Windows & Linux virtual machines （313544）
  https://knowledge.broadcom.com/external/article/313544/

■ VADP を利用した仮想マシンデータのリストア

　VADP を利用したバックアップデータから仮想マシンをリストアする方法は、主に以下の3つです（**図11.20、表11.7**）。

11.3 vSphere 環境のバックアップ・リストア運用

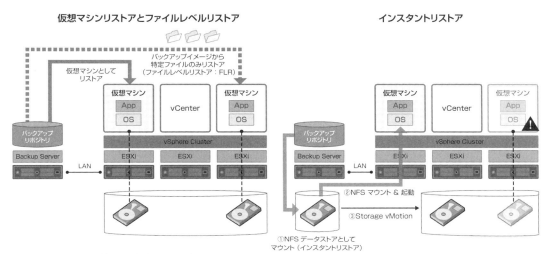

図 11.20 VADP を利用した仮想マシンデータのリストア

表 11.7 VADP を利用した仮想マシンデータのリストア方法

VADP リストア方法	特徴
仮想マシン全体のリストア	バックアップした仮想マシンイメージを、そのまま vSphere 環境にリストアします。ゲスト OS の障害や誤削除からの復旧に有効です。イメージレベルでのリストアとなるため、仮想マシンの起動までに時間がかかる場合があります
ファイルレベルリストア（FLR）	バックアップした仮想マシンイメージから、特定のフォルダやファイルのみをリストアします。ゲスト OS 全体をリストアする必要がないため、必要なデータのみを迅速に復元できます
インスタントリストア	バックアップソフトウェアが「インスタントリストア」をサポートしている場合、バックアップリポジトリ（バックアップサーバー）から仮想マシンを直接起動できます。リストア対象のESXiホストに、バックアップデータが格納されたリポジトリを NFS データストアとしてマウントすることで、即時に仮想マシンを起動し、サービスを復旧可能です。インスタントリストアでは仮想マシンを起動後、Storage vMotion を実行して元のデータストアに移動することで、サービス復旧とデータ復元の迅速性を高められます

■ VADP を利用したバックアップの制限事項

　VADP バックアップと同時にスナップショットを取得する他のソリューションを利用する場合は、ジョブスケジュールを調整し、スナップショット取得のタイミングが重ならないように注意してください。vSphere Replication や VMware Live Cyber Recovery は実行時間の指定ができないため、VADP との同時利用はサポートされていません。

11.3.3　vCenter Server のバックアップとリストア

　vSphere 8.0 Update 3時点では、vCenter Server のバックアップ・リストア方法として、「ファイルベース」と「イメージベース」の2つがサポートされています。

CHAPTER 11 vSphere クラスタの運用と監視

■ vCenter Server のファイルベースバックアップとリストア

ファイルベースのバックアップでは、VAMI の管理インターフェイスを使用して、vCenter Server の構成、インベントリ、履歴データなどを含むアプリケーション整合性のあるバックアップを取得できます。ファイルベースバックアップは、vCenter High Availability（vCenter HA）や拡張リンクモード（ELM）構成など、様々な vCenter Server の構成に対応しており、定期的なバックアップ取得のスケジュール設定と保存世代を指定することで、一定期間のデータローテーションも可能です。

リストア時の注意点として、バックアップデータからのリストアは、バックアップ取得時と同じバージョンの vCenter Server に対してのみ実行可能です。定期的なバックアップをスケジュール設定し、特にバージョンアップや構成変更作業の前には、vCenter Server のバックアップを取得することを強く推奨します。

■ vCenter Server ファイルベースバックアップの設定

VAMI の管理インターフェイスに管理者アカウント（root）でログインし、メニューから [バックアップ] を選択後、右上の [構成] をクリックします（**図 11.21**）。

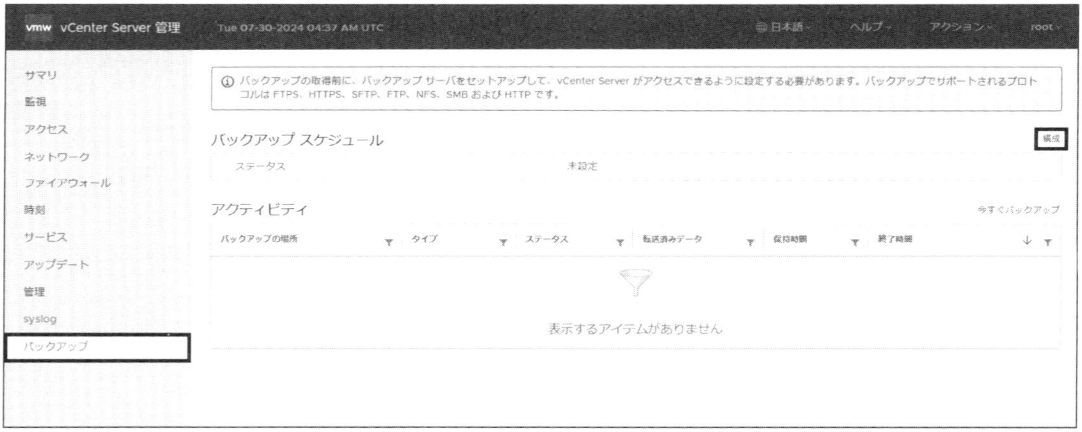

図 11.21　VCSA バックアップ管理画面

バックアップの設定では、以下の項目を指定します。

- 転送プロトコル：FTP、FTPS、HTTP、HTTPS、SFTP、NFS、SMB から指定する
- バックアップ先：バックアップデータの保存先となる NAS やサーバーのアドレスを指定する
- 認証情報：バックアップ先のサーバーにアクセスするための認証情報（ユーザー名とパスワードなど）を指定する
- スケジュール：バックアップの実行間隔（日次、週次、カスタム）と実行時間を指定する
- バックアップの暗号化：バックアップデータを暗号化する場合はパスワードを指定する

428

- 保持するバックアップ数：バックアップデータの保存世代数を指定する
- バックアップ対象のデータ：バックアップ対象のデータを選択する

スケジュール設定では、指定した間隔でバックアップが実行されます。「保持するバックアップの数」の設定と合わせて、データ保持ポリシーが構成されます（図 11.22）。

図 11.22　VCSA スケジュールバックアップ設定

バックアップ対象として、以下のデータを選択できます。

- Inventory and Configuration（必須）：vSphere 環境の構成情報。vCenter Server のインベントリデータ、構成設定、リソースプール、権限設定などが含まれる
- Stats, Events, and Tasks（オプション）：vCenter Server のイベントログ、パフォーマンスデータ、タスク情報
- Supervisors Control Plane（オプション）：vSphere IaaS Control Plane（旧称 vSphere with Tanzu）を利用する場合の構成情報

バックアップスケジュールは、vCenter Server あたり 1 つのみが設定可能です。

■ ファイルベースバックアップの手動実行

スケジュール設定とは別にメンテナンスの直前などに手動で(管理画面上の[今すぐバックアップ])可能です。

手動バックアップでは、「説明」の項目で任意のテキスト入力が可能です。「説明」で入力した文字列は、取得したバックアップデータの「backup-metadata.json」ファイルに含まれ、後日リストアする際に、いつのバックアップだったのか、バックアップの取得目的を分かりやすい説明で含めておくことが可能です[4]。

■ ファイルベースバックアップからの vCenter Server のリストア

ファイルベースバックアップからの vCenter Server リストアは、再度 VCSA を展開することから始めます(図 11.23)。

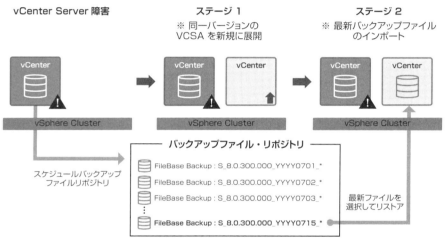

図 11.23　ファイルベースバックアップからの VCSA のリストア

VCSA のインストーラを起動すると、「リストア」オプションを選択できます。リストアの手順は、通常の VCSA の展開と似ていますが、バックアップしたメタデータファイルの指定やバックアップデータの取り込みなど、リストア特有の操作がいくつかあります(図 11.24)。

---

[4]　「説明」に日本語などのマルチバイト文字を入力すると、メタデータファイル内の記載が Unicode エスケープシーケンスで表記されるため、通常は英数字 ASCII 文字のみでの入力が推奨されます。

11.3 vSphere 環境のバックアップ・リストア運用

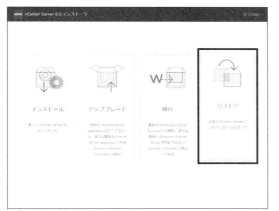

図 11.24　VCSA のリストア

バックアップデータが保存されたフォルダには、バックアップ情報の詳細が記載された JSON 形式のメタデータファイル「backup-metadata.json」が格納されています（**図 11.25**）。

図 11.25　VCSA のバックアップファイルの指定

リストア操作ではこのフォルダへのパスを VCSA インストーラに設定して情報を取り込みます。VCSA のリストアでは、途中、VCSA のデプロイターゲットの指定、デプロイサイズ、データストアの指定など、初期展開と同様の操作を行います。これら VCSA の展開方法については、第 3 章を参照してください。なお、リストア時に VCSA のデプロイサイズを変更することも可能です。より大規模環境に対応できるように、安全にサイズ変更する手法としても、ファイルベースバックアップからのリストアは有効です。

431

CHAPTER 11 vSphere クラスタの運用と監視

再デプロイする VCSA の設定で特に重要となるのが [ネットワーク設定] です（**図 11.26**）。

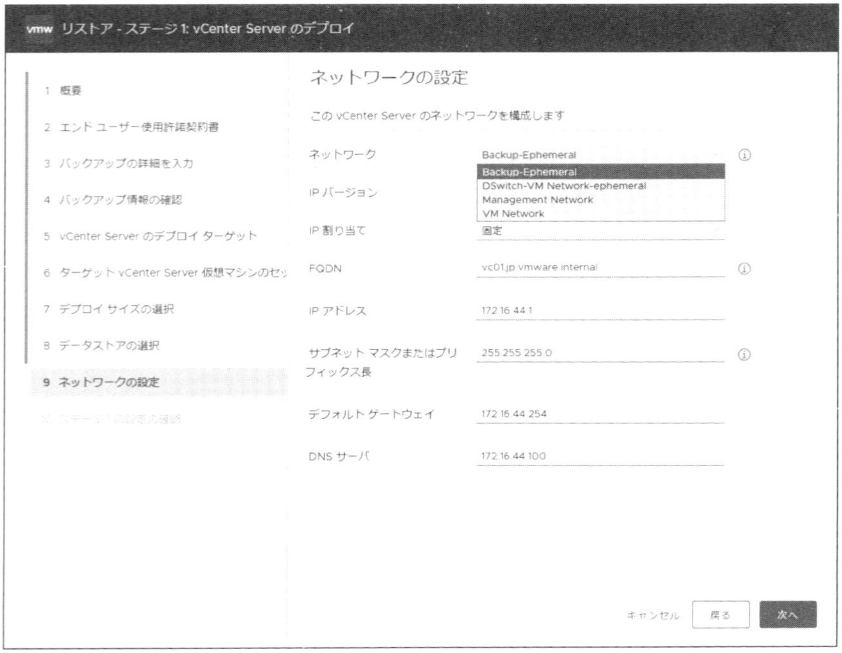

図 11.26 VCSA ネットワークの指定

再デプロイする VCSA のネットワーク設定では、IP アドレスや FQDN を元の VCSA と同じ値に設定します。ただし、リストア先の ESXi ホストとそのネットワークが、これからリストアする vCenter Server の管理下にある分散スイッチ（VDS）で構成されている場合は注意が必要です。

VCSA が停止している状態では、通常使用される「静的バインド（Static Port Binding）」のポートグループに接続できません。これは、VCSA が起動するには当然 vCenter Server が利用できないため、VDS の分散ポートがアクティブ化されないことが原因です。その結果、VCSA がネットワークに接続できず、リストアが失敗します。この問題を回避するには、以下のいずれかの方法をとる必要があります。

- 標準スイッチ（VSS）を利用する
- VDS の「短期：バインドなし（Ephemeral Port Binding）」を利用する

vCenter Server リストア時の分散スイッチネットワーク接続に関する詳細は、後述の「vCenter Server リストア時の分散スイッチネットワーク接続への考慮」で解説します。VCSA のデプロイが完了すると、「バックアップからのリストア」ステージに進みます（**図 11.27**）。

432

11.3 vSphere 環境のバックアップ・リストア運用

図 11.27　VCSA のリストア：ステージ 2 [5]

　元の vCenter Server が起動している場合は、ネットワーク競合を起こしてしまうため、必ずシャットダウンをしてから操作を進めてください。リストアが正常に完了した後は、今まで通りの vSphere Client にアクセス可能です。その他、ファイルベースバックアップ・リストアの考慮事項などは以下の公式ドキュメントをあわせて参照してください。

- 公式 Docs：File-Based Backup and Restore of vCenter Server

    https://techdocs.broadcom.com/us/en/vmware-cis/vsphere/vsphere/8-0/vcenter-server-installation-and-setup-8-0/file-based-backup-and-restore-of-a-vcenter-server-environment.html

■ vCenter Server VM のイメージベースバックアップとリストア

　vCenter Server は、「仮想マシンのバックアップとリストア」で解説した VADP を利用したイメージバックアップとリストアにも対応しています。ただし、VCSA は多数の仮想ディスクで構成されているため、VADP バックアップ実行時にスナップショットを取得・削除する際、仮想ディスクの入出力瞬停止 (I/O Stun) [6] が通常の仮想マシンよりも多く発生します。VCSA の負荷が高い時や、ストレージの I/O 性能が逼迫している時は、この I/O Stun の影響が特に大きくなる可能性があります。大規模環境の VCSA では、VADP バックアップを利用する前に、事前に性能への影響を確認することを推奨します。

　VCSA のイメージバックアップは、ファイルベースバックアップとは異なり、クラッシュ整合性でのバックアップとなります。そのため、リストア時に手動での修正が必要になる場合があることに注意してください。VCSA のイメージベースバックアップ・リストアの考慮事項など、詳細については次の公式ドキュメントも参照してください。

【5】　日本語 UI で「地域」と表示されている箇所は「Location」の誤訳で、ステージ 1 で設定したバックアップファイルのパスを表示しています。バックアップファイルが暗号化されている場合は、バックアップ時に指定した「暗号化パスワード」を入力します。
【6】　スナップショット時の I/O Stun については第 4 章で詳細を解説しています。

- 公式 Docs：Image-Based Backup and Restore of a vCenter Server Environment
https://techdocs.broadcom.com/us/en/vmware-cis/vsphere/vsphere/8-0/vcenter-server-installation-and-setup-8-0/image-based-back-up-and-restore-of-a-vcenter-server-environment.html

■ vSphere 8.0 がサポートするバックアップデータ整合性の補完

従来の vCenter Server では、ファイルベースバックアップからのリストアにおいて、バックアップ取得後に変更されたクラスタ構成や状態がリストア時に反映されないという問題がありました（図 11.28）。

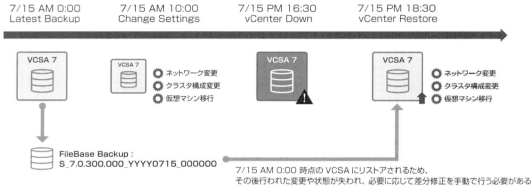

図 11.28　従来のリストア時構成・状態の不整合

vSphere 8.0 以降では、リストア時の不整合を防ぐために、クラスタの構成情報や状態は vCenter Server だけでなく ESXi ホストに分散してクラスタ情報を格納する、分散 Key-Value ストア（DKVS）が実装されました（図 11.29）。

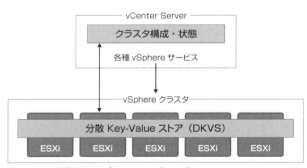

図 11.29　分散 Key-Value ストア（DKVS）

vSphere 8.0 Update 2以降では、分散Key-Valueストアの保護範囲が拡張されました。VMware NSXで使用されるインスタンスを含む、VDS構成の保護が追加され、構成情報をデータロストすること無く、リストアを実施できます（**図 11.30**）。

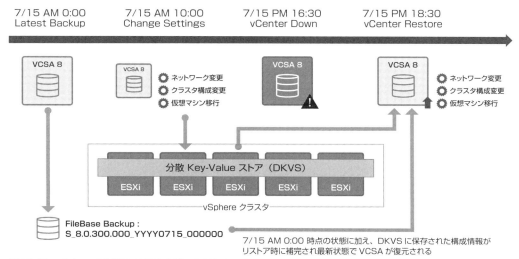

図 11.30　vSphere 8 以降の VCSA のリストアと DKVS

■ vCenter Server リストア時の分散スイッチネットワーク接続への考慮

VDSでは、通常は静的バインド（Static Port Binding）のポートグループで構成されます。しかし、静的バインドのポートグループは、vCenter Serverとの通信が確立されていない状態では、新規の仮想マシンは起動時にネットワークに接続できません。

vCenter Serverの障害時に、VCSAをリストアする場合、リストア対象の元のVCSA自体は停止した状態になります。そのため、vCenter Server自身が管理するVDSを利用したネットワーク環境にVCSAを再展開する場合に、静的バインドのポートグループを利用すると再展開したVCSAがVDSのネットワークに接続できず、バックアップデータのリストアに失敗します。

この問題を回避するために、VCSAが接続される管理ネットワークのポートグループには、「短期：バインドなし（Ephemeral Port Binding）」を使用するか、障害発生時の復旧操作を行う管理系の仮想マシンを接続する目的でバックアップ用の「短期：バインドなし」のポートグループを準備しておくことを推奨します（**図 11.31**）。

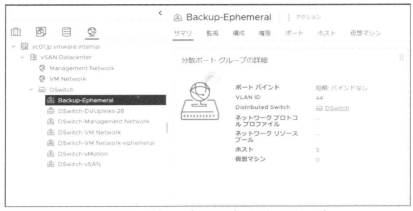

図 11.31　短期：バインドなし（Ephemeral Port Binding）ポートグループ

「静的バインド」と「短期：バインドなし」のポートグループの違いについては、第 8 章および次の KB を参照してください。

- KB：Static (non-ephemeral) or ephemeral port binding on a vSphere Distributed Switch (324492)
  https://knowledge.broadcom.com/external/article/324492/

なお、VMware Cloud Foundation でのクラスタ展開や、vSphere クラスタクイックスタートなど、VMware のデザインベストプラクティスでセットアップされるクラスタでは、VCSA などの管理系仮想マシン用に「短期：バインドなし」のポートグループが初期セットアップ時に作成可能です。

- KB：VMware Cloud Foundation - Design Decision - Use ephemeral port binding for the management port group.（318083）
  https://knowledge.broadcom.com/external/article/318083/

11.3.4　ESXi ホスト構成情報のバックアップとリストア

vCenter Server と同様に、ESXi ホストの構成もバックアップ・リストアできます。

従来の vSphere 環境では、vim-cmd や vicfg-cfgbackup コマンドを用いて、ESXi ホストごとにログインして構成情報をバックアップしていました。この方法は、ESXi ホストを 1 台ずつ操作し、バックアップデータを転送する必要があるなど、作業負荷が高い作業です。現在は PowerCLI の Get-VMHostFirmware コマンドを利用することで、多数の ESXi ホストの構成情報を一括でバックアップすることが可能になりました。このコマンドは、様々なプラットフォームに対応しており、バックアップデータの出力先も任意に指定できます。

以下の例では、ファイルサーバーに取得日時名のフォルダを作成し、vCenter Server 管理下の ESXi ホスト

11.3 vSphere 環境のバックアップ・リストア運用

の構成情報バックアップを、Get-VMHostFirmware コマンドで一括で指定フォルダにバックアップしています。

```
PS C:\> $date = Get-Date -Format "yyyyMMddhhmmss"
PS C:\> $path = New-Item -ItemType Directory -path \\172.16.44.101\share\ESXi-Backup\$date
PS C:\> Get-VMHost | Get-VMHostFirmware -BackupConfiguration -DestinationPath $path

Host            Data
----            ----
esxi03.jp.vm... \\172.16.44.101\share\ESXi-Backup\20240731060103\configBundle-...
esxi01.jp.vm... \\172.16.44.101\share\ESXi-Backup\20240731060103\configBundle-...
esxi02.jp.vm... \\172.16.44.101\share\ESXi-Backup\20240731060103\configBundle-...
```

取得したバックアップデータは、ESXi ホストの vCenter への登録名を含むファイル名で拡張子 tgz 形式の圧縮ファイルで保存されます。ESXi ホストの構成情報は、VCSA と同様に、同一バージョン（同一 Build）ESXi ホストにのみリストアできます。ESXi ホストのバージョンアップ作業や構成変更作業の前後にそれぞれバックアップしておくことが推奨されます。ESXi ホストの構成情報のバックアップ・リストアの詳細に関しては以下の KB を参照してください。

- KB：How to back up and restore the ESXi host configuration (313510)
  https://knowledge.broadcom.com/external/article/313510

11.3.5 vSphere クラスタ構成のバックアップとリストア

vCenter Server や ESXi ホストのバックアップを取得しておけば、コンポーネント障害発生時の迅速な復旧が可能となります。さらに、VDS やリソースプールの設定など、個別の設定についてもバックアップ・リストアを行うことで、誤操作や設定ミスからの復旧、構成変更後のトラブルシューティング、別環境への構成複製などに役立ちます。

■ 分散スイッチ設定のバックアップ・リストア

VDS の設定（ポートグループの設定を含む）は、構成ファイルとしてエクスポートし、バックアップ・リストアに利用できます。VDS の設定変更やアップグレードなどのメンテナンス後にエラーが発生した場合のリストアや、誤って削除してしまった VDS の復元、別環境で同一構成の VDS を作成する場合などに役立ちます。

VDS 設定、VDS ポートグループ設定のエクスポートは対象を選択した状態で [設定] > [設定のエクスポート] をクリックします（図 11.32）。VDS 階層を選択して [設定のエクスポート] を実行すると VDS と関連する全てのポートグループの設定、または VDS の設定のみをエクスポートできます。

図 11.32　VDS のバックアップ①

　VDS 設定のエクスポート時は、ポートグループ設定を含むか否かを選択可能です。VDS ポートグループの階層で特定のポートグループを指定して、設定のエクスポートを行うと、対象ポートグループの設定のみがエクスポートされます。構成ファイルのエクスポートは、zip 圧縮ファイル形式でファイル名「backup.zip」が出力されるので、適宜分かりやすい名称を付けて保存します。構成ファイルをリストアする際は、対象の VDS または VDS ポートグループを選択し [設定のリストア] を実行します。リストア時には選択したバックアップファイルに間違いがないことを必ず確認してください。

■ 分散スイッチとポートグループのインポート

　エクスポートした VDS 構成、VDS ポートグループ構成を利用して、新しい VDS の作成、ポートグループの作成が可能です。誤って削除した VDS をリストアしたり類似構成を作成する時は、インポートを利用します（図 11.33）。

図 11.33　VDS のインポート①

438

11.3 vSphere 環境のバックアップ・リストア運用

VDS としてインポートする場合は、「データセンター」階層からインポートを行います。VDS ポートグループをインポートする場合は、対象の VDS を選択してリストアをします[7]（図 11.34）。

図 11.34　VDS のインポート②

削除したスイッチを再作成する、またはアップグレードに失敗したスイッチ構成をリストアする際は、「元の Distributed Switch とポート グループ識別子を保存します」をチェックします。

■ リソースプール設定のバックアップ・リストア

リソースプールは、DRS が有効となったクラスタで利用可能な機能ですが、DRS が無効化されるとリソースプールも削除されてしまいます。ただし、リソースプール情報は DRS を無効化する際に、「スナップショット」としてローカルにファイル保存が可能で、DRS を再度有効化した際に、スナップショットファイルを取り込み、リソースプール構成をリストアできます。

対象のクラスタを選択し、[構成] > [サービス] > [vSphere DRS] の順に選択し、DRS の [編集] を開きます（図 11.35）。

図 11.35　DRS・リソースプール設定のバックアップ

【7】　VDS ポートグループのリストア時も「データセンター」階層を選択することは可能です。その場合は VDS ポートグループが一つだけ含まれる元の VDS 設定がインポートされます。

「vSphere DRS」の有効化スイッチをオフにすると、警告メッセージとともにリソースプール「スナップショットの保存」が選択可能になります（図11.36）。リソースプールスナップショットはファイル名が「クラスタ名」、ファイル拡張子が「.snapshot」の構成ファイルとして保存されます。この画面でDRSの無効化を確定せず、リソースプールスナップショットのみを保存することも可能です。その場合はリソースプールスナップショット保存後、キャンセルで画面を閉じます。

図11.36　リソースプールスナップショットの取得

DRSが無効の状態では、リソースプールが削除されます。削除されたリソースプールはDRSを再度有効にした場合も自動では戻りません。

リソースプールをリストアするためにはまずDRSを有効にします。再度DRSを有効化すると、「リソースプールツリーのリストア」が選択可能になります（図11.37）。

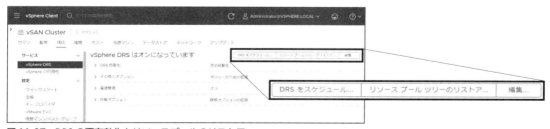

図11.37　DRSの再有効化とリソースプールのリストア

11.4 パフォーマンスモニタリング

「リソースプールツリーのリストア」画面でバックアップした「*.snapshot」ファイルを指定してOKをクリックすると、削除されたリソースプールが復元され、仮想マシンも元のリソースプール内に配置されます。

11.4 パフォーマンスモニタリング

仮想化環境では、アプリケーション、ユーザー、仮想化レイヤーなど、様々な要因がパフォーマンスに影響するため、その管理は複雑になりがちです。vSphere環境の健全性と可用性を維持するには、効果的なパフォーマンス監視が不可欠です。

適切なパフォーマンスモニタリングによって、以下の目標を達成できます。

- 事前に定義したメトリクスとしきい値に基づいて、異常な挙動を検出する
- 問題発生時の根本原因を特定し、解決に役立つ情報を収集する
- パフォーマンスデータを活用して、インフラストラクチャを最適化し、リソースを効率的に利用する

本節では、パフォーマンス問題の分類、解決方法、そして監視に役立つツールを紹介します。

■ パフォーマンス問題解決の手順

仮想化環境でパフォーマンス問題が発生した場合、以下の手順を繰り返して、原因の特定と対応を行います。

1. 問題の発生箇所を特定する（原因の切り分け）
2. 監視ツールなどで現在のパフォーマンスを測定し、目標値を設定する
3. ボトルネックを特定する（アプリケーション、ゲストOS、仮想マシン、ESXiハイパーバイザー、物理環境など）
4. チューニング、または対応策を実施する
5. 変更後のパフォーマンスを測定し、目標値に達していない場合は、再度ボトルネックを特定する

11.4.1 パフォーマンスモニタリングのためのツール

パフォーマンスの監視やトラブルシューティングには、様々なツールや方法があります。どれが最適かは、組織の規模やシステムの複雑さ、そして求める監視レベルによって異なります。本項ではvSphere環境で標準的に利用可能なパフォーマンスモニタリングツールの活用方法を紹介します。

■ vSphere Client

vSphere環境を操作する基本ツールであるvSphere Clientでは、仮想化環境全体のパフォーマンス概要を素

441

CHAPTER 11 vSphere クラスタの運用と監視

早く確認できます。ESXi ホストや仮想マシンなどのオブジェクト単位で、詳細なパフォーマンスデータを分析するためのチャート表示が可能です。

パフォーマンスチャートに含まれる情報の粒度は、vCenter Server の統計情報設定で変更できます。統計レベルと情報収集間隔を設定することで、収集するデータの詳細度を調整できます。統計レベルは、以下の4段階から選択できます(**表11.8**)。

表11.8　vCenter 統計レベル

統計レベル	特徴
レベル1	最も詳細度が低いレベルです。CPU、メモリ、ネットワーク使用量の総計など、最も重要な統計情報のみが収集されます。これは、すべての収集間隔におけるデフォルトの収集レベルです
レベル2	仮想マシン操作や CPU のアイドル状態に関する、より詳細な統計情報が追加で取得されます。デフォルトよりも詳細に、かつ長期で監視を行う場合に適しています
レベル3	CPU ごとのホストの CPU 使用率など、インスタンスごとの統計情報が収集されます
レベル4	最も詳細度が高いレベルです。他のすべてのレベルの統計情報に加えて、さらに詳細な情報が収集されます。レベル3とレベル4の収集レベルは、主に問題発生後の短期的なパフォーマンス監視に使用します

統計レベルが高いほど、プロセスに必要なリソース消費が増加し、収集した情報を蓄積するためのストレージ容量も増大します。そのため、目的に応じて適切な設定を選択することが重要です。

統計レベルの変更は vSphere Client のインベントリビューで vCenter Server を選択し、[構成] > [設定] > [全般] をクリック、[編集] で vCenter Server の全般設定から統計情報の各設定値を変更できます。例では、5分間隔で収集される統計レベルをプルダウンで表示される選択の中からデフォルトの「レベル1」から「レベル4」に変更します。詳細な統計情報を保持するために必要な「予期される必要な容量」としてストレージの消費量が自動で算出・表示されます(**図11.38**)。

図11.38　統計情報の収集レベルを変更した際の予期される必要な容量確認

11.4　パフォーマンスモニタリング

　間隔、保存期間、統計レベルの組み合わせと、クラスタの規模に応じて非常に大きな容量が必要となる場合があります。トラブルシューティング時においても統計レベルの変更は必要最小限の範囲で変更することが安定運用のために重要です。

■ コマンドラインツール

　vSphere 環境のパフォーマンスは、コマンドラインツールを使用して監視することもできます。代表的なツールとして、ESXi ホスト単位で実行可能な esxtop があります。esxtop は CLI ベースのツールで、ESXi ホストに接続してコマンドを入力することで、CPU、メモリ、ネットワーク、ディスク、など様々な ESXi ホスト上のプロセスのパフォーマンス利用状況をリアルタイムで確認できます（**図 11.39**）。

　esxtop はあくまでリアルタイムな状態の確認を目的としたツールであり、過去の情報を参照することはできません。そのため、過去の情報に基づいた分析を行う場合は、vSphere Client を利用する必要があります。

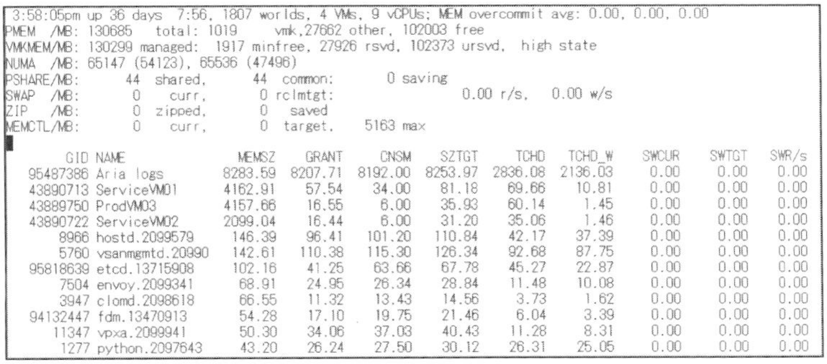

```
3:58:05pm up 36 days  7:56, 1807 worlds, 4 VMs, 9 vCPUs; MEM overcommit avg: 0.00, 0.00, 0.00
PMEM   /MB: 130685   total: 1019    vmk,27662 other, 102003 free
VMKMEM/MB: 130299 managed:  1917 minfree, 27926 rsvd, 102373 ursvd, high state
NUMA   /MB: 65147 (54123), 65536 (47496)
PSHARE/MB:       44   shared,       44  common:       0 saving
SWAP   /MB:        0    curr,        0 rclmtgt:            0.00 r/s,   0.00 w/s
ZIP    /MB:        0  zipped,        0   saved
MEMCTL/MB:        0    curr,        0  target,   5163 max

   GID NAME             MEMSZ    GRANT     CNSM    SZTGT     TCHD   TCHD_W    SWCUR    SWTGT    SWR/s
95487386 Aria logs      8283.59  8207.71  8192.00  8253.97  2836.08  2136.03     0.00     0.00     0.00
43890713 ServiceVM01    4162.91    57.54    34.00    81.18    69.66    10.81     0.00     0.00     0.00
43889750 ProdVM03       4157.66    16.55     6.00    35.93    60.14     1.45     0.00     0.00     0.00
43890722 ServiceVM02    2099.04    16.44     6.00    31.20    35.06     1.46     0.00     0.00     0.00
    8966 hostd.2099579   146.39    96.41   101.20   110.84    42.17    37.39     0.00     0.00     0.00
    5760 vsanmgmtd.20990 142.61   110.38   115.30   126.34    92.68    87.75     0.00     0.00     0.00
95818639 etcd.13715908   102.16    41.25    63.66    67.78    45.27    22.87     0.00     0.00     0.00
    7504 envoy.2099341    68.91    24.95    26.34    28.84    11.48    10.08     0.00     0.00     0.00
    3947 clomd.2098618    66.55    11.32    13.43    14.56     3.73     1.62     0.00     0.00     0.00
94132447 fdm.13470913     54.28    17.10    19.75    21.46     6.04     3.39     0.00     0.00     0.00
   11347 vpxa.2099941     50.30    34.06    37.03    40.43    11.28     8.31     0.00     0.00     0.00
    1277 python.2097643   43.20    26.24    27.50    30.12    26.31    25.05     0.00     0.00     0.00
```

図 11.39　esxtop ツールの実行画面

　esxtop の詳細な使用方法は公式ドキュメント、および KB で多数記事が公開されているので、そちらも参照してください。

- **公式 Docs**：Performance Monitoring Utilities: resxtop and esxtop

  https://techdocs.broadcom.com/us/en/vmware-cis/vsphere/vsphere/8-0/vsphere-monitoring-and-performance-8-0/performance-monitoring-utilities-resxtop-and-esxtop.html

　また、esxtop の取得データを csv 形式のファイルにエクスポートすることも可能です。
　詳細については次の KB を参照してください。

- **KB**：Performance Data Collection using esxtop and resxtop（308926）

  https://knowledge.broadcom.com/external/article/308926/

443

CHAPTER 11 vSphere クラスタの運用と監視

■ Aria Operations（VCF Operations）の活用

本章のコラム「VMware Aria」でも紹介する Aria Operations、Aria Operations for Logs、Aria Operations for Network はいずれも vSphere 環境のモニタリング、パフォーマンス分析を行うために最適化されたツールです。日々の運用モニタリングだけでなく、トラブルシューティングの際も過去に遡って状況確認を行い、原因の特定を迅速化させる強力なツールです。ここまで紹介したようなアプローチ観点と適切なツールを用いて、パフォーマンス最適化に向けたモニタリングとチューニングを継続することが推奨されます。

11.5 vSphere を操作する CLI・API ツール

vSphere Client では Web UI ベースで様々な操作を行えます。しかし、より柔軟でカスタマイズ性の高い運用管理を実現するには、CLI や API の活用が不可欠です。本節では、vSphere 環境の運用管理を高度化するための選択肢として、CLI や API、そして関連ツールの概要を紹介します。

11.5.1 vSphere を操作する CLI・API・SDK の全体紹介

vSphere クラスタの運用と監視において、CLI、API、SDK は重要な役割を果たします。

- CLI（Command-Line Interface）

  コマンドを入力して vSphere 環境を操作します。GUI 操作と比べて直感的ではありませんが、複雑な操作をスクリプト化して効率化したり、GUI では提供されない機能にアクセスしたりできます。実行コマンドは履歴として記録されるため、ログの確認やデバッグに役立ちます。

- API（Application Programming Interface）

  アプリケーション間通信のためのインターフェイスです。vSphere 8.0 Update 3 現在、従来の SOAP API（vSphere Web Services API）に加えて、REST API（vSphere Automation API）、Virtual Infrastructure JSON API も追加され、SOAP API をより柔軟に利用できるようになりました。API を活用することで、仮想化環境の操作を効率化・自動化できます。

- SDK（Software Development Kit）

  API を活用したアプリケーション開発を支援するソフトウェア開発キットです。vSphere Automation SDK は vSphere 環境の自動化および運用管理のための REST API ベースの SDK で、Java、Perl、Python などに対応しており、従来の vSphere Web Services SDK よりも使いやすく、拡張性が高いのが特徴です。

11.5　vSphereを操作するCLI・APIツール

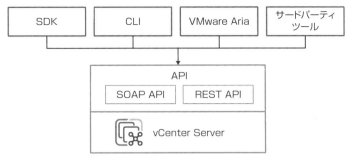

図11.40　vCenter ServerとCLI、API、SDK

■ CLI／APIのユースケース例

- **クラスタの監視とアラート**
  APIを使用して、ホスト、仮想マシン、ストレージ、ネットワークなどのリソース使用状況を監視し、外部サービスやツールに連携できます。取得したデータは、ダッシュボード作成などに活用できます。

- **仮想マシンのプロビジョニングと管理**
  テンプレートやスクリプトを用いて仮想マシンを自動的にプロビジョニングしたり、仮想マシンやvSphere環境全体のバックアップを自動取得するなど、繰り返しの操作を自動化することに適しています。

- **コンフィギュレーション管理と自動化**
  CLIを使用して設定変更を行い、履歴を記録することで監査を可能にします。vSphere Automation APIのスケジュールジョブ機能を使用して、設定変更タスクを定期実行することもできます。

11.5.2　vSphere API

vSphere APIは、vSphere環境を自動化、管理、拡張するための強力なツールです。APIから実行された操作はvCenter Serverのタスクとしてキューイングされるため、vSphere Clientから実行可能な操作はすべてAPI経由でも実行できます。ここでは、APIの仕組みと具体的な操作例を紹介します。

■ vSphere APIのアーキテクチャ

vSphere APIはオブジェクト指向のデータモデルに基づいており、各コンポーネントをオブジェクトとして表現します。vSphere APIのデータモデル、アーキテクチャに含まれる要素のいくつかがそれぞれどのようなイメージで存在しているのかを図11.41で図示します。また、各要素の説明を表11.9に示します。

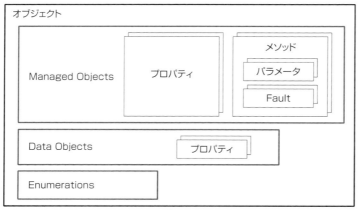

図11.41　APIアーキテクチャイメージ

表11.9　APIアーキテクチャの要素

オブジェクト	説明
データオブジェクト (Data Object)	管理対象オブジェクトのプロパティや設定を表現します (例：VirtualMachineConfigInfo、HostConfigInfo)
列挙型 (Enumerations)	特定の属性である値のセットが定義されます (例：VirtualMachinePowerState、HostConnectionState)
プロパティ (Property)	各オブジェクトは複数のプロパティを持ち、プロパティはオブジェクトの状態や設定を監視します。APIの処理の中ではこのプロパティを参照することで、条件の分岐や結果の出力のための元情報としています
メソッド (Method)	オブジェクトに対して実行可能な操作を定義しています。コードの中でこのメソッドを呼び出して、仮想化環境に対する操作や参照が実行されます (例：VirtualMachine オブジェクトの PowerOnVM() メソッドによって仮想マシンの電源をオンにする)
Fault	APIの操作中に発生する可能性のあるエラーや例外を表現します。クライアントがエラー状況を適切に処理できるように設計されています (例：NotFound、InvalidArgument)

■ 管理対象オブジェクト（Managed Objects）

vCenter Server や ESXi ホストなどの実際のリソースを表すオブジェクトです。各オブジェクトは一意の識別子（ManagedObjectReference：MoRef）を持ちます（例：HostSystem、VirtualMachine、Datastore）。

vCenter Server に組み込まれた Managed Object Browser（MOB）を使用すると、オブジェクトを GUI で表示したり、メソッドを呼び出したりできます。MOB には、Web ブラウザで URL https://<vCenter Server IP アドレス or FQDN>/mob にアクセスし、認証を行うことで接続できます（**図11.42**）。

11.5 vSphere を操作する CLI・API ツール

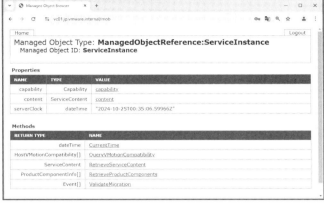

図 11.42　MOB へのログイン

　MOB の内部も vSphere Client と同じく階層化されています。まずは [Managed Object Type] で [content] を開き、続く [Data Object Type] で [rootFolder] を辿ると目的の仮想マシンや ESXi ホストなどのオブジェクトが表示されます（**図 11.43**）。

図 11.43　MOB のオブジェクト階層へのアクセス

　API が提供する機能は非常に多いため、ユースケースの例も多岐にわたります。vSphere Client での操作を自動化できるだけでなく、外部システムとの連携や、GUI では不可能なきめ細やかな操作も可能になります。これにより、運用管理の効率化、人為的ミスの削減、そして柔軟なシステム構築を実現できます。より詳細な情報、サンプルコードなどは Broadcom Developer Portal、GitHub、コミュニティで公開、共有されていますので、適宜参照してください。

- Broadcom Developer Portal

  https://developer.broadcom.com/

- VMware - GitHub

  https://github.com/vmware

- VMware {code} Community

  https://community.broadcom.com/vmware-code/home

11.5.3 PowerCLI

PowerCLIは、PowerShellを拡張したvSphere環境を管理するためのコマンドラインツールです。直感的なコマンドとスクリプト機能により、仮想マシンの操作、構成管理、パフォーマンス監視などを自動化し、運用効率を大幅に向上できます。さらに、vSphere APIへのアクセス手段としても活用できるため、柔軟なシステム構築を支援します。

■ PowerCLI

- 豊富なコマンド
  vSphereのほぼすべての機能をカバーするコマンドが用意されています

- スクリプトによる自動化
  複雑な操作をスクリプト化することで、作業の効率化と標準化を実現できます

- vSphere APIへのアクセス
  PowerCLIはvSphere APIをラップしているため、APIの機能をPowerShellから簡単に利用できます

- 拡張性
  PowerShellの機能を活かして、独自の関数やスクリプトを作成し、PowerCLIを拡張できます

■ PowerCLIのインストールとセットアップ

PowerCLIはPowerShell Galleryで公開されており、PowerShellがインストールされたWindows、macOS、Linuxマシンで Install-Module コマンドを利用することで簡単に導入できます。macOS、Linuxの場合はPowerShell 7以降がインストールされている必要があります。Windowsの場合、組み込みのPowerShell 5.1、または追加インストールしたPowerShell 7以降のどちらにもPowerCLIをインストールできます。

- **PowerShell 公式 Github：最新版 PowerShell 7+ のダウンロード**

  https://github.com/PowerShell/PowerShell

- **PowerShell Gallery：PowerCLI**

  https://www.powershellgallery.com/packages/VMware.PowerCLI/

インターネットに接続可能な環境では、PowerShell を管理者権限で開き、下記の Install-Module コマンドを実行するとインストールが完了します（150MB 前後のファイルがダウンロードされるため、インターネット回線の速度によっては十数分かかる場合があります）。

```
PS C:\>  Install-Module -Name VMware.PowerCLI
```

PowerCLI はインターネットに接続されていない環境では、別途モジュールを入手して導入可能です。インストールモジュールをダウンロードするために、Broadcom Developer Portal の PowerCLI サイトにアクセスし、「Download」ボタンをクリックします。

- **Broadcom Developer Portal : PowerCLI**

  https://developer.broadcom.com/powercli

- **最新バージョンの PowerCLI オフライン版ダウンロード**

  https://developer.broadcom.com/tools/vmware-powercli/latest/

ダウンロードした zip ファイルを展開し、PowerCLI のモジュールパスに配置します。下記は一例として、Windows におけるデフォルトのパスを示しています。

```
C:\Program Files\WindowsPowerShell\Modules
```

配置されたファイルはロックされているので、下記のコマンドで利用可能な状態にします。ここではパスを上記の例示と同じものにしていますが、実環境では、モジュールを配置したパスに適宜修正します。

```
PS C:\> Get-ChildItem -Path " C:\Program Files\WindowsPowerShell\Modules" -Recurse | Unblock-File
```

下記のように Get-Module コマンドを利用して、オフライン手順でインストールした PowerCLI が利用可能な状態にあることを確認します。

```
PS C:\> Get-Module -Name VMware.PowerCLI -ListAvailable

ModuleType        Version              Name
---               ---                  ---
Manifest          13.3.0...            VMware.PowerCLI
```

■ PowerCLI のアップデート

PowerCLI は vSphere の新機能に追従するため定期的に新しいバージョンがリリースされます。作業自体は Update-Module コマンドを利用して更新できます。

```
PS C:\> Update-Module -Name VMware.PowerCLI
```

この時の注意点として、上記のコマンドでアップデートした場合には、アップデート前の古いモジュールが削除されず残る場合があります。また、モジュールの証明書が変更されたためアップデートがエラーとなる場合があります。その場合は、現在インストールされている PowerCLI のバージョンを確認して、明示的に古いモジュールを削除してから、新しいバージョンにアップデートすることが推奨されます。

古いバージョンを削除しておく手順について示します。まずは、現在インストールされている VMware 関連のモジュールのバージョンをリストします。

```
PS C:\> Get-Module -Name VMware.* -ListAvailable

ModuleType Version     Name
---------- -------     ----
Script     13.1.0....  VMware.CloudServices
Script     13.1.0....  VMware.DeployAutomation
Script     13.1.0....  VMware.ImageBuilder
Manifest   13.1.0....  VMware.PowerCLI
Script     13.1.0....  VMware.PowerCLI.Sdk
```

PowerCLI をインストールすると様々な VMware 関連のモジュールがインストールされますが、再インストール時に最新バージョンでインストールされます。削除して問題ない場合、次に Uninstall-Module コマンドでパイプでリストを渡し、古いバージョンを削除します。

```
PS C:\> Get-Module -Name VMware.* -ListAvailable | Uninstall-Module -Force
```

他バージョンと併存する状態を避けるためには、上記手順を実行してクリアな環境を用意し、新しいバージョンをインストールします。

11.5 vSphere を操作する CLI・API ツール

```
PS C:\> Install-Module -Name VMware.PowerCLI
```

■ PowerCLI の構成

PowerCLI で仮想化環境を操作するためには、vSphere Client と同じように vCenter に接続する必要があります。接続する際には下記コマンド例の通り、ログオンユーザーと認証情報が必要になるので、適切なユーザーでアクセスを実施します。

```
PS C:\> Connect-VIServer -Server <vCenter Server IPアドレス or FQDN> -User <ログオンユーザー>
-Password <パスワード>
```

PowerCLI 10.0 以降で証明書チェック時の挙動が従来と変更され、PowerCLI のバージョンと vSphere のバージョンの組み合わせによっては Invalid server certificate メッセージが出力され、接続が不可になるケースがあります。その場合は Set-PowerCLIConfiguration で PowerCLI の既定値を変更する、または Connect-VIServer コマンドに -Force オプションを付けて強制的に接続するような手段を取ることで回避可能です。

■ PowerCLI のユースケース

PowerCLI を利用するユースケースは数多くあり、本書でそれらを網羅することは困難なため割愛します。詳細な情報はユーザーガイド、Broadcom Developer Portal、Broadcom コミュニティの情報を参照してください。

- **VMware PowerCLI User's Guide**
  https://techdocs.broadcom.com/us/en/vmware-cis/vcf/power-cli/latest.html

- **Broadcom Developer Portal : PowerCLI References**
  Getting Started with VMware vSphere And vSAN cmdlets
  https://developer.broadcom.com/powercli/latest/products/vmwarevsphereandvsan/

11.5.4 デベロッパーセンター

デベロッパーセンター（Developer Center）は vSphere 6.7 Update 2 から実装された機能で、vSphere 環境の自動化と管理を支援するための開発者向けの機能です。vSphere Client に統合されており、API の構造の理解、PowerCLI コマンドの生成、API Explorer で API をテストするのに役立ちます。

デベロッパーセンターは、vSphere 環境の自動化を促進し、運用管理の効率化に貢献する強力なツールです。API を活用した vSphere 環境の管理に興味がある方は、ぜひデベロッパーセンターを試してみてください。デベロッパーセンターには主に API Explorer と Code Capture の 2 つの機能があります。

■ API Explore

vSphere Automation API（REST API）をインタラクティブに操作し、API構造の表示やAPIリクエストをテストし、動作を確認することで、APIの使用方法を習得できます（図11.44）。

図11.44　Developer Center：API Explorer

API Explorerの利用方法については、公式ドキュメントや、Broadcom Developer Portalなどを参照してください。

- 公式 Docs：What Is vSphere Developer Center
  https://techdocs.broadcom.com/us/en/vmware-cis/vsphere/vsphere/8-0/vcenter-and-host-management-8-0/working-with-the-developer-center-host-management.html

■ Code Capture

Code CaptureはvSphere Client上のマウス操作やキーボード入力などを記録し、操作した内容をコードとして出力します。出力されるコードの言語はPowerCLI、vRealize Orchestrator javascript（vRO javascript）、Python、Go言語から選択可能です。なお出力されるレコードはvSphere APIオブジェクトの形で出力されます。

デベロッパーセンターからCode Captureを開き、「コードキャプチャを有効にする」トグルスイッチをオンにすると、「記録の開始」ボタンが表示されてきます。また、上部のナビゲーションバーにも赤い丸印のレコーディングボタンが追加され、vSphere Clientのどの画面を開いている状態でも、「記録の開始」操作が行えます（図11.45）。

11.5 vSphere を操作する CLI・API ツール

図 11.45 Developer Center：Code Capture

「記録の開始」をクリックすると、録画を停止するまでの間の vSphere Client 上の操作がすべてコードとして記録されます。

1つのケースとして、インベントリツリー上の仮想マシンをリソースプールに移動する操作を PowerCLI のコードに出力する例を紹介します（図 11.46）。

図 11.46 Code Capture による操作記録

① 操作をする前に、上部の「記録ボタン」をクリックする。記録中はボタンがゆっくりと点滅する
② 次に任意のインベントリツリー上の仮想マシンをリソースプールにドラッグアンドドロップで移動する
③ 最後にもう一度「記録ボタン」をクリックして停止する。記録を停止すると Code Capture の画面に移動し、操作の記録がコードとして確認できる

453

このコードを実行することで、先ほどGUI上で実施した作業を再現できます。コードの種類は右側の言語切替のプルダウンメニューから変更できます[8]（図 11.47）。

図 11.47　出力されたコード

サンプルコードは、汎用的に利用されるPowerCLIコマンドではなく、PowerShellオブジェクトを直接操作する形でコードが出力されるため、直感的でないため注意が必要です。その反面、vSphereの内部のオブジェクトに対する操作を理解することに役立ちます。

11.6　vSphere トラブルシューティング

vSphere環境は多様なコンポーネントで構成されるため、発生しうる問題も多岐にわたります。そのため、トラブルシューティングを網羅的に解説することは困難です。しかし、問題発生時に迅速に原因を切り分け、影響範囲を特定することで、業務への影響を最小限に抑え、サポートへの問い合わせもスムーズに行えます。本節では、vSphere環境で障害が発生した場合の事象の切り分け方と、その後の対応について解説します。

11.6.1　事象の切り分け

トラブルシューティングの最初のステップは、事象の切り分けです。切り分けの際には、以下の2つのポイントを意識することが重要です。

---

[8]　vCenter 8.0 Update 3 時点で、「Go」言語が「移動」と直訳されてしまっており、分かりにくくなっています

11.6 vSphere トラブルシューティング

■ 障害内容の把握

具体的にどのような障害が発生しているのかを正確に把握します。報告者から以下の情報をヒアリングすることで、状況を整理できます。

- 問題の詳細
- 発生時刻
- 実施していた操作内容
- 作業対象（仮想マシン、ESXi ホスト、クラスタなど）

■ 共通要素の洗い出し

同じネットワーク、データストア、ホストなどを共有する他の環境で同様の事象が発生していないかを確認します。発生時刻が分かっている場合は、vSphere Client のイベントログで、問題発生箇所（仮想マシン、ESXi ホスト、データストア、ネットワーク）に関連するエラーイベントを確認します。

11.6.2 切り分け後の対応

■ 仮想マシン単体の問題

確認の結果リソースを共有している他の仮想マシンでは影響は見られず、報告された仮想マシン単体の問題と判断可能な場合、影響は対象仮想マシンの提供しているサービスに限定されると考えられます。サービスの復旧を優先するのであれば、この時点で対象仮想マシンの再起動を試みる、といったアプローチの検討も有効です。

■ ESXi ホスト単体の問題

ESXi ホスト単位で問題の発生が確認された場合、対象ホストから仮想マシンを移行できれば影響の抑制が期待できます。このようなケースでは vMotion で仮想マシンを他の ESXi ホストへ退避後、ESXi ホストをメンテナンスモードに切り替え、事象の影響の拡散を防いだ上で対処策の検討に進むことが可能です。

■ vCenter Server から切断された ESXi ホストの問題

管理ネットワークで問題が発生したケースなど、対象の ESXi ホストが vCenter Server から切断状態の場合は vMotion による仮想マシンの退避が行えません。このようなケースで、対象の ESXi ホスト上の仮想マシンのサービスも停止している状況であれば、強制的に他の ESXi ホストで仮想マシンを起動するのがサービス復旧の最短手順の場合があります。例えば、vSphere HA が構成されている環境であれば、対象 ESXi ホストの電源を強制的に落とすことで、仮想マシンのフェイルオーバーによる移行が期待できます。フェイルオーバーの過程で、対象ホスト上で稼働中の仮想マシンは一度停止しますが、速やかに仮想マシンを vCenter Server 管理下に戻す必要がある場合等ではこの対応が有効となります。

455

■ データストアの問題

データストア単位での問題だった場合、影響を受けている仮想マシンを Storage vMotion で別のデータストアに移行することを検討します。ただし、問題の内容によっては移行できない場合もあるため、影響の少ない仮想マシンから試行します。また、上記のように共通要素がデータストア(ストレージ)やネットワークといった、ESXi ホスト間で共有されるリソースだった場合、ESXi ホスト側では対象リソースを利用しないように設定を変更する以外に有効な手だてはない場合が多く、問題の解消にあたっては速やかに対象リソースを管理している担当者との連携で調査を進めることが重要です。

11.6.3 原因調査へのアプローチ

発生した問題の原因や根本対処などについては、例えば KB（Knowledge Base）等で合致する事例が見つかる場合もありますが、詳細に調査しないと分からないといったケースは多々あります。そういったケースでは発生原因や再発防止策についてはサポート窓口に問い合わせを行い調査・特定を進めていく流れとなります。サポート窓口に問い合わせを行うことをケース発行(従来はサポートリクエスト：Support Request = SR)と呼びます。詳細な手順は以下の公式ブログで案内しています。

- VMware Japan Blog：Broadcom サポートサイト利用ガイド
  https://blogs.vmware.com/vmware-japan/2025/01/broadcom-support-site-user-guide.html

サポート窓口での調査に際しては、発生時の状況を把握するため対象環境でログバンドルを取得し解析を進めるといったアプローチをとります。しかし、ログは時間の経過とともにローテーションされるため、事象発生からログ取得までに時間が空いてしまうと、発生時のログが失われ調査が困難となるケースがあります。障害発生後は速やかに問い合わせを行いログの取得を行うことが推奨されます。

また、事象や作業内容の整理、ログの取得以外にも、対象環境の構成図やネットワーク図を含めた構成情報を準備することで、問題の切り分けをスムーズに進められます。解析に発生中にしか取得できない情報が必要なケースもあります。復旧を優先させて再起動や再構成などの復旧策を実施した場合、後日の対応では原因の特定には至れない場合もあります。そのため、復旧策の実施に際しては復旧後の対応方針も見据えての判断が必要となります。事後の調査に詰まる状況を避けたい場合や、判断に困る場合は早めにサポート窓口へ問い合わせを行い、相談しつつ対応方針を決めていくことをおすすめします。

COLUMN

VMware Aria

vSphere Client や PowerCLI、API だけでも運用していくことは十分に可能ですが、安定性をより高く、効率的に高度な運用を実現するためのソリューションである「VMware Aria」について紹介します。

VMware Aria は VMware Cloud Foundation を中心としたクラウドの統合管理ツールとして、直観的に使える運用最適化ツールを一つのパッケージとしてまとめたものとなっており、VMware Cloud Foundation とシームレスに統合されているため、vSphere 基盤の管理者や利用者に以下の価値を提供します[9]。

Aria 製品群を利用することで以下のようなソリューションが提供されます。

- **自動的なデリバリー**
  インフラやアプリケーションのデプロイを自動化しセルフサービス化を促進することで、手作業による工数発生や作業ミスを抑制し、迅速で高品質なサービスデリバリーを実現します。

- **パフォーマンス可視化**
  基盤構成やリソース状況を可視化し、収集された多くの情報を基にした改善提案により、vSphere 基盤のトラブルを事前に防ぎ、迅速なトラブルシューティングを可能にします。

- **コスト&キャパシティ管理**
  収集した vSphere 基盤やアプリケーションの情報より傾向を分析し将来の推移予測や推奨提案を提供することで、キャパシティ管理の精度を高めコスト最適化を実現します。

- **ガバナンス強化**
  社内規則や蓄積ナレッジ、ベストプラクティスを基にポリシーを定義し vSphere 基盤に適用することで、基盤の管理ガバナンスを強化します。ポリシー違反を自動的に検出し、是正を提供します。

管理対象は vSphere や VMware Cloud Foundation だけでなく、クラウドサービスやサードパーティのハードウェアやソフトウェアも管理でき、VMware 製品に限らないプラットフォームやアプリケーション自体の統合運用管理として利用できます。

VMware Aria はカバーする領域ごとにコンポーネントがあり、複数のコンポーネントによって構成されています。それぞれ単体のコンポーネントで動作し、提供する機能の恩恵を享受できます。また、複数のコンポーネントを連携することで、それぞれのコンソールやダッシュボードをシームレスに移動でき、複数観点からの調査・分析を容易に行えます。

VMware Aria のコンポーネントには代表的な以下のコンポーネントが含まれています。

---

[9] 2024 年の VMware Explore にて、今後は VMware Aria Operations 関連のコンポーネントは「VMware Cloud Foundation Operations（VCF Operations）」、VMware Aria Automation 関連のコンポーネントは「VMware Cloud Foundation Automation（VCF Automation）」に製品名称と製品体系がリブランドされることが発表されました。本書籍では vSphere 8.0 Update 3 時点での名称として従来の Aria としての名称で解説します。また、以前の製品名称である「vRealize」など名称変更前後の製品比較に関しては巻頭の「製品名称一覧」で記載します。

- VMware Aria Operations
- VMware Aria Operations for Logs
- VMware Aria Operations for Networks
- VMware Aria Automation
- VMware Aria Suite Lifecycle

　第2章のライセンスの項で紹介しましたが、vSphere Foundation（VVF）では VMware Aria Operations、および VMware Aria Operations for Logs が利用可能です。また VMware Cloud Foundation では全ての Aria の機能が利用可能となります。

COLUMN
VMware Live Recovery 災害対策とランサムウェア対策

　VMware Live Recovery は、VMware が提供する災害対策とランサムウェア復旧対策を併せ持つソリューションの総称です。具体的には、VMware Live Site Recovery と VMware Live Cyber Recovery の2つの製品で構成されます。災害復旧機能、およびランサムウェア対策のデータ保護ソリューションを管理する単一のコンソールを提供することで、利用者は組織全体にわたって災害復旧およびデータ保護に関わる管理を簡素化できます。

VMware Live Site Recovery

　vSphere 環境における災害復旧ソリューションで、従来 VMware Site Recovery Manager（SRM）と呼ばれていた製品です。VMware Live Site Recovery はオンプレミスとオンプレミス、オンプレミスとパブリッククラウド間など、様々なデータセンター間を相互接続し、サイト間での仮想マシンの保護と復旧を自動化・一元管理します（図11.48）。

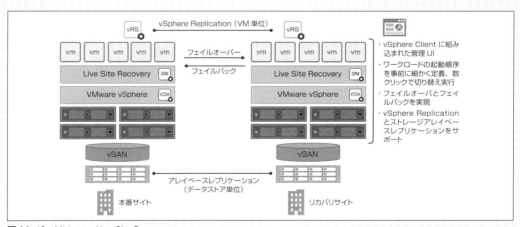

図11.48　VMware Live Site Recovery

大規模災害時の迅速かつ信頼性の高い復旧をするためのサイト間システム切り替えのリハーサル機能を持ち、安全なサンドボックスを利用した本番同等の切り替えリハーサルを日常運用の中に取り入れることができます。災害対策管理を簡素化しながらも確実なサイト間システム切り替えを実現します。

VMware Live Site Recovery は災害対策として多くの実績があるソリューションですが、様々なデータセンター間の接続トポロジーをサポートしており、本番サイトと災害対策サイトの 1:1 のデータセンターの組み合わせの他、複数の本番サイトを 1 つの災害対策サイトに集約する N:1 の組み合わせ、オンプレミスとクラウドの接続などをサポートします。また、データセンター間のシステム移行にも利用可能なソリューションでもあります。

VMware Live Cyber Recovery

ランサムウェア攻撃からの安全かつ制御された復旧を可能にする仮想マシンデータバックアップソリューションで、従来は VMware Cloud Disaster Recovery と呼ばれていた製品です。

VMware Live Cyber Recovery はリカバリサイトとして VMware Cloud 上で構築・管理される環境に用意された長期保存可能なクラウドストレージに仮想マシンデータをバックアップし、安全なリカバリ環境を提供するソリューションです (**図 11.49**)。

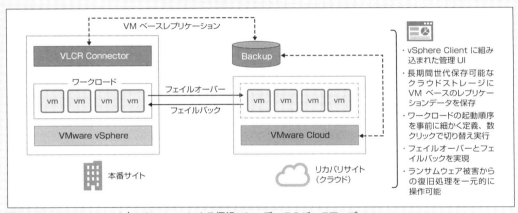

図 11.49　VMware Live Cyber Recovery による仮想マシンデータのバックアップ

VMware Live Cyber Recovery はランサムウェア攻撃を受けた場合でも、迅速かつ確実にワークロードを復旧するために長期間のリテンションポリシーとデータの上書きを許可しないイミュータブルストレージの組み合わせを提供し、リストア時の振る舞い分析、スキャンサービスを提供します (**図 11.50**)。

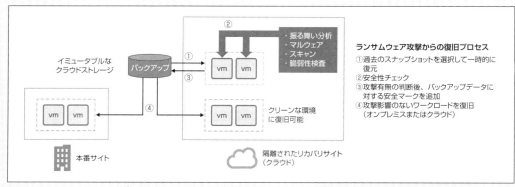

図11.50　VMware Live Cyber Recoveryによるランサムウェアからの復旧

　VMware Live RecoveryはSite Recovery、Cyber Recoveryともに、vSphere FoundationおよびVMware Cloud Foundationにアドオンライセンスで提供されます。

Chapter 12

vSphere IaaS control plane の導入

CHAPTER 12　vSphere IaaS control plane の導入

　本章では、vSphere IaaS control plane の概要と、導入について説明します。まずは、その前提知識となるコンテナ技術について紹介し、vSphere IaaS control plane のユースケースやアーキテクチャを含む概要を説明します。その後、導入として本機能を有効化する方法と、基本となる利用方法について解説します。

　本書執筆の 2024 年 12 月時点で、vSphere IaaS control plane（旧称 vSphere with Tanzu、今後は vSphere Supervisor に名称変更予定）、vSphere Kubernetes Service（旧称 Tanzu Kubernetes Grid サービス（TKGS））をはじめとして、いくつかの機能名称の変更が発表されています。一方、vSphere 8.0 Update 3 時点のユーザーインターフェイスや公式ドキュメント上は以前の名称が使用されているため、本書では vSphere 8.0 Update 3 を利用している方々向けに機能そのものは旧称を利用して解説します。

12.1　コンテナとは

　コンテナとは、アプリケーションとその依存関係（ライブラリやツール群、ミドルウェア、および関連する設定ファイル等）を、軽量なパッケージにまとめ、仮想的に区切られた空間で実行する技術です。コンテナの実行は、ホスト OS 上に搭載されたコンテナエンジンによって、管理・運用されます。

　コンテナ化することにより、アプリケーションは依存関係を含めて、一つのパッケージになるため、異なる環境であっても、一貫して実行できます。仮想マシンと比較した場合には、コンテナはホスト OS のカーネルを共有するため、より軽量で起動が速いという特徴があります（**図 12.1**）。

図 12.1　仮想マシンとコンテナのアーキテクチャの比較

　第 1 章では、物理環境と仮想マシンによるサーバー仮想化環境を比較し、アーキテクチャや特徴を紹介しました。一般的にコンテナは、仮想マシンと比較されることが多いですが、そのメリットやユースケースを理解した上で、適切な技術を採用することが大切です。特に、あらゆるケースにおいても、どちらかが優れているということではないため注意してください。

　そもそもなぜコンテナを使うのか、使うことのメリットとは何かを理解するために、いくつかコンテナのメリットを紹介します（**表 12.1**）。

12.2 Kubernetes とは

表12.1 代表的なコンテナのメリット

特徴	説明
リソース効率性	ホストOSのカーネルを共有するため、必要最小限のコンポーネントのみで構成され、非常に軽量です。また、プロセス起動のみでアプリケーションを動かすことができるため起動が速いです
移植性	オープンソースベースとなっており、異なるコンテナホスト上でも動作させやすいです
メンテナンス性	コンポーネントが限られていることや、イメージの置き換えで対応可能な部分もあるため、比較的メンテナンス性が高くなっています
開発ワークフロー	環境依存性が低いため、開発〜テスト〜本番環境の一貫性を保ちやすいです

次に、コンテナがどのようなシーンで利用されることが多い技術なのか示します（**表12.2**）。

表12.2 コンテナのユースケースとメリット

カテゴリ	特徴	説明
CI/CD	一貫性	開発〜テスト〜本番の複数の環境にわたって、アプリケーションの依存関係の一貫性を保証します。同じアプリケーションであるにも関わらず、検証環境では動いたのに、本番環境では動かないといった問題を解消します
	速度	コンテナの迅速な起動と停止により、CI/CDパイプラインの効率を大幅に向上します
DevOps プラクティスの促進	環境の一貫性	開発環境と運用環境の一貫性を保つことができるため、開発チームと運用チーム間の連携を促進します
	自動化	アプリケーションの依存関係をパッケージ化し、移植性を高められるため、デプロイや運用の自動化が容易になります
マイクロサービス アーキテクチャ	軽量性	コンテナは起動が速く、リソース消費が少ないため、多数の小さなサービスの管理に適しています
	独立性	各サービスを独立したコンテナとして実行できるため、サービス間の分離が容易です
スケーラブルな アプリケーション	迅速なスケーリング	トラフィック変動に合わせて、迅速に新しいコンテナを展開できるため、スケーラビリティとその迅速性が向上します
	リソース効率	必要最小限のリソースで効率的に運用が可能です

ここまで紹介したようなユースケースにおいては、コンテナの軽量性／移植性／迅速な起動や停止／リソース効率の高さが、仮想マシンよりも有利であるため、コンテナ技術が採用されるケースが多いです。ただし、完全な分離が必要な場合や、特定のOS機能に依存した要件がある場合、既存の環境からの移行性等の考慮をした結果、仮想マシンが適している場面もありますので、適材適所で検討することが推奨されます。

12.2 Kubernetes とは

前節では、コンテナ技術について紹介しました。続いてコンテナ技術を語る上では外せないKubernetesの基礎的な部分について説明していきます。Kubernetesとは、コンテナのオーケストレーションツールであり、複数のホストにわたりコンテナの管理と自動化を行うソフトウェアです。略称としては、頭文字のKと末尾のsの間に8文字あることから、K8sと記載されます。コンテナ自体はアプリケーションを実行する単位で存在はできますが、他のコンテナとの連携や、環境に適した動作をそれ単体で行うことができません。そこで、

463

CHAPTER 12　vSphere IaaS control plane の導入

Kubernetes が環境全体のオーケストレーションを担当することで、下記のようなコンテナのメリットを享受することができます。

- コスト効率の向上：リソースを最大限に活用し、効率的な運用が可能になる
- デプロイの簡素化：アプリケーションの展開が容易になる
- 自動監視と復旧：異常なコンテナを監視し、必要に応じて自動的に置き換えることができる
- スケーラビリティの向上：アプリケーションの拡張性が向上する

Kubernetes では、Pod と呼ばれる複数のコンテナの集合が、最小のデプロイの単位になります。その Pod が実行される環境のことを Node と呼び、複数の Node をまとめてクラスタとして扱います。ここでの Node は物理マシンの場合もあれば、仮想マシンの場合もあります。そのように定義づけされたコンテナ環境に対して、ユーザーは CLI や API を通してアクセス・操作を実行します。実際のアクセス・操作が発生する際には、Control Plane を通しますが、そこには Kubernetes の API Server やクラスタの運用データが保管されたストアがあり、全体の管理を司っています。Kubernetes の構成と各コンポーネントの関わりのイメージは図12.2 の通りです。

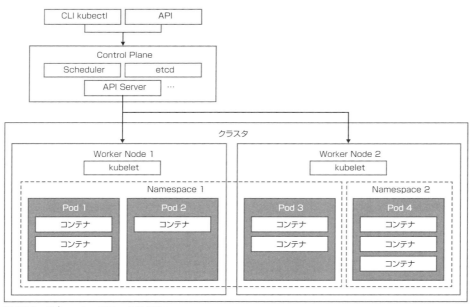

図 12.2　Kubernetes のアーキテクチャ

CLI としては kubectl という Kubernetes の操作に特化したコマンドラインツールを利用します。利用者はこのコマンドラインツールを実行することで、API 経由で Control Plane と通信を行うことになります。

ここでさらに Kubernetes を説明する上で欠かせない用語について図12.2 をベースに表12.3 にまとめてお

12.3　vSphere IaaS control plane について

きます。他コンポーネントやアーキテクチャの詳細については公式ドキュメントを参照ください。

- Kubernetes のコンポーネント

  https://kubernetes.io/ja/docs/concepts/overview/components/

表12.3　Kubernetes のコンポーネント

コンポーネント	説明
Control Plane	クラスタ全体に関するスケジューリング等の決定を行う Node です。また、クラスタ内で発生したイベントを検知し、その対処を決定します。1台で稼働することも可能ですが、3台で冗長構成を取ることができます
API Server	Control Plane 上で稼働し、API のフロントエンドを担うコンポーネントです。複数のインスタンスを実行することで、負荷分散できます
Scheduler	Control Plane 上で稼働し、Pod をどの Worker Node に割り当てると適切かを判断する役割を持ちます。基本的には各 Worker Node において偏りが出ないように配置先を決定します
etcd	Control Plane 上で稼働するキーバリューストアです。Kubernetes クラスタ全体の情報を一元的に保存し、管理します
Worker Node	コンテナベースのアプリケーションを Pod として、実際に稼働させる Node です
kubelet	各 Node 上で稼働し、Scheduler の決定に基づいて、Pod の起動や配置を実行する管理エージェントです
Namespace	クラスタ内でリソースをグループ化し、論理的に分割するための区画を定義します。Namespace ごとにリソース量の制限を設定できるため、計画的なリソース分割に利用できます。また、Namespace ごとに RBAC（ロールベースアクセス制御）を設定できるため、柔軟なアクセス制御が可能です

　コンテナには仮想マシンとは異なるメリットがあるので、適切なツールや運用方法を合わせて検討していく必要があります。ここではその代表的でベースとなるツールとして Kubernetes を紹介しました。

12.3　vSphere IaaS control plane について

　vSphere IaaS control plane（旧称 vSphere with Tanzu）は、仮想化プラットフォームである vSphere に Kubernetes を統合し、コンテナベースのアプリケーションを直接実行できるようにするソリューションです。この統合により、仮想マシンベースのアプリケーションも、コンテナベースのアプリケーションも、同一の vSphere 基盤上で管理・運用できるようになります。本節では、vSphere IaaS control plane の概要を説明し、その特徴や、実行するための要件の概要を紹介します。

12.3.1　vSphere IaaS control plane の概要

　まず、従来型のアーキテクチャでコンテナ基盤を構築する場合、Kubernetes ワークロード、Kubernetes クラスタ、そして仮想化基盤という多層のレイヤー構造となり、各レイヤーの管理も、それぞれ別の担当者が管理する場合が多く見受けられます（**図12.3**）。そのため、各レイヤーの管理が分断され、コンテナ基盤におけるセルフサービスの実現が難しくなっています。

465

CHAPTER 12　vSphere IaaS control plane の導入

　このようなケースでは、基盤の利用者（開発者など）が、新たにワークロードを展開しようとする際、まず基盤の利用者は、コンテナ基盤の管理者に新規 Kubernetes クラスタの払い出しを依頼します。それを受けて、コンテナ基盤の管理者は、Kubernetes クラスタを展開するために必要なリソースの払い出しを、今度は仮想化基盤の管理者に依頼します。その結果、基盤の利用者に対して、必要な Kubernetes クラスタを払い出すだけでも、長い時間がかかってしまい、基盤のスムーズな利用を阻害します。また、リソース管理の面でも、仮想化基盤の管理者からは、基盤の利用者が実際に消費しているリソース量の把握が難しく、過剰なリソースの割り当てが長期化してしまう懸念があります。

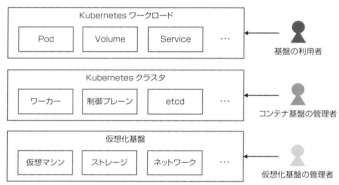

図12.3　従来型コンテナ基盤のレイヤー構造

　一方で、vSphere IaaS control plane を利用すると、vSphere 基盤の管理者は、既存の vSphere 基盤の運用の延長で、Kubernetes ベースのコンテナ基盤を実現できます。そのため、vSphere 基盤の管理者が、コンテナ基盤の管理も担えます。

　vSphere IaaS control plane では、コンテナ基盤をセルフサービスで提供できます（**図12.4**）。まず、基盤の管理者は、専用のリソースプール内に、vSphere 名前空間（以降、名前空間）と呼ばれるリソース管理の単位を作成します。名前空間では、利用可能なリソース量や、アクセス権限を設定でき、名前空間の単位で、基盤の利用者に払い出せます。これにより、基盤の利用者は、払い出された名前空間に割り当てられたリソースや権限の範囲で、自由に Kubernetes ワークロードを展開できます。

　また、リソース管理の面でも、基盤の管理者が名前空間を利用して、基盤の利用者が消費するリソース量を把握し制限できるため、適切なリソース管理を実現できます。それらの操作は vCenter から実施できるため、従来の使い慣れたツールをそのまま利用できます。**図12.4**中のスーパーバイザーを含む vSphere IaaS control plane のアーキテクチャに関しては、「12.4　vSphere IaaS control plane のアーキテクチャ」で説明します。

12.3 vSphere IaaS control plane について

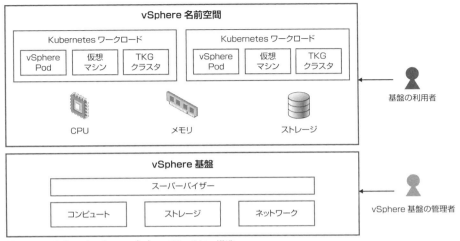

図 12.4　vSphere IaaS control plane のレイヤー構造

12.3.2　vSphere IaaS control plane の特徴

vSphere IaaS control plane は、vSphere 基盤上での Kubernetes ワークロード管理を可能にする強力なプラットフォームです。主な特徴は以下の通りです（**表 12.4**）。

表 12.4　vSphere IaaS control plane の特徴

特徴	説明
統合された管理	Kubernetes の Control Plane を vSphere クラスタ上に直接作成するため、通常の仮想マシンと Kubernetes ワークロードを同じ vSphere 環境内で統合的に管理できます。vCenter を通して Kubernetes 環境を管理できるため、vSphere 管理者にとって馴染みやすいソリューションです
オープンソースの Kubernetes 仕様に準拠	VMware Tanzu Kubernetes Grid を使用して作成された Kubernetes クラスタは、オープンソースコミュニティで開発されている Kubernetes に準拠しており、公式リリースと同じ Kubernetes クラスタを展開・管理できます
vSphere Pod のサポート	vSphere Pod は、Kubernetes の Pod を vSphere 上で直接実行できます。高いパフォーマンスを得られるだけでなく、コンテナと仮想マシンを統合的に管理できます
既存インフラストラクチャの活用	既存の vSphere インフラストラクチャを活用できるため、新しいハードウェアへの投資が不要です
高可用性とスケーラビリティ	vSphere HA によるホストレベルの可用性を実現し、ホスト障害からワークロードを保護します。vSphere Zone を構成することで 3 つの vSphere クラスタにワークロードを展開できるため、クラスタレベルの障害からもワークロードを保護できます。ホストの追加によりクラスタのスケールアウト型の拡張も柔軟に行うことができます

CHAPTER 12　vSphere IaaS control plane の導入

12.3.3　vSphere IaaS control plane の要件

vSphere IaaS control plane の展開パターンとしては、ネットワークスタックの観点と、vSphere クラスタをまたいだ可用性を提供する vSphere Zone の観点で、それぞれ選択肢が存在します。

ネットワークスタックの観点
- VDS ネットワークを利用
- NSX ネットワークを利用

vSphere Zone の観点
- 3 つの vSphere Zone への展開
- 単一の vSphere Zone への展開

ここでは、小規模な環境で展開が可能な構成の例として、VDS ネットワークと Avi Load Balancer の使用かつ単一の vSphere Zone への展開を想定し、スーパーバイザーの要件を示します（表 12.5）。

表 12.5　VDS ネットワークと Avi Load Balancer を使用したクラスタ スーパーバイザーのデプロイの要件

コンポーネント	最小要件
vCenter 8.0	小規模サイズのアプライアンス：vCPU 2 コア、メモリ 21GB、ストレージ 290GB
ESXi 8.0	ホスト台数：4 台 (vSAN の場合) または 3 台 (外部ストレージの場合) ESXi ホストあたりのリソース：物理 CPU8 コア、メモリ 64GB ESXi のホスト名は、全て小文字を使用している必要があります
DRS／HA	DRS：有効 (自動化レベルは完全自動化または一部自動化を選択) HA：有効 (Proactive HA の有効化は任意)
スーパーバイザー 制御プレーン仮想マシン	仮想マシン台数：3 台 仮想マシンのサイズ：vCPU4 コア、メモリ 16GB、ストレージ 16GB 固定 IP アドレス：5 つ (仮想マシン用に 3 つ、VIP 用に 1 つ、アップデート時に追加される仮想マシン用に 1 つ)
Avi Load Balancer	Avi コントローラ、および Avi サービス エンジンを構成します (詳細は公式ドキュメントを参照)
物理ネットワークの MTU	1500 以上
NTP サーバー DNS サーバー	vCenter および全ての ESXi ホストから参照可能であり、NTP による時刻同期を構成します
vSphere Distributed Switch (VDS)	vSphere IaaS control plane の構成に利用する VDS に全ての ESXi ホストが接続します
ポートグループ	管理ネットワーク用に 1 つ、ワークロードネットワーク用に 1 つ構成します。それぞれ異なるサブネットに接続します
Kubernetes サービスの IP アドレス範囲	プライベート IP アドレスかつ 16 以上のサイズの IP アドレス範囲になります。スーパーバイザーごとに、一意の範囲を指定します

その他の展開パターンに関する詳細は、以下の公式ドキュメントを参照してください。

- 公式 Docs：Supervisor Deployment Options
  https://techdocs.broadcom.com/us/en/vmware-cis/vsphere/vsphere-supervisor/8-0/vsphere-supervisor-concepts-and-planning/vsphere-with-tanzu-deployment-options.html

12.4　vSphere IaaS control plane のアーキテクチャ

本節では、vSphere IaaS control plane を構成するスーパーバイザーと、その上で実行されるワークロードの種類を紹介し、全体のアーキテクチャについて解説します（図 12.5）。

vSphere IaaS control plane では、Kubernetes 関連の機能を有効化した ESXi クラスタを、スーパーバイザーとして構成します。これにより、各 ESXi を Kubernetes における Worker ノードとして動作させることができ、vSphere の管理するリソースを Kubernetes API を通じて利用できます。

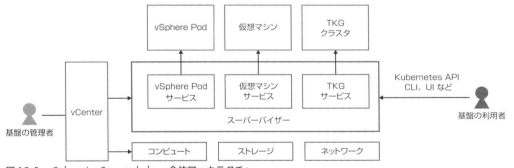

図 12.5　vSphere IaaS control plane 全体アーキテクチャ

このスーパーバイザー上において、Kubernetes API を通じて管理できるワークロードの種類としては、大きく次の 4 つがあります。基盤の管理者は利用者のセルフサービスで、これらの機能を提供できます（表 12.6）。

CHAPTER 12　vSphere IaaS control plane の導入

表 12.6　IaaS control plane 上で実行されるワークロード [1]

ワークロードのタイプ	説明
vSphere Pod	ESXi 上にて直接、実行される Pod です。非常に軽量な仮想マシン内で Pod を動作させることで、Pod 単位で高いレベルのリソース分離を実現します。この機能は vSphere Pod サービスと呼ばれ、第 13 章で詳細を解説します
仮想マシン	Kubernetes API を通じて、管理可能な仮想マシンです。この機能は仮想マシンサービスと呼ばれ、第 13 章で詳細を解説します
Tanzu Kubernetes Grid クラスタ (TKG クラスタ)	仮想マシンとして実行される Kubernetes クラスタです。オープンソースの Kubernetes の仕様に準拠しているため、一般的なコンテナベースのアプリケーションを実行される用途では主要な選択肢となります。この機能は、Tanzu Kubernetes Grid サービス（TKG サービス）と呼ばれ、「12.7　TKG クラスタの管理」で具体的な展開手順や利用方法を解説します ※ Tanzu Kubernetes Grid サービスは vSphere Kubernetes Service に名称変更予定
TKG クラスタ上で実行される Kubernetes Pod	TKG クラスタ上で、オープンソースの Kubernetes の仕様に準拠した形で、実行される Pod です。利用方法は、オープンソースの Kubernetes と同様です

12.4.1　スーパーバイザーのアーキテクチャ

　スーパーバイザーは前述の通り、Kubernetes 関連の機能を有効化した ESXi クラスタです。スーパーバイザーにおいては、ESXi が Kubernetes における Worker ノードとして動作しており、それらを管理する Control Plane ノードとして、スーパーバイザー制御プレーン仮想マシンが 3 台展開されます。この制御プレーン仮想マシンが Kubernetes API を提供することで、基盤の利用者は、Kubernetes API を利用して、ESXi が提供するコンピューティングリソースに加えて、VDS または NSX が提供するネットワークリソース、vSAN または他の共有ストレージが提供するストレージリソースを管理できます（図 12.6）。

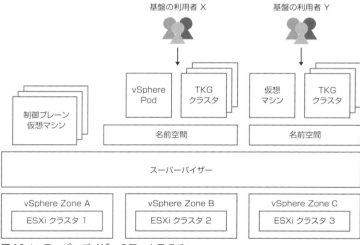

図 12.6　スーパーバイザーのアーキテクチャ

【1】　Tanzu Kubernetes Grid サービス（略称 TKGS）は vSphere Kubernetes Service（略称 VKS）に名称が変更されました。しかし、vSphere 8.0 Update 3 時点の多くのユーザーインターフェイス、公式ドキュメント上では Tanzu Kubernetes Grid サービスを利用しているため、本書も旧名称を中心に表記します。

12.4　vSphere IaaS control plane のアーキテクチャ

　基盤の利用者が、スーパーバイザー上に各種ワークロードを展開するためには、vSphere 名前空間と呼ばれるリソースの境界を作成し、アクセス権限を管理します。この vSphere 名前空間は、Kubernetes の Namespace と同様の機能を提供しますが、vSphere IaaS control plane 固有の概念であることに注意してください。

　イメージとしては、vSphere におけるリソースプールを、Kubernetes の Namespace にマッピングし、リソースプールの提供する機能を、Kubernetes の Namespace として利用できるように拡張しています。

　基盤の管理者は、vSphere 名前空間を通じて、基盤の利用者が利用できる CPU やメモリ、ストレージのリソース量、および作成できる Kubernetes オブジェクト数を制限できます。また、スーパーバイザーを構成する ESXi クラスタは、vSphere Zone という Kubernetes のリソースとして管理され、Kubernetes における Zone （または Availability Zone）と同様に、可用性を担保するための単位として利用できます。vSphere IaaS control plane では、1 つまたは 3 つの vSphere Zone によってスーパーバイザーを構成できます。3 つの vSphere Zone にまたがって、スーパーバイザーを構成した場合には、3 台の制御プレーン仮想マシンは、各 Zone に 1 台ずつ配置され、単一の vSphere Zone でスーパーバイザーを構成した場合と比較し、より高い可用性を実現できます。vSphere 名前空間は、全ての Zone で同じ名前で作成され、名前空間に割り当てられたリソースは、全ての Zone で均等に分割されます。

12.4.2　スーパーバイザーのネットワーク

　vSphere IaaS control plane を有効化するためのネットワークスタックとしては、大きく下記の 2 つが存在します。

- VDS を利用したスーパーバイザーネットワーク
- NSX を利用したスーパーバイザーネットワーク

それぞれの選択肢について、下記に概要を記載します。

■ VDS を利用したスーパーバイザーネットワーク

　スーパーバイザーを構成するネットワークスタックとして、VDS を利用します。この場合、スーパーバイザー上の制御プレーン仮想マシンおよび、各種ワークロードは、分散ポートグループに接続されます。しかし、Kubernetes としては、外部ネットワークとの通信にロードバランサが必要です。VDS ネットワークの場合には、VMware Avi Load Balancer（以降 Avi Load Balancer）または HAProxy を利用できます。

　以下は単一の vSphere Zone の構成において、Avi Load Balancer をロードバランサとして利用した際のネットワークの構成例です（**図 12.7**）。

CHAPTER 12　vSphere IaaS control plane の導入

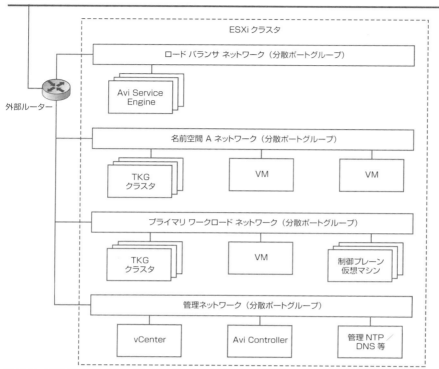

図 12.7　VDS を利用したスーパーバイザーネットワークの構成例

　VDS ネットワークの構成において、制御プレーン仮想マシンが接続されるワークロードネットワークは、プライマリワークロードネットワークと呼ばれます。デフォルトでは、各 vSphere 名前空間は、このネットワークに割り当てられますが、名前空間ごとに異なるネットワーク（分散ポートグループ）を指定することも可能です。なお、VDS ネットワークの構成においては、一般的なコンテナベースのアプリケーションの展開方法として、vSphere Pod は利用できない点に注意してください。

■ NSX を利用したスーパーバイザーネットワーク

　スーパーバイザーを構成するネットワークスタックとして、NSX を利用します。この場合、スーパーバイザー上の制御プレーン仮想マシンおよび、各種ワークロードは、NSX が提供するオーバーレイネットワーク上に作成された論理的なセグメントに接続されます。

　以下は単一の vSphere Zone の構成において、NSX ネットワークを構成した際の例です（**図 12.8**）。

12.4 vSphere IaaS control plane のアーキテクチャ

外部ネットワーク

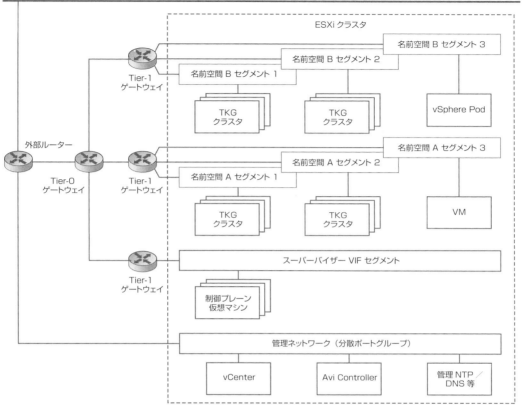

図12.8 NSX を利用したスーパーバイザーネットワークの構成例

NSX ネットワーク構成においては、制御プレーン仮想マシンは専用の Tier-1 ゲートウェイおよび論理セグメントに接続されます。各名前空間に対しても、専用の Tier-1 ゲートウェイが作成されます。一方、論理セグメントは、TKG クラスタについては、クラスタごとに専用の論理セグメントが1つずつ、vSphere Pod については、共通の論理セグメントとして1つ、Kubernetes API で管理できる VM についても、共通の論理セグメントとして1つ作成されます。VDS ネットワーク、NSX ネットワーク、いずれの構成も、より詳細な内容については、公式ドキュメントを参照してください。

12.4.3 スーパーバイザーのストレージ

スーパーバイザーにおいては、「6.3 Software-Defined Storage」で紹介したストレージポリシーを使用して、利用するストレージを指定します。ストレージポリシーを使ってリソースを抽象化することで、利用者は実体となるストレージ、例えば、vSAN、NFS、VVOL などの具体的な実装を意識することなく、ポリシーに準拠し

たストレージを自動的に利用できます。

■ スーパーバイザーのストレージポリシー

スーパーバイザーのレイヤーにおいては、大きく3つの用途でストレージを利用し、vSphere IaaS control planeの有効化のフェーズにおいて、それぞれストレージポリシーを指定します（**図12.9**、**表12.7**）。

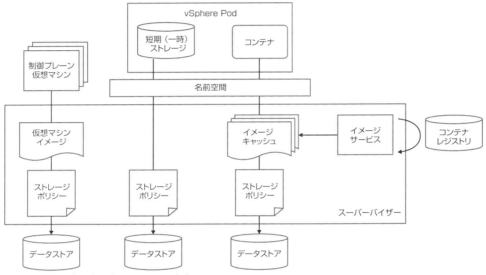

図12.9　スーパーバイザーのストレージポリシー

表12.7　スーパーバイザーのストレージポリシー

ストレージポリシー	説明
制御プレーン仮想マシンのストレージポリシー	制御プレーン仮想マシンのイメージを配置するデータストアを指定するストレージポリシーです
短期（一時）ストレージのストレージポリシー	vSphere Podでは、実行中のログ、emptyDirボリューム、ConfigMapsなど、一時的に保存されるKubernetesオブジェクトのために、短期ストレージを必要とします。この短期ストレージを配置するデータストアを指定するためのポリシーです
コンテナのイメージキャッシュのストレージポリシー	vSphere Pod内でコンテナを実行するためには、コンテナレジストリからイメージを取得し、キャッシュとして保持する必要があります。このイメージキャッシュを配置するデータストアを指定するポリシーです

■ ワークロード向けパーシステントストレージのストレージポリシー

vSphere名前空間で実行される各種ワークロードにおいて、データを永続化させるためには、パーシステントストレージ（永続ストレージ）が必要です。このパーシステントストレージは、vSphere Pod、仮想マシン、TKGクラスタなどのワークロードから利用できます。実際にデータが配置されるデータストアは、vSphere名前空間に割り当てられたストレージポリシーを利用して制御します。

vSphere 名前空間に割り当てられたストレージポリシーは、Kubernetes のリソースとしては、同名の StorageClass（ストレージクラス）として参照できます。一般的な Kubernetes における Persistent Volume の利用方法と同じ方法で、StorageClass を扱えます（図 12.10）。

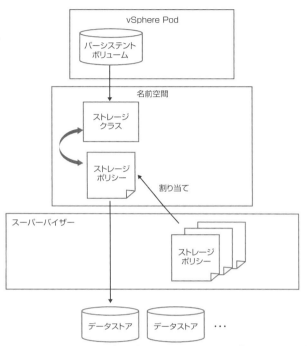

図 12.10　ワークロード向けパーシステントストレージのストレージポリシー

その他、vSphere IaaS control plane においてサポートされるストレージの種類や、それぞれの仕様については、公式のドキュメントを参照してください。

12.5　スーパーバイザーの有効化

本節では、前節で紹介したスーパーバイザーのネットワーク構成のうち、VDS を利用したスーパーバイザーネットワークを選択し、ロードバランサとして、Avi Load Balancer を利用する場合を想定して、スーパーバイザーを有効化する手順を解説します。ただし、下記の構成が完了していることを前提とし、特に、Avi Load Balancer の構成に関しては、解説しない点に注意してください。

CHAPTER 12　vSphere IaaS control plane の導入

前提条件
- vSphere クラスタの作成
- VDS の構成
- Avi Load Balancer の構成
  - コントローラのデプロイと構成
  - サービスエンジングループの構成

前節で紹介した通り、vSphere 8.0 では 3 つの vSphere クラスタにまたがった 3 Zone のスーパーバイザーという構成が可能ですが、ここでは基本となる構成を想定し、単一 Zone の構成で解説します。

12.5.1　スーパーバイザーの有効化のワークフロー

Avi Load Balancer を利用して、スーパーバイザーを有効化する際のワークフローは、**表 12.8** の通りです。

表 12.8　スーパーバイザーの有効化のワークフロー

構成対象	タスク
コンピューティングの構成	・vSphere クラスタの作成（前提条件） ・DRS と vSphere HA の構成
ストレージの構成	・ストレージポリシーの作成
分散スイッチ (VDS) の構成（前提条件）	・VDS の作成 ・ワークロードネットワーク用の分散ポートグループの作成
Avi Load Balancer の構成（前提条件）	・Avi コントローラの構成 ・サービス エンジングループの構成
スーパーバイザーの有効化	・スーパーバイザーの有効化

以降は、このワークフローに従って解説します。

12.5.2　コンピューティングの構成

vSphere クラスタの作成については、前提条件としているため、ここでは、DRS と vSphere HA の構成の確認を行います。DRS と vSphere HA の具体的な構成手順については、第 9 章を参照してください。

■ vSphere DRS の有効化

DRS の構成を確認します。vCenter の UI から、目的の vSphere クラスタを選択し、[構成] のタブを選択します。そこから [サービス] > [DRS] を選択し、DRS が有効化されていることを確認します。この時、自動化レベルは、[完全自動化] が選択されていることに注意してください。

476

■ vSphere HA の有効化

vSphere HA の構成を確認します。同じく、目的の vSphere クラスタの [構成] タブから、[サービス] > [vSphere の可用性] を選択し、vSphere HA が有効化されていることを確認します。この時、Proactive HA やアドミッションコントロールの構成は必須ではありませんが、可用性に対する要件に応じて、構成の要否を判断してください。

12.5.3 ストレージの構成

vSphere IaaS control plane においては、ストレージポリシーを用いて、利用するストレージリソースを制御します。ストレージポリシーを用いた管理のメリットとしては、まず、求める要件に応じてストレージポリシーを作成することで、基盤の利用者がストレージの具体的な実装を意識することなく、ストレージを利用できることが挙げられます[2]。

■ データストアタグの設定

ここではストレージポリシーの例として、タグベースの配置ルールを利用したストレージポリシーを作成します。利用するデータストアを選択し、[アクション] > [タグとカスタム属性] > [タグの割り当て ...] を選択するか、もしくはデータストア画面のタグのタイルにある [割り当て] を選択します。下図の例では、tanzu-nfs というタグを割り当てています（図 12.11）。

図 12.11　データストアへのタグ付け

割り当てるタグの作成に関しては、タグの割り当て画面で [タグの追加] から、追加するタグを作成します（図 12.12）。

【2】　ストレージポリシーの詳細は第 6 章を参照してください。スーパーバイザーを有効化した後、新たにストレージを拡張する場合でも、ストレージポリシーによって対応できるため、柔軟なストレージリソースの拡張が可能になります。

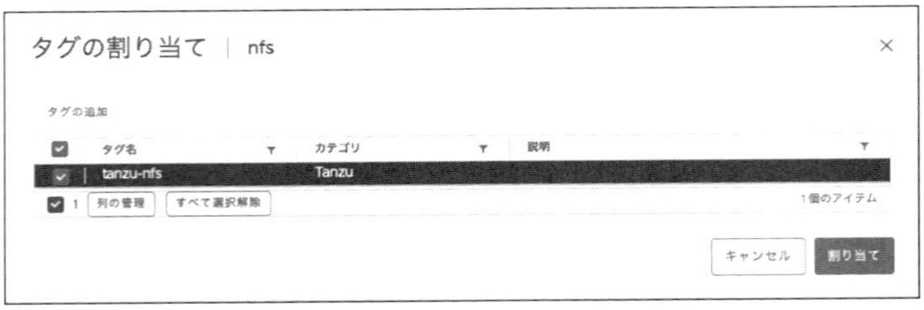

CHAPTER 12　vSphere IaaS control plane の導入

図 12.12　タグの割り当て画面

　タグの作成画面では、後続の手順において、区別しやすい任意の名前でタグを作成します。ここでは例として、tanzu-nfs という名前でタグを作成します（図 12.13）。

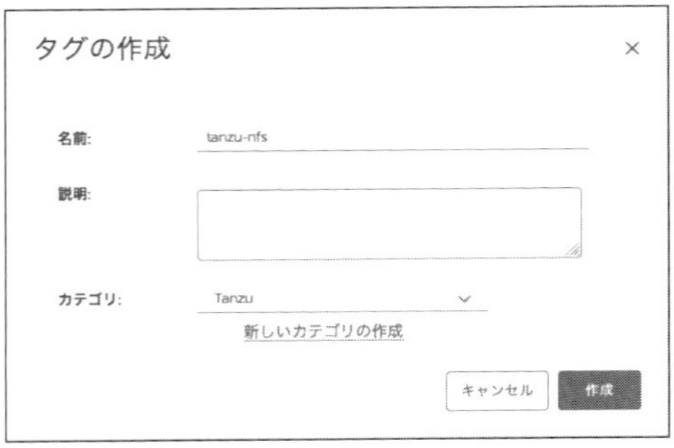

図 12.13　タグの作成画面

　タグはそれぞれカテゴリを関連付けます。カテゴリとは、タグをグルーピングする仕組みであり、適宜、管理しやすいよう、任意のカテゴリを作成します。ここでは例として、Tanzu という名前でカテゴリを作成しています（図 12.14）。

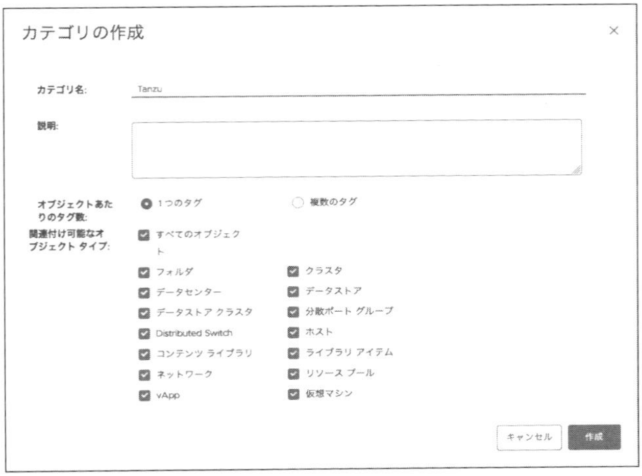

図 12.14　カテゴリの作成画面

478

12.5 スーパーバイザーの有効化

データストアへのタグ付けが完了したら、設定したタグを使って、タグベースの配置ルールを利用したストレージポリシーを作成します。

■ タグベースのストレージポリシー作成

仮想マシンストレージポリシーの作成画面から、新しいストレージポリシーを作成します。この時、作成したストレージポリシーの名前が、Kubernetes API を通じて指定するリソースの名称となります(図 12.15)。そのため、必須ではありませんが、DNS 準拠の命名規則とすることをおすすめします。

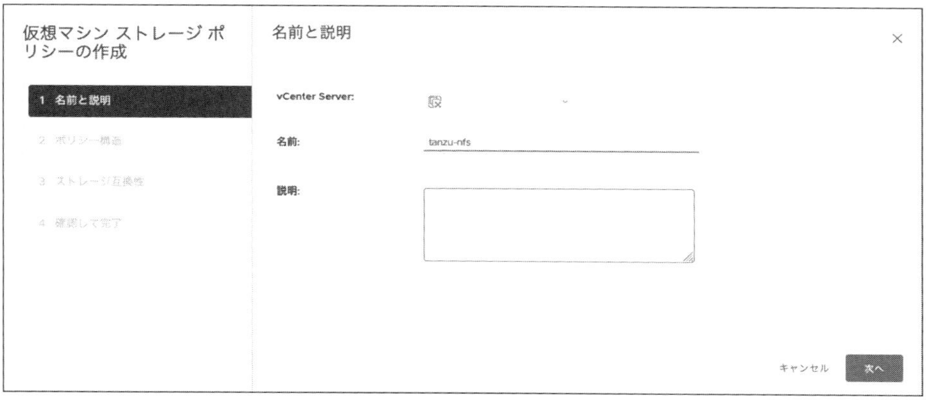

図 12.15 仮想マシンストレージポリシーの作成画面 - 1 名前と説明

ポリシー構造の画面では、データストア固有のルールから、[タグベースの配置ルールを有効化] を選択します(図 12.16)。

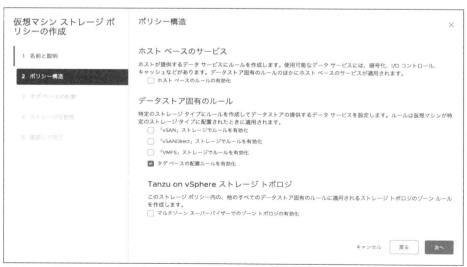

図 12.16 仮想マシンストレージポリシーの作成画面 - 2 ポリシー構造

vSphere IaaS control plane の導入

タグベースの配置の画面では、事前に作成したカテゴリから、割り当てを行ったタグを選択し、ルールを構成します（図 12.17）。

図 12.17　仮想マシンストレージポリシーの作成画面 - 3 タグベースの配置

ストレージ互換性の画面では、構成したルールを満たすストレージが互換性のあるストレージとして表示されるため、前述の手順でタグ付けしたデータストアがリストに表示されていることを確認します（図 12.18）。

図 12.18　仮想マシンストレージポリシーの作成画面 - 4 ストレージ互換性

最後に設定内容を確認し、問題なければポリシーの作成を完了します。

480

12.5.4 分散スイッチの構成

分散スイッチ（VDS）の構成は、事前に実施済みであることを前提条件としていますが、ワークロードネットワークとして、実際に、TKGクラスタなどのワークロードが接続されるポートグループが構成されていることを確認してください。下図の例では、管理用のポートグループとして「Management-Network」、Avi Load Balancerのサービスエンジンを配置するための「Service-Network」、ワークロード用の「Workload-Network」を作成しています（**図12.19**）。

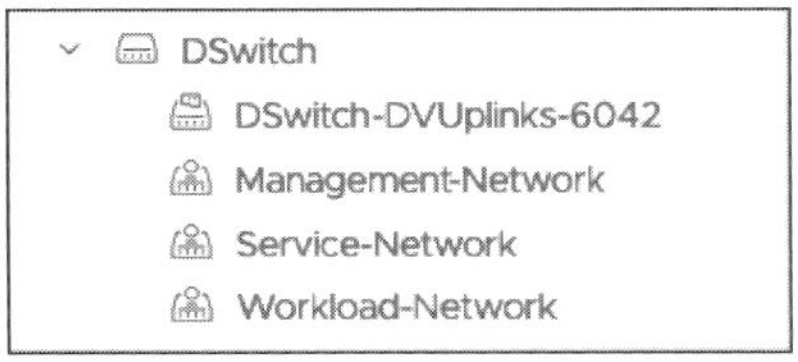

```
∨  ⊟ DSwitch
       ⊟ DSwitch-DVUplinks-6042
       ⊞ Management-Network
       ⊞ Service-Network
       ⊞ Workload-Network
```

図 12.19　VDS ポートグループの作成例

Avi Load Balancerを利用して、vSphere IaaS control planeを構成する場合において、VDSおよびポートグループに対するvSphere IaaS control plane特有の要件はありません。基盤に求められるネットワーク要件に合わせて、ネットワークを構成してください。

12.5.5 Avi Load Balancer の構成

本書ではAvi Load Balancerの構成に関しては、解説を控えますが、スーパーバイザーの有効化のためには事前に、コントローラの構成に加えて、サービスエンジングループの構成が必要となります。詳細については、公式ドキュメントを参照してください。

12.5.6 スーパーバイザーの有効化

事前の構成および、それらの確認が完了したら、スーパーバイザーの有効化を実施します。まず、メニューから[ワークロード管理]の画面に進みます。スーパーバイザーの有効化を開始するには、「開始する」のボタンからウィザードを開始します（**図12.20**）。

CHAPTER 12　vSphere IaaS control plane の導入

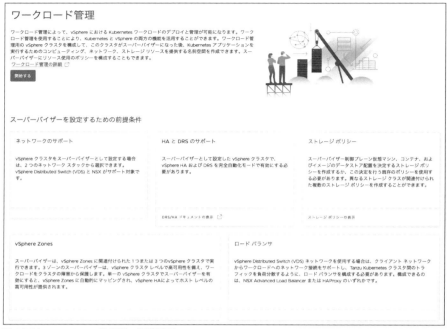

図 12.20　ワークロード管理 - 初期画面

　最初のステップでは、スーパーバイザーを有効化する vSphere クラスタを管理する vCenter と、利用するネットワークスタックを選択します。前述の通り、ここでは VDS ネットワークおよび Avi Load Balancer を利用した構成を想定しているため、[vSphere Distributed Switch（VDS）]を選択します（**図 12.21**）。

図 12.21　スーパーバイザーの有効化 - 1 vCenter Server とネットワーク

12.5 スーパーバイザーの有効化

　2つ目のステップでは、スーパーバイザーを有効化する対象の vSphere Zone つまり vSphere クラスタを選択します。複数の Zone にまたがった構成を選択する場合、3つの vSphere クラスタを選択する必要があります（図 12.22）。

図 12.22　スーパーバイザーの有効化 - 2 スーパーバイザーの配置 - vSphere Zone のデプロイ

　今回は単一 Zone での構成を想定しているため、[クラスタのデプロイ] のタブを選択し、画面を切り替えます（図 12.23）。

図 12.23　スーパーバイザーの有効化 - 2 スーパーバイザーの配置 - クラスタのデプロイ

483

CHAPTER 12 vSphere IaaS control plane の導入

　ここでは、スーパーバイザーを有効化する vSphere クラスタに対して、識別名となるスーパーバイザー名を入力します。スーパーバイザーを有効化した後のワークロード管理の画面では、ここで指定した名前で、スーパーバイザーを管理することになります。

　クラスタの選択の部分では、事前の構成が完了し、有効化のための前提条件を満たした vSphere クラスタがリストされます。もし、vSphere クラスタが前提条件を満たしていない場合には、[互換性なし] のタブにリストされたため、その理由を確認してください。

　また、オプションの項目では vSphere Zone 名を設定します。この名前は、Kubernetes のリソースとして管理されるため、DNS 準拠の命名規則、具体的には、英数字小文字かつ、単語間はダッシュ (-) でつないだ最大 63 文字である必要があります。指定しなかった場合は、システムで自動生成されますが、一度設定された名前は、後から変更ができません。そのため、クラスタ名と一致させるなど、管理しやすい名前にすることを推奨します。

　3 つ目のステップでは、スーパーバイザー制御プレーン仮想マシンのデプロイに利用するストレージポリシーを選択します。ここでは、事前の手順において、作成したストレージポリシーを選択しています（**図 12.24**）。

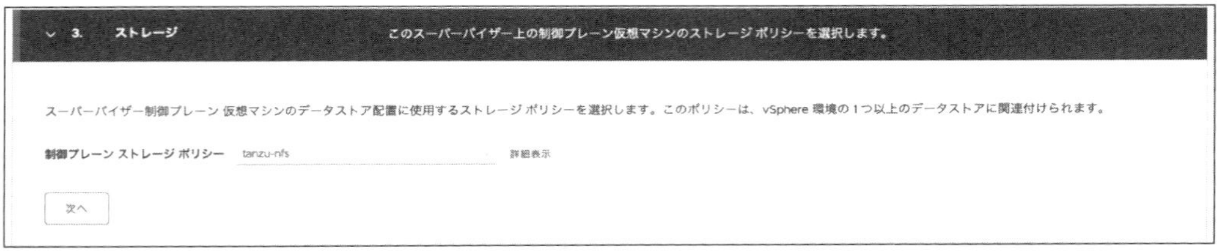

図 12.24　スーパーバイザーの有効化 - 3 ストレージ

　4 つ目のステップでは、スーパーバイザーで利用するロードバランサを設定します。ここでは Avi Load Balancer を利用した構成を想定しているため、事前に構成した Avi load Balancer の情報を入力していきます（**表 12.9**）。

表 12.9　ロードバランサの設定項目

項目	説明
名前	Kubernetes のリソースとして、Avi Load Balancer のインスタンスを管理するための名前です。DNS 準拠の命名規則である点に注意してください 入力例：avi01
ロードバランサ タイプ	ここでは Avi Load Balancer を利用した構成を想定しているため、旧称である NSX Advanced Load Balancer を選択します
NSX Advanced Load Balancer コントローラ エンドポイント	事前にデプロイした Avi コントローラの管理 IP アドレスまたは FQDN と、ポート番号を入力します。Avi コントローラでは、HTTPS プロトコルでアクセスするため、デフォルトのポート番号は 443 番です 入力例：192.168.1.100:443 , avi01.lab.internal:443
ユーザー名／パスワード	Avi コントローラにアクセスするためのログイン情報を入力します。後続で指定するクラウドに対して、ロードバランサの各種リソースを構成できるアカウント権限があることを確認してください
サーバー証明書	Avi Load Balancer のシステムポータルに利用されている SSL/TLS Certificate の内容を入力します。Avi Load Balancer 22.1.x 系においては、コントローラにログイン後、[Templates] のタブ画面から、[Security] > [SSL/TLS Certificates] と進み、証明書の一覧画面より取得できます
Cloud Name	Avi Load Balancer のサービスエンジングループを構成する際に、利用したクラウドの名前を指定します。省略した場合、デフォルトで、Default-Cloud が指定されますが、大文字小文字が区別される点に注意してください

484

12.5　スーパーバイザーの有効化

　5つ目のステップでは、スーパーバイザー制御プレーン仮想マシンの管理ネットワークについて設定します（**表 12.10**）。

表 12.10　管理ネットワークの設定項目

項目	説明
ネットワークモード	DHCP または静的な IP アドレスの割り当てを選択できます
ネットワーク	管理ネットワークとして利用するポートグループを選択します
開始 IP アドレス	スーパーバイザー制御プレーン仮想マシンが管理ネットワークで利用する IP アドレスの最初の IP アドレスを指定します。消費される IP アドレスは、ここで指定した IP アドレスから連続で 5 つのアドレスが消費されます。5 つのアドレスの内訳は、スーパーバイザー制御プレーン仮想マシンの代表 VIP と、3 つの仮想マシンの実体、そしてアップグレードや障害発生時に、機能を引き継ぐ仮想マシンのための予備です
サブネットマスク／ゲートウェイ	それぞれ、管理ネットワークのサブネットマスクと、デフォルトゲートウェイを指定します
DNS サーバー／ NTP サーバー	デフォルトでは、vCenter 側で利用されているものが入力されているため、必要に応じて修正します
DNS 検索ドメイン	スーパーバイザー制御プレーン仮想マシン内で利用する検索ドメインを指定します。オプションの項目になりますが、利用しているドメインが、「.local」で終わる場合には、必須の項目となるため、注意してください

　6つ目のステップでは、スーパーバイザー上で実行される Kubernetes のワークロードが利用するネットワークについて設定します（**表 12.11**）。

表 12.11　Kubernetes のワークロード用ネットワークの設定項目

項目	説明
ネットワークモード	DHCP または静的な IP アドレスの割り当てを選択できます
Kubernetes サービスの内部ネットワーク	基本的には、修正する必要はありません。ただし、デフォルトで埋められているアドレス帯が、物理ネットワークを含む他のネットワークと重複していないことを確認してください
ポートグループ	ワークロードクラスタを構成する VM や、スーパーバイザー制御プレーン仮想マシンが接続され、Kubernetes 上に展開されるワークロードが接続されるポートグループになります
ネットワーク名	ポートグループ名から自動で補完されますが、Kubernetes のリソースとして管理されるため、DNS 準拠の命名規則である点に注意してください。例えば、ポートグループ名が Workload-Network の場合、大文字を小文字に置き換える必要があり、この例では workload-network と修正する必要があります
IP アドレス範囲	ワークロードネットワークとして、利用可能な IP アドレスの範囲を指定します 入力例：172.168.0.1-172.168.0.63
サブネットマスク／ゲートウェイ	それぞれ、ワークロードネットワークのサブネットマスクと、デフォルトゲートウェイを指定します
DNS サーバー	ワークロードネットワークで利用する DNS サーバーを指定します。管理ネットワークと同じ DNS サーバーを指定した場合、スーパーバイザー制御プレーン仮想マシンは、vCenter や Avi コントローラの名前解決する際、管理ネットワークではなく、ワークロードネットワークを利用します。その場合にはワークロードネットワーク経由で、DNS サーバーに到達可能であることを確認してください[3]
NTP サーバー	ワークロードネットワークで利用する NTP サーバーを指定します。セキュリティ等の観点で、管理ネットワークとワークロードネットワークを分けている場合には、NTP サーバーに到達可能であることを確認してください

【3】　詳細については次の KB、Checking DNS のセクションを参照してください。
　　　KB：Common issues with a vSphere with Tanzu Cluster deployment stuck in Configuring state (323411)
　　　https://knowledge.broadcom.com/external/article/323411/

CHAPTER 12　vSphere IaaS control plane の導入

　7つ目のステップでは、スーパーバイザー制御プレーンに関する残りの設定と、ここまでの設定内容の確認を行います（**表 12.12**、**表 12.13**）。

表 12.12　スーパーバイザー制御プレーンのサイズと API サーバーの DNS 名設定

項目	説明
スーパーバイザー制御プレーンのサイズ	スーパーバイザー制御プレーン仮想マシンのサイジングを行います。具体的なリソース量は、表 12.13 を参照してください。 通常時は、デプロイされる仮想マシンは 3 台ですが、スーパーバイザーのアップデート等のために、一時的に 4 台構成となるため、その分のリソース猶予を確保する必要がある点に注意してください。サイジングの目安としては、小サイズで、2,000 Pod の収容を想定しています。スーパーバイザーの有効化後も変更できるため、利用実績を見ながら調整していくことを推奨します。極小サイズは、PoC 等の検証目的のサイズであり、商用目的での利用はサポートされません
API サーバーの DNS 名	スーパーバイザー制御プレーンが提供する API サーバーに対応する DNS 名を指定します。指定した DNS 名は、API サーバーが利用する証明書の SAN（Subject Alternative Name）の値に埋め込まれます。複数ある場合には、カンマ区切りで複数指定できます。ただし、API サーバーの IP アドレス（VIP）は、この段階ではまだ確定していない点に注意してください

表 12.13　スーパーバイザー制御プレーンのサイズ

サイズ	CPU	メモリ	ストレージ
極小	2	8GB	32GB
小	4	16GB	32GB
中	8	24GB	32GB
大	16	32GB	32GB

　ここまでの手順で、入力した値を確認し問題ない場合には、「完了」のボタンから、スーパーバイザーの有効化を開始します。この際、[設定のエクスポート] の項目チェックを有効化しておくと、タスクの開始と同時に、JSON 形式で設定内容を保存できます。保存したファイルは、本ウィザードの右上にある [構成のインポート] から、ファイルを読み込ませることで、本ウィザードへの入力を省力化でき、同様の構成を素早く展開できます（**図 12.25**）。

図 12.25　スーパーバイザー構成のインポート

486

12.5 スーパーバイザーの有効化

スーパーバイザーの有効化のタスクを開始すると下記のような画面に遷移し、進捗を確認できます（図12.26）。

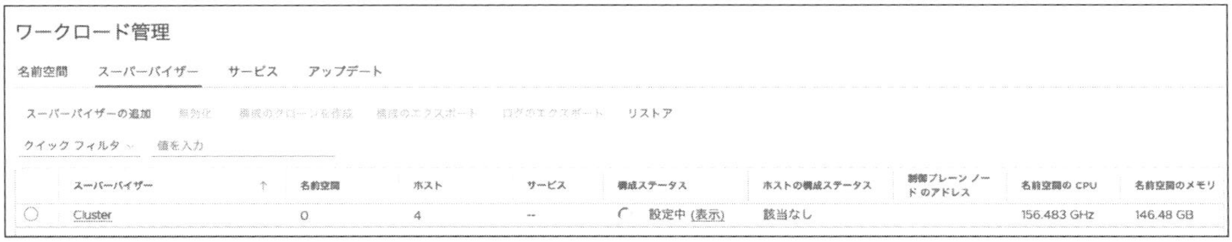

図12.26　スーパーバイザーの有効化 - 処理中画面

また、構成ステータスのカラムにある[表示]から、より詳細な進捗の確認もできます（図12.27）。

図12.27　スーパーバイザーの有効化 - 進捗画面の詳細

タスクが完了し、スーパーバイザーの有効化が成功した際には、構成ステータスが「実行中」の表示になります（図12.28）。

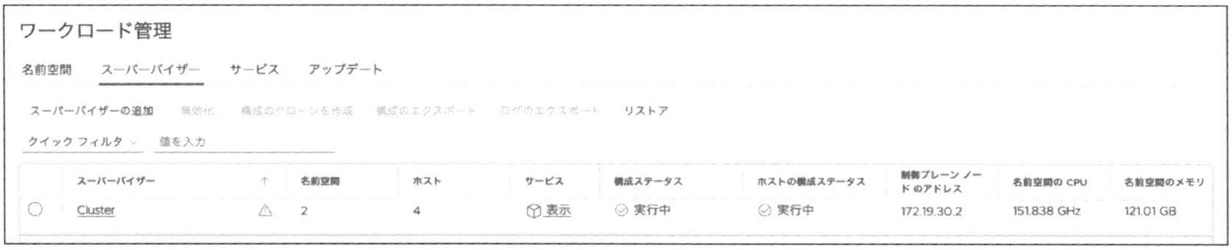

図12.28　スーパーバイザーの有効化 - 完了の確認

CHAPTER 12　vSphere IaaS control plane の導入

この時、スーパーバイザーに有効なライセンスが割り当てられていない場合、自動で 60 日間の評価ライセンスが適用された状態となり、スーパーバイザーのカラムにそれを示すアイコンが表示されます。状況に応じて、適切なライセンスを適用してください。

12.6　スーパーバイザーの利用

本節では、vSphere IaaS control plane の各種機能を利用していく上で、基本となる vSphere 名前空間（以降、名前空間）に関する操作を解説します。

まず、vSphere IaaS control plane では、名前空間と呼ばれる単位で、基盤の利用者にリソースの払い出しを行います。基盤の管理者は、名前空間の単位で、アクセス権限の管理や、利用可能なストレージポリシーの割り当て、CPU やメモリ、ストレージといったリソースを制限できます。この名前空間は、Kubernetes における Namespace と非常に似た概念ですが、Kubernetes の Namespace と vSphere のリソースプールの仕組みを融合させたような概念と捉えることができます。そのため、vCenter の画面から、リソースプールのようなツリー構造で可視化できるだけでなく、Kubernetes API を通じて、名前空間内の各種リソースを管理できます（図 12.29）。

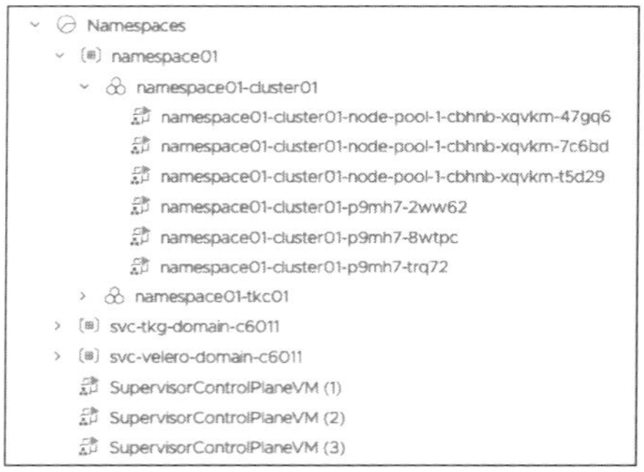

図 12.29　vSphere 名前空間のインベントリ表示

ここではまず、基盤の管理者の視点で新しい名前空間を作成し、最低限の構成を行います。その上で、基盤の利用者の視点で、作成された名前空間にアクセスするまでの手順を解説します。

12.6.1　名前空間の作成

名前空間を作成するためには、メニューから [ワークロード管理] を選択し、[名前空間] のタブに進みます（図 12.30）。vSphere 8.0 Update 3 からは、デフォルトで、Tanzu Kubernetes Grid サービスおよび Velero vSphere Operator 用の名前空間が作成され、それぞれのサービスを提供するためのワークロードが稼働しています。

12.6　スーパーバイザーの利用

Tanzu Kubernetes Grid サービスは、TKG クラスタを管理するためのサービスであり、Velero vSphere Operator は、Kubernetes 環境のバックアップに関するサービスです。

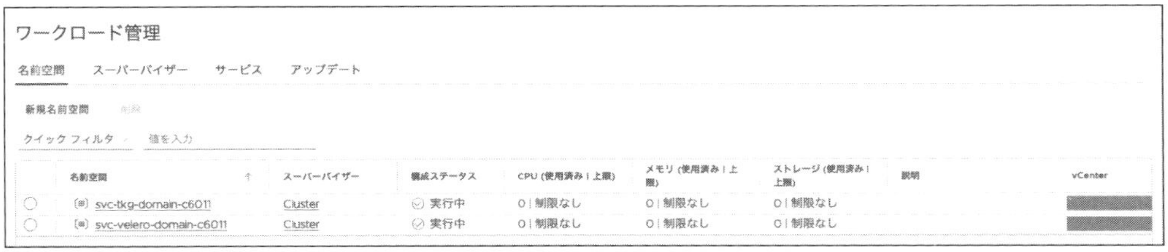

図 12.30　名前空間の一覧

ここでは、新たな名前空間を作成するため、「新規名前空間」のボタンを選択し、名前空間の作成ウィザードを開始します（**図 12.31**）。

図 12.31　名前空間の作成 - VDS ネットワーク

Avi Load Balancer および VDS を利用して、スーパーバイザーを有効化している場合には、下記の項目を設定します（**表 12.14**）。

表 12.14　名前空間の設定項目

項目	説明
スーパーバイザー	名前空間を作成する対象のスーパーバイザーを選択します。同一の vCenter が、複数のスーパーバイザーを管理している場合、対象のスーパーバイザーを選択します
名前	名前空間の名前は、Kubernetes のリソースとして管理されるため、DNS 準拠の命名規則であり、かつ最大 63 文字である点に注意してください
ネットワーク	名前空間に割り当てるネットワークを選択します。スーパーバイザーを有効化する過程で設定したワークロードネットワークの他、スーパーバイザーとして利用可能なネットワークとして構成したワークロードネットワークから選択できます
説明	任意で名前空間に対する説明を記載できます

489

CHAPTER 12　vSphere IaaS control plane の導入

12.6.2　名前空間の構成

　作成した名前空間の管理画面では、アクセス権限の管理や、リソース使用量の制限の他、ワークロードの実行状況やリソースの消費状況を可視化できます（図 12.32）。ここでは、基盤の管理者の視点において、基盤の利用者に対して、名前空間を払い出すための事前準備として、最低限、必要な設定を紹介します。

　初期状態の名前空間では、各種設定が空の状態となっており、基盤の利用者に対しても、アクセス権限の設定がされていません。まず、基盤の利用者に対して、名前空間へのアクセス権限を設定します。

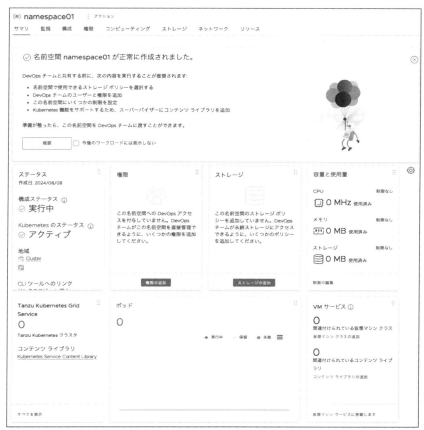

図 12.32　名前空間の管理 - 初期画面

　vSphere IaaS control plane でサポートされる認証方法としては、vCenter SSO と OIDC 準拠の外部 ID プロバイダの 2 種類があります。今回は vCenter SSO を利用したアクセス権限を設定します。設定するためには、名前空間のサマリの画面から、[権限] のタイルにある [権限の追加] を選択します（図 12.33）。

490

12.6　スーパーバイザーの利用

図 12.33　名前空間の管理 - 権限の追加

以下の項目を設定します。

- **ID ソース**
  ユーザーまたはグループが所属するドメインを選択します。

- **ユーザー/グループの検索**
  追加するユーザーまたはグループを検索し、選択します。

- **ロール**
  名前空間におけるロールを選択します。選択可能なオプションについては、下記の表を参照してください（**表 12.15**）。

表 12.15　名前空間へアクセスするロールの種類

ロール	説明
表示可能	名前空間内のオブジェクトに対して、読み取り専用の権限を持ちます。ただし、Kubernetes のロールには、同等の権限を持つロールがありません。そのため、表示可能の権限のユーザーに TKG クラスタへのアクセス権限を割り当てるには、Kubernetes の RoleBinding または ClusterRoleBinding を作成し、そのユーザーまたはグループに、必要な権限を割り当てる必要があります
編集可能	名前空間内のオブジェクトに対して、作成、読み取り、更新、削除の権限を持ちます。また、名前空間にデプロイされている TKG クラスタについては、Kubernetes における cluster-admin のロールが、自動的に割り当てられます
所有者	編集可能の権限に加えて、kubectl を用いて、名前空間の作成および削除の権限を持ちます。また、所有者の権限のユーザーは、vCenter SSO を ID ソースとするユーザーのみに割り当て可能であり、外部 ID プロバイダからのユーザーやグループには割り当てられません

次に、名前空間において利用可能なストレージポリシーを割り当てます。ここで割り当てたストレージポリシーは、Kubernetes の Persistent Volume や、TKG クラスタを構成する仮想マシンのストレージ等に利用できます。割り当てのためには、名前空間のサマリ画面から、[ストレージ] のタイルにある [ストレージの追加] を選択します。もし、すでに追加済みのストレージがある場合には、**図 12.34** の画面から割り当てを変更できます。

CHAPTER 12　vSphere IaaS control plane の導入

図 12.34　名前空間の管理 - ストレージポリシーの選択

　名前空間では、vSphere のリソースプールのように、名前空間において利用可能な CPU、メモリ、およびストレージのリソース量を制限できます。初期状態では、制限なしとなっており、管理者側で制限をかけるためには、名前空間のサマリの画面から、[容量と使用量] のタイルにある [制限の編集] を選択します。
　リソースの制限の画面では、CPU リソースを MHz ／ GHz、メモリを MB ／ GB ／ TB ／ PB、そしてストレージリソースを MB ／ GB ／ TB ／ PB の単位で制限できます。特に、ストレージに関しては、ストレージポリシーのごとに、個別の値で制限をかけることができます（図 12.35）。

図 12.35　名前空間の管理 - リソースの制限

　最後に、利用可能な仮想マシンクラスを追加するため、名前空間のサマリの画面から、[VMサービス] のタイルにある [仮想マシンクラスの管理] を選択します（図 12.36）。仮想マシンクラスは、TKG クラスタを構成する各ノード VM や、第 13 章で紹介する VM サービス（仮想マシンサービス）を通じてデプロイされる VM に対するサイジングや構成を定義しており、リソース予約の有無や、PCI デバイスの構成などが含まれます。

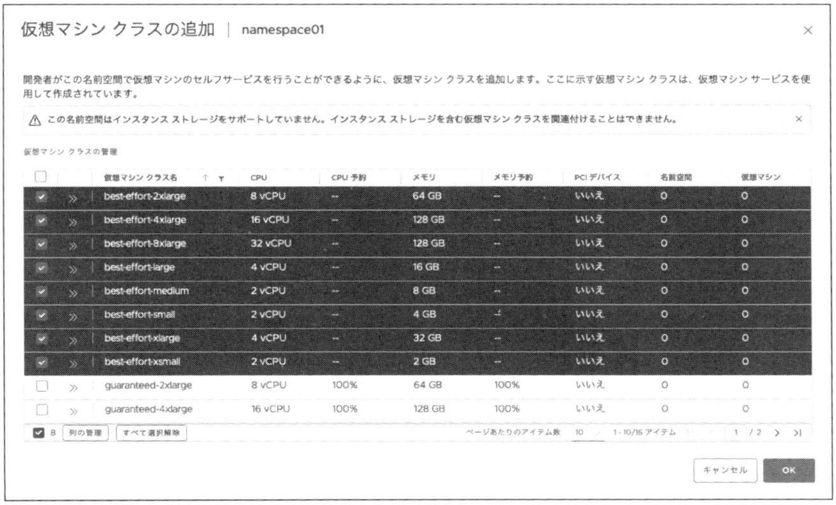

12.6 スーパーバイザーの利用

図12.36 名前空間の管理 - 仮想マシンクラスの追加

以上が最低限必要な設定となりますが、他の設定項目については、公式のドキュメントを参照ください。

12.6.3 名前空間へのアクセス

ここからは、基盤の利用者の視点で、払い出された名前空間に対して、kubectl コマンドでアクセスする方法を紹介します。

kubectl コマンドを用いて、vCenter Single Sign-On（SSO）による認証を行うためには、kubectl 向けの vSphere プラグインである kubectl-vsphere を取得する必要があります。vSphere IaaS control plane では、このプラグインを取得するための画面が用意されています。アクセスするためには、名前空間のサマリの画面から、[ステータス] のタイルにある [CLI ツールへのリンク] > [開く] を選択します（**図12.37**）。

図12.37 名前空間の管理 - ステータスのタイル

CLIツールの取得画面では、クライアントOSの種類に合わせて、Linux、macOS、Windows向けにツールが提供されており、簡単な導入方法のガイドも確認できます（図12.38）。

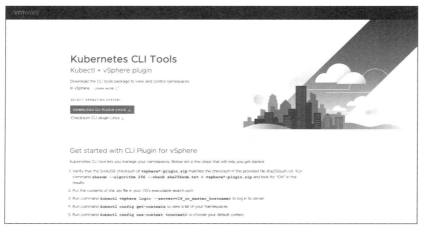

図12.38　Kubernetes CLIツールの取得画面

ここでは、Linux環境での利用を想定して、ツールを展開し、名前空間にアクセスします。
取得したzip形式のファイルを、任意のディレクトリに展開します。

```
unzip vsphere-plugin.zip
```

展開されると、binディレクトリ配下に、kubectlコマンドと、kubectl-vsphereプラグインが含まれていることが確認できます。

```
$ tree bin/
bin/
├── kubectl
└── kubectl-vsphere
```

これら2つのツールを、パスの通っている任意のディレクトリ、例えば、/usr/local/bin/ 等に配置します。これにより、スーパーバイザーのバージョンに対応したkubectlコマンドと、kubectl-vsphereプラグインが利用可能になります。

```
$ kubectl vsphere version
kubectl-vsphere: version 0.1.9, build 23754142, change 13167650
```

このプラグインを利用することで、kubectl コマンドから vCenter SSO による認証ができますが、デフォルトでは証明書によるセキュアなログインが実行されます。そのため、kubectl コマンドを実行するクライアント端末に、vCenter Server のルート CA 証明書がインポートされていない場合、--insecure-skip-tls-verify オプションを指定する必要があります。しかし、セキュリティ上の理由から、このオプションの利用は推奨されません。以下の公式 KB に従って、vCenter Server のルート CA 証明書のインポートを実施してください。

- KB：Download and install vCenter Server root certificates to avoid web browser certificate warnings （330833）

  https://knowledge.broadcom.com/external/article/330833/

vCenter Server のルート CA 証明書が正しくインポートされている場合、下記の kubectl コマンドを使って、スーパーバイザーにアクセスできます。

```
kubectl vsphere login --server IP-ADDRESS --vsphere-username USERNAME
```

指定しているオプションについては、以下の通りです。

- --server IP-ADDRESS

  スーパーバイザーにおける API サーバーの IP アドレスを指定します。具体的には、CLI ツールの取得画面の IP アドレスと同じです。
- --vsphere-username USERNAME

  vCenter SSO による認証を行うユーザー名を指定します。

コマンドの実行例としては、下記の通りです。

```
$ kubectl vsphere login --server IP-ADDRESS --vsphere-username developer@vsphere.local
Password: # パスワード入力
Logged in successfully.

You have access to the following contexts:
   IP-ADDRESS
   namespace01

If the context you wish to use is not in this list, you may need to try
logging in again later, or contact your cluster administrator.
```

ログインに成功した場合、ログインしたユーザーがアクセス可能な名前空間が、Kubernetes の Context として、一覧表示されます。表示された Context のうち、--server オプションで指定した IP アドレスと同じ名前の

Contextは、スーパーバイザーのContextです。実際に、目的の名前空間にアクセスするためには、対象の名前空間にContextを切り替えることでアクセスできます。実行例として、namespace01のContextに切り替えるコマンドを以下に示します。

```
$ kubectl config use-context namespace01
Switched to context "namespace01".
```

Contextの切り替え成否は、現在のContextを確認するコマンドを利用することで確認できます。なお、コマンド実行例のうち、IP-ADDRESSとマスクしている部分は、実際にはスーパーバイザーのIPアドレスになります。

```
$ kubectl config get-contexts
CURRENT   NAME          CLUSTER       AUTHINFO                                  NAMESPACE
          IP-ADDRESS    IP-ADDRESS    wcp:IP-ADDRESS:developer@vsphere.local
*         namespace01   IP-ADDRESS    wcp:IP-ADDRESS:developer@vsphere.local    namespace01
```

12.7 TKG クラスタの管理

本節では、スーパーバイザー上において Tanzu Kubernetes Grid クラスタ（TKG クラスタ）を展開し、管理するための基本的な概念および操作方法を解説します。前提条件として、下記の作業が完了していることを確認してください。

- スーパーバイザーの有効化が完了していること
- TKG クラスタの展開先となる名前空間が作成済みであること
- 利用しているスーパーバイザーのバージョンに対応した kubectl コマンド、および kubectl-vsphere プラグインが、クライアント端末にインストール済みであること
- kubectl コマンドを通じて、当該の名前空間にアクセスできること

12.7.1 ClusterClass と Tanzu Kubernetes Cluster

vSphere IaaS control plane では、Kubernetes のオープンなコミュニティで開発されている Cluster API という仕組みを使って、TKG クラスタのライフサイクル全体を管理します。Cluster API では、ClusterClass というオブジェクトを用いて、Kubernetes クラスタのあるべき状態を宣言することで、Kubernetes の Reconciliation Loop が、その状態を維持する仕組みです。TKG クラスタの管理においては、ClusterClass の定義に関して、2 つのタイプの API を提供しています。

12.7 TKG クラスタの管理

- TanzuKubernetesCluster

vCenter 7からサポートされているタイプです。Cluster API で定義される Cluster オブジェクトを、抽象化するためのリソースとして利用します。

- Cluster

vCenter 8 以降でサポートされているタイプです。Cluster API で定義される Cluster オブジェクトを、直接、リソースとして利用します。

それぞれの API のタイプと vCenter Server バージョンとの対応は以下の通りです（**表 12.16**）。

表 12.16　クラスタの API と vCenter Server バージョンの対応

タイプ	API	vCenter Server バージョン	備考
TanzuKubernetesCluster	v1alpha1	vCenter Server 7.0 Update 1 vCenter Server 7.0 Update 2	廃止済みの古い API です。vCenter Server 7.0 環境における最初の世代の API です
	v1alpha2	vCenter Server 7.0 Update 3	vCenter Server 7.0 Update 3 向けの古い API です。TKG クラスタを vCenter Server 8 にアップグレードするために利用可能です。アップグレード過程において、v1alpha3 に自動変換します
	v1alpha3	vCenter Server 8 以降	v1alpha2 でサポートされている全ての機能に互換性がある新しい API です。vCenter Server 8.0 から導入された新しい機能もサポートします
Cluster	v1beta1	vCenter Server 8 以降	Cluster API の定義を直接利用して、TKG クラスタを管理するための新しい API です

　vSphere 8.0 Update 3 時点では、2つのタイプの API の両方をサポートしていますが、TanzuKubernetes Cluster API は将来的な廃止がアナウンスされています。そのため、今後は v1beta API の利用が推奨されるため、本書では v1beta API を中心に説明します。

12.7.2　Tanzu Kubernetes リリース

　vSphere IaaS control plane では、Tanzu Kubernetes リリース（Tanzu Kubernetes releases：TKR）という仕組みを通じて、署名済みの Kubernetes ディストリビューションおよび各種アドオンを提供しています。TKR は、コンテンツライブラリを通じて、仮想マシンのテンプレート（OVA テンプレート）の形式で配布されています。TKG クラスタをデプロイする際には、提供されている OVA テンプレートの中から、目的の Kubernetes バージョンを含むテンプレートを選択し、Kubernetes クラスタを展開します。随時リリースされる TKR に関する情報は、TKR のリリースノートを参照してください。

- 公式 Docs：vSphere Supervisor 8.0 - Release Notes

https://techdocs.broadcom.com/us/en/vmware-cis/vsphere/vsphere-supervisor/8-0/release-notes.html

CHAPTER 12　vSphere IaaS control plane の導入

インターネット接続のある環境では、このTKRを管理するコンテンツライブラリは、スーパーバイザーの有効化の中で、自動で構成されます。ここでは、自動で構成されたコンテンツライブラリが正しく構成されていることを確認しておきます。

コンテンツライブラリの一覧画面の[Kubernetes Service Content Library]、あるいは名前空間のサマリの画面から、[Tanzu Kubernetes Grid Service]のタイルにある[Kubernetes Service Content Library]から、コンテンツライブラリの管理画面を開きます(**図 12.39**)。

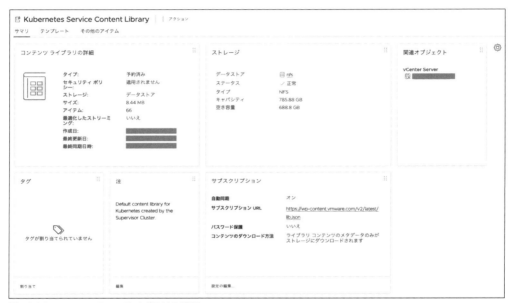

図 12.39　TKR コンテンツライブラリの確認

インターネット接続が制限された環境の場合には、ローカルのコンテンツライブラリを作成し、手動でTKRをアップロードすることで、コンテンツライブラリを構成できます。具体的な手順については、公式ドキュメントを参照してください。実際に、コンテンツライブラリを通じて提供されているTKRを確認するためには、[テンプレート] > [OVF & OVA テンプレート]を選択することで、その一覧を確認できます。

12.7.3　TKG クラスタのデプロイの準備

TKGクラスタをデプロイするための準備として、kubectlコマンドから名前空間にアクセスし、TKGクラスタの展開に必要なパラメータの確認を行います。TKGクラスタの展開には、展開先の名前空間ごとに、必要な権限やリソース設定が完了している必要があります。そのため、目的の名前空間ごとに、パラメータを確認する必要があります。ここでは展開先の名前空間として、namespace01という名前空間が作成されている想定とします。

12.7 TKG クラスタの管理

　kubectl コマンドを使って、namespace01 に Context が切り替わっていることを確認します。なお、コマンド実行例のうち、IP-ADDRESS とマスクしている部分は、実際にはスーパーバイザーの IP アドレスになります。

```
$ kubectl config get-contexts
CURRENT   NAME          CLUSTER       AUTHINFO                                    NAMESPACE
          IP-ADDRESS    IP-ADDRESS    wcp:IP-ADDRESS:developer@vsphere.local
*         namespace01   IP-ADDRESS    wcp:IP-ADDRESS:developer@vsphere.local      namespace01
```

　TKG クラスタの定義ファイルを作成するために、最低限、必要なパラメータとしては、以下が挙げられます（**表 12.17**）。

表 12.17　TKG クラスタの定義ファイルパラメータ

項目	説明
仮想マシンクラス	TKG クラスタを構成する各ノード VM のサイジングや、仮想デバイス等の構成を定義します
ストレージクラス	TKG クラスタを構成する各ノード VM のストレージや、Kubernetes の Persistent Volume として利用するストレージを制御するためのストレージポリシーを指定します
Tanzu Kubernetes リリース	TKG クラスタを展開するために利用する OVA ファイルを指定します

　以下のコマンドを使って、名前空間に割り当てられている仮想マシンクラスを確認します。vSphere 8.0 Update 3 より前のリリースは、virtualmachineclass ではなく、virtualmachineclassbindings というリソースでしたが、vSphere 8.0 Update 3 では廃止されていますので、注意してください。

```
kubectl get virtualmachineclass

# vSphere 8.0 Update 3 より前のリリースの場合
kubectl get virtualmachineclassbindings
```

　実行例としては、以下のようになります。

```
$ kubectl get virtualmachineclass
NAME                  CPU    MEMORY
best-effort-2xlarge   8      64Gi
best-effort-4xlarge   16     128Gi
best-effort-8xlarge   32     128Gi
best-effort-large     4      16Gi
best-effort-medium    2      8Gi
best-effort-small     2      4Gi
best-effort-xlarge    4      32Gi
best-effort-xsmall    2      2Gi
```

CHAPTER 12 vSphere IaaS control plane の導入

　ここで表示される仮想マシンクラスは、名前空間に割り当てられている仮想マシンクラスのみです。もし、出力がない場合には、vCenter の名前空間の管理画面から、仮想マシンクラスの割り当てを行ってください。名前空間に割り当てられているストレージクラスを確認します。

```
kubectl describe namespace NAMESPACE-NAME
```

実行例としては、以下のようになります。

```
$ kubectl describe namespaces namespace01
Name:           namespace01
... (略) ...

Resource Quotas
  Name:                                              namespace01-storagequota
  Resource                                           Used  Hard
  --------                                           ---   ---
  tanzu-nfs.storageclass.storage.k8s.io/requests.storage  0     9223372036854775807

No LimitRange resource.
```

　上記の例では、tanzu-nfs.storageclass.storage.k8s.io/requests.storage という出力のうち、tanzu-nfs の部分がストレージクラスの名前になります。

　vSphere 管理者の権限で kubectl コマンドを実行している場合には、以下のコマンドも利用できます。

```
# vSphere 管理者の権限が必要
kubectl describe storageclasses
```

実行例としては、以下のようになります。

```
$ kubectl describe storageclasses
Name:                  tanzu-nfs
IsDefaultClass:        No
Annotations:           cns.vmware.com/StoragePoolTypeHint=cns.vmware.com/NFS
Provisioner:           csi.vsphere.vmware.com
Parameters:            storagePolicyID=4b53ee88-b514-4437-ae39-b62003a16ecc
AllowVolumeExpansion:  True
MountOptions:          <none>
```

```
ReclaimPolicy:          Delete
VolumeBindingMode:      Immediate
Events:                 <none>
```

最後に、名前空間で利用可能な TKR の一覧を確認します。

```
# 長い表記
kubectl get tanzukubernetesreleases
```

```
# 短い表記
kubectl get tkr
```

実行例としては、下記のようになります。

```
$ kubectl get tanzukubernetesreleases
NAME                                    VERSION                                 READY    COMPATIBLE
CREATED
... （略） ...
v1.28.7---vmware.1-fips.1-tkg.1         v1.28.7+vmware.1-fips.1-tkg.1           True     True        5d9h
v1.28.7---vmware.1-fips.1-tkg.1.ubuntu  v1.28.7+vmware.1-fips.1-tkg.1.ubuntu    True     True        5d9h
v1.28.8---vmware.1-fips.1-tkg.2         v1.28.8+vmware.1-fips.1-tkg.2           True     True        5d9h
v1.29.4---vmware.3-fips.1-tkg.1         v1.29.4+vmware.3-fips.1-tkg.1           True     True        5d9h
v1.30.1---vmware.1-fips-tkg.5           v1.30.1+vmware.1-fips-tkg.5             False    False       5d9h
```

　TKR のフォーマットには、Legacy TKR と Non-Legacy TKR という 2 種類が存在している点に注意してください（**表 12.18**）。

表 12.18　TKR のフォーマット

項目	説明
Legacy TKR	vSphere 7 環境に対する後方互換のためのフォーマットです。vSphere 8 環境においては、vSphere 7 からのアップグレードのみでサポートされ、このフォーマットの TKR を利用して、新規 TKG クラスタを作成することはできません
Non-Legacy TKR	vSphere 8 環境向けのフォーマットです。vSphere 8 環境においては、このフォーマットの TKR を利用して、TKG クラスタを作成します

　この 2 種類のフォーマットを区別するためには、kubectl コマンドのラベルセレクタを利用して、TKR の一覧を取得します。

CHAPTER 12 vSphere IaaS control plane の導入

```
$ kubectl get tkr -l '!run.tanzu.vmware.com/legacy-tkr'
NAME                              VERSION                          READY    COMPATIBLE   CREATED
... (略) ...
v1.26.13---vmware.1-fips.1-tkg.3  v1.26.13+vmware.1-fips.1-tkg.3   True     True         5d9h
v1.26.5---vmware.2-fips.1-tkg.1   v1.26.5+vmware.2-fips.1-tkg.1    True     True         5d9h
v1.27.11---vmware.1-fips.1-tkg.2  v1.27.11+vmware.1-fips.1-tkg.2   True     True         5d9h
v1.28.8---vmware.1-fips.1-tkg.2   v1.28.8+vmware.1-fips.1-tkg.2    True     True         5d9h
v1.29.4---vmware.3-fips.1-tkg.1   v1.29.4+vmware.3-fips.1-tkg.1    True     True         5d9h
v1.30.1---vmware.1-fips-tkg.5     v1.30.1+vmware.1-fips-tkg.5      False    False        5d9h
```

一覧表示された TKR のうち、vSphere 8 環境においては、以下の条件を満たした TKR のみが、TKG クラスタの展開に利用できます。

- コンテンツライブラリを通じて、利用可能な状態 (READY) が True である
- 利用しているスーパーバイザーと互換性がある状態 (COMPATIBLE) が True である
- フォーマットの種類が Non-Legacy である

上記の例では、例えば、v1.28.8 の TKR が条件を満たしており、NAME カラムの v1.28.8---vmware.1-fips.1-tkg.2 の部分が、必要な TKR の名前となります。

12.7.4 TKG クラスタの定義ファイルの作成

前述の通り、TKG クラスタの定義には、TanzuKubernetesCluster と Cluster の 2 つのタイプの API が存在します。しかし、TanzuKubernetesCluster は今後は廃止することがアナウンスされているため、ここでは Cluster タイプの v1beta1 API について紹介します。

v1beta1 API におけるシンプルな定義ファイルの例は、以下の通りです。

```yaml
# namespace01-cluster01.yaml
apiVersion: cluster.x-k8s.io/v1beta1
kind: Cluster
metadata:
  # TKGクラスタの名前
  name: namespace01-cluster01
  # 展開先の名前空間
  namespace: namespace01
spec:
  clusterNetwork:
```

```
  # KubernetesのServiceが利用するサブネット
  # スーパーバイザーで利用しているネットワークとの重複に注意
  services:
    cidrBlocks: ["10.112.0.0/16"]
  # Podが利用するサブネット
  # スーパーバイザーで利用しているネットワークとの重複に注意
  pods:
    cidrBlocks: ["10.96.0.0/16"]
  # Kubernetesクラスタのドメイン
  serviceDomain: "cluster.local"
topology:
  # 雛形として利用するClusterClassの名前
  class: tanzukubernetescluster
  # 利用するTKRの名前
  version: v1.28.8---vmware.1-fips.1-tkg.2
  # Kubernetesのコントロールプレーンの設定
  controlPlane:
    # コントロールプレーン ノードの台数
    # 1 or 3の整数で指定 （商用環境では 3を推奨）
    replicas: 3
  # Kubernetesのワーカーの設定
  workers:
    #ワーカーノードのトポロジーの設定
    machineDeployments:
      - class: node-pool
        name: node-pool-1
        #ワーカーノードの大数
        # 0 以上の整数で指定
        replicas: 3
  #クラスタのカスタマイズ
  variables:
    # 利用する仮想マシンクラスの指定
    - name: vmClass
      value: best-effort-medium
    # 利用するストレージクラスの指定
    - name: storageClass
      value: tanzu-nfs
    # デフォルトで利用するストレージクラスの指定
    - name: defaultStorageClass
      value: tanzu-nfs
```

CHAPTER 12　vSphere IaaS control plane の導入

多くのパラメータは事前に収集した情報をもとに記載できます。しかし、特に注意が必要な項目について表 12.19 で補足します。

表 12.19　v1beta1 API 定義ファイルの注意点

項目	説明
.spec.topology.version	指定する値は、+ 記号を含む TKR の VERSION ではなく、+ 記号が - 記号 3 つに置き換えられている NAME の方である点に注意してください
.spec.clusterNetwork	Kubernetes の Service および Pod で利用されるネットワークを CIDR 形式で設定します。Service および Pod のいずれも Kubernetes クラスタ内部で利用されるネットワークです。vCenter、ESXi、NSX、Avi Load Balancer、DNS、NTP などの管理コンポーネントが配置されるネットワークや、スーパーバイザーを有効化する際に指定した管理ネットワークやワークロードネットワーク、および Pod が通信する外部のネットワークと、IP アドレスが重複してしまうと、正しく通信ができない可能性があります
.spec.topology.variables の defaultStorageClass	省略可能な設定ですが、Tanzu パッケージや、Helm を使ったワークロードの中には、Kubernetes クラスタに設定されたデフォルトのストレージクラスを暗黙的に利用する場合があります。そのため、ここでは、明示的に指定しています

12.7.5　TKG クラスタのデプロイ

作成した TKG クラスタの定義ファイルを使って、kubectl コマンドを通じて、TKG クラスタを作成します。その際の実行例としては、以下の通りです。

```
$ kubectl apply -f namespace01-tkc01.yaml
tanzukubernetescluster.run.tanzu.vmware.com/namespace01-tkc01 created
```

クラスタ作成の途中経過および完了状態の確認については、vCenter の画面からも確認できます。名前空間の管理画面から、[コンピューティング] のタブ画面を選択し、[VMware リソース] > [Tanzu Kubernetes クラスタ] から確認できます（図 12.40）。ただし、vSphere 8.0 Update 3 時点では、Cluster オブジェクトを利用している v1beta1 API の場合、[段階] の部分の表示が N/A となってしまう点に注意してください。

図 12.40　TKG クラスタのデプロイ - コンピューティング画面 - Tanzu Kubernetes クラスタ

kubectl コマンドからクラスタの状態を確認する場合には、利用している API のタイプによって、参照する Kubernetes リソースの種類が異なる点に注意してください。v1beta1 API を利用している場合には、Cluster というリソースを参照することで、確認できます。

```
$ kubectl get cluster namespace01-cluster01
NAME                    CLUSTERCLASS            PHASE         AGE    VERSION
namespace01-cluster01   tanzukubernetescluster  Provisioned   6m     v1.28.8+vmware.1-fips.1
```

12.7.6 TKG クラスタへのアクセス

作成した TKG クラスタにアクセスするためには、まず、名前空間にアクセスする際に利用した kubectl vsphere login コマンドを利用してログインします。その際、追加のオプションを付与することにより、目的の TKG クラスタにアクセスするための Context を取得できます。

```
kubectl vsphere login --server IP-ADDRESS --vsphere-username USERNAME --tanzu-kubernetes-cluster-
namespace NAMESPACE --tanzu-kubernetes-cluster-name CLUSTER-NAME
```

名前空間へアクセスする場合と比較して、追加しているオプションは下記の通りです。

- --tanzu-kubernetes-cluster-namespace NAMESPACE
  アクセス先の TKG クラスタが展開されている名前空間を指定します。省略可能ですが、他の名前空間に同じ名称の TKG クラスタが存在する場合に、名前の競合が発生する可能性があるため、指定することをおすすめします。

- --tanzu-kubernetes-cluster-name CLUSTER-NAME
  アクセス先の TKG クラスタの名前を指定します。

コマンドの実行例は以下の通りです。

```
$ kubectl vsphere login --server IP-ADDRESS --vsphere-username developer@vsphere.local --tanzu-
kubernetes-cluster-namespace namespace01 --tanzu-kubernetes-cluster-name namespace01-tkc01

Password: # パスワード入力
Logged in successfully.
```

```
You have access to the following contexts:
   IP-ADDRESS
   namespace01
   namespace01-tkc01

If the context you wish to use is not in this list, you may need to try
logging in again later, or contact your cluster administrator.

To change context, use `kubectl config use-context <workload name>`
```

　ログインに成功した場合、指定した名前空間および TKG クラスタに対する Context が、一覧に表示されます。その上で、名前空間へのアクセスと同様に、Context を切り替えることで、目的の TKG クラスタへアクセスできます。

```
$ kubectl config use-context namespace01-tkc01
Switched to context "namespace01-tkc01".
```

12.7.7 TKG クラスタのアップデート

　スーパーバイザー上で実行される TKG クラスタでは、ローリングアップデートにより、TKG クラスタをアップデートします。アップデートが実行される契機としては、TKG クラスタのあるべき状態の定義、具体的には、TKR バージョンや、ストレージクラス、仮想マシンクラスが変更されたタイミングとなります。加えて、スーパーバイザー側の更新に伴い、スーパーバイザーと TKR の互換性を維持するために、自動的に TKG クラスタのアップデートが実行される場合があります。また、ローリングアップデート方式では、先に TKG クラスタに新しいノードを追加し、そのノードがクラスタに正しく組み込まれたことを確認した上で、古いノードを削除するというプロセスを全てのノードが更新されるまで繰り返します。この際、新しい TKR には、内包されるKubernetes の他に、対応する CNI や CSI のプラグインなども同時に新しいバージョンに更新される可能性があります。そのため、TKG クラスタ上で実行しているアプリケーションやツール等との互換性については、事前に確認した上で更新を実行してください。

　ここでは、実際に新しい TKR を指定することで、TKG クラスタのアップデートを実行する方法を紹介します。そのためには、kubectl edit コマンドを用いて TKR のバージョンを更新することで、TKG クラスタのアップデートを開始します。この際、TKG クラスタの更新には、kubectl apply コマンドは利用できない点に注意してください。まず、kubectl コマンドを実行している Context が、TKG クラスタを実行している名前空間に切り替わっていることを確認します。もし、Context が切り替わっていない場合には、Context の切り替えを行ってください。

12.7 TKG クラスタの管理

```
$ kubectl config get-contexts
CURRENT  NAME         CLUSTER     AUTHINFO                                      NAMESPACE
         IP-ADDRESS   IP-ADDRESS  wcp:IP-ADDRESS:developer@vsphere.local
*        namespace01  IP-ADDRESS  wcp:IP-ADDRESS:developer@vsphere.local        namespace01
```

　次に、アップデート先として利用可能な TKR のバージョンを確認します。v1beta1 API を利用している場合には、対象のクラスタに対して kubectl describe コマンドを実行することで、アップデート先の候補を確認できます。

```
$ kubectl describe cluster namespace01-cluster01
Name:        namespace01-cluster01
Namespace:   namespace01
 ... （略）...
Status:
  Conditions:
    ... （略）...
    Last Transition Time:  YYYY-MM-DDThh:mm:ssZ
    Message:               [v1.29.4+vmware.3-fips.1-tkg.1]
    Status:                True
    Type:                  UpdatesAvailable
 ... （略）...
```

　アップデート先の TKR バージョンを確認した上で、実際に kubectl edit コマンドで、TKG クラスタの定義を更新します。v1beta1 API を利用している場合には、Cluster リソースとして、TKG クラスタの定義を更新します。

```
kubectl edit cluster namespace01-cluster01
```

　開かれた編集モードにおいて、.spec.topology.version を変更します。

```
# ... （略）...
spec:
  # ... （略）...
  topology:
    # ... （略）...
    version: v1.29.4+vmware.3-fips.1-tkg.1  <-- 変更
    workers:
```

507

CHAPTER 12 vSphere IaaS control plane の導入

```
      machineDeployments:
      - class: node-pool
    # ... (略) ...
```

編集モードの終了時に、自動でバリデーションが行われ、正しく更新できた場合には、編集が完了した旨が出力されます。

```
$ kubectl edit cluster namespace01-cluster01
cluster.cluster.x-k8s.io/namespace01-cluster01 edited
```

TKG クラスタの更新の進捗状況は、TKG クラスタのデプロイ時と同様に、vCenter の画面、および kubectl コマンドから確認してください。

Chapter 13
vSphere IaaS control plane の活用

CHAPTER 13　vSphere IaaS control plane の活用

　本章では、vSphere IaaS control plane をさらに活用するために必要となる VMware Tanzu® command-line interface（以降、Tanzu CLI）の紹介に加えて、vSphere ならではの Kubernetes 拡張機能や、Supervisor を有効化した後の運用について説明します。

13.1　VMware Tanzu CLI

　Tanzu CLI は名前の通り、VMware Tanzu に接続して利用するためのコマンドラインツールです。Tanzu CLI は Tanzu Core CLI のオープンソースプロジェクトで開発されています。

- Tanzu Core CLI
  https://github.com/vmware-tanzu/tanzu-cli

■ Tanzu CLI の機能

　Tanzu CLI を使用すると、vSphere IaaS control plane インフラストラクチャに対して以下のタスクを実行できます。

- ワークロード・クラスタの作成と管理
- Kubernetes のリリース管理
- パッケージの導入と管理
- アプリケーションワークロードの作成と管理
- Tanzu CLI 自身の構成

　Tanzu CLI の基本機能は Kubernetes クラスタの管理ですが、Kubernetes エコシステムの活用促進という付加価値も提供します。Kubernetes エコシステムには、様々なオープンソースソフトウェアが存在し、これらを活用して豊富な機能を実現できます。
　Tanzu CLI は、主要なオープンソースソフトウェアをプラグインとして導入・管理することで、Kubernetes エコシステムの活用を促進します。管理者とユーザーは、Tanzu CLI という統一されたインターフェイスから、容易にオープンソースソフトウェアを導入できます。本節では、管理者とユーザーの視点に立って、Tanzu CLI によるパッケージ管理の仕組みや利用方法について解説します。

13.1.1　Tanzu CLI の基本的な使い方

　Tanzu CLI は、本体とコア機能に加えて、プラグインによって容易に機能を拡張できます。使い始めるには、Tanzu CLI 本体と必要なプラグインをインストールする必要があります。Tanzu CLI 本体のインストールは非常にシンプルで、主要な OS 向けにパッケージ管理ツールを使ったインストール方法が提供されています。

13.1 VMware Tanzu CLI

- APT（Debian ／ Ubuntu）
- Chocolatey（Windows）
- Homebrew（macOS）
- YUM ／ DNF（RHEL）

ここでは例として、Ubuntu を利用したインストール手順を紹介します。

```
# APT リポジトリ情報を最新化
sudo apt update

# 関連パッケージのインストール
sudo apt install -y ca-certificates curl gpg

# GPG キーの取得
sudo mkdir -p /etc/apt/keyrings
curl -fsSL https://packages-prod.broadcom.com/tools/keys/VMWARE-PACKAGING-GPG-RSA-KEY.pub | sudo gpg
--dearmor -o /etc/apt/keyrings/tanzu-archive-keyring.gpg

# APT リポジトリ情報の追加
echo "deb [signed-by=/etc/apt/keyrings/tanzu-archive-keyring.gpg] https://storage.googleapis.com/tanzu-
cli-os-packages/apt tanzu-cli-jessie main" | sudo tee /etc/apt/sources.list.d/tanzu.list

# 追加した APT リポジトリ情報の反映
sudo apt update

# Tanzu CLIのインストール
sudo apt install -y tanzu-cli
```

他の OS でのインストール方法については、公式ドキュメントを参照してください。

- 公式 Docs：Installing and Using VMware Tanzu CLI

  https://techdocs.broadcom.com/us/en/vmware-tanzu/cli/tanzu-cli/1-1/cli/index.html

　Tanzu CLI 本体のインストールが完了したら、目的に応じて必要なプラグインをインストールします。個別
またはグループ単位でインストールできます。ここでは、vSphere IaaS control plane の管理に便利なプラグイ
ンをまとめた vmware-vsphere/default グループを指定してインストールする手順を紹介します。
　まずは、以下のコマンドで、最新のプラグインを含むグループの一覧を確認します。

CHAPTER 13　vSphere IaaS control plane の活用

```
tanzu plugin group search
```

　以下の実行例では、vmware-vsphere/default のグループとして、バージョン v8.0.3 が利用可能であることが確認できます。

```
$ tanzu plugin group search
[i] Refreshing plugin inventory cache for "projects.packages.broadcom.com/tanzu_cli/plugins/plugin-inventory:latest", this will take a few seconds.
[i] Reading plugin inventory for "projects.packages.broadcom.com/tanzu_cli/plugins/plugin-inventory:latest", this will take a few seconds.
  GROUP                          DESCRIPTION                                          LATEST
  vmware-tanzu/app-developer     Plugins for Application Developer for Tanzu Platform v0.1.7
  vmware-tanzu/platform-engineer Plugins for Platform Engineer for Tanzu Platform     v0.1.7
  vmware-tanzucli/essentials     Essential plugins for the Tanzu CLI                  v1.0.0
  vmware-tap/default             Plugins for TAP                                      v1.12.0
  vmware-tkg/default             Plugins for TKG                                      v2.5.2
  vmware-tmc/default             Plugins for TMC                                      v1.0.0
  vmware-vsphere/default         Plugins for vSphere                                  v8.0.3

Note: To view all plugin group versions available, use 'tanzu plugin group search --show-details'.
```

　確認したグループをインストールするためには、以下のコマンドを実行します。

```
# 最新バージョンでインストールする場合
tanzu plugin install --group vmware-vsphere/default

# 特定のバージョンを指定してインストールする場合
tanzu plugin install --group vmware-vsphere/default:v8.0.3
```

　以降は、この Tanzu CLI と vmware-vsphere/default グループのプラグインが、インストールされている前提で解説します。

13.1.2　VMware Tanzu Package

　Tanzu CLI は、Kubernetes 環境でよく利用されるオープンソースソフトウェアを VMware Tanzu Package（以降、Tanzu Package）として提供し、統一されたインターフェイスで管理できるようにするツールです。
　Tanzu Package は、Tanzu CLI を使用して TKG クラスタにインストール・管理し、パッケージリポジトリ

を介して配布されます。リポジトリとパッケージのインストール・管理には、Tanzu CLI の Tanzu Package Plug-in を使用します。Tanzu Package Plug-in の使用方法は以降で解説します。

Tanzu Package のメリット

- パッケージと導入管理ツールが分離しているため、オープンソースソフトウェアの最新版への対応や新たなツールの追加が容易
- シンプルで拡張性に富んだ仕組み

13.1.3 Tanzu Standard Package Repository

Tanzu Standard Package Repository は、管理者やユーザーが Kubernetes クラスタにサービスを提供するためのパッケージを含むリポジトリです。本書執筆時で最新の v2024.8.21 リリースでは、以下のパッケージが含まれています（**表 13.1**）。本書では、他のパッケージの前提条件となる cert-manager や Contour、そしてよく使われる Harbor の概要と導入について解説します。

表 13.1 Tanzu Standard Package Repository に含まれるパッケージ

名称	パッケージ名	機能
Cert Manager	cert-manager	証明書管理
Cluster Autoscaler	cluster-autoscaler	クラスタの自動スケーリング
Contour	contour	コンテナネットワーキング
External DNS	external-dns	コンテナ DNS サービス
Fluent bit	fluent-bit	ログ転送
FluxCD Controllers	flux-source-controller	継続的デリバリー (CD)
	helm-controller	
	kustomize-controller	
Grafana	grafana	モニタリング
Harbor	harbor	コンテナイメージレジストリ
Multus CNI	multus-cni	コンテナネットワーキング
Prometheus	prometheus	モニタリング
Snapshot Validation Webhook	snapshot-validation-webhook	ストレージのスナップショット採取
vSphere PV CSI Webhook	vsphere-pv-csi-webhook	PV、PVC 等の検証
Whereabouts	whereabouts	コンテナネットワーキング

- 公式 Docs：VMware Tanzu Packages Documentation

  https://techdocs.broadcom.com/us/en/vmware-tanzu/cli/tanzu-packages/latest/tnz-packages/index.html

 vSphere IaaS control plane の活用

- 公式 Docs：VMware Tanzu CLI - Tanzu Package

    https://techdocs.broadcom.com/us/en/vmware-tanzu/cli/tanzu-cli/1-1/cli/tanzu-package.html

Tanzu Standard Repository を利用するメリット

Broadcom（VMware）は Tanzu Standard Repository のパッケージに対し、Tanzu Kubernetes Grid へのデプロイに関する一定のサポートを提供しています。具体的には、パッケージのインストールとアップグレードの検証を行い、CVE などの脆弱性にも対応しています。ただし、バグ修正、機能拡張、セキュリティパッチなどは、アップストリームのオープンソース開発コミュニティで提供された新しいバージョンとして提供されます。

Broadcom のサポートはパッケージ管理の仕組みに限定され、個々のオープンソースソフトウェアの不具合に対するサポートは含まれません。

13.1.4　リポジトリの登録

Tanzu CLI から Tanzu Standard Package をインストールするためには、事前に Tanzu Standard Repository を登録する必要があります。まずリポジトリ情報を確認するために、Tanzu CLI の imgpkg サブコマンドを利用します。imgpkg サブコマンドは vmware-vsphere/default グループのプラグインに含まれています。

```
tanzu imgpkg tag list -i projects.registry.vmware.com/tkg/packages/standard/repo
```

imgpkg コマンドの場合の出力例は、以下の通りです。

```
Tags

Name
... (略) ...
v2.2.0
v2.2.0_update.1
v2.2.0_update.2
v2023.10.16
... (略) ...
v2024.7.2
v2024.8.21

169 tags

Succeeded
```

514

上記の例では、v2024.8.21が利用可能なリポジトリの最新バージョンであることが確認できます。ただし、各リポジトリのバージョンには、vSphere やSupervisor、TKRのバージョンとの互換性[1]があるため、注意してください。

確認したバージョンで、リポジトリを登録するためには、以下のコマンドを実行します。

```
tanzu package repository add standard --url projects.registry.vmware.com/tkg/packages/standard/
repo:v2024.8.21 -n tkg-system
```

実際に、登録されたリポジトリを確認するためには、以下のコマンドを実行します。

```
tanzu package repository list -A
```

以下のコマンド実行例では、STATUS が Reconcile succeeded となっており、リポジトリが正常に登録できていることが確認できます。

```
$ tanzu package repository list -A

  NAMESPACE   NAME       SOURCE
STATUS
  tkg-system  standard   (imgpkg)  projects.registry.vmware.com/tkg/packages/standard/repo:v2024.8.21
Reconcile succeeded
```

以降は、この Tanzu Standard Repository が、ワークロードクラスタに登録されていることを前提に解説します。

13.1.5 cert-manager

cert-managerは、Kubernetesクラスタ内のワークロードのTLS証明書を自動で作成・更新するオープンソースソフトウェアです。cert-manager を使うメリットは以下の点が挙げられます（**表13.2**）。

---

[1] 公式 Docs : VMware Tanzu Packages - Prepare to Install Tanzu Packages
https://techdocs.broadcom.com/us/en/vmware-tanzu/cli/tanzu-packages/latest/tnz-packages/prep.html

CHAPTER 13　vSphere IaaS control plane の活用

表 13.2　cert-manager を利用するメリット

特徴	説明
証明書管理の簡素化	多くのアプリケーションで構成され、頻繁なデプロイが求められる Kubernetes 環境において、手動での証明書管理は面倒でエラーが発生しやすくなります。cert-manager は証明書の取得・更新プロセスを自動化し、時間節約と証明書有効期限切れによる問題のリスク軽減を実現します
Kubernetes とのネイティブな統合	cert-manager は Kubernetes とシームレスに統合され、証明書と発行者を Kubernetes リソースとして管理できます。馴染みのある Kubernetes ツールとコマンドを使用して、アプリケーションと一緒に管理でき、ワークフローが簡素化されます
様々な証明書ニーズへの対応	cert-manager は様々な発行者からの証明書をサポートし、柔軟性を提供します。Let's Encrypt、HashiCorp Vault、Venafi のような公開証明書認証局 (CA) を利用したり、プライベート PKI プロバイダと統合したりすることで、様々なセキュリティとコンプライアンス要件に対応できます
活発な開発と大きなコミュニティ	cert-manager は活発に開発されているオープンソースプロジェクトであり、大規模でサポート力のあるコミュニティが存在します
証明書の保存方法 (cert-manager の証明書リソース)	秘密キーと証明書は、アプリケーション Pod によってマウントされるか、Ingress コントローラによって使用される Kubernetes Secret に保存されます
証明書の保存方法 (csi-driver、csi-driver-spiffe、istio-csr)	アプリケーションが起動する前に、秘密キーがオンデマンドで生成されます。秘密キーはノードから離れることはなく、Kubernetes Secret に保存されません

■ cert-manager の導入

前提条件として、以下が実施済みであることを確認してください。

- kubectl コマンドの導入
- Tanzu CLI の導入と Tanzu Standard Package Repository の登録
- パッケージ導入先の TKG クラスタのデプロイ

■ cert-manager のデプロイ手順

まず、cert-manager をインストールする Namespace を作成します。ここでは、Namespace 名を cert-manager としていますが、適宜、環境に合わせて変更できます。

```
kubectl create ns cert-manager
```

Tanzu Package で提供されるパッケージは、kubectl コマンドでもインストールできますが、本書では Tanzu CLI を利用した方法を紹介します。Tanzu CLI を使って、リポジトリ内の利用可能な cert-manager パッケージとバージョンを確認するには、以下のコマンドを実行します。

```
tanzu package available get cert-manager.tanzu.vmware.com -n tkg-system
```

コマンドの実行例は、次の通りです。

13.1 VMware Tanzu CLI

```
$ tanzu package available get cert-manager.tanzu.vmware.com -n tkg-system

NAME:                  cert-manager.tanzu.vmware.com
DISPLAY-NAME:          cert-manager
CATEGORIES:            - certificate management
SHORT-DESCRIPTION:     Certificate management
LONG-DESCRIPTION:      Provides certificate management provisioning within the cluster
PROVIDER:              VMware
MAINTAINERS:           - name: Nicholas Seemiller
SUPPORT-DESCRIPTION:   Support provided by VMware for deployment on Tanzu clusters. Best-effort
support
for deployment on any conformant Kubernetes cluster. Contact support by opening
a support request via VMware Cloud Services or my.vmware.com.

  VERSION              RELEASED-AT
  1.1.0+vmware.1-tkg.2  2020-11-25 03:00:00 +0900 JST
  1.1.0+vmware.2-tkg.1  2020-11-25 03:00:00 +0900 JST
  1.11.1+vmware.1-tkg.1 2023-01-11 21:00:00 +0900 JST
  1.12.10+vmware.2-tkg.2 2023-06-15 21:00:00 +0900 JST
  1.12.2+vmware.2-tkg.2  2023-06-15 21:00:00 +0900 JST
  1.5.3+vmware.2-tkg.1   2021-08-24 02:22:51 +0900 JST
  1.5.3+vmware.4-tkg.1   2021-08-24 02:22:51 +0900 JST
... (略) ...
```

　上記の例では、1.12.10+vmware.2-tkg.2 が利用可能な最新版であることが確認できます。通常は、リポジトリ内で利用可能な最新版が推奨されますが、要件や互換性等を考慮し、適切なバージョンを選択してください。実際に cert-manager をインストールするコマンドは以下の通りです。

```
tanzu package install cert-manager -p cert-manager.tanzu.vmware.com -n cert-manager -v
1.12.10+vmware.2-tkg.2
```

　インストールが完了したら、導入された cert-manager パッケージを確認します。Tanzu CLI では、導入済みパッケージの確認には list と get の 2 つのコマンドがあります。tanzu package installed list コマンドは、導入済みパッケージをリストします。

```
$ tanzu package installed list -n cert-manager

  NAME         PACKAGE-NAME                  PACKAGE-VERSION      STATUS
```

517

CHAPTER 13 vSphere IaaS control plane の活用

```
cert-manager  cert-manager.tanzu.vmware.com  1.12.10+vmware.2-tkg.2  Reconcile succeeded
```

上記の例では、リストする Namespace として -n cert-manager が指定されているため、cert-manager だけを
リストしています。しかし、特に Namespace を指定しなければ、デフォルトの Namespace に導入済みのパッ
ケージがリストされます。もしすべての Namespace に対して、導入済みのパッケージをリストする場合は、以
下のコマンドを実行します。

```
tanzu package installed list -A
```

一方で、tanzu package installed get コマンドでは、指定した導入済みパッケージの詳細を取得できます。

```
$ tanzu package installed get -n cert-manager cert-manager

NAMESPACE:          cert-manager
NAME:               cert-manager
PACKAGE-NAME:       cert-manager.tanzu.vmware.com
PACKAGE-VERSION:    1.12.10+vmware.2-tkg.2
STATUS:             Reconcile succeeded
CONDITIONS:         - status: "True"
  type: ReconcileSucceeded
```

13.1.6 Contour

Contour は、Kubernetes の Ingress コントローラとして広く利用されているオープンソースソフトウェアで
す。Kubernetes クラスタへの外部トラフィックを管理し、アプリケーションやサービスを外部に公開するため
のパワフルで柔軟な機能を提供します。

「Ingress」という用語は Kubernetes 固有のものですが、その概念は現代のアプリケーションアーキテクチャ
において非常に重要です。外部からのアクセスを制御し、アプリケーションを安全かつ効率的に公開するため
に不可欠な要素です。Contour は、データプレーンに高性能なエッジ／サービスプロキシである Envoy を利用
しており、以下の特徴と機能を備えています（**表 13.3**、**表 13.4**）。

13.1 VMware Tanzu CLI

表 13.3 Contour の特徴

特徴	説明
高い性能と スケーラビリティ	大量のトラフィックを低遅延で処理できるため、要求の厳しい本番環境にも適しています
柔軟なルーティングと 設定	パス、ヘッダ、メソッドなど、様々な要素に基づいて複雑なルールを定義できるルーティング機能を提供します。YAML、JSON、Envoy ネイティブの設定フォーマットなど、複数の設定オプションもサポートしています
拡張性	認証、ロードバランシング、レートリミットなどの機能をプラグインで拡張できます。これにより、様々な要件に合わせたカスタマイズが可能です

表 13.4 Contour の主な機能

機能	説明
HTTP/2 と gRPC の サポート	HTTP/2 や gRPC などの最新のウェブプロトコルをサポートし、クライアントとアプリケーション間の効率的かつ高性能な通信を保証します
TLS 終端と管理	TLS 終端と証明書管理機能により、煩雑な証明書管理タスクをアプリケーションからオフロードし、セキュリティ設定を簡素化します
動的な Service 検出	Kubernetes の Service 検出メカニズムと統合し、クラスタ内の Service の可用性に基づいて、自動的にルーティングルールを更新します
ヘルスチェックと アクティブな接続	アプリケーションに対するヘルスチェックを実行し、アクティブな接続を維持することで、高可用性と応答性を確保します
メトリクスと オブザーバビリティ	包括的なメトリクスとオブザーバビリティを提供し、パフォーマンスの監視や問題のトラブルシューティングを効果的に行えます

Contour の利用を検討している場合は、公式ドキュメントを確認し、テスト環境で実際に使用してみることをおすすめします。

Ingress コントローラの選択肢

Kubernetes の Ingress コントローラは Contour 以外にも、NGINX や Ambassador など、様々な選択肢があります。Contour が必ずしも全てのケースで最適解とは限りません。他の選択肢も合わせて検討し、最適な Ingress コントローラを選択してください。

■ Contour の導入

前提条件として、以下が実施済みであることを確認してください。

- kubectl コマンドの導入
- Tanzu CLI の導入と Tanzu Standard Package Repository の登録
- パッケージ導入先の TKG クラスタのデプロイ
- cert-manager パッケージの導入

■ Contour のデプロイ手順

まず、Contour パッケージをインストールするための Namespace を作成します。

CHAPTER 13　vSphere IaaS control plane の活用

```
kubectl create ns tanzu-system-ingress
```

Tanzu CLI を使って、リポジトリ内の利用可能な Contour パッケージとバージョンを確認します。

```
$ tanzu package available get contour.tanzu.vmware.com -n tkg-system


NAME:                contour.tanzu.vmware.com
DISPLAY-NAME:        contour
CATEGORIES:          - ingress
- envoy
- contour
SHORT-DESCRIPTION:   An ingress controller
LONG-DESCRIPTION:    An Envoy-based ingress controller that supports dynamic configuration updates
and multi-team ingress delegation. See https://projectcontour.io for more
information.
PROVIDER:            VMware
MAINTAINERS:         - name: Steve Kriss
- name: Sunjay Bhatia
SUPPORT-DESCRIPTION: Support provided by VMware for deployment on Tanzu clusters. Best-effort
support
for deployment on any conformant Kubernetes cluster. Contact support by opening
a support request via VMware Cloud Services or my.vmware.com.

  VERSION            RELEASED-AT
  1.27.4+vmware.1-tkg.1  2024-06-12 09:00:00 +0900 JST
  1.28.5+vmware.1-tkg.1  2024-06-12 09:00:00 +0900 JST
  1.29.1+vmware.1-tkg.1  2024-06-12 09:00:00 +0900 JST
```

上記の例では、1.29.1+vmware.1-tkg.1 が利用可能な最新版であると確認できます。続いて、Contour の構成ファイルを作成します。Tanzu CLI では、以下のコマンドで、デフォルト値が設定された雛形ファイルを取得できます。

```
tanzu package available get contour.tanzu.vmware.com/1.29.1+vmware.1-tkg.1 --default-values-file-output
contour-data-values.yaml
```

しかし、デフォルトの構成ファイルでは、Envoy は Kubernetes の Service として「NodePor」を利用します。多くのユースケースでは、LoadBalancer を利用した方が便利であるため、ここでは「LoadBalancer」に変更します。最低限の項目に絞った設定例は以下の通りです。

520

```
envoy:
  service:
    externalTrafficPolicy: Cluster
    type: LoadBalancer
```

作成した構成ファイルを指定して、インストールを実行します。

```
tanzu package install contour -p contour.tanzu.vmware.com -v 1.29.1+vmware.1-tkg.1 -n tanzu-system-
ingress --values-file contour-data-values.yaml
```

インストールが完了したら、導入された Contour パッケージを確認します。

```
$ tanzu package installed list -n tanzu-system-ingress


  NAME      PACKAGE-NAME                PACKAGE-VERSION         STATUS
  contour   contour.tanzu.vmware.com    1.29.1+vmware.1-tkg.1   Reconcile succeeded
```

また、kubectl コマンドを利用することで、実際に Ingress として待ち受けている IP アドレスを確認します。下記の例では、Envoy に 172.19.30.7 が割り当てられていることが確認できます。

```
$ kubectl get svc -n tanzu-system-ingress
NAME      TYPE           CLUSTER-IP       EXTERNAL-IP     PORT (S)                      AGE
contour   ClusterIP      10.111.207.179   <none>          8001/TCP                      5m
envoy     LoadBalancer   10.104.216.165   172.19.30.7     80:30700/TCP,443:31637/TCP    5m
```

13.1.7 Harbor

Harbor は、コンテナイメージと Helm チャートを管理するためのオープンソースのクラウドネイティブなレジストリです。アクセス管理、署名、脆弱性スキャンなどの機能を提供し、CI/CD ツールや Kubernetes とも統合できるため、広く利用されています。

コンテナイメージと Helm チャート

コンテナイメージは、アプリケーションを実行するために必要なすべてのものを含むソフトウェアパッケージです。仮想マシンとは異なり OS カーネルを共有するため、軽量でポータブル、かつ効率的に動作します。コンテナイメージには、アプリケーションコード、ライブラリ、依存関係、OS のベースイメージなどが含まれます。

CHAPTER 13 vSphere IaaS control plane の活用

Helm チャートは、Deployment、Service、Ingress などの Kubernetes リソースをパッケージ化したものです。複雑な Kubernetes アプリケーションの管理とデプロイを容易にします。

■ Harbor の機能と価値

Harbor は、コンテナイメージの管理において以下の機能と価値を提供します（**表 13.5**）。

表 13.5　Harbor が提供する機能

機能	説明
セキュリティ	ロールベースアクセス制御、脆弱性スキャン、イメージ署名などにより、コンテナイメージのセキュリティを確保します
効率化	イメージのレプリケーション、ガベージコレクション、パフォーマンス最適化ツールなどにより、コンテナイメージの管理と配布を容易にします
統合	CI/CD パイプラインと統合し、イメージの自動ビルド、テスト、デプロイを可能にします

■ CI/CD との統合

Harbor は CI/CD パイプラインと統合して、以下のようなワークフローを実現します（**表 13.6**）。

表 13.6　Harbor が提供する CI/CD ワークフロー機能

特徴	説明
CI ツール統合	Harbor を CI ツール（Jenkins、GitLab CI、CircleCI など）と、Harbor API またはプラグインを使用して統合します
イメージのビルド	アプリケーションのビルドプロセスをトリガし、コンテナイメージを作成します
Harbor へのプッシュ	ビルドされたイメージを Harbor のレジストリにプッシュします
脆弱性スキャン	Harbor が既知の脆弱性についてイメージを自動的にスキャンします
ビルドの失敗	脆弱性が検出された場合、CI パイプラインがビルドに失敗するように設定し、脆弱なイメージのデプロイを防ぐことができます
イメージの署名	改ざん防止のため Harbor がイメージの整合性を検証し、署名します
署名の検証	デプロイ時に署名を検証します
Kubernetes 統合	Harbor の Helm チャートからイメージをクラスタにデプロイします

■ Helm チャートとの連携

Harbor と Helm チャートを組み合わせることで、Kubernetes アプリケーションのライフサイクル管理を効率化し、安全性を高めることができます（**表 13.7**、**表 13.8**）。

表 13.7　Helm チャート管理機能

機能	説明
バージョン管理	Helm チャートはリポジトリでバージョン管理できます。変更の追跡、以前のバージョンへのロールバック、チームでのコラボレーションが容易になります
再利用性	同じ Helm チャートを複数のデプロイメントで再利用できます

機能	説明
配布	Helm チャートリポジトリは、チャートを公開または非公開で配布できます。アプリケーションの共有やコラボレーションが促進されます
依存関係管理	Helm チャートは他のチャートへの依存関係を宣言できます。複数コンポーネントからなる複雑なアプリケーションを効率的に管理できます
構成管理	Helm チャートには、デプロイメントごとにカスタマイズ可能な構成値を含めることができます。コードを変更せずに、アプリケーションを様々な環境に適合させます

表 13.8 Harbor による Helm チャート管理の強化

特徴	説明
安全なストレージ	Helm チャートは Harbor に安全に保存され、不正アクセスから保護されます
アクセス制御	Harbor の Helm チャートへのアクセスを制御することで、権限のあるユーザーのみがデプロイできるように制限できます
Kubernetes との統合	Harbor は Kubernetes とシームレスに統合されており、リポジトリから Helm チャートを直接デプロイできます

Harbor は、Kubernetes 環境でのアプリケーションの実行に不可欠なコンテナイメージを管理するための重要なサービスです。インフラストラクチャとアプリケーションをつなぐ役割を担い、安全で効率的なアプリケーションのデプロイと管理を支援します。

■ Harbor の導入

前提条件として、以下が実施済みであることを確認してください。

- kubectl コマンドの導入
- Tanzu CLI の導入と Tanzu Standard Package Repository の登録
- パッケージ導入先の TKG クラスタのデプロイ
- cert-manager パッケージの導入
- Contour パッケージの導入

■ Harbor のデプロイ手順

まず、Harbor をインストールするための Namespace を作成します。

```
kubectl create ns tanzu-system-registry
```

Tanzu CLI を使って、リポジトリ内の利用可能な Harbor パッケージとバージョンを確認します。

CHAPTER 13 vSphere IaaS control plane の活用

```
$ tanzu package available get harbor.tanzu.vmware.com -n tkg-system

NAME:                 harbor.tanzu.vmware.com
DISPLAY-NAME:         harbor
CATEGORIES:           - OCI registry
SHORT-DESCRIPTION:    OCI Registry
LONG-DESCRIPTION:     Harbor is an open source trusted cloud native registry project that stores,
signs, and scans content. Harbor extends the open source Docker Distribution by
adding the functionalities usually required by users such as security, identity
and management.
PROVIDER:             VMware
MAINTAINERS:          - name: Miner Yang
- name: Daojun Zhang
- name: Shengwen Yu
SUPPORT-DESCRIPTION:  Support provided by VMware for deployment on Tanzu clusters. Best-effort
support
for deployment on any conformant Kubernetes cluster. Contact support by opening
a support request via VMware Cloud Services or my.vmware.com.

  VERSION              RELEASED-AT
  2.10.3+vmware.1-tkg.1 2024-07-19 23:18:00 +0900 JST
  2.9.1+vmware.1-tkg.1  2023-11-01 19:18:00 +0900 JST
```

　上記の例では、2.10.3+vmware.1-tkg.1 が利用可能な最新版であると確認できます。続いて、Harbor の構成
ファイルを作成します。Tanzu CLI では、下記のコマンドでデフォルト値が設定された雛形ファイルを取得で
きます。

```
tanzu package available get harbor.tanzu.vmware.com/2.10.3+vmware.1-tkg.1 --default-values-file-output
harbor-data-values.yaml
```

　Harbor の構成ファイルは多数の設定項目を含みますが、ここでは最低限の項目に絞った設定例を以下に示
します。

```
core:
  secret: change-it
  xsrfKey: 0123456789ABCDEF0123456789ABCDEF
database:
  password: change-it
```

```
harborAdminPassword: VMware1!VMware1!
hostname: harbor.<DOMAIN>
jobservice:
  secret: change-it
persistence:
  persistentVolumeClaim:
    database:
      storageClass: tanzu-nfs
    jobservice:
      jobLog:
        storageClass: tanzu-nfs
    redis:
      storageClass: tanzu-nfs
    registry:
      storageClass: tanzu-nfs
    trivy:
      storageClass: tanzu-nfs
registry:
  secret: change-it
secretKey: 0123456789ABCDEF
tlsCertificate:
  tlsSecretLabels: {"managed-by": "vmware-vRegistry"}
```

作成した構成ファイルを指定して、インストールを実行します。

```
tanzu package install harbor -p harbor.tanzu.vmware.com -v 2.10.3+vmware.1-tkg.1 -n tanzu-system-
registry --values-file harbor-data-values.yaml
```

インストールが完了したら、導入された Harbor パッケージを確認します。

```
$ tanzu package installed list -n tanzu-system-registry

  NAME    PACKAGE-NAME            PACKAGE-VERSION        STATUS
  harbor  harbor.tanzu.vmware.com  2.10.3+vmware.1-tkg.1  Reconcile succeeded
```

　実際に導入した Harbor のダッシュボードにアクセスするには、まず構成ファイルの hostname で指定した FQDN に、Contour の導入後に確認した Envoy の IP アドレスを設定します。その上で、ブラウザから https://<FQDN> にアクセスします。admin ユーザーのパスワードは、構成ファイルの harborAdminPassword で指定した値です。

CHAPTER 13　vSphere IaaS control plane の活用

13.2　vSphere ならではの Kubernetes 拡張機能

本節では、オープンソースの仕様に準拠した Kubernetes クラスタをデプロイできる TKG クラスタ以外のワークロード展開形態として、vSphere ならではの機能である vSphere Pod サービスや、仮想マシンサービス（VM サービス）について紹介します。

13.2.1　vSphere Pod サービス

vSphere Pod とは、Supervisor 上に展開できるワークロードの展開形態の一つです。その vSphere Pod を管理する vSphere のサービスが、vSphere Pod サービスです。

vSphere Pod では、ESXi が Kubernetes における Worker ノードとして振る舞うことで、ESXi 上で直接 Pod を実行できます。基盤の利用者は、自身で TKG クラスタを展開することなく、割り当てられた名前空間において、すぐにコンテナを展開できます。

Supervisor サービスを展開する際には、この vSphere Pod が利用されています。ただし、基盤の利用者が vSphere Pod を実行するためには、Supervisor が NSX のネットワークスタックで構成されている必要があります。もし、VDS ネットワークスタックで Supervisor を構成している場合には、Supervisor サービスを展開できますが、一般的なコンテナワークロードを展開する用途では、vSphere Pod は利用できません。

■ vSphere Pod のメリット

ワークロードの展開形態として、vSphere Pod を利用する際のメリットは、以下が挙げられます（表 13.9）。

表 13.9　vSphere Pod の特徴

特徴	説明
高いレベルのリソース分離	・vSphere Pod は非常に軽量な仮想マシンとして ESXi 上で直接実行されるため、Pod 同士は仮想マシンと同等のレベルで分離される ・各 Pod は Photon OS の Linux カーネルを利用して実行され、ESXi とは分離される ・NSX の分散ファイアウォールにより、Pod 単位でのマイクロセグメンテーションが可能
高度なリソース管理	・各 Pod を実行する仮想マシンは、ワークロードが必要とする CPU、メモリ、ストレージのリソース量に基づいて正確にサイジングされる ・Kubernetes の Resource Requests/Limits による明示的なリソース管理を行うことで、vSphere DRS による Pod の適切な初期配置が可能
高いパフォーマンス	・仮想マシンと同等の分離性を持ちつつ、コンテナならではの高速な起動と低いオーバーヘッドを実現している ・インスタントクローン技術により、仮想マシンのスナップショットから複製して高速に起動する ・ESXi の CPU スケジューラにより、一般的な Linux カーネルと比較して低いオーバーヘッドを実現している。詳細は公式のブログ記事[2]を参照

[2]　How Does vSphere 7 with Kubernetes Deliver 8% Better Performance Than Bare Metal?
　　https://blogs.vmware.com/performance/2019/10/how-does-project-pacific-deliver-8-better-performance-than-bare-metal.html

特徴	説明
管理性	• vSphere Pod は vCenter 内のオブジェクトであるため、従来の仮想マシンと同様に vCenter の管理画面から確認できる。ただし、vCenter からの編集はできず Kubernetes API を使用した管理となる

■ vSphere Pod の考慮事項

vSphere Pod は、ユーザーが個別に TKG クラスタを展開することなく利用でき、多くのメリットを提供しますが、オープンソースの Kubernetes クラスタと比較すると、以下の考慮事項があります（**表 13.10**）。

表 13.10　vSphere Pod の考慮事項

項目	説明
セキュリティ権限	• 高い分離性を維持するため、Control Plane ノード（Supervisor Control Plane 仮想マシン）や Worker ノード（ESXi ホスト）への root 権限でのアクセスはできない。特権コンテナの実行や HostPath ボリュームの利用もできない
Kubernetes クラスタのライフサイクル	• ESXi が Worker ノードとして機能するため、Kubernetes クラスタのアップグレードには Supervisor のアップグレードが必要となる • ユーザー側で Kubernetes クラスタのライフサイクルを管理する必要がある場合は、TKG クラスタを利用する
Kubernetes クラスタのカスタマイズ	• vSphere Pod が展開される vSphere 名前空間は、Kubernetes の Namespace を拡張した実装 • ユーザーによる Kubernetes API を利用した名前空間の作成は制限されている • Kubernetes の Customer Resource Definition の作成、Operator の利用、Helm チャートの展開などはできない
ネットワークアクセス	• NSX によるネットワークサービスを経由して Pod へのアクセスを提供するため、Kubernetes の NodePort サービスは利用不可

上記を考慮し、vSphere Pod または、TKG クラスタの利用に関しては、基盤を利用する際のユースケースを考慮して、選定を行ってください。

13.2.2　仮想マシンサービス

仮想マシンサービスは、Kubernetes API を通じて仮想マシンを展開・管理できる vSphere のサービスおよび機能です（**図 13.1**、**表 13.11**）。この機能によって、コンテナベースのアプリケーションに加えて、仮想マシンベースのアプリケーションも同様の方法で展開できます。

CHAPTER 13 vSphere IaaS control plane の活用

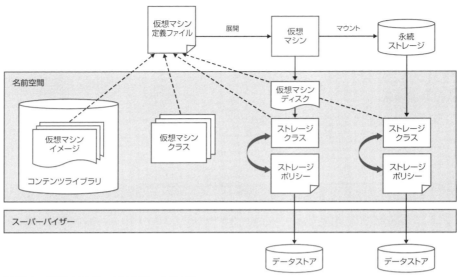

図 13.1　仮想マシンサービスのアーキテクチャ

表 13.11　仮想マシンサービスの構成要素

構成要素	説明
仮想マシンイメージ	● 仮想マシンを展開する際に利用される OVA イメージ ● ユーザーが利用するには、イメージを格納したコンテンツライブラリを割り当てる必要がある
仮想マシンクラス	● 仮想マシンが利用できるリソース (CPU、メモリ、予約の有無など) を定義する ● デフォルトでは guaranteed-large や best-effort-large など、いくつかの仮想マシンクラスが用意されている ● 管理者は利用可能な仮想マシンクラスを名前空間に割り当てることで、ユーザーにリソースを提供する ● 必要に応じて、CPU、メモリ、予約の有無、ハードウェアバージョン、PCI デバイスなどを設定したカスタム仮想マシンクラスを作成可能 (例：vGPU を割り当てた仮想マシンを展開する際には、vGPU を割り当てた仮想マシンクラスを作成)
ストレージクラス	● 仮想マシンのディスクが配置されるデータストアを制御する ● 永続ストレージとして利用するボリュームの作成時にも使用される
仮想マシン定義ファイル	● 上記の構成要素を用いて、展開する仮想マシンのあるべき状態を YAML ファイルとして定義する ● Cloud-init および Sysprep によるカスタマイズをサポートしており、Linux OS および Windows OS に対して、仮想マシンのブート時に必要な設定を行うことが可能

仮想マシン定義ファイルの記述方法や具体的な利用方法については、公式ドキュメントを参照してください。

- 公式 Docs：Deploying and Managing Virtual Machines in vSphere Supervisor
  https://techdocs.broadcom.com/us/en/vmware-cis/vsphere/vsphere-supervisor/8-0/vsphere-supervisor-services-and-workloads-8-0/deploying-and-managing-virtual-machines-in-vsphere-iaas-control-plane.html

13.3　vSphere IaaS control plane の運用

本節では、vSphere IaaS control plane の運用について、ライフサイクル管理、バックアップとリストア、トラブルシューティングといった vSphere IaaS control plane 特有の考え方が含まれる項目に絞って解説します。

13.3.1　vSphere IaaS control plane のライフサイクル管理

本項では、最新の製品バージョンと Kubernetes リリースを使用して、vSphere IaaS control plane 環境を最新の状態に保つ方法について説明します。vSphere IaaS control plane の最新バージョンへの更新を行うと、Supervisor、TKG サービス、Tanzu Kubernetes Grid クラスタをサポートする vSphere インフラストラクチャ、Kubernetes のバージョン、および vSphere 向け Kubernetes CLI Tools が更新されます（図 13.2）。

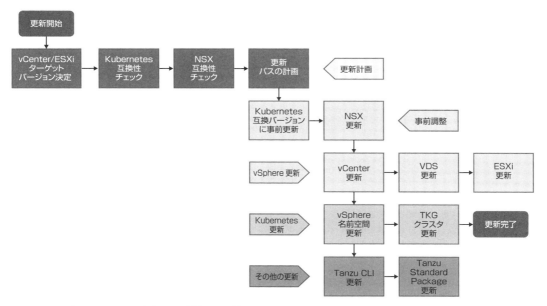

図 13.2　vSphere IaaS control plane の更新フロー例

■ vSphere IaaS control plane の更新の仕組み

Supervisor クラスタと Tanzu Kubernetes Grid クラスタは、共通の Kubernetes ディストリビューションを使用して構築されますが、Kubernetes バージョンの配信方法が異なるため、更新方法も異なります（図 13.3）。

CHAPTER 13　vSphere IaaS control plane の活用

Supervisor Kubernetes
- vCenter リリースに含まれて配布
- vCenter の更新によって Supervisor Kubernetes も更新
- 各 vCenter リリースには、最新の Kubernetes バージョンと 2 つの以前のバージョンが含まれる
（例：VMware vSphere IaaS Control Plane 8.0 では 1.28、1.27、1.26 をサポート）

Tanzu Kubernetes Grid クラスタ
- Tanzu Kubernetes リリース（TKR）を使用して構築される。TKR は、アップストリーム Kubernetes ソフトウェアを、VMware による署名、テスト、およびサポート済みの状態で提供
- TKR は vCenter とは別にリリースされ、Photon や Ubuntu などの OS と Tanzu Kubernetes Grid コンポーネントを組み合わせた OVA テンプレートとして提供

Kubernetes のアップグレードパス
- アップストリーム Kubernetes では順次アップグレードのみ可能（1 つ上のバージョンにしかアップグレードできない）
- vCenter のアップグレード時には、アップグレード元の vCenter がサポートする Kubernetes の最上位バージョンから、アップグレード先の vCenter がサポートする Kubernetes のバージョンにアップグレードできることを確認する必要がある
- VMware Cloud Foundation（VCF）環境では、VCF のアップグレードと Kubernetes のアップグレードパスを考慮する必要がある

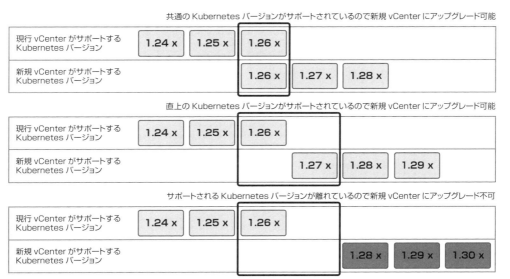

図 13.3　vCenter と Kubernetes バージョンの関係

13.3 vSphere IaaS control plane の運用

アップグレード元のKubernetesがアップグレード後のvCenterがサポートする範囲のアップグレードを必要なだけ繰り返すことになります。そのため、アップグレードの計画時には注意が必要です。

ローリングアップデート

vSphere IaaS control plane は、Supervisor および Tanzu Kubernetes Grid クラスタのローリングアップデートモデルを採用しています。これにより、更新プロセス中のクラスタのワークロードのダウンタイムを最小限に抑えられます。ローリングアップデートには、Kubernetes ソフトウェアバージョンのアップグレードに加えて、仮想マシンの構成とリソース、vSphere 名前空間、カスタムリソースなど、Tanzu Kubernetes Grid クラスタをサポートするインフラストラクチャやサービスの更新も含まれます。

13.3.2 vSphere IaaS control plane のバックアップとリストア

本項では、vSphere IaaS control planeのバックアップとリストアについて解説します。vSphere IaaS control plane には、バックアップの対象になる複数の要素があります。そのため、対象ごとに使うツールも、バックアップとリストアの手順も異なります。vCenter Server の構成、NSX Manager の構成もバックアップやリストアの対象になるため、それぞれのバックアップ・リストア方法については公式ドキュメントのガイダンスに沿って対応してください。

vCenter Server のバックアップ、リストア方法については、第11章で詳細を解説しています。

■ Supervisor Control Plane のバックアップ

Supervisor Control Plane のバックアップは、vCenter Server のファイルベースバックアップの一部として行います。Supervisor の状態を記録するオプションを vCenter ファイルベースバックアップに含めることができます。作成したバックアップファイルから Supervisor Control Plane をリストアします。vCenter Server に対応したサードパーティのバックアップ製品でバックアップ、リストアすることも考えられますが、本書では vCenter Server の機能でバックアップ、リストアする方式を紹介します。

Supervisor Control Plane のバックアップファイルは、次のコンポーネントの状態を取得してバックアップします。

- etcd の状態
- vCenterのアップグレード後にControl Plane VMを確実にリストアするためにPodに使用されるコンテナイメージ
- リストア後にすべてのKubernetes 証明書を再生成できるようにするための Kubernetes CA 証明書とキー
- すべての vSphere 名前空間、Deployment、Pod、仮想マシン、TKG リソース、PersistentVolumeClaim など、ワークロードに関連付けられているすべての Kubernetes リソースの状態

CHAPTER 13 vSphere IaaS control plane の活用

vCenter Server のファイルベースバックアップについては、第11章で詳細を解説しています。ここでは Supervisor のバックアップについてのみ補足します。

Supervisor のバックアップを行う場合は、「Supervisors Control Plane」にチェックを入れ、バックアップファイルを取得します（**図13.4**）。

図13.4 vCenter Server バックアップオプション選択

■ Supervisor Control Plane のリストア

リストアはSupervisor単位に行います。vCenter Serverの全体のリストアをした場合も、Supervisor Control Plane は同時にリストアされません。vCenter Server をリストアした後、別途、Supervisor Control Plane をリストアする以下の手順を実行してください。

リストアを行うには、まず vSphere Client で、[ワークロード管理] > [スーパーバイザー] > [リストア] を選択します（**図13.5**）。

13.3 vSphere IaaS control plane の運用

図 13.5 スーパーバイザーメニューからリストアを実行

バックアップの詳細を入力します。対象の vCenter Server、使用するバックアップファイルの保存先、ユーザー名、パスワードを指定します。vCenter Server のスケジュールバックアップが設定されている場合は、チェックを入れることで、バックアップファイルの保存先とユーザー、パスワードを同様の設定で反映することができます（図 13.6）。

図 13.6 バックアップファイル保存先の指定

バックアップファイルが読み込まれると、バックアップに含まれる Supervisor がリストされるので、リストア対象にチェックを入れます（図 13.7）。

533

図 13.7　リストアするスーパーバイザーの選択

リストア対象に間違いがなければリストアを実行します（**図 13.8**）。

図 13.8　リストアの実行

リストアが成功すると、リストアした Supervisor の [Config Status] 列が Running になります。各サービスが正常にリストアされたか必ず確認を行います。

■ vSphere Pod のバックアップとリストア

vSphere Pod のバックアップとリストアは、Velero Plugin for vSphere で行います。スタンドアローン Velero と Restic で vSphere Pod をバックアップ、リストアすることはできません。Supervisor にインストールされている Velero Plugin for vSphere を使用する必要があります。このため、バックアップ操作の前提として、

13.3 vSphere IaaS control plane の運用

Velero Plugin for vSphere がターゲットクラスタに導入され構成されている必要があります。また、パーシステントボリュームのバックアップには、Amazon S3 互換のオブジェクトストレージが必要です。vSphere IaaS control plane には、ユーザーが有効にできる MinIO Supervisor サービスが付属しているため、特に検証や小規模利用には、この MinIO を利用するのも一つの方法です。本番環境や、大規模環境では、独立した Amazon S3 互換のオブジェクトストレージを作成することも検討してください。

vSphere Pod のバックアップは、Velero Plugin for vSphere CLI の次のコマンドを実行します。

```
velero backup create <backup name> --include-namespaces=my-namespace
```

バックアップが実行されると、スナップショットカスタムリソースと、アップロードカスタムリソースが作成されます。バックアップの実行状況や、作成済みのバックアップを確認するには、kubectl でスナップショットカスタムリソースと、アップロードカスタムリソースを参照します。

全てのスナップショットカスタムリソースを取得するには、以下のコマンドを実行します。

```
kubectl get -n <pvc namespace> snapshot
```

全てのアップロードカスタムリソースを取得するには、以下のコマンドを実行します。

```
kubectl get -n velero namespace upload
```

13.3.3 vSphere IaaS control plane のトラブルシューティング

Supervisor を運用していく上では、その有効化や更新、あるいは日々の運用時において、なんらかのトラブルが発生する可能性があり、適切なトラブルシューティングが必要になります。ここでは、一般的な検証環境を構築し、管理する上で、よく遭遇するトラブルを題材に、トラブルシューティング時に必要となる Supervisor の操作例を紹介します。

なお、より包括的なドキュメントについては、公式ドキュメントのトラブルシューティングに関するセクションを参照してください。また、公式のサポートが必要な場合には、Broadcom Support Portal からチケットを起票し、担当者からのガイドを受けてください。

- 公式 Docs：Installing and Configuring vSphere Supervisor

  https://techdocs.broadcom.com/us/en/vmware-cis/vsphere/vsphere-supervisor/8-0/installing-and-configuring-vsphere-supervisor.html

535

CHAPTER 13　vSphere IaaS control plane の活用

■ Supervisor の有効化および更新

　Supervisor を有効化、更新、および設定を変更した場合、Supervisor では全ての設定が検証され、健全性のチェックが行われます。そこで、エラーが検出された際には、指摘事項に基づいて、エラーを解決する必要があります。一般的な検証環境において、Supervisor を有効化したり更新したりする際に、よく遭遇するエラーの要因としては、DNS の名前解決や、NTP による時刻同期が挙げられます。有効化や更新を行う際には、事前にこれらの点を確認しておくとより安全です。

■ DNS 名前解決に関するエラー

　vCenter や NSX Manager、Avi Load Balancer コントローラ等、管理コンポーネントの名前解決を行う管理 DNS サーバーに対して、制御プレーン仮想マシンからアクセスできないことで発生するエラーです。

　対処としては、まず、ファイアウォール等で通信を制限している場合には、適切な許可ルールが設定されていることを確認してください。可能であれば、Supervisor の有効化前に、制御プレーン仮想マシンを配置するネットワーク上に、試験用の仮想マシンを一時的に配置し、管理コンポーネントの名前解決できることを確認してください。

　また、特に管理ネットワークとワークロードネットワークで、同一の DNS サーバーを設定している場合には、制御プレーン仮想マシンは、ワークロードネットワークを利用して名前解決を行う点に注意してください。よく散見されるケースとして、ワークロードネットワークからの管理 DNS サーバーへのアクセスが制限されている場合があります。

　また、利用するドメイン名で .local をトップレベルドメインとして利用している場合、管理ネットワークの設定において .local を DNS 検索ドメインに加えることが必須となるため、注意してください。

■ NTP 時刻同期に関するエラー

　ESXi および管理コンポーネント群と、制御プレーン仮想マシン間の相互認証は、NTP による時刻同期を前提としています。そのため、NTP サーバーが適切に構成されていない場合には、コンポーネント間で適切な認証ができず、エラーとなる可能性があります。事前に、NTP サーバーが適切に構成され、環境全体で時刻同期が取れていることを確認してください。確認方法については、以下の KB を参照してください。

- KB:Common issues with a vSphere with Tanzu Cluster deployment stuck in Configuring state (323411)
  https://knowledge.broadcom.com/external/article/323411/

■ 制御プレーン仮想マシンへのアクセス

　トラブルシューティングを行う上では、稀に Supervisor 上の制御プレーン仮想マシンに SSH でアクセスする場合があります。ここでは、そのための手順を紹介します[3]。ただし、制御プレーン仮想マシンへの SSH アク

【3】　KB：Troubleshooting vSphere with Tanzu (TKGS) Supervisor Control Plane VM's (323407)
　　　https://knowledge.broadcom.com/external/article/323407/

13.3 vSphere IaaS control plane の運用

セスは、あくまで有事の際の利用を想定しており、通常運用での利用は想定されていません。SSH アクセスに利用するユーザーは、非常に強力な権限を有しており、Supervisor に深刻な影響を与える可能性があります。そのため、変更内容によっては、公式サポートの対象外として扱われる可能性がありますので、注意してください。

手順としては、まず、vCenter に管理者権限で SSH アクセスします。Bash シェルモードではない場合には、shell コマンドを入力して、モードの切り替えを行ってください。その上で以下のスクリプトを実行し、制御プレーン仮想マシンに SSH アクセスするための情報を取得します。

```
root@vcsa [ ~ ]# /usr/lib/vmware-wcp/decryptK8Pwd.py
Read key from file

Connected to PSQL

Cluster: domain-c6011:1b978a38-c693-466e-8df9-ccc9f139ef2b
IP: <IP-ADDRESS>
PWD: <PASSWORD>
------------------------------------------------------------
```

このスクリプトによって出力された IP アドレスとパスワードを基に、SSH アクセスを行うことが可能です。ただし、ここで出力された IP アドレスは、制御プレーン仮想マシンの代表 IP アドレスであるため、実際に SSH アクセスする対象は、3 台で構成される仮想マシンのいずれか 1 台となります。そのため、SSH アクセスするたびに、異なる仮想マシンにアクセスする可能性があります。その場合に .ssh/known_hosts ファイルに保存されている公開鍵と一致しない旨の警告が表示されます。

```
root@vcsa [ ~ ]# ssh <IP-ADDRESS>
@@@@@@@@@@@@@@@@@@@@@@@@@@@@@@@@@@@@@@@@@@@@@@@@@@@@@@@@@@@@@@@
@    WARNING: REMOTE HOST IDENTIFICATION HAS CHANGED!     @
@@@@@@@@@@@@@@@@@@@@@@@@@@@@@@@@@@@@@@@@@@@@@@@@@@@@@@@@@@@@@@@
IT IS POSSIBLE THAT SOMEONE IS DOING SOMETHING NASTY!
Someone could be eavesdropping on you right now  (man-in-the-middle attack) !
It is also possible that a host key has just been changed.
The fingerprint for the ECDSA key sent by the remote host is
SHA256:qZPOV4yQBpzcYJyVwufSSV1cPAvmdfGxQvH58js1S1w.
Please contact your system administrator.
Add correct host key in /root/.ssh/known_hosts to get rid of this message.
Offending ECDSA key in /root/.ssh/known_hosts:1
Host key for <IP-ADDRESS> has changed and you have requested strict checking.
Host key verification failed.
```

CHAPTER 13 vSphere IaaS control plane の活用

対処としては .ssh/known_hosts ファイルから当該の行を削除するか、あるいは、代表 IP アドレスではなく、制御プレーン仮想マシンのいずれか 1 台の実 IP アドレスを利用して、直接 SSH アクセスしてください。

ここでは、一般的な検証環境で遭遇するトラブルを題材に、いくつかの操作例を取り上げました。しかし、実際のトラブル対応では、その発生原因に応じて適切な操作が求められます。そのため、詳細な情報を確認するためには公式ドキュメントを確認する他、Case を発行し、Broadcom サポート担当者からのガイドに従ってください。

COLUMN

VMware Private AI- プライベートな生成 AI 基盤

企業による生成 AI の活用が広がっています。その背景には、ChatGPT に代表されるような事前学習済みの大規模言語モデル (Large Language Model：LLM) をベースとしたチャットサービスの有用性が広く認識されたこと、LLM 自体がコミュニティサイトで公開されて利用環境が整ってきたことなど、生成 AI が利用しやすくなったことがあります。VMware（現 Broadcom）は、企業のデータセンター内で安全に生成 AI を利用できるようにするための仕組みを提供しています。それが「VMware Private AI」です。

LLM をビジネスで活用するには、ビジネスドメイン固有の知識や情報を LLM に追加学習させて、回答品質を高める必要があります。この時、社内に存在する専門性の高い情報や機密情報などが学習の対象として使われます。そこで懸念されるのが、セキュリティやプライバシー保護の対策です。VMware Private AI は、プライベートな生成 AI 基盤を企業のデータセンターに構築して、大切な情報を外部へ晒すことなく、安全に LLM を活用する環境を提供します。

生成 AI 基盤を導入する企業の視点で考えると、AI 周辺技術のトレンドに配慮しつつ、企業の戦略に応じてハードウェアやソフトウェアを柔軟に選択したいという意向があります。VMware Private AI は、利用するハードウェアやソフトウェア、LLM に関して幅広い選択肢を提供し、生成 AI の民主化を加速させます。業界で主要なパートナー各社と共同で作成した検証済みのリファレンスアーキテクチャや、生成 AI 基盤向けの製品を VMware Private AI というブランドの枠組みで提供しています。

VMware Private AI Foundation with NVIDIA

VMware Private AI Foundation with NVIDIA は、VMware Cloud Foundation のアドオン ライセンスで提供される生成 AI 基盤製品です（図 13.9）。NVIDIA 社の GPU を搭載し、かつ本ソリューション向けに認定されたサーバーを利用して、VMware Cloud Foundation による基盤を構成、そしてその基盤上で、NVIDIA 社が提供する企業向け AI ソフトウェアプラットフォーム「NVIDIA AI Enterprise」を実行することで、生成 AI モデルの開発や展開を効率的に行えます。NVIDIA AI Enterprise を中心とした AI 開発をプライベートな環境で行う企業には、最適な AI 基盤です。

VMware Private AI Foundation with NVIDIA の特徴的な機能の一つが「Deep Learning VM」です。Deep Learning VM とは、AI エンジニアが数クリックで各種 AI 向けライブラリやフレームワークを利用できるようにする仕組みです。LLM の学習や推論、検索拡張生成 (RAG) などで使われるソフトウェアは、目的や用途によって様々に異なります。Deep Learning VM は、用途ごとに必要なソフトウェアが、事前に構成された状態でオンデマンドに利用できるため、AI エンジニアの生産性向上が期待できます。さらに、VMware Cloud Foundation Operations によって、基盤の統合管理と合わせて、GPU リソースの詳細なモニタリングが可能であり、AI 基盤の効率的なリソース消費と運用を支援します。

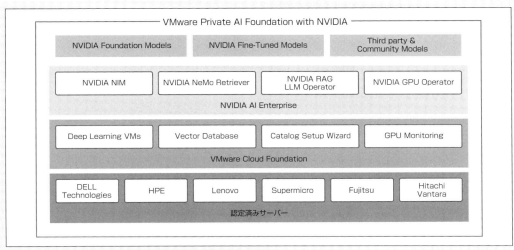

図 13.9　VMware Private AI Foundation with NVIDIA の概要

Reference Architecture for VMware Private AI

　Reference Architecture for VMware Private AI は、機械学習用ライブラリの「PyTorch」や Python の並列分散処理を担うフレームワーク「Ray」などの OSS、NVIDIA 社の GPU を搭載したサーバー、および VMware Cloud Foundation を組み合わせて、AI 基盤を構成するためのリファレンスアーキテクチャです。テスト環境および本番環境向けの基盤の設計や構築、LLM のファインチューニングや推論タスクを実行する方法などをドキュメントとして公開しています。生成 AI の開発に、OSS をフル活用したいという企業に最適なガイドです。

VMware Private AI with Intel

　VMware Private AI with Intel は、AI アクセラレータ機能を搭載した CPU を使ったサーバーや、それに最適化されたソフトウェア、ツール群をベースとして、OSS や独立系ソフトウェアベンダー製品、および VMware Cloud Foundation を組み合わせて、AI 基盤を構成するためのリファレンスアーキテクチャです。ハードウェアの構成ガイドや基盤のデザイン、各種ソフトウェアの構成、LLM のファインチューニングの方法などをドキュメントとして公開しています。Intel 社製の CPU や GPU を活用したいと考える企業は、これらの情報を参考に迷うことなく AI 基盤を構築できます。

VMware Private AI with IBM

　VMware Private AI with IBM は、開発から導入までのライフサイクル全体にわたって、AI モデルを管理する IBM watsonx と、RedHat OpenShift、および VMware Cloud Foundation を組み合わせて、データセンターに AI 基盤を構成するためのリファレンスアーキテクチャです。IBM watsonx が提供する基盤モデルやツールキット、データサービスなどに加え、IBM コンサルティングをあわせて活用することも可能であり、IBM 製品とサービスを利用する企業に最適な AI 基盤を提供します。

　VMware Private AI は、企業のデータセンターやエッジ環境で、LLM を安全に開発して利用する環境を提供します。機密情報を外部へ晒すことなく、生成 AI を活用したいという要望に応えることができる AI ソリューションです。

Chapter 14

vSphere のセキュリティ

CHAPTER 14　vSphere のセキュリティ

近年、ランサムウェアを始めとした様々なサイバー攻撃の手法で企業のシステムが狙われ、多くの被害が発生しています。vSphere は仮想化基盤の中核であり、その重要性ゆえに vSphere 環境もサイバー攻撃の標的とされ、以下のような深刻なリスクが懸念されます。

- データ漏洩・改ざん：企業の機密情報や顧客データが盗まれたり、改ざんされたりすることで、企業の信頼を失墜させ、多額の損害賠償や法的責任を負う可能性がある
- システム停止：ランサムウェアや DDoS 攻撃などによりシステムが停止すると、業務が中断し、企業の生産性や収益に大きな影響を与える
- コンプライアンス違反：業界や地域により IT システムのセキュリティに関する厳格な規制がある。違反は罰金や営業停止などの処分を受ける可能性がある

これらリスクからシステムを保護するためにもセキュリティ対策は重要です。

本章では vCenter Server および ESXi を運用する vSphere 環境の保護に必要なセキュリティの概念と機能、サイバー攻撃から vSphere 環境を守る方法について解説します。

14.1　セキュリティの強化概要

14.1.1　vSphere セキュリティの昨今

リモートワークやパブリッククラウドの活用が進むにつれて、これまでは隔離されていたオンプレミス環境もインターネット経由で攻撃される事件を耳にするようになってきました。vSphere に関する CVSS の脆弱性レポート数は 2020 年と 2021 年は倍増したものの、以降の件数は以前と大きな差はなく、また、脆弱性に対する深刻度も昨今が特段多くなったということはありません（図 14.1）。しかし、大きな事件や vSphere への攻撃に関するニュースを目にすることが増えていると感じられるかもしれません。これは攻撃手法に理由があります。

図 14.1　vCenter と ESXi に関する脆弱性の件数

14.1 セキュリティの強化概要

- 参照元：JVN iPedia 脆弱性対策情報データベース
  https://jvndb.jvn.jp/index.html

公開された侵害事例を紐解くと、

① VPN やパソコンから社内ネットワークに侵入されたところからスタートし特権アカウントを奪取されたケース
② vSphere の脆弱性を悪用したケース

が見られます。特権アカウントを奪取された「なりすまし」のケース（①）では、vCenter Server に正規の手順でログインされてしまうため、その先の攻撃を止めることができません。特権アカウントが奪取される前の対策を講じておく必要があります。
　一方、脆弱性を悪用した攻撃（②）ではゼロデイ攻撃、つまり脆弱性判明からパッチ適用が行われるより前に行う攻撃が発生しています。「定期的なパッチ適用」と悠長に構えてはいられず、脆弱性が判明し、運用する環境にリスクがあると判断した時点でパッチ適用することがセキュリティの観点では推奨されます。しかし、これらのパッチ適用の要否判断は業務負荷の観点から難しいケースもあります。原則としてパッチ適用を行う運用ルールへの改善や、より強固な管理ネットワークの構築など、これまで以上の対策が必要になってきています。

14.1.2 セキュリティ強化におけるいくつかのトレンド

セキュリティ侵害に対抗するため、vSphere 環境でも攻撃傾向を踏まえた対策が重要です。

- 認証システムの多要素化
  シングルサインオンとセッション維持により運用者における利便性は向上した一方で、一度アカウントを奪われると複数箇所へのアクセスが可能という弊害が生まれました。奪う、と書くとログインできなくなる事象を想像されるかもしれませんが、実際はこっそり利用し続ける「なりすまし」が多いと言われています。このような、なりすましに対抗するためには、多要素認証が必須となってきました。vSphere では vCenter Server の認証方式として外部 ID プロバイダとのフェデレーション（連携）を推奨しています。外部 ID プロバイダの多要素認証を経たグループやユーザーに、vSphere 環境の操作権限を認可することで、なりすましへの対策が可能です。

- API key、パスワード埋め込み済みスクリプト（PowerCLI スクリプト）の管理徹底
  クラウドのサービスから API key が流出した、といったニュースを耳にすることがあります。プライベートクラウドであれば大丈夫でしょうか。WAN や LAN といった内部ネットワークに侵入されてしまっている場合、プライベートクラウドといえどもリスクがゼロではありません。スクリプトに埋め込まれた ID とパスワードによるなりすましや、API key を利用した不正アクセスを防ぐためにはこれらの情報に対しても適切な対策が必要です。API key は画像形式で保存する、PowerCLI スクリプトであればパスワードは手

543

> **CHAPTER 14** vSphere のセキュリティ

入力にするといった管理が有効です。また、定期実行を行う場合は、そのスクリプトを実行するサーバーやファイルへのアクセス権を厳格に管理することを心がけてください。

- **データ改変の防止**

  ランサムウェアによるデータ隔離・破壊はバックアップデータにまで及ぶことがあります。対抗手段として、イミュータブルストレージ(変更不可なストレージ)という概念があります。イミュータブルなデータ保護実現には、物理ストレージの機能を利用する他、バックアップツールに準じるツールを活用するといった選択肢もあります。vSphere では vSAN 8.0 Update 3 から vSAN Data Protection による保護機能の 1 つとしてイミュータブルモード(変更不可モード)が提供されるようになりました。また、第 11 章のコラムで紹介した VMware Live Cyber Recovery では、パブリッククラウド上にイミュータブルなデータ保管が可能です。

- **脆弱性情報の取得**

  ゼロデイ攻撃に対抗するには、脆弱性の情報をいち早く入手する必要があります。Broadcom では VMware Security Advisories (VMSA) を公開しており、新規の脆弱性情報をメールで通知しています。運用者はこれらの情報を元に、最新のリスク情報を入手し、適切なパッチ適用を行うことが推奨されます。

  - **VMware Security Advisories**

    https://www.broadcom.com/support/vmware-security-advisories/

  - **Security Advisories - VMware Cloud Foundation**

    https://support.broadcom.com/web/ecx/security-advisory?segment=VC

14.2　vSphere 環境のセキュリティ強化

　vSphere のセキュリティ強化は多層的な対策が重要で、本書で解説した既知のセキュリティ脆弱性や不具合が解消されたバージョンのソフトウェアを常に利用するライフサイクル運用、管理ネットワークとサービスネットワークを適切に分離したネットワーク設計、vSphere コンポーネントや仮想マシンのバックアップ取得によるデータ保護計画など、多くは基本的な運用の積み重ねの上に成り立ちます。本章では前章までの内容に加えて、vSphere が持つセキュリティ強化に関連して重要となる考慮事項を解説します。

■ vSphere 環境のセキュリティ強化：考慮事項と対策例

　基本となる vCenter Server と ESXi ホストのセキュリティ強化対策を**表 14.1** に示します。

　セキュリティ保護の基本となる vSphere 環境の定期的なパッチ適用については「10.1　vSphere のライフサイクル管理とバージョンアップ」、vSphere 環境のデータ保護については「11.3　vSphere 環境のバックアップ・リストア運用」をあわせて参照してください。ランサムウェア等による保存データが侵されるインシデントから

の復旧のためには健全な時点のデータまで遡ってデータを復元する必要があるため、長期間のデータリテンションポリシー（保持期間）を保つバックアップソリューションでデータを保護することは、セキュリティの強化とともに重要です。

表 14.1　vSphere コンポーネントのセキュリティ強化

対象	対策	セキュリティ強化機能
ESXi ホスト	● アップデート・パッチ適用 ● 不要なファイアウォール設定、不要なサービスの無効化など基本設定の見直し ● TPM 2.0 モジュールを利用した ESXi 構成の暗号化、セキュアブートなどハードウェア・ファームウェアレベルでの強化見直し	● セキュアブート ● ESXi の構成の暗号化 (Configuration Encryption) ● ロックダウンモード ● ファイアウォール
vCenter Server	● アップデート・パッチ適用 ● 強固なパスワード設定、証明書管理、多要素認証 ● 適切なアカウント・ロールによるアクセス制御 ● vSphere 8.0 以降では Configuration Profiles や Native Key Provider などの機能を活用 ● 定期的な vCenter Server のバックアップ取得	● vCenter SSO・ID 認証連携 ● 証明書管理 ● Configuration Profiles ● vCenter DB バックアップ
仮想マシン	● 仮想マシンのセキュリティ設定、ゲスト OS のアップデートの適用、セキュリティ強化、アンチウイルスソフトの導入 ● 仮想マシンの暗号化、データストア暗号化 ● ランサムウェア被害を考慮した仮想マシンのバックアップ	● セキュアブート ● 暗号化機能の利用 ● vCenter Native Key Provider ● vTPM ／ VBS ● 仮想マシン暗号化、vSAN 暗号化 ● 仮想マシンバックアップ ● VADP バックアップ ● VMware Live Recovery

　以下は vSphere 環境のネットワークセキュリティ強化の概要です（**表 14.2**）。本書が前提とする VMware vSphere Foundation（VVF）のライセンスには含まれませんが、VMware Cloud Foundation（VCF）に含まれるネットワーク仮想化の NSX コンポーネント、アドオンオプションで利用可能な vDefend を活用することでよりセキュアなインフラストラクチャの運用が可能です。

表 14.2　ネットワークのセキュリティ強化

対象	対策	セキュリティ強化機能
仮想ネットワークの分離	● ネットワークを適切にセグメント化し、重要なシステムを隔離することで、攻撃の影響範囲を制限 ● vCenter Server、ESXi ホストなどの管理コンポーネントが接続される管理ネットワークセグメントと、仮想マシンネットワークセグメントの分離	● 仮想スイッチ、仮想ポートグループ ● ネットワークトラフィックの暗号化
ネットワークの暗号化強度	● vSphere 8.0 Update 3 以降では、TLS プロファイルを使用して TLS 1.3 および 1.2 がサポートされる	● ネットワークトラフィックの暗号化 ● セキュリティコンプライアンスツール
ファイアウォール	● ESXi ホストのファイアウォール設定以外の、各ゲスト OS のファイアウォールを有効化 ● 物理境界ファイアウォールのファームウェアの更新、設定の見直し、NSX、vDefend を利用した仮想境界ファイアウォール、分散ファイアウォール、IDS ／ IPS などの侵入検知システムの活用	● NSX（VCF 利用時） ● vDefend（VCF 利用時のオプション）

CHAPTER 14 vSphere のセキュリティ

ネットワークセキュリティ強化の詳細は第8章も参照してください。

vSphere 環境のセキュリティ強化は、企業の重要な資産を守るために不可欠です。技術的な対策だけでなく、運用や教育も含めた包括的なアプローチが必要です。以下はサイバー攻撃からの保護の観点とあわせて、運用上問題が発生した時の迅速な対応を可能とするために重要な考慮点です（**表14.3**）。

表14.3　アクセス制御とセキュリティ運用

対象	対策	セキュリティ強化機能
最小権限の原則	● ユーザーには、業務に必要な最小限の権限のみを付与することを徹底 ● vSphere 環境の運用では既定の管理者アカウント「administrator@vsphere.local」は全ての設定変更が可能な特権アカウントであるため、日常の運用時は権限を絞ったアカウントを利用することが推奨される	● ユーザーと ID ソース ● ロールの定義 ● 権限の設定と動作
ID 認証連携・多要素認証	既定の vCenter シングルサインオンのパスワードに加えて、企業で利用している認証システムと連携した生体認証やワンタイムパスワードなどの認証方式を組み合わせることで、不正アクセスを防止	● ユーザーと ID ソース
監視とログ分析	● VCF Operations（旧称 Aria Operations、Aria Operations for Logs）などを利用した vSphere 環境のログ監視と異常な活動の検知 ● VCF Network Operations（旧称 Aria Operations for Networks）を利用したネットワークトラフィック監視	● VCF Operations、Operations for Logs（旧称 Aria Operations、Aria Operations for Logs） ● VCF Operations for Networks（旧称 Aria Operations for Networks）（※ VCF 利用時）
インシデント対応とセキュリティ教育	● インシデント発生時に備え、対応手順を策定し、定期的な訓練を実施 ● ユーザーに対するセキュリティ教育を実施し、セキュリティ意識の向上を図る	

VMware vSphere Foundation（VVF）のライセンスでは VCF Operations（旧称 Aria Operations、Aria Operations for Logs）が利用可能です。VCF Operations を利用することで vSphere 環境全体の状況を可視化し、ログ分析から直接的なエラーや警告だけではなく、通常と異なる傾向の検知が可能です。また、VMware Cloud Foundation（VCF）に含まれる VCF Operations for Networks（旧称 Aria Operations for Networks ）を利用することで物理ネットワークと仮想ネットワーク全体のトラフィックの可視化を行い、異常なトラフィックの検知が可能です。

14.3　ユーザー管理とアクセス制御

vSphere 環境のユーザー管理とアクセス制御は、セキュリティの強化と運用性向上の両面で非常に重要です。vCenter シングルサインオン（Single Sign-On：SSO）、管理者ユーザーの権限、vSphere の管理コンポーネント、オブジェクトに対する権限とロールを用いたアクセス制御などを適切に設計し、管理することで、安全

14.3　ユーザー管理とアクセス制御

かつ効率的な vSphere 環境を実現できます。

適切なユーザー管理とアクセス制御を行うことで次のようなメリットがあります。

- セキュリティ確保：不正アクセスや誤操作によるデータ漏洩、システム停止、サービス妨害などのリスクを最小限に抑える
- コンプライアンス：企業や組織のセキュリティポリシー、業界規制、法令などを遵守し、罰則や訴訟のリスクを回避する
- 運用効率向上：適切な権限設定により、各ユーザーが必要な操作のみを実行できるようになり、誤操作や作業の遅延を防ぐ
- 監査：ユーザーの操作履歴を記録し、問題発生時の原因究明や責任追及を容易にする

本節では vCenter SSO、ユーザーと ID ソース、権限とロールを用いた vSphere のアクセス制御について解説します。

14.3.1　vCenter SSO とユーザーと ID ソース

vCenter Server を展開する際、新規の環境の場合は必ず vCenter SSO を新たに作成し、既存の vCenter Server に拡張リンクモード（Enhanced Linked Mode：ELM）で接続する場合は既存の vCenter SSO に参加する形で展開します。vCenter SSO の通信はトラフィックが暗号化され、認証されたユーザーのみが権限のある操作を許可されます。

vCenter Server 6.7 以前のバージョンでは、vCenter Server には vCenter Server と vCenter Platform Service Controller（PSC）の 2 つ役割が存在し、vCenter SSO の機能は PSC で提供される機能でした。以前のバージョンでは vCenter Server と PSC のペアを 1:1、N:1、N:N など様々な組み合わせをサポートしていました。しかし、管理の複雑性が増すため、vCenter Server 7.0 で PSC が廃止され、現在は vCenter SSO は vCenter Server に組み込まれた機能として提供されます（**表 14.4**）。

表 14.4　vCenter SSO の主な役割

vCenter SSO の役割	説明
認証	ユーザーが vSphere 環境にアクセスする際の認証を行います。vCenter SSO 内のユーザーとパスワード、または外部 ID ソース（Active Directory など）と連携した認証が可能です
アイデンティティ管理	vSphere 環境内のユーザー、グループ、ロールなどの情報を一元的に管理します
シングルサインオン	ユーザーは一度認証されると、vCenter Server、ESXi ホスト、vSphere Client などの vSphere コンポーネントにシームレスにアクセスできます
アクセス制御	ユーザーのロールに基づいて、vSphere 環境内のオブジェクト（クラスタ、仮想マシン、データストア、ネットワークなど）へのアクセスを制御します
トークン発行	認証されたユーザーに対して、vSphere コンポーネントへのアクセスに必要なトークンを発行します

vCenter SSO は vCenter Server の組み込み ID プロバイダ、および外部 ID プロバイダを利用した認証を提

供します。

■ vCenter Server の組み込み ID プロバイダ

デフォルトでは vCenter Server の組み込み ID プロバイダは vCenter Server を初期展開した際に作成される「vsphere.local」の SSO ドメインを ID ソースとして利用します。ドメインは初期展開時にのみ設定可能で、「vsphere.local」以外のドメインを利用する場合は初期展開時に指定します。

組み込み ID プロバイダを使用したユーザーの vSphere Client へのログインは以下のフローで実行されます（図 14.2）。同じ VCSA の内部で vCenter Server サービスと vCenter SSO サービスが実行されていますが、認証のフローで vSphere Client を利用したログイン時に vCenter SSO に対して内部的にリダイレクトを実行して認証を行います[1]。

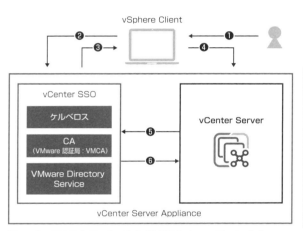

図 14.2 組み込み ID プロバイダを使用したユーザーログイン

組み込み ID プロバイダは「LDAP/S」「OpenLDAP/S」「統合 Windows 認証（IWA）」を利用して ID ソースとして Active Directory（AD）を使用可能です。ID ソースとして AD を指定した場合、ユーザーは AD アカウントを使用して vCenter Server にログインできます。ただし、統合 Windows 認証（IWA）は今後のバージョンで廃止される予定です。認証では引き続き Active Directory がサポートされますが、vSphere 7.0 以降では次に紹介する外部 ID プロバイダを利用したフェデレーション認証がサポートされます。そのため、vCenter Server および ESXi の認証に AD を利用する場合は AD over LDAP、または ID フェデレーションと AD FS を使用することが推奨されます。

- KB：Removal of Integrated Windows Authentication（314324）
  https://knowledge.broadcom.com/external/article/314324/

---

[1] リダイレクトされる際は vCenter Server の FQDN に対してリダイレクトされるため、vSphere Client を利用する端末から vCenter Server の名前解決が必須となります。

14.3 ユーザー管理とアクセス制御

■ vCenter Server と外部 ID プロバイダ

vSphere 7.0 以降ではフェデレーション認証を使用した外部 ID プロバイダとの連携がサポートされ、vSphere バージョンごとにサポートされる外部 ID プロバイダが追加されました。

- vSphere 7.0 以降：Active Directory フェデレーションサービス（AD FS）
- vSphere 8.0 Update 1 以降：Okta
- vSphere 8.0 Update 2 以降：Microsoft Entra ID（旧称 Azure AD）
- vSphere 8.0 Update 3 以降：PingFederate

外部 ID プロバイダを使用するように vSphere を構成すると、外部 ID プロバイダは vCenter Server の代わりに ID ソースと通信します。外部 ID プロバイダを認証で利用する場合、vCenter Server はログイン要求を外部 ID プロバイダにリダイレクトします。外部 ID プロバイダは、ディレクトリサービスを使用してユーザーを認証し、ユーザーのログインに使用する vCenter Server のトークンを発行します（図 14.3）。

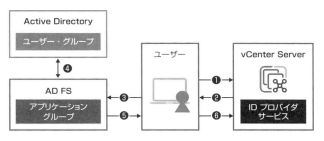

図 14.3　外部 ID プロバイダ（例 AD FS）を使用したユーザーログイン

ユーザーは認証を受けログインした後は、自分のロールに権限があるすべてのオブジェクトを表示および変更できます。なお、外部 ID プロバイダにアクセスできない場合、ログインプロセスは vSphere Client のトップページに戻り、外部 ID プロバイダが使用不可である旨のメッセージが表示されます。外部 ID プロバイダが利用できない間は、ユーザーは「vsphere.local」ドメインのローカルアカウントを使用してログインできます。

vCenter SSO は vSphere 基盤のセキュリティの中核となる機能です。企業のセキュリティポリシーに準拠するように適切に設計、運用することが重要です。

- SSO ドメインの設計：SSO ドメインを適切に設計し、複数の vCenter Server インスタンスを連携させる場合は、vCenter Server に拡張リンクモードを利用した単一の SSO ドメイン利用する
- ID ソース：Active Directory などの外部 ID ソースとの連携を検討し、ユーザー管理の一元化と効率化を図る。ただし、外部 ID ソースに Administrator 権限などの vCenter 全体の特権を付与することはセキュ

リティリスクにつながる可能性もあるため、慎重に検討する
- ユーザーと権限、パスワードポリシー：強固なパスワードポリシーを設定し、権限を付与したユーザーを使い回すことなく適切に利用することでセキュリティを強化する

14.3.2 vCenter Server の権限とロール

vCenter Server の権限とロールは、vSphere 環境へのアクセス制御を管理するための仕組みです。ロールベースアクセス制御（RBAC）により、ユーザー・グループの職務や役割に応じて適切な権限とロールを割り当て、効率的なアクセス制御を実現します。

- 権限：vSphere オブジェクト（仮想マシン、ホスト、データストアなど）に対して実行できる特定の操作（電源操作、設定変更、ファイル操作など）を定義する
- ロール：複数の権限をグループ化したもので、事前に用意された管理者ロールなど変更不可なシステムロールと、管理者が作成・変更可能なカスタムロールがある。カスタムロールに特定の役割や職務に必要な権限を含めることで、カスタムロールをユーザーやグループに割り当て適切なアクセス制御を実現する

これらをユーザー、グループと組み合わせることで、各ユーザーが必要な対象に必要な操作のみを実行できるようにし、セキュリティと運用性を向上させます（図 14.4）。

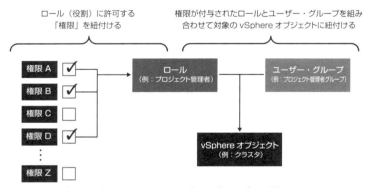

図 14.4　vSphere の権限とロール、ユーザー・グループの関係

■ 事前定義されたロール

vCenter Server はインストール後、administrator@vsphere.local ユーザーに vCenter SSO と vCenter Server の両方の管理者ロールが割り当てられます。この管理者権限を利用して他のユーザーに vCenter Server のロール、権限を割り当てます（表 14.5）。

カスタムロールは、一から作成するか、あらかじめ用意された一般的な運用で想定された権限を含めたサンプルロールをクローンして作成できます。vSphere 8.0 Update 3 では 500 を超える事前定義された権限が用意

されており非常に複雑です。

まずはサンプルロールをクローンしてカスタムロールを作成し、権限を変更することを推奨します。

表 14.5　事前定義された vCenter Server ロール

ロール タイプ	ロール名	説明
システム	管理者、読み取り専用、アクセスなしなど	システムロールは永続的です。システムロールを削除したり、これらのロールに関連付けられている権限を編集したりすることはできません。 システムロールは階層として編成されます。各ロールには、先行するロールの権限が含まれます。例えば、管理者ロールは読み取り専用ロールの権限を引き継ぎます
サンプル	vSphere には、AutoUpdateUser、リソースプール管理者、仮想マシンユーザーなど、多数のサンプルロールが用意されています	頻繁に実行される特定のタスクの組み合わせのサンプルロールが事前定義されます。これらのロールは、クローン作成、変更、削除することができます（サンプルロールの事前定義済みの設定が失われないようにするには、まずロールのクローンを作成し、そのクローンを変更します。サンプルをデフォルト設定にリセットすることはできません）

　管理者ロール、管理者ユーザー（administrator@vsphere.local）は vSphere 環境の全ての操作、変更が可能なアカウントです。セキュリティ上、管理者ロールが適用されたユーザーの普段からの利用は極力避け、運用上必要な最小限の権限を割り当てたロールを適宜用意して利用する「最小権限の原則」の考えが推奨されます。

　事前定義されたシステムロール以外の全てのサンプルロールは編集、削除が可能です。一度編集するとリセットなどでデフォルト値に簡易に戻すことはできないので、クローンを作成してカスタマイズしてください。

　ロールと権限の管理は vSphere Client の [管理] メニューから操作します（**図 14.5**）。

図 14.5　ロールと権限の管理

　vSphere 8.0 Update 3 で事前定義された権限の詳細は公式ドキュメントの「事前定義された権限」で参照可

能です。

- 公式 Docs：vSphere Security - Defined Privileges
  https://techdocs.broadcom.com/us/en/vmware-cis/vsphere/vsphere/8-0/vsphere-security-8-0/defined-privileges.html

14.3.3 vSphereの権限の設定と動作

vSpehre環境における権限とアクセス制御は、vSphereのオブジェクト階層に対してユーザー、グループとロールを割り当てることで設定されます。

■ vSphere環境のオブジェクトに対するアクセス制御

- オブジェクト：vCenter Server、ESXiホスト、仮想マシン、データストア、ネットワークなど、vSphere環境内の様々なオブジェクトに対するアクセス制御を設計する
- 権限とロール：オブジェクトに対するアクセス権限を定義する「権限」と、複数の権限をまとめた「ロール」を適切に設計し、ユーザーに割り当てる
- 権限の継承：オブジェクトの階層構造を考慮し、権限の継承を適切に設定することで、管理の複雑さを軽減する

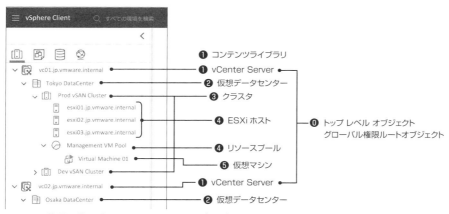

図14.6　権限の階層（クラスタインベントリビュー）

図14.6はクラスタインベントリビューでの階層を示しています。権限は最上位のグローバル権限から順にインベントリビューの階層に沿って伝達されます。図中の番号が小さいオブジェクトがより上位の階層を示しており、①vCenter Server層で権限を付与し権限の継承を許可することで、②以降のオブジェクトにも同様の権限が付与されます。図にないオブジェクトとして、「ホストおよびクラスタ」「ネットワーク」「ストレージ」「仮

14.3 ユーザー管理とアクセス制御

想マシンおよびテンプレート」の各種フォルダに対しても権限を設定可能です。分散仮想スイッチ(vSphere Distributed Switch：VDS)の子に権限を設定して伝達できるようにするには、「仮想データセンター」レベルに作成されたネットワークフォルダにスイッチオブジェクトが存在する必要があります。権限は親から子への伝達の他、複数グループに設定された権限の継承、当該権限による親の権限の上書き(オーバーライド)、グループロールをユーザーロールによる上書きなど、組み合わせ次第で複雑なアクセス制御をサポートします。

- オブジェクトに対して、複数のグループ権限が割り当てられている時、その複数のグループに属するユーザーでログインした場合は、複数グループの権限の集合がユーザーには適用される
- オブジェクトに対して、グループ権限とそのグループに属するユーザーに直接ユーザー権限が設定されている場合、ユーザー権限がグループ権限より優先される
- 親オブジェクトの権限が子に伝達した場合においても、子オブジェクトに直接権限を指定した場合は、子オブジェクトの権限で親オブジェクトの権限が上書きされる

権限管理可能なオブジェクト(管理対象エンティティ)は次の vSphere オブジェクトを参照します(**表 14.6**)。

表 14.6　権限管理可能なオブジェクト

管理対象エンティティ		グローバル エンティティ
クラスタ	ネットワーク	カスタム フィールド
データセンター	分散ポート グループ	ライセンス
データストア	リソース プール	ロール
データストア クラスタ	テンプレート	統計間隔
フォルダ	仮想マシン	セッション
ホスト	vSphere の vApps	

　vCenter Server におけるユーザー管理とアクセス制御はセキュリティ上の重要な設計・設定です。本書で解説した内容に加え、公式ドキュメント「vSphere のセキュリティ」を参照の上、企業のセキュリティポリシーに沿った設定を行ってください。

- 公式 Docs：vSphere Security
  https://techdocs.broadcom.com/us/en/vmware-cis/vsphere/vsphere/8-0/vsphere-security-8-0.html

■ vCenter Server のロールと権限のベストプラクティス要約

　公式ドキュメント「vCenter Server のロールと権限のベストプラクティス」に記載された権限管理の推奨を以下に要約として掲載します。

- 可能であれば個々のユーザーではなく権限はグループに割り当てる(ユーザー権限による上書きの複雑化を防ぐ)

553

CHAPTER 14 vSphere のセキュリティ

- 必要最小限の権限のみを割り当てる（最小権限の原則）
- 制限付きロールを割り当てるグループに管理者を含めない（管理者権限の誤った制約が発生するリスク）
- オブジェクトをフォルダで整理して権限割り当てを容易にする（フォルダを活用して「権限の適用箇所」の管理性を向上）
- ルートオブジェクトへの権限追加は慎重に行う（vCenter 上のグローバルデータへのアクセスを避ける）
- 権限割り当て時に伝達を有効にすることを検討する（階層に沿った権限の明確な管理）
- 特定領域へのアクセス制限にはアクセスなしロールを使う（伝達制限より明確に特定箇所のアクセス制限を実施）

- 公式 Docs：vSphere Permissions and User Management Tasks

  https://techdocs.broadcom.com/us/en/vmware-cis/vsphere/vsphere/8-0/vsphere-security-8-0/vsphere-permissions-and-user-management-tasks.html

14.4 ESXi の保護

vSphere のハイパーバイザーである ESXi ホストには、vSphere 環境の重要な構成情報や、運用に関わる設定を実行するための機能があります。

ESXi ホストを脅威から保護するには、定期的にアップデートやパッチを適用することに加えて、ESXi ホストへの直接的なアクセスを制限することや、ESXi ホストが持つデータを保護すること、信頼されたソフトウェアを展開することが重要となります。本節では、ESXi を保護するセキュアブート、構成の暗号化、ロックダウンモード、ファイアウォールの各機能について説明します。

14.4.1 セキュアブート

セキュアブートは、ブートローダーや OS といった信頼されたソフトウェアのみを用いて ESXi ホストを起動するための機能です。この機能は UEFI ファームウェア標準の一部として提供されています。セキュアブートを使用すると、ブートローダーが暗号で署名されていない限り、仮想マシンに UEFI ドライバまたはアプリケーションはロードされません。セキュアブートを使用中のブートシーケンスは次のようになります（**図 14.7**）。

14.4 ESXi の保護

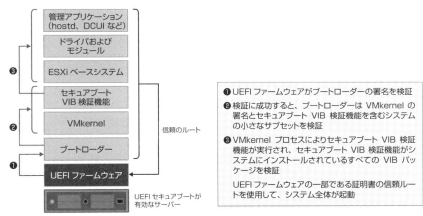

図 14.7　UEFI セキュアブートを有効にした ESXi の起動

■ TPM によるセキュアブートの強制

　ESXi ホストではシステムボード上に搭載された Trusted Platform Module（TPM）を使用できます。TPM は、ハードウェアに基づく信頼保証を提供することでホストのセキュリティを強化するセキュアな暗号プロセッサです。vSphere 8.0 以降では、TPM 1.2 の関連機能のサポートは終了しているため、TPM 2.0 を使用します。

　TPM が搭載された ESXi ホストでは、TPM が持つプラットフォーム構成レジスタ（PCR）ポリシーにより、UEFI セキュアブートの設定を強制するように構成できます（**図 14.8**）。

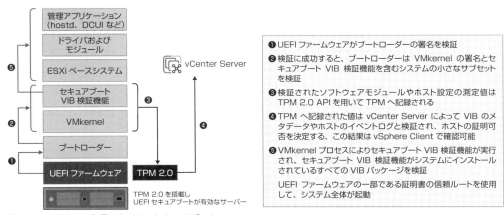

図 14.8　TPM 2.0 を用いた UEFI セキュアブート

■ execInstalledOnly ブートオプション

　TPM を備えた ESXi ホストでは、execInstalledOnly ブートオプションも適用できます。これは、VMkernel

555

CHAPTER 14 vSphere のセキュリティ

が VIB の一部として適切にパッケージ化され署名されたバイナリのみを実行し、VIB に含まれないプログラムの実行を拒否するという高度なブートオプションです。vSphere 8.0 以降では、execInstalledOnly 起動オプションはデフォルトで有効化されています。

14.4.2 ESXi の構成の暗号化（ESXi Configuration Encryption）

ESXi には、ESXi ホストにアクセスするための資格情報や、ESXi ホストデーモン（hostd）、vCenter サービスと通信するための vCenter Server Agent（vpxa）などが含まれる構成ファイルがあります。この構成ファイルは local.tgz というファイル名でアーカイブファイルとして ESXi ホストのブートバンクに保持されます。

vSphere 7.0 Update 2 以降、ESXi ホストのインストールまたはアップグレード時に、このアーカイブされた構成ファイルは暗号化によって保護されます。その結果、ブートディスクの盗難などにより ESXi ホストのストレージに物理的にアクセスされたとしても、攻撃者がこのファイルを直接読み取ったり、変更したりできないようにします。

■ TPM を用いた追加の保護

ESXi ホストに TPM が搭載されていない場合、ESXi は鍵導出関数（KDF）を使用して、アーカイブされた構成ファイルのセキュアな構成暗号鍵を生成します。KDF への入力は、同ブートバンク内の encryption.info ファイルに保存されます。

暗号化されたデータが復号化される可能性に備えた追加の保護として、TPM を使用できます。ESXi ホストに TPM があり、ファームウェアで有効になっている場合、アーカイブされた構成ファイルは、TPM に格納されている暗号化キーによって暗号化されます。これにより、ブートディスクが盗難されたとしても TPM に保存されている暗号化キーは使用できないため、構成情報を復号化することはより困難となります。

■ リカバリキーの保全

TPM を含むハードウェアの交換などにより TPM に保存されている暗号化キーが失われた場合、そのままの状態では ESXi の構成情報を復号化できなくなり、ESXi の再インストールが必要となります。

vCenter Server は TPM モードの ESXi ホストが vCenter Server に接続または再接続されるたびに、リカバリキーをバックアップするように通知します。暗号化された構成情報をリカバリする必要がある場合に備えて、リカバリキーのバックアップを安全な場所に保存してください。リカバリキーは、ESXCLI コマンドを用いて入手できます。

```
esxcli system settings encryption recovery list
```

14.4 ESXi の保護

TPM2.0 が構成された ESXi ホストが存在する場合、リカバリキーのバックアップを促す vCenter アラームが起動する可能性があります。上記の手順でリカバリキーを取得したのち、アラームは次の KB を参照し、手動でリセットしてください。

● KB：''TPM Encryption Recovery Key Backup'' warning alarm in vCenter Server（323401）
  https://knowledge.broadcom.com/external/article/323401/

14.4.3 ロックダウンモード

ロックダウンモードは、ESXi ホストへのアクセス許可を制限するための機能です。ロックダウンモードを有効にすると、リモートユーザーがホストに直接ログインできなくなり、ローカルコンソールまたは vCenter Server を使用する必要があります。

指定されたタスクを実行するサービスアカウントを定義する「例外ユーザーリスト」へ登録されたユーザーを使用することで、ロックダウンモード有効化時にホストへのアクセスを許可するユーザーを定義できます。

ロックダウンモードの操作は通常 vSphere Client で、ホストの追加時またはホスト設定の「セキュリティプロファイル」より実行します。vSphere 8.0 Update 3 以降では、vSphere Configuration Profiles（VCP）[2] を用いて一度にクラスタ内のすべてのホストにロックダウンモードを適用できます。これにより、ESXi ホストごとに設定を追加する作業が削減されるほか、クラスタにおけるセキュリティレベルを統一できます。

■ ロックダウンモード例外ユーザーと DCUI.Access 詳細オプション

例外ユーザーリストは、指定されたタスクを実行するサービスアカウントを定義するリストです。ESXi ホストがロックダウンモードになっても、機能し続ける必要があるサードパーティ製ソリューションや外部アプリケーションの ESXi ホストへのアクセス権を維持するため、例外ユーザーリストを使用できます。例えば、バックアップエージェントなどのサービスアカウントを例外ユーザーリストに追加しておくことを推奨します。例外ユーザーリストは、特殊なタスクを実行するサービスアカウントを登録するために用意されたものであり、管理者を登録するものではありません。

DCUI.Access 詳細オプションは、致命的な障害が発生して vCenter Server からホストにアクセスできない場合に、ロックダウンモードを終了することができるオプションです。DCUI.Access リストに登録されているユーザーは、付与されている権限に関係なくロックダウンモード設定を変更できるため、ホストのセキュリティに影響が及ぶ可能性があります。例外ユーザーであれば、権限が与えられているタスクしか実行できないため、ホストに直接アクセスする必要があるサービスアカウントは、例外ユーザーリストにユーザーを追加することを検討するようにします。

ロックダウンモードのオプションは以下の通りです（**表 14.7**）。

【2】 vSphere Configuration Profiles（VCP）の詳細は第 10 章を参照してください。

557

CHAPTER 14 vSphere のセキュリティ

表 14.7　ロックダウンモードのオプション

オプション	説明
標準（Normal）	vCenter Server 経由で ESXi ホストにアクセスできます。vCenter Server への接続が失われた場合、管理者権限を持つ例外ユーザーリストに登録されたユーザーおよび DCUI.Access 詳細システム設定で指定されているすべてのユーザーは、ダイレクトコンソール・ユーザーインターフェイス（DCUI）にログインできます。SSH または ESXi Shell が有効な場合は、管理者権限を持つ例外ユーザーリストに登録されたユーザーはホストにログインできます
厳密（Strict）	DCUI サービスは停止され、vCenter Server 経由でのみホストにアクセスできます。vCenter Server への接続が失われた場合、SSH または ESXi Shell が有効で管理者権限を持つ例外ユーザーアカウントのみ ESXi ホストへのアクセスができ、その他のセッションは終了します

■ ロックダウンモードの動作

　ロックダウンモードでは、上記の通りいくつかのサービスが無効になり、いくつかのサービスは特定のユーザーのみがアクセスできます。ホストが稼働している場合、使用可能なサービスはロックダウンモードが有効かどうかとロックダウンモードのタイプに応じて決まります。以下にロックダウンモードの状態に応じた各サービスへアクセス可能なユーザーを示します（**表 14.8**）。

表 14.8　ロックダウンモードの動作

サービス	ロックダウンモード無効	標準のロックダウンモード	厳密なロックダウンモード
vSphere Web Services API [3]	● 権限に基づくすべてのユーザー	● 権限に基づく vCenter（vpxuser）例外ユーザー ● vCloud Director（vslauser、使用可能な場合）	● 権限に基づく vCenter（vpxuser）例外ユーザー ● vCloud Director（vslauser、使用可能な場合）
CIM プロバイダ [4]	● ホストで管理者権限を持つユーザー	● 権限に基づく vCenter（vpxuser）例外ユーザー ● vCloud Director（vslauser、使用可能な場合）	● 権限に基づく vCenter（vpxuser）例外ユーザー ● vCloud Director（vslauser、使用可能な場合）
ダイレクトコンソールユーザーインターフェイス（DCUI）	● ホストで管理者権限を持つユーザー ● DCUI.Access の詳細システム設定でのユーザー	● DCUI.Access の詳細システム設定で定義されているユーザー ホストで管理者権限を持つ例外ユーザー	● DCUI サービス停止
ESXi Shell（有効な場合）および SSH（有効な場合）	● ホストで管理者権限を持つユーザー	● DCUI.Access 詳細オプションで定義されているユーザー ● ホストで管理者権限を持つ例外ユーザー	● DCUI.Access の詳細システム設定で定義されているユーザー ● ホストで管理者権限を持つ例外ユーザー

　なお、ロックダウンモードが有効になる前に ESXi Shell にログインするか、SSH を介してホストにアクセスしていたユーザーは、例外ユーザーリストに含まれ、ホストの管理者権限を持つユーザーはログインしたままになります。他のすべてのユーザーに対してはセッションが閉じられます。この動作は、標準と厳密の両方のロックダウンモードに適用されます。

【3】　vSphere で提供されている SOAP API です。詳細は第 11 章を参照してください。

【4】　オープンな標準である CIM（Common Information Model）にのっとった、ESXi ホストでサーバーハードウェアや、ストレージの監視をサポートするためのモジュールです。セキュリティ上の理由で vSphere 8.0 では非推奨となっています。

14.4.4 ESXi ファイアウォール

vSphere が持つ管理インターフェイス経由で攻撃されるリスクを最小限に留めるため、ESXi には、デフォルトで有効になっているファイアウォールが含まれています。インストール時、ESXi ファイアウォールは、ホストのセキュリティプロファイルで有効なサービスのトラフィックを除き、受信トラフィックと送信トラフィックをブロックするように構成されています。

ESXi ファイアウォールは、vSphere Client、CLI、および API を使用して管理し、認証済みのネットワークからのアクセスのみを許可するように設定してリスクを低減します。追加で必要なサービスに関連するファイアウォールのポートを開く時には、ESXi ホストで実行されているサービスへのアクセスを制限しなければ、そのホストが外部攻撃と不正アクセスの危険に晒されることを考慮します。vSphere 8.0 Update 3 以降では、vSphere Configuration Profiles（VCP）を用いてクラスタレベルでカスタムファイアウォールルールを管理できます。これにより、クラスタ内のすべてのホストのセキュリティレベルを統一できます。

■ ESXi ホストで許可される IP アドレスの追加

デフォルトでは、各サービスのファイアウォールはすべての IP アドレスのアクセスを許可します。トラフィックを制限するには、管理サブネットからのトラフィックのみを許可するように各サービスを変更します。使用中の環境で利用されないサービスがある場合は、それらの選択を解除することもできます。サービスに対して許可された IP アドレスリストを更新するには、vSphere Client、ESXCLI、または PowerCLI を使用します。

■ ESXi ホストの送受信ファイアウォールポート

ESXi ファイアウォールでサポートされているポートとプロトコルのリストについては、VMware Ports and Protocols Tool を参照してください。VMware Ports and Protocols Tool では、デフォルトでインストールされているサービスのポート情報を確認できます。サードパーティの VIB をホストにインストールすると、追加のサービスおよびファイアウォールポートが使用可能になる場合があります。

14.5 vCenter Server の保護

vCenter Server は、vSphere 環境全体の管理を行う中心的なコンポーネントです。そのため、セキュリティ対策を適切に実施し、vCenter Server を保護することが重要です。本節では、vCenter Server の保護に必要な主要なポイントを解説します。

CHAPTER 14 vSphere のセキュリティ

14.5.1 vCenter Server アクセスコントロール

「vCenter Server の権限とロール」と合わせて、vCenter Server 内外の権限管理を行い、セキュリティ侵害に対して備えることを検討します（**表 14.9**）。

表 14.9　vCenter Server のセキュリティガイドライン

アクセスコントロールのガイドライン	説明
特定のアカウントを使用した vCenter Server へのアクセス	用途ごとに特定のアカウントを使用し、ユーザーや管理者には、業務に必要な最小限の権限のみを付与するように構成します
vCenter Server 管理者ユーザーの権限監視	vCenter Server の管理者ユーザーは、vCenter Server 内のすべてのオブジェクトに対する権限があります。ユーザーごとに特定のロール（役割）を設定し、各ロールに必要な権限を与えることで、vCenter Server で実行すべき正当なタスクを持つユーザーにのみアクセスを許可するようにします
VCSA へのアクセスを最小化	ユーザーが直接 VCSA にログインできないようにします。これにより、ユーザーが意図せず問題を引き起こす可能性を減少させることができます
データストアブラウザアクセスの制限	データストアの参照権限は、この権限が本当に必要なユーザーまたはグループのみに割り当てます。この権限を持つユーザーは、vSphere Client を介してデータストア内のファイルアクセスを行うことができます
ユーザーによる仮想マシンでのコマンド実行を制限	「仮想マシン . ゲスト操作」権限を持たないカスタムロールを作成し、ユーザーに応じて仮想マシン内のゲスト OS のファイルおよびプログラムを操作できないように制限します
vSphere Client 証明書の確認	vSphere Client のユーザーに、証明書の確認を求める警告を絶対に無視しないように指示します。証明書を確認されていないユーザーは、中間者攻撃の標的となる可能性があります
vCenter Server パスワードポリシーの見直し	vCenter SSO 管理者 (administartor@vsphere.local) のパスワードポリシーは、デフォルトでは次の要件を満たしている必要があります。このパスワードポリシーを、vCenter Server が配置される環境のポリシーに応じて変更します ・8 文字以上、20 文字まで ・1 文字以上の特殊文字 ・2 文字以上のアルファベット文字 ・1 文字以上の大文字 ・1 文字以上の小文字 ・1 文字以上の数字 ・隣接する同一文字数は 3 文字まで vCenter SSO 管理者のパスワードポリシーは、vSphere Client の「管理」-「Single Sign-On」の「設定」メニューから変更可能です

また、以下のセキュリティのベストプラクティスをあわせて実施することで、vCenter Server を攻撃から保護し、環境全体の安全性を向上させます（**表 14.10**）。

14.5 vCenter Server の保護

表 14.10 vCenter Server のセキュリティベストプラクティス

推奨事項	説明
Precision Time Protocol（PTP）または Network Time Protocol（NTP）の構成	vCenter Server と通信を行うすべてのシステムで同じ相対時間ソースを使用するように PTP または NTP を設定します。システムの同期は、証明書の検証を行うために不可欠です。時間の設定が正しくないと、証明書の検証に失敗したり、予期せぬエラーが発生する可能性があります
vCenter Server ネットワーク接続の制限	セキュリティの強化のため、vCenter Server を管理ネットワーク以外のネットワークに置くことを避け、vSphere 管理トラフィックが制限されたネットワークにあることを確認します。また、意図的・意図的でないを問わず害を及ぼす可能性を最小限にするために、SSH およびコマンドラインへのアクセスを無効化します。SSH やコマンドラインのアクセス設定は vCenter Server Appliance 管理インターフェイスの「アクセス」メニューから設定します
パッチ管理とソフトウェア更新	vCenter Server ソフトウェアは定期的に更新し、最新のセキュリティパッチを適用します。これにより、既知の脆弱性を修正し、システムを保護します

14.5.2 vCenter Server 証明書

本項では vCenter Server で使用される証明書について解説します。vCenter Server は通信の暗号化、サービス認証、トークンへの署名に証明書を使用してセキュリティを確保します（図 14.9）。証明書には、次のような機能があります。

- 認証：証明書は、通信相手の身元を確認するために使用される。これにより、正当なクライアントとサーバー間の通信が保証される
- 暗号化：通信内容を第三者から保護するために、証明書を用いてデータを暗号化する
- データの完全性：証明書は、データが途中で改ざんされていないことを確認するために使用される

図 14.9 vSphere Client 証明書管理画面

CHAPTER 14 vSphere のセキュリティ

■ VMware 認証局 (VMCA)

VMCA は、vCenter Server および ESXi ホストに必要なすべての証明書を提供し TLS による安全な通信を保証する、vCenter Server にデフォルトで備わっている機能です。vCenter Server ではデフォルトで VMCA が証明書に署名するため、外部の証明書認証局 (CA) を用いずに、ESXi ホストおよび vCenter Server の証明書を管理できます。vSphere 8.0 Update 3 以降では、ホストをメンテナンスモードに移行したり、ホストまたは個々のサービスを再起動したりすることなく、ESXi 証明書を置き換えられます。

■ VMware Endpoint 証明書ストア (VECS)

VECS は vCenter Server 内に存在する証明書ストアであり、vSphere 環境の証明書、秘密キーおよびその他の証明書情報を格納するリポジトリとして機能します。VECS には以下のストアが含まれます (**表 14.11**)。

表 14.11 VMware Endpoint 証明書ストア

証明書ストア	説明
Machine SSL Store (MACHINE_SSL_CERT)	各 vSphere ノードのリバースプロキシサービスおよび VMware Directory Service (vmdir) に使用されます
Solution User Stores	ソリューションユーザーごとに一つのストアがあり、例として machine、vpxd、vpxd-extension、vsphere-webclient 等があります。これらは vCenter Single Sign-On の認証に使用されます
Trusted Root Store (TRUSTED_ROOTS)	すべての信頼できるルート証明書を含みます
Backup Store (BACKUP_STORE)	マシン SSL 証明書とソリューションユーザー証明書のバックアップを含みます
その他のストア	特定のソリューションが使用するために、その他のストアが追加される場合があります。例えば、Virtual Volumes ソリューションにより SMS ストアが追加されます。また、以前のバージョンで Windows 版 vCenter Server から移行された環境には STS_INTERNAL_SSL_CERT ストアが追加されている場合があります

■ サポートされる vCenter Server 証明書

vCenter Server 証明書には VMCA によって生成、署名された証明書と、VMCA 以外の認証局によって署名されたカスタム証明書を組み合わせて使用できます。

VMware 認証局 (VMCA) によって生成、署名された証明書

vCenter Server はデフォルトで VMware Certificate Authority (VMCA) によって生成、署名された証明書を使用します。VMCA はすべての証明書管理を処理できます。VMCA をルート認証局として使用する証明書を使って、vCenter Server コンポーネントおよび ESXi ホストを VMCA でプロビジョニングします。企業ポリシーとして、指定された認証局で署名される証明書を使用する要件がない場合は、最も管理が容易である VMCA によって署名された証明書を使用することを推奨します。

カスタム証明書

企業ポリシーで外部の認証局（サードパーティ認証局またはエンタープライズ認証局）によって署名された証明書の使用が規定されている場合、またはカスタム証明書の情報が要求される場合、vCenter Server でカスタム証明書を利用できます。

■ vCenter Server 証明書の管理方法

すべての証明書に VMCA のデフォルト証明書を使用するか、VMCA のデフォルト証明書と外部 SSL 証明書を組み合わせて使用するハイブリッドモードが推奨構成です。例えば、ハイブリッドモードでは、マシン SSL 証明書をカスタム証明書に置き換えてすべての SSL トラフィックを保護し、vCenter SSO 認証でのみ利用されるソリューションユーザー証明書は、VMCA で発行された証明書を使用するようなシナリオが考えられます。

VMCA ルート証明書で署名を行うデフォルトの構成

デフォルトでは VMCA によって署名された証明書が VECS に保存され、vCenter Server 内の認証や通信に使用されます（図 14.10）。

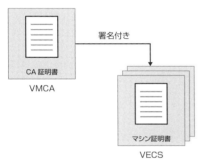

図 14.10　VMCA によって署名されたマシン証明書

VMCA によって署名された証明書を使用する場合は、vCenter Server 導入時点では証明書の置き換えを行う必要はありません。VMCA 証明書の有効期限が切れるか、もしくはその他の理由でその証明書を置き換える場合は、証明書管理 CLI を使用してその処理を実行できます。

デフォルトでは、VMCA ルート証明書が 10 年後に期限切れになり、VMCA が署名するすべての証明書はルート証明書の有効期限で期限切れになります。また、vCenter Server のマシン SSL 証明書の有効期限はデフォルトで 2 年です。

VMCA を中間認証局として構成

VMCA ルート証明書は、企業認証局（CA）やサードパーティ CA によって署名された証明書に置き換えられます。カスタムルート証明書をトラストアンカーとして VMCA は中間認証局として機能し、各種証明書のプロビジョニングを行います（図 14.11）。

CHAPTER 14　vSphere のセキュリティ

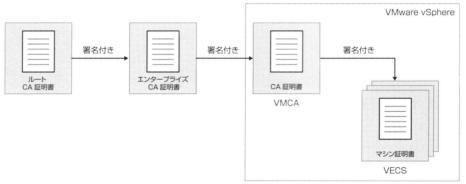

図 14.11　サードパーティ CA および VMCA 証明書のチェーン証明書を使用して VMCA がマシン証明書を署名

VMCA を利用せず、外部 CA で署名を行う構成

既存の VMCA 署名付き証明書は、外部 CA に直接署名された証明書へ置き換える構成も可能です。この方法を使用する場合、証明書のプロビジョニングと監視については、すべて自己責任となります（**図 14.12**）。

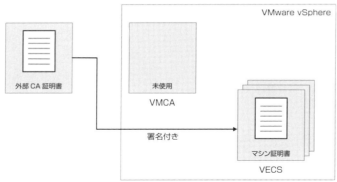

図 14.12　VMCA を使用せずサードパーティ CA でマシン証明書を署名

カスタム証明書の置き換えは CUI または GUI で行えます。様々なオプションがあるので、詳細は公式ドキュメントの各手順を参照してください。

- 公式 Docs：vSphere Authentication

   https://techdocs.broadcom.com/us/en/vmware-cis/vsphere/vsphere/8-0/vsphere-authentication-8-0.html

■ vCenter Server で使用される証明書

vCenter Server では、いくつかの異なる証明書を使用して認証や通信等の処理を行っており、前項で説明したように、デフォルトでは VMCA ルート証明書で署名されます。ESXi ホストが vCenter Server に接続された

場合、ESXi 証明書も VMCA ルート証明書で署名されます（**図 14.13**）。以下に、主要な vCenter Server の証明書とその用途について説明します。

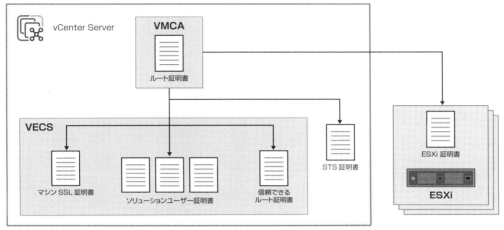

図 14.13　vCenter Server 証明書のイメージ

マシン SSL 証明書

　各ノードのマシン SSL 証明書は、サーバー側の SSL ソケットの作成に使用されます（**表 14.12**）。SSL クライアントは、この SSL ソケットに接続します。この証明書は、サーバーの検証と、HTTPS や LDAPS などのセキュアな通信に使われます。vCenter Server ノードごとに専用のマシン SSL 証明書があります。vCenter Server ノードで実行中のすべてのサービスが、マシン SSL 証明書を使用して SSL エンドポイントを公開します。

表 14.12　マシン SSL 証明書を使用するサービス

サービス名	説明
リバースプロキシサービス	個々の vCenter サービスへの SSL 接続では、常にリバースプロキシに接続します。リバースプロキシは、クライアントからのトラフィックを受け取り、適切な内部サービスにルーティングします。これにより、内部サービス自体にトラフィックが直接送られることはなく、セキュリティが向上します
vCenter Server サービス (vpxd)	vCenter Server の中核サービスであり、ESXi ホストや他の vCenter Server と連携して動作するソフトウェアとの通信にマシン SSL 証明書を使用します
VMware Directory Service （vmdir）	vCenter Server 上でディレクトリサービスを提供します。ユーザーやグループの認証および認可情報を管理し、他の vCenter サービスや SSO と連携して動作します

　VMware 製品では、標準の X.509 バージョン 3（X.509v3）証明書を使用して、セッション情報を暗号化します。セッション情報は、SSL を介してコンポーネント間で送信されます。

CHAPTER 14 vSphere のセキュリティ

ソリューションユーザー証明書

ソリューションユーザーとは特定の用途（ソリューション）のために vCenter Server サービスを利用するユーザーです。各ソリューションユーザーは証明書を使用して、SAML トークンの交換による vCenter SSO への認証を行います。

ソリューションユーザーは、最初に認証が必要になった時と、再起動の後およびタイムアウト時間の終了後に、vCenter SSO に証明書を提供します。例えば、vpxd ソリューションユーザーは、vCenter SSO に接続する時に、vCenter SSO に証明書を提供します。vpxd ソリューションユーザーは、vCenter SSO から SAML トークンを受け取り、そのトークンを使用して他のソリューションユーザーやサービスへの認証を行います。次のソリューションユーザー証明書ストアが VECS に含まれています（**表 14.13**）。

表 14.13　ソリューションユーザー証明書ストア [5]

証明書ストア	説明
machine	ライセンスサーバー、およびログサービスにより使用されます。マシン SSL 証明書とは無関係です。マシンソリューションユーザー証明書は、SAML トークン交換に使用されます。マシン SSL 証明書は、マシン向けの SSL 接続に使用されます
vpxd	vCenter サービス デーモン（vpxd）ストアです。vpxd は、このストアに保存されているソリューションユーザー証明書を使用して vCenter SSO への認証を行います
vpxd-extension	vCenter Server 拡張機能のストアです。Auto Deploy サービス、Inventory Service、およびその他のソリューションユーザーに含まれないその他のサービスです
vsphere-webclient	vSphere Client ストアです。パフォーマンスチャートサービスなどの一部の追加サービスも含まれます
wcp	vSphere Kubernetes Service（旧称 vSphere with Tanzu）ストアです。vSphere クラスタ サービスにも使用されます

信頼できるルート証明書

ルート証明書は、信頼のチェーンの最上位に位置し、他のすべての証明書の信頼性を保証します。vCenter Server における証明書のチェーンは、通常、ルート証明書から始まります。

STS 証明書

vCenter Server の Security Token Service（STS）は、セキュリティトークンの発行、検証、更新を行う Web サービスです。トークンの発行者である Security Token Service（STS）では、プライベートキーを使用してトークンに署名し、サービスのパブリック証明書を公開してトークンの署名を検証します。vCenter Server では、STS 署名証明書が管理され、VMware Directory Service（vmdir）に保存されます。トークンは有効期間が長く、複数のキーのいずれも、これまで署名に使用された可能性があります。

vSphere 8.0 以降のバージョンでは、VMCA によって生成された STS 署名証明書は自動的に更新されます。自動更新は、STS 署名証明書の有効期限が切れる前、かつ 90 日の期限切れアラームがトリガされる前に実行されます。自動更新が失敗した場合、vCenter SSO はログファイルにエラーメッセージを出力します。必要に応じて、STS 署名証明書を手動で更新できます。

【5】　ソリューションユーザー証明書は将来的に廃止予定です。

■ vCenter Server 証明書の期限

証明書には有効期限が設定されており、この期限が過ぎると証明書は無効となります。無効な証明書を使用している場合、セキュアな通信が確保されず、vCenter Server のサービス間通信や外部との通信に失敗し、vCenter Server が正常に機能しない事態が発生する可能性があります。vCenter Server 7.0 および 8.0 のデフォルトで設定されている各証明書の期限と更新方法のサマリは以下の通りです（**表 14.14**）。

表 14.14 　vCenter Server 証明書の期限と更新方法のサマリ

証明書	期限	更新方法
ルート証明書	10 年	vSphere Client ／ Certificate Manager ユーティリティ
マシン SSL 証明書	2 年	vSphere Client ／ Certificate Manager ユーティリティ
ソリューションユーザー証明書	2 年／ 10 年	Certificate Manager ユーティリティ
STS 証明書	10 年	自動更新（vCenter Server8.0 以降）または vSphere Client ／ Certificate Manager ユーティリティ

vSphere Client を用いた vCenter Server 証明書の有効期限を確認する方法

マシン証明書、STS 署名、信頼できるルート証明書の期限は vSphere Client で確認できます（**図 14.14 ～図 14.16**）。vSphere Client を使用した各種証明書の確認方法を以下に示します。

1. vSphere Client で画面左上のメニューより [管理] に移動する
2. [証明書] セクションで、[証明書の管理] オプションを選択する
3. [マシン SSL]、[STS 署名] または [信頼されたルート] を選択し、[有効期間の終了] のタイムスタンプを確認して証明書の有効期限を確認する
4. 期限が近づいている証明書を選択し、更新処理を行う

図 14.14 　マシン証明書

図 14.15 　STS 署名

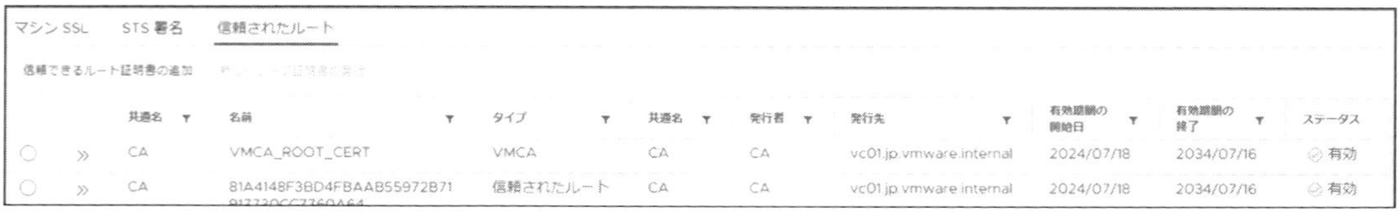

CHAPTER 14 vSphere のセキュリティ

図 14.16　信頼されたルート

CLI を利用した vCenter Server 証明書の有効期限の確認方法

　vCenter Server の証明書の期限が切れた場合、vSphere Client に接続できない状態となります。その場合は vCenter Server のコンソールに接続し、シェル上で証明書の期限を確認できます。STS 証明書の有効期限は、下記 KB に添付されているスクリプト「checksts.py」をダウンロードし、vCenter Server 上にアップロード後、シェルから実行することによっても確認できます。

- KB：Checking Expiration of STS Certificate on vCenter Servers（318968）

  https://knowledge.broadcom.com/external/article/318968/

コマンド実行例

```
root@vc01 [ ~ ]# python checksts.py
2 VALID CERTS
================
        LEAF CERTS:
        [] Certificate 1D:5B:78:5B:6A:5A:2C:CD:9B:4A:27:34:FE:1B:C3:E5:B1:15:DE:BC will expire in 3607
days （10 years）.
        ROOT CERTS:
        [] Certificate 79:5E:81:6B:13:8A:4E:45:B2:7B:0D:F2:51:E2:1C:A2:5F:E2:41:91 will expire in 3607
days （10 years）.

0 EXPIRED CERTS
================
        LEAF CERTS:
        None
        ROOT CERTS:
        None
```

　マシン証明書や信頼できるルート証明書およびソリューションユーザー証明書の有効期限は、下記 KB に記載されているワンライナーコマンドを vCenter Server のシェルから実行することで確認できます。コマンドの出力結果のうち、Not After の行が各証明書の有効期限です。

568

14.5 vCenter Server の保護

- KB：Verify and resolve expired vCenter Server certificates using command line（344201）

  https://knowledge.broadcom.com/external/article/344201/

コマンド実行例

```
# for store in $ (/usr/lib/vmware-vmafd/bin/vecs-cli store list | grep -v TRUSTED_ROOT_CRLS) ; do echo
"[*] Store :" $store; /usr/lib/vmware-vmafd/bin/vecs-cli entry list --store $store --text | grep -ie
"Alias" -ie "Not After";done;
[*] Store : MACHINE_SSL_CERT
Alias : __MACHINE_CERT          Not After : Jul 21 23:23:55 2026 GMT
[*] Store : TRUSTED_ROOTS
Alias : 795e816b138a4e45b          Not After : Jul 16 11:23:54 2034 GMT
[*] Store : machine
Alias : machine          Not After : Jul 16 11:23:54 2034 GMT
[*] Store : vsphere-webclient
Alias : vsphere-webclient          Not After : Jul 16 11:23:54 2034 GMT
[*] Store : vpxd
Alias : vpxd          Not After : Jul 16 11:23:54 2034 GMT
[*] Store : vpxd-extension
Alias : vpxd-extension          Not After : Jul 16 11:23:54 2034 GMT
[*] Store : hvc
Alias : hvc          Not After : Jul 16 11:23:54 2034 GMT
[*] Store : data-encipherment
Alias : data-encipherment          Not After : Jul 16 11:23:54 2034 GMT
[*] Store : SMS
Alias : sms_self_signed          Not After : Jul 21 11:29:48 2034 GMT
Alias : sps-extension          Not After : Jul 16 11:23:54 2034 GMT
[*] Store : APPLMGMT_PASSWORD
Alias : location_password_default
Alias : backup_password_default
[*] Store : wcp
Alias : wcp          Not After : Jul 16 11:23:54 2034 GMT
```

■ vCenter Server 証明書の有効期限を更新する方法

vCenter Serverには複数の内部サービスが動いており、それらのサービスがセキュアに連携して動作するために複数の証明書を必要としています。vCenter Server のセキュリティを維持するために、それらの証明書の有効期限が切れる前に適切に更新処理を行うということが非常に重要です。

VMCAによって署名されるvCenter Server証明書の確認方法および更新手順を実施することで、ESXiホストの証明書を含む、基本的な vSphere 環境の証明書の期限を確認・更新できます。なお、証明書の更新に失敗

すると vCenter Server が使用できない事態となる可能性があるため、証明書の更新処理を行う際は vCenter Server のバックアップ等を取得し、元の状態への復旧ができる状態にしておく必要があります。

VMCA 署名付きのマシン SSL 証明書または STS 署名の更新

1. vSphere Client 画面左上のメニューより [管理] に移動する
2. [証明書] セクションで、[証明書の管理] オプションを選択する
3. [マシン SSL] タブまたは [STS 署名] タブを選択し、[有効期間の終了] のタイムスタンプを確認して証明書の有効期限を確認する
4. 期限が近づいている証明書を選択し、次項の手順で各証明書の更新処理を行う

マシン SSL 証明書の更新

1. 対象となる証明書を選択し、[更新] を選択する
2. [VMCA を使用して証明書を更新] メニューで [バックアップの確認] チェックボックスを選択し、[更新] を選択する（図 14.17）
3. vCenter Server サービスが自動的に再起動する。サービスを再起動するとユーザーインターフェイスセッションが終了するため再度 vSphere Client にログインし、証明書の期限が更新されたことを確認する

図 14.17　マシン SSL 証明書の更新

STS 署名の更新

vSphere 8.0 以降、STS 証明書は自動で更新されるようになりましたが、マニュアルで更新を行う場合は以下の操作を実施します。

1. [ssoserverSign] または [CA] を選択し、[VCENTER SERVER 証明書を使用して更新] を選択する
2. [vCenter Server 証明書を使用して更新] メニューでメッセージを確認し、[更新] を選択する（図 14.18）
3. 「成功 : STS 証明書は更新されました。」というメッセージが出力されたら vSphere Client を更新し、有効期限が更新されていることを確認する

14.5　vCenter Server の保護

図 14.18　STS 署名の更新

vSphere Certificate Manager を利用した証明書の更新

vSphere Certificate Manager ユーティリティを使用すると、ほとんどの証明書管理タスクをコマンドラインから対話形式で実行できます。vSphere Certificate Manager を使用した証明書の更新タスクの手順を以下に示します。

- vCenter Server シェルにログインし、Certificate Manager を起動する（図 14.19）

```
# /usr/lib/vmware-vmca/bin/certificate-manager
```

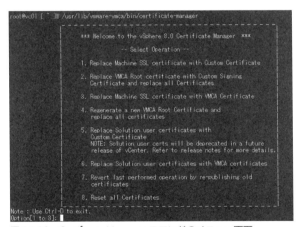

図 14.19　Certificate Manager コマンドのメニュー画面

- 更新する証明書に応じてオプションを選択する
- Do you wish to generate all certificates using configuration file : Option[Y/N] ? : はどちらかの選択肢を選択する（どちらでも問題ない）
- SSO と vCenter Server の特権ユーザーのユーザー名とパスワードの入力を求めるプロンプトが表示される。デフォルトは administrator@vsphere.local。適切なユーザー名とパスワードを入力する

571

- 以前に Certificate Manager を使用したことがあり、certool.cfg が検出された場合は certool.cfg の設定を使用するかを求めるプロンプトが表示される。Y（Yes）または N（No）を入力する

- Certificate Manager を初めて利用する場合、または前の手順で N を選択した場合は、証明書の更新に必要な情報の入力を求めるプロンプトが表示される。以下の情報が求められるので、適切な値を入力する

```
Enter proper value for 'Country' [Default value : US] :
Enter proper value for 'Name' [Default value : CA] :
Enter proper value for 'Organization' [Default value : VMware] :
Enter proper value for 'OrgUnit' [optional] :
Enter proper value for 'State' [Default value : California] :
Enter proper value for 'Locality' [Default value : Palo Alto] :
Enter proper value for 'IPAddress'  (Provide comma separated values for multiple IP addresses)
[optional] :
Enter proper value for 'Email' [Default value : email@acme.com] :
Enter proper value for 'Hostname'  (Provide comma separated values for multiple Hostname entries)
[Enter valid Fully Qualified Domain Name (FQDN) , For Example : example.domain.com] :
Enter proper value for VMCA 'Name' :
```

- 最後の 2 項目（ホスト名と VMCA 名）にはプライマリネットワーク ID（PNID）を入力する。PNID は下記コマンドで確認できる

```
# /usr/lib/vmware-vmafd/bin/vmafd-cli get-pnid --server-name localhost
```

- PNID が IP アドレスである場合は IP アドレス、ホスト名、VMCA 名の 3 項目に IP アドレスを指定する
- 作業を進めるかどうかを求めるプロンプトが表示される。Y を入力すると証明書の更新作業が開始される

ルート証明書の更新

ルート証明書の更新には、Certificate Manager のオプション 4（Regenerate a new VMCA Root Certificate and replace all certificates）を使用します。このオプションによって、VMCA ルート証明書や、VMCA によって署名されているマシン証明書やソリューションユーザー証明書等の証明書が更新されます。

ソリューションユーザー証明書の更新

ソリューションユーザー証明書は将来的に廃止予定ですが、ソリューションユーザーを使用してソリューションと vCenter Server の認証や通信を行っている場合、ソリューションユーザー証明書の更新が必要です。その場合は、Certificate Manager のオプション 6（Replace Solution user certificates with VMCA certificates）を使用します。

14.5　vCenter Server の保護

■ ESXi ホスト証明書期限の確認と更新方法

ESXi ホストの証明書期限は vSphere Client、または CLI を利用して確認できます。ESXi のマシン SSL 証明書はデフォルトでは自己署名証明書ですが、vCenter Server に接続されると、VMCA が署名する証明書に置き換わります。

vSphere Client で確認する場合は対象の ESXi ホストを選択し、[構成] > [システム] > [証明書] を選択します（図 14.20）。

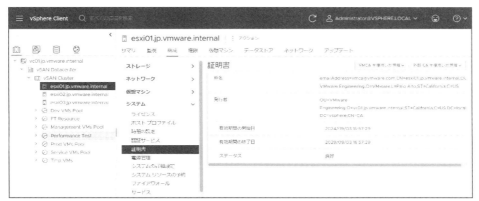

図 14.20　ESXi ホスト証明書の確認

CLI から確認する場合は、コンソールにログインし、以下のコマンドを実行します。

```
[root@esx01:~] openssl x509 -in /etc/vmware/ssl/rui.crt -noout -dates
notBefore=Sep  3 07:57:29 2024 GMT
notAfter=Sep  3 07:57:29 2029 GMT
```

ESXi ホスト証明書の確認方法と更新方法

ESXi ホスト証明書を更新するには、vSphere Client のインベントリから対象 ESXi ホストを選択し、アクションメニューの [証明書] > [証明書の更新] を選択するか、証明書確認画面右上のメニューから、[VMCA を使用した管理] > [証明書の更新] を選択します。選択後、確認のためのプロンプトが表示されるので、「はい」を選択すると証明書の更新タスクが実行されます（図 14.21）。

573

図 14.21　ESXi ホストの証明書更新

■ vCenter Server 証明書の有効期限が過ぎた場合

　vCenter Server の STS 証明書やマシン証明書等の証明書の有効期限が過ぎた場合、vCenter Server 内外のサービス間の認証や通信ができない状態になり、vSphere Client への接続や外部ソリューションとの連携処理に失敗します。その場合は、vCenter Server のシェルから Certificate Manager やツールを使用して有効期限が過ぎた証明書を更新し、vCenter Server のサービスを再起動して正常な状態に復旧させる必要があります。

　可能であればサポートリクエストを起票し、Broadcom サポートチームと連携して証明書の更新作業を進めることを推奨します。一度証明書の更新作業を行うと元の状態に戻すのは非常に困難であるため、復旧の際は必ずオフラインスナップショットを取得し、元の状態に戻せるように備えておくことが非常に重要です。

　有効期限が過ぎた証明書は vCenter Server の構成やアップグレードの経緯の有無等によって復旧方法は異なりますが、Certificate Manager や以下のツールを駆使して復旧作業を行います。

fixsts.sh

　STS 証明書の有効期限を更新するために使用するツールです。

- KB："Signing certificate is not valid" error in vCenter Server Appliance（316619）
  https://knowledge.broadcom.com/external/article/316619/

fixcerts.py

　様々なオプションが提供されている、証明書を更新させるためのコマンドラインのツールです。

- KB：Replace certificates on vCenter server using the Fixcerts script（322249）
  https://knowledge.broadcom.com/external/article/322249/

14.6 vSphere Native Key Provider

vSphere 8.0 の時点で、vCenter Server では「標準キープロバイダ（Standard key provider）」「信頼済みキープロバイダ（Trusted key provider）」「vSphere Native Key Provider」が利用可能です。標準キープロバイダと信頼済みキープロバイダを利用する場合は、外部キー管理サーバー（Key Management Server：KMS）を構成する必要があります。標準キープロバイダのセットアップでは、vCenter Server は外部 KMS からキーを取得し、ESXi ホストに配布します。信頼済みキープロバイダ（vSphere 信頼機関）のセットアップでは、信頼できる ESXi ホストがキーを直接取得します。

vSphere 7.0 Update 2 以降では、vCenter Server に組み込まれた vSphere Native Key Provider（以降、NKP）を使用して、仮想マシンの暗号化や仮想 TPM（vTPM）の使用、vSAN データストアの暗号化など、様々な暗号化テクノロジーを有効にできます。従来、暗号化ソリューション利用時に必要であった、サードパーティ製の KMS を用意せずとも、NKP を利用することで様々な暗号化ソリューションを利用できることから、セキュアな要件にも柔軟に対応可能となりました。

14.6.1 vSphere Native Key Provider の有効化

NKP は vCenter Server ごとに構成します。NKP は、その他の外部 KMS と vCenter Server 上で共存できます。

有効化手順

- vSphere Client のインベントリツリーから vCenter Server インスタンスを選択し、[構成] > [セキュリティ] > [キープロバイダ] を開く
- [追加] をクリックしてから、[ネイティブキープロバイダの追加] をクリックする（図 14.22）

図 14.22　キープロバイダの追加

- NKPの追加メニューでは任意のNKP名称を設定し、TPM 2.0搭載のホストのみで使用する場合は、[キープロバイダをTPMで保護されているESXiホストでのみ使用(推奨)]チェックボックスをオンにし、[キープロバイダ]ボタンを選択する(図14.23)

図14.23 ネイティブキープロバイダの追加

- ここまでの手順でNKPが追加されるが、この時点ではまだNKPアクティブではないため、NKPを使用するにはバックアップを取得する必要がある。作成したキープロバイダを選択し、「バックアップ」をクリックする(図14.24)

図14.24 ネイティブキープロバイダ追加後のキープロバイダメニュー

- NKPのバックアップメニューで必要に応じて[ネイティブキープロバイダ データをパスワードで保護(推奨)]にチェックボックスを入れ、[キープロバイダのバックアップ]を選択する
- [ネイティブキープロバイダデータをパスワードで保護(推奨)]にチェックを入れ、パスワードと確認用パスワードを入力し、[ネイティブキープロバイダ データをバックアップ]を選択する
- PKCS#12形式のバックアップファイルが操作端末にダウンロードされるので、バックアップファイルを安全な場所に保存する

バックアップ完了後、キープロバイダがアクティブ状態になり、作成したNKPを用いて各種暗号化ソリューションの構成を行えます（**図 14.25**）。

図 14.25　ネイティブキープロバイダの有効化

14.7　仮想マシンの保護

仮想マシンの保護は、仮想化環境を管理し、セキュリティを確保するための重要な要素の一つです。vSphereは、仮想マシンが不正アクセス、データ侵害、その他のセキュリティ脅威から守られるように様々な機能とベストプラクティスを提供しています。

14.7.1　仮想マシンのUEFIセキュアブート

UEFIセキュアブートは、PCの製造元が信頼するソフトウェアのみを使用してPCをブートするセキュリティ標準で、仮想マシンに対しても利用可能です。セキュアブートを有効にすると、起動プロセス中に悪意のあるソフトウェアや不正なOSのロードを防ぐことができます。仮想マシンのゲストOSタイプ・バージョンによっては、デフォルトでUEFIセキュアブートが有効化されている仮想マシンもあります。

UEFIセキュアブートをサポートするOSでは、ブートローダー、OSカーネル、OSのドライバを含むブートソフトウェアのそれぞれに署名が付与されています。仮想マシンのデフォルト構成には、いくつかのコード署名証明書が含まれます。

- Windowsのブートにのみ使用されるMicrosoft証明書
- Linuxブートローダーなどのサードパーティコードに使用するMicrosoftによって署名されたMicrosoft証明書
- 仮想マシン内のESXiのブートにのみ使用するVMware証明書

仮想マシンの UEFI セキュアブート利用に必要な条件

- UEFI ファームウェア：仮想マシンが UEFI ファームウェアで起動すること
- 仮想ハードウェアバージョン：バージョン 13 以降である
- 対応 OS：セキュアブートに対応したゲスト OS

UEFI セキュアブートを有効にした仮想マシンを作成する場合は、仮想マシンの作成ウィザードの [ハードウェアのカスタマイズ] メニューで [仮想マシン オプション] を選択し、[起動オプション] を展開すると表示される [セキュアブート] の [有効] チェックボックスにチェックが入っていることを確認します（図 14.26）。

図 14.26　UEFI セキュアブートを有効に設定した仮想マシンの作成ウィザード

14.7.2　暗号化機能の利用

仮想マシンの暗号化を使用すると、機密性の高いワークロードを安全性のより高い方法で暗号化できます。仮想マシンの暗号化機能を使用するためには、vCenter Server で vSphere Native Key Provider（NKP）、または外部キー管理サーバー（外部 KMS）を利用するキープロバイダが有効化されている必要があります。

■ 仮想 Trusted Platform Module（vTPM）

仮想 Trusted Platform Module（vTPM）機能を使用して、仮想マシンに TPM 2.0 仮想暗号化プロセッサを追加できます。vTPM は、物理的な Trusted Platform Module 2.0 チップをソフトウェアにしたものです。vTPM は、他のすべての仮想デバイスと同様に動作します。仮想マシンへの vTPM の追加は、仮想 CPU、メモリ、ディスクコントローラ、ネットワークコントローラを追加する場合と同じように実行できます。vTPM には、ハードウェアとしての Trusted Platform Module チップは不要です。

TPM は、ランダムな番号の生成、証明、キーの生成など、ハードウェアベースのセキュリティ関連の機能を提供します。vTPM を仮想マシンに追加すると、ゲスト OS はプライベートキーを作成して、保管できるように

なります。これらのキーは、ゲスト OS 自体には公開されません。そのため、仮想マシン攻撃の対象領域が狭められます。通常、ゲスト OS の侵害が起きると機密情報が侵害されますが、ゲスト OS で vTPM を有効にしておくと、このリスクを大幅に低減できます。これらのキーは、ゲスト OS が暗号化、または署名の目的にのみ使用できます。アタッチされた vTPM を使用することで、クライアントは仮想マシンの ID をリモートで認証し、実行中のソフトウェアを確認できます。

vTPM での vSphere の要件

vTPM を使用するには、vSphere 環境が表 14.15 の要件を満たす必要があります。

表 14.15　仮想マシンで vTPM を使用するための要件

要件	概要
仮想マシンの要件	EFI ファームウェア 仮想ハードウェアバージョン 14 以降
コンポーネントの要件	vCenter Server 6.7 以降 (Windows 仮想マシンの場合) vCenter Server 7.0 Update 2 以降 (Linux 仮想マシンの場合) 仮想マシン暗号化 (仮想マシン ホーム ファイル暗号化のため) vCenter Server に構成されたキープロバイダ
ゲスト OS のサポート	Linux Windows Server 2008 以降 Windows 7 以降

vTPM を使用した仮想マシンの作成

仮想マシン作成時、[ハードウェアのカスタマイズ] の項目で [新規デバイスを追加] を選択し、[Trusted Platform Module] を選択することで、vTPM を追加しゲスト OS のセキュリティを強化できます。

vTPM を使用した仮想マシンの作成時は、仮想マシンの作成ウィザード内の [ハードウェアのカスタマイズ] のメニューで、「セキュリティデバイス」に「TPM」を追加・選択されていることを確認します (図 14.27)。

図 14.27　vTPM を構成した仮想マシンの作成

CHAPTER 14　vSphere のセキュリティ

■ Microsoft の仮想化ベースのセキュリティ（VBS）

Microsoft の仮想化ベースセキュリティ（Virtualization Based Security：VBS）は、ハードウェア仮想化機能を利用して、隔離されたハイパーバイザー制限環境を作り出し、Windows OSのセキュリティを強化します。この機能は、機密情報の保護やシステムの完全性を維持するために重要です。VBS を有効化することで、以下の機能が Windows システム上で利用できます。

- Credential Guard：システムの重要部分およびユーザーの秘密情報を隔離し、侵害されないように保護することを目的とする
- Device Guard：マルウェアが Windows システム上で実行されることを予防および阻止するために、連携して動作するように設計された一連の機能を提供する
- 構成可能なコードの整合性：ブートローダーから信頼済みコードのみが実行できるようにする

Microsoft VBS を利用するための要件

Microsoft VBS の最適なパフォーマンスには、互換性のあるハードウェアの使用が必須です。推奨ハードウェアには以下が含まれます（**表 14.16**）。

表 14.16　Microsoft VBS を利用するための有効化するための要件

ハードウェア要件	Intel CPU: Haswell 以降（Skylake-EP が推奨） AMD CPU: Zen 2 シリーズ（Rome）以降
OS の要件	Windows 10 および Windows Server 2016 以降 それぞれ最新のアップデートを適用して利用すること
仮想ハードウェアバージョンの要件	Intel ベースの VM: vSphere 6.7 以降、ハードウェアバージョン 14 以降 AMD ベースの VM: vSphere 7.0 Update 2 以降、ハードウェアバージョン 19 以降
その他の要件	UEFI ブート

仮想マシンを新規作成する際に VBS を有効にするには、ゲスト OS の選択時に VBS をサポートする Windows バージョンを選択の上で [Windows 仮想化ベースのセキュリティの有効化] にチェックを入れます。VBS の有効化にチェックを入れた仮想マシンは、UEFI セキュアブートが有効になります。Windows OS インストール後に、Windows OS 内で VBS を有効化します。

既存の Windows 仮想マシンで VBS を有効にする場合は仮想マシンオプションから設定変更後、Windows OS 内で VBS 有効化します。ただし、既存仮想マシンが UEFI セキュアブートを利用していない場合は UEFI セキュアブートが有効化されますが、ゲスト OS が起動不可になるリスクがあります。必ずバックアップを取得した上で検討してください。Microsoft VBS を利用する上でのベストプラクティスについては公式ドキュメントを参照してください。

- 公式 Docs：Securing Windows Guest Operating Systems with Virtualization-based Security
  https://techdocs.broadcom.com/us/en/vmware-cis/vsphere/vsphere/8-0/vsphere-security-8-0/securing-windows-guest-operating-systems-with-virtual-based-security.html

■ 仮想マシン暗号化

　仮想マシンの暗号化を利用することで、新規作成する仮想マシン、および既存の仮想マシンを暗号化できます。機密情報が含まれるすべての仮想マシンファイルを暗号化することで、外部の（復号キーを持たない）vCenter Server 環境での起動や仮想ディスクの読み取りを防止し、OVF エクスポートなどのデータの持ち出しを禁止します（**表 14.17**）。

　データ暗号化キー（DEK）は仮想マシンごとに固有で、DEK で仮想マシンデータを暗号化します。NKP などのキープロバイダはキー暗号化キー（KEK）を作成し、DEK は KEK で暗号化されます。暗号化された DEK は仮想マシンデータ（VMDK）に格納されます。

　vMotion などで暗号化された仮想マシンを移動した場合、移行先の環境で同じキープロバイダを参照できると DEK を解除する KEK を取得し、暗号化されたデータにアクセスできるため、vMotion 後も暗号化された仮想マシンが動作します。

表 14.17　仮想マシン暗号化の対象ファイル

仮想マシン暗号化で暗号化されるコンポーネント	仮想マシン暗号化で暗号化されないコンポーネント
仮想マシンファイル（NVRAM、VSWP、VMSN ファイルなど）	ログファイル
仮想ディスク ファイル（VMDK） ※ KEK で暗号化された DEK が格納される	仮想マシン設定ファイル（VMX、VMSD ファイル）
コアダンプ	仮想ディスク記述子ファイル

暗号化された仮想マシンの作成

　暗号化された仮想マシンの作成は、通常の仮想マシン作成ウィザードにてストレージの選択時に [この仮想マシンを暗号化] オプションにチェックを入れ、ハードウェアカスタマイズ時の仮想マシンオプションから [暗号化] メニューが有効化されていることを確認します。

既存の仮想マシンまたは仮想ディスクの暗号化

　既存の仮想マシンや仮想ディスクの暗号化もサポートされます。仮想マシンオプションの vSphere Client から [設定と編集] > [仮想マシンオプション] > [暗号化] と選択し、[仮想マシンの暗号化] にチェックを入れ、暗号化設定が構成された仮想マシンのストレージポリシーに変更することにより、仮想マシンを暗号化できます（**図 14.28**）。

CHAPTER 14 vSphere のセキュリティ

図 14.28　既存の仮想マシンの暗号化

14.7.3　vMotion トラフィックの暗号化

　従来、専用 VLAN を利用して閉じた vMotion 専用の L2 ネットワークを利用することが多く、vMotion ネットワークのセキュリティ上のリスクはほとんどありませんでした。一方、現在は L3 ネットワークまたぎの vMotion や、vCenter Server 間の vMotion も多く利用されます。データセンター間の移行で vMotion を利用する場合、その間の経路は上位のネットワークや WAN を通ることになります。複数のネットワークを経由することで、経路上でのリスクが高まるため、暗号化 vMotion 機能が求められるようになりました。vMotion 中に仮想マシンのメモリ内容やディスクデータが複数のネットワーク上を転送される場合においても、暗号化 vMotion を利用することでこれらのデータが盗聴や改ざんされるリスクを減らします。

暗号化 vMotion を利用した場合の vMotion、Storage vMotion 時のデータの暗号化について

- 暗号化された仮想マシンを vMotion、Storage vMotion する際は常に暗号化された vMotion が使用される
- 暗号化されていない仮想マシンで Storage vMotion のみ行う場合（同一 ESXi ホストでデータストアのみ変更する場合）は、転送されるデータの暗号化は実施されない
- 暗号化されていない仮想マシンで vMotion と Storage vMotion を同時に行う場合は、転送されるデータが暗号化される

　暗号化されていない仮想マシンを vMotion で移行させる場合は、次のいずれかのオプションを仮想マシンごとのハードウェアのカスタマイズ設定から選択できます（**表 14.18**）。

14.7 仮想マシンの保護

表14.18 暗号化されていない仮想マシンをvMotionで移行させる場合のオプション

暗号化されたvMotion	詳細
無効 (Disabled)	暗号化されたvMotionは使用されません
任意：デフォルト設定 (Opportunistic)	移行元と移行先のESXiホストで暗号化されたvMotionがサポートされている場合は、暗号化されたvMotionを使用します
必須 (Required)	暗号化されたvMotionを使用します

暗号化されたvMotionをサポートするESXiホストのバージョンはESXi 6.5以降です。そのため、vSphere 8.0時点で仮想マシンのデフォルトの設定では、「暗号化されたvMotion」は「任意」であるため、通常はどの仮想マシンにおいても暗号化されたvMotionが利用されます。vMotionの暗号化にはキープロバイダは使用されません。一方、暗号化された仮想マシンの場合は、vMotionの暗号化オプションが「必須」に設定され、変更できません（図14.29）。

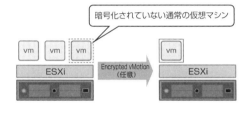
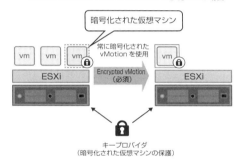

図14.29　vMotionトラフィックの暗号化

■ Cross vCenter vMotionによる暗号化された仮想マシンの移行

暗号化された仮想マシンを、別のvCenter Serverへ移行またはクローン作成するには、移行元と移行先のvCenter Serverで同じキープロバイダを共有し、キープロバイダ名が同一である必要があります。

Cross vCenter vMotionで暗号化された仮想マシンを移行する場合、移行先のESXiホストで暗号化を有効にしてあることを確認し、ホストが「セーフ」モードで暗号化されるようにします。Cross vCenter vMotionで暗号化された仮想マシンを移行またはクローン作成する場合は、次の権限が必要です。

- 仮想マシンでの暗号化操作：移行（Migrate）権限
- 仮想マシンでの暗号化操作：クローン作成（Clone）権限
- 移行先のvCenter Serverでの暗号化操作：新規の暗号化（Encrypt New）権限

移行先のESXiホストが「セーフ」モードでない場合は次の権限が必要です。

CHAPTER 14 vSphere のセキュリティ

- 移行先の vCenter Server で暗号化操作：ホストの登録（Register Host）権限

vSphere Native Key Provider（NKP）を利用した暗号化された仮想マシンは、NKP が移行先ホスト上で構成されており、同じ Key Derivation Key（KDK）を利用する場合に Cross vCenter vMotion をサポートします。その他、vMotion の暗号化に関する詳細情報は、公式ドキュメントを参照してください。

- 公式 Docs：What Is Encrypted vSphere vMotion

  https://techdocs.broadcom.com/us/en/vmware-cis/vsphere/vsphere/8-0/vsphere-security-8-0/virtual-machine-encryption/encrypted-vsphere-vmotion.html

14.8 ストレージの保護

14.8.1 vSAN データストアの暗号化

vSAN の暗号化は、vSAN に組み込まれている暗号化機能です。第 7 章で概要を紹介しましたが、vSAN の暗号化機能には、以下の特長があります。

- データストアレベルでの保存データの暗号化
- ネットワークレベルでの転送中データの暗号化
- ハイブリッドおよびオールフラッシュの vSAN クラスタをサポート
- クラスタレベル（vSAN データストアレベル）での構成
- 連邦情報処理標準（FIPS）140-2 に準拠した AES-256 ビットの暗号化キーの使用
- vSAN の他機能と互換性を提供（リモート vSAN データストアでは転送中データの暗号化は非サポート）

vSAN データストアの暗号化と、転送中データの暗号化はそれぞれ独立しており、vSAN の他機能と連携することによって運用への影響を最小限に抑えます。

■ vSAN 転送中データの暗号化

vSAN では、クラスタ内のホスト間で転送中データを独自技術で暗号化できます。転送中データの暗号化を有効にすると、vSAN はホスト間のすべてのデータ、およびメタデータのトラフィックを暗号化します。転送中データの暗号化は以下のワークフローを使用して通信します。

- トラフィックを送受信するための vSAN ホスト間の TLS リンクを作成する
- ホストは 暗号化キーを動的に生成し、セッションに紐付ける
- 暗号化キーを使用して、ホスト間の認証済み暗号化セッションを確立する

14.8 ストレージの保護

　各ESXiホストは、クラスタに参加する時に暗号化キーで認証され、信頼されたESXiホストへの接続のみが許可されます。クラスタからESXiホストを削除すると、そのESXiホストの認証証明書が削除されます（図14.30）。

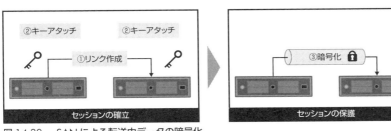

図14.30　vSANによる転送中データの暗号化

　vSAN転送中データの暗号化は、vSphere ClientのvSANクラスタごとのvSANサービス設定から設定可能です（図14.31）。

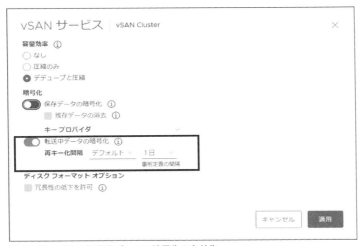

図14.31　vSAN転送中データの暗号化の有効化

　vSANによる転送中データの暗号化にはキープロバイダの設定は不要です。

■ vSAN データストア暗号化

　vSANデータストアの暗号化は、vSANデータをキャッシュデバイスやキャパシティデバイスに到達する前に、データを暗号化します。暗号化の対象となるデータは、暗号化されていない状態でディスクに格納されることはありません。vSANデータストアの暗号化はvSphereとして提供する「仮想マシンの暗号化」とは別の機能です。vSANデータストアの暗号化には次のような特徴があります。

- キャッシュデバイスとキャパシティデバイスに存在するデータを暗号化できる（vSAN OSA の場合）
- Performance-Leg と Capacity-Leg に存在するデータを暗号化できる（vSAN ESA）
- 自己暗号化ドライブ（Self Encrypting Drives：SED）は不要
- キープロバイダとして標準キープロバイダ（外部 KMS）または vSphere Native KeyProvider（NKP）のいずれかを利用する

　vSAN OSA では重複排除と圧縮、または圧縮のみを使用している環境の場合、暗号化はキャッシュデバイスに書き込まれる際と、キャパシティデバイスにデステージされる際の重複排除と圧縮、または圧縮のみの処理の後に行われます。デステージの際は、暗号化前にスペースを節約でき、暗号化に要する負荷を低減するという利点が得られます。

　vSAN ESA の場合は仮想マシンが稼働する ESXi ホスト上で圧縮処理とチェックサムの計算後に暗号化され、暗号化されたデータが ESXi ホスト間で転送されます。データが読み取られると、ESXi ホスト上の vSAN サービスでデータが復号されゲスト OS に返されます。ディスク上のデータは常に暗号化された状態のままです。

　vSAN データストアの暗号化は、OSA と ESA の両方で、クラスタ単位で有効化可能なデータサービスです。vSAN データストアの暗号化を有効にする際は、転送中データの暗号化と同じく、vSAN クラスタごとの vSAN サービス設定から設定可能です（**図 14.32**）[6]。

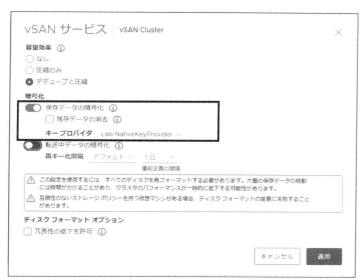

図 14.32　vSAN データストアの暗号化の有効化

---

[6]　vSphere 8.0 Update 2（vSAN 8.0 Update 2）以前の ESA での暗号化は、クラスタの初期構成時に有効にする必要があり、クラスタ構築後に有効化、または無効化することは非サポートでした。vSphere 8.0 Update 3 以降の vSAN ESA では OSA と同様に、vSAN データストアの暗号化を任意のタイミングで有効化、無効化できます。

ただし、既存の仮想マシンが存在するvSANデータストアの暗号化の有効化や無効化は、vSANドライブ上の仮想マシンデータを一時的に退避させながら、ドライブごとに暗号化を進めるため、暗号化のためのCPUリソースとストレージI/Oが増加し、長時間の変換処理が必要です。設定変更のタイミングはサービス影響のない時間帯に行うことを検討してください。

■ vSANデータストアの暗号化において使用されるキー

保存データの暗号化機能において使用されるキーは以下の通り3種類あります（**表14.19**）。

表14.19　vSANデータストアの暗号化において使用されるキー

キー	概要
キー暗号化キー（KEK）	・vSANクラスタごとに1つ ・DEKの暗号化に使用される ・キーはKMS/NKPによって生成される
ディスク暗号化キー（DEK）	・vSANディスク1台につき1つ ・データ暗号化に使用される ・キーはホストによって生成される
ホスト暗号化キー（HEK）	・vSANクラスタごとに1つ ・VMwareサポート用のコアダンプ暗号化に使用される ・キーはKMS/NKPによって生成される

保存データの暗号化で使用されるのはKEKとDEKのみです。HEKはBroadcomのサポートにコアダンプを提供する目的で使用されます。

保存データの暗号化の仕組み

保存データの暗号化に必要なコンポーネントは、vCenter Server（VCSA）、キープロバイダ（NKP／KMS）、vSANホストの3つであり、以下の仕組みで動作します（**図14.33**）。

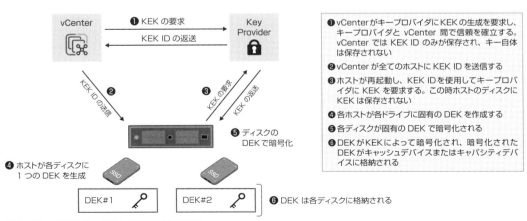

図14.33　vSANデータストアの暗号化のフロー

■ vSAN データストア暗号化に関する考慮点

保存データ暗号化の実装にあたり、設計やパフォーマンスについて以下のポイントを考慮してください。

- 暗号化対象の vSAN データストアに暗号化のキープロバイダと連携する KMS サーバーをデプロイしない
- ESXi ホストの CPU への負荷を減らすために、システムボード（BIOS／UEFI）で AES-NI（Advanced Encryption Standard-New Instructions）を有効化する
- vSAN ストレッチクラスタ内の監視ホストは、vSAN 暗号化には関与しない。監視ホストでは、ネットワーク隔離の管理の役割とともに各 vSAN オブジェクトとコンポーネントのサイズや UUID などのメタデータのみが保持され、顧客データは保存されない
- コアダンプに関するポリシーを確立する。コアダンプはホスト暗号化キー（HEK）で暗号化されているが、機密データを含む場合があるため、注意して取り扱う

■ キーの永続性と vSAN データストア暗号化

ESXi ホストに TPM（Trusted Platform Module）が搭載されている場合、各 ESXi ホストで暗号化キーを安全かつ確実に TPM に保存し、キープロバイダにアクセスできない場合でもキーを利用可能にする「キーの永続性（Key Persistence）」が利用できます。キーの永続性は vSphere 7.0 Update 2 以降でサポートされており、キープロバイダとして外部 KMS または NKP をサポートします（図 14.34）。

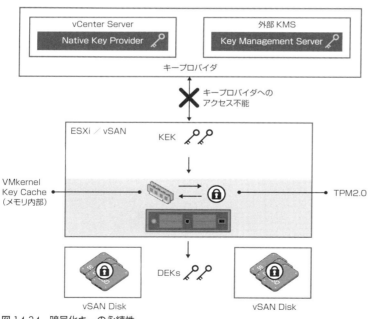

図 14.34　暗号化キーの永続性

vSAN 7.0 Update 3 以降、クラスタ内のすべての vSAN ホストで TPM を使用する場合、VMkernel のキーキャッシュに保存されている KEK がキーの永続性で TPM に保存されます。この機能により、ESXi ホストが再起動した場合も TPM からキーキャッシュにキーが復元されます。ESXi ホストは常に、まずはキーキャッシュからキーを取得しようとします。そして、なんらかの理由で KEK またはホストキーがキーキャッシュに存在しない場合や、TPM のキー永続性から取得できない場合、外部 KMS ／ NKP から取得します。

NKP を使用する場合、暗号化キーの永続性はデフォルトで有効になっていますが、外部 KMS を使用する場合は以下のコマンドを使用して有効にする必要があります。

```
esxcli system settings encryption set --mode=TPM
esxcli system security keypersistence enable
```

14.8.2 NFS v4.1 を利用したデータストアのセキュリティ

NFS v3、NFS v4.1 ともに AUTH_SYS セキュリティを利用した認証が可能ですが、この場合はネットワーク上のストレージトラフィックは暗号化されないため、NFS 専用の VLAN で L2 ネットワークを分けてトラフィックを隔離することが強く推奨されました。

Kerberos は、ネットワーク上で安全な認証を提供するためのプロトコルです。クライアントとサーバー間の相互認証とデータの暗号化により、なりすましや改ざんのリスクを軽減します。

vSphere 環境では NFS v4.1 をデータストアとして利用する場合、認証のみを提供する Kerberos（krb5）と、認証とデータ整合性を提供する Kerberos（krb5i）の 2 つの Kerberos セキュリティメカニズムを利用できます。また、Kerberos セキュリティのメカニズムを利用することでストレージトラフィックが暗号化され、認証とトラフィック暗号化の 2 面でセキュリティを強化できます。

■ NFS v4.1 データストアで Kerberos セキュリティを利用する前提条件

vSphere で NFS v4.1 データストアを利用するには、以下の前提条件を満たす必要があります。

NFS サーバー（NAS・ストレージ）側
- 暗号化アルゴリズム：AES256-CTS-HMAC-SHA1-96 または AES128-CTS-HMAC-SHA1-96 を有効化
- Active Directory と連携し Kerberos 認証を有効化
- Kerberos ユーザーにフルアクセスを付与するように NFS サーバーのエクスポートを構成

ESXi ホスト側
- Active Directory ドメインで Kerberos を使用
- Active Directory の認証情報を使用して NFS v4.1 Kerberos データストアにアクセス
- 同じ NFS データストアを利用するすべての ESXi ホストで同じ Active Directory 認証情報を使用

- Host Profile、Configuration Profiles を使用して認証情報の割り当て自動化を推奨
- DNS 設定：Kerberos KDC（Key Distribution Center）の DNS レコードを参照するように設定。認証と時刻同期に利用する Active Directory を DNS として利用することも可能
- 時刻同期：ESXi ホスト、NFS サーバー、Active Directory サーバーの時刻を同期（NTP を使用）することを推奨

その他、1 つの NFS v4.1 データストアに対して、AUTH_SYS と Kerberos の 2 つのセキュリティメカニズムを併用することはできません。上記の条件を満たすことで、vSphere 環境で NFS v4.1 データストアを安全に利用できます。特に Kerberos 認証を利用する場合は、Active Directory との連携が必須となるため、適切な設定を行うようにしてください。その他、NFS v4.1 Kerberos セキュリティの利用における詳細は以下の公式ドキュメントもあわせて参照してください。

- 公式 Docs：Using Kerberos for NFS 4.1 with ESXi

    https://techdocs.broadcom.com/us/en/vmware-cis/vsphere/vsphere/8-0/vsphere-storage-8-0/working-with-datastores-in-vsphere-storage-environment/nfs-datastore-concepts-and-operations-in-vsphere-environment/using-kerberos-for-nfs-4-1-with-esxi.html

vSphere セキュリティ構成ガイド

本章で解説する各種 vSphere のセキュリティ強化設定と合わせて、VMware の各製品は強固なセキュリティ保護の基準が設けられる NIST（National Institute of Standards and Technology：米国国立標準技術研究所）、DISA（Defense Information System Agency：米国国防情報システム局）、STIG（Security Technical Implementation Guide：セキュリティ技術実装ガイド）などの政府標準や、FIPS（Federal Information Processing Standard：米国連邦情報処理規格）140-2 などの認定規格に準拠するためのガイドラインおよびツールを提供しています。

vSphere では、このガイドを vSphere 8.0 Update 3 以降では「vSphere セキュリティ構成ガイド（Security Configuration & Hardening Guidance）」(旧称「セキュリティ強化ガイド：Security Hardening Guides」)と呼び、公式ドキュメントサイトおよび以下の VMware GitHub で公開しています。

- 公式 GitHub：Security Configuration Guide（vSphere セキュリティ構成ガイド）

    https://github.com/vmware/vcf-security-and-compliance-guidelines/

上記で入手可能な各種ガイドラインには、vSphere でのセキュリティのベストプラクティスが含まれています。

NIST、DISA、FIPS およびその他のコンプライアンスガイドとともに「vSphere セキュリティ構成ガイド」を使用し、vSphere セキュリティ制御を各ガイドラインの特徴的なコンプライアンスにマッピングすることで堅牢なセキュリティの基準を vSphere 環境に適用できます。ただし、規制ガイドラインやフレームワークに直接対応しているわけ

ではないため、各企業のコンプライアンス遵守の手段として使用することは意図されていません。コンプライアンス導入の初歩的ガイドとして参照するものであり、このガイドの手順を実行してもデプロイ環境がコンプライアンスを遵守しているとは限りません。また、セキュリティの検討は常にトレードオフ・妥協の考慮が存在します。強化されたセキュリティ制御を実装すると、操作性、パフォーマンス、出力されるログの増加、その他の運用タスクに悪影響を及ぼす可能性があります。セキュリティの変更を行う前にはセキュリティ設定の範囲、ワークロード、使用パターン、組織構造などを慎重に検討してください。

vSphere セキュリティ構成ガイドの活用

　各バージョンに対応した vSphere セキュリティ構成ガイドは以下 URL から入手可能で、PDF、Excel のガイドラインシート、そして各種監査・設定用の PowerCLI スクリプトが公開されています。

- **Security Configuration & Hardening**
  https://github.com/vmware/vcf-security-and-compliance-guidelines/tree/main/security-configuration-hardening-guide

　vSphere セキュリティ構成ガイド(Excel シート)は複数のシートで構成されており、それぞれ以下の内容が記されています。

- Column Definitions：vSphere セキュリティ構成ガイドで利用される各種用語の説明、定義
- Disclaimer：免責事項とライセンス条項に関する説明
- System Design：vSphere システム設計のセキュリティに関する考慮事項、ベストプラクティスの説明
- Hardware Configuration：サーバーハードウェアのセキュリティ構成に関する考慮事項、ベストプラクティスの説明
- Controls：推奨されるセキュリティ設定と各種パラメータや設定方法の説明。vSphere Client による設定方法の他、PowerCLI で確認・設定するための 1 ラインスクリプト各種が用意されている

　vSphere セキュリティ構成ガイドを用いて各 vSphere 設定をコンプライアンス準拠に合わせた設定をする際は、「Controls」シートをチェックシートとして利用し、vSphere Client、または PowerCLI で操作します。vSphere 8.0 Update 2 以降では監査を自動化するための PowerCLI サンプルスクリプトの提供が開始され、Github 上の各バージョンの vSphere セキュリティ構成ガイドに含まれる「Tools」フォルダにサンプルスクリプトが含まれます。

　PowerCLI サンプルスクリプトを活用することで vSphere 環境のセキュリティ設定を「監査 (Audit)」、そして各種 vSphere セキュリティ構成ガイドの基準に準拠するための「修正 (Remediate)」を行えます。これらのサンプルスクリプトは、必要に応じてスクリプトのパラメータを自由に調整できますので、企業のセキュリティポリシーに合わせて調整して利用します[7]。

　また、VCF Operations (旧称 Aria Operations) では vSphere セキュリティ構成ガイドを含む、各製品のセキュリティガイドに沿ったセキュリティコンプライアンスチェック機能が用意されています。特別な準備をすることなく vSphere 基盤のコンプライアンスチェックが可能なので、定期的な診断に活用できます。vSphere セキュリティ構成ガイドでは次のセキュリティについては説明されていません。

【7】　PowerCLI スクリプトの実行は必ずテスト環境で実施して問題がないことを確認後、本番環境に適用してください。

CHAPTER 14 vSphere のセキュリティ

- ゲスト OS やアプリケーションなど、仮想マシン内で実行されているソフトウェア
- 仮想マシンネットワーク経由で送受信されるトラフィック
- アドオン製品のセキュリティ

仮想マシンのセキュリティ、ネットワークトラフィックなどセキュリティの考慮点は本書の各章、および以下の公式ドキュメント、ガイドラインをあわせて参照してください。

- Securing ESXi Hosts
  https://techdocs.broadcom.com/us/en/vmware-cis/vsphere/vsphere/8-0/vsphere-security-8-0/securing-esxi-hosts.html

- Securing vCenter Server Systems
  https://techdocs.broadcom.com/us/en/vmware-cis/vsphere/vsphere/8-0/vsphere-security-8-0/securing-vcenter-server-systems.html

- Securing Virtual Machines
  https://techdocs.broadcom.com/us/en/vmware-cis/vsphere/vsphere/8-0/vsphere-security-8-0/securing-virtual-machines-in-the-vsphere-client.html

- Securing vSphere Networking
  https://techdocs.broadcom.com/us/en/vmware-cis/vsphere/vsphere/8-0/vsphere-security-8-0/securing-vsphere-networking.html

Chapter

15

VMware Cloud

CHAPTER 15 VMware Cloud

本章では、本書で紹介した vSphere の機能を活用したオンプレミスデータセンターでの vSphere クラスタ展開デザインと、ハイパースケーラー各社が提供するパブリッククラウド上の VMware Cloud Foundation を用いた VMware Cloud について解説します。

15.1 vSphere を利用したデータセンターのデザイン

vSphere を用いた仮想化基盤の展開方法は、単一のデータセンターに1つの vCenter Server インスタンスを展開する基本的な構成以外にも、以下のように様々な実装が可能です。

- 複数の vCenter Server インスタンスを単一のデータセンター内に多数展開することでワークロードごとに明確に管理範囲を区切った構成
- 複数のデータセンター建屋や地理的に離れた拠点を1つの vCenter Server インスタンスで展開して管理を一元化し、可用性のためにストレッチクラスタ構成を取る場合に、パブリッククラウド上の VMware Cloud サービスと連携展開するハイブリッドクラウド構成
- データセンターから全国の支店・支社・工場・店舗などの IT を管理するエッジクラウド構成

特に、データセンターの物理的な配置は非機能要件の考慮と合わせて、vCenter Server の展開方法、クラスタの展開方法も変化します。各種要件を設計、運用に適切に反映させることが重要です。一般的には次の要件などが考慮点として挙げられます。

- データセンターごとのワークロードの種類・配置 (本番／開発／検証、プライマリ／セカンダリ、アクティブ／スタンバイ、アクティブ／アクティブなど)
- データセンター間の回線 (帯域、遅延、各種ネットワーク要件など)
- データセンター間のワークロード展開、移行方法
- 災害対策・データ保護の手法 (RPO ／ RTO ／ RLO ／ RGO、データ保護期間、フェイルオーバー／フェイルバック手法・ポリシーなど)

データセンターデザインにおける各種サービスレベルに関しては以下の各章をあわせて参照してください。

- 災害対策・データ保護の考慮：第11章
- ストレッチクラスタの考慮：第7章

594

15.1.1 オンプレミスデータセンターにおける vSphere のデザイン

オンプレミスデータセンターにおける vSphere の導入は多くの企業で導入実績があり、規模・要件に応じた柔軟なハードウェア構成、vSphere のソフトウェア設計で様々なワークロード要件に合わせた導入が可能です。本項では、vSphere の機能を用いてデータセンターの仮想化基盤を設計する際の推奨や考慮点を紹介します。

■ ワークロードに応じたクラスタの実装

図 15.1 は、一般的なデータセンターにおけるクラスタの配置イメージです。システムの規模、ワークロードの種別に応じてクラスタを分け、物理的なデータセンターの立地に分けて仮想化基盤を導入する場合、それぞれを独立した vCenter Single Sign-On（SSO）ドメインで構成するケースが多く見られます。この構成には以下のようなメリットがあります。

- 管理の独立性：それぞれのデータセンターの vCenter Server を独立させることで、管理者権限の分離や、リソースの割り当て、ポリシーの設定などを個別に管理できる
- 障害の影響範囲の限定：万が一、一方のデータセンターで障害が発生した場合でも、他方のデータセンターへの影響を最小限に抑えられる
- セキュリティの向上：独立したドメインにすることで、セキュリティポリシーを個別に適用し、セキュリティリスクを軽減できる

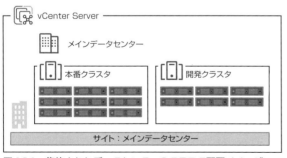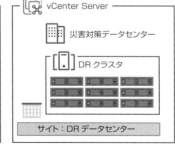

図 15.1　集約されたデータセンターのクラスタ配置イメージ

vCenter Server インスタンスを分けるか否か、vSphere クラスタをどの単位で分けるべきかは、それぞれのワークロードのサービスレベル、リソース、機能要件や利用上のセキュリティ要件、ライフサイクル運用を含めた各種の要件によって検討します。

■ エッジ・リモートオフィス環境のクラスタ

メインデータセンターにvCenter Serverなど管理リソースを配置し、異なる拠点の支社、支店、工場や店舗など、遠隔地の拠点にvSphereクラスタを展開している構成はエッジ構成と呼ばれます（図15.2）。サイトローカルでの処理の応答性を高めつつ、リモート管理で管理コストを減らすことができます。拠点ごとのvCenter Serverなど管理コンポーネント分のリソースオーバーヘッドを削減する目的や、遠隔地拠点での管理担当者がいない場合など、メインのデータセンターに置かれたvCenter ServerからVPNや専用線などを利用した遠距離接続でリモートクラスタを管理します。

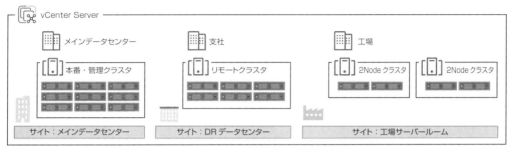

図15.2 エッジ・リモートオフィス環境のクラスタ

vCenter Serverからリモートクラスタまでのネットワーク要件は、主に管理用のトラフィックのみが流れるため、往復の遅延（RTT）要件は150ms以下であればサポートされます。ただし、遠隔地のクラスタのライフサイクル運用時など、パッチファイルの転送やトラブルシューティング時のログファイルの送受信で容量の大きなデータやり取りをする必要があるため、拠点間のネットワーク帯域の考慮は必要で、1Gbps以上の帯域を確保することが推奨されます。

■ 複数データセンター間を延伸したクラスタ（ストレッチクラスタ）

ストレッチクラスタのアーキテクチャを採用することで、Active-ActiveのvSphereクラスタをデータセンターのサイトまたぎで実装可能になります。これにより、片側のサイトがダウンした場合でも、残るサイトでvSphere HAを利用して仮想マシンが復旧するため、高可用性を実現できます（図15.3）。

一方、2つのデータセンター間で保存される仮想マシンデータ（仮想ディスク、設定ファイルなど）を常に同期する必要があるため、特にサイト間のストレージネットワークは、10Gbps以上の帯域と往復遅延が5ms以下という物理的な要件が設定されています。これは、仮想マシンのパフォーマンスを維持し、データの同期を高速かつ安定的に行うために必要な条件となります。

ストレッチクラスタは必ずしも異なるデータセンターサイト間で構成する必要はありません。データセンター内のフロア間や同じ敷地内の異なる建屋間など、想定する「障害」の影響範囲と復旧要件に応じてクラスタ間の距離は調整可能です。具体的には、サイト間の距離、ネットワークの帯域と遅延、障害の種類、復旧目標時間（RTO）などを考慮して、最適な距離を決定します。同一データセンター内にストレッチクラスタを構築するケースもあります。

15.1 vSphere を利用したデータセンターのデザイン

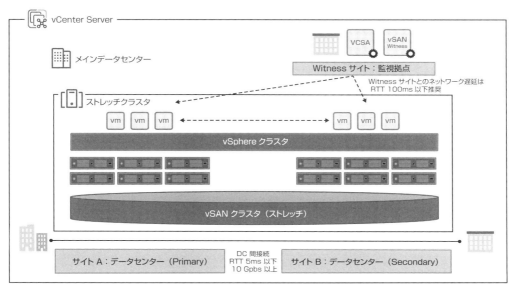

図 15.3　複数データセンター間を延伸したクラスタ（ストレッチクラスタ）

■ ライフサイクル運用を考慮したクラスタのサイジング

通常、vSphere クラスタのバージョンアップを実施する際は ESXi ホストの再起動を伴うため、稼働中の仮想マシンを vMotion で退避させながらクラスタ内の ESXi ホストを順にメンテナンスします。DRS を利用した負荷分散と vSphere LifeCycle Manager（vLCM）を組み合わせることで、メンテナンス作業自体（仮想マシンの退避と ESXi ホストへのパッチ適用）は自動化できますが、クラスタを構成する ESXi ホストの台数によってメンテナンス時間が長時間化することも考慮する必要があります。

通常、vSphere のライフサイクル運用では仮想マシンの停止は伴わないものの、vCenter Server など管理コンポーネントのバージョンアップは再起動中の機能停止が伴います。サービス提供時間中のメンテナンスを避けたい場合、夜間や週末にメンテナンスウィンドウを設定してライフサイクル運用することが一般的です。

クラスタを構成する ESXi ホストは同一構成、同一バージョンで運用することが推奨されるため、異なるバージョンが混在する時間は最小限に抑え、クラスタごとのバージョンアップは途中で止めずにメンテナンスを進めることが強く推奨されます。クラスタを構成する ESXi ホストの台数はメンテナンス時間（メンテナンスウィンドウ）を考慮する上で非常に重要な要素となります。例えば、ESXi ホストあたりの再起動を含むバージョンアップ所要時間が 30 分で、メンテナンス時間が週末の 12 時間に限られる場合を考えます。作業前後の準備や確認時間を考慮して 8 時間がクラスタバージョンアップで利用可能とすると、クラスタあたりの ESXi ホスト台数が 16 台以下で構成することが机上計算上では考慮点となります。

vSphere 8.0 Update3 で実装された Live Patch 機能など、メンテナンス時間を短くするための機能の開発が進んでいますが、ライフサイクル運用を考慮したクラスタサイジングは長期間の運用が求められる環境では非常に重要な要素となるので、導入前に慎重に検討することが強く推奨されます。

CHAPTER 15　VMware Cloud

■ ESXi ホスト障害を考慮したクラスタのサイジング

一般的に vSphere クラスタを構成する ESXi ホスト台数を決める場合、第9章で紹介したアドミッションコントロールの機能によるクラスタ内で許容できる ESXi ホスト障害数 (N+1、N+2 など) を加味します。

ESXi ホスト障害を考慮したクラスタサイジングの考え方は、第5章のコラム「サイジングの勘所」、第6章、第7章および第9章をあわせて参照してください。

15.1.2　vCenter Server の展開デザイン

vCenter Server の展開方法において、1つの vCenter Server インスタンスに統合して管理する場合と、ワークロードごとに分けて展開する場合でそれぞれのメリットがあります。

vCenter Server インスタンスを統合するメリット

- 全てのクラスタ、ESXi ホスト、仮想マシンを1つの vCenter で統合管理することで運用管理が容易になる
- インベントリ、構成、監視、アラートなどを一箇所で管理できる
- クラスタ間のワークロードの移行が容易になる

vCenter Server インスタンスを分けるメリット

- 大規模環境での vCenter Server の負荷を分散し、パフォーマンスを向上できる
- vCenter Server の障害が他の環境に波及するのを防ぎ、システム全体の可用性を高められる
- 特定のユーザーやグループに対して、特定の vCenter Server へのアクセスのみを許可するなど、異なる権限を設定できるため、セキュリティを強化できる
- vCenter Server にサードパーティプラグインを適用する際などの影響範囲を分離できる

また、vCenter インスタンスを分割した場合においては、拡張リンクモード(Enhanced Linked Mode：ELM)を使用して同一 SSO ドメインを利用する、または新規の SSO ドメインを作成するかという、管理性に違いがあります。

同一 SSO (ELM) で vCenter を展開するメリット

- ユーザーの一元管理が可能になり、ユーザーは複数の vCenter に対して同じ認証情報でログイン、操作が可能になる
- 複数の vCenter Server を同一の vSphere Client インベントリで表示、操作が可能になるため、複数の vCenter Server をまたいだ管理、操作が容易になる。また、Cross vCenter vMotion など仮想マシンの移行も容易になる

15.1 vSphere を利用したデータセンターのデザイン

異なる SSO で vCenter を展開するメリット

- SSO ドメインごとに障害の範囲を限定でき、特定 vCenter Server の障害が他の vCenter Server に影響しない
- SSO ドメインごとに異なるセキュリティポリシーの設定や外部の認証システムとの連携を行うことでセキュリティの強化ができる
- SSO ドメインごとに個別のバージョンアップが可能となり、大規模環境におけるバージョンアップ時のリスクを低減する

15.1.3 VMware Cloud Foundation の展開デザイン

VMware Cloud Foundation（VCF）は vSphere クラスタだけでなく、ネットワーク仮想化の NSX、ストレージ仮想化の vSAN、運用自動化の VCF Operations ／ Automation（旧称 Aria）などの製品も含めて展開と運用の自動化を実現するソリューションです。

VCF の展開は Cloud Builder と呼ばれる導入専用の仮想アプライアンスを用いて初期導入するか、VCF 5.2 以降のバージョンでは VCF Import ツールを利用して既存の vSphere クラスタを VCF インスタンスに変換することで導入できます。導入後の VCF は SDDC Manager と呼ばれる管理用の仮想アプライアンスを用いて、vCenter Server インスタンスごとに「ドメイン」と呼ばれる単位で管理し、複数ドメイン（vCenter Server インスタンス）を集約して管理・運用を自動化する機能を提供します。

VCF では先に解説した vSphere クラスタで統合したワークロード、エッジ・リモートオフィス構成、ストレッチクラスタ構成などをサポートしていますが、上記ドメインを管理する上での展開方法に2つの考え方があります。

■ 統合アーキテクチャ（Consolidated Architecture）

統合アーキテクチャは1つの vCenter Server インスタンスで構成され、管理用仮想マシンとユーザーワークロード仮想マシンを、リソースプールを利用して管理する小〜中規模向けの VCF 展開デザインです。統合アーキテクチャを利用する場合も通常の vSphere 環境と同様に複数のクラスタをワークロードに応じて展開、使用できます（**図 15.4**）。

CHAPTER 15　VMware Cloud

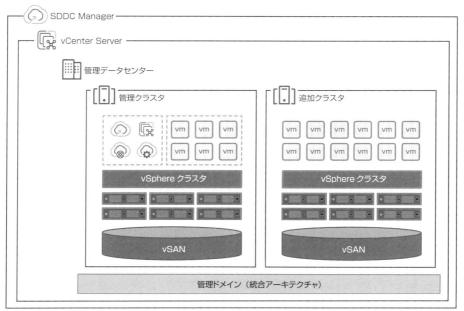

図 15.4　VMware Cloud Foundation の展開：統合アーキテクチャ

　初期展開時は 4 台の vSAN ReadyNode を利用し、vSphere ／ vSAN クラスタを NSX などの管理コンポーネントとあわせてセットアップします。vSAN HCI 構成をベースとすることで、SDDC Manager を利用して vSphere クラスタの拡張や、新規の vSphere クラスタを展開、ライフサイクル管理など、ストレージ含めたインフラ環境全体の統合的な管理を可能にしています。もちろん、外部ストレージの接続を追加して従来同様のデータストアの利用もサポートされます。

■ 標準アーキテクチャ（Standard Architecture）

　標準アーキテクチャは管理用仮想マシンが配置されるドメイン・クラスタ（管理ドメイン）とユーザーワークロード用ドメイン（ワークロードドメイン）を異なる vCenter Server インスタンスで展開するデザインで、大規模環境をサポートするアーキテクチャです（**図 15.5**）。従来、VCF では管理ドメインとワークロードドメインを管理する vCenter Server は、1 つの SSO を利用する拡張リンクモードで展開する必要がありました。しかし、VCF 5.0 以降では異なる SSO ドメインをサポートし、vCenter Server の展開方法を柔軟に設計できるようになりました。

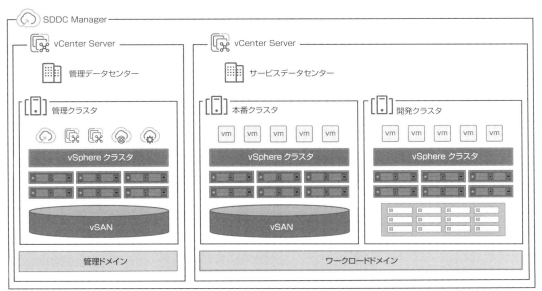

図 15.5　VMware Cloud Foundation の展開：標準アーキテクチャ

　VCF は SDDC Manager を利用して複数の vCenter Server インスタンスの展開、管理をライフサイクル運用を含めて行うことで、大規模環境における運用を大幅に最適化できる仕組みを提供します。

15.2　VMware Cloud の概要

　VMware Cloud とは、VMware Cloud Foundation（VCF）のアーキテクチャで実装されるサービスの総称です。この VMware Cloud はオンプレミス環境だけではなく、パブリッククラウド環境のサービスもあります。

　現在、国内外の様々なパブリッククラウドサービス事業者のデータセンター施設内に、図 15.6 のように vSphere、NSX、vSAN を中核とした VCF の環境が展開され、サービスが提供されています。これは、オンプレミス環境、パブリッククラウド環境であっても、全ての VMware Cloud は VCF という一貫した共通のアーキテクチャで実装されていることを意味します。

　本節では、代表的なハイパースケーラーが提供する VMware Cloud のパブリッククラウドサービスにフォーカスし、各社で共通する特長や、VMware Cloud の一般的なユースケース、各社個別のサービス概要を紹介します。

CHAPTER 15 VMware Cloud

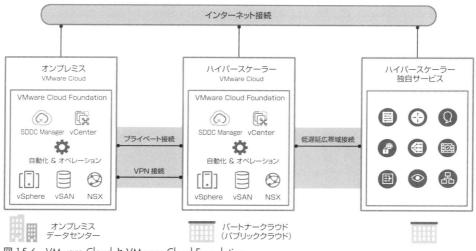

図 15.6　VMware Cloud と VMware Cloud Foundation

15.2.1　VMware Cloud の基本構成

　ここでは代表的なサービス構成を説明します。なお、ハイパースケーラーによっては、一部異なるケースもあります。個別の仕様については、各社の公式情報を参照してください。

■ 基本アーキテクチャ

　ハイパースケーラーのVMware Cloudサービスを利用する場合、はじめにSDDC環境とその中にクラスタが展開されます。基本的にはどの事業者のVMware Cloudサービスであっても、SDDCとクラスタは、各社指定の管理コンソールから必要事項（SDDCの名前やホスト台数など）を入力するだけで、ESXi、vSAN、NSX、vCenterなどのSDDCコンポーネントが自動的にインストールされた物理ホストが使用可能な状態で提供されます。その提供されたクラスタ上に、利用者は仮想マシンを自由に作成できます。物理ホストは、セキュリティ面でも安心な、契約者による占有型ホストとして提供され、ホスト数はオンデマンドに増減できます。また、多くのVMware Cloudサービスではオンプレミス環境用に契約されたVCFサブスクリプションのライセンス持ち込み（BYOS）ができ、保有するライセンスの有効活用ができます。

　なお、展開されたSDDC環境に外部ネットワークから接続する選択肢として、各社から複数の接続方法が提供されています。代表的な接続方法として、インターネット接続、プライベート接続、VPN接続があります。また、提供される物理ホストのスペックは一般的に複数の選択肢が用意されており、利用者は規模や要件、費用に応じて選択できます。

15.2 VMware Cloud の概要

■ サービス利用時の責任範囲

多くの VMware Cloud サービスでは、利用者の SDDC 環境に関わる運用負荷を極力抑えつつ、従来通りの柔軟な設計や運用が踏襲できるように、クラウドサービス事業者と利用者が互いに協力関係者として責任を共有する責任共有モデル（クラウドサービス事業者によって呼称は異なります）を採用しています。図 15.7 は責任共有モデルの概要図です。

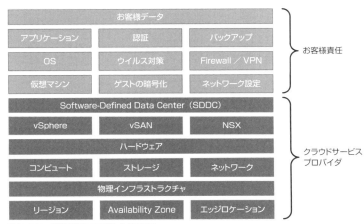

図 15.7　責任共有モデルの概要図

このモデルでは、クラウドサービス事業者がデータセンター設備、物理インフラ、SDDC を構成する管理系ソフトウェアコンポーネント等の展開やライフサイクル管理（アップグレードやパッチ適用）を担います。このため、多くの VMware Cloud では、障害を検知した物理ホストの自動交換や、物理インフラ、SDDC を構成する管理系ソフトウェアコンポーネントのアップグレード作業等は、サービス事業者側で行われます。

これに伴い、vCenter Server などの管理系コンポーネントの一部機能は制限された形で利用者に SDDC 環境が提供されるケースがあります。一方、利用者は図 15.7 の通り、SDDC レイヤーより上のコンポーネントの設定・管理を行います。そのため、アプリケーションや OS のアップグレードや脆弱性に対処するためのパッチ適用などは利用者側の責任に含まれます。この責任共有モデルによって、SDDC 層に関する運用をサービス事業者側にオフロードでき、利用者はそれより上位層の運用のみに集中できます。

15.2.2　VMware Cloud の特長

特長を説明する前に、まずはパブリッククラウドへの移行時の課題について見ていきましょう。既存の業務システムの仮想マシンをパブリッククラウドへ移行させる方法として、既存システムをそのままクラウドに乗せ替える「リフト」を最初のステップとしてアプローチすることが一般的かと思います。このリフトによって初期移行コストの抑制や移行期間の短縮などが期待できます。ただし、簡単にクラウドに移行するはずのリフトであっても、移行を妨げる可能性のある要因がいくつかあります。一部の例として、次のケースがあります。

CHAPTER 15 VMware Cloud

- vSphere ベースではないパブリッククラウドの場合、仮想マシンのフォーマットを都度変換しなければならず、業務システムを止めなければならない上、再テストの工数も確保できない
- オンプレミス環境とパブリッククラウドでは異なるサブネットを設定しなければならない。そのため、リフト後に仮想マシンのIPアドレスを変更する必要があるが、古いシステムのため設計書や引き継ぎが曖昧で影響がある連携システムが不明である
- オンプレミス環境とパブリッククラウドでは、可用性を担保する考え方や仕組みが異なり、結果的にアプリケーションを改修しないと、十分なSLAが担保できない
- 管理コンソールや運用手法がこれまでと異なる、かつ慣れていないために、状況掌握やトラブルシューティングに手間と時間がかかり、また人材の再育成コストがかかる

このようなクラウド移行時の課題を回避し、企業のパブリッククラウドへの移行を効果的に促進できるのがVMware Cloud です。具体的な実現方法を特長とあわせて説明します。

■ 特長1：オンプレミス環境やパブリッククラウドにある VMware Cloud 間を自由に行き来可能

VMware Cloud 環境は、オンプレミス環境と同じく vSphere が動作しているため、仮想マシンをわざわざコンバートすることなく移行できます。このことはオンプレミス環境にすぐに回帰できることを意味し、安心してクラウドに移行できます。また、VMware Cloud サービスにおいては、vSphere 環境間の移行に有効なVMware HCX というツールが共通して用意されています。これを用いると様々な手法(無停止移行やバルク転送移行など)を用いて、より柔軟な移行を実現できます。さらに、VMware HCX ではオンプレミス環境の L2ネットワークセグメントを VMware Cloud 側の環境に延伸できる機能も搭載しており、これにより、IP アドレスを変えずに、無停止でパブリッククラウドに業務システムを移行できます。なお、この VMware HCX については「15.4　VMware HCX」で改めて解説します。

■ 特長2：アプリケーションの改修を最小限にアベイラビリティゾーンの冗長化対応が可能

アベイラビリティゾーンを冗長化して、仮想マシンをリフトしたい場合、それぞれのアベイラビリティゾーンに仮想マシンを配置し、Active-Active、もしくは Active-Standby の構成をとるのが一般的です。しかし、vSphere HA によるインフラレベルでの可用性を保持し、アプリケーションレベルで冗長構成をとっていなかったオンプレミス環境の仮想マシンの場合、アプリケーション自身が複数台で冗長化することを想定していないアーキテクチャである可能性があります。その場合、リフト時でもアプリケーションの改修が求められるケースが多くあります。さらに、クラウドサービス事業者によって SLA の考えや冗長化時の仕組みが異なるため、リフト先のパブリッククラウド環境の仕様に応じた作り込みが必要になります。

VMware Cloud 環境であれば、これら冗長化時の課題を軽減できます。例えば、VMware Cloud では vSANストレッチクラスタの機能を提供しており、2つのアベイラビリティゾーンを使用して1つのクラスタを構成できます。インフラレベルでのみ可用性を保っていた構成の仮想マシンのままでも、片方のアベイラビリティゾーンに障害が発生した場合、正常なアベイラビリティゾーンへ自動的にフェイルオーバーできます。また、アベイラビリティゾーン障害だけではなく大規模障害に備えた保護も行いたい場合は、VMware Live Recovery とい

う機能を活用することができます。こちらもインフラレベルでのみ可用性を保っていた仮想マシンのままでも保護対象にでき、複数環境間での保護と復旧を自動化できる仕組みとなります（第11章コラム「VMware Live Recovery 災害対策とランサムウェア対策」参照）。これらを活用すると、利用中のクラウド環境での大規模障害時は、異なる事業者のクラウド環境に自動復旧させることも可能です。

■ 特長3：オンプレミス環境と同じ操作性

VMware Cloud環境では、使い慣れたvSphere Clientを利用して各SDDC環境を操作できます。そのため、オンプレミスとパブリッククラウドとのハイブリッド環境であっても、人材やツールなどが分断化されることなくvSphere Clientを利用して同じ手法で管理できます。クラウド人材が不足し、クラウドへの移行に二の足を踏まれている企業でも、これまで培った技術や知識をパブリッククラウド環境でも活用できます。

■ 特長4：クラウドサービスならではのメンテナンス性

オンプレミス環境での運用時、最も運用負荷の高い作業の一つとして、インフラストラクチャのバージョンアップ作業があります。vSphere、NSX、vSANなどのソフトウェア群はSDDC Managerによってバージョンアップの自動化が行えるとはいえ、その他ハードウェア側のライフサイクル管理も必要です。VMware Cloudサービスであれば、これらの運用のほとんどがVMware Cloudサービスを提供する事業者側責任範囲となるため、利用者側の負担が大幅に軽減します。なお、事業者がバージョンアップを行う際は、基本的にメンテナンス作業のスケジュールについて利用者側に事前連絡が届きます。

15.2.3　VMware Cloud のユースケース

VMware Cloudは、オンプレミス環境との親和性、互換性、管理性を有しているため、その特長を活かした様々な使われ方があります。ここでは、VMware Cloudの代表的なユースケースを説明します。

- **データセンター延伸**

  オンプレミス環境のデータセンターの延長線としてVMware Cloudを利用できます。例えば、オンプレミスのデータセンターが拡張できない場合や契約、機器購入、設置など利用可能になるまでのリードタイムが長い場合などは、VMware Cloudを利用することによって解決できます。また、迅速な拡張性を有するVMware Cloudとワークロードを分担すれば、オンプレミス環境から溢れる不足分のリソースを適宜VMware Cloud側で補えます。

- **ディザスタリカバリ**

  従来の災害対策は、災害対策先のデータセンター費用、リソースの冗長化等で災害対策の費用が高額化し、災害対策の実現を躊躇させていました。しかし、VMware Cloudであれば物理的なデータセンターの確保が必要ありません。また、平常時はコストを抑えつつ最小限のリソースのみ確保し、災害時に必要なキャパシティをオンデマンドに拡張するといったことが可能になります。

CHAPTER 15　VMware Cloud

- クラウドへの移行

「15.2.2　VMware Cloud の特長」で解説したように、クラウドへのアプリケーション移行においては様々な困難が生じ、多くの時間とコストが必要になるケースがあります。VMware Cloud であれば、オンプレミスと同じアーキテクチャである互換性はもちろんのこと、容易な仮想マシンの移行を実現する HCX の機能もクラウド移行時に活用できます。その結果、これまでの常識を超えるスピードでクラウドへの移行を達成し、700 以上のワークロードを 9 日間で移行できた顧客事例もあります。

- 次世代アプリケーション

各ハイパースケーラーでは機械学習／ AI などを含めた様々な先進的な独自のパブリッククラウドサービスが提供されています。ビジネスを加速させるために、そういったパブリッククラウドサービスを利用することは有用で、既存アプリケーションと連動した使い方を希望されるケースがあります。VMware Cloud であれば、既存アプリケーションはそのままに、低遅延広帯域の通信環境内にて、そういったパブリッククラウドサービスとシームレスな連携を行えます。

15.3　代表的な VMware Cloud のサービス

大規模なクラウドインフラを持つハイパースケーラーが、VCF をパブリッククラウド上に構築し、自社のサービスと連携させることで、より柔軟かつスケーラブルなクラウドサービスを提供しています。ここでは、日本でサービスを提供している Amazon Web Services（AWS）、Microsoft Azure、Google Cloud、Oracle Cloud Infrastructure といった代表的なハイパースケーラーに焦点を当てて、それぞれの概要を紹介します[1]。

15.3.1　VMware Cloud on AWS

Broadcom（VMware）と AWS が共同開発・提供するフルマネージドサービスです。Amazon Elastic Compute Cloud（EC2）のベアメタルインフラストラクチャ上で SDDC 環境を提供し、世界 26 のリージョンで利用可能です。日本では 2018 年 11 月から AWS 東京リージョン、2021 年 10 月からは大阪リージョンでサービス展開されています。

■ VMware Cloud on AWS の特長

VMware Cloud on AWS の利用方法

サブスクリプション購入後、パラメータを指定して約 2 時間でデプロイが完了します。本番環境では、最小 2 台の ESXi ホストから開始でき、その後展開した SDDC 環境に対してホストの追加（クラスタあたり最大 16 台、SDDC 最大 320 台）や削除も可能です。また、必要に応じてインスタンスタイプの変更が可能です。ただし、

【1】　各社提供の VMware Cloud の記載内容は 2024 年 12 月現在のものです。関連リンクから最新の情報を確認してください。

15.3 代表的な VMware Cloud のサービス

事前に移行先インスタンスタイプのサブスクリプション契約が必要となるため、Broadcom のサポート担当宛に連絡してください。

可用性と SLA

SDDC は単一アベイラビリティゾーン（AZ）に標準クラスタとして構築するだけではなく、2 つの AZ にまたがる vSAN ストレッチクラスタ（第 7 章参照）を展開することも可能です。vSAN ストレッチクラスタ構成時、片方の AZ に障害が発生した場合、全てのワークロードが正常な AZ へ自動的にフェイルオーバーされます。

- 標準クラスタ：2 ホスト以上の構成の可用性と SLA は、99.9%
- vSAN ストレッチクラスタ：両 AZ 合計 2（1:1）ホスト、4（2:2）ホスト構成の可用性と SLA は 99.9%、6 ホスト（3:3）構成以上の可用性と SLA は 99.99%

運用とサポート

Broadcom によるマネージドサービスのため、vCenter や NSX マネージャーなどの管理コンポーネントは Broadcom が管理します。Broadcom は、サービス提供、サポート、運用すべてを担当しますが、サービス提供者と利用者の責任範囲を明確にするため「責任共有モデル」を定義しています（「15.2.1　VMware Cloud の基本構成」参照）。

- Broadcom：SDDC を構成するソフトウェアとシステム
- AWS：施設の物理的なセキュリティなどインフラ要素
- 利用者：仮想マシンなどのワークロード、セキュリティ設定、システム設定

VMware Cloud on AWS 環境は Broadcom が 24 時間 365 日管理し、ハードウェア障害発生時の自動復旧、障害発生時の窓口対応、半年に 1 度程度の SDDC のバージョンアップを実施します。

関連リンク

ここで紹介した内容は VMware Cloud on AWS の一部です。詳細はリリースノートまたは製品ドキュメントを参照してください。

- 公式 Docs：VMware Cloud on AWS

  https://techdocs.broadcom.com/us/en/vmware-cis/cloud/vmware-cloud-on-aws/SaaS.html

15.3.2 Amazon Elastic VMware Service（EVS）

2024 年 12 月に開催された AWS re:invent 2024 で AWS がファーストパーティとなりサービスを提供する Amazon Elastic VMware Service（EVS）が発表されました。既存の VMware Cloud on AWS と並行して提供

CHAPTER 15 VMware Cloud

される予定です。本書執筆時点では詳細が明らかになっていませんので最新情報はAWS公式サイトをご確認ください。

- Amazon Elastic VMware Service サービス解説
  https://aws.amazon.com/evs/

15.3.3 Azure VMware Solution（AVS）

Microsoft Azure上でVMware環境が利用できるフルマネージドサービスです。Azureの専用ベアメタルホスト上でSDDC環境が提供され、マイクロソフトが運用・管理します。

2024年12月時点で世界33のAzureリージョンにて提供中です。2020年12月よりAzure東日本リージョン、2021年11月よりAzure西日本リージョンでサービス展開されています。

■ Azure VMware Solution の特長

Azure VMware Solution の利用方法

サブスクリプション購入後、Azureポータルで各種パラメータを指定すると約3時間から4時間でデプロイが完了します。本番環境では、最小3台ノードから開始でき、その後、展開したSDDC環境に対してホストの追加（クラスタあたり16台、最大96台）や削除も可能です。検証用途であれば、3ノードクラスタを30日間利用できる無償トライアルも提供されており、トライアル終了後、環境をダウンタイムや構成変更なしで本番環境に移行することも可能です。

可用性と SLA

Azure VMware Solutionサービスの全体的なSLAと可用性は99.9%です。クラスタ内のホスト数が3から5の場合にはFTT=1、クラスタ内のホスト数が6から16の場合にはFTT=2の構成時に適用されます。vSANストレッチクラスタ（第7章参照）で構成される場合、適用されるSLAは99.9%ですが、可用性ゾーン（AZ）障害に対する回復性があるため、99.99%の可用性を提供するように設計されています。なお、本書執筆時点では、vSANストレッチクラスタは日本リージョンでは利用できません。vSANストレッチクラスタは特定のホストタイプ（現時点では、AV36またはAV36P）でのみ使用可能です。検討時は最新情報をご確認ください。

運用とサポート

Azure VMware Solutionは、マイクロソフトが運用するクラウドサービスで、お客様の運用負荷を軽減します。柔軟性を保つために「共同責任モデル」を採用し、マイクロソフトはインフラ、SDDC構成要素の展開、運用（ライフサイクル、パッチ適用、メンテナンス）を担い、お客様は仮想マシンやアプリケーション、SDDC構成の管理を行います。包括的なサポート体制により、問題発生時の問い合わせ窓口はマイクロソフトにて一元化されており、Azure、VMware環境に関わるあらゆる問題に、マイクロソフトは24時間365日専任チームが迅速に対応します。

15.3　代表的な VMware Cloud のサービス

サブスクリプション

Azure VMware Solution は、Azure ファミリーの一員として 1 年間、3 年間の他、5 年間の予約による割引（ノードのリザーブドインスタンス）等の Azure ならではの様々なメリットが享受できます。

- **Microsoft 拡張セキュリティ更新プログラム (ESU) の最大 3 年無償提供**
  Windows Server 2012 および SQL Server 2012 向けのセキュリティパッチを無償で入手でき、レガシーシステムから最新の環境への移行を、自社のペースで計画的に進められます。
- **オンプレミスで利用中の Windows Server および SQL Server ライセンスの活用 (Azure ハイブリッド特典)**
  オンプレミスで Windows Server および SQL Server ワークロードを実行しているお客様には、Azure VMware Solution は Azure Hybrid Benefit（AHB）が適用され、お客様が所有する Microsoft ライセンスや Microsoft Office ライセンスを Azure VMware Solution に持ち込め、大幅なコスト削減が期待できます。

ここで紹介した内容は Azure VMware Solution の一部ですので詳細はリリースノートまたは製品ドキュメントを参照してください。

- **Azure VMware Solution リリースノート**
  https://learn.microsoft.com/ja-jp/azure/azure-vmware/azure-vmware-solution-platform-updates

- **Azure VMware Solution サービス解説**
  https://learn.microsoft.com/ja-jp/azure/azure-vmware/introduction

15.3.4　Google Cloud VMware Engine（GCVE）

Google Cloud で VMware 環境を利用できる Google Cloud によるフルマネージドサービスで、Google Cloud ベアメタルインフラストラクチャ上でネイティブに稼働し、Google Cloud の他のサービスとも完全に統合されています。日本では東京リージョンでサービス展開されています（2024 年 12 月時点で大阪リージョンは計画中です）。

■ Google Cloud VMware Engine の特長

Google Cloud VMware Engine の利用方法

Google Cloud ポータルで各種パラメータを指定すると約 2.5 時間でデプロイが完了します。本番環境では、最小 3 台の ESXi ホストから開始でき、その後、展開した SDDC 環境に対してホストの追加（最大 96 台）や削除も可能です。検証用途であれば、1 台の ESXi ホストを 60 日間利用できます。60 日間経つと自動的に削除されます。60 日以内にホストを 3 ノード以上に拡張することで、SDDC の削除を回避するとともに本番環境として利用できるようになります。

609

CHAPTER 15 VMware Cloud

可用性と SLA

SDDC の SLA は最小の 3 ホスト構成から適用され、保証される可用性と SLA は 99.9% です。5 ホスト以上の構成および FTT2 の構成では可用性と SLA は 99.99% です。SLA99.99% を指定される要件が高い利用者向けでは、vSAN ストレッチクラスタの構成が不要なので費用を抑えて構成ができるという大きなアドバンテージがあります。また、ゾーンレベルの障害に対する VMware Engine 拡張プライベートクラウド（vSAN ストレッチクラスタ構成）にも最小 6（3:3）台から対応していますが、本書執筆時点では、日本での提供はありません。検証用の 1 ホスト構成には SLA は定義されていません。

運用とサポート

Google Cloud VMware Engine は、Goole Cloud が SDDC ソフトウェアを含むインフラを管理し、利用者が仮想マシンなどを設定する「責任共有モデル」を採用しています。さらにセキュリティ強化のため、Google と利用者が協力する「運命共有モデル」も導入しています。詳しくは、以下の Google サイトを参照してください。

- **Google Cloud における責任の共有と運命の共有**

  https://cloud.google.com/architecture/framework/security/shared-responsibility-shared-fate?hl=ja

サポートは、Google Cloud の専任の運用部隊によって 24 時間 365 日管理されており、ハードウェア障害時の自動復旧、SDDC ソフトウェア等の定期的なパッチ適用、アップグレードを実施します。Google Cloud VMware Engine の他、Google Cloud を含めて、一元化されたサポート窓口を提供します。

ここで紹介した内容は Google Cloud VMware Engine の一部です。詳細はリリースノートまたは製品ドキュメントを参照してください。

- **Google Cloud VMware Engine リリースノート**

  https://cloud.google.com/vmware-engine/docs/release-notes

- **Google Cloud VMware Engine サービス解説**

  https://cloud.google.com/vmware-engine/docs/overview?hl=ja

15.3.5 Oracle Cloud VMware Solution（OCVS）

Oracle Cloud Infrastructure（OCI）上で VMware 仮想化基盤が利用でき、お客様に完全な管理権限と制御を提供するクラウドサービスです。Oracle Cloud VMware Solution では、ESXi や vCenter を含む VMware コンポーネント全体への完全な管理アクセス権が利用者に付与されるため、オンプレミス環境と同等の管理が可能となります。バージョンアップやパッチ適用などのライフサイクル管理も、利用者主導で柔軟に行えます。2024 年 12 月時点で世界 24 ヶ国 48 のパブリッククラウドリージョンでサービスを提供中です。

15.3 代表的な VMware Cloud のサービス

■ Oracle Cloud VMware Solution の特長

Oracle Cloud VMware Solution の利用方法

サブスクリプション購入後、OCI ポータルで各種パラメータを指定すると約 2.5 時間で SDDC 環境のデプロイが完了します。本番環境では、最小 3 台の ESXi ホストから開始でき、その後、展開した SDDC 環境に対してホストの追加（最大 64 台）や削除も可能です。検証用途に限り vSAN 対応のホストモデル 1 台で構成する SDDC を最長 60 日間利用できます。

可用性と SLA

SLA は最小の 3 ホスト構成から適用され、保証される可用性 SLA は 99.95% です。vSAN ストレッチクラスタ構成の場合は、6 ホスト以上の構成（3:3）から可用性と SLA は 99.99% です。可用性と SLA の詳細は下記 Oracle 公式サイトを確認してください。

- **Oracle Cloud Infrastructure Service Level Agreement（SLA）**

  https://www.oracle.com/jp/cloud/sla/

運用とサポート

Oracle Cloud VMware Solution は、VMware コンポーネント全体への完全な管理アクセス権が利用者に付与されます。そのため、「15.2　VMware Cloud の概要」で示した責任共有モデルとは違うモデルになります。ハードウェア層以下は、オラクルによるマネージドサービスとして提供され、施設の物理的なセキュリティを含むインフラストラクチャ基盤の運用・管理までをオラクルが担当します。そのため、SDDC のバージョンアップやアップグレードは、利用者自身で実施します。また、ハードウェア障害などの監視は利用者自身で設定を行う必要があり（アラームは設定可能）、ハードウェア障害発生時は利用者自身で交換手続を行います。Oracle Cloud VMware Solution で利用できる VMware ソフトウェアの各コンポーネントのバージョン名およびバージョン（ESXi、vCenter、NSX、HCX など）については、Oracle Cloud VMware Solution の公式ドキュメントを参照してください。

- **Overview of Oracle Cloud VMware Solution**

  https://docs.oracle.com/en-us/iaas/Content/VMware/Concepts/ocvsoverview.htm

なお、Oracle Cloud VMware Solution は、オラクルの専任の運用部隊によって 24 時間 365 日管理されており、Oracle Cloud VMware Solution だけではなくオラクルの他の全てのサービスをまとめて一本化できます。

オンプレミス環境と同等の管理が可能

前述の通り、Oracle Cloud VMware Solution は、VMware コンポーネント全体への完全な管理アクセス権が利用者に付与されます。その分、バージョンアップ等利用者側が担う作業量は多いですが、利用者自身が自由にバージョンアップのタイミングや利用バージョンを決定できる選択の自由があります。

CHAPTER 15 VMware Cloud

OCI のネイティブサービスとの連携の容易さ

OCI のデータベースを含む様々なクラウドサービスと連携する際、Oracle Cloud VMware Solution と OCI サービスの間の通信に特別なゲートウェイは必要なく、Oracle データベースはもちろん、IaaS ／ PaaS、SaaS まで幅広いサービスとの連携が容易に可能です。

幅広いシェイプタイプ

Oracle Cloud VMware Solution ではコンピュートリソースの単位を「シェイプ」と呼び、様々なタイプのシェイプを幅広く用意しているため、要件に応じて柔軟に構成を組むことができます。また、特定シェイプについては以下を参照してください。

- **Oracle Cloud Infrastructure：コンピュート・シェイプ**

  https://docs.oracle.com/ja-jp/iaas/Content/Compute/References/computeshapes.htm

コスト低減案メニューの提供

Oracle Cloud VMware Solution は予測しづらいデータ転送料金を低コストで提供しています。インターネット経由の通信の場合は、月あたり 10TB までデータ転送料が無料です。10TB を超えた場合でも GB あたり 3.5 円と安価です。さらにオラクルは、マイクロソフトの認定モビリティパートナーであり、マイクロソフトが定める Listed Provider ではないため、2019 年 10 月 1 日以降に購入したマイクロソフトボリュームライセンスも Oracle Cloud VMware Solution にライセンスを持ち込むことができます。

ここで紹介した内容は Oracle Cloud VMware Solution の一部です。詳細はリリースノート、または製品ドキュメントを参照してください。

- **Oracle Cloud VMware Solution リリースノート**

  https://docs.oracle.com/en-us/iaas/releasenotes/services/oracle-cloud-vmware-solution/

- **Oracle Cloud VMware Solution サービス解説**

  https://docs.oracle.com/ja-jp/iaas/Content/VMware/Concepts/ocvsoverview.htm

15.4 VMware HCX

本節では、オンプレミスからクラウドへの代表的な移行ソリューションである VMware HCX について、vSphere 環境からクラウドへの移行を例として、主要コンポーネントおよび機能に加え、運用上必要となるアップグレードおよびサポートに関して紹介します。また、執筆時点の最新バージョンである VMware HCX 4.10、および 4.11 での変更点についても触れていきます。「Hybrid Cloud Extension」の略称としての「HCX」が現在の名称となります。

15.4.1 VMware HCX の概要

VMware HCX（HCX）は、オンプレミスとクラウド間でのワークロードの移行、ワークロードのリバランシング、ビジネス継続性を簡素化するために設計されたワークロード・モビリティ・プラットフォームです。vSphereを利用しているオンプレミス、クラウドはもちろんのこと、KVMなどの非vSphere環境を含め、様々な環境からの移行をサポートしています（図15.8）。

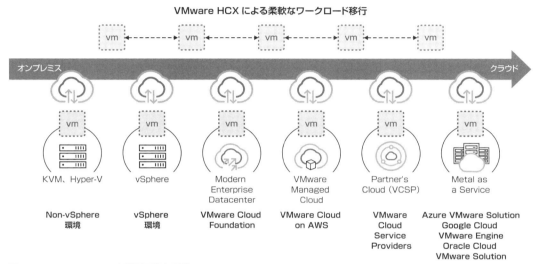

図15.8　VMware HCX を利用可能な環境

ユースケースとしては、データセンター老朽化に伴うクラウド移行など、移行するための利用はもちろんですが、同じデータセンター内でもワークロードを別の基盤に移すことでバージョンアップを実現するといった利用や、マルチクラウド間でのリソースのリバランスのために利用することも可能です（図15.9）。

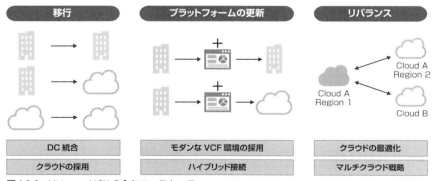

図15.9　VMware HCX の主なユースケース

CHAPTER 15 VMware Cloud

15.4.2 VMware HCX の特長

表 15.1 の通り、従来から、vSphere 環境からクラウドへの移行方法は様々な手法があります。しかし、実際の移行影響やコスト、バージョン等の環境条件が組み合わさることで、ツールの使い分けや、回線サービスとの組み合わせによる L2 延伸など、移行には多くの課題があります。

HCX は、これらの課題を解消し、より柔軟なクラウドおよび SDDC 環境を活用するためのソリューションとして提供されています。また、他の手法と比較して、移行だけでなく vSphere 環境含めサポートを一元的に提供できること、規模に関わらず移行実績が豊富にあることも、特長となります。

表 15.1 移行ソリューション比較

	エクスポート／インポートによる移行	3rd Party バックアップ製品等による移行	Advanced Cross vCenter vMotion による移行	HCX による移行
概要	VM を OVF ファイルにエクスポートし、クラウドにインポートします	バックアップしたデータをクラウドにリストアすることで移行します	vMotion の拡張機能を利用した移行です	HCX を活用したクラウドへの移行です
特長	シンプル	バックアップ データ活用により、短時間の移行が可能です	サポートされるバージョン間であれば、追加コンポーネントなく利用可能です	異なるバージョン間での無停止および短時間の移行が可能です。L2 延伸もサポートします
移行による VM 停止時間	△ (数時間〜)	○ (数分〜数時間)	◎ (無停止)	◎ (無停止〜数十分)
移行ネットワークの最適化	× (なし)	× (なし)	× (なし)	◎ (L2 延伸、移行トラフィックの重複排除)
環境のバージョン制約	◎ (なし)	△ (あり)	△ (あり)	○ (バージョン制約を緩和)
ライセンスコスト	◎ (なし)	△ (あり)	○ (VCF、VVF に包含)	○ (VCF、クラウドサービスに包含)

15.4.3 VMware HCX の構成

VMware HCX を構成する主要コンポーネントについて解説します。

■ HCX Connector および HCX Cloud

通称 HCX Manager とも言われる HCX Connector および HCX Cloud は、VMware HCX 環境を管理する役割であり、通常 Source 側にデプロイする HCX Connector、Destination 側にデプロイする HCX Cloud と区別されます。本節における HCX Connector および HCX Cloud 両方に共通する内容については、HCX Manager と表記しています。

下記デプロイ環境のシナリオに合わせた HCX Connector および HCX Cloud の組み合わせとなり、シナリオに合わせて展開するコンポーネントを選択する必要があります（表 15.2）。

15.4 VMware HCX

表 15.2 シナリオごとの HCX Connector / Cloud の組み合わせ

シナリオ	Source（移行元）	Destination（移行先）
オンプレミス - オンプレミス	HCX Connector or HCX Cloud [2]	HCX Cloud
オンプレミス - クラウド	HCX Connector	HCX Cloud
クラウド - クラウド	HCX Cloud	HCX Cloud

　HCX Manager の操作は、主に移行の操作を行うサービスコンソールと、HCX のセットアップ時に使用する、管理コンソールの 2 つの UI があります（**表 15.3**）。

表 15.3 HCX Manager のインターフェイスとアクセスポイント

インターフェイス	アクセスポイント
サービスコンソール	https://<HCX Manager の FQDN または IP アドレス >
	vSphere Client（HCX plug-in 経由）
管理コンソール	https://<HCX Manager の FQDN または IP アドレス :9443>

　サービスプロバイダで管理されている HCX Cloud を利用の場合、サービスの仕様によりユーザー側による HCX Cloud の操作が制限されている場合があります。HCX Cloud の操作可否についてはサービスプロバイダに確認してください。

● **HCX Interconnect（以降 IX）**

　IX は vSphere Replication、vSphere vMotion、NFC プロトコルを使用して Cold Migration、HCX vMotion（以降 vMotion）、Bulk Migration、Replication Assisted vMotion（以降 RAV）など仮想マシンの移行サービスを提供する役割です。IX 間の通信はデフォルトで暗号化されていますが、VMware HCX バージョン 4.10 [3] 以降、物理ネットワークがセキュアな回線である場合、暗号化を無効化することで処理能力を最適化できるようになりました。

● **WAN Optimization（以降 WO）**

　WO はオプションとして、データ削減（圧縮、重複排除）や WAN 回線調整（エラー訂正／パケット順序訂正）を行うことで、IX トラフィックのパフォーマンスを向上させる役割です。なお、本機能は将来のリリースで削除予定です。

【2】 HCX Cloud を利用する場合は、機能制限があります。詳細については下記ドキュメントを参照してください。
公式 Docs：Introduction to HCX Deployments
https://techdocs.broadcom.com/us/en/vmware-cis/hcx/vmware-hcx/4-11/getting-started-with-vmware-hcx-4-11/introduction-to-hcx-site-manager-deployments.html

【3】 公式 Docs：VMware HCX 4.10 Release Notes
https://techdocs.broadcom.com/us/en/vmware-cis/hcx/vmware-hcx/4-10/hcx-4-10-release-notes.html

CHAPTER 15　VMware Cloud

- **Network Extension（以降 NE）**
  NE は、VDS または NSX ネットワーク環境との L2 延伸を提供する役割です。NE 間の通信はデフォルトで暗号化されていますが、VMware HCX バージョン 4.10 以降、物理ネットワークがセキュアな回線である場合、暗号化を無効化することで処理能力を最適化できるようになりました。

- **Mobility Agent（以降 MA）**
  通称 MA とも言われる Mobility Agent は、vMotion、Cold Migration、RAV を実行するために必要な、IX が追加するオブジェクトとなります。vSphere Client のインベントリ上では、図 15.10 のように ESXi ホストとして表示されるため、誤って MA を削除しないように注意してください。MA が削除されると、移行操作（vMotion、Cold Migration、RAV）ができなくなります。

図 15.10　vSphere Client 上に表示される Mobility Agent

図 15.11 は上記コンポーネントを含む VMware HCX の利用イメージ図です。

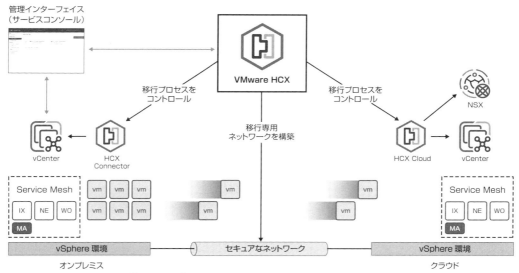

図 15.11　VMware HCX の利用イメージ

- 公式 Docs：VMware HCX - System Components

  https://techdocs.broadcom.com/us/en/vmware-cis/hcx/vmware-hcx/4-11/vmware-hcx-user-guide-4-11/vmware-hcx-components.html

- 公式 Docs：VMware HCX - Migrating Virtual Machines

  https://techdocs.broadcom.com/us/en/vmware-cis/hcx/vmware-hcx/4-11/vmware-hcx-user-guide-4-11/migrating-virtual-machines-with-vmware-hcx.html

15.4.4　VMware HCX の主な機能

VMware HCX の主な機能としては、図 15.12 のように移行（vMotion、Bulk Migration、RAV、Cold Migration）とネットワークの拡張（L2 延伸）があります。

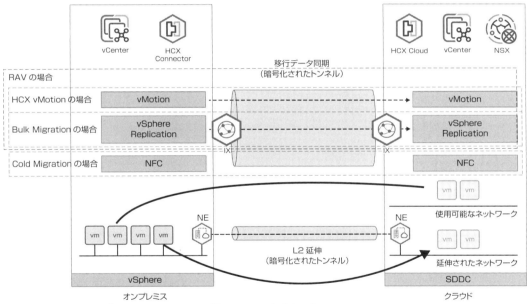

図 15.12　vMotion、Bulk Migration、RAV、Cold Migration のイメージ

■ HCX vMotion（vMotion）

HCX vMotion は、vSphere vMotion を利用し、サイト間（例：オンプレミスとクラウド）で仮想マシンのライブマイグレーションを実現する機能です。仮想マシンを停止することなく、無停止移行が必要な場合に適したソリューションになります。また、現在同時実行可能な vMotion の数はサイト間ごとに 1 であり、シリアルで処理される動作となっています。

CHAPTER 15　VMware Cloud

　移行時間については、利用環境における帯域幅、サイト間のレイテンシ等の接続性に依存しますので、移行計画の際は実際の利用環境において一部のテスト仮想マシンでの動作確認を推奨します。

vMotion の主要要件
- IX トンネルが Up 状態であること
- 最小 150 Mbps 以上の帯域幅（WO ありの場合は 150 Mbps、WO なしの場合は 250 Mbps）があること
- 仮想マシンハードウェアバージョンが 9 以上であること
- ゲスト OS に関係なく、x86 アーキテクチャであること

　VMware HCX バージョン 4.10 以降で、HCX Assisted vMotion（以降、HAV）と呼ばれる HCX vMotion を拡張した機能が提供されています。HAV では移行操作は HCX を利用しつつ、実際の移行は Source および Destination 側の ESXi 間で直接行うことで、より高速な vMotion を可能としています。現時点では Advanced Cross vCenter vMotion に近い機能ですが、後述の他の移行方式および L2 延伸含め、移行に関連する操作を HCX で一元的に管理できる点が特長となります。また、サービスプロバイダで管理されている HCX Cloud を利用の場合、HAV がサポートされていない場合があります。HAV の利用可否についてはサービスプロバイダに確認してください。その他の制限事項などの詳細については、下記の関連ドキュメントを参照してください。

- 公式 Docs：VMware HCX - Preparing for Installation

  https://techdocs.broadcom.com/us/en/vmware-cis/hcx/vmware-hcx/4-11/vmware-hcx-user-guide-4-11/preparing-for-hcx-installations.html

■ Cold Migration

　Cold Migration は、NFC プロトコルを利用して、サイト間で停止状態の仮想マシンのマイグレーションを実現する機能です。テンプレートなどの稼働していない仮想マシンに対して利用できます。主要要件は vMotion と同様となります。

■ Bulk Migration

　Bulk Migration は、ホストベースレプリケーションを利用して、サイト間で、仮想マシンのマイグレーションを実現する機能です。

　vMotion と動作が異なり、移行元（例：オンプレミス）から移行先（例：クラウド）へのスイッチオーバーのタイミングで、仮想マシンの停止が発生します。しかし、現在同時実行可能な Bulk Migration の数は IX ごとに 200、HCX Manager 全体では 300 となるため、大量の仮想マシンの移行に適したソリューションになります。また、バージョン 4.10 では、HCX Manager のデプロイサイズを大きくすることで、HCX Manager 全体で最大 1000 まで拡張可能となっています。

Bulk Migration の主要要件

- Service Mesh（後述）内に IX および Bulk Migration サービスが有効であること
- 移行先において、仮想マシンの作成・パワーオン・使用のための十分なリソースがあること
- 仮想マシンハードウェアバージョンが 7 以上であること
- VMware Tools がインストールされていること
- 移行対象の仮想マシンは、Compute Profile（後述）で定義したサービスクラスタに存在していること

その他の制限事項などの詳細については、公式ドキュメントを参照してください。

■ Replication Assisted vMotion

Replication Assisted vMotion（RAV）は、レプリケーションと vMotion のテクノロジーを組み合わせることで、vMotion の効率性を向上させたライブマイグレーション機能です。

現在同時実行可能な RAV の数は Bulk Migration と同一となっていますが、Bulk Migration を併用する場合は、Bulk Migration の数も含めた上限となることに留意してください。これらも Bulk Migration と同様、バージョン 4.10 では HCX Manager 全体で最大 1000 まで拡張が可能となっています。

RAV の主要要件

- IX トンネルが Up 状態であること
- 最小 150 Mbps 以上の帯域幅（WO ありの場合は 150 Mbps、WO なしの場合は 250 Mbps）があること
- 仮想マシンハードウェアバージョンが 9 以上であること
- ゲスト OS に関係なく、x86 アーキテクチャであること
- Service Mesh（後述）内に IX、vMotion、Bulk Migration、RAV サービスが有効であること
- 移行先において、仮想マシンの作成・パワーオン・使用のための十分なリソースがあること
- 移行対象の仮想マシンは、Compute Profile で定義したサービスクラスタに存在すること

その他の制限事項などの詳細については、公式ドキュメントを参照してください。

■ L2 延伸

VMware HCX はワークロードの移行に加えて、vSphere ベースのサイト（例：オンプレミスとクラウド）間で Network Extension（NE）を利用した L2 延伸が可能です。

L2 延伸をするには 1 つ以上の分散ポートグループまたは NSX セグメントを Source 側で選択する必要があり、L2 延伸を実施すると Destination 側に L2 延伸用の NSX セグメントが作成されます。なお、L2 延伸の設定項目の中の「Gateway IP Address / Prefix Length」には、Source 側における当該セグメントのゲートウェイ IP アドレスを入力する必要があります。本設定は、実際にゲートウェイが存在していないセグメントにおいても設定が必須となっていますので留意してください。

- 公式 Docs：VMware HCX - Extending Networks

  https://techdocs.broadcom.com/us/en/vmware-cis/hcx/vmware-hcx/4-11/vmware-hcx-user-guide-4-11/extending-networks-with-vmware-hcx.html

15.4.5 VMware HCX 構成までの流れ

VMware HCX の主要機能を利用するためには、下記の通り Activation から Service Mesh まで順番に設定し、VMware HCX を適切に構成する必要があります（図 15.13）。

- Activation
- Site Pairing
- Compute Profile／Network Profile
- Service Mesh

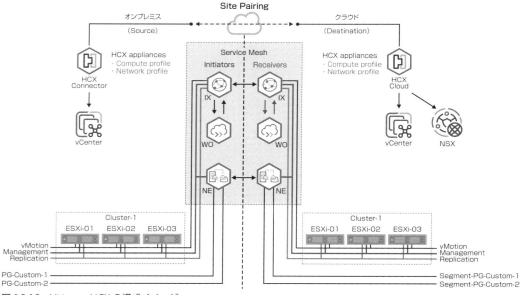

図 15.13　VMware HCX の構成イメージ

■ Activation

VMware HCX の利用を始めるにあたり、Source 側および Destination 側で、HCX Manager のデプロイが必要となります。HCX Manager の初回起動時にそれぞれの環境の vCenter、NSX と接続し、ライセンスの Activation を実施します（HCX Cloud がサービスプロバイダで管理されている場合、HCX Cloud におけるこの操作は不要です）。

15.4 VMware HCX

従来、VMware HCX の Activation を実施するためには VMware サイト（インターネット）への接続が必要でしたが、バージョン 4.9 以降では、閉域環境（Air-gapped）でも利用できるようになっています。HCX Manager デプロイ時のウィザード画面でチェックボックスを有効にすることで利用可能です。また、閉域環境で利用の場合、WO は利用できないので注意してください。

なお、バージョン 4.11 以降では　VMware HCX の Activation に必要な VMware サイト（インターネット）への接続が不要となりました（p625 の表 15.5 参照）。

■ Site Pairing

VMware HCX は、基本的に Source（例：オンプレミス）と Destination（例：クラウド）のペアの関係で動作を行うため、まず HCX Connector と HCX Cloud 間で Site Pairing という形でペアを設定する必要があります。Site Pairing の設定は、HCX Connector の Site Pairs 画面よりペアとなる HCX Cloud の URL およびアカウント情報を入力するのみで簡単に設定が可能です。設定方法の詳細は、公式ドキュメントを参照してください。

- 公式 Docs：VMware HCX - Creating and Managing Site Pairs
  https://techdocs.broadcom.com/us/en/vmware-cis/hcx/vmware-hcx/4-11/vmware-hcx-user-guide-4-11/creating-and-managing-site-pairs.html

HCX Cloud の IP アドレスにて Site Pairing を実施した場合、HCX Cloud の証明書更新が発生するタイミングで Site Pairing が切断される場合があります。そのため、「Remote HCX URL」項目には、HCX Cloud の FQDN 入力で Site Pairing を実施することを推奨しています。Site Pairing が正常に完了すると、図 15.14 の通り HCX Cloud が Site Pairs 画面上に表示されます。

図 15.14　HCX - Site Pairs 画面

■ Compute Profile／Network Profile

　Compute Profile は、HCX のサービスリソースおよび HCX アプライアンス（IX、NE など）のデプロイに使用するコンピュート、ストレージ、ネットワークの設定が含まれているプロファイルです。「Select Service Resources」設定項目には、VMware HCX サービスを有効にするサービスリソースをクラスタ単位で指定します（移行対象の仮想マシンが動作している環境を指定）。「Select Deployment Resources and Reservations」項目には、HCX アプライアンス（IX、NE など）をデプロイするコンピュートリソースを指定します（**図 15.15**）。

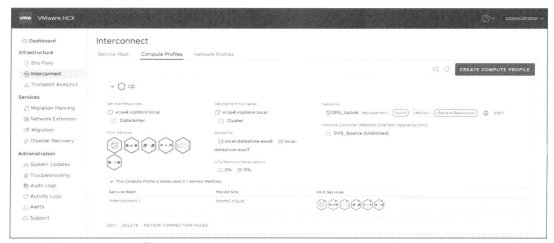

図 15.15　HCX - Compute Profile 画面

- 公式 Docs：Configuring and Managing the HCX Interconnect
  https://techdocs.broadcom.com/us/en/vmware-cis/hcx/vmware-hcx/4-11/vmware-hcx-user-guide-4-11/configuring-and-managing-the-hcx-interconnect.html

　Network Profile は、Compute Profile のサブコンポーネントとして、分散ポートグループ、標準ポートグループ、または NSX 論理スイッチと、そのネットワークの L3 プロパティを抽象化したものです。後述する各ネットワークについて、Service Mesh を作成する際に IX をデプロイするために使用する空き IP アドレス、ゲートウェイ IP アドレス、およびサブネットマスクのプールを用意する必要があります。通信要件の詳細については、下記のポート要件もあわせて参照してください。

- HCX に必要な通信ポート要件：VMware Ports and Protocols - VMware HCX
  https://ports.broadcom.com/home/VMware-HCX

　VMware HCX は Compute Profile および Network Profile をベースに Service Mesh を作成します。設定方法の詳細については、下記の公式ドキュメントを参照してください。

15.4 VMware HCX

- 公式 Docs：Configuring the HCX Service Mesh

    https://techdocs.broadcom.com/us/en/vmware-cis/hcx/vmware-hcx/4-11/vmware-hcx-user-guide-4-11/configuring-and-managing-the-hcx-interconnect/configuring-the-hcx-service-mesh.html

また、下記参考画面（図 15.16）は、例として Management および vMotion などを1つの Network Profile で設定している画面です。このように Network Profile は1つにまとめて構成することも可能ですが、以下にリストしたようなネットワーク機能（トラフィックタイプ）ごとに、専用の Network Profile を作成することが推奨されます。

図 15.16　HCX - Network Profile 画面

主要 HCX トラフィックタイプ
- Management：vCenter、ESXi の管理インターフェイスにアクセス可能なネットワーク（NFC トラフィックも Management を利用）
- Uplink（External）：対向側 IX へアクセス可能なネットワーク
- vMotion：ESXi の vMotion インターフェイスにアクセス可能なネットワーク
- vSphere Replication：ESXi の vSphere Replication インターフェイスにアクセス可能なネットワーク

他のタイプのトラフィックタイプも存在します。詳細は以下の公式ドキュメントを参照してください。

- 公式 Docs：VMware HCX - Create a Network Profile

    https://techdocs.broadcom.com/us/en/vmware-cis/hcx/vmware-hcx/4-11/vmware-hcx-user-guide-4-11/configuring-and-managing-the-hcx-interconnect/configuring-the-hcx-service-mesh/create-a-network-profile.html

Compute Profile、Network Profile の設定を完了すると、Interconnect 画面上に表示されます。

CHAPTER 15 VMware Cloud

■ Service Mesh

Service Mesh は、上記設定した Site Pairing および Compute Profile ／ Network Profile をベースに、オンプレミスとクラウドの両サイトに HCX アプライアンス(IX、NE など)を構成し、マイグレーションおよび L2 延伸サービスを提供する仕組みです(**図 15.17**)。

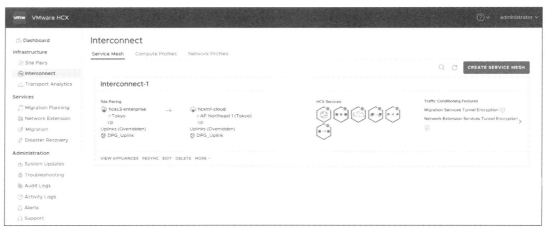

図 15.17　Service Mesh 画面

Service Mesh を作成すると、該当 Service Mesh 内で有効にした VMware HCX サービスに必要な HCX アプライアンス(IX、NE など)が Compute Profile で指定した Source 側のクラスタにデプロイされます。また、ピアという形で Destination 側にも自動で HCX アプライアンスがデプロイされます。

HCX アプライアンスは、下記の命名規則で、Source 側が Initiators (I)、Destination 側が Receivers (R)のピア関係となります(**表 15.4**)。

▶ 命名規則

```
命名規則：[Service Mesh 名]-[HCX アプライアンスの種類]-[ I または R と番号]
```

表 15.4　各 HCX アプライアンス名の例 (Service Mesh 名を "Interconnect-1" とした場合)

Initiators	Receivers
Interconnect-1-IX-I1	Interconnect-1-IX-R1
Interconnect-1-WO-I1	Interconnect-1-WO-R1
Interconnect-1-NE-I1	Interconnect-1-NE-R1

TCP MSS Clamping (TCP Flow Conditioning)機能は、デフォルトで無効となっていますが、有効にすることを推奨しています。本機能が無効でも通信経路に合わせて MTU サイズが適切に設定されていれば、最適なパフォーマンスを得ることが可能ですが、有効にすることで3ウェイハンドシェイク時に MSS が NE でやり取

りできる最大サイズに自動調整されるため、パフォーマンス低下のリスクを回避可能です。

15.4.6 VMware HCX のサポート

VMware HCX は、セマンティック・バージョニング (Semantic Versioning) スキームとなっており、「X（Major）.Y（Minor）.Z（Maintenance）」のバージョン表記（例：4.11.0）となります。

VMware HCX のサポート期限は、過去の傾向から Minor バージョンのリリース日から1年間となります。最新のサポート終了日（End of Service）は、Broadcom Product Lifecycle サイトより確認してください。

- 公式 Docs：VMware HCX Support and Lifecycle Policies

  https://techdocs.broadcom.com/us/en/vmware-cis/hcx/vmware-hcx/4-11/vmware-hcx-support-and-lifecycle-policies-4-11.html

15.4.7 VMware HCX のアップグレード

VMware HCX は、過去の実績より、約2ヶ月ごとに新しいバージョンがリリースされています。新しいバージョンには、新機能、ソフトウェアの修正およびセキュリティパッチが含まれる場合があります。そのため、サポート終了前にアップグレードを実施し、利用することを推奨します。また、VMware HCX 4.9 バージョンより、**表 15.5** のように、ローカル、接続、評価のアクティベーションモードが適用されており、アクティベーションモードによってアップグレードの方法が異なります。

表 15.5　VMware HCX - アクティベーションモードの違い

アクティベーションモード	説明
ローカル	VMware サイト（インターネット）へ接続せず、ローカルで有効なライセンスを使用してアクティベートするモードです
接続	VMware サイト（インターネット）へ接続して、アクティベートするモード。HCX Manager は、下記エンドポイントへ接続する必要があります ● connect.hcx.vmware.com（アクティベーション用） ● hybridity-depot.vmware.com（アップデート用） ※バージョン 4.11 以降では VMware サイト（インターネット）への接続は不要となりました
評価	HCX Manager インストール時に、'ACTIVE LATER' を選択した場合に適用されるモードです

アクティベーションモードおよびアップグレード手順などの詳細については、下記の公式ドキュメントを参照してください。

- 公式 Docs：VMware HCX - HCX Activation and Licensing

  https://techdocs.broadcom.com/us/en/vmware-cis/hcx/vmware-hcx/4-11/vmware-hcx-user-guide-4-11/preparing-for-hcx-installations/hcx-activation-and-licensing.html

- 公式 Docs : VMware HCX - Backing Up and Restoring the System

  https://techdocs.broadcom.com/us/en/vmware-cis/hcx/vmware-hcx/4-11/vmware-hcx-user-guide-4-11/backing-up-and-restoring-hcx-manager.html

- 公式 Docs : Updating VMware HCX

  https://techdocs.broadcom.com/us/en/vmware-cis/hcx/vmware-hcx/4-11/vmware-hcx-user-guide-4-11/updating-vmware-hcx.html

可用性と SLA

　可用性は Availability を語源とし「利用できること」を表す言葉です。IT 基盤では稼働率の指標として 99.9%、99.999%（ファイブナイン）などの表現が用いられます。同じように 9 の並ぶ用語に、SLA（Service Level Agreement、サービスレベル合意・契約）があります。他にもデータ保管に対する耐久性としてファイブナイン、イレブンナインと表現されるケースもあり、同じように 99.9%、99.999% と書かれるため、混同や誤解をされているケースがあります。本コラムでは、可用性と SLA の違いに焦点を当てて解説します。

　可用性における稼働率は、対象となるサービスやソフトウェア、機器などが実際に利用できる時間の割合を表します。例えば、1 日に 18 時間動かせるシステムの可用性は 75% といえます。しかし、システムにはメンテナンスの時間が必要であり、災害対策の訓練や停電対応など、運用上の「利用できない時間」があります。もしくは、そもそもそのシステムは 1 日 8 時間しか必要がないかもしれません。システムの稼働時間とサービスの提供時間を別で考えた方が良さそうです。

　そこで SLA が登場します。SLA では前提条件を定め、目標稼働率を定義して合意を行います。したがって SLA 上の稼働率は 365 日無停止を前提としていません。また、SLA はその記載内容によって個々に違いがある点を覚えておく必要があります。

　一般に、プライベートクラウドにおける SLA の基準は 24 時間 365 日に近い指標で語られます。例えば、1 年間のサービス断が合計 3 時間だったので、99.9% の稼働率を達成したといった表現がなされます。この 3 時間には障害の他、月に 1 回のシステム再起動が含まれている場合もあります。これらは技術的な SLA（Technical SLA）と呼ばれることがあります。

表 15.6　稼働率と停止許容時間

稼働率	停止許容時間（年間／365 日計算）	停止許容時間（月／30 日計算）
99%	3 日 15 時間 36 分	7 時間 12 分
99.9%	8 時間 45 分 36 秒	43 分 12 秒
99.99%	52 分 33 秒	4 分 19 秒
99.999%	5 分 15 秒	25 秒

　技術的な SLA では、事前に計画されたメンテナンス時間や BCP 訓練、月に 1 度の再起動が必要となる場合など、定期的なメンテナンスは SLA の分母に含まない場合もあります。サービス断を伴う不定期のメンテナンスは SLA 違反の

対象となりうる点は納得する方も多いのではないでしょうか。一方で、パブリッククラウドやSaaSのSLAは契約の色が強くなる商用のSLA (Commercial SLA)です。そのため、有償サービスにおけるSLAはサービス品質保証やサービス品質契約と表記される場合もあります。Commercial SLAはクレジット返金の規定であり、「稼働率99.5%～99.9%の場合はサービスクレジットを何%返金する」などが定められています。

　クレジット返金の対象となるイベントを示すSLAイベントは各社一律ではないものの、不定期メンテナンスがSLAイベント（ダウンタイム）の対象に含まれないのは共通性の高い規約です。この他にも既定の時間以上のダウンタイムが発生しない場合はSLAイベントに含まれない、SLAは月ごとに計算される、申告しない場合はダウンタイムとは見なされないといった特徴があります。

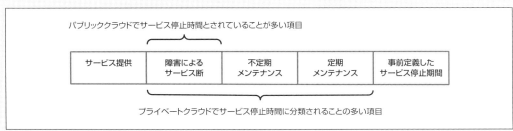

図15.18　可用性におけるSLAイベントのイメージギャップ

　このように、SLAには技術的な可用性とCommercial SLAにおけるSLA可用性の2つが存在します。本章で紹介しているAzure VMware Solutionでは技術的な可用性はストレッチクラスタで99.99%を目標として設計されているものの、SLA可用性は99.9%とされています。一方で、プライベートクラウドとは異なり、定期・不定期のメンテナンスはSLAイベントに含まれないため、稼働率の単純比較はできません。SLAの違いを理解し、利用の環境に適した可用性を実現してください。

索引

記号・数字

*.vmdk 75
*-flat.vmdk.................................75
3Tier アーキテクチャ............................152

A

ACL 270
Activation 620
Active（有効）............................129
Adaptive Resync...........................235
Advanced Cross vCenter vMotion
....331
　　要件および制限事項.........................332
　　可能な移行の種類...........................333
ALUA..185
Amazon Elastic VMware Service
....607
AMD® Simultaneous Multithreading
....105
AMD-V...112
AMD-Vi...112
AMD Virtualization...........................112
APD...312
API...444
API Explore...................................452
Aria Automation 16
Aria Operations........................16, 444
Aria Operations for Logs.................415
Aria Suite Lifecycle Manager 397
Asymmetrical Cluster.....................349
Asymmetrical vSAN Cluster 244
ATP..18
Avi Load Balancer.........................471
　　構成.......................................481
AVS...608
Azure VMware Solution 608
　　特長.......................................608

B

Baseboard Management Controller
....29
Bill of Materials............................27
BMC...29
BOM...27

Broadcom（VMware）Compatibility
　Guide......................................15
Broadcom「日本語」コミュニティ......69
Broadcom Community......................15
Broadcom Product Lifecycle 15, 23
Broadcom Support Portal.................14
　　〜の利用..................................31
Broadcom Technical Document......14
Broadcom 公式ライセンス規約 14
Broadcom コミュニティ 68
Broadcom サポートサイト利用ガイド
....32
Bulk Migration..............................618
BYO 構成......................................193

C

CD/DVD ドライブ............................29
cert-manager...............................515
　　デプロイ手順..............................516
　　導入.......................................516
C-Leg 領域 191
CLI..444
Cloud Builder 11
Cluster.......................................497
Cluster API..................................496
ClusterClass.................................496
Code Capture...............................452
Cold Migration..............................618
Command Queue............................243
Compute Profile...........................622
Configuration Encryption 30
Configuration Profiles 379, 381
　　注意事項..................................381
　　有効化....................................382
Consumed（消費）.........................129
Contour.......................................518
　　主な機能..................................519
　　デプロイ手順..............................519
　　導入.......................................519
　　特徴.......................................519
Converter Standalone Agent.........102
Converter Standalone Client 102
Converter Standalone Server 102
CoS 270
Co-Stop 125

CPU...29
CPU Ready..................................123
CPU アフィニティ 109
　　DRS の併用...............................110
　　設定方法..................................109
CPU コア......................................104
CPU スケジューリング 105
CPU 予約値...................................112
Credential Guard.........................580
Cross vCenter vMotion...................331
　　要件および制限事項.........................332
CRX..295
C-State 制御 122

D

das.maxftvcpusperhost...................355
das.maxftvmsperhost 355
DCUI..39
DCUI.Access 詳細オプション 557
Deep Learning VM.........................538
Device Guard................................580
DirectPath I/O..............................127
dirty page...................................322
Distributed Management Task Force
....86
DKVS..434
DMA 転送.....................................115
DMTF...86
DNS サーバー.................................31
DNS 名前解決に関するエラー............536
Domain Name System サーバー.......31
DPM...350
DRS...298
　　移行のしきい値.............................344
　　自動化レベル...............................343
　　スケジュール実行...........................345
　　設定.......................................343
DRS 1.0......................................341
DRS 2.0......................................341
DSCP..270
Durability Component.....................235
DWPD...195

E

E-Core 22

Efficient Core...22
ELM..46, 547
End of General Support 23
Enhanced Linked Mode 46
Enhanced vMotion Compatibility.....72
EOGS...24
ESA...191
ESXCLI..371
ESXi...................................5, 6, 7, 22
　DCUI を利用した初期設定.................39
　インストール手順................................37
　バージョンアップ................................371
　バージョンナンバリング.........................25
ESXi Arm Edition..............................34
ESXi DCUI...39
ESXi Key Persistence.......................30
ESXi Live Patch................................377
ESXi サポートバンドル 418
ESXi 電源ポリシー...........................120, 121
　「カスタム」ポリシー 122
　「高パフォーマンス」ポリシー 122
　「省電力」ポリシー 122
　「バランシング済み」ポリシー 121
ESXi ファイアウォール.........................559
esxtop ユーティリティ 286
EVC...72, 325
　要件..325
EVS..607
execInstalledOnly ブートオプション
....555

F

Fast Checkpointing............................353
FC......................................151, 155
FCoE..153
FC-SAN..173
FC-SAN ゾーニング 173
FDM..300
FDM 状態ファイ.............................304
Fibre Channel 151, 155
fixcerts.py..574
Fixed ポリシー.................................171
fixsts.sh..574
FQDN...31
FSR..377
FTT..208
Full Virtualization............................113

Fully Qualified Domain Name............31

G

GA..23
GCVE..609
General Availability............................23
General Support Term........................24
Google Cloud VMware Engine.......609
　特長..609
GPU...126
　専用 GPU...126
　統合 GPU...126

H

HA..298
Hands-On Lab 67
Harbor.......................................521, 522
　デプロイ手順 523
　導入 523
Hardware Compatibility List.............15
HA セカンダリホスト 301
HA プライマリホスト 301
HBA.......................................153, 196
HCI...190
HCIBench..34
HCL..15
HCX Cloud 614
HCX Connector...................................614
HCX Manager....................................614
HCX vMotion....................................617
Helm チャート...................................522
HOL..67
Host Bus Adapter..............................153
Host Client...42
　～へのログイン.................................42
HOSTD..300
Host Profiles 379

I

I/O Stun..433
I/O 負荷...216
I/O メモリ管理ユニット 115
I2V...101
IaaS Control Plane............................16
Image to Virtual..............................101
Ingress...518

Intel® Hyper-Threading Technology
....105
Intel Virtualization Technology 112
Interactive Simulation Lab...............67
Internet Small Computer System
　Interface 151, 155
IOMMU...............................115, 115
IPFIX...285
iSCSI..........................151, 153, 155
iSCSI Extensions for RDMA（iSER）構
成...176
iSCSI ポートバインディング...............176
　「必要」な構成 177
　「不要」な構成 176
ISL..198
ISO イメージ.......................................81
ISO イメージファイルのマウント 81

K

KB..14
KMS..575
kubectl...464
Kubernetes 463
　コンポーネント...................................465
　ワークロード用ネットワークの設定項目
....485
Kubernetes のアップグレードパス...530

L

L2 延伸..619
LACP..200
LAG..200
LFS..216
Lightning Lab 67
Live Optics 145
LLM..538
local.tgz..556
LUN マスキング 175

M

MAC アドレス変更.............................278
MAC ラーニング.................................280
Memory Management Unit.............114
Memory Tiering.................................137
Microsoft の仮想化ベースセキュリティ
....580
MMU..114

629

MRU ポリシー 171

N

Nested ESXi Virtual Appliance 34
Network File System 153
Network I/O Control 272
Network Profile 622
Network Time Protocol サーバー 31
NFS 157
    nConnect 159
    ポートバインディング 158
NFS v4.1 データストア 589
NFS 共有ストレージ 153
NFS 接続 153
NIC チーミング 260
NIOC 272
Non-Uniform Memory Access 118
NTP 31
    設定と確認 43
NTP サーバー 31
NTP 時刻同期に関するエラー 536
NUMA 118
NUMA アーキテクチャ 118
NUMA 構成 119
NVIDIA AI Enterprise 538
NVIDIA vGPU 127
NVMe 153, 180
    規格 181
    転送方式と特徴 181
NVMe-oF 180
NVMe over Fabric 153, 180
NVMe over Fabric ストレージ 7
NVMe over FC 181
NVMe over PCIe 181
NVMe over RoCEv2 181
NVMe over TCP 181
NVMe ストレージの接続方法 181

O

OCVS 610
Odyssey Lab 67
Open Virtual Appliance 86
Open Virtualization Format 86
Open Virtualization Format Archive
....86
Open VM Tools 91
Oracle Cloud VMware Solution 610

特長 611
Organizationally Unique Identifier
....251
Original Storage Architecture
....19, 190
OSA 190
OUI 251
OVA 86
OVF 86
OVF/OVA テンプレート 86
    作成（エクスポート）.....................87
    使い分け 89
    展開（インポート）.........................86
    配布における注意点 89
OVFTool 87
    ダウンロード 87
    ユーザーガイド 87
OVF テンプレート
    構成ファイル 88

P

P2V 101
Para Virtualization 113
P-Core 22
PDL 312
Performance Core 22
Perpetual License 16
Per-VM EVC 326
PFTT 210
Photon OS 8, 45
Physical to Virtual 101
P-Leg 領域 191
PowerCLI 87, 448
    アップデート 450
    インストールとセットアップ 448
    構成 451
    ユースケース 451
Product Interoperability Matrix 15
Products Guide 18
PSA 169
PSOD 22
P-State 121
PVSCSI 82
PVSCSI ドライバ 76

Q

Queue Depth 243

R

RAID カード 196
RAID ペナルティ 216
RAM 29
RARP 268
RARP パケット 323
RAV 619
Raw Device Mapping 76, 151, 156
RCS 108
RDM 76, 151, 156
    仮想互換モード 156
    互換モードの違い 156
    物理互換モード 156
RDMA 201
RDU 366
Reference Architecture for VMware
    Private AI 539
Registered State Change Notification
....175
Relaxed Co-Scheduling 108
Replication Assisted vMotion 619
Retreat Mode 297
RSCN 175
RVTools 145
RWM ストレージ 247

S

SCSI コントローラ 76
SDDC 5
SDDC Manager 11, 397
SDDC 基盤 10
SDDC 構想 10
SDK 444
SDS 190
Second Level Address Translation
....115
Security Advisories 15
Security Token Service 566
Service Mesh 624
SFTT 210
Shared Pass-Through Graphics 127
Simultaneous Multi-Threading 104
Site Pairing 621
SKU 16
Skyline Health 406
Skyline Health for vSphere 406
SLA 626

Slack Space...225
SLAT..115
Smart Zoning 175
SMP..106
SMT..104
SnS...16
SOAP API...558
Software-Defined Storage....................4
Software-Defined Data Center 5
Software-Defined Networking 4
SPBM...160, 192
SPD...18, 19
Specific Program Documentation
....18, 19
SR-IOV...116
SSO...46
Stock Keeping Unit...............................16
Storage vMotion 329
　　仕組み..329
Storage vMotion 速度 330
Strict Co-Scheduling 108
STS...566
STS 証明書...566
Stun...97, 323
Supervisor Control Plane 527
　　バックアップ 531
　　リストア..532
Supervisor Kubernetes 530
Supervisor の有効化および更新........536
Support and Subscription.................16
swapinRate 135
Symmetric Multiprocessing............106
syslog フィルタリング 415

T

Tanzu Core CLI...................................510
TanzuKubernetesCluster 497
Tanzu Kubernetes Grid クラスタ ...530
Tanzu Kubernetes リリース.............497
Tanzu Package 512
Tanzu Platform 17
Tanzu Standard Package Repository
....513
TBW...195
TCAM リソース 175
TKG クラスタ 496
TKR...497

TLB...114
ToR スイッチ 198
TPM..555
TPM2.0...30
TPS...131
Translation Lookaside Buffer 114
Transparent Page Sharing.............131
Trusted Platform Module 555
Trusted Platform Module 2.0..........30
Turbo Boost..122

U

UDT..331
UEFI セキュアブート 577
UMDS...369
Unified Data Transport....................331
Uniformity チェック.............................22
Update Manager Download Service
....369
USB Network Native Driver for ESXi
....34
USB フラッシュドライブ......................29

V

v1beta1 API 502
V2V..101
VAAI...179
VAAI ブロックストレージの機能（プリミティ
ブ）...179
VADP 方式..424
Validated Design 11
VAMI..51
　　管理項目..52
　　ログイン..51
VBS...580
vCenter 5, 6, 8
　　導入により実現できる機能 8
vCenter Converter Standalone
....87, 101
vCenter HA..319
vCenter Platform Service Controller
....547
vCenter Server.................45, 300, 547
　　アップデート....................................366
　　インストール事前準備 46
　　インストールステージ 1 の実施 47
　　インストールステージ 2 の実施 50

権限とロール 550
使用される証明書................................564
セキュリティガイドライン 560
セキュリティベストプラクティス..561
バージョンナンバリング 26
ファイルベースバックアップとリストア
....428
ファイルベースバックアップの設定
....428
メジャーバージョン・アップグレード
....364
vCenter Server Appliance 8
vCenter Server Reduced Downtime
Upgrade..366
vCenter Server アプライアンス........364
vCenter Server 拡張リンクモード......46
vCenter Server 環境...........................86
vCenter Server 証明書.....................561
　　管理方法..563
　　期限..567
　　有効期限が過ぎた場合 574
　　有効期限を更新する方法 569
vCenter Server ロール 551
vCenter アラーム................................409
vCenter シングルサインオンドメイン..46
vCenter 統計レベル 442
VCF... 5, 16, 599
VCF Automation...................................16
VCF Operations
.... 16, 144, 444, 546, 591
VCF Operations for Networks 546
VCG...15
vCLS..295, 295
VCP....................................33, 282, 557
vCPU...104
VCSA.......................................8, 45, 320
　　管理メニュー 52
　　デプロイ後の推奨設定項目 53
　　要件確認..46
vDefend Firewall 18
vDefend Firewall with Advanced
Threat Prevention..............................18
VDS.............................252, 254, 553
VECS..562
vHT..111
Virtual Appliance Management
Interface..51

631

Virtual Hyperthreading.....................111
Virtual Machine.....................................7
Virtual Machine Disk...........................7
Virtual Machine File System
....151, 153
virtual Symmetric Multiprocessing
....106
Virtual to Virtual.............................101
VLAN...276
VLAN ID...40
VLAN タグ付け方式...........................276
vLCM.............................54, 344, 369
vLCM イメージ..................................370
vLCM デポ..370
VM...7
VMCA.......................................562, 562
VMCP...311
vmdir..566
VMDK...7
VMEM...95
VM Exit/Entry...................................114
VMFS.............................151, 153, 154
　バージョン比較................................154
VMkernel..8
VMkernel ネットワークアダプタ.........257
VMM..324
vmmemctl.............................132, 134
vmnic..257
vMotion.........................72, 320, 617
　仕組み...321
　種類...321
vMotion Notification.......................334
　必要な設定値....................................334
　要件...334
VMRC...78
VMSD ファイル....................................95
VMUG...33
VMUG Advantage 評価ライセンス.....33
VMUG Advantage メンバーシップ.....33
VMware Aria.....................................457
VMware Avi Load Balancer.....17, 471
VMware Certificate Authority........562
VMware Certified Professional.........33
VMware Cloud....................................594
　ユースケース....................................605
VMware Cloud Foundation
....5, 10, 397, 599

提供する主なコンポーネント............11
バージョンナンバリング....................27
VMware Cloud on AWS...................606
特長..606
VMware Compatibility Guide............15
VMware Configuration Maximums
....15
VMware Directory Service.............566
VMware Endpoint 証明書ストア.......562
VMware ESXi...5
VMware Flings....................................34
VMware HCX.......................................612
VMware Host Client............................42
VMware HPP......................................169
VMware Live Cyber Recovery.......459
VMware Live Recovery............17, 458
VMware Live Site Recovery...........458
VMware NMP.....................................169
VMware NSX.............................5, 289
VMware Ports and Protocols............15
VMware Private AI............................538
VMware Private AI Foundation with
　NVIDIA.....................................18, 538
VMware Private AI with IBM...........539
VMware Private AI with Intel...........539
VMware Remote Console..................78
VMware Tanzu CLI............................510
VMware Tanzu Package..................512
VMware Tools......................................91
　Linux へのインストール.................93
　Windows へのインストール............92
　インストール.......................................82
　運用性の向上......................................91
　信頼性の向上......................................91
　セキュリティ向上...............................91
　動作確認...93
　パフォーマンスの最適化.................91
VMware User Group..........................33
VMware vCenter...................................5
VMware vExpert.................................33
　公式サイト..33
VMware vExpert NFR ライセンス......33
VMware vSAN......................................4
VMware vSphere.................................5
VMware Workstation Pro..................22
VMware 準仮想化アダプタ...................82
VMware 認証局..................................562

VMware 認定資格.................................33
VMware ハンズオンラボ.......................67
開始..68
VMXNET3...77
VMXNET 3...252
vNUMA.......................................118, 119
vRealize...11
vSAN...151
暗号化..584
転送中データの暗号化....................584
vSAN Control Path...........................204
vSAN Data Path...............................204
vSAN Data Protection......................246
vSAN Disaggregation......................231
vSAN ESA..191
書き込みフロー.................................216
読み込みフロー.................................219
vSAN ESA ReadyNode....................193
vSAN ESA ReadyNode エミュレート構
成..193
vSAN ESA スナップショット.............245
vSAN Express Storage Architecture
....191
vSAN iSCSI ターゲットサービス.......246
vSAN Max..246
vSAN Original Storage Architecture
....152
vSAN OSA.......................19, 152, 196
圧縮..220
書き込みフロー.................................214
重複削除...220
読み込みフロー.................................218
vSAN over RDMA.............................201
vSAN ReadyNode.............28, 29, 193
vSAN ReadyNode Sizer
....15, 144, 193, 242
vSAN Skyline Health.............229, 407
vSAN TiB 容量ライセンス....................17
vSAN オブジェクトタイプ..................202
vSAN クラスタ.....................................36
シャットダウン.................................237
手動起動...240
手動シャットダウン.........................239
vSAN 健全性............................197, 229
vSAN 健全性ステータス.....................223
vSAN コンポーネント.........................203
健全性ステータス............................233

632

分割サイズ 203
vSAN データストア 201
　暗号化において使用されるキー 587
　暗号化に関する考慮点 588
vSAN データストア暗号化 585
vSAN データストア容量 19
vSAN ファイルサービス...................247
vSAN 分離データストア 231
vSAN 用ドライブ 31
vSAN ログ構造ファイルシステム....216
vSMP 106
vSphere 5
　GPU の仮想化 126
　提供する機能 9
　ライフサイクル 24
vSphere API 445
　アーキテクチャ 445
vSphere Client......................53, 61, 87
　管理画面.......................................63
　ショートカット画面.........................62
　ホーム画面 62
　ログイン 53
vSphere Client インベントリ画面....63
　「仮想マシンおよびテンプレート」.....66
　「ストレージ」 67
　「ネットワーク」...............................67
　「 ホストおよびクラスタ」.................64
vSphere Cluster Services 295
vSphere Configuration Profiles
....282, 557
vSphere Diagnostic Tool...................34
vSphere Distributed Power
　Management 350
vSphere DRS 143, 340
　有効化...476
vSphere Fault Tolerance 351
vSphere FT.....................................351
　ネットワーク要件..........................355
　有効化...356
　要件と制限事項...........................354
vSphere GPU Monitoring 34
vSphere HA vi
　ホスト障害時のリカバリ動作 307
　有効化...477
vSphere IaaS control plane...........465
　特徴 467

vSphere Kubernetes Service
....16, 470
vSphere Lifecycle Management......54
vSphere Lifecycle Manager
....344, 369
vSphere Memory Tiering over NVMe
....137
vSphere Pod 526
　考慮事項.....................................527
　バックアップとリストア 534
　メリット 526
vSphere Virtual Volumes................166
vSphere vMotion 320
vSphere Zone 471
vSphere クラスタ 294
　クイックスタート..............................54
　サポートするデータストア方式 150
vSphere セキュリティ構成ガイド......590
vSphere 名前空間 488
vSphere ライセンスモデル 16
VSS 252, 253
vStorage APIs for Array Integration
....179
VT-d 112
vTPM 578
VT-x 112
VVF 16
VVOL 166
VVOL 外部ストレージ 151
VVOL コンポーネント.........................167

W
Web コンソール 78
Witness アプライアンス 210
Witness ホスト 210
Write Intensive...............................195
WWN ゾーニング 173

あ
アーキテクチャ・ステート.....................104
アセスメントツール 144
アップデートリリース...........................23
アップリンク 256
アドミッションコントロール 314
アフィニティルール...........................346
アフィニティルールタイプ...................347
アベイラビリティゾーン.......................211

アンチアフィニティルール 346

い
依存型ハードウェア iSCSI アダプタ構成
....175
一般サポート期間............................24
一般サポート終了日.........................23
一般サポート提供期間.......................23
イニシエータ 153
イベント...411
イミュータブルストレージ 544
イミュータブルモード 246
イレージャーコーディング 208
インスタンス.......................................21
インストールデバイス..........................30
インタラクティブシミュレーションラボ
....67
インテル SST-PP...............................19

う
運命共有モデル...............................610

え
永続ストレージ...............................474
永続的デバイス損失.........................312
永続ライセンス方式..........................16
エクステントファイル..........................75
エッジ・リモートオフィス環境のクラスタ
....596
エンタープライズグレードスイッチ....188

お
オーバーレイ 290
オールフラッシュ vSAN.....................196
　キャッシュ層 SSD 容量.................242
オデッセイラボ...................................67
オフロード機能..................................78
オンディスクフォーマット 229

か
外部 ID プロバイダ...........................549
外部キー管理サーバー 575
書き込みペナルティ..........................216
拡張リンクモード...............................547
カスタム証明書................................563
仮想 CPU 104
仮想 CPU ソケット..........................116

633

仮想 GPU...127
仮想 NIC......................................77, 251
　アダプタタイプ...............................251
仮想 NUMA 機能...............................119
仮想 Trusted Platform Module.......578
仮想アプライアンス.............................11
仮想化...2
仮想化環境...6
仮想スイッチ.......................................252
仮想ストレージコントローラ 76
仮想ディスク.......................................149
　ファイル形式と特徴..........................75
仮想ネットワーク...............................250
仮想ハードウェア.................................72
仮想ハードディスク...........................149
仮想ハイパースレッディング 111
仮想マシン...................................2, 7, 72
　CPU の利用.....................................107
　カスタマイズ仕様..............................93
　クローン実施手順..............................85
　構成ファイル......................................74
　作成..79
　シェア..138
　制限..139
　電源操作..90
　バックアップ方法............................422
　保護..577
　予約..139
仮想マシン DRS スコア 341
仮想マシン EVC モード......................326
仮想マシン暗号化...............................581
仮想マシンコンソール..........................78
仮想マシンサービス...........................527
仮想マシンストレージポリシー.........161
　コンプライアンス確認......................164
　作成..162
　定義..162
　適用..164
　変更..165
仮想マシンテンプレート......................86
仮想マシンテンプレート形式..............86
仮想マシンの一時停止.......................323
仮想マシンフォルダ..............................75
仮想マシンモニタ...............................324
可用性..626
完全仮想化..113
管理対象オブジェクト.......................446

管理ネットワーク.................................40
管理ネットワークの設定項目 485

き
キー永続性..30
偽装転送..279
基本アーキテクチャ...........................602
キュー深度..243
強制リバランス...................................229
共有ストレージアレイ............................7

く
クライアントクラスタ.......................246
クラスタ..3
クラスタ EVC......................................326
クラスタリソースの割合.....................315

け
ゲスト OS.......................................2, 72
　サポートステータス..........................73
　選択..73
ゲスト仮想メモリ...............................115
ゲスト物理メモリ...............................114
健全性モニタ.......................................223
健全性監視..406

こ
構成可能なコードの整合性 580
構成ファイルの暗号化..........................30
購読済みコンテンツライブラリ..........391
ゴールデンイメージ..............................86
固定 IP アドレス...................................41
コマンドラインツール.......................443
コンポーネント保護...........................311
コンテナ..462
　代表的なメリット............................463
　ユースケースとメリット 463
コンテナイメージ...............................521
コンテナランタイム実行形式.............295
コンテンツライブラリ.......................388
　アイテムの追加................................394
　ストレージ設定................................394
コンピュートオンリークラスタ..........246
コンフィギュレーションプロファイル
....379
コンプライアンスチェック 388
コンポーネント...................................202

さ
サーバー..2
サーバー仮想化......................................2
　隔離..3
　カプセル化..3
　効率的な災害対策..............................4
　柔軟なハードウェア更改....................4
　迅速なプロビジョニング....................4
　シンプルなバックアップ・リストア....4
　調達スピードの向上............................3
　ハードウェア非依存............................4
　リソース利用効率の最適化................3
サイジング..141
　CPU サイジング................................141
　メモリサイジング............................142
再同期トラフィック...........................235
サイドチャネル攻撃...........................106
サスペンド時間...................................401
サブスクライブ済みコンテンツライブラリ
....391
差分 VMDK ファイル............................95
差分ファイル..75
サポートバンドル...............................416

し
ジェネラルサポート期間......................23
時刻同期..31
システムリソース...............................144
持続性コンポーネント.......................235
シックプロビジョニング 75
自動ロールバック機能.......................282
シャドウページテーブル 115
ジャンボフレーム.......................188, 197
準仮想化..113
準仮想化 NIC...77
障害復旧..298
障害を許容する数...............................208
初期 MAC アドレス.............................278
新旧ライセンスの混在..........................20
　注意事項..21
シングルサインオン..............................46
シンプロビジョニング..........................75

す
スイッチ間接続...................................198
スーパーバイザー...............................470
　ストレージポリシー.........................474

有効化のワークフロー 476
スーパーバイザーネットワーク............471
スキュー 108
ストライプポリシー 220
ストレージ I/O コントローラ...............196
ストレージアダプタ.............................153
ストレージ仮想化....................................4
ストレージソリューション 190
ストレージネットワーク速度の選定....188
ストレージポリシー.............................209
ストレージポリシーベース管理
....160, 192
ストレージルール................................209
ストレッチクラスタ 596
スナップショット...................................95
　削除および統合手順............................100
　仕組み...95
　新規作成手順 98
　注意事項...97
全てのパスがダウン 312
スマートゾーニング 175
スラックスペース................................225
スループット 110
スロットポリシー................................316
スワップアウト....................................132
スワップイン速度................................135

せ
制御プレーン仮想マシンへのアクセス
....536
静的バインド 432
製品サポート期間................................362
製品提供開始日 23
セカンダリ FTT....................................210
セカンダリ仮想マシン 351
責任共有モデル..........................603, 610
セキュアブート....................................554
セキュリティポリシー.........................277
セマンティック・バージョニングスキーム
....625
専用フェイルオーバーホスト 317

そ
相互停止 125
操作の予約 225
ソフトウェア iSCSI アダプタ 153
ソフトウェア iSCSI アダプタ構成 175

ソフトウェア NVMe アダプタ.............153
ソフトウェアストレージアダプタ........153
ソフトウェアライフサイクル運用........396
ソフトウェアライフサイクル管理.........12
ソリューションユーザー証明書...........566

た
第 1 世代ハードウェア仮想化支援機能
....113
第 2 世代ハードウェア仮想化支援機能
....114
大規模言語モデル................................538
退避モード 297
タスク 411

ち
チーミングポリシー.............................260
チェーン 95
遅延感度 110

て
低下（Degraded）................................233
定義ファイル 75
ディスクフォーマット.........................229
データストア 7, 149
データセンタースイッチ 188
データの自動リバランス 227
データ保護レベル................................208
適応型再同期 235
デバイスパススルー.............................115
デフォルトストレージポリシー...........160
デプロイメントパラメータ 11
デベロッパーセンター.........................451

と
透過的ページ共有................................131
同期実行 357
統合アーキテクチャ.............................599
統合インフラ 190
独立型ハードウェア iSCSI アダプタ構成
....175
トップ・オブ・ラック・スイッチ........198
トラフィックシェーピング 270

な
内蔵ストレージ 7
名前解決 31

名前空間 488

ね
ネットワークカード 29
ネットワーク仮想化..................................4
ネットワークチーミング 197
ネットワークパーティション状態........308
ネットワークリソースプール 275

は
パーシステントストレージ 474
パーティショニング................................30
ハートビートデータストア 303
バイナリトランスレーション 113
ハイパー・コンバージド・インフラストラク
　チャ 190
ハイパーバイザー............................ 2, 5
ハイブリッド vSAN 196
　キャッシュ層 SSD 容量.....................242
パケットキャプチャ.............................284
パス管理ポリシー................................171
パススルーモード................................196
パスのフェイルオーバー 168
パスワードの既定の要件 38
バックアップ 421
バックアップエージェント方式...........423
パッチリリース 23
パフォーマンスモニタリング 441
バルーニング 132
バルーンドライバ................................132
バルーンメモリ....................................134
ハンズオンラボ 67

ひ
ビーコンプローブパケット 260
非対称 vSAN クラスタ 244
非対称クラスタ....................................349
非対称論理ユニットアクセス 185
評価フェーズ 137
標準アーキテクチャ.............................600
標準スイッチ 252, 253
ビルド番号 23

ふ
ファイバ チャネル................................153
ファイルベースバックアップ 428
　vCenter Server のリストア..........430

635

手動実行 430
フェイルオーバー 260
フェイルバックポリシー 268
フォルトドメイン 210
負荷分散 7
不完全（Absent） 233
物理サーバー 28
物理ハードウェア 2
不変モード 246
プライマリ FTT 210
プライマリ仮想マシン 351
プラグ可能ストレージアーキテクチャ
....169
フローコレクター 285
ブロックアクセス 151
ブロックストレージ 151
分散 Key-Value ストア 434
分散仮想スイッチ 553
分散スイッチ 252, 254, 281
　構成 481

へ
ベースディスク 95

ほ
ポートグループ 258
ポートゾーニング 173
ポートバインド方式 258
ポートミラーリング 285
ホスト OS 2
ホスト隔離状態 309
ホストキャッシュ 136
ホスト再構築の予約 225
ホストバスアダプタ 196
ホスト物理メモリ 114
ホストプロファイル 379
　維持と更新 380
　作成方法 380
　ホストやクラスタの管理方法 380
ホストレベルのスワップ 133
ホットフィックス 23
ホットマイグレーション 72, 320

ま
マイナーリリース 23
マウントリビジョン 378
マシン SSL 証明書 565

マシンメモリ 114
マルチスレッディング 104
マルチホーミングの仕様 177

み
ミラーリング 208

む
無差別モード 278

め
メジャーリリース 23
メトロクラスタ FT 351
メモリ圧縮 132
メモリのオーバーコミット 131
メモリページ 322
メンテナンスモードオプション 236
メンテナンスリリース 23

ゆ
有効な MAC アドレス 278

ら
ラージページ 131
ライセンス提供型番 16
ライトニングラボ 67
ライブマイグレーション 320
ラウンドロビン 187
ラウンドロビンポリシー 171

り
リアクティブバランス 229
リソースの最適化 298
リソース割り当てサイズの計算式 339
リモート vSAN データストア
....201, 204, 231
　制限 231
　マウント 231
リモートダイレクトメモリアクセス 201
リンクアグリゲーション 266
リンクアグリゲーショングループ 200
リンクアグリゲーションコントロールプロ
　トコル 200

る
ルートリソースプール 337

ろ
ローカルコンテンツライブラリ 390
ロードバランサの設定項目 484
ロードバランシングアルゴリズム 263
ローリングアップデート 531
ログ管理 411
ロックダウンモード 557
　オプション 558
　動作 558
論理プロセッサ 126

わ
ワークロードドメイン 12

■執筆者プロフィール

岩瀬 友佑

第1章、4章、12章、13章の執筆担当、および第1章、12章、13章の章リーダー。根っこはプログラマー。システム開発の中で仮想化技術の力に惹かれ、現在は通信事業者様向けプリセールスとして活動。

森長 健太郎

第1章、5章の執筆担当。元組み込みソフトウェアエンジニア。通信系のお客様を担当するプリセールス。

堀内 浩史

第2章、3章、4章の執筆担当、および第2章の章リーダー。前職からVMware製品に関する全般の業務に関与し、現職ではvSphere/vSAN/VLSRなどの製品サポートを担当。

入江 正博

第3章、11章の執筆担当、および第11章の章リーダー。夏は釣り人、冬はスノーボーダー、其の実はTAMとしてお客様の運用高度化を支援。vExpert 2019-2025、VMUGメンバー。

松橋 準平

第3章、11章の執筆担当。VMware技術の導入と定着化を目的として、お客様の課題解決を促進し、ビジネス価値向上に貢献するTAMとして活動。趣味はドラムと自宅サーバ。

橋本 大樹

第3章、4章、9章の執筆担当。2020年に新卒でVMwareに入社。vSphere・NSXの製品サポートを担当。

曽田 和博

第5章、6章、7章、8章、12章の執筆担当、および第5章の章リーダー。vSphere/vSAN/Tanzuなどの製品サポートを担当。Fedora LinuxとNUMAが好物。仮想屋の沼にしっかり浸かっています。

岩下 知佳

第5章、15章の執筆担当。公共機関向けプリセールスSEに従事。福岡在住、孤軍奮闘中。

古川 夏野音

第5章の執筆担当。新卒でVMwareに入社。Aria operations・vShereを中心に運用高度化や設計支援に従事。

知久 貴弘

第6章の執筆、および第1章、10章コラム担当。2016年にVMwareに入社し、vSAN、VCFの製品担当プリセールスとして提案活動を技術的に支援。

小佐野 舞

第6章、7章の執筆担当、および第6章の章リーダー。vSAN一筋10周年！ もちろんVCFもはじめてしばらく経ちました。

山田 知則

第6章、9章の執筆担当。2019年にVMwareに入社。主にvSphere・vSAN・VCFの設計構築や移行全般のコンサルティング業務に従事。

中村 隆

第8章の執筆担当。主にNSX関連の製品を中心に担当しているテクニカルコンサルタントです。

谷垣 友喜

第8章の執筆担当。主にNSX、Kubernetes関連の製品を担当するテクニカルコンサルタント。

小笠原 拓

第8章の執筆担当。vSphere・vSAN・VCFを中心に取り扱い、設計構築フェーズでのご支援を提供するコンサルティング業務に従事。

金子 真大

第 9 章、10 章の執筆担当。2023 年に新卒で VMware に入社。金融機関・生損保様向けのプリセールスを担当。

渡邉 有哉

第 11 章、12 章の執筆担当。金融機関向けのプリセールス SE 活動に従事。個人的トレンドは基盤運用の高度化。

池田 雅斗

第 11 章、14 章の執筆担当。vSphere 製品を担当。チームリードとしてメンバー育成やチーム内の雑多なケアを行いつつ、サポートチームが使用するツール開発にも従事。デバッグが好きです。

宇井 祐一

第 13 章の執筆担当。エンタープライズのクラウドジャーニーを支援。Data Democratization に貢献したい。

吉田 尚壮

第 13 章のコラム担当。VMware Cloud on AWS を担当するソリューションアーキテクト。

加藤 希

第 14 章の執筆担当。2023 年に新卒で VMware に入社。流通サービス・社会インフラ向けのプリセールスを担当。

有森 靖

第 15 章の執筆担当。VMware 入社以来 VMware Cloud on AWS の専任ソリューションアーキテクトとして従事、現在は Hyperscaler 及び VCSP のソリューションアーキテクトとして活動しています。

朴 昶柱

第 15 章の執筆担当。VMware Cloud on AWS および VMware HCX を中心としたクラウドサービス担当のサポートエンジニアを経て、現在は VCF 製品を中心にサポートアカウントマネージャーとして活動。vExpert としてコミュニティでも活動。

シン バスカ

第 15 章の執筆担当。2006 年頃から vSphere 基盤に触れ始め、2020 年から Azure VMware Solution のソリューションアーキテクトとして専任担当。趣味はマラソン、トレイルランニングなど自然の中でアウトドアスポーツをすることです。

明石 創

第 1 章～4 章のテクニカルレビューを担当。I ♡ VMware Fusion！

上原 紘一

第 4 章、9 章、10 章のテクニカルレビューを担当。プリセールス SE としてエンタープライズ企業担当（名古屋以西）。以前はネットワーク屋さんですが、好きなソリューションは SDDC Manager。仮想化・自動化の魅力にはまっています。

齋藤 康成

第 5 章、6 章のテクニカルレビューを担当。2006 年に VMware に入社。サーバベンダ各社との様々な技術的取り組みと vSphere の OEM 製品化事業に従事。

土田 洋

第 5 章、6 章のテクニカルレビュー担当。2007 年に VMware に入社し、以来パートナー様とのストレージ関係技術支援を行っています。2016 年に US へ赴任し vSAN パートナー支援・品質管理チーム (vSAN ReadyLabs) の一員として従事。

山口 卓朗

第 8 章、14 章のテクニカルレビューを担当。2011 年入社し、VMware とテレコのテクノロジーのハイブリッドエンジニア。直近では カバー領域を拡大し、分散 Edge/AI クラウドの普及を試行中。

御木 優晴

第 8 章、14 章のテクニカルレビューを担当。2014 年にVMware に入社。多角化するVMware 製品の公共機関における提案をリードする立場としてチーム横断的に関わる役割を経て、近年ではVCF の提案に注力する形で公共機関のプリセールスSE を担当。

大久 光崇

第 9 章、10 章、12 章、13 章のテクニカルレビューを担当。2010 年に入社し、コンサルタント、製品 SE を経てパートナー技術支援に従事。最近は vSAN ESA/NSX と共にお手軽に自作できる担々麺を探求中。

森本 竜平

全体レビュー、第 5 章、8 章の執筆担当、および第 8 章の章リーダー。VMware を中心としたテクノロジーを活用してお客様の課題解決を支援するコンサル業務に従事。自宅にサーバーラックを保有。

高尾 真悟

全体レビュー、第 14 章、15 章の執筆、コラムを担当。サーバー / ネットワーク仮想化・IT インフラ可視化・DR・移行・マルチクラウド活用・Priavate AI 等、幅広い IT コンサルティングに従事。

川満 雄樹

執筆プロジェクトの企画と全体監修、および各章の執筆、コラムを担当。vSphere・vSAN・VCF などコア製品のプリセールスに従事。vExpert 2015-2025。VMUG や Broadcom Community モデレータなどコミュニティ活動が主戦場。

進藤 資訓

執筆プロジェクトの企画、監修サポート。テクノロジー全般を担当するが、特に AI など、新技術に注力。

■ Special Thanks

佐藤 寛貴
田村 晋
田崎 真樹
藤澤 智子
川越 杏苗
屋良 旦

装丁・本文デザイン　轟木亜紀子・阿保裕美（トップスタジオデザイン室）
DTP　　　　　　　株式会社トップスタジオ

VMware vSphere 徹底入門

2025 年　4 月 23 日　初版第 1 刷発行

著　者　ヴイエムウェア株式会社 | Broadcom
発行人　臼井 かおる
発行所　株式会社 翔泳社（https://www.shoeisha.co.jp）
印刷・製本　三美印刷株式会社

©2025 VMware International Unlimited

本書は著作権法上の保護を受けています。本書の一部または全部について（ソフトウェアおよびプログラムを含む）、株式会社 翔泳社から文書による許諾を得ずに、いかなる方法においても無断で複写、複製することは禁じられています。

本書へのお問い合わせについては、ii ページに記載の内容をお読みください。

造本には細心の注意を払っておりますが、万一、乱丁（ページの順序違い）や落丁（ページの抜け）がございましたら、お取り替えいたします。03-5362-3705 までご連絡ください。

ISBN978-4-7981-8744-0　　　　　　　　　Printed in Japan